Einführung

in die

Analytische Geometrie

von

Dr. Gerhard Kowalewski
o. Professor an der k. k. Deutschen Technischen Hochschule in Prag

Mit 112 Figuren

Leipzig
Verlag von Veit & Comp.
1910

Druck von Metzger & Wittig in Leipzig

Dem Andenken

des Herrn Geheimen Regierungsrats

Prof. Dr. Thomé

seines hochverehrten Lehrers

widmet dieses Buch

der Verfasser

Vorwort

Dieses Buch ist aus meinen Universitätsvorlesungen in Leipzig, Greifswald und Bonn entstanden. Die analytische Geometrie der Ebene und des Raumes wird gewöhnlich in einem vierstündigen Semesterkolleg erledigt. Will man nicht ganz in den Elementen stecken bleiben, so muß man an manchen Stellen etwas schneller vorgehen. Da die Zuhörer von der Schule her schon eine ganze Menge analytisch-geometrischer Kenntnisse mitbringen, hat dies keine Gefahr.

Eine große Schwierigkeit in der analytischen Geometrie ist die exakte Behandlung des Imaginären. Bei einer ersten Einführung ist es aber vielleicht zu verzeihen, wenn man in dieser Beziehung etwas zu wünschen übrig läßt. Die Hörer können sich diese Dinge in einem besonderen Kolleg über „Geometrie im komplexen Gebiet" aneignen, wie es Herr E. Study, der größte Meister der genannten Disziplin, in Bonn zu halten pflegte. Freilich wird eine solche Vorlesung anderswo selten geboten.

Prag, den 15. Oktober 1910.

Gerhard Kowalewski

Inhalt

Erstes Kapitel.

Vorbereitende Betrachtungen über Strecken und Winkel.

§ 1. Strecken im Raume.

Eine *Strecke* ist ein endliches Geradenstück, bei dem man *Anfangspunkt* und *Endpunkt* unterscheidet.

Der Anfangspunkt sei A, der Endpunkt B. Dann sprechen wir von der Strecke AB. Der erste Punkt gibt also den Anfangspunkt an, der zweite den Endpunkt. Auch einzelne (und zwar große deutsche) Buchstaben werden wir zur Bezeichnung von Strecken benutzen. In den Figuren markieren wir (wenn dies nötig ist) den Endpunkt durch eine Pfeilspitze (vgl. Fig. 1).

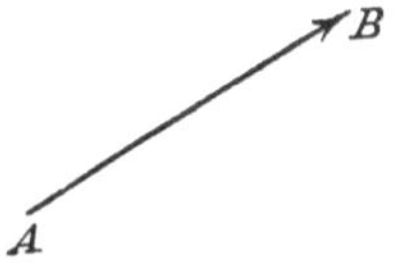

Fig. 1.

Die Gerade A, B heißt der *Träger* der Strecke AB, die Entfernung der Punkte A und B (gemessen mit der zugrunde gelegten Längeneinheit) die *Länge* der Strecke AB.

Eine Strecke von der Länge 1 wird als *Einheitsstrecke*, eine Strecke von der Länge 0 als *Nullstrecke* bezeichnet. Als Symbol für eine Nullstrecke benutzt man die 0.

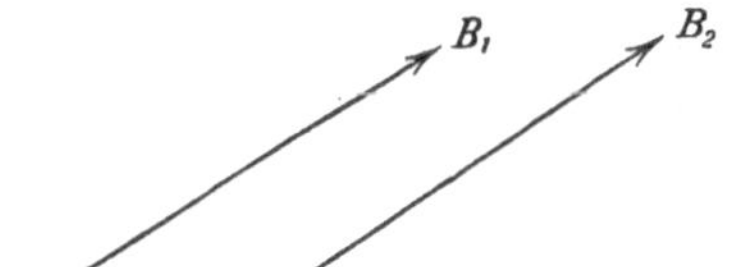

Fig. 2.

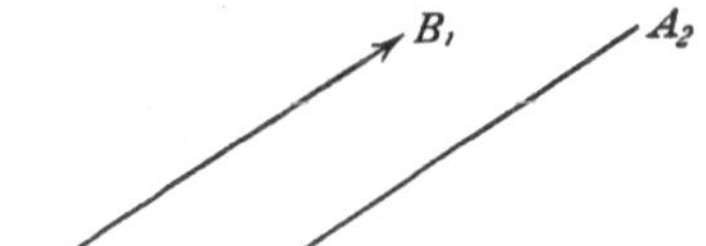

Fig. 3.

Strecken mit parallelen Trägern heißen *parallel*. Sie können *gleichsinnig* sein (vgl. Fig. 2) oder *gegensinnig* (vgl. Fig. 3).

Zwei Strecken $A_1 B_1$ und $A_2 B_2$ werden als *gleich* (oder äquivalent) betrachtet, wenn die eine aus der andern durch eine Parallelverschiebung (Translation) entsteht. Man schreibt in solchem Falle

$$A_1 B_1 = A_2 B_2 .$$

Gleiche Strecken sind zunächst parallel. Ferner haben sie gleiche Länge. Endlich sind sie gleichsinnig. In Fig. 3 sind $A_1 B_1$ und $A_2 B_2$ zwar parallel und gleich lang, aber nicht gleichsinnig.

Der Leser muß sich daran gewöhnen, daß bei der obigen Definition der Gleichheit eine Strecke allen Parallelverschiebungen unterworfen werden darf. Man kann dadurch ihren Anfangspunkt an eine beliebige Stelle des Raumes bringen und hat immer noch die gleiche Strecke.

§ 2. Addition von Strecken.

$\mathfrak{A}$ und $\mathfrak{B}$ seien zwei Strecken. Nehmen wir irgend einen Punkt P, so läßt sich ein zweiter Punkt Q derart wählen, daß

$$PQ = \mathfrak{A}$$

ist. Ferner läßt sich ein dritter Punkt R derart wählen, daß

$$QR = \mathfrak{B}$$

ist.

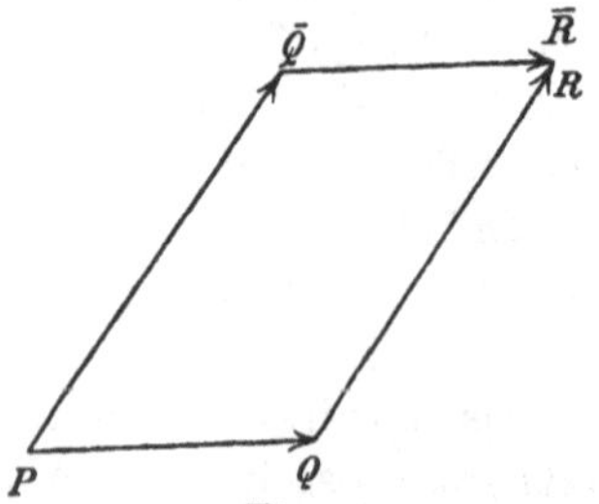

Fig. 4.

Die Strecke PR definieren wir als die Summe der Strecken $\mathfrak{A}$ und $\mathfrak{B}$. Diese Summe wird mit $\mathfrak{A} + \mathfrak{B}$ bezeichnet. Es ist also

$$PR = \mathfrak{A} + \mathfrak{B}.$$

Fängt man die Konstruktion mit irgend einem anderen Punkte P' an, d. h. bestimmt man Q' und R' in der Weise, daß

$$P'Q' = \mathfrak{A}, \quad Q'R' = \mathfrak{B}$$

ist, so wird offenbar

$$P'R' = PR.$$

Es kommt also immer die gleiche Strecke heraus, wie man auch den Ausgangspunkt P wählen mag.

Um die Strecke $\mathfrak{B} + \mathfrak{A}$ zu erhalten, muß man nach der obigen Regel zuerst $\bar{Q}$ so wählen, daß $P\bar{Q} = \mathfrak{B}$ wird, und dann $\bar{R}$ so, daß $\bar{Q}\bar{R} = \mathfrak{A}$ wird. Man sieht aus Fig. 4, daß die Punkte R und $\bar{R}$ zusammenfallen, daß also

$$\mathfrak{A} + \mathfrak{B} = \mathfrak{B} + \mathfrak{A} \tag{1}$$

ist.

Nehmen wir noch eine dritte Strecke $\mathfrak{C}$ hinzu und wählen den Punkt S derart, daß

$$RS = \mathfrak{C}$$

ist, so wird

$$(\mathfrak{A} + \mathfrak{B}) + \mathfrak{C} = PR + RS = PS$$

und

$$\mathfrak{A} + (\mathfrak{B} + \mathfrak{C}) = PQ + QS = PS,$$

also

$$(\mathfrak{A} + \mathfrak{B}) + \mathfrak{C} = \mathfrak{A} + (\mathfrak{B} + \mathfrak{C}). \tag{2}$$

Für die Streckenaddition gilt also nicht nur das kommutative Gesetz (1), sondern auch das assoziative Gesetz (2), gerade so wie bei der Addition von Zahlen.

Statt $(\mathfrak{A} + \mathfrak{B}) + \mathfrak{C}$ schreibt man einfach $\mathfrak{A} + \mathfrak{B} + \mathfrak{C}$.

Was unter $\mathfrak{A}_1 + \mathfrak{A}_2 + \ldots + \mathfrak{A}_n$, der Summe der n Strecken $\mathfrak{A}_1, \mathfrak{A}_2, \ldots, \mathfrak{A}_n$ zu verstehen ist, bedarf jetzt keiner weiteren Erklärung. Um diese Summe zu konstruieren, geht man von einem beliebigen Punkte P_0 aus und wählt die Punkte $P_1, P_2, \ldots, P_n$ der Reihe nach so, daß

$$P_0 P_1 = \mathfrak{A}_1, \quad P_1 P_2 = \mathfrak{A}_2, \quad \ldots, \quad P_{n-1} P_n = \mathfrak{A}_n$$

ist. Dann hat man

$$\mathfrak{A}_1 + \mathfrak{A}_2 + \ldots + \mathfrak{A}_n = P_0 P_n.$$

Wenn $\mathfrak{A} + \mathfrak{A}' = 0$ ist (also $\mathfrak{A} + \mathfrak{A}'$ eine Nullstrecke), so heißen die Strecken $\mathfrak{A}$ und $\mathfrak{A}'$ entgegengesetzt. Ist $PQ = \mathfrak{A}$, $QR = \mathfrak{A}'$ und $\mathfrak{A} + \mathfrak{A}' = PR = 0$, so bedeutet dies, daß die Punkte P und R zusammenfallen. $\mathfrak{A}'$ ist also gleich QP. Für $\mathfrak{A}'$ pflegt man zu schreiben $-\mathfrak{A}$. Die Strecken $\mathfrak{A}$ und $-\mathfrak{A}$ sind gleich lang und parallel, aber gegensinnig (vgl. Fig. 3).

$\mathfrak{A} - \mathfrak{B}$ wird definiert als die Summe der beiden Strecken $\mathfrak{A}$ und $-\mathfrak{B}$,

$$\mathfrak{A} - \mathfrak{B} = \mathfrak{A} + (-\mathfrak{B}).$$

Ist (vgl. Fig. 5)

$$PQ = \mathfrak{A}, \quad PR = \mathfrak{B},$$

so wird

$$RQ = \mathfrak{A} - \mathfrak{B}.$$

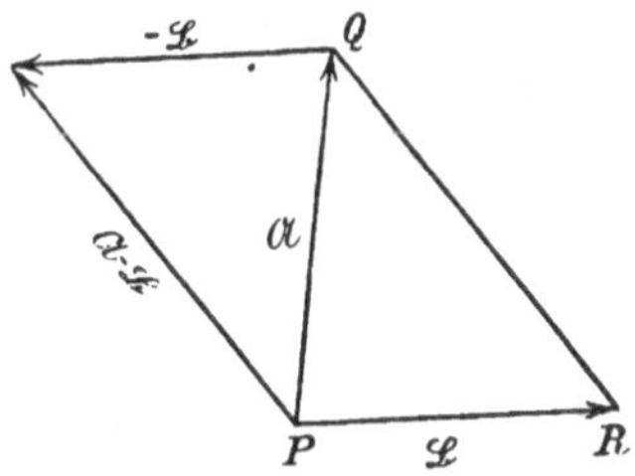

Fig. 5.

Dies läßt sich aus der Figur entnehmen oder aus der Gleichung

$$RQ = RP + PQ = PQ + (-PR).$$

$\mathfrak{A} - \mathfrak{B}$ ist also hier gleich der Strecke, die von dem Endpunkt von $\mathfrak{B}$ nach dem Endpunkt von $\mathfrak{A}$ führt.

§ 3. Parallelstrecken zu einer orientierten Geraden.

Auf einer Geraden g kann man in zwei verschiedenen Richtungen fortschreiten. Hat man die eine als die positive (die andere als die negative) festgesetzt, so ist g, wie man zu sagen pflegt, orientiert. Die positive Richtung markieren wir durch einen beigesetzten Pfeil.

Alle Strecken, die auf der orientierten Geraden g liegen, zerfallen in zwei Klassen. Durchläuft man eine solche Strecke von ihrem Anfangspunkt bis zu ihrem Endpunkt, so schreitet man entweder in der positiven oder in der negativen Richtung von g fort. Im ersten Falle sprechen wir von einer positiven, im zweiten Falle von einer negativen Strecke.

In Fig. 6 ist $P_1 Q_1$ eine negative, $P_2 Q_2$ eine positive Strecke.

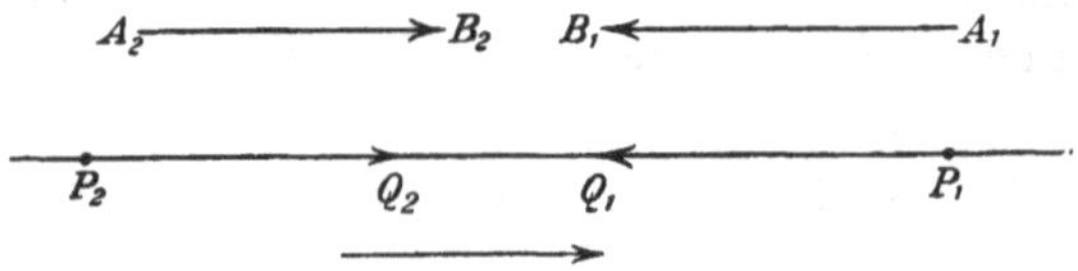

Fig. 6.

Da man jede Strecke, die zu g parallel ist, durch Translation auf g bringen kann, so bezieht sich diese Klassifikation auf alle Parallelstrecken zu g. In Fig. 6 ist z. B. $A_1 B_1$ eine negative und $A_2 B_2$ eine positive Strecke.

Wenn die Strecke AB zu g parallel ist und die Länge l hat, so wollen wir ihr die Maßzahl l oder $-l$ beilegen, je nachdem es eine positive oder negative Strecke ist. Wir bezeichnen die Maßzahl von AB mit $\overline{AB}$. Offenbar sind die Maßzahlen von AB und BA entgegengesetzt gleich. Es ist also

$$\overline{AB} + \overline{BA} = 0.$$

Eine Nullstrecke hat die Maßzahl 0.

AB ist durch seine Maßzahl vollkommen bestimmt. Wenn $A'B'$, eine andere Parallelstrecke zu g, dieselbe Maßzahl hat wie AB, so ist $AB = A'B'$. In der Tat sind beide Strecken gleich lang, parallel und gleichsinnig.

Ist m eine beliebige reelle Zahl, so gibt es immer Parallelstrecken zu g mit der Maßzahl m. Um eine solche Strecke zu erhalten, nehme man auf g einen Punkt P und trage von ihm aus, je nachdem $m > 0$ oder $m < 0$ ist, in der positiven oder negativen Richtung ein Stück von der Länge $|m|$ ab.[1]

P, Q, R seien drei beliebige Punkte auf g. Dann ist

$$\overline{PQ} + \overline{QR} + \overline{RP} = 0.$$

Zunächst bemerken wir, daß $\overline{PQ} + \overline{QR} + \overline{RP}$ bei einer beliebigen Vertauschung der Punkte P, Q, R höchstens sein Zeichen ändert. Vertauschen wir z. B. P mit Q, so ergibt sich $\overline{QP} + \overline{PR} + \overline{RQ} = -(\overline{PQ} + \overline{QR} + \overline{RP})$. PQ und QP haben nämlich entgegengesetzt gleiche Maßzahlen, ebenso QR und RQ sowie RP und PR.

Gelingt es uns für irgend eine Permutation P', Q', R' von P, Q, R zu beweisen, daß $\overline{P'Q'} + \overline{Q'R'} + \overline{R'P'} = 0$ ist, so folgt daraus $\overline{PQ} + \overline{QR} + \overline{RP} = 0$. Nun läßt sich aber die Permutation P', Q', R' derart wählen, daß $P'Q'$, $P'R'$ und $Q'R'$ positive Strecken sind, daß man also von P' aus der positiven Richtung auf g folgend zuerst nach Q' und dann nach R' gelangt. $\overline{P'Q'}$, $\overline{P'R'}$ und $\overline{Q'R'}$ sind jetzt einfach die Längen von $P'Q'$, $P'R'$, $Q'R'$. Die Strecke $P'R'$ ist offenbar so lang wie $P'Q'$ und $Q'R'$ zusammen, d. h. man hat

$$\overline{P'R'} = \overline{P'Q'} + \overline{Q'R'} \quad \text{oder} \quad \overline{P'Q'} + \overline{Q'R'} + \overline{R'P'} = 0.$$

Setzen wir $PQ = \mathfrak{A}$, $QR = \mathfrak{B}$, so wird $PR = \mathfrak{A} + \mathfrak{B}$ und die Formel $\overline{PR} = \overline{PQ} + \overline{QR}$ besagt, daß die Maßzahl von $\mathfrak{A} + \mathfrak{B}$ gleich der Summe der Maßzahlen von $\mathfrak{A}$ und $\mathfrak{B}$ ist.

§ 4. Charakterisierung der Strecken durch Zahlentripel.

Durch einen Punkt O des Raumes denke man sich drei Geraden g_1, g_2, g_3 gezogen, die aber nicht in einer Ebene liegen dürfen.

$\mathfrak{A}$ sei eine beliebige Strecke. Wir bringen sie durch Translation mit ihrem Anfangspunkt nach O. Ihr Endpunkt falle dabei nach P. Es sei also $OP = \mathfrak{A}$.

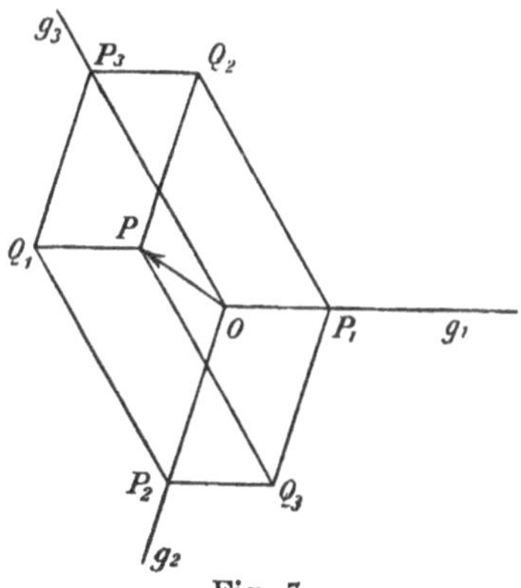

Fig. 7.

Jetzt konstruieren wir das in Fig. 7 angedeutete Parallelepipedon, indem wir durch P Parallelebenen zu den drei Ebenen g_2, g_3 und g_3, g_1 und g_1, g_2 legen. Dann ist

$$OP = OP_1 + P_1Q_3 + Q_3P$$

[1] $|m|$ ist der absolute Betrag von m, also m oder $-m$, je nachdem $m \geqq 0$ oder $m \leqq 0$.

oder, da $P_1 Q_3 = OP_2$, $Q_3 P = OP_3$,

$$OP = OP_1 + OP_2 + OP_3.$$

OP ist auf diese Weise als Summe von drei Strecken dargestellt, die zu g_1 bzw. g_2 bzw. g_3 parallel sind. Diese drei Strecken nennt man die Komponenten von $\mathfrak{A}$ in bezug auf g_1, g_2, g_3. Durch ihre Komponenten $\mathfrak{A}_1, \mathfrak{A}_2, \mathfrak{A}_3$ ist offenbar die Strecke $\mathfrak{A}$ vollkommen bestimmt.

Wir wollen uns $\mathfrak{A}$ wieder in einer beliebigen Lage AB vorstellen, nicht gerade mit dem Anfangspunkt in O. Legen wir durch A und B Parallelebenen zu der Ebene g_2, g_3, so entstehen auf g_1 die Schnittpunkte A_1 bzw. B_1. Die Strecke $A_1 B_1$ nennt man die Projektion von AB auf g_1, parallel zur Ebene g_2, g_3. Unterwerfen wir AB und die beiden durch A und B gelegten Ebenen einer beliebigen Translation, so bleibt die Projektion $A_1 B_1$ die gleiche. Da wir nun insbesondere AB in OP überführen können, ist $A_1 B_1 = OP_1 = \mathfrak{A}_1$. Ebenso ist $\mathfrak{A}_2$ gleich der Projektion von $\mathfrak{A}$ auf g_2, parallel zu g_3, g_1 und $\mathfrak{A}_3$ gleich der Projektion von $\mathfrak{A}$ auf g_3, parallel zu g_1, g_2.

Ziehen wir durch A und B Parallelen zu g_1, so entstehen in der Ebene g_2, g_3 die Schnittpunkte A_1' bzw. B_1'. Die Strecke $A_1' B_1'$ heißt die Projektion von $\mathfrak{A}$ auf die Ebene g_2, g_3 parallel zu g_1. Bei einer Translation der Strecke AB und der durch A und B gezogenen Geraden bleibt die Projektion $A_1' B_1'$ die gleiche. Da wir AB nach OP bringen können, so folgt $A_1' B_1' = OQ_1$. Nun ist aber $OQ_1 = OP_3 + P_3 Q_1 = \mathfrak{A}_2 + \mathfrak{A}_3$, also $A_1' B_1' = \mathfrak{A}_2 + \mathfrak{A}_3$. Ebenso wird die Projektion von $\mathfrak{A}$ auf die Ebene g_3, g_1 (parallel zu g_2) gleich $\mathfrak{A}_3 + \mathfrak{A}_1$ und die Projektion auf die Ebene g_1, g_2 (parallel zu g_3) gleich $\mathfrak{A}_1 + \mathfrak{A}_2$.

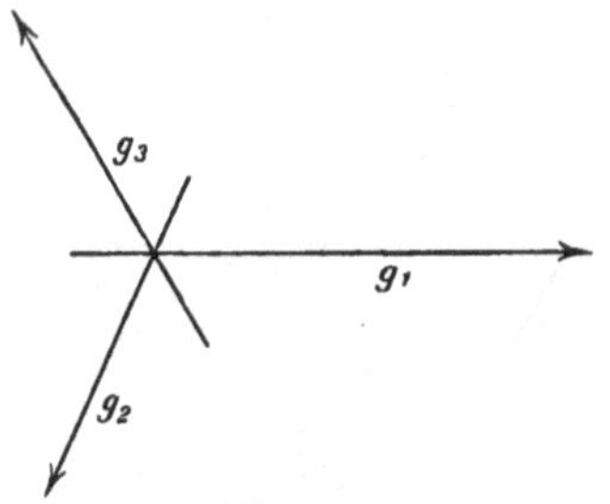

Fig. 8.

Jetzt wollen wir die drei Geraden g_1, g_2, g_3 orientieren (vgl. Fig. 8). Dann hat $\mathfrak{A}_1$ in bezug auf g_1 eine Maßzahl x_1, ebenso $\mathfrak{A}_2$ in bezug auf g_2 eine Maßzahl x_2 und $\mathfrak{A}_3$ in bezug auf g_3 eine Maßzahl x_3. Durch diese drei Maßzahlen x_1, x_2, x_3 sind $\mathfrak{A}_1, \mathfrak{A}_2, \mathfrak{A}_3$ bestimmt, folglich auch $\mathfrak{A}$. x_1, x_2, x_3 nennen wir die Koordinaten von $\mathfrak{A}$ in bezug auf die drei orientierten Geraden g_1, g_2, g_3. Die Koordinaten einer Nullstrecke sind alle gleich 0.

Wenn x_1, x_2, x_3 die Koordinaten von $\mathfrak{A}$ und y_1, y_2, y_3 die Koordinaten von $\mathfrak{B}$ sind, wie lauten dann die Koordinaten von $\mathfrak{A} + \mathfrak{B}$?

Es sei

$$AB = \mathfrak{A}, \quad BC = \mathfrak{B}.$$

Bedeuten A_1, B_1, C_1 die Projektionen von A, B, C auf g_1 (parallel zur Ebene g_2, g_3), so hat man

$$A_1 B_1 = \mathfrak{A}_1, \quad B_1 C_1 = \mathfrak{B}_1,$$

mithin

$$A_1 C_1 = \mathfrak{A}_1 + \mathfrak{B}_1.$$

$A_1 C_1$ ist aber die Projektion von $AC = \mathfrak{A} + \mathfrak{B}$. Wir sehen also, daß die Projektion der Summe zweier Strecken gleich der Summe ihrer Projektion ist. Aus § 3 wissen wir, daß

$$\overline{A_1 C_1} = \overline{A_1 B_1} + \overline{B_1 C_1} = x_1 + y_1$$

ist. Die Projektionen von $\mathfrak{A} + \mathfrak{B}$ auf g_2 (parallel zur Ebene g_3, g_1) und auf g_3 (parallel zur Ebene g_1, g_2) haben aus demselben Grunde die Maßzahlen $x_2 + y_2$ bzw. $x_3 + y_3$.

Die Koordinaten von $\mathfrak{A} + \mathfrak{B}$ lauten also

$$x_1 + y_1, \quad x_2 + y_2, \quad x_3 + y_3.$$

Die Koordinaten einer Streckensumme sind gleich den Koordinatensummen der einzelnen Strecken. Jedesmal werden die gleichnamigen Koordinaten summiert.

Wenn $\mathfrak{A} + \mathfrak{B} = 0$ ist, so wird $x_1 + y_1 = x_2 + y_2 = x_3 + y_3 = 0$. Die Strecke $-\mathfrak{A}$ hat also die Koordinaten $-x_1, -x_2, -x_3$.

Die Strecke $\mathfrak{A} - \mathfrak{B}$ hat die Koordinaten $x_1 - y_1, x_2 - y_2, x_3 - y_3$.

§ 5. Definition des Winkels zwischen zwei Geraden.

g und h seien zwei orientierte Geraden, die durch den Punkt O hindurchgehen. Es empfiehlt sich, nur die positiven Hälften von g und h zu zeichnen, d. h. die Halbgeraden, die der Punkt O beschreibt, wenn er auf g oder h in der positiven Richtung fortschreitet. Diese Halbgeraden schneiden wir noch bis zur Länge 1 ab, so daß die beiden Einheitsstrecken OG und OH übrig bleiben.

Wir wollen OG in der Ebene OGH um den Punkt O drehen, wie man einen Uhrzeiger dreht. Das geht nach zwei verschiedenen Richtungen. Die eine setzen wir als die positive fest und markieren sie durch einen Pfeil. Der Weg, den der Endpunkt G zurücklegt, sei α. Dann sagen wir, daß es sich um die Drehung α oder $-\alpha$

handelt, je nachdem in positiver oder negativer Richtung gedreht wird. So hat jede Drehung ihre Maßzahl. Die Drehung 2π ist eine vollständige Umdrehung,[1] die in positiver Richtung vor sich geht. Der Zeiger wird also dabei in der positiven Richtung einmal ganz herumgedreht. $\pi/2$ ist eine Drehung in positiver Richtung um einen rechten Winkel, $-\pi/2$ eine Drehung in negativer Richtung, aber ebenfalls um einen rechten Winkel.

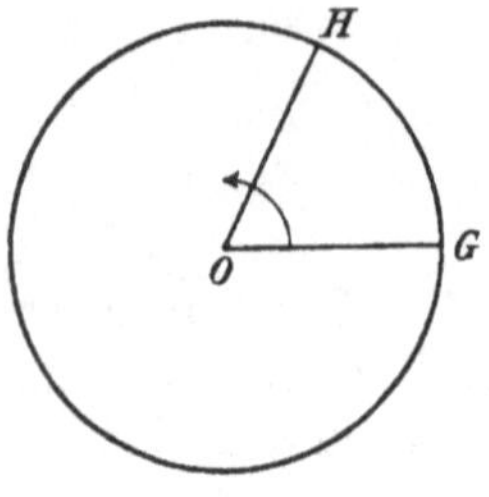

Fig. 9.

Jetzt können wir erklären, was unter dem Winkel GOH oder (gh) zu verstehen ist. Das ist eine Drehung, die g in h überführt, oder vielmehr die Maßzahl einer solchen Drehung. Man sieht sofort, daß es unendlich viele Drehungen gibt, die g nach h bringen, daß also der Winkel (gh) etwas unendlich Vieldeutiges ist. Wenn wir g im positiven Sinne drehen, so wird es nach einer gewissen Drehung φ eine erste Koinzidenz mit h geben. Drehen wir g weiter im positiven Sinne, so müssen wir einmal ganz herumdrehen, um wieder eine Koinzidenz mit h herbeizuführen. Die positiven Drehungen, die g nach h bringen, sind also folgende

$$\varphi, \quad \varphi + 2\pi, \quad \varphi + 6\pi, \ldots$$

Jetzt wollen wir g durch eine negative Drehung in h überführen. Bis zur ersten Koinzidenz beschreibt G den Weg $2\pi - \varphi$. Wenn wir nämlich in derselben Richtung weiter drehen, so daß G noch den Weg φ zurücklegt, sind wir gerade einmal herumgekommen, d. h. G hat den Weg 2π beschrieben. Man sieht, daß die negativen Drehungen, die g in h überführen, folgende sind

$$\varphi - 2\pi, \quad \varphi - 4\pi, \quad \varphi - 6\pi, \ldots$$

Der Winkel (gh) hat also die Werte

$$\varphi + 2\nu\pi \quad (\nu = 0, \ \pm 1, \ \pm 2, \ldots)$$

Je zwei dieser Werte differieren um ein Vielfaches von 2π.

Man spricht auch dann von dem Winkel (gh), wenn die Geraden g und h nicht durch einen Punkt O hindurchgehen. Man nimmt auf jeder von ihnen eine Strecke mit der Maßzahl 1, auf g etwa $G_1 G_2$, auf h etwa $H_1 H_2$ und macht $OG = G_1 G_2$, $OH = H_1 H_2$,

[1] Man bedenke, daß 2π der Umfang des Einheitskreises ist (d. h. des Kreises vom Radius 1).

d. h. man bringt durch Translation die Anfangspunkte der Strecken zusammen. Der Winkel GOH wird als der Winkel $(g\,h)$ definiert.

g, h, l seien drei Geraden durch O, die in einer Ebene liegen. Wir denken sie uns orientiert. Durch die positive Drehung α gelange g nach h, durch die positive Drehung β aber h nach l und durch die positive Drehung γ schließlich l nach g. Unterwerfen wir g der positiven Drehung $\alpha + \beta + \gamma$, so gelangen wir wieder zu g. Daher ist $\alpha + \beta + \gamma$ ein Vielfaches von 2π. Dasselbe gilt von $(g\,h) + (h\,l) + (l\,g)$ und es ist ganz gleich, welche Werte der einzelnen Winkel wir nehmen, weil je zwei Werte eines Winkels immer um ein Vielfaches von 2π differieren. Es gilt also für drei orientierte Geraden, die zu einer Ebene parallel sind,[1] stets die Relation

$$(g\,h) + (h\,l) + (l\,g) = 2\nu\pi,$$

wobei ν einen der Werte 0, ± 1, $\pm 2, \ldots$ hat. Man pflegt hierfür zu schreiben

$$(g\,h) + (h\,l) + (l\,g) \equiv 0 \pmod{2\pi},$$

in Worten: „$(g\,h) + (h\,l) + (l\,g)$ kongruent 0 modulo 2π." Insbesondere ist

$$(g\,h) + (h\,g) \equiv 0$$

oder

$$(h\,g) \equiv -(g\,h).$$

Was bedeutet $(g\,h)$, wenn die Geraden g und h nicht orientiert sind? Man kann jede Gerade auf zwei Weisen orientieren. Aus g mögen die beiden orientierten Geraden g_1, g_2 und aus h die beiden orientierten Geraden h_1, h_2 entstehen. Dann wollen wir vereinbaren, daß $(g\,h)$ jeden der Winkel

$$(g_1\,h_1),\ (g_1\,h_2),\ (g_2\,h_1),\ (g_2\,h_2)$$

bedeuten kann. Da nun

$$(g_1\,h_1) + (h_1\,h_2) + (h_2\,g_1) \equiv 0 \pmod{2\pi}$$

und

$$(h_1\,h_2) \equiv \pi$$

ist, so folgt

$$(g_1\,h_2) \equiv \pi + (g_1\,h_1).$$

Ebenso ergibt sich

$$(g_2\,h_1) \equiv \pi + (g_1\,h_1)$$

und

$$(g_2\,h_2) \equiv (g_1\,h_1).$$

---

[1] Drei solche Geraden kann man durch Translation in die vorhin betrachtete Lage bringen.

Ist φ ein Wert von $(g_1 h_1)$, so sind alle Werte von $(g h)$ in der Formel $\varphi + \nu\pi$ enthalten ($\nu = 0, \ \pm 1, \ \pm 2, \ldots$). Der Winkel zwischen zwei nicht orientierten Geraden ist also nur bis auf ein Vielfaches von π bestimmt (der Winkel zwischen zwei orientierten Geraden bis auf ein Vielfaches von 2π). Für drei nicht orientierte Geraden g, h, l, die zu einer Ebene parallel sind, gilt die Relation

$$(g h) + (h l) + (l g) \equiv 0 \quad (\text{mod. } \pi).$$

§ 6. Die Funktionen Kosinus, Sinus, Tangens und Kotangens.

Wir denken uns in einer Ebene eine orientierte Gerade g und auf ihr eine Strecke OG mit der Maßzahl 1 (vgl. Fig. 10). Wir wollen Drehungen von g um O vornehmen und setzen daher noch fest, wie die positiven Drehungen laufen sollen.

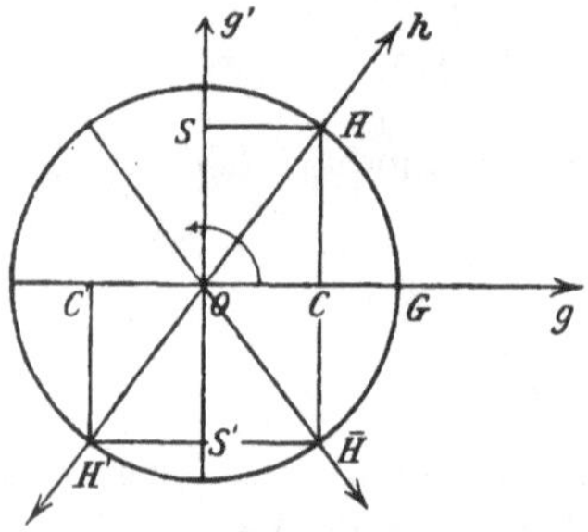

Fig. 10.

Wird uns nun eine reelle Zahl φ vorgelegt, so können wir mit g die Drehung φ vornehmen. Dabei gelange g nach h und OG nach OH. Projizieren wir OH senkrecht auf g, d. h. fällen wir von H aus auf g das Lot HC, so entsteht auf g die Strecke OC. Ihre Maßzahl definieren wir als den K o s i n u s der Zahl φ und schreiben

$$\overline{OC} = \cos\varphi.$$

Man sieht aus der Figur, daß es ganz gleichgültig ist, wie man den positiven Drehungssinn festgelegt hat, d. h. es gilt die Relation

$$\cos(-\varphi) = \cos\varphi.$$

Ferner ergibt sich aus der Figur, daß

$$\cos(\varphi + \pi) = -\cos\varphi$$

ist. $\cos\varphi$ multipliziert sich mit -1, wenn man φ um π vermehrt. Vermehrt man φ zweimal um π, so multipliziert sich der Kosinus zweimal mit -1. Es ist also

$$\cos(\varphi + 2\pi) = \cos\varphi,$$

was auch direkt aus der Figur folgt. $\cos\varphi$ hat, wie man sagt, die P e r i o d e 2π.

Wächst φ von 0 bis $\pi/2$, so nimmt $\cos\varphi$ von 1 bis 0 ab. Wächst φ von $\pi/2$ bis π, so nimmt $\cos\varphi$ von 0 bis -1 ab.

Wächst φ von π bis $3\pi/2$, so nimmt $\cos\varphi$ von -1 bis 0 zu. Wächst endlich φ von $3\pi/2$ bis 2π, so nimmt $\cos\varphi$ von 0 bis 1 zu. Wegen der Periodizität genügt es, wenn man $\cos\varphi$ in dem Intervall $\langle 0,\ 2\pi\rangle$, d. h. für $0 \leqq \varphi \leqq 2\pi$, kennt.

$\cos\left(\frac{\pi}{2} - \varphi\right)$ definieren wir als den Sinus von φ und schreiben

$$\cos\left(\frac{\pi}{2} - \varphi\right) = \sin\varphi .$$

Aus dieser Definition folgt

$$\sin(-\varphi) = \cos\left(\frac{\pi}{2} + \varphi\right) = -\cos\left(\varphi - \frac{\pi}{2}\right) = -\sin\varphi,$$

$$\sin(\varphi + \pi) = \cos\left(-\varphi - \frac{\pi}{2}\right) = \cos\left(\frac{\pi}{2} + \varphi\right) = -\sin\varphi,$$

$$\sin(\varphi + 2\pi) = \sin\varphi .$$

$\sin\varphi$ multipliziert sich also auch mit -1, wenn man φ um π vermehrt, und hat die Periode 2π.

Aus der Definition des Sinus ergibt sich auch

$$\sin\left(\frac{\pi}{2} - \varphi\right) = \cos\varphi .$$

Wir notieren ferner noch die Formeln

$$\cos\left(\varphi + \frac{\pi}{2}\right) = \sin(-\varphi) = -\sin\varphi,$$

$$\sin\left(\varphi + \frac{\pi}{2}\right) = \cos(-\varphi) = \cos\varphi,$$

$\frac{\sin\varphi}{\cos\varphi}$ und $\frac{\cos\varphi}{\sin\varphi}$ pflegt man mit $\operatorname{tg}\varphi$ (Tangens φ) bzw. $\cot\varphi$ (Kotangens φ) zu bezeichnen. Man bestätigt sofort, daß

$$\operatorname{tg}(\varphi + \pi) = \operatorname{tg}\varphi, \qquad \cot(\varphi + \pi) = \cot\varphi$$

ist. Tangens und Kotangens haben also die Periode π.

Man kann übrigens $\sin\varphi$ auch so definieren. g' gehe aus g durch die Drehung $\pi/2$ hervor, d. h. durch eine Drehung um einen rechten Winkel im positiven Sinne. OS sei die senkrechte Projektion von OH auf g' (vgl. Fig. 10). Dann ist

$$\overline{OS} = \sin\varphi .$$

In der Tat ist

$$\overline{OS} = \cos(g'h) = \cos(hg')$$

und

$$(hg') \equiv (hg) + (gg'),$$

d. h.

$$(h g') \equiv \frac{\pi}{2} - \varphi \,(\text{mod. } 2\pi),$$

also

$$\overline{OS} = \cos\left(\frac{\pi}{2} - \varphi\right) = \sin\varphi.$$

Nach dieser Definition ist es leichter zu verfolgen, wie $\sin\varphi$ variiert, wenn φ von 0 bis 2π währt. Es ergibt sich folgendes:

φ	von	0	bis	$\pi/2$	: $\sin\varphi$	von	0	bis	1	(zunehmend),
φ	„	$\pi/2$	„	π	: $\sin\varphi$	„	1	„	0	(abnehmend),
φ	„	π	„	$3\pi/2$	: $\sin\varphi$	„	0	„	-1	(abnehmend),
φ	„	$3\pi/2$	„	2π	: $\sin\varphi$	„	-1	„	0	(zunehmend).

Der Leser mache sich klar, wie $\operatorname{tg}\varphi$ und $\cot\varphi$ variieren, wenn φ von 0 bis π wächst.

Für die Funktionen $\cos\varphi$, $\sin\varphi$, $\operatorname{tg}\varphi$, $\cot\varphi$ gibt es Tafeln, die der Leser von der Schule her kennt.

§ 7. Senkrechte Projektion einer Strecke von einem Träger auf einen andern.

g und h seien zwei orientierte Geraden durch den Punkt O.

Wir nehmen auf h eine Strecke OH und projizieren sie senkrecht auf g. Die Projektion heiße OG. Dann ist also G der Fußpunkt des von H auf g gefällten Lotes.

Macht man dasselbe mit einer andern Strecke auf h, etwa mit OH_1, so stellt sich heraus, daß

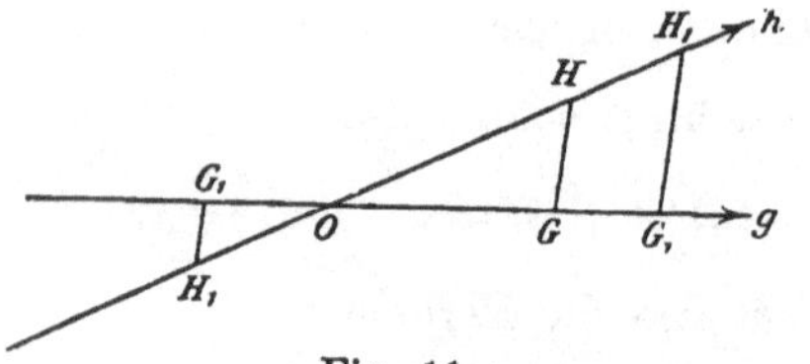

Fig. 11.

(1) $$\overline{OG} : \overline{OH} = \overline{OG_1} : \overline{OH_1}$$

ist. Die Ähnlichkeit der Dreiecke OGH und OG_1H_1 zeigt, daß diese Proportion abgesehen vom Zeichen richtig ist, daß sie also richtig ist, wenn man statt der Maßzahlen die Längen nimmt.

Haben $\overline{OH}$ und $\overline{OH_1}$ dasselbe Zeichen, d. h. liegen H und H_1 auf derselben Seite von O, so liegen auch G und G_1 auf derselben Seite von O, d. h. $\overline{OG}$ und $\overline{OG_1}$ haben dasselbe Zeichen.

Haben $\overline{OH}$ und $\overline{OH_1}$ verschiedene Zeichen, d. h. liegen H und H_1 auf verschiedenen Seiten von O, so liegen auch G und G_1 auf verschiedenen Seiten von O, d. h. $\overline{OG}$ und $\overline{OG_1}$ haben verschiedene Zeichen.

Man sieht hieraus, daß Formel (1) nicht nur abgesehen vom Zeichen, sondern überhaupt richtig ist.

Nun wollen wir $\overline{OH_1} = 1$ machen. Dann wird nach § 6

$$\overline{OG_1} = \cos(gh)$$

und (1) verwandelt sich in

$$\overline{OG} = \overline{OH}\cos(gh). \tag{2}$$

$H_1 H_2$ sei eine beliebige Parallelstrecke zu h und $G_1 G_2$ ihre senkrechte Projektion auf g (also G_1 und G_2 die Fußpunkte der von H_1 bzw. H_2 auf g gefällten Lote). Macht man $OH = H_1 H_2$, so wird $OG = G_1 G_2$. Man hat daher

$$\overline{G_1 G_2} = \overline{H_1 H_2}\cos(gh).$$

Projiziert man eine Strecke senkrecht auf einen andern Träger, so multipliziert sich die Maßzahl mit dem Kosinus des Winkels, den die beiden Träger bilden.

Wir können schlechthin von dem Winkel zwischen den beiden Trägern reden, weil $\cos(gh) = \cos(hg)$ ist. Auch brauchen wir gar nichts von dem positiven Drehungssinn zu sagen, weil seine Festsetzung für den Kosinus ohne Belang ist.

Der obige Satz ist sehr wichtig, wie sich später bei verschiedenen Gelegenheiten zeigen wird.

§ 8. Strecken, bezogen auf ein rechtwinkliges Achsensystem.

Durch einen Punkt O des Raumes legen wir drei orientierte Geraden Ox, Oy, Oz, die zueinander senkrecht sind. Man nennt diese Figur ein rechtwinkliges (oder orthogonales) Achsensystem, Ox die x-Achse, Oy die y-Achse, Oz die z-Achse.

AB sei eine Strecke auf der orientierten Geraden g und $A_1 B_1$, $A_2 B_2$, $A_3 B_3$ ihre senkrechten[1] Projektionen auf die Achsen Ox, Oy, Oz.

Setzen wir

$$\overline{A_1 B_1} = \mathfrak{x}, \quad \overline{A_2 B_2} = \mathfrak{y}, \quad \overline{A_3 B_3} = \mathfrak{z},$$

so sind $\mathfrak{x}$, $\mathfrak{y}$, $\mathfrak{z}$ die Koordinaten

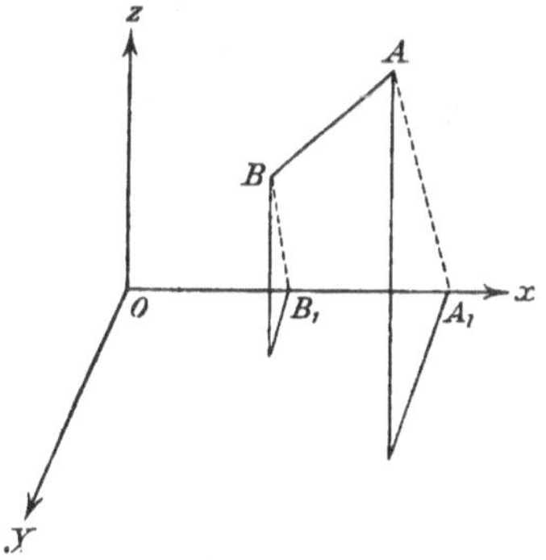

Fig. 12.

[1] Wir könnten auch sagen: die Projektionen von AB auf Ox, Oy, Oz parallel zu den Ebenen Oyz, Ozx, Oxy.

von AB in bezug auf das rechtwinklige Achsensystem (vgl. S. 6).

r sei die Maßzahl von AB auf g, also $r = \overline{AB}$.

Dann ist nach § 7

$$(1) \qquad \mathfrak{x} = r \cos \alpha, \quad \mathfrak{y} = r \cos \beta, \quad \mathfrak{z} = r \cos \gamma;$$

α, β, γ haben folgende Bedeutung

$$\alpha = (xg), \quad \beta = (yg), \quad \gamma = (zg),$$

sind also die Winkel, die g mit den Achsen Ox, Qy, Oz bildet.

$\cos \alpha$, $\cos \beta$, $\cos \gamma$ nennt man die Richtungskosinus der orientierten Geraden g. Sie sind die Koordinaten einer zu g parallelen Strecke mit der Maßzahl 1. Setzt man nämlich in (1) $r = 1$, so werden $\mathfrak{x}$, $\mathfrak{y}$, $\mathfrak{z}$ gleich $\cos \alpha$, $\cos \beta$, $\cos \gamma$.

Man sieht hieraus, daß g durch die Richtungskosinus bis auf eine Parallelverschiebung bestimmt ist.

g_1 und g_2 seien zwei orientierte Geraden mit den Richtungskosinus λ_1, μ_1, ν_1 bzw. λ_2, μ_2, ν_2. Auf g_1 liege die Strecke $\mathfrak{A}_1$ mit der Maßzahl r_1 und auf g_2 die Strecke $\mathfrak{A}_2$ mit der Maßzahl r_2. Die Projektion von $\mathfrak{A}_1$ auf g_2 hat die Maßzahl

$$r_1 \cos (g_1 g_2).$$

Multiplizieren wir noch mit r_2, so entsteht

$$(2) \qquad r_1 r_2 \cos (g_1 g_2),$$

ein Ausdruck, der bei Vertauschung der Indizes 1, 2 ungeändert bleibt.

Der Ausdruck (2) ist von der Orientierung der beiden Geraden g_1, g_2 ganz unabhängig. g_1' und g_2' mögen aus g_1 bzw. g_2 durch Umkehrung der positiven Richtung entstehen. r_1', r_2' seien die Maßzahlen von $\mathfrak{A}_1$ und $\mathfrak{A}_2$ in bezug auf g_1' und g_2'. Dann ist

$$r_1' = -r_1, \quad r_2' = -r_2,$$

$$(g_1' g_2) \equiv (g_1 g_2') \equiv \pi + (g_1 g_2), \quad (g_1' g_2') \equiv (g_1 g_2), \quad (\text{mod. } 2\pi)$$

also

$$\cos (g_1 g_2) = \cos (g_1' g_2') = -\cos (g_1' g_2) = -\cos (g_1 g_2')$$

und daher

$$r_1 r_2 \cos (g_1 g_2) = r_1' r_2 \cos (g_1' g_2) = r_1 r_2' \cos (g_1 g_2') = r_1' r_2' \cos (g_1' g_2').$$

Der Ausdruck (2) hängt, wie man sieht, nur von den beiden Strecken $\mathfrak{A}_1$, $\mathfrak{A}_2$ ab. Man bezeichnet ihn als das innere Produkt von $\mathfrak{A}_1$ und $\mathfrak{A}_2$ und schreibt dafür $(\mathfrak{A}_1 \mathfrak{A}_2)$ oder $(\mathfrak{A}_2 \mathfrak{A}_1)$.

$\mathfrak{x}_1, \mathfrak{y}_1, \mathfrak{z}_1$ seien die Koordinaten von $\mathfrak{A}_1$ und $\mathfrak{x}_2, \mathfrak{y}_2, \mathfrak{z}_2$ die von $\mathfrak{A}_2$. Ferner seien $\mathfrak{X}_1, \mathfrak{Y}_1, \mathfrak{Z}_1$ die Komponenten von $\mathfrak{A}_1$ und $\mathfrak{X}_2, \mathfrak{Y}_2, \mathfrak{Z}_2$ die von $\mathfrak{A}_2$ in bezug auf das rechtwinklige Achsensystem (also die orthogonalen Projektionen von $\mathfrak{A}_1$ bzw. $\mathfrak{A}_2$ auf die Achsen). Dann sind die $\mathfrak{x}, \mathfrak{y}, \mathfrak{z}$ die Maßzahlen der $\mathfrak{X}, \mathfrak{Y}, \mathfrak{Z}$.

Die Projektion von $\mathfrak{A}_1$ auf g_2 ist, weil $\mathfrak{A}_1 = \mathfrak{X}_1 + \mathfrak{Y}_1 + \mathfrak{Z}_1$, die Summe der Projektionen von $\mathfrak{X}_1, \mathfrak{Y}_1, \mathfrak{Z}_1$. Bezeichnen wir die Projektionen durch einen angehängten Strich, so ist

$$\mathfrak{A}_1' = \mathfrak{X}_1' + \mathfrak{Y}_1' + \mathfrak{Z}_1'$$

und nach § 3

$$\overline{\mathfrak{A}_1}' = \overline{\mathfrak{X}_1}' + \overline{\mathfrak{Y}_1}' + \overline{\mathfrak{Z}_1}'.$$

Aus § 7 wissen wir aber, daß

$$\overline{\mathfrak{A}_1}' = r_1 \cos(g_1 g_2), \quad \overline{\mathfrak{X}_1}' = \lambda_2 \mathfrak{x}_1, \quad \overline{\mathfrak{Y}_1}' = \mu_2 \mathfrak{y}_1, \quad \overline{\mathfrak{Z}_1}' = \nu_2 \mathfrak{z}_1$$

ist. Also gilt die Gleichung

$$r_1 \cos(g_1 g_2) = \lambda_2 \mathfrak{x}_1 + \mu_2 \mathfrak{y}_1 + \nu_2 \mathfrak{z}_1.$$

Daraus folgt durch Multiplikation mit r_2, bei Beachtung von (1),

$$(3) \qquad (\mathfrak{A}_1 \mathfrak{A}_2) = r_1 r_2 \cos(g_1 g_2) = \mathfrak{x}_1 \mathfrak{x}_2 + \mathfrak{y}_1 \mathfrak{y}_2 + \mathfrak{z}_1 \mathfrak{z}_2.$$

Das innere Produkt zweier Strecken ist gleich der Summe der Produkte aus den gleichnamigen Koordinaten.

Man kann dies Resultat auch so ableiten.

Zunächst verifiziert man, daß für drei Strecken $\mathfrak{A}, \mathfrak{B}, \mathfrak{C}$ die Relation

$$(4) \qquad (\mathfrak{A} + \mathfrak{B}, \mathfrak{C}) = (\mathfrak{A}\,\mathfrak{C}) + (\mathfrak{B}\,\mathfrak{C})$$

gilt. $\mathfrak{A}', \mathfrak{B}'$ seien die Projektionen von $\mathfrak{A}, \mathfrak{B}$ auf $\mathfrak{C}$. Dann ist die Projektion von $\mathfrak{A} + \mathfrak{B}$ gleich $\mathfrak{A}' + \mathfrak{B}'$. Die Maßzahlen dieser Projektionen sind

$$\overline{\mathfrak{A}}', \overline{\mathfrak{B}}', \overline{\mathfrak{A}}' + \overline{\mathfrak{B}}'.$$

Multipliziert man sie mit $\overline{\mathfrak{C}}$, der Maßzahl von $\mathfrak{C}$, so erhält man

$$\overline{\mathfrak{A}}'\overline{\mathfrak{C}}, \quad \overline{\mathfrak{B}}'\overline{\mathfrak{C}}, \quad (\overline{\mathfrak{A}}' + \overline{\mathfrak{B}}')\overline{\mathfrak{C}}.$$

Dies sind aber gerade die Produkte

$$(\mathfrak{A}\,\mathfrak{C}), \quad (\mathfrak{B}\,\mathfrak{C}), \quad (\mathfrak{A} + \mathfrak{B}, \mathfrak{C})$$

und man sieht, daß das letzte gleich der Summe der beiden ersten ist.

Aus (4) folgt nun, wenn wir wieder zu den Strecken $\mathfrak{A}_1, \mathfrak{A}_2$ zurückkehren,

$$\begin{aligned}(\mathfrak{A}_1 \mathfrak{A}_2) &= (\mathfrak{X}_1 + \mathfrak{Y}_1 + \mathfrak{Z}_1, \mathfrak{X}_2 + \mathfrak{Y}_2 + \mathfrak{Z}_2) \\ &= (\mathfrak{X}_1 \mathfrak{X}_2) + (\mathfrak{Y}_1 \mathfrak{Y}_2) + (\mathfrak{Z}_1 \mathfrak{Z}_2) \\ &+ (\mathfrak{Y}_1 \mathfrak{Z}_2) + (\mathfrak{Z}_1 \mathfrak{Y}_2) + (\mathfrak{Z}_1 \mathfrak{X}_2) + (\mathfrak{X}_1 \mathfrak{Z}_2) + (\mathfrak{X}_1 \mathfrak{Y}_2) + (\mathfrak{Y}_1 \mathfrak{X}_2).\end{aligned}$$

Aus der Definition des inneren Produktes sieht man, daß es verschwindet, wenn die Träger der beiden Strecken einen rechten Winkel bilden. Dann ist nämlich (vgl. § 6) $\cos(g_1 g_2) = 0$. Daher sind in $(\mathfrak{A}_1 \mathfrak{A}_2)$ alle Glieder gleich Null bis auf $(\mathfrak{X}_1 \mathfrak{X}_2)$, $(\mathfrak{Y}_1 \mathfrak{Y}_2)$, $(\mathfrak{Z}_1 \mathfrak{Z}_2)$. Das sind nun innere Produkte von Strecken, deren Träger den Winkel Null bilden. Ein solches Produkt ist aber gleich dem Produkt der beiden Maßzahlen, weil $\cos(g_1 g_2) = 1$ ist. Es ergibt sich also wieder die Formel (3).

Aus (3) folgt, wenn man $r_1 = r_2 = 1$ setzt und (1) berücksichtigt,

$$\cos(g_1 g_2) = \lambda_1 \lambda_2 + \mu_1 \mu_2 + \nu_1 \nu_2 . \tag{5}$$

Der Kosinus des Winkels, den zwei orientierte Geraden bilden, ist gleich der Summe der Produkte aus den gleichnamigen Richtungskosinus.

Ersetzt man $\mathfrak{A}_1$ und $\mathfrak{A}_2$ beide durch die Strecke $\mathfrak{A}$ mit den Koordinaten $\mathfrak{x}, \mathfrak{y}, \mathfrak{z}$ und der Maßzahl r (in bezug auf ihren orientierten Träger g), so verwandelt sich (3) in

$$r^2 = \mathfrak{x}^2 + \mathfrak{y}^2 + \mathfrak{z}^2. \tag{6}$$

Hieraus folgt für $r = 1$, wenn λ, μ, ν die Richtungskosinus von g sind,

$$1 = \lambda^2 + \mu^2 + \nu^2. \tag{7}$$

Formel (6) zeigt uns, daß die Länge einer Strecke mit den Koordinaten $\mathfrak{x}, \mathfrak{y}, \mathfrak{z}$ gleich der (positiven) Quadratwurzel aus der Quadratsumme der Koordinaten ist.

Aus Formel (7) ersehen wir, daß die Richtungskosinus immer die Quadratsumme 1 haben.

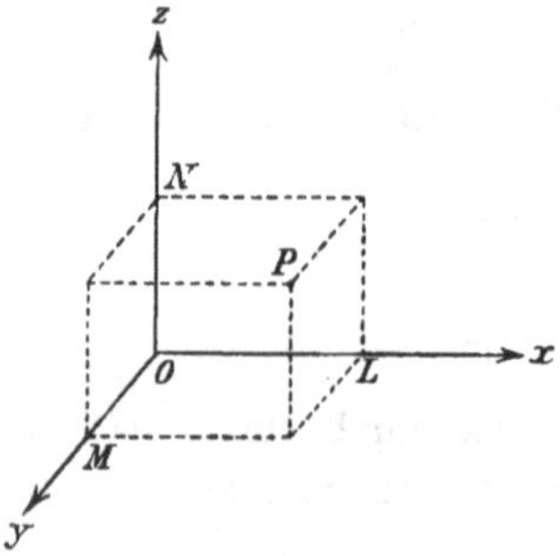

Fig. 13.

Wenn drei reelle Zahlen λ, μ, ν die Quadratsumme 1 haben, so sind sie die Richtungskosinus einer orientierten Geraden g. Wir wählen auf den Achsen Ox, Oy, Oz die Punkte L, M, N so, daß

$$\overline{OL} = \lambda, \quad \overline{OM} = \mu, \quad \overline{ON} = \nu$$

ist, und bilden die Summe OP der Strecken OL, OM, ON (vgl. Fig. 13). Nach Formel (6) ist OP eine Einheitsstrecke, d. h. sie hat die Länge 1. Wählen wir auf der Geraden O, P die positive Richtung derart, daß sie von O nach P führt, so hat auf dieser orientierten Geraden g die Strecke OP die Maßzahl 1. Aus dem Formelsystem (1) ersieht man jetzt, daß λ, μ, ν die Richtungskosinus von g sind.

Wenn wir eine orientierte Gerade g in der x, y-Ebene betrachten, so ist $\cos(zg) = 0$. Setzen wir $(xg) = \varphi$, so wird $(yg) \equiv (xg) - (xy)$. Wir können den positiven Drehungssinn so wählen, daß $(xy) = \frac{\pi}{2}$ ist. Dann haben wir $(yg) \equiv \varphi - \frac{\pi}{2}$ und die Richtungskosinus von g lauten (vgl. S. 11)

$$\cos\varphi, \quad \sin\varphi, \quad 0.$$

Nach (7) ist

$$\cos^2\varphi + \sin^2\varphi = 1,$$

und das gilt für jeden Wert von φ.

g_1, g_2 seien zwei orientierte Geraden in der x, y-Ebene und $(xg_1) = \varphi_1$, $(xg_2) = \varphi_2$. Dann lauten ihre Richtungskosinus

$$\cos\varphi_1, \ \sin\varphi_1, \ 0 \quad \text{bzw.} \quad \cos\varphi_2, \ \sin\varphi_2, \ 0.$$

Da $(g_1 g_2) \equiv (g_1 x) + (x g_2) \equiv \varphi_2 - \varphi_1$ ist, so liefert Formel (5)

$$\cos(\varphi_2 - \varphi_1) = \cos\varphi_1 \cos\varphi_2 + \sin\varphi_1 \sin\varphi_2.$$

Hieraus folgt, wenn man $\frac{\pi}{2} + \varphi_1$ für φ_1 einsetzt,

$$\sin(\varphi_2 - \varphi_1) = \sin\varphi_2 \cos\varphi_1 - \cos\varphi_2 \sin\varphi_1.$$

φ_1, φ_2 können alle positiven und negativen Werte annehmen.

Zweites Kapitel.

Punktkoordinaten.

§ 9. Cartesische Punktkoordinaten.

Wir wissen, daß die Strecken des Raumes sich durch Zahlentripel charakterisieren lassen. Hieraus ergibt sich leicht, daß man auch die Punkte des Raumes durch Zahlentripel charakterisieren kann.

Durch einen Punkt O, den sogenannten Anfangspunkt, legt man drei Geraden Ox, Oy, Oz, die sich nicht in einer Ebene befinden. Jede von ihnen wird orientiert, d. h. es wird auf ihr die positive Fortschreitungsrichtung markiert.

Diese Figur heißt ein räumliches Achsensystem, Ox, Oy, Oz die x-Achse, y-Achse und z-Achse. Ein spezielles Achsensystem, das besonders häufig benutzt wird, ist das rechtwinklige (vgl. § 8).

Hat man ein räumliches Achsensystem und eine Längeneinheit zugrunde gelegt, so hat jede Strecke drei Koordinaten (nämlich die Maßzahlen ihrer Komponenten in bezug auf das Achsensystem). Nun bildet aber jeder Punkt P mit dem Anfangspunkt O eine Strecke OP. Die Koordinaten von OP nennen wir die Koordinaten des Punktes P in bezug auf das betrachtete Achsensystem. Durch seine Koordinaten ist P vollkommen bestimmt; denn aus $OP = OP'$ folgt, daß P und P' zusammenfallen.

Wir wollen uns die Bedeutung der Koordinaten noch einmal klar machen. Die Achsen bestimmen paarweise drei Ebenen, nämlich Oyz, Ozx, Oxy. Man nennt sie die Koordinatenebenen. Legt man durch P Parallelebenen zu diesen Koordinatenebenen, so entstehen auf den Achsen die Schnittpunkte A, B, C. Die Koordinaten x, y, z des Punktes P sind nichts anderes als die Maßzahlen der Strecken OA, OB, OC, d. h. es ist

$$x = \overline{OA}, \quad y = \overline{OB}, \quad z = \overline{OC}.$$

Wenn P in der Ebene Oxy liegt, so ist $z = 0$. P ist dann vollkommen bestimmt durch x und y, die Maßzahlen von OA und OB. Man erhält diese Strecken, indem man durch P Parallelen zu Ox und Oy zieht. Die Punkte einer Ebene lassen sich durch ihre Koordinaten x, y in bezug auf das Achsensystem Ox, Oy charakterisieren.

Liegt P auf der Geraden Ox, so ist $y = z = 0$. P ist dann vollkommen bestimmt durch x, d. h. durch die Maßzahl der Strecke OP. Diese nennt man seine Abszisse in bezug auf Ox.

x, y, z lassen sich also, wenn P ein beliebiger Punkt des Raumes ist, auch auffassen als die Abszissen der Punkte A, B, C, die man durch Projektion von P auf die Achsen (parallel zu den Koordinatenebenen) erhält.

Wir wollen jetzt noch im Falle des rechtwinkligen Achsensystems eine andere Betrachtungsweise auseinandersetzen. Bei jeder Ebene gibt es zwei Seiten, wir können die Ebene auf der einen Seite weiß, auf der andern schwarz anstreichen. Der Raum wird durch die Ebene in zwei Gebiete geteilt. Einem Punkt des einen Gebiets erscheint die Ebene weiß, einem Punkt des andern Gebiets schwarz. Wir wollen nun bei unsern Koordinatenebenen Oyz, Ozx, Oxy diejenigen Seiten weiß anstreichen, die von den positiven Hälften[1] der Achsen Ox, Oy, Oz aus sichtbar sind. Dann ist

[1] Die positive Hälfte wird von dem Punkt O beschrieben, wenn er der positiven Richtung der betreffenden Achse folgt.

z. B. die Koordinate x der Abstand des Punktes P von der Ebene Oyz, versehen mit dem Zeichen + oder −, je nachdem P auf der weißen oder schwarzen Seite von Oyz liegt. Die Koordinaten sind also die Abstände des Punktes P von den Koordinatenebenen, und zwar positiv oder negativ gerechnet, je nachdem die betreffende Ebene dem Punkt P weiß oder schwarz erscheint.

Ähnlich ist es in der Ebene. Wir wollen uns eine Gerade in der Ebene als ein äußerst dünnes Band vorstellen, dessen einer Rand weiß gefärbt ist, während der andere schwarz aussieht (vgl. Fig. 14). Die Ebene wird durch die Gerade in zwei Gebiete geteilt. Die Punkte des einen sehen von der Geraden den weißen, die Punkte des andern den schwarzen Rand. Liegt nun in der

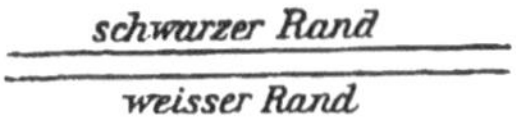

Fig. 14.

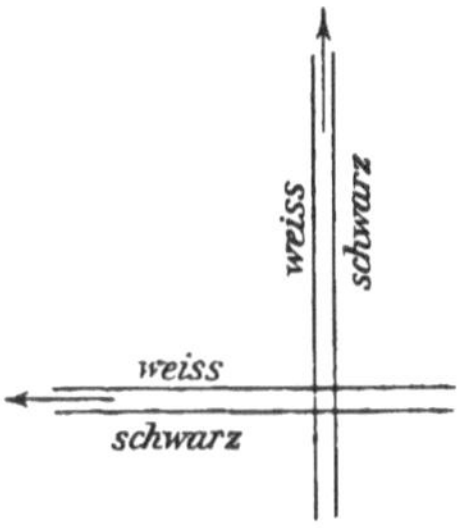

Fig. 15.

Ebene ein rechtwinkliges Achsensystem Ox, Oy vor, so wollen wir bei jeder Achse den Rand weiß färben, der von der positiven Hälfte der andern Achse aus sichtbar ist (vgl. Fig. 15). Dann sind die Koordinaten x, y des Punktes P die Abstände dieses Punktes von den Achsen und zwar positiv oder negativ gerechnet, je nachdem die betreffende Achse dem Punkt P weiß oder schwarz erscheint.

Handelt es sich um die Punkte auf einer orientierten Geraden Ox, so kann man sich den Anfangspunkt O als ein äußerst kleines Stückchen dieser Geraden denken, das an dem einen Ende weiß, an dem andern schwarz gefärbt ist. Richtet man die Färbung so ein, daß O für die positive Hälfte von Ox weiß erscheint, so ist die Abszisse x eines Punktes P der Abstand dieses Punktes vom Anfangspunkt, und zwar positiv oder negativ gerechnet, je nachdem O von P aus betrachtet, weiß oder schwarz erscheint.

Die in diesem Paragraphen betrachteten Koordinaten nennt man cartesische Punktkoordinaten nach Cartesius oder Descartes, der sie in seiner 1637 erschienenen „Géométrie" benutzte. Wenn das Achsensystem rechtwinklig ist, spricht man von rechtwinkligen Koordinaten.

§ 10. Änderung der Koordinaten bei einer Parallelverschiebung des Achsensystems.

Wir wollen das Achsensystem Ox, Oy, Oz durch eine Translation in die neue Lage $O'x'$, $O'y'$, $O'z'$ überführen.

Der Punkt P habe in bezug auf das alte Achsensystem die Koordinaten x, y, z, in bezug auf das neue Achsensystem die Koordinaten x', y', z'.

x, y, z sind, wie wir wissen, die Koordinaten von OP und x', y', z' die von $O'P$. Hier brauchen wir gar nicht zu sagen, ob die Koordinaten in bezug auf das alte oder neue System gemeint sind. Denn die Koordinaten einer Strecke sind die Maßzahlen ihrer Komponenten und bleiben bei allen Translationen des Achsensystems dieselben.

Nun ist

$$OP = OO' + O'P.$$

Die Koordinaten von OP sind also die Summen der gleichnamigen Koordinaten von OO' und $O'P$. Nennen wir die Koordinaten von OO' (oder, was dasselbe ist, die Koordinaten von O' in bezug auf Ox, Oy, Oz) a, b, c, so wird

$$(1) \qquad x = x' + a, \quad y = y' + b, \quad z = z' + c.$$

Bei einer Parallelverschiebung des Achsensystems ändern sich also die Koordinaten um additive Konstanten.

Die Bedeutung der Konstanten a, b, c, ergibt sich auch aus den Gleichungen (1). Setzt man $x' = y' = z' = 0$, läßt man also P mit O' zusammenfallen, so wird $x = a$, $y = b$, $z = c$. Daraus ersieht man, daß a, b, c die Koordinaten des neuen Anfangspunktes sind, in bezug auf das alte System.

Wenn man in der Ebene ein Achsensystem Ox, Oy durch Parallelverschiebung in die Lage $O'x'$, $O'y'$ überführt, so ändern sich die Koordinaten x, y um additive Konstanten. Dies ergibt sich aus (1), indem man z, z', c gleich Null setzt.

Verschiebt man die orientierte Gerade Ox in sich derart, daß sie die Lage $O'x'$ annimmt, so ändern sich die Abszissen x um eine additive Konstante. Das folgt aus (1), wenn man y, y', b, z, z', c gleich Null setzt.

Eine Strecke P_1P_2 sei dadurch gegeben, daß man die Koordinaten x_1, y_1, z_1 des Anfangspunktes und die Koordinaten x_2, y_2, z_2 des Endpunktes kennt (in bezug auf Ox, Oy, Oz). Wie lauten dann die Koordinaten von P_1P_2? Läßt man P mit P_2 und O' mit P_1

zusammenfallen, so werden x', y', z' in (1) gleich $x_2 - x_1$, $y_2 - y_1$, $z_2 - z_1$. Andererseits sind x', y', z' die Koordinaten von $O'P$, d. h. von $P_1 P_2$. Man kann aber auch so argumentieren. Es ist $P_1 P_2 = O P_2 - O P_1$, also sind die Koordinaten von $P_1 P_2$ gleich $x_2 - x_1$, $y_2 - y_1$, $z_2 - z_1$.

Sind die Achsen rechtwinklig, so ist die Länge von $P_1 P_2$, d. h. die Entfernung der Punkte P_1, P_2 gleich (vgl. § 8) der positiven Quadratwurzel aus

$$(x_2 - x_1)^2 + (y_2 - y_1)^2 + (z_2 - z_1)^2.$$

§ 11. Änderung der rechtwinkligen Koordinaten bei einer Drehung des Achsensystems um den Anfangspunkt.

Ox, Oy, Oz und Ox', Oy', Oz' seien zwei rechtwinklige Achsensysteme mit demselben Anfangspunkt, x, y, z die Koordinaten des Punktes P in bezug auf das erste (das alte) und x', y', z' die Koordinaten von P in bezug auf das zweite (das neue) System.

Wie hängen x, y, z mit x', y', z' zusammen?

Wir zerlegen OP in seine drei Komponenten in bezug auf Ox', Oy', Oz' und projizieren auf eine der Achsen Ox, Oy, Oz. Die Projektion von OP ist dann gleich der Summe der Projektionen der Komponenten. Benutzen wir ferner den Satz, daß auf einer orientierten Geraden die Maßzahl einer Streckensumme gleich der Maßzahlensumme der einzelnen Strecken ist, so können wir schreiben (vgl. § 7)

$$\begin{aligned} x &= x' \cos(x x') + y' \cos(x y') + z' \cos(x z'), \\ y &= x' \cos(y x') + y' \cos(y y') + z' \cos(y z'), \\ z &= x' \cos(z x') + y' \cos(z y') + z' \cos(z z') \end{aligned}$$

oder

$$(1) \qquad \left\{ \begin{aligned} x &= \alpha_1 x' + \alpha_2 y' + \alpha_3 z', \\ y &= \beta_1 x' + \beta_2 y' + \beta_3 z', \\ z &= \gamma_1 x' + \gamma_2 y' + \gamma_3 z'. \end{aligned} \right.$$

$\alpha_1, \beta_1, \gamma_1$ sind die Richtungskosinus von Ox', ebenso $\alpha_2, \beta_2, \gamma_2$ die von Oy' und $\alpha_3, \beta_3, \gamma_3$ die von Oz' in bezug auf das alte System. $\alpha_1, \alpha_2, \alpha_3$ sind die Richtungskosinus von Ox in bezug auf das neue System, $\beta_1, \beta_2, \beta_3$ die von Oy und $\gamma_1, \gamma_2, \gamma_3$ die von Oz.

Setzt man in dem Schema

$$\begin{matrix} \alpha_1 & \alpha_2 & \alpha_3 \\ \beta_1 & \beta_2 & \beta_3 \\ \gamma_1 & \gamma_2 & \gamma_3 \end{matrix}$$

eine Reihe (Zeile oder Spalte) mit einer andern parallelen Reihe zusammen (d. h. summiert man die Produkte gleichnamiger Elemente) so kommt Null heraus. Setzt man eine Reihe mit sich selbst zusammen, so kommt 1 heraus. Daher ist[1]

$$\begin{vmatrix} \alpha_1 & \alpha_2 & \alpha_3 \\ \beta_1 & \beta_2 & \beta_3 \\ \gamma_1 & \gamma_2 & \gamma_3 \end{vmatrix}^2 = 1\,.$$

Die Determinante der α, β, γ, die sogenannte Transformationsdeterminante[2], hat also den Wert 1 oder -1.

Geht Ox', Oy', Oz' aus Ox, Oy, Oz durch eine Bewegung hervor, lassen sich also beide Achsensysteme derart zur Deckung bringen, daß auch die positiven Hälften der gleichnamigen Achsen zusammenfallen, so ist

$$\begin{vmatrix} \alpha_1 & \alpha_2 & \alpha_3 \\ \beta_1 & \beta_2 & \beta_3 \\ \gamma_1 & \gamma_2 & \gamma_3 \end{vmatrix} = 1\,.$$

Zunächst wollen wir den Spezialfall betrachten, daß zwei Achsen, also etwa Oz und Oz', zusammenfallen (incl. Orientierung). Dann ist $z = z'$ und $\cos(xz') = \cos(yz') = 0$, mithin

$$x = x'\cos(xx') + y'\cos(xy'),$$

$$y = x'\cos(yx') + y'\cos(yy').$$

Wenn wir den positiven Drehungssinn so wählen, daß $(xy) \equiv \frac{\pi}{2}$ ist, so kann zweierlei passieren. Entweder ist $(x'y') \equiv \frac{\pi}{2}$ oder $(x'y') \equiv -\frac{\pi}{2}$. Nur im ersten Falle lassen sich die beiden Achsensysteme zur Deckung bringen. In diesem Falle ist, wenn wir $(xx') = \varphi$ setzen,

$$(xy') \equiv (xx') + (x'y') \equiv \frac{\pi}{2} + \varphi\,,$$

$$(yx') \equiv (yx) + (xx') \equiv -\frac{\pi}{2} + \varphi\,,$$

$$(yy') \equiv (yx) + (xy') \equiv \varphi\,,$$

[1] Vgl. meine „Einführung in die Determinantentheorie", S. 160.

[2] Ein Gleichungssystem wie (1) nennt man eine **lineare Transformation**. Erfüllen die α, β, γ die oben angegebenen Relationen, so spricht man von einer **orthogonalen Transformation**. Die Determinante der α, β, γ heißt eine **orthogonale Determinante**.

so daß man hat (vgl. S. 11)

$$(2) \qquad \begin{cases} x = x' \cos\varphi - y' \sin\varphi\,, \\ y = x' \sin\varphi + y' \cos\varphi\,. \end{cases}$$

Die Determinante der α, β, γ lautet hier

$$\begin{vmatrix} \cos\varphi, & -\sin\varphi, & 0 \\ \sin\varphi, & \cos\varphi, & 0 \\ 0\;, & 0\;, & 1 \end{vmatrix}$$

Sie hat den Wert $\cos^2\varphi + \sin^2\varphi = 1$.

Wenn $(xy) \equiv \frac{\pi}{2}$, aber $(x'y') \equiv -\frac{\pi}{2}$ ist, so wird

$$(xy') \equiv -\frac{\pi}{2} + \varphi, \quad (yx') \equiv -\frac{\pi}{2} + \varphi, \quad (yy') \equiv \varphi - \pi\,,$$

also

$$x = x' \cos\varphi + y' \sin\varphi\,,$$
$$y = x' \sin\varphi - y' \cos\varphi$$

und die Determinante der α, β, γ gleich -1.

Wir wollen jetzt das System Ox, Oy, Oz kurz mit S und das System Ox', Oy', Oz' kurz mit S' bezeichnen. Durch eine Drehung um die x-Achse können wir sicher erreichen, daß Oy in die Ebene $Oy'z'$ gelangt. S gehe dabei in S_1 über. Die y-Achse von S_1 liegt in der Ebene $Oy'z'$, steht also senkrecht auf Ox'. Daher können wir S_1 so um seine y-Achse drehen, daß seine z-Achse mit Oz' zusammenfällt (incl. Orientierung). Dieses gedrehte System S_1 möge S_2 heißen. Da sind nun zwei Fälle möglich. Entweder läßt sich S_2 durch Drehung um seine z-Achse mit S' zur Deckung bringen oder nicht. Wir wissen, daß im ersten Falle beim Übergange von S_2 zu S' die Transformationsdeterminante gleich 1, im zweiten Falle dagegen gleich -1 ist. Wir haben also folgenden Sachverhalt. Die Transformationsdeterminante ist

beim	Übergange	von	S	zu	S_1	gleich 1,
"	"	"	S_1	"	S_2	" 1,
"	"	"	S_2	"	S'	" 1 oder -1,

je nachdem S und S' sich durch eine Bewegung zur Deckung bringen lassen oder nicht.

Nun müssen wir uns auf eine Eigenschaft der linearen Transformationen stützen.

Hat man (für $\nu = 1, 2, \ldots, n$)

$$x_\nu = a_{\nu 1} y_1 + \ldots + a_{\nu n} y_n$$

und

$$y_\nu = b_{\nu 1} z_1 + \ldots + b_{\nu n} z_n,$$

so ist

$$x_\nu = c_{\nu 1} z_1 + \ldots + c_{\nu n} z_n$$

und dabei

$$c_{\nu \varrho} = \sum_{k=1}^{n} a_{\nu k} b_{k \varrho}.$$

Das Element $c_{\nu\varrho}$ in der Determinante

$$\begin{vmatrix} c_{11} & \ldots & c_{1n} \\ \cdot & \cdot & \cdot \\ c_{n1} & \ldots & c_{nn} \end{vmatrix}$$

entsteht also durch Zusammensetzung der ν^{ten} Zeile von

$$\begin{vmatrix} a_{11} & \ldots & a_{1n} \\ \cdot & \cdot & \cdot \\ a_{n1} & \ldots & a_{nn} \end{vmatrix}$$

mit der ϱ^{ten} Spalte von

$$\begin{vmatrix} b_{11} & \ldots & b_{1n} \\ \cdot & \cdot & \cdot \\ b_{n1} & \ldots & b_{nn} \end{vmatrix}.$$

Nach dem Multiplikationssatz der Determinanten ist dann aber die erste Determinante gleich dem Produkt der beiden letzten.

Daraus folgt, daß beim Übergange von S zu S_2 die Transformationsdeterminante 1 auftritt, und durch nochmalige Anwendung desselben Schlusses auf S, S_2, S' ergibt sich, daß beim Übergange von S zu S' die Transformationsdeterminante gleich 1 oder -1 ist, je nachdem diese beiden Achsensysteme kongruent sind oder nicht.

Sind S und S' nicht kongruent, so werden sie es dadurch, daß man bei einer Achse die Orientierung umkehrt. Man nennt solche Systeme symmetrisch.

§ 12. Koordinaten eines Punktes in bezug auf zwei beliebige rechtwinklige Achsensysteme.

Es ist jetzt leicht, den Zusammenhang zwischen den Koordinaten eines Punktes P in bezug auf zwei beliebige rechtwinklige Achsensysteme Ox, Oy, Oz und $O'x'$, $O'y$, $O'z'$ anzugeben. Wir verschieben zuerst das erste System parallel mit sich, so daß O nach O' gelangt. Dieses verschobene System heiße $O'x_1$, $O'y_1$, $O'z$. Dann ist nach § 10

$$x = x_1 + a, \quad y = y_1 + b, \quad z = z_1 + c$$

und nach § 11

$$x_1 = \alpha_1 x' + \alpha_2 y' + \alpha_3 z',$$
$$y_1 = \beta_1 x' + \beta_2 y' + \beta_3 z',$$
$$z_1 = \gamma_1 x' + \gamma_2 y' + \gamma_3 z',$$

also

$$(1) \qquad \begin{cases} x = a + \alpha_1 x' + \alpha_2 y' + \alpha_3 z', \\ y = b + \beta_1 x' + \beta_2 y' + \beta_3 z', \\ z = c + \gamma_1 x' + \gamma_2 y' + \gamma_3 z'. \end{cases}$$

$\alpha_1, \beta_1, \gamma_1$ sind die Richtungskosinus von Ox', ebenso $\alpha_2, \beta_2, \gamma_2$ die von Oy' und $\alpha_3, \beta_3, \gamma_3$ die von Oz' in bezug auf Ox_1, Oy_1, Oz_1 oder, was auf dasselbe hinauskommt, in bezug auf Ox, Oy, Oz.

Sind die Systeme Ox, Oy, Oz und $O'x'$, $O'y'$, $O'z'$ kongruent, so ist

$$\begin{vmatrix} \alpha_1 & \alpha_2 & \alpha_3 \\ \beta_1 & \beta_2 & \beta_3 \\ \gamma_1 & \gamma_2 & \gamma_3 \end{vmatrix} = 1.$$

Sind die Systeme symmetrisch, so ist die Determinante der α, β, γ gleich -1.

Vertauscht man in der obigen Betrachtung die beiden Systeme, so ergibt sich[1]

$$(2) \qquad \begin{cases} x' = a' + \alpha_1 x + \beta_1 y + \gamma_1 z, \\ y' = b' + \alpha_2 x + \beta_2 y + \gamma_2 z, \\ z' = c' + \alpha_3 x + \beta_3 y + \gamma_3 z. \end{cases}$$

Die Formeln (2) sind nichts anderes als die Auflösung der Gleichungen (1) nach x', y', z'. Diese Auflösung läßt sich so bewerkstelligen, daß man die Gleichungen (1) der Reihe nach mit α_k, β_k, γ_k multipliziert und addiert ($k = 1, 2, 3$).

Wir wollen jetzt den Fall betrachten, daß die Systeme kongruent sind, und eine andere Interpretation der Gleichungen (2) darlegen.

Man denke sich P mit dem Achsensystem $O'x'$, $O'y'$, $O'z'$ fest verbunden und dieses Achsensystem mit Ox, Oy, Oz zur Deckung

---

[1] $\alpha_1, \alpha_2, \alpha_3$ sind nämlich die Richtungskosinus von Ox in bezug auf $O'x'$, $O'y'$, $O'z'$, ebenso $\beta_1, \beta_2, \beta_3$ die von Oy und $\gamma_1, \gamma_2, \gamma_3$ die von Oz.

gebracht. Dadurch wird P in die neue Lage P' übergeführt, und dieser Punkt hat offenbar in bezug auf Ox, Oy, Oz die Koordinaten x', y', z'.

Daraus ersehen wir folgendes. Wenn ein Körper irgend eine Bewegung im Raume ausführt, so geht jeder Punkt P dieses Körpers in eine andere Lage P' über und die Koordinaten x', y', z' von P drücken sich durch die Koordinaten x, y, z von P mittels der Formeln (2) aus. Die Koordinaten beziehen sich auf das feste Achsensystem Ox, Oy, Oz. Die α, β, γ bilden eine orthogonale Determinante, die gleich 1 ist.

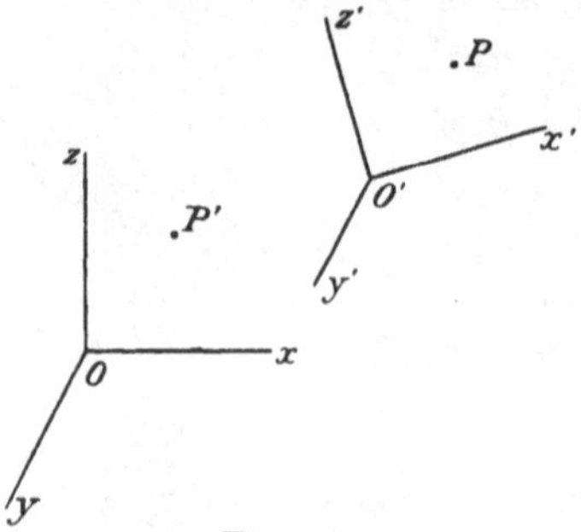

Fig. 16.

Wenn die dritte Gleichung in (2) $z' = z$ lautet, so nehmen die beiden ersten folgende Gestalt an (vgl. S. 22)

$$(3) \qquad \begin{cases} x' = x \cos \varphi + y \sin \varphi + a', \\ y' = -x \sin \varphi + y \cos \varphi + b'. \end{cases}$$

Bewegt man eine Figur in der x, y-Ebene, ohne daß sie diese Ebene verläßt, so wird die Bewegung durch die obigen Gleichungen dargestellt. Ist $\varphi = 0$, so hat man eine Translation. Sind a', b' beide gleich Null, so hat man eine Drehung um den Anfangspunkt.

Wenn wir das Achsensystem Ox, Oy in der Ebene parallel mit sich verschieben, so ändern sich die Koordinaten um additive Konstanten A, B, d. h. es wird

$$x = x_1 + A, \quad y = y_1 + B,$$
$$x' = x_1' + A, \quad y' = y_1' + B$$

und die Gleichungen (3) lauten dann

$$x_1' = y_1 \cos \varphi + y_1 \sin \varphi + a_1',$$
$$y_1' = -x_1 \sin \varphi + y_1 \cos \varphi + b_1'.$$

Dabei ist

$$a_1' = A \cos \varphi + B \sin \varphi - A + a',$$
$$b_1' = -A \sin \varphi + B \cos \varphi - B + b'.$$

Wir wollen versuchen, A, B so zu wählen, daß $a_1' = b_1' = 0$ wird, d. h.

$$A (\cos \varphi - 1) + B \sin \varphi + a' = 0,$$
$$-A \sin \varphi + B(\cos \varphi - 1) + b' = 0.$$

Das sind zwei lineare Gleichungen mit den beiden Unbekannten A, B. Wenn die Determinante

$$\begin{vmatrix} \cos\varphi - 1, & \sin\varphi \\ -\sin\varphi, & \cos\varphi - 1 \end{vmatrix} = (\cos\varphi - 1)^2 + \sin^2\varphi = 2(1 - \cos\varphi)$$

nicht verschwindet, gibt es eine Lösung A, B. Das Verschwinden der Determinante bedeutet aber, daß $\cos\varphi = 1$, also $\sin\varphi = 0$ ist, und dann reduziert sich (3) auf eine Translation.

Sobald also die Bewegung (3) keine Translation ist, läßt sie sich als eine Drehung um den Punkt A, B (d. h. den Punkt mit den Koordinaten $x = A$, $y = B$) ansehen.

Wir kehren jetzt wieder zu den Bewegungen im Raume zurück und stellen zunächst folgende Frage:

Gibt es eine Strecke $P_1 P_2$, die bei der Bewegung (2) in eine gleiche Strecke $P_1' P_2'$ übergeht,[1] so daß also $P_1 P_2 = P_1' P_2'$ ist?

Bezeichnen wir die Koordinaten von P_1 und P_2 mit x_1, y_1, z_1 bzw. x_2, y_2, z_2, die von P_1' und P_2' mit x_1', y_1', z_1' bzw. $x_2' y_2', z_2'$, so haben wir zwei Gleichungssysteme, die aus (2) dadurch entstehen, daß man einmal x, y, z, x', y', z' mit dem Index 1 und ein zweites Mal mit dem Index 2 versieht. Subtrahieren wir die entsprechenden Gleichungen dieser Systeme und nennen die Koordinaten von $P_1 P_2$ und $P_1' P_2'$

$$l,\ m,\ n \quad \text{bzw.} \quad l',\ m',\ n',$$

so ergibt sich

$$\begin{aligned} l' &= \alpha_1 l + \beta_1 m + \gamma_1 n, \\ m' &= \alpha_2 l + \beta_2 m + \gamma_2 n, \\ n' &= \alpha_3 l + \beta_3 m + \gamma_3 n. \end{aligned}$$

Diese Formeln sagen uns, wie die Bewegung (2) mit den Strecken des Raumes umgeht. Wollen wir haben, daß $P_1 P_2 = P_1' P_2'$ sein soll, d. h.

$$l' = l, \quad m' = m, \quad n' = n,$$

so müssen die Gleichungen

$$(4) \qquad \begin{cases} (\alpha_1 - 1) l + \beta_1 m + \gamma_1 n = 0, \\ \alpha_2 l + (\beta_2 - 1) m + \gamma_2 n = 0, \\ \alpha_3 l + \beta_3 m + (\gamma_3 - 1) n = 0 \end{cases}$$

stattfinden.

---

[1] Natürlich schließen wir Nullstrecken aus.

Die Determinante dieser Gleichungen ist Null. Man hat nämlich

$$\begin{vmatrix} \alpha_1 - 1, & \beta_1, & \gamma_1 \\ \alpha_2, & \beta_2 - 1, & \gamma_2 \\ \alpha_3, & \beta_3, & \gamma_3 - 1 \end{vmatrix} \begin{vmatrix} \alpha_1 & \beta_1 & \gamma_1 \\ \alpha_2 & \beta_2 & \gamma_2 \\ \alpha_3 & \beta_3 & \gamma_3 \end{vmatrix} = \begin{vmatrix} 1 - \alpha_1, & -\beta_1, & -\gamma_1 \\ -\alpha_2, & 1 - \beta_2, & -\gamma_2 \\ -\alpha_3, & -\beta_3, & 1 - \gamma_3 \end{vmatrix}.$$

Dabei muß man die Relationen

$$\alpha_k^2 + \beta_k^2 + \gamma_k^2 = 0,$$
$$\alpha_k \alpha_j + \beta_k \beta_j + \gamma_k \gamma_j = 0 \qquad (k \gtrless j)$$

benutzen.

Die Determinante der α, β, γ ist gleich 1. Also lautet die obige Gleichung

$$\begin{vmatrix} \alpha_1 - 1, & \beta_1, & \gamma_1 \\ \alpha_2, & \beta_2 - 1, & \gamma_2 \\ \alpha_3, & \beta_3, & \gamma_3 - 1 \end{vmatrix} = - \begin{vmatrix} \alpha_1 - 1, & \beta_1, & \gamma_1 \\ \alpha_2, & \beta_2 - 1, & \gamma_2 \\ \alpha_3, & \beta_3, & \gamma_3 - 1 \end{vmatrix},$$

d. h. die betrachtete Determinante ist Null. Infolgedessen gibt es Lösungen l, m, n, die nicht aus lauter Nullen bestehen, d. h. es gibt Strecken, die bei der Bewegung (3) in gleiche Strecken übergehen.

Wir wollen das Achsensystem so drehen, daß die z-Achse parallel zu einer solchen Strecke wird. Wir wollen aber nach Ausführung dieser Drehung der Einfachheit wegen alle Bezeichnungen beibehalten. Dann ist $l = m = 0$. Die Gleichungen (4) zeigen, daß

$$\gamma_1 = \gamma_2 = 0, \quad \gamma_3 = 1$$

wird. Da die Determinante

$$\begin{vmatrix} \alpha_1 & \beta_1 & 0 \\ \alpha_2 & \beta_2 & 0 \\ \alpha_3 & \beta_3 & 1 \end{vmatrix}$$

orthogonal ist, so folgt weiter $\alpha_3 = \beta_3 = 0$, und die Gleichungen (2) lassen sich schreiben

$$x' = x \cos \varphi + y \sin \varphi + a',$$
$$y' = -x \sin \varphi + y \cos \varphi + b',$$
$$z' = z + c'.$$

Setzen wir noch[1]

$$x = x_1 + A, \quad y = y_1 + B, \quad z = z_1,$$
$$x' = x_1' + A, \quad y' = y_1' + B, \quad z' = z_1',$$

[1] A, B haben dieselben Werte wie auf S. 26.

was eine Translation des Achsensystems bedeutet, so nehmen die Formeln folgende Gestalt an

$$x_1' = \quad x_1 \cos\varphi + y_1 \sin\varphi,$$
$$y_1' = - x_1 \sin\varphi + y_1 \cos\varphi,$$
$$z_1' = \quad z_1 + c'.$$

Setzen wir zuerst $c' = 0$, so haben wir eine Rotation um die z-Achse vor uns. Nachher müssen noch alle z um dieselbe Konstante vermehrt werden. Das bedeutet eine Translation parallel zur z-Achse. Beide Bewegungen zusammen stellen eine Schraubenbewegung um die z-Achse dar. Man muß sich die z-Achse als eine Schraube vorstellen, auf die der bewegte Körper aufgeschraubt ist. Dreht man den Körper, so führt er eine Schraubenbewegung aus.

Wir haben hier angenommen, daß $\cos\varphi \neq 1$ ist. Im Falle $\cos\varphi = 1$ handelt es sich um die Translation

$$x' = x + a', \quad y' = y + b', \quad z' = z + c'.$$

Jede Bewegung, die keine Translation ist, läßt sich, wenn man nur auf die Anfangs- und Endlage achtet, als eine Schraubenbewegung ansehen.

§ 13. Andere Koordinatensysteme.

1. Polarkoordinaten in der Ebene.

In der Ebene sei eine orientierte Gerade g gegeben und ein Punkt O auf ihr. Außerdem sei für die Drehungen um O ein positiver Drehungssinn festgesetzt.

Ein Punkt P der Ebene, der nicht mit O zusammenfällt, bestimmt mit O eine Gerade h. Wir orientieren diese Gerade und bezeichnen die Maßzahl von OP mit r. Wir können die Lage von P dadurch bestimmen, daß wir den Winkel $(gh) = \varphi$ und außerdem r angeben. Wir wissen dann nämlich, daß OP auf der um φ gedrehten Geraden g die Maßzahl r hat.

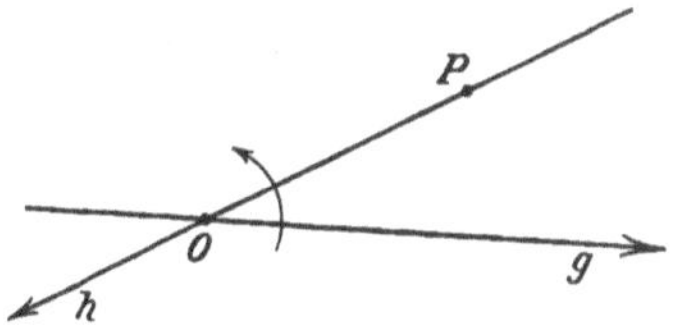

Fig. 17.

r, φ nennt man die Polarkoordinaten von P. Der Punkt O heißt der Pol und g die Polarachse. Außerdem braucht man noch den positiven Drehungssinn und natürlich auch eine Längeneinheit.

r wird als der Radiusvektor und φ als Amplitude von P bezeichnet.

r, φ und $-r, \varphi + \pi$ sind offenbar Polarkoordinaten desselben Punktes. Außerdem darf man jedesmal die Amplitude um ein Vielfaches von 2π ändern. Wenn P mit O zusammenfällt, ist $r = 0$ und φ völlig unbestimmt.

Auch eine Strecke AB in der Ebene kann man durch Polarkoordinaten charakterisieren. Man orientiert den Träger h der Strecke und setzt $\overline{AB} = r$, $(g\,h) = \varphi$. Dann sind r, φ die Polarkoordinaten der Strecke. Die Polarkoordinaten von P sind offenbar die Polarkoordinaten der Strecke OP.

Wie hängen die Polarkoordinaten mit den cartesischen zusammen?

Die Gerade g machen wir zur x-Achse. Die y-Achse entstehe aus g durch die Drehung $\pi/2$. Dann ist $(h\,y) \equiv (h\,x) + (x\,y)$, d. h. $(h\,y) = \frac{\pi}{2} - \varphi$ und die Koordinaten x, y des Punktes P sind nach § 8 folgende

$$x = r \cos \varphi, \quad y = r \sin \varphi.$$

Mit Hilfe der Polarkoordinaten lassen sich die Drehungen um den Pol O in sehr einfacher Weise ausdrücken.

Führen wir die Drehung α aus, so nehmen alle Amplituden um α zu.[1] Alle Radienvektoren bleiben aber ungeändert. Die neuen Polarkoordinaten sind also $r, \varphi + \alpha$, d. h. der Punkt mit den Polarkoordinaten r, φ geht über in den Punkt mit den Koordinaten

$$(*) \qquad r' = r, \quad \varphi' = \varphi + \alpha.$$

Sind x, y und x', y' die cartesischen Koordinaten der Punkte r, φ bzw. r', φ', so hat man

$$\begin{aligned} x' &= r' \cos \varphi' = r \cos(\varphi + \alpha) \\ &= r \cos \varphi \cdot \cos \alpha - r \sin \varphi \cdot \sin \alpha, \\ y' &= r' \sin \varphi' = r \sin(\varphi + \alpha) \\ &= r \cos \varphi \cdot \sin \alpha + r \sin \varphi \cdot \cos \alpha, \end{aligned}$$

d. h.

$$\begin{aligned} x' &= x \cos \alpha - y \sin \alpha, \\ y' &= x \sin \alpha + y \sin \alpha. \end{aligned}$$

[1] α ist positiv oder negativ, je nachdem die Drehung im positiven oder im negativen Sinne erfolgt. $|\alpha|$ ist die Weglänge, die ein Punkt zurücklegt, der von dem Drehpunkt O die Entfernung 1 hat. Vgl. § 5.

Das sind dieselben Formeln, die wir schon (mit anderer Bezeichnung des Drehungswinkels) in § 12 hatten.

Auf Grund der Formeln (*) können wir sagen, daß eine Rotation sich in Polarkoordinaten so schreibt wie eine Translation in cartesischen.

2. Zylinderkoordinaten im Raume.

Durch einen Punkt O legen wir die orientierte Gerade Oz und senkrecht zu ihr durch O eine Ebene E. In dieser ziehen wir die orientierte Gerade Ox und setzen den positiven Drehungssinn fest.

P sei ein Punkt im Raume und P' seine Projektion auf die Ebene E. Wir setzen

$$\overline{P'P} = z$$

und bezeichnen mit r, φ die Polarkoordinaten von P' in bezug auf den Pol O und die Polarachse Ox.

Durch z, r, φ ist die Lage von P vollkommen bestimmt. Man nennt z, r, φ Zylinderkoordinaten.

Ihr Zusammenhang mit den cartesischen Koordinaten ist folgender.

Wir drehen Ox in der Ebene E um $\pi/2$ und machen die so entstehende orientierte Gerade zur y-Achse. Dann sind

$$x = r \cos \varphi, \quad y = r \sin \varphi \quad \text{und } z$$

die Koordinaten von P in bezug auf Ox, Oy, Oz.

3. Polarkoordinaten im Raume.

Durch einen Punkt O legen wir die orientierte Gerade Oz (sie heiße die Achse) und senkrecht zu ihr durch O eine Ebene E, die Äquatorebene. Dann brauchen wir noch eine Ebene durch die Achse, die Nullebene. Sie schneidet die Äquatorebene in einer Geraden Ox, die wir orientieren. Sowohl in der Äquatorebene, als auch in der Nullebene setzen wir einen positiven Drehungssinn fest.

Nun sei P ein Punkt, der nicht gerade auf der Achse liegt. Wir orientieren die Gerade h, die er mit O bestimmt, und setzen

$$\overline{OP} = r.$$

Jetzt drehen wir die Nullebene so lange um die Achse, bis sie durch P hindurchgeht. Ox habe sich dabei um λ gedreht. Endlich lassen wir in der gedrehten Nullebene Ox eine solche Drehung β ausführen, daß es mit h zusammenfällt (incl. Orientierung).

r, λ, β heißen die Polarkoordinaten von P, und zwar r der Radiusvektor, λ die Länge, β die Breite. Verlangt man, daß r einen bestimmten Wert haben soll, so liegt der Punkt P auf einer Kugel, die um O beschrieben ist. Auf dieser Kugel ist seine Lage (wie in der Geographie) durch Länge und Breite bestimmt.

Verlangt man, daß λ einen bestimmten Wert haben soll, so liegt P in einer Ebene durch die Achse. In ihr sind r, β nichts anderes als Polarkoordinaten.

Verlangt man schließlich, daß β einen bestimmten Wert haben soll, so liegt P auf einem Rotationskegel mit der Achse Oz und der Spitze O.

Die Kugeln mit dem Mittelpunkt O, die Ebenen durch Oz und die Rotationskegel mit der Spitze O und der Achse Oz nennt man die drei Scharen von Koordinatenflächen bei dem hier betrachteten Koordinatensystem.

Welche Koordinatenflächen treten bei den Zylinderkoordinaten auf? Man findet eine solche Fläche, indem man eine Koordinate gleich einer Konstanten setzt.

Die Koordinatenflächen der cartesischen Koordinaten sind, wie der Leser sich klar machen möge, drei Scharen von Parallelebenen (zu den Koordinatenebenen).

In der Ebene hat man zwei Scharen von Koordinatenlinien. Bei den Polarkoordinaten sind es die Kreise um den Pol und die Geraden durch den Pol, bei den cartesischen Koordinaten die Parallelen zu den beiden Achsen.

§ 14. Die homogenen cartesischen Koordinaten und die uneigentlichen Punkte des Raumes.

Ox, Oy, Oz sei ein rechtwinkliges Achsensystem und g eine orientierte Gerade mit den Richtungskosinus λ, μ, ν. Wir wählen auf g einen Anfangspunkt P_0 (mit den Koordinaten x_0, y_0, z_0). Dann ist jeder andere Punkt von g durch seine Abszisse $\overline{P_0 P} = r$ bestimmt. Die Koordinaten x, y, z von P ergeben sich sofort, wenn man bedenkt, daß $P_0 P$ die Koordinaten $x - x_0,\ y - y_0,\ z - z_0$ hat und daß (nach § 8)

$$x - x_0 = r\lambda, \quad y - y_0 = r\mu, \quad z - z_0 = r\nu$$

ist, also

$$x = x_0 + r\lambda, \quad y = y_0 + x\mu, \quad z = z_0 + r\nu. \tag{1}$$

Lassen wir r alle möglichen positiven und negativen Werte annehmen, so erhalten wir alle möglichen Lagen von P auf g.

Wir wollen jetzt zusehen, was geschieht, wenn $|r|$ über alle Grenzen zunimmt, wenn sich also P auf g immer mehr von P_0 entfernt (nach der positiven oder negativen Richtung).

Aus (1) entnehmen wir

$$x:y:z:1 = \left(\lambda + \frac{x_0}{r}\right):\left(\mu + \frac{y_0}{r}\right):\left(\nu + \frac{z_0}{r}\right):\frac{1}{r}.$$

Je größer $|r|$ ist, d. h. je weiter P von P_0 entfernt ist, desto weniger unterscheiden sich

$$\lambda + \frac{x_0}{r}, \quad \mu + \frac{y_0}{r}, \quad \nu + \frac{z_0}{r}, \quad \frac{1}{r}$$

von

$$\lambda, \quad \mu, \quad \nu, \quad 0.$$

Je weiter P von P_0 fortrückt, desto genauer verhalten sich x, y, z, 1 zueinander wie λ, μ, ν, 0.

Als **homogene** cartesische Koordinaten von P bezeichnet man vier Zahlen x_1, x_2, x_3, x_4, die zu x, y, z, 1 proportional sind:

$$x_1 = \sigma x, \quad x_2 = \sigma y, \quad x_3 = \sigma z, \quad x_4 = \sigma \neq 0.$$

Unter Benutzung dieses Begriffs läßt sich unser Resultat so ausdrücken:

Wenn sich P auf der Geraden g immer mehr von P_0 entfernt, so verhalten sich die homogenen Koordinaten von P **immer genauer** wie λ, μ, ν, 0.

Hierdurch wird es uns nahe gelegt, vier Zahlen, die sich **genau** wie λ, μ, ν, 0 zueinander verhalten, als die Koordinaten des Punktes P zu betrachten, wenn er auf g sozusagen **ganz** ins Unendliche gerückt ist.

Wir kommen so zu den **unendlich fernen** oder **uneigentlichen** Punkten des Raumes. Die homogenen Koordinaten eines solchen Punktes lauten x_1, x_2, x_3, 0. x_1, x_2, x_3 sind proportional zu den Richtungskosinus λ, μ, ν einer Geraden g und jeder Parallelen zu g. Der unendlich ferne Punkt x_1, x_2, x_3, 0 wird als gemeinsamer Punkt aller Geraden mit den **Richtungskoeffizienten**[1] x_1, x_2, x_3 betrachtet. Er ist der unendlich ferne oder uneigentliche Punkt aller dieser Geraden. Jede Gerade hat einen und nur einen unendlich fernen Punkt.

Ziehen wir durch einen Punkt O zwei verschiedene Geraden, so werden auch ihre unendlich fernen Punkte als verschieden angesehen.

[1] Richtungskoeffizienten sind proportional zu den Richtungskosinus.

Die Koordinaten x_1, x_2, x_3, x_4 eines Punktes sind niemals alle gleich Null. Handelt es sich um einen eigentlichen Punkt, so ist $x_4 \neq 0$, weil x_1, x_2, x_3, x_4 zu x, y, z, 1 proportional sind. Handelt es sich um einen unendlich fernen Punkt, so ist $x_4 = 0$ und x_1, x_2, x_3 sind proportional zu drei Richtungskosinus λ, μ, ν. Da $\lambda^2 + \mu^2 + \nu^2 = 1$ ist, so können λ, μ, ν nicht alle gleich Null sein. Dasselbe gilt daher von x_1, x_2, x_3.

x_1, x_2, x_3, x_4 und x_1', x_2', x_3', x_4' stellen dann und nur dann denselben Punkt dar, wenn die x zu den x' proportional sind, d. h. wenn die zweireihigen Determinanten der Matrix

$$\begin{vmatrix} x_1 & x_2 & x_3 & x_4 \\ x_1' & x_2' & x_3' & x_4' \end{vmatrix}$$

alle verschwinden.

Setzt man $x_3 = 0$, so sind x_1, x_2, x_4 homogene cartesische Koordinaten in der x, y-Ebene. Setzt man $x_2 = x_3 = 0$, so sind x_1, x_4 homogene cartesische Koordinaten auf der x-Achse.

Drittes Kapitel.

Geometrie auf der Geraden.

§ 15. Punkte und Punktsysteme, dargestellt durch Gleichungen.

g sei eine Gerade. Wir wählen auf ihr eine positive Richtung und einen Anfangspunkt O. Dann hat jeder eigentliche Punkt P eine Abszisse

$$\overline{OP} = x,$$

durch die er charakterisiert ist.

Als homogene Koordinaten von P betrachen wir nach § 14 zwei Zahlen x_1, x_2, die sich zueinander verhalten wie x zu 1, so daß wir schreiben können:

$$x_1 = \sigma x, \quad x_2 = \sigma. \qquad (\sigma \neq 0)$$

Der unendlich ferne Punkt der Geraden hat die Koordinaten x_1, 0. $(x_1 \neq 0)$

Wir können einen Punkt A (mit den Koordinaten a_1, a_2) durch eine lineare Gleichung darstellen, nämlich durch

$$(1) \qquad a_2 x_1 - a_1 x_2 = 0.$$

Diese Gleichung besagt, daß x_1, x_2 proportional zu a_1, a_2, daß also x_1, x_2 die Koordinaten von A sind. Nur der Punkt A genügt der Gleichung (1). Der unendlich ferne Punkt von g wird durch die Gleichung $x_2 = 0$ dargestellt.

Umgekehrt stellt jede lineare Gleichung

$$c_1 x_1 + c_2 x_2 = 0$$

einen Punkt dar. Natürlich nehmen wir an, daß die Koeffizienten c_1, c_2 nicht beide gleich Null sind. Die obige Gleichung stellt dann den Punkt mit den Koordinaten c_2, $-c_1$ dar.

Auch ein System von Punkten können wir durch eine Gleichung darstellen. Nehmen wir z. B. die beiden Punkte

$$x_1', x_2'; \quad x_1'', x_2'',$$

so werden sie dargestellt durch die Gleichung

$$(x_1 x_2' - x_2 x_1')(x_1 x_2'' - x_2 x_1'') = 0.$$

Diese Gleichung ist nämlich nur erfüllt, wenn einer der Faktoren der linken Seite verschwindet, wenn also

$$x_1 x_2' - x_2 x_1' = 0$$

oder

$$x_1 x_2'' - x_2 x_1'' = 0$$

ist.

Die Gleichung

$$(x_1 x_2' - x_2 x_1')(x_1 x_2'' - x_2 x_1'')(x_1 x_2''' - x_2 x_1''') = 0$$

stellt das Punktetripel

$$x_1', x_2'; \quad x_1'', x_2''; \quad x_1''', x_2'''$$

dar.

Ein System von n Punkten wird dargestellt durch eine homogene Gleichung n^{ten} Grades[1] in x_1, x_2

$$(2) \quad a_0 x_1^n + a_1 x_1^{n-1} x_2 + a_2 x_1^{n-2} x_2^2 + \ldots + a_{n-1} x_1 x_2^{n-1} + a_n x_2^n = 0.$$

Die Koeffizienten $a_0, a_1, \ldots, a_n$ sind nicht alle gleich Null.

Stellt nun jede solche Gleichung n^{ten} Grades ein System von n Punkten dar? Im Falle $n = 1$ haben wir gesehen, daß dem so ist.

Im Falle $n > 1$ wissen wir aus der Algebra, daß die linke Seite von (2) sich in n Faktoren 1. Grades auflösen läßt, daß wir also die Gleichung (2) so schreiben können

$$(x_1 x_2' - x_2 x_1') \ldots (x_1 x_2^{(n)} - x_2 x_1^{(n)}) = 0.$$

[1] Die linke Seite von (2) nennt man eine binäre Form n^{ten} Grades.

Die Koeffizienten keines Faktors sind beide gleich Null. Sobald also $x_1^{(k)}$, $x_2^{(k)}$ reelle Zahlen sind, stellt

$$x_1 x_2^{(k)} - x_2 x_1^{(k)} = 0$$

einen Punkt auf g dar. Aber die $x_1^{(k)}$, $x_2^{(k)}$ brauchen nicht alle reell zu sein. Z. B. sind sie es nicht bei der Gleichung

$$x_1^2 + x_2^2 = 0.$$

Von dieser können wir daher nicht sagen, daß sie ein Punktepaar auf g darstellt. Alles, was wir sagen können, ist also dies:

Manche Gleichungen n^{ten} Grades stellen ein System von n Punkten dar, manche aber auch nicht.

Derartige Sätze sucht man in der Mathematik möglichst zu vermeiden. Man will nicht genötigt sein fortwährend Ausnahmen zu machen. Deshalb erweitert man lieber die Begriffe so lange, bis alles sich einem Satze unterordnet und keine Ausnahme mehr übrig bleibt.

Wir wollen vereinbaren auch zwei komplexe Zahlen x_1, x_2, die nicht beide verschwinden, als Koordinaten eines Punktes zu betrachten. Ist das Verhältnis $x_1 : x_2$ reell, d. h. sind x_1, x_2 proportional zu zwei reellen Zahlen x_1', x_2', so ist es der Punkt mit den Koordinaten x_1', x_2'. Andernfalls sprechen wir von einem imaginären Punkt der Geraden g. Sind x_1, x_2 proportional zu y_1, y_2, so sagen wir, daß beide die Koordinaten eines und desselben Punktes sind. Im Falle $x_1 y_2 - x_2 y_1 \neq 0$ betrachten wir die Punkte x_1, x_2 und y_1, y_2 als verschieden.

Nach dieser Erweiterung des Punktbegriffs können wir sagen, daß die Gleichung (2), in der nicht alle Koeffizienten gleich Null sind, stets ein System von n Punkten darstellt. Sie brauchen übrigens nicht alle verschieden zu sein. Es können mehrere von ihnen zusammenfallen.

Die Gleichung $x_1^2 + x_2^2 = 0$ definiert die beiden Punkte 1, i und 1, $-i$. Dabei ist i die imaginäre Einheit ($i^2 = -1$). Wir haben hier zwei imaginäre Punkte und zwar zwei konjugiert imaginäre Punkte. x_1, x_2 und y_1, y_2 heißen konjugiert imaginäre Punkte, wenn x_1, x_2 zu $\bar{y}_1$, $\bar{y}_2$ proportional sind ($\bar{y}_1$ und y_1 konjugiert komplex, ebenso $\bar{y}_2$ und y_2).

§ 16. Projektive Koordinaten auf der Geraden.

x_1', x_2' und x_1'', x_2'' seien zwei verschiedene Punkte auf der Geraden g, es sei also $x_1' x_2'' - x_1'' x_2' \neq 0$. Setzen wir

$$(1)\qquad \begin{cases} \mathfrak{x}_1 = x_1 x_2' - x_2 x_1', \\ \mathfrak{x}_2 = x_1 x_2'' - x_2 x_1'', \end{cases}$$

so gehören zu jedem Punkt x_1, x_2 zwei Werte $\mathfrak{x}_1$, $\mathfrak{x}_2$, die nicht beide gleich Null sind, weil aus den Gleichungen

$$x_1 x_2' - x_2 x_1' = 0,$$
$$x_1 x_2'' - x_2 x_1'' = 0$$

folgen würde $x_1 = x_2 = 0$. Umgekehrt gehört zu einem Wertsystem $\mathfrak{x}_1$, $\mathfrak{x}_2$, das von 0, 0 verschieden ist, ein Punkt x_1, x_2; denn die Gleichungen (1) lassen sich nach x_1. x_2 auflösen, weil $x_1' x_2'' - x_1'' x_2' \neq 0$ ist. $\mathfrak{x}_1$, $\mathfrak{x}_2$ sind durch den Punkt bis auf einen Proportionalitätsfaktor bestimmt. Wir können nämlich x_1, x_2 mit einem solchen Faktor multiplizieren, ohne daß wir zu einem andern Punkte übergehen. Hieraus ist ersichtlich, daß wir anstatt x_1, x_2 auch $\mathfrak{x}_1$, $\mathfrak{x}_2$ als homogene Koordinaten eines Punktes auf g benutzen können.

Die beiden Punkte x_1', x_2' und x_1'', x_2'' heißen die Fundamentalpunkte dieser Koordinaten. Durch sie sind aber die Koordinaten noch nicht völlig bestimmt. Denn wir können die Koordinaten der Fundamentalpunkte auch so schreiben

$$\sigma' x_1', \quad \sigma' x_2', \quad \text{und} \quad \sigma'' x_1'', \quad \sigma'' x_2''.$$

Dann erhalten wir statt $\mathfrak{x}_1$, $\mathfrak{x}_2$ als Koordinaten

$$\mathfrak{z}_1 = \sigma' \mathfrak{x}_1, \quad \mathfrak{z}_2 = \sigma'' \mathfrak{x}_2.$$

Bei passender Wahl von σ', σ'' können wir erreichen, daß für einen beliebigen von x_1', x_2' und x_1'', x_2'' verschiedenen Punkt x_1''', x_2'''

$$\mathfrak{z}_1 = \mathfrak{z}_2$$

wird. Durch diese Gleichung, die ausführlich geschrieben so lautet

$$\sigma'(x_1''' x_2' - x_2''' x_1') - \sigma''(x_1''' x_2'' - x_2''' x_1'') = 0,$$

sind σ' und σ'' bis auf einen Proportionalitätsfaktor bestimmt. Man kann z. B. setzen

$$\sigma' = \frac{1}{x_1''' x_2' - x_2''' x_1'}, \quad \sigma'' = \frac{1}{x_1''' x_2'' - x_2''' x_1''}.$$

Dann wird

$$(2)\qquad \begin{cases} \mathfrak{z}_1 = \dfrac{x_1 x_2' - x_2 x_1'}{x_1''' x_2' - x_2''' x_1'}, \\[2ex] \mathfrak{z}_2 = \dfrac{x_1 x_2'' - x_2 x_1''}{x_1''' x_2'' - x_2''' x_1''}. \end{cases}$$

Den Punkt x_1''', x_2''', für welchen $\mathfrak{z}_1 = \mathfrak{z}_2$ wird, nennt man den Einheitspunkt oder den Punkt 1, und zwar deshalb, weil für ihn der Quotient $\mathfrak{z}_1 : \mathfrak{z}_2$ gleich 1 ist.

Die beiden Fundamentalpunkte sind dadurch charakterisiert, daß für sie $\mathfrak{z}_1 = 0$ bzw. $\mathfrak{z}_2 = 0$ ist. Man nennt sie auch die Punkte 0 bzw. ∞, weil für den ersten $\mathfrak{z}_1 : \mathfrak{z}_2 = 0$ ist und beim Hinrücken nach dem zweiten der Betrag von $\mathfrak{z}_1 : \mathfrak{z}_2$ über alle Grenzen zunimmt.

Durch die drei Punkte 0, ∞, 1, d. h. $x_1'\, x_2'$; x_1'', x_2''; x_1''', x_2''' sind die Koordinaten $\mathfrak{z}_1, \mathfrak{z}_2$ vollkommen bestimmt. Man sieht das direkt aus den Formeln (2). Multipliziert man hier $x_1'\, x_2'$ mit einem Faktor σ' oder x_1'', x_2'' mit einem Faktor σ'', so hebt er sich heraus. Multipliziert man x_1''', x_2''' mit einem Faktor, so multiplizieren sich $\mathfrak{z}_1$, $\mathfrak{z}_2$ mit einem gemeinsamen Faktor. Sie sind also durch die drei Punkte 0, ∞, 1 bis auf einen Proportionalitätsfaktor bestimmt.

Die Koordinaten x_1, x_2 sind ein Spezialfall dieser Koordinaten $\mathfrak{z}_1$, $\mathfrak{z}_2$. Setzen wir

$$x_1' = 0, \quad x_2' = 1,$$
$$x_1'' = 1, \quad x_2'' = 0,$$
$$x_1''' = 1, \quad x_2''' = 1,$$

so wird

$$\mathfrak{z}_1 = x_1, \quad \mathfrak{z}_2 = x_2.$$

Die Punkte 0, ∞, 1 sind bei den homogenen cartesischen Koordinaten x_1, x_2 der Anfangspunkt, der unendlich ferne Punkt und der Punkt mit der Abszisse 1. Denn $x_1''' : x_2'''$ ist nichts anderes als die Abszisse des Punktes x_1''', x_2''' (vgl. § 15).

Man nennt $\mathfrak{z}_1$, $\mathfrak{z}_2$ (aus einem Grunde, den wir später kennen lernen werden) projektive Koordinaten auf der Geraden g. Gibt man auf g einen Punkt P, so sind $\mathfrak{z}_1$, $\mathfrak{z}_2$ bis auf einen Proportionalitätsfaktor bestimmt und umgekehrt entspricht jedem von 0, 0 verschiedenen Wertsystem $\mathfrak{z}_1$, $\mathfrak{z}_2$ ein Punkt P.

Jeder Punkt von g läßt sich durch eine lineare Gleichung in den projektiven Koordinaten ausdrücken. Hat er die projektiven Koordinaten $\mathfrak{z}_1'$, $\mathfrak{z}_2'$, so lautet diese Gleichung $\mathfrak{z}_1 \mathfrak{z}_2' - \mathfrak{z}_2 \mathfrak{z}_1' = 0$. Umgekehrt stellt jede lineare Gleichung[1]

$$\mathfrak{a}_1 \mathfrak{z}_1 + \mathfrak{a}_2 \mathfrak{z}_2 = 0$$

einen Punkt dar, nämlich den Punkt mit den projektiven Koordinaten $\mathfrak{a}_2$, $-\mathfrak{a}_1$.

Ein System von n Punkten wird durch eine homogene Gleichung n^{ten} Grades in $\mathfrak{z}_1$, $\mathfrak{z}_2$ dargestellt und jede solche Gleichung stellt ein System von n (reellen oder imaginären) Punkten dar.

[1] Natürlich nehmen wir an, daß $\mathfrak{a}_1$, $\mathfrak{a}_2$ nicht beide verschwinden.

§ 17. Interpretation der projektiven Koordinaten.

Wir führen zunächst ein allgemein übliches Symbol für Ausdrücke von der Form $a_1 b_2 - a_2 b_1$ ein. Man schreibt gewöhnlich

$$a_1 b_2 - a_2 b_1 = (a b).$$

Unter Benutzung dieses bequemen Symbols können wir die Ausdrücke der projektiven Koordinaten $\mathfrak{z}_1, \mathfrak{z}_2$ so darstellen:

$$\mathfrak{z}_1 = \frac{(x x')}{(x''' x')}, \quad \mathfrak{z}_2 = \frac{(x x'')}{(x''' x'')}.$$

Das Verhältnis von $\mathfrak{z}_1$ zu $\mathfrak{z}_2$ ist, wie wir wissen, für den Punkt (x) charakteristisch.[1] Dieses Verhältnis wird als das Doppelverhältnis der vier Punkte

$$(x), (x'''), (x'), (x'')$$

bezeichnet, und zwar in dieser Reihenfolge. Die projektiven Koordinaten $\mathfrak{z}_1, \mathfrak{z}_2$ nennt man daher auch Doppelverhältniskoordinaten.

Wir wollen jetzt annehmen, daß (x), (x'''), (x'), (x'') vier verschiedene eigentliche Punkte der Geraden g sind, und für diesen Fall das Doppelverhältnis geometrisch interpretieren. Die vier Punkte nennen wir kurz P, P''', P' P''. Setzen wir, was erlaubt ist, x_2, x_2''', x_2', x_2'' gleich 1, so werden x_1, x_1''', x_1', x_1'' die Abszissen von P, P''', P', P'', und wir haben

$$\begin{aligned}
(x x') &= x_1 - x_1' = \overline{P' P},\\
(x x'') &= x_1 - x_1'' = \overline{P'' P},\\
(x''' x') &= x_1''' - x_1' = \overline{P' P'''},\\
(x''' x'') &= x_1''' - x_1'' = \overline{P'' P'''},
\end{aligned}$$

also

$$\mathfrak{z}_1 : \mathfrak{z}_2 = \frac{\overline{P'P}}{\overline{P'P'''}} : \frac{\overline{P''P}}{\overline{P''P'''}}.$$

Da $P'P'' = P'P + PP''$ ist, so kann man sagen, daß P die Strecke $P'P''$ in die beiden Teile $P'P$ und PP'' zerlegt. $\overline{P'P} : \overline{PP''}$ nennt man das Teilverhältnis von P in bezug auf $P'P''$. Ebenso ist $\overline{P'P'''} : \overline{P'''P''}$ das Teilverhältnis von P''' in bezug auf $P'P''$. Wie man sieht, ist das Doppelverhältnis der vier Punkte P, P''', P', P'' gleich dem Verhältnis des Teilverhältnisses von P zu dem Teilverhältnis von P'''.

---

[1] Wenn wir von dem Punkte (x) reden, meinen wir den Punkt mit den homogenen Koordinaten x_1, x_2.

Für das Doppelverhältnis der vier Punkte P, P''', P', P'' benutzt man das Symbol $(PP'''P'P'')$. Das Teilverhältnis von P in bezug auf $P'P''$ bezeichnet man vielfach mit $(PP'P'')$. Danach können wir schreiben

$$(PP'''P'P'') = (PP'P''):(P'''P'P'').$$

Wenn $(P'''P'P'') = 1$ ist, d. h. wenn P''' die Strecke $P'P''$ halbiert (der Einheitspunkt in der Mitte zwischen den beiden Fundamentalpunkten liegt), reduziert sich $(PP'''P'P'')$ auf $(PP'P'')$. In diesem Falle verhält sich $\mathfrak{z}_1$ zu $\mathfrak{z}_2$ wie $\overline{P'P}$ zu $\overline{PP''}$. Rückt P ins Unendliche, so geht dieses Verhältnis über in das von -1 zu 1. Denn man hat

$$\overline{P'P}:\overline{PP''} = (\overline{P'P''} - \overline{PP''}):\overline{PP''} = -1 + \frac{\overline{P'P''}}{\overline{PP''}}.$$

Indem man P weit genug von P'' fortrücken läßt, kann man diesen Wert beliebig nahe an -1 heranbringen. Man sagt deshalb, daß der unendlich ferne Punkt die Strecke $P'P''$ nach dem Teilverhältnis -1 teilt.

§ 18. Verhalten von $(ABCD)$ bei Vertauschungen der vier Punkte A, B, C, D.

Wir betrachten auf der Geraden g vier Punkte A, B, C, D mit den homogenen cartesischen Koordinaten a_1, a_2; b_1, b_2; c_1, c_2; d_1, d_2. Dann ist nach § 17

$$(ABCD) = \frac{(ac)}{(bc)} : \frac{(ad)}{(bd)} = \frac{(ac)(bd)}{(ad)(bc)}.$$

Wir stellen nun folgende Frage:

Wie hängen $(ABCD)$ und $(A'B'C'D')$ zusammen, wenn A', B' C', D' eine Permutation von A, B, C, D ist?

Man kann von jeder Permutation zu jeder andern übergehen, indem man genügend oft je zwei benachbarte Elemente vertauscht. Denn durch diese Operation läßt sich offenbar jedes Element an den vorgeschriebenen Platz bringen.

Es genügt also, wenn wir die Doppelverhältnisse

$$(ABDC), \quad (ACBD), \quad (BACD)$$

betrachten.

Was das erste Doppelverhältnis anbetrifft, so ist

$$(ABDC) = \frac{(ad)(bc)}{(ac)(bd)} = \frac{1}{(ABCD)}.$$

Ebenso hat man

$$(BACD) = \frac{(bc)(ad)}{(bd)(ac)} = \frac{1}{(ABCD)}.$$

Um $(ACBD)$ zu berechnen, gehen wir von der Bemerkung aus, daß die Determinante

$$\begin{vmatrix} a_1 & b_1 & c_1 & d_1 \\ a_2 & b_2 & c_2 & d_2 \\ a_1 & b_1 & c_1 & d_1 \\ a_2 & b_2 & c_2 & d_2 \end{vmatrix}$$

gleich Null ist, weil sie mehrere übereinstimmende Zeilen hat.

Entwickelt man diese Determinante nach den beiden ersten Zeilen, so ergibt sich[1]

$$(ab)(cd) - (ac)(bd) + (ad)(bc)$$
$$+ (bc)(ad) - (bd)(ac) + (cd)(ab) = 0,$$

d. h.

$$(ab)(cd) + (ac)(db) + (ad)(bc) = 0.$$

Das zweite Glied links entsteht aus dem ersten durch zyklische Vertauschung der drei letzten Buchstaben, ebenso das dritte aus dem zweiten.

Nun ist

$$(ABCD) = \frac{(ac)(bd)}{(ad)(bc)}, \qquad (ACBD) = \frac{(ab)(cd)}{(ad)(cb)},$$

also

$$(ABCD) + (ACBD) = -\frac{(ab)(cd) + (ac)(db)}{(ad)(bc)} = \frac{(ad)(bc)}{(ad)(bc)} = 1,$$

d. h.

$$(ACBD) = 1 - (ABCD).$$

Jetzt können wir für jede Permutation A', B', C', D' der vier Punkte A, B, C, D den Wert von $(A'B'C'D')$ angeben. Dabei ergibt sich folgende Tabelle:

$$(ABCD) = (BADC) = (CDAB) = (DCBA) = \delta,$$
$$(BACD) = (ABDC) = (DCAB) = (CDBA) = 1:\delta,$$
$$(ACBD) = (BDAC) = (CADB) = (DBCA) = 1 - \delta,$$
$$(CABD) = (DBAC) = (ACDB) = (BDCA) = 1:(1-\delta),$$
$$(BCAD) = (ADBC) = (DACB) = (CBDA) = (\delta - 1):\delta,$$
$$(CBAD) = (DABC) = (ADCB) = (BCDA) = \delta:(\delta - 1).$$

[1] Vgl. meine „Einführung in die Determinantentheorie", S. 36.

Um sich z. B. zu überzeugen, daß $(BADC) = \delta$ ist, bemerke man folgendes

$$(BADC) = 1:(ABDC) = (ABCD).$$

Ähnlich geht es in den andern Fällen.

Aus den vier ersten Gleichungen ersieht man, daß $(ABCD)$ ungeändert bleibt, wenn man zwei Punkte und gleichzeitig die beiden andern vertauscht.

Ferner geht aus den obigen Gleichungen folgendes hervor:

Vier Punkte geben im allgemeinen sechs verschiedene Doppelverhältnisse.[1] Bezeichnet man eins von ihnen mit δ, so lauten die fünf andern

$$\frac{1}{\delta}, \quad 1-\delta, \quad \frac{1}{1-\delta}, \quad \frac{\delta-1}{\delta}, \quad \frac{\delta}{\delta-1}.$$

Wir wollen jetzt untersuchen, wann vier verschiedene Punkte weniger als sechs Doppelverhältnisse liefern. Das passiert dann und nur dann, wenn eine der Gleichungen

$$\delta = \frac{1}{\delta}, \quad \delta = 1-\delta, \quad \delta = \frac{1}{1-\delta}, \quad \delta = \frac{\delta-1}{\delta}, \quad \delta = \frac{\delta}{\delta-1}$$

stattfindet. Diese Gleichungen können wir auch so schreiben:

(1) $$\delta^2 = 1, \quad 2\delta = 1, \quad \delta^2 - \delta + 1 = 0, \quad \delta(\delta-2) = 0.$$

Wäre $\delta = 1$, so hätte man $1 - \delta = 0$, also

$$(ACBD) = 0,$$

d. h.

$$\frac{(a\,b)(c\,d)}{(a\,d)(c\,b)} = 0.$$

Das ist aber unmöglich, weil wir die vier Punkte A, B, C, D als verschieden voraussetzen.

Die erste Gleichung $\delta^2 = 1$ kann also nur in der Weise erfüllt sein, daß $\delta = -1$ ist. In diesem Falle haben wir

$$\frac{1}{\delta} = -1, \quad 1-\delta = 2, \quad \frac{1}{1-\delta} = \frac{1}{2}, \quad \frac{\delta-1}{\delta} = 2, \quad \frac{\delta}{\delta-1} = \frac{1}{2}.$$

Es gibt hier also nur drei verschiedene Doppelverhältnisse, nämlich -1, 2 und $\frac{1}{2}$.

---

[1] Setzt man z. B. $\delta = 3$, so nehmen $1:\delta$, $1-\delta$, $1:(1-\delta)$, $(\delta-1):\delta$, $\delta:(\delta-1)$ die Werte an: $1:3$, -2, $-1:2$, $2:3$, $3:2$. Hier haben wir sechs verschiedene Doppelverhältnisse.

Wenn $(ABCD) = -1$ ist, so sagen wir, daß A, B zu C, D harmonisch liegen.[1] Weil dann (vgl. die obige Tabelle)

$$(ABCD),\quad (BACD),\quad (CDAB),\quad (DCBA),$$
$$(BACD),\quad (ABCD),\quad (DCAB),\quad (CDBA)$$

alle gleich -1 sind, so liegen auch C, D zu A, B harmonisch. Ferner kann man A und B, sowie C und D vertauschen. Die vier Punkte sind hier also in zwei Paare geteilt und jedes liegt zu den andern harmonisch.

Da es sich um vier verschiedene Punkte handelt, sind drei von ihnen eigentliche Punkte. Die Punkte des einen Paares sind also sicher eigentliche Punkte. Die Paare sind völlig gleichberechtigt. Wir können daher ruhig annehmen, daß C, D eigentliche Punkte sind. Dann ist aber

$$(ABCD) = (ACD):(BCD) = -1,$$

also

$$(ACD) = -(BCD),$$

d. h.

$$\overline{CA}:\overline{AD} = -\overline{CB}:\overline{BD}.$$

Die Teilverhältnisse von A und B in bezug auf CD sind entgegengesetzt gleich. Eins, etwa das von A, ist positiv, das andere negativ. Wenn

$$\frac{\overline{CA}}{\overline{AD}} > 0$$

ist, so bedeutet dies, daß CA und AD gleichsinnige Strecken sind. Dann liegt A zwischen C und D (Fig. 18). Ebenso bedeutet

$$\frac{\overline{CB}}{\overline{BD}} < 0,$$

daß B außerhalb der Strecke CD liegt. Man kann nicht von A nach B gelangen ohne einen der Punkte C, D zu passieren. Ebensowenig kann man von C nach D gelangen, ohne einen der Punkte A, B zu passieren.

Hierbei ist folgendes zu beachten. Die Punkte P, Q zerlegen die Gerade P, Q in zwei Stücke (vgl. Fig. 19).

Fig. 18.

Sind es zwei eigentliche Punkte, so ist ein Stück unendlich, das andere endlich. Man kann von P nach Q gelangen, indem man das endliche Stück durchläuft oder aber das unendliche. Im letzten Falle geht man in unserer Figur von P nach links zum unendlich

[1] oder kurz, daß A, B, C, D vier harmonische Punkte sind.

fernen Punkt und gelangt dann von ihm immer nach links wandernd zu Q. Der unendlich ferne Punkt bildet die Brücke zwischen den beiden Hälften, in die P die Gerade teilt.

Ist Q der unendlich ferne Punkt, so sind die beiden Stücke, in die P, Q die Gerade teilen, unendlich. Man kann von P nach Q gelangen, indem man das eine oder andere Stück durchläuft.

Wenn wir nun sagen, daß man nicht von A nach B gelangen kann ohne C oder D zu passieren, so bedeutet dies, daß A dem einen und B dem andern der beiden Stücke angehört, in die C und D die Gerade teilen. Ebenso gehört C dem einen und D dem andern der beiden Stücke an, in die A und B die Gerade teilen. Man pflegt deshalb zu sagen, daß A, B und C, D sich **harmonisch trennen.**

Sind, wie oben, C und D eigentliche Punkte, so sind entweder auch A, B eigentliche Punkte oder einer von ihnen, etwa B, ist der unendlich ferne Punkt. Im ersten Falle haben wir die Figur 20,

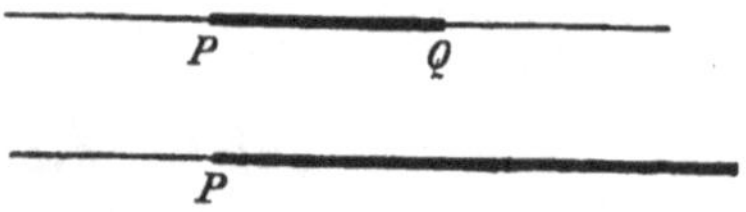

Fig. 19.

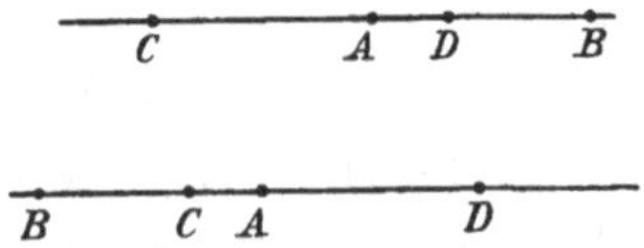

Fig. 20.

im zweiten die Figur 18. Ist nämlich B der unendlich ferne Punkt, so entspricht ihm das Teilverhältnis

$$(BCD) = -1.$$

Dann muß also

$$(ACD) = 1$$

sein, d. h. $\overline{CA} = \overline{AD}$. Der Punkt A liegt in der Mitte zwischen A und B. **Der Mittelpunkt einer endlichen Strecke und der unendlich ferne Punkt teilen die Strecke harmonisch.**

Wir haben uns bei der obigen Betrachtung auf **reelle** Punkte beschränkt. Aber man sagt auch, wenn A, B, C, D nicht alle reell sind und $(ABCD) = -1$ ist, daß A, B zu C, D harmonisch sind.

Bei der weiteren Behandlung der Gleichungen (1) können wir von den Werten $\delta = 0,\ 1,\ -1,\ 2,\ \frac{1}{2}$ absehen. Es bleibt dann nur der Fall übrig, daß

$$\delta^2 - \delta + 1 = 0 \tag{2}$$

ist. Multiplizieren wir die linke Seite mit $\delta + 1$, so ergibt sich

$$\delta^3 + 1 = 0.$$

Daraus ersieht man, daß die beiden Wurzeln δ_1 und δ_2 von (2) die imaginären dritten Wurzeln aus -1 sind.

Wenn $(ABCD) = \delta_1$ oder $(ABCD) = \delta_2$ ist, so können die Punkte nicht mehr alle reell sein. Wenn man sie irgendwie permutiert, so kommt man nur zu den beiden Doppelverhältnissen δ_1 und δ_2. Da nämlich

$$\delta_1 \delta_2 = 1 \quad \text{und} \quad \delta_1 + \delta_2 = 1$$

ist, so hat man

$$\frac{1}{\delta_1} = \delta_2, \quad 1 - \delta_1 = \delta_2, \quad \frac{1}{1-\delta_1} = \delta_1, \quad \frac{\delta_1 - 1}{\delta_1} = \delta_1, \quad \frac{\delta_1}{\delta_1 - 1} = \delta_2.$$

Man spricht in diesem Falle von vier äquianharmonischen Punkten.

Als Gesamtergebnis können wir folgendes aussprechen:

Vier verschiedene Punkte liefern entweder sechs oder drei oder zwei verschiedene Doppelverhältnisse.

Im zweiten Falle bestehen sie aus zwei Punktepaaren, die sich harmonisch trennen, im dritten Falle sind sie äquianharmonisch.

§ 19. Eine Eigenschaft der projektiven Koordinaten.

Wir gelangten in § 16 von den homogenen cartesischen Koordinaten x_1, x_2 zu den projektiven Koordinaten, indem wir statt x_1, x_2

$$(1) \qquad \mathfrak{z}_1 = \frac{(x\,x')}{(x'''\,x')}, \quad \mathfrak{z}_2 = \frac{(x\,x'')}{(x'''\,x'')}$$

als homogene Koordinaten einführten.

Jetzt wollen wir dasselbe Verfahren auf die projektiven Koordinaten anwenden. Wir wählen auf der Geraden irgend drei Punkte als Punkte 0, ∞, 1 und bezeichnen mit $\mathfrak{x}_1$, $\mathfrak{x}_2$ die zugehörigen projektiven Koordinaten von P. Die projektiven Koordinaten von P', P'', P''' seien $\mathfrak{x}_1', \mathfrak{x}_2'$; $\mathfrak{x}_1'', \mathfrak{x}_2''$; $\mathfrak{x}_1''', \mathfrak{x}_2'''$. Wie wir nun vorhin statt x_1, x_2 als neue Koordinaten $\mathfrak{z}_1, \mathfrak{z}_2$ einführten, so müssen wir hier, um genau das Entsprechende zu machen,

$$\zeta_1 = \frac{(\mathfrak{x}\,\mathfrak{x}')}{(\mathfrak{x}'''\,\mathfrak{x}')}, \quad \zeta_2 = \frac{(\mathfrak{x}\,\mathfrak{x}'')}{(\mathfrak{x}'''\,\mathfrak{x}'')}$$

als neue Koordinaten wählen.

Die projektiven Koordinaten $\mathfrak{x}_1, \mathfrak{x}_2$ sind aber Ausdrücke von der Form $a_1 x_1 + a_2 x_2$, $b_1 x_1 + b_2 x_2$ oder, wie man zu sagen pflegt, Linearformen in x_1, x_2. Man hat also

$$\mathfrak{x}_1 = a_1 x_1 + a_2 x_2, \quad \mathfrak{x}_2 = b_1 x_1 + b_2 x_2,$$
$$\mathfrak{x}_1' = a_1 x_1' + a_2 x_2', \quad \mathfrak{x}_2' = b_1 x_1' + b_2 x_2',$$
$$\mathfrak{x}_1'' = a_1 x_1'' + a_2 x_2'', \quad \mathfrak{x}_2'' = b_1 x_1'' + b_2 x_2'',$$
$$\mathfrak{x}_1''' = a_1 x_1''' + a_2 x_2''', \quad \mathfrak{x}_2''' = b_1 x_1''' + b_2 x_2'''.$$

Hieraus folgt z. B.

$$(\mathfrak{x}\mathfrak{x}') = \begin{vmatrix} \mathfrak{x}_1 & \mathfrak{x}_2 \\ \mathfrak{x}_1' & \mathfrak{x}_2' \end{vmatrix} = \begin{vmatrix} x_1 & x_2 \\ x_1' & x_2' \end{vmatrix} \begin{vmatrix} a_1 & a_2 \\ b_1 & b_2 \end{vmatrix} = (x x')(a b).$$

Ebenso ist

$$(\mathfrak{x}\mathfrak{x}'') = (x x'')(a b), \quad (\mathfrak{x}'''\mathfrak{x}') = (x''' x')(a b), \quad (\mathfrak{x}'''\mathfrak{x}'') = (x''' x'')(a b).$$

Setzt man diese Werte ein, so ergibt sich

$$\zeta_1 = \mathfrak{z}_1, \quad \zeta_2 = \mathfrak{z}_2.$$

Man kommt also zu denselben Koordinaten $\mathfrak{z}_1$, $\mathfrak{z}_2$, wenn man in den Formeln (1) unter den x nicht mehr homogene cartesische Koordinaten, sondern beliebige projektive versteht.

Erinnern wir uns daran, daß das Verhältnis $\mathfrak{z}_1 : \mathfrak{z}_2$ als das Doppelverhältnis der vier Punkte P, P''', P', P'' bezeichnet wurde (vgl. S. 39), so können wir folgenden Satz aussprechen.

Das Doppelverhältnis von vier Punkten drückt sich durch ihre projektiven Koordinaten in derselben Form aus, wie durch ihre homogenen cartesischen Koordinaten. Haben die vier Punkte A, B, C, D die projektiven Koordinaten

$$\mathfrak{a}_1, \mathfrak{a}_2; \quad \mathfrak{b}_1, \mathfrak{b}_2, \quad \mathfrak{c}_1, \mathfrak{c}_2; \quad \mathfrak{d}_1, \mathfrak{d}_2,$$

so ist also (vgl. S. 40)

$$(ABCD) = \frac{(\mathfrak{a}\mathfrak{c})(\mathfrak{b}\mathfrak{d})}{(\mathfrak{a}\mathfrak{d})(\mathfrak{b}\mathfrak{c})}.$$

Wir wollen hiervon eine Anwendung machen. Wenn (x'), (x'') zwei verschiedene Punkte der Geraden g sind, also $(x' x'') \neq 0$, so lassen sich die Koordinaten x_1, x_2 jedes Punktes von g in der Form

$$x_1 = \lambda x_1' + \mu x_1'',$$
$$x_2 = \lambda x_2' + \mu x_2''.$$

Diese Gleichungen liefern für λ, μ die Werte

$$\lambda = a_1 x_1 + a_2 x_2,$$
$$\mu = b_1 x_1 + b_2 x_2,$$

wobei $(a\,b) = \frac{1}{(x'\,x'')} \neq 0$ ist. λ, μ sind also projektive Koordinaten im Sinne von § 16. Daher bilden die vier Punkte

$$(\lambda_1\,x' + \mu_1\,x''),\quad (\lambda_2\,x' + \mu_2\,x''),\quad (\lambda_3\,x' + \mu_3\,x''),\quad (\lambda_4\,x' + \mu_4\,x'')$$

das Doppelverhältnis

$$\frac{(\lambda_1\,\mu_3)(\lambda_2\,\mu_4)}{(\lambda_1\,\mu_4)(\lambda_2\,\mu_3)}\,.$$

Setzt man $\lambda_1 = 1$, $\mu_1 = 0$, $\lambda_2 = 0$, $\mu_2 = 1$, so reduziert es sich auf

$$\frac{\mu_3\,\lambda_4}{\mu_4\,\lambda_3}\,.$$

Die vier Punkte (x'), (x''), $(\lambda\,x' + \mu\,x'')$, $(\lambda' x' + \mu' x'')$ sind also harmonisch, wenn

$$\mu\,\lambda' + \lambda\,\mu' = 0$$

ist. Z. B. sind

$$(x' + x''),\ (x' - x'') \text{ harmonisch zu } (x'),\ (x'').$$

§ 20. Projektive Abbildung einer Geraden auf eine andere.

In § 16 haben wir zwei Linearformen

$$(1) \qquad \left\{ \begin{aligned} y_1 &= a_1\,x_1 + a_2\,x_2\,, \\ y_2 &= b_1\,x_1 + b_2\,x_2 \end{aligned} \right.$$

mit nicht verschwindender Determinante $(a\,b)$ als neue Koordinaten des Punktes x_1, x_2 auf der Geraden g aufgefaßt.

Man kann aber auch y_1, y_2 als homogene cartesische Koordinaten auf einer Geraden h ansehen. Dann haben sie auf h dieselbe Bedeutung wie x_1, x_2 auf g. Durch die Gleichungen (1) wird jedem Punkt (x) von g ein Punkt (y) von h zugeordnet. Wir wollen ihn Bildpunkt von (x) nennen. Jeder Punkt von h ist der Bildpunkt eines und nur eines Punktes von g. Denn bei gegebenen y_1, y_2 haben die Gleichungen (1) eine und nur eine Lösung x_1, x_2, und zwar können wir unter Fortlassung des Faktors $1 : (a\,b)$ schreiben

$$(2) \qquad \left\{ \begin{aligned} x_1 &= b_2\,y_1 - a_2\,y_2\,, \\ x_2 &= -b_1\,y_1 + a_1\,y_2\,. \end{aligned} \right.$$

Das sind Gleichungen von derselben Gestalt wie (1).

Man nennt (1) eine projektive Abbildung von g auf h und (2) die Umkehrung von (1). Man sieht, daß die Umkehrung einer projektiven Abbildung wieder eine projektive Abbildung ist.

(x), (x'), (x''), (x''') seien vier verschiedene Punkte von g und (y), (y'), (y''), (y''') ihre Bildpunkte. Dann ist (vgl. § 19)

$$\frac{(x\,x')}{(x'''\,x')} = \frac{(y\,y')}{(y'''\,y')}, \quad \frac{(x\,x'')}{(x'''\,x'')} = \frac{(y\,y'')}{(y'''\,y'')}.$$

Setzen wir

$$\mathfrak{x}_1 = \frac{(x\,x')}{(x'''\,x')}, \quad \mathfrak{x}_2 = \frac{(x\,x'')}{(x'''\,x'')}$$

und

$$\mathfrak{y}_1 = \frac{(y\,y')}{(y'''\,y')}, \quad \mathfrak{y}_2 = \frac{(y\,y'')}{(y'''\,y'')},$$

so haben wir

$$\mathfrak{y}_1 = \mathfrak{x}_1, \quad \mathfrak{y}_2 = \mathfrak{x}_2. \tag{3}$$

$\mathfrak{x}_1$, $\mathfrak{x}_2$ sind projektive Koordinaten auf g und $\mathfrak{y}_1$, $\mathfrak{y}_2$ projektive Koordinaten auf h. Unter Benutzung dieser Koordinaten läßt sich die Abbildung (1) in der einfachen Form (3) schreiben. Es sind bei ihr immer die beiden Punkte von g und h einander zugeordnet, die dieselben projektiven Koordinaten haben. Insbesondere entsprechen sich die Punkte 0, die Punkte ∞ und die Punkte 1.

Das System (3) reduziert sich, wenn die $\mathfrak{x}$ und die $\mathfrak{y}$ irgendwelche projektiven Koordinaten auf g bzw. h sind, immer auf die Form (1), sobald man die projektiven durch die cartesischen Koordinaten ausdrückt.

Man sieht aus dem obigen, daß folgender Satz gilt:

Es gibt eine und nur eine projektive Abbildung von g auf h, bei der drei (verschiedenen) Punkten von g drei vorgeschriebene (verschiedene) Punkte von h entsprechen. Man benutze die drei Punkte auf g als Punkte 0, ∞, 1, ebenso ihre entsprechenden auf h.

Da die Lage eines Punktes auf einer Geraden durch eine Zahl, z. B. die Abszisse, bestimmbar ist, so pflegt man zu sagen, daß es ∞^3 projektive Abbildungen von g auf h gibt.

Schreibt man eine projektive Abbildung in der Form (3), so sieht man, daß sie folgende Eigenschaft besitzt:

Vier Punkten von g entsprechen immer vier Punkte von h mit demselben Doppelverhältnis.

Man pflegt zu sagen, daß das Doppelverhältnis bei allen projektiven Abbildungen invariant bleibt.

Durch diese Eigenschaft sind die projektiven Abbildungen unter allen eineindeutigen Abbildungen von g auf h charakterisiert. Eineindeutig heißt eine Abbildung, wenn verschiedenen Punkten von g stets verschiedene Bildpunkte auf h

entsprechen und außerdem jeder Punkt von h der Bildpunkt eines Punktes von g ist. Wenn nun bei einer solchen Abbildung den Punkten (x), (x'), (x''), (x''') die Punkte (y), (y'), (y''), (y''') entsprechen und die Doppelverhältnisse gleich sind, so hat man

$$\frac{(x\,x')(x'''x'')}{(x\,x'')(x'''x')} = \frac{(y\,y')(y'''y'')}{(y\,y'')(y'''y')}$$

oder

$$\frac{(x\,x')}{(x'''x')} : \frac{(x\,x'')}{(x'''x'')} = \frac{(y\,y')}{(y'''y')} : \frac{(y\,y'')}{(y'''y'')}.$$

Versieht man y_1''', y_2''' mit einem passenden Faktor, so wird

$$\frac{(x\,x')}{(x'''x')} = \frac{(y\,y')}{(y'''y')}, \quad \frac{(x\,x'')}{(x'''x'')} = \frac{(y\,y'')}{(y'''y'')},$$

d. h. es gelten die Gleichungen (3). Da (x') und (y'), (x'') und (y''), (x''') und (y''') sich auch entsprechen, so gelten die Gleichungen (3) ausnahmslos.

§ 21. Projektive Abbildungen einer Geraden auf sich selbst.

Wir lassen jetzt g und h zusammenfallen und wollen auf beiden denselben Anfangspunkt und dieselbe positive Fortschreitungsrichtung benutzen. Dann stellen die Gleichungen (1) in § 20 eine projektive Abbildung von g auf sich selbst dar. Der Punkt (x) und sein Bildpunkt (y) erfüllen die bilineare[1] Gleichung

$$(a_1 x_1 + a_2 x_2) y_2 - (b_1 x_1 + b_2 x_2) y_1 = 0$$

oder, wie wir schreiben wollen

$$(1) \qquad a_{11} x_1 y_1 + a_{12} x_1 y_2 + a_{21} x_2 y_1 + a_{22} x_2 y_2 = 0.$$

Wir wissen, daß

$$\begin{vmatrix} a_{11} & a_{12} \\ a_{21} & a_{22} \end{vmatrix} \neq 0$$

ist. Diese Determinante heißt die Determinante der Bilinearform $\sum a_{rs} x_r y_s \cdot (r, s = 1, 2)$.

Eine projektive Abbildung einer Geraden auf sich selbst wird also analytisch dargestellt durch Nullsetzen einer Bilinearform, deren Determinante nicht verschwindet.

Wollen wir statt der cartesischen Koordinaten projektive benutzen, so müssen wir setzen

[1] Sie ist sowohl in den x als auch in den y linear und homogen.

$$x_1 = \mathfrak{a}_1 \mathfrak{x}_1 + \mathfrak{a}_2 \mathfrak{x}_2, \quad x_2 = \mathfrak{b}_1 \mathfrak{x}_1 + \mathfrak{b}_2 \mathfrak{x}_2$$

und

$$y_1 = \mathfrak{a}_1 \mathfrak{y}_1 + \mathfrak{a}_2 \mathfrak{y}_2, \quad y_2 = \mathfrak{b}_1 \mathfrak{y}_1 + \mathfrak{b}_2 \mathfrak{y}_2.$$

$(\mathfrak{a}\,\mathfrak{b})$ ist von Null verschieden. Wir müssen also die x und die y derselben linearen Transformation unterwerfen. Dadurch verwandelt sich

$$\sum a_{rs} x_r y_s \text{ in } \sum \mathfrak{a}_{rs} \mathfrak{x}_r \mathfrak{y}_s$$

und die Abbildung (1) wird durch die Gleichung

$$\sum \mathfrak{a}_{rs} \mathfrak{x}_r \mathfrak{y}_s = 0 \tag{2}$$

dargestellt.

Wir stellen jetzt die Frage, ob es auf der Geraden g solche Punkte (x) gibt, die mit ihren Bildpunkten (y) zusammenfallen. Man nennt sie Doppelpunkte. Setzen wir in (1) für (y) den Punkt (x) ein, so ergibt sich

$$a_{11} x_1^2 + (a_{12} + a_{21}) x_1 x_2 + a_{22} x_2^2 = 0. \tag{3}$$

Erfüllt ein Punkt (x) diese Gleichung, so fällt er mit einem Bildpunkt (y) zusammen. Denn nach (3) verhalten sich x_1 und x_2 zueinander wie $a_{21} x_1 + a_{22} x_2$ zu $-(a_{11} x_1 + a_{12} x_2)$. Ebenso verhalten sich aber nach (1) y_1 und y_2.

Es sind nun folgende Fälle zu unterscheiden:

1. Alle Koeffizienten in (3) sind gleich Null. Dann reduziert sich die Gleichung (1) auf $x_1 y_2 - x_2 y_1 = 0$ und die Abbildung besteht darin, daß jeder Punkt sein eigner Bildpunkt ist. Man nennt das die identische Abbildung oder die Identität.

2. Nicht alle Koeffizienten in (3) sind gleich Null. Aber die Gleichung stellt zwei zusammenfallende Punkte dar. Das Kriterium dafür lautet:

$$(a_{12} + a_{21})^2 - 4 a_{11} a_{22} = 0.$$

Es gibt hier nur einen Doppelpunkt, den wir jedoch doppelt zählen.

3. Die Gleichung (3) stellt zwei verschiedene Punkte dar. Es gibt also zwei verschiedene Doppelpunkte (x') und (x''). Die linke Seite von (3) kann man in der Form $(x\,x')(x\,x'')$ schreiben. Setzt man

$$\mathfrak{x}_1 = (x\,x'), \quad \mathfrak{x}_2 = (x\,x'')$$

und entsprechend

$$\mathfrak{y}_1 = (y\,x'), \quad \mathfrak{y}_2 = (y\,x''),$$

so lautet (2)

$$\mathfrak{a}_{12} \mathfrak{x}_1 \mathfrak{y}_2 + \mathfrak{a}_{21} \mathfrak{x}_2 \mathfrak{y}_1 = 0$$

und daher (1)

$$\mathfrak{a}_{12}(x\,x')(y\,x'') + \mathfrak{a}_{21}(x\,x'')(y\,x') = 0$$

oder

$$\frac{(x\,x')(y\,x'')}{(x\,x'')(y\,x')} = -\frac{\mathfrak{a}_{21}}{\mathfrak{a}_{12}}.$$

Die Punkte (x), (y), (x'), (x'') bilden also immer das Doppelverhältnis $-\mathfrak{a}_{21}:\mathfrak{a}_{12}$.

§ 22. **Involutionen auf einer Geraden.**

Hat man eine projektive Abbildung der Geraden g auf sich selbst, so entspricht jedem Punkt (x) ein Bildpunkt (y). Es kann nun sein, daß der Bildpunkt von (y) wieder der Punkt (x) ist, daß man also durch zweimalige Anwendung der Abbildung die Identität erhält. In diesem Falle heißt die Abbildung involutorisch und man spricht von einer Involution auf der Geraden g, vorausgesetzt, daß es sich nicht um die Identität handelt.

Wie müssen die Koeffizienten der Gleichung (1) in § 21 beschaffen sein, damit sie eine Involution darstellt?

Da nicht nur (y) der Bildpunkt von (x), sondern auch (x) der Bildpunkt von (y) ist, so darf man, sobald (1) erfüllt ist, (x) und (y) darin vertauschen. Es muß also zusammen mit (1) die Gleichung

(1') $$a_{11}\,x_1\,y_1 + a_{12}\,x_2\,y_1 + a_{21}\,x_1\,y_2 + a_{22}\,x_2\,y_2 = 0$$

stattfinden. Nach (1) ist aber

$$y_1 = a_{12}\,x_1 + a_{22}\,x_2, \quad y_2 = -(a_{11}\,x_1 + a_{21}\,x_2).$$

Setzt man diese Werte in (1') ein, so kommt

$$(a_{11}\,x_1 + a_{12}\,x_2)(a_{12}\,x_1 + a_{22}\,x_2) - (a_{21}\,x_1 + a_{22}\,x_2)(a_{11}\,x_1 + a_{21}\,x_2) = 0$$

oder

$$(a_{12} - a_{21})\{a_{11}\,x_1^2 + (a_{12} + a_{21})\,x_1\,x_2 + a_{22}\,x_2^2\} = 0.$$

Diese Gleichung muß für alle Punkte (x) gelten. Da die Involution nicht die Identität ist, so hat sie nur zwei Doppelpunkte. Daher ist nicht für alle Punkte (x) der zweite Faktor links gleich Null, und es muß $a_{12} = a_{21}$ sein.

Eine Involution wird also durch die Gleichung

$$a_{11}\,x_1\,y_1 + a_{12}(x_1\,y_2 + x_2\,y_1) + a_{22}\,x_2\,y_2 = 0$$

dargestellt. Die Determinante

$$\begin{vmatrix} a_{11} & a_{12} \\ a_{21} & a_{22} \end{vmatrix}$$

reduziert sich hier auf $a_{11} a_{22} - a_{12}^2$. Wenn sie von Null verschieden ist, so werden durch

$$a_{11} x_1^2 + 2 a_{12} x_1 x_2 + a_{22} x_2^2 = 0$$

zwei verschiedene Punkte definiert. Die Involution hat also zwei verschiedene Doppelpunkte.[1]

Bezeichnet man sie mit (x') und (x'') und setzt

$$\mathfrak{x}_1 = (x x'), \quad \mathfrak{x}_2 = (x x''),$$
$$\mathfrak{y}_1 = (y x'), \quad \mathfrak{y}_2 = (y x''),$$

so lautet die Gleichung der Involution

$$\mathfrak{x}_1 \mathfrak{y}_2 + \mathfrak{x}_2 \mathfrak{y}_1 = 0.$$

In den x und y geschrieben hat sie daher die Form

$$(x x')(y x'') + (x x'')(y x') = 0.$$

Man sieht hieraus, daß

$$\frac{(x x')(y x'')}{(x x'')(y x')} = -1$$

ist, daß also (x) und (y) zu (x'), (x'') harmonisch sind.

Bei einer Involution sind je zwei entsprechende Punkte harmonisch zu den Doppelpunkten. Eine Involution, so kann man es auch ausdrücken, ist der Inbegriff aller Punktepaare, die zu einem gegebenen Punktepaar harmonisch sind.

Wenn die beiden Doppelpunkte durch die Gleichung

$$a_0 x_1^2 + 2 a_1 x_1 x_2 + a_2 x_2^2 = 0$$

gegeben sind, wie lautet dann die Gleichung der Involution? Offenbar lautet sie

$$a_0 x_1 y_1 + a_1 (x_1 y_2 + x_2 y_1) + a_2 x_2 y_2 = 0.$$

Denn diese Gleichung stellt eine Involution dar, deren Doppelpunkte die gewünschten sind.

---

[1] Wenn $a_{11} a_{22} - a_{12}^2 = 0$ ist (a_{11}, a_{22}, a_{12} aber nicht alle verschwinden), so spricht man von einer ausgearteten Involution. Die Gleichungen $a_{11} x_1 + a_{12} x_2 = 0$, $a_{12} x_1 + a_{22} x_2 = 0$ bestimmen einen Punkt (ξ). Man hat also $a_{11} = \sigma \xi_2$, $a_{12} = -\sigma \xi_1$, $a_{12} = \tau \xi_2$, $a_{22} = -\tau \xi_1$. Aus $a_{12} = -\sigma \xi_1 = \tau \xi_2$ ersieht man, daß σ und τ sich verhalten wie ξ_2 zu ξ_1. Man kann daher setzen $a_{11} = \xi_2^2$, $a_{12} = -\xi_1 \xi_2$, $a_{22} = \xi_1^2$. Dann lautet aber die Gleichung der Involution $(\xi x)(\xi y) = 0$. Jedem Punkt (x) der von (ξ) verschieden ist, entspricht der Punkt (ξ). Alle Punkte der Geraden sind mit einem gepaart. Die Gleichung der Doppelpunkte ist hier $(\xi x)^2 = 0$. Sie fallen beide in (ξ) zusammen.

J_1 und J_2 seien zwei verschiedene Involutionen. Ihre Gleichungen mögen lauten

$$(J_1) \qquad a_0 x_1 y_1 + a_1 (x_1 y_2 + x_2 y_1) + a_2 x_2 y_2 = 0,$$

$$(J_2) \qquad b_0 x_1 y_1 + b_1 (x_1 y_2 + x_2 y_1) + b_2 x_2 y_2 = 0.$$

Dem Punkt (x) entspricht dann und nur dann bei J_1 und bei J_2 derselbe Punkt (y), wenn

$$\begin{vmatrix} a_0 x_1 + a_1 x_2, & a_1 x_1 + a_2 x_2 \\ b_0 x_1 + b_1 x_2, & b_1 x_1 + b_2 x_2 \end{vmatrix} = 0$$

ist, d. h.

$$(a_0 b_1 - a_1 b_0) x_1^2 + (a_0 b_2 - a_2 b_0) x_1 x_2 + (a_1 b_2 - a_2 b_1) x_2^2 = 0.$$

Da wir J_1 und J_2 als verschieden voraussetzen, sind die Koeffizienten dieser quadratischen Gleichung nicht alle gleich Null. Sonst wären nämlich a_0, a_1, a_2 proportional zu b_0, b_1, b_2.

Definiert die quadratische Gleichung zwei verschiedene Punkte (x'), (x''), so bilden sie ein gemeinsames Punktepaar von J_1 und J_2.

Fallen (x') und (x'') zusammen, so haben J_1 und J_2 beide den Doppelpunkt (x').

Unter allen Umständen gibt es also bei zwei verschiedenen Involutionen ein gemeinsames Punktepaar.

§ 23. Bestimmung einer Involution durch zwei Punktepaare.

Hat man auf einer Geraden zwei Punktepaare, so gibt es eine und nur eine Involution, der sie angehören.

Sind (y'), (z') die Punkte des einen und (y''), (z'') die des andern Paares, so muß bei der Involution

1. dem Punkte (y') der Punkt (z'),
2. „ „ (z') „ „ (y'),
3. „ „ (y'') „ „ (z''),
4. „ „ (z'') „ „ (y'')

entsprechen.

Da die Punkte (y'), (z'), (y'') verschieden sind, ebenso die Punkte (z'), (y'), (z''), so gibt es eine und nur eine projektive Abbildung der Geraden auf sich selbst, welche die Zuordnungen 1—3 bewirkt. Diese Abbildung ordnet jedem Punkt (u) einen solchen Punkt (v) zu, daß die Doppelverhältnisse von

$$(u),\ (y''),\ (y'),\ (z') \quad \text{und} \quad (v),\ (z''),\ (z'),\ (y')$$

einander gleich sind, d. h.

$$\frac{(u\,y')(y'\,z')}{(u\,z')(y''\,y')} = \frac{(v\,z')(z''\,y')}{(v\,y')(z''\,z')}$$

oder

$$(u\,y')(v\,y')(y''\,z')(z''\,z') = (u\,z')(v\,z')(y''\,y')(z''\,y').$$

Man sieht sofort, daß dies eine Involution ist. Denn die Gleichung ist in bezug auf (u) und (v) symmetrisch. Daher ist die Bedingung 4 von selbst erfüllt.

Es schadet nichts, wenn (y'') und (z'') zusammenfallen. Fallen auch (y') und (z') zusammen, so hat man die beiden Doppelpunkte der Involution und dadurch ist sie vollkommen bestimmt.

Wir wollen hier noch eine kleine Aufgabe behandeln. (x'), (x'') (x''') seien drei verschiedene Punkte auf einer Geraden. In der Involution mit den Doppelpunkten (x''), (x''') entspreche dem Punkte (x') der Punkt (y'). Ebenso entspreche in der Involution mit den Doppelpunkten (x'''), (x') dem Punkte (x'') der Punkt (y'') und in der Involution mit den Doppelpunkten (x'), (x'') dem Punkte (x''') der Punkt (y'''). Man soll die Gerade derart projektiv auf sich selbst abbilden, daß den Punkten (x'), (x''), (x''') der Reihe nach die Punkte (y'), (y''), (y''') zugeordnet werden.

Es bestehen hier die Relationen (vgl. S. 52)

$$\begin{aligned}
(x'x'')(y'x''') + (y'x'')(x'x''') &= 0,\\
(x''x''')(y''x') + (y''x''')(x''x') &= 0,\\
(x'''x')(y'''x'') + (y'''x')(x'''x'') &= 0.
\end{aligned}$$

Die Gleichung

$$\begin{aligned}
&\{(x\,x'')(y\,x''') + (x\,x''')(y\,x'')\}(x'x'')(x'x''')\\
&+ \{(x\,x''')(y\,x') + (x\,x')(y\,x''')\}(x''\,x''')(x''\,x')\\
&+ \{(x\,x')(y\,x'') + (x\,x'')(y\,x')\}(x'''\,x')(x'''\,x'') = 0
\end{aligned}$$

stellt eine Abbildung dar, die das Verlangte leistet, und zwar ist es eine Involution, deren Doppelelemente durch die Gleichung

$$\begin{aligned}
&(x\,x'')(x\,x''')(x'\,x'')(x'\,x''')\\
&+ (x\,x''')(x\,x')(x''\,x''')(x''\,x')\\
&+ (x\,x')(x\,x'')(x'''\,x')(x'''\,x'') = 0
\end{aligned}$$

gegeben sind.

Daß nicht alle Koeffizienten dieser quadratischen Gleichung verschwinden, sieht man daraus, daß die Punkte (x'), (x''), (x''') ihr nicht genügen. Ersetzt man z. B. (x) durch (x'), so reduziert sich die linke Seite auf

$$(x'x'')^2 (x'x''')^2,$$

ist also nicht gleich Null. Auch handelt es sich nicht um eine ausgeartete Involution. Denn (y'), (y''), (y''') sind, wie man sich überzeugt, drei verschiedene Punkte.

Wir wollen die beiden Doppelpunkte unserer Involution zu Fundamentalpunkten machen und den Punkt (x') zum Einheitspunkt. Die neuen Koordinaten bezeichnen wir mit deutschen Buchstaben. Dann wird die Involution dargestellt durch

$$\mathfrak{x}_1 \mathfrak{y}_2 + \mathfrak{x}_2 \mathfrak{y}_1 = 0$$

und der Punkt (x') hat die Koordinaten $\mathfrak{x}_1' = 1$, $\mathfrak{x}_2' = 1$. Ihm wird durch die Involution der Punkt $\mathfrak{y}_1' = 1$, $\mathfrak{y}_2' = -1$ zugeordnet. Die Punkte $(\mathfrak{x}')$, $(\mathfrak{y}')$ sind zu $(\mathfrak{x}'')$, $(\mathfrak{x}''')$ harmonisch. Es ist also

$$\frac{(\mathfrak{x}'\mathfrak{x}'')(\mathfrak{y}'\mathfrak{x}''')}{(\mathfrak{x}'\mathfrak{x}''')(\mathfrak{y}'\mathfrak{x}'')} = -1,$$

d. h.

$$(\mathfrak{x}_2'' - \mathfrak{x}_1'')(\mathfrak{x}_2''' + \mathfrak{x}_1''') + (\mathfrak{x}_2'' + \mathfrak{x}_1'')(\mathfrak{x}_2''' - \mathfrak{x}_1''') = 0$$

oder

$$\mathfrak{x}_1''\mathfrak{x}_1''' - \mathfrak{x}_2''\mathfrak{x}_2''' = 0.$$

Dem Punkt $(\mathfrak{x}'')$ entspricht bei der Involution der Punkt $\mathfrak{y}_1'' = \mathfrak{x}_1''$, $\mathfrak{y}_2'' = -\mathfrak{x}_2''$. Da $(\mathfrak{x}'')$, $(\mathfrak{y}'')$ zu $(\mathfrak{x}')$, $(\mathfrak{x}''')$ harmonisch sind, besteht die Relation

$$\frac{(\mathfrak{x}''\mathfrak{x}')(\mathfrak{y}''\mathfrak{x}''')}{(\mathfrak{x}''\mathfrak{x}''')(\mathfrak{y}''\mathfrak{x}')} = -1,$$

d. h.

$$(\mathfrak{x}_1'' - \mathfrak{x}_2'')(\mathfrak{x}_1''\mathfrak{x}_2''' + \mathfrak{x}_1'''\mathfrak{x}_2'') + (\mathfrak{x}_1''\mathfrak{x}_2''' - \mathfrak{x}_1'''\mathfrak{x}_2'')(\mathfrak{x}_1'' + \mathfrak{x}_2'') = 0$$

oder

$$\mathfrak{x}_1''^2 \mathfrak{x}_2''' - \mathfrak{x}_2''^2 \mathfrak{x}_1''' = 0.$$

Nun sind aber $\mathfrak{x}_1''$, $\mathfrak{x}_2''$ zu $\mathfrak{x}_2'''$, $\mathfrak{x}_1'''$ proportional, also ist

$$\mathfrak{x}_1''^3 - \mathfrak{x}_2''^3 = 0 \quad \text{und} \quad \mathfrak{x}_1'''^3 - \mathfrak{x}_2'''^3 = 0.$$

Die drei Punkte $(\mathfrak{x}')$, $(\mathfrak{x}'')$, $(\mathfrak{x}''')$ genügen daher der Gleichung

$$\mathfrak{x}_1^3 - \mathfrak{x}_2^3 = 0.$$

Setzt man für $\mathfrak{x}_1$, $\mathfrak{x}_2$ ihre Ausdrücke in x_1, x_2 ein, also

$$\mathfrak{x}_1 = \mathfrak{a}_1 x_1 + \mathfrak{a}_2 x_2,$$
$$\mathfrak{x}_2 = \mathfrak{b}_1 x_1 + \mathfrak{b}_2 x_2,$$

so geht $\mathfrak{x}_1^3 - \mathfrak{x}_2^3$ in

$$(xx')(xx'')(xx''') = c_0 x_1^3 + 3c_1 x_1^2 x_2 + 3c_2 x_1 x_2^2 + c_3 x_2^3 = f(x).$$

Jetzt nehmen wir außer (x) noch einen zweiten Punkt (y). Seine deutschen Koordinaten seien $\mathfrak{y}_1$, $\mathfrak{y}_2$, d. h. es sei

$$\mathfrak{y}_1 = \mathfrak{a}_1 y_1 + \mathfrak{a}_2 y_2,$$
$$\mathfrak{y}_2 = \mathfrak{b}_1 y_1 + \mathfrak{b}_2 y_2.$$

Dann wird

$$\lambda \mathfrak{x}_1 + \mu \mathfrak{y}_1 = \mathfrak{a}_1(\lambda x_1 + \mu y_1) + \mathfrak{a}_2(\lambda x_2 + \mu y_2),$$
$$\lambda \mathfrak{x}_2 + \mu \mathfrak{y}_2 = \mathfrak{b}_1(\lambda x_1 + \mu y_1) + \mathfrak{b}_2(\lambda x_2 + \mu y_2),$$

d. h. der Punkt $(\lambda x + \mu y)$ ist zugleich der Punkt $(\lambda \mathfrak{x} + \mu \mathfrak{y})$.

Es besteht infolgedessen für alle Werte von λ, μ die Gleichung

$$(\lambda \mathfrak{x}_1 + \mu \mathfrak{y}_1)^3 - (\lambda \mathfrak{x}_2 + \mu \mathfrak{y}_2)^3 = f(\lambda x + \mu y).$$

Hier müssen nun die Koeffizienten von λ^3, $\lambda^2\mu$, $\lambda\mu^2$, μ^3 rechts und links übereinstimmen. Wir wollen bloß die Koeffizienten von $\lambda\mu^2$ gleich setzen. Dann ergibt sich

$$(*)\quad \mathfrak{x}_1 \mathfrak{y}_1^2 - \mathfrak{x}_2 \mathfrak{y}_2^2 = (c_0 x_1 + c_1 x_2) y_1^2 + 2(c_1 x_1 + c_2 x_2) y_1 y_2 + (c_2 x_1 + c_3 x_2) y_2^2.$$

Wenn nun vermöge der linearen Transformation

$$\mathfrak{y}_1 = \mathfrak{a}_1 y_1 + \mathfrak{a}_2 y_2, \quad \mathfrak{y}_2 = \mathfrak{b}_1 y_1 + \mathfrak{b}_2 y_2$$

eine Gleichung von der Form

$$\mathfrak{B}_0 \mathfrak{y}_1^2 + 2\mathfrak{B}_1 \mathfrak{y}_1 \mathfrak{y}_2 + \mathfrak{B}_2 \mathfrak{y}_2^2 = B_0 y_1^2 + 2 B_1 y_1 y_2 + B_2 y_2^2$$

stattfindet, so ist immer

$$\begin{vmatrix} B_0 & B_1 \\ B_1 & B_2 \end{vmatrix} = \begin{vmatrix} \mathfrak{B}_0 & \mathfrak{B}_1 \\ \mathfrak{B}_1 & \mathfrak{B}_2 \end{vmatrix} \begin{vmatrix} \mathfrak{a}_1 & \mathfrak{a}_2 \\ \mathfrak{b}_1 & \mathfrak{b}_2 \end{vmatrix}^2,$$

d. h. die Diskriminante[1] einer quadratischen Form multipliziert sich, wenn man die Form einer linearen Transformation unterwirft, mit dem Quadrat der Transformationsdeterminante.

Setzt man

$$\mathfrak{B}_0 \mathfrak{y}_1^2 + 2\mathfrak{B}_1 \mathfrak{y}_1 \mathfrak{y}_2 + \mathfrak{B}_2 \mathfrak{y}_2^2 = (\mathfrak{y}\mathfrak{y}')(\mathfrak{y}\mathfrak{y}''),$$

so wird

$$B_0 y_1^2 + 2 B_1 y_1 y_2 + B_2 y_2^2 = (\mathfrak{a}\mathfrak{b})^2 (y y')(y y'').$$

(y') und (y'') sind so gewählt, daß die Gleichungen

$$\mathfrak{y}_1' = \mathfrak{a}_1 y_1' + \mathfrak{a}_2 y_2', \quad \mathfrak{y}_2' = \mathfrak{b}_1 y_1' + \mathfrak{b}_2 y_2',$$
$$\mathfrak{y}_1'' = \mathfrak{a}_1 y_1'' + \mathfrak{a}_2 y_2'', \quad \mathfrak{y}_2'' = \mathfrak{b}_1 y_1'' + \mathfrak{b}_2 y_2''$$

stattfinden.

---

[1] $\mathfrak{B}_0 \mathfrak{B}_2 - \mathfrak{B}_1^2$ heißt die Diskriminante der quadratischen Form $\mathfrak{B}_0 \mathfrak{y}_1^2 + 2\mathfrak{B}_1 \mathfrak{y}_1 \mathfrak{y}_2 + \mathfrak{B}_2 \mathfrak{y}_2^2$.

Man sieht, daß

$$4(\mathfrak{B}_0\mathfrak{B}_2-\mathfrak{B}_1^2)=4\mathfrak{y}_1'\mathfrak{y}_2'\mathfrak{y}_1''\mathfrak{y}_2''-(\mathfrak{y}_1'\mathfrak{y}_2''+\mathfrak{y}_2'\mathfrak{y}_1'')^2=-(\mathfrak{y}'\mathfrak{y}'')^2=-(\mathfrak{a}\mathfrak{b})^2(y'y'')^2$$

ist. Andererseits hat man

$$4(B_0 B_2 - B_1^2) = -(\mathfrak{a}\mathfrak{b})^4 (y'y'')^2.$$

Hieraus geht hervor

$$B_0 B_2 - B_1^2 = (\mathfrak{B}_0 \mathfrak{B}_2 - \mathfrak{B}_1^2)(\mathfrak{a}\mathfrak{b})^2.$$

Dies wollen wir jetzt bei der Gleichung (*) anwenden. Dann können wir schreiben

$$-(\mathfrak{a}\mathfrak{b})^2 \mathfrak{x}_1 \mathfrak{x}_2 = \begin{vmatrix} c_0 x_1 + c_1 x_2, & c_1 x_1 + c_2 x_2 \\ c_1 x_1 + c_2 x_2, & c_2 x_1 + c_3 x_3 \end{vmatrix}.$$

Unser Resultat ist also folgendes:

Es gibt eine Involution, die mit jedem der drei (verschiedenen) Punkte (x'), (x''), (x''') so verfährt, als wären die beiden anderen ihre Doppelpunkte. Werden die drei Punkte durch

$$c_0 x_1^3 + 3c_1 x_1^2 x_2 + 3c_2 x_1 x_2^2 + c_3 x_2^3 = 0$$

dargestellt, so lautet die Gleichung der Doppelpunkte dieser Involution

$$(c_0 c_2 - c_1^2) x_1^2 + (c_0 c_3 - c_1 c_2) x_1 x_2 + (c_1 c_3 - c_2^2) x_2^2 = 0.$$

Macht man die Doppelpunkte der Involution zu Fundamentalpunkten, so nimmt die Gleichung 3. Grades die Form an $\mathfrak{c}_0 \mathfrak{x}_1^3 + \mathfrak{c}_3 \mathfrak{x}_2^3 = 0$.[1] Die Doppelpunkte findet man durch Auflösen einer Gleichung 2. Grades. Es ist also hiermit die Auflösung der Gleichung 3. Grades erledigt.

Aus dem Obigen geht übrigens noch folgendes hervor:

Die Koeffizienten $c_0, \ldots, c_3$ seien reell. Dann sind die Doppelpunkte der betrachteten Involution entweder reell oder konjugiert imaginär. Im ersten Falle sind die auf S. 55 mit $\mathfrak{x}_1, \mathfrak{x}_2$ bezeichneten Koordinaten reell[2], im zweiten konjugiert imaginär. Im ersten Falle sind die Punkte $(\mathfrak{x}'')$, $(\mathfrak{x}''')$, also auch (x''), (x''') konjugiert imaginär. Im zweiten Falle können wir $\mathfrak{x}_1 = \xi_1 + i\xi_2$ und $\mathfrak{x}_2 = \xi_1 - i\xi_2$ setzen und dann wird

$$\mathfrak{x}_1^3 - \mathfrak{x}_2^3 = 3i\xi_1\xi_2(\xi_1 - \xi_2).$$

---

[1] Wir verlangen hier nicht mehr wie oben, daß (x') der Einheitspunkt sein soll.

[2] Der eine der drei Punkte (x'), (x''), (x''') ist notwendig reell. Ihn bezeichnen wir gerade mit (x').

Man sieht, daß die drei Punkte (ξ'), (ξ''), (ξ'''), die durch $\xi_1\,\xi_2\,(\xi_1 - \xi_2) = 0$ dargestellt werden, reell sind. Also sind auch (x'), (x''), (x''') reell.

Je nachdem die Doppelpunkte der Involution imaginär sind oder nicht, sind die drei Punkte, die durch die Gleichung

$$c_0\,x_1^{\,3} + 3c_1\,x_1^{\,2}\,x_2 + 3c_2\,x_1\,x_2^{\,2} + c_3\,x_2^{\,3} = 0$$

definiert werden, sämtlich reell oder nicht.

Viertes Kapitel.

Die Punkte und Geraden der Ebene.

§ 24. Homogene cartesische Koordinaten eines Punktes.

Wir beziehen die Ebene auf zwei rechtwinklige Achsen $O\,x$, $O\,y$. Die inhomogenen Koordinaten eines Punktes P sind dann (vgl. Fig. 21)

$$x = \overline{O\,A} = \overline{B\,P},$$
$$y = \overline{O\,B} = \overline{A\,P}.$$

Man kann diese Koordinaten auch so auffassen. Es wird in der Ebene eine Gerade, die Abszissenachse, gezogen. Auf ihr wählt man einen Anfangspunkt O und eine positive Richtung. Die Gerade

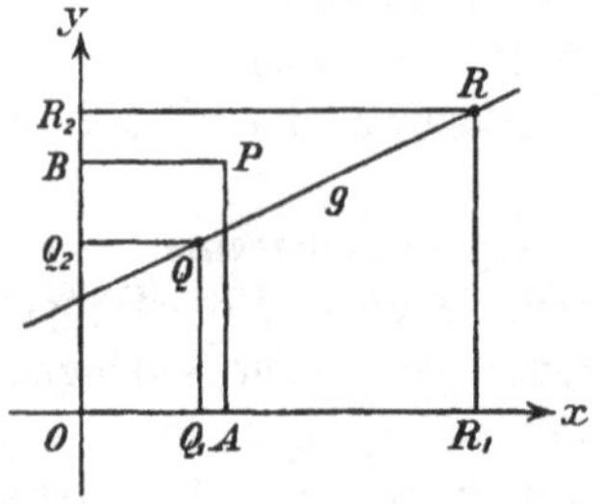

Fig. 21.

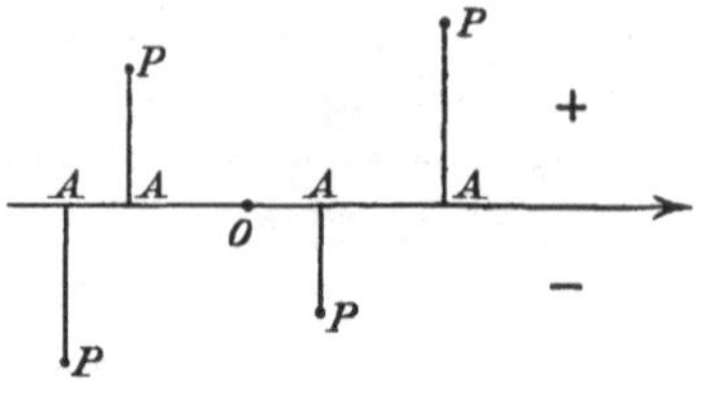

Fig. 22.

teilt die Ebene in zwei Hälften. Die eine wird als die positive markiert[1] (durch ein $+$), die andere als die negative (durch ein $-$). Ist nun P ein beliebiger Punkt der Ebene, so projiziert man ihn senkrecht auf die Abszissenachse und nennt $\overline{O\,A} = x$ seine Abszisse. Die zweite Koordinate y des Punktes P ist sein Abstand von der

[1] In der positiven Halbebene liegt die positive Hälfte von $O\,y$.

Abszissenachse, positiv oder negativ gerechnet, je nachdem er in der positiven oder negativen Halbebene liegt. y bezeichnet man als die Ordinate von P.

Die homogenen Koordinaten von P sind nach § 14 drei Zahlen x_1, x_2, x_3, die zu x, y, 1 proportional sind.

Handelt es sich um einen unendlich fernen Punkt, etwa den unendlich fernen Punkt der Geraden g in Fig. 21, so ist nach § 14 $x_3 = 0$ und x_1, x_2 sind Richtungskoeffizienten von g, d. h. proportional zu den Richtungskosinus α, β von g. Nimmt man auf g eine Strecke QR (aber keine Nullstrecke) und sind $Q_1 R_1$, $Q_2 R_2$ ihre Projektionen auf Ox, Oy, so hat man

$$\overline{Q_1 R_1} = \overline{QR} \cdot \alpha, \quad \overline{Q_2 R_2} = \overline{QR} \cdot \beta.$$

Man kann also sagen, daß der unendlich ferne Punkt von g die Koordinaten $\overline{Q_1 R_1}$, $\overline{Q_2 R_2}$, 0 hat.

x_1, x_2, x_3 sind nie alle drei gleich Null.

Auch in der Ebene erlauben wir den homogenen Koordinaten komplexe Werte anzunehmen. Wenn x_1, x_2, x_3 sich zueinander verhalten wie drei reelle Zahlen a_1, a_2, a_3, so haben wir entweder den reellen eigentlichen Punkt $x = \frac{a_1}{a_3}$, $y = \frac{a_2}{a_3}$ oder, falls $a_3 = 0$ ist, den reellen unendlich fernen Punkt einer Geraden mit den Richtungskoeffizienten a_1, a_2. Ist es unmöglich, drei reelle Zahlen zu finden, die zu x_1, x_2, x_3 proportional sind, so sprechen wir von einem imaginären Punkt der Ebene.

§ 25. Die Gleichung einer Geraden.

Es sei eine Gerade g gegeben, und zwar eine orientierte Gerade.

Den positiven Drehungssinn um O setzen wir so fest, daß

$$(xy) \equiv \frac{\pi}{2}$$

ist (mod. 2π).

Jetzt ziehen wir durch O eine Gerade h senkrecht zu g und orientieren sie so, daß

$$(gh) \equiv \frac{\pi}{2}$$

wird.

F sei der Schnittpunkt von g und h. Bewegt er sich auf h in der positiven Richtung, so beschreibe er die positive Hälfte von h. Die Gerade g teilt die Ebene in zwei Halbebenen und in einer von ihnen liegt die positive Hälfte von h. Diese Halbebene soll die positive, die andere die negative heißen. In der Fig. 23 sind diese Halbebenen mit + bzw. – markiert.

Wenn wir von einem eigentlichen Punkte P auf g das Lot PQ fällen, so ist $\overline{QP}$ (die Maßzahl von QP in bezug auf h) der Abstand des Punktes P von der Geraden g, und zwar positiv oder negativ gerechnet, je nachdem P in der positiven oder negativen Halbebene liegt (vgl. Fig. 23).

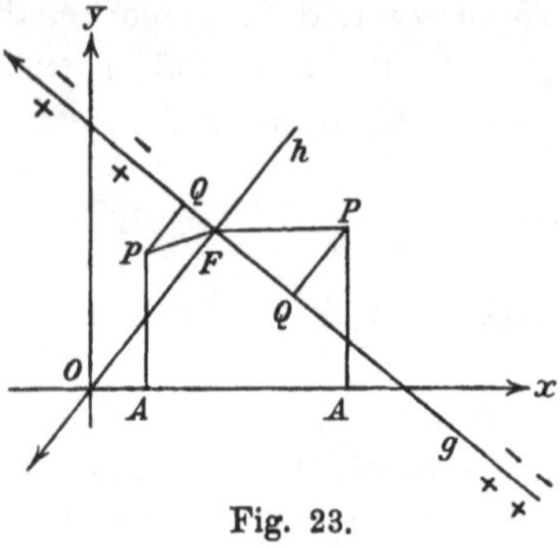

Fig. 23.

QP ist die Projektion von FP auf h. Man hat aber

$$FP = FO + OP = FO + OA + AP.$$

Daher ist QP gleich der Summe der Projektionen von FO, OA, AP auf h und $\overline{QP}$ gleich der Summe der Maßzahlen dieser Projektionen (vgl. S. 5). Dadurch erhalten wir die Gleichung

$$\overline{QP} = \overline{FO} + x\cos(xh) + y\cos(yh).$$

Setzen wir

$$(xh) = \varphi,$$

so wird

$$(yh) \equiv (yx) + (xh) \equiv \varphi - \frac{\pi}{2},$$

also $\cos(yh) = \cos\left(\varphi - \frac{\pi}{2}\right) = \sin\varphi$. Führen wir noch für $\overline{OF}$ die Bezeichnung r ein, so wird

$$\overline{QP} = x\cos\varphi + y\sin\varphi - r.$$

Ein eigentlicher Punkt P liegt dann und nur dann auf der Geraden g, wenn $\overline{QP} = 0$ ist, wenn also seine Koordinaten x, y die Gleichung

$$(1) \qquad x\cos\varphi + y\sin\varphi - r = 0$$

erfüllen. x_1, x_2, x_3 seien die homogenen Koordinaten von P, also $x = x_1 : x_3$, $y = x_2 : x_3$. Multiplizieren wir die obige Gleichung mit x_3, so ergibt sich

$$(2) \qquad x_1\cos\varphi + x_2\sin\varphi - r x_3 = 0.$$

Die Gleichungen (1) und (2) werden durch dieselben eigentlichen Punkte befriedigt. Wir können nämlich, weil bei einem solchen

Punkte $x_3 \neq 0$ ist, von (2) wieder zu (1) zurückkehren, indem wir durch x_3 dividieren.

Die Gerade g hat aber die Richtungskosinus

$$\cos(xg), \quad \cos(yg)$$

oder, da

$$(xg) \equiv (xh) + (hg) \equiv \varphi - \frac{\pi}{2}, \quad (yg) \equiv (yh) + (hg) \equiv \varphi - \pi$$

ist, die Richtungskosinus

$$\sin\varphi, \quad -\cos\varphi.$$

Die Koordinaten ihres unendlich fernen Punktes lauten also

$$\sin\varphi, \quad -\cos\varphi, \quad 0.$$

Sie erfüllen offenbar die Gleichung (2).

Wenn umgekehrt der uneigentliche Punkt x_1, x_2, 0 der Gleichung (2) genügt, so besagt dies, daß x_1 und x_2 sich zueinander verhalten wie $\sin\varphi$ zu $-\cos\varphi$. Jener Punkt ist demnach der unendlich ferne Punkt von g.

Der Inbegriff aller Punkte,[1] die der Gleichung (2) genügen, ist also identisch mit dem Inbegriff aller Punkte der Geraden g. Man nennt deshalb (2) die Gleichung der Geraden g.

Es sei jetzt eine lineare Gleichung

$$u_1 x_1 + u_2 x_2 + u_3 x_3 = 0 \tag{3}$$

gegeben. Ihre Koeffizienten seien reell und nicht alle gleich Null.

Zunächst wollen wir annehmen, daß u_1, u_2 nicht beide verschwinden. Wir können sie dann auffassen als die Koordinaten einer Strecke. Orientieren wir den Träger h dieser Strecke, so bekommt die Strecke eine Maßzahl $m (\gtreqless 0)$. Setzen wir endlich $(xh) = \varphi$, so wird

$$u_1 = m\cos\varphi, \quad u_2 = m\sin\varphi.$$

Die Gleichung (3) geht in (2) über, wenn wir durch m dividieren und $u_3 : m$ mit $-r$ bezeichnen.

Die Gleichung (3) stellt also (falls $u_1, u_2 \neq 0, 0$ ist) eine Gerade g dar, d. h. sie wird von allen Punkten dieser Geraden und nur von ihnen erfüllt.

Wenn u_1, u_2 beide verschwinden, reduziert sich (3) auf $x_3 = 0$. Diese Gleichung wird von allen uneigentlichen Punkten der Ebene erfüllt. Nennen wir den Inbegriff dieser Punkte die unendlich ferne Gerade (oder die uneigentliche Gerade), so können wir

[1] Wir meinen hier nur die reellen Punkte.

sagen, daß die Gleichung (3) immer eine Gerade darstellt. Vorausgesetzt wird natürlich, daß ihre Koeffizienten nicht alle gleich Null sind.

(2) nennt man die Hessesche Normalform der Gleichung einer (eigentlichen) Geraden. Wenn x_1, x_2, x_3 ein eigentlicher Punkt ist, so stellt

$$\frac{x_1 \cos\varphi + x_2 \sin\varphi - r x_3}{x_3}$$

den Abstand des Punktes von der Geraden dar, und zwar positiv oder negativ genommen, je nachdem der Punkt in der positiven oder negativen Halbebene liegt.

Um zu ermitteln, welches die positive Halbebene ist, muß man die x-Achse der Drehung φ unterwerfen. Schneidet sie in ihrer neuen Lage die Gerade in F, so gelangt man in die positive Halbebene, indem man von F ausgehend der positiven Richtung der gedrehten x-Achse folgt (vgl. Fig. 23).

Will man die Gleichung (3) auf die Hessesche Normalform bringen, so hat man (vgl. S. 61) durch $m = \sqrt{u_1^2 + u_2^2}$ oder $m = -\sqrt{u_1^2 + u_2^2}$ zu dividieren. Vorausgesetzt wird dabei, daß u_1, u_2 nicht beide verschwinden. Der Abstand des eigentlichen Punktes x_1, x_2, x_3 von der eigentlichen Geraden (3) ist gleich

$$\pm \frac{u_1 x_1 + u_2 x_2 + u_3 x_3}{x_3 \sqrt{u_1^2 + u_2^2}}.$$

Das doppelte Zeichen kommt daher, daß man jede der beiden Halbebenen, in welche die Ebene durch die betrachtete Gerade geteilt wird, zur positiven machen kann.

§ 26. Gleichung einer Geraden, von der man zwei Punkte kennt.

(x') und (x'') seien zwei verschiedene Punkte. Wir wollen die Gleichung ihrer Verbindungsgeraden aufstellen.

Da wir (x') und (x'') verschieden voraussetzen, sind nicht alle zweireihigen Determinanten der Matrix

$$\left| \begin{matrix} x_1' & x_2' & x_3' \\ x_1'' & x_2'' & x_3'' \end{matrix} \right|$$

gleich Null. Fordern wir, daß die beiden Punkte auf der Geraden g liegen, deren Gleichung $u_1 x_1 + u_2 x_2 + u_3 x_3 = 0$ lautet, so müssen die Gleichungen

$$u_1 x_1' + u_2 x_2' + u_3 x_3' = 0,$$
$$u_1 x_1'' + u_2 x_2'' + u_3 x_3'' = 0$$

erfüllt sein. Hierdurch sind aber die Verhältnisse der u vollkommen bestimmt.[1] Es gibt also durch zwei verschiedene Punkte nur eine Gerade. Ihre Gleichung können wir auf folgende Weise ableiten. Entwickeln wir die Determinante

$$\begin{vmatrix} x_1 & x_2 & x_3 \\ x_1' & x_2' & x_3' \\ x_1'' & x_2'' & x_3'' \end{vmatrix}$$

nach der ersten Zeile, so ergibt sich ein Ausdruck von der Form

$$u_1 x_1 + u_2 x_2 + u_3 x_3$$

und die u sind nicht alle gleich Null. Daher stellt die Gleichung

$$\begin{vmatrix} x_1 & x_2 & x_3 \\ x_1' & x_2' & x_3' \\ x_1'' & x_2'' & x_3'' \end{vmatrix} = 0$$

eine Gerade dar, und zwar die gesuchte Verbindungsgerade der Punkte (x'), (x''). Ersetzt man nämlich (x) durch (x') oder (x''), so werden zwei Zeilen der Determinante identisch. Die Gleichung ist also erfüllt.

Wir sehen, daß drei Punkte (x'), (x''), (x''') dann und nur dann auf einer Geraden liegen, wenn die Determinante

$$\begin{vmatrix} x_1' & x_2' & x_3' \\ x_1'' & x_2'' & x_3'' \\ x_1''' & x_2''' & x_3''' \end{vmatrix},$$

die man mit $(x' \, x'' \, x''')$ zu bezeichnen pflegt, verschwindet.

Entweder fallen nämlich (x'') und (x''') zusammen. Dann läßt sich durch die drei Punkte eine Gerade legen und es ist auch die Determinante $(x' \, x'' \, x''')$ gleich Null, wie man durch Entwickeln nach der ersten Zeile sieht. Oder (x'') und (x''') sind verschieden. Der Punkt (x) liegt dann auf der Geraden (x''), (x''') oder nicht, je nachdem er die Gleichung dieser Geraden, d. h. die Gleichung $(x \, x'' \, x''') = 0$ erfüllt oder nicht.

§ 27. Parameterdarstellung der Geraden.

Sind (x'), (x'') zwei verschiedene Punkte einer Geraden g, so lassen sich die Koordinaten jedes Punktes dieser Geraden in der Form schreiben:

[1] Vgl. meine „Einführung in die Determinantentheorie".

$$(1) \quad \begin{cases} x_1 = \lambda x_1' + \mu x_1'', \\ x_2 = \lambda x_2' + \mu x_2'', \\ x_3 = \lambda x_3' + \mu x_3''. \end{cases}$$

Wenn (x) ein Punkt der Geraden ist, so hat man nach § 26

$$(2) \quad (x x' x'') = 0.$$

Daher haben die Gleichungen

$$\begin{aligned} l x_1 + m x_1' + n x_1'' &= 0, \\ l x_2 + m x_2' + n x_2'' &= 0, \\ l x_3 + m x_3' + n x_3'' &= 0 \end{aligned}$$

eine von 0, 0, 0 verschiedene Lösung l, m, n. Dabei kann aber l nicht gleich Null sein. Sonst wären die x' zu den x'' proportional, während doch (x') und (x'') verschiedene Punkte sein sollen. Wir dürfen also durch l dividieren. Setzen wir

$$\frac{m}{l} = -\lambda, \quad \frac{n}{l} = -\mu,$$

so erhalten wir die Gleichungen (1).

Wenn λ, μ nicht beide verschwinden, so sind auch die durch (1) gegebenen Werte x_1, x_2, x_3 nicht alle gleich Null. Denn sonst wären die x' proportional zu den x'', was nicht der Fall ist. Wir haben also einen Punkt (x). Dieser Punkt liegt auf der Geraden g. Er erfüllt nämlich die Gleichung (2), weil

$$\begin{vmatrix} \lambda x_1' + \mu x_1'', & \lambda x_2' + \mu x_2'', & \lambda x_3' + \mu x_3'' \\ x_1', & x_2', & x_2' \\ x_1'', & x_2'', & x_3'' \end{vmatrix}$$

$$= \lambda \begin{vmatrix} x_1' & x_2' & x_3' \\ x_1' & x_2' & x_3' \\ x_1'' & x_2'' & x_3'' \end{vmatrix} + \mu \begin{vmatrix} x_1'' & x_2'' & x_3'' \\ x_1' & x_2' & x_3' \\ x_1'' & x_2'' & x_3'' \end{vmatrix} = 0$$

ist.

Man nennt (1) eine Parameterdarstellung der Geraden g. Die Koordinaten eines Punktes (x) der Geraden sind ausgedrückt durch die beiden homogenen Parameter λ, μ. Erteilt man diesen alle möglichen Werte (mit Ausschluß des Wertsystems 0, 0), so nimmt (x) alle Lagen auf g an.

Welche Bedeutung haben λ, μ? Sie sind, wie wir sehen werden, projektive Koordinaten auf g, vorausgesetzt, daß g eine eigentliche Gerade ist.

Wir wählen auf g einen Anfangspunkt P_0 und eine positive Richtung. α, β seien die Richtungskosinus. Ist P ein eigentlicher

Punkt auf g, so können wir ihn durch $\overline{P_0 P} = \xi$ charakterisieren. Seine homogenen cartesischen Koordinaten auf g sind dann zwei zu ξ, 1 proportionale Zahlen ξ_1, ξ_2.

Haben P_0 und P in bezug auf die rechtwinkligen Achsen Ox, Oy die (inhomogenen) Koordinaten x_0, y_0 bzw. x, y, so ist

$$x - x_0 = \alpha \xi, \quad y - y_0 = \beta \xi.$$

Die homogenen Koordinaten x_1, x_2, x_3 von P sind proportional zu

$$x_0 + \alpha \xi, \quad y_0 + \beta \xi, \quad 1$$

oder zu

$$\alpha \xi_1 + x_0 \xi_2, \quad \beta \xi_1 + y_0 \xi_2, \quad \xi_2.$$

Wir können also setzen

$$(1') \qquad x_1 = \alpha \xi_1 + x_0 \xi_2, \quad x_2 = \beta \xi_1 + y_0 \xi_2, \quad x_3 = \xi_2.$$

Für $\xi_2 = 0$ gehen x_1, x_2, x_3 über in $\alpha \xi_1$, $\beta \xi_1$, 0. Das ist aber gerade der unendlich ferne Punkt von g.

(1') ist wieder eine Parameterdarstellung der Geraden g. Nur sind jetzt die Parameter die homogenen cartesischen Koordinaten des Punktes (x) auf g.

Identifizieren wir (1) und (1'), schreiben wir also

$$\begin{aligned} \lambda x_1' + \mu x_1'' &= \alpha \xi_1 + x_0 \xi_2, \\ \lambda x_2' + \mu x_2'' &= \beta \xi_1 + y_0 \xi_2, \\ \lambda x_3' + \mu x_3'' &= \xi_2, \end{aligned}$$

so lassen sich, da die zweireihigen Determinanten der Matrix

$$\begin{vmatrix} x_1' & x_2' & x_3' \\ x_1'' & x_2'' & x_3'' \end{vmatrix}$$

nicht alle verschwinden, die obigen Gleichungen nach λ, μ auflösen und diese Auflösung lautet

$$\begin{aligned} \lambda &= a_1 \xi_1 + a_2 \xi_2, \\ \mu &= b_1 \xi_1 + b_2 \xi_2. \end{aligned}$$

Sie lassen sich aber auch nach ξ_1, ξ_2 auflösen, weil α, β nicht beide gleich Null sind. Daher ist $(ab) \neq 0$ und nach § 16 sind also λ, μ tatsächlich projektive Koordinaten auf g.

In § 15 sprachen wir bei einer reellen Geraden von imaginären Punkten. Wir wollen deshalb auch hier für die ξ bzw. für λ, μ komplexe Werte zulassen. Die komplexen Punkte der Geraden g kann man auch definieren als diejenigen imaginären Punkte (x) der Ebene, die der Gleichung von g genügen, d. h. der Gleichung

$(x x' x'') = 0$. Alle diese Punkte lassen sich in der Form (1) darstellen, mit komplexen λ, μ.

Nehmen wir vier Punkte auf g, etwa

$$\lambda, \mu;\ \lambda', \mu';\ \lambda'', \mu'';\ \lambda''', \mu''',$$

so ist ihr Doppelverhältnis nach § 19

$$\frac{(\lambda \mu'')(\lambda' \mu''')}{(\lambda \mu''')(\lambda' \mu'')}.$$

Jetzt wollen wir annehmen, daß die Gerade g, auf die sich die Parameterdarstellung (1) bezieht, die unendlich ferne Gerade ist. Dann sind x_3', x_3'' gleich Null und die Formeln (1) lauten:

$$(1') \qquad x_1 = \lambda x_1' + \mu x_1'', \quad x_2 = \lambda x_2' + \mu x_2'', \quad x_3 = 0.$$

Welche Bedeutung haben jetzt λ, μ?

Auf den Verbindungslinien der Punkte (x') und (x'') mit dem Anfangspunkt wählen wir je einen eigentlichen Punkt. Diese Punkte lassen sich so schreiben

$$x_1', x_2', \varrho';\quad x_1'', x_2'', \varrho''.$$

ϱ', ϱ'' sind von Null verschieden. Durch passende Wahl von ϱ', ϱ'' können wir jede Lage der Punkte auf den beiden Geraden herbeiführen, abgesehen vom Anfangspunkt und von (x'), (x'').

Nehmen wir auf der Verbindungslinie des Punktes $(\lambda x' + \mu x'')$ mit dem Anfangspunkt den Punkt $\lambda x_1' + \mu x_1''$, $\lambda x_2' + \mu x_2''$, $\lambda \varrho' + \mu \varrho''$, so ist

$$\begin{vmatrix} \lambda x_1' + \mu x_1'', & \lambda x_2' + \mu x_2'', & \lambda \varrho' + \mu \varrho'' \\ x_1', & x_2', & \varrho' \\ x_1'', & x_2'', & \varrho'' \end{vmatrix} = 0,$$

d. h. die drei betrachteten Punkte liegen auf einer Geraden h.

λ, μ sind projektive Koordinaten auf h, und zwar gehören λ, μ zu dem Schnittpunkt von h mit der Geraden, die vom Anfangspunkt nach dem unendlich fernen Punkte $(\lambda x' + \mu x'')$ läuft.

Zu $\lambda = 0$, $\mu = 1$; $\lambda = 1$, $\mu = 0$; $\lambda = 1$, $\mu = 1$ und zu $\lambda = \lambda$, $\mu = \mu$ mögen die Punkte A, B, E, P auf h gehören. Dann ist

$$(PEAB) = \begin{vmatrix} \lambda & \mu \\ 0 & 1 \end{vmatrix} \begin{vmatrix} 1 & 1 \\ 1 & 0 \end{vmatrix} : \begin{vmatrix} \lambda & \mu \\ 1 & 0 \end{vmatrix} \begin{vmatrix} 1 & 1 \\ 0 & 1 \end{vmatrix} = \lambda : \mu.$$

Dieses Doppelverhältnis hängt, wie man sieht, garnicht von ϱ', ϱ'', d. h. von der Lage der schneidenden Geraden ab. Wenn man h in eine andere Lage h' bringt, so ist wieder

$$(P' E' A' B') = \lambda : \mu ,$$

also

$$(P' E' A' B') = (P E A B) .$$

In dieser Formel ist der Satz von Pappus enthalten, auf den wir später noch zurückkommen.

Läßt man ϱ', ϱ'' nach Null konvergieren, so gehen P, E, A, B in die Punkte $(\lambda x' + \mu x'')$, $(x' + x'')$, (x'), (x'') über. Man wird also dazu geführt, $\lambda : \mu$ als das Doppelverhältnis dieser vier Punkte zu definieren und λ, μ projektive Koordinaten des Punktes $(\lambda x' + \mu x'')$ auf der unendlich fernen Geraden zu nennen. Die Punkte 0, ∞, 1 (vgl. § 16) sind hier (x''), (x'), $(x' + x'')$

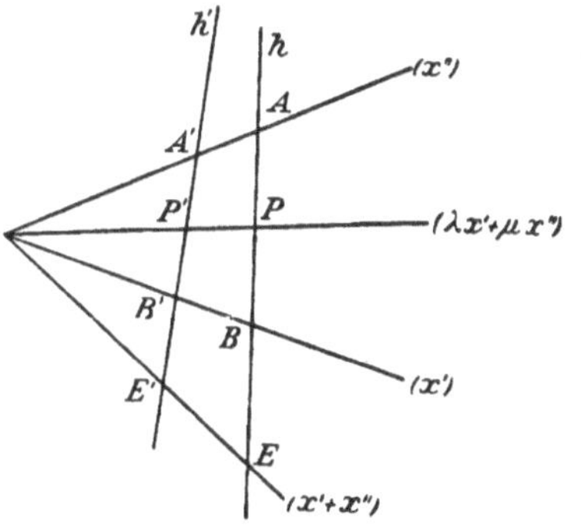

Fig. 24.

§ 28. Projektive Punktkoordinaten in der Ebene.

Wir wollen jetzt die Betrachtungen, die wir in § 16 über die Gerade anstellten, auf die Ebene übertragen.

Dazu brauchen wir drei Punkte (1), (2), (3), die nicht auf einer Geraden liegen.[1] Es ist also $(1\,2\,3) \neq 0$.

Diese Punkte bestimmen die drei Geraden

$$(x\,2\,3) = 0, \quad (x\,3\,1) = 0, \quad (x\,1\,2) = 0 .$$

Jetzt nehmen wir noch einen vierten Punkt (0), der auf keiner von diesen Geraden liegt, so daß also die Determinanten

$$(0\;2\;3), \quad (0\;3\;1), \quad (0\;1\;2)$$

nicht verschwinden.

Als projektive Koordinaten des Punktes (x) definieren wir drei Zahlen $\mathfrak{x}_1$, $\mathfrak{x}_2$, $\mathfrak{x}_3$, die durch folgende Gleichungen bestimmt sind:

$$\mathfrak{x}_1 = \frac{(x\,2\,3)}{(0\,2\,3)}, \quad \mathfrak{x}_2 = \frac{(x\,3\,1)}{(0\,3\,1)}, \quad \mathfrak{x}_3 = \frac{(x\,1\,2)}{(0\,1\,2)} .$$

Wenn man die Koordinaten eines der Punkte 1, 2, 3 mit einem gemeinsamen Faktor versieht, so bleiben $\mathfrak{x}_1$, $\mathfrak{x}_2$, $\mathfrak{x}_3$ ungeändert. Macht

[1] Wir benutzen hier zur Bezeichnung von Punkten einfach Ziffern. Der Punkt 1 ist ein Punkt mit den Koordinaten $x_1^{(1)}$, $x_2^{(1)}$, $x_3^{(1)}$. Ebenso hat nachher der Punkt 0 die Koordinaten $x_1^{(0)}$, $x_2^{(0)}$, $x_3^{(0)}$. Die Determinante $(x\,2\,3)$ ist nichts anderes als $(x\,x^{(2)}\,x^{(3)})$, aber sie schreibt sich einfacher.

man dasselbe bei dem Punkt (x) oder dem Punkt (0), so tritt zu allen $\mathfrak{x}$ ein gemeinsamer Faktor hinzu. Diese Koordinaten $\mathfrak{x}_1, \mathfrak{x}_2, \mathfrak{x}_3$ sind also nur bis auf einen Faktor bestimmt. Sie sind homogene Koordinaten.

Die Punkte 1, 2, 3 nennt man die Fundamentalpunkte. Die Koordinaten $\mathfrak{x}$ lauten bei ihnen

$$1, 0, 0; \quad 0, 1, 0; \quad 0, 0, 1.$$

Dem Punkte (0) entsprechen lauter gleiche $\mathfrak{x}$. Seine Koordinaten $\mathfrak{x}$ können wir also gleich

$$1, \quad 1, \quad 1$$

setzen. Deshalb heißt (0) der Einheitspunkt.

Die $\mathfrak{x}$ sind offenbar lineare Formen in den x. Ausführlich geschrieben lauten sie so:

$$\text{(I)} \quad \begin{cases} \mathfrak{x}_1 = \dfrac{x_1 (2_2\, 3_3) + x_2 (2_3\, 3_1) + x_3 (2_1\, 3_2)}{(0\;2\;3)} = \sum a_\nu x_\nu, \\ \mathfrak{x}_2 = \dfrac{x_1 (3_2\, 1_3) + x_2 (3_3\, 1_1) + x_3 (3_1\, 1_2)}{(0\;3\;1)} = \sum b_\nu x_\nu, \\ \mathfrak{x}_3 = \dfrac{x_1 (1_2\, 2_3) + x_2 (1_3\, 2_1) + x_3 (1_1\, 2_2)}{(0\;1\;2)} = \sum c_\nu x_\nu. \end{cases}$$

$(r_\varrho s_\sigma)$ bedeutet hierbei die Determinante $r_\varrho s_\sigma - s_\varrho r_\sigma$ und r_1, r_2, r_3 sind die Koordinaten des Punktes (r).

Die Determinante der a, b, c, also $(a\,b\,c)$ ist ungleich Null. Multipliziert man sie nämlich mit

$$(0\,2\,3)\;(0\,3\,1)\;(0\,1\,2)\;(1\,2\,3),$$

so kommt

$$(0\,2\,3)\;(0\,3\,1)\;(0\,1\,2)\;(1\,2\,3)\;(a\,b\,c)$$

$$= \begin{vmatrix} (2_2\,3_3) & (2_3\,3_1) & (2_1\,3_2) \\ (3_2\,1_3) & (3_3\,1_1) & (3_1\,3_2) \\ (1_2\,2_3) & (1_3\,2_1) & (1_1\,2_2) \end{vmatrix} \begin{vmatrix} 1_1 & 1_2 & 1_3 \\ 2_1 & 2_2 & 2_3 \\ 3_1 & 3_2 & 3_3 \end{vmatrix}$$

$$= \begin{vmatrix} (1\,2\,3) & 0 & 0 \\ 0 & (1\,2\,3) & 0 \\ 0 & 0 & (1\,2\,3) \end{vmatrix} = (1\,2\,3)^3,$$

d. h. man hat

$$(a\,b\,c) = \frac{(1\,2\,3)^2}{(0\,2\,3)\,(0\,3\,1)\,(0\,1\,2)}.$$

Setzt man $\mathfrak{x}_1, \mathfrak{x}_2, \mathfrak{x}_3$ gleich drei Linearformen

$$\sum a_\nu x_\nu, \quad \sum b_\nu x_\nu, \quad \sum c_\nu x_\nu$$

mit nicht verschwindender Determinante (abc), so sind die $\mathfrak{x}$ projektive Koordinaten in dem oben definierten Sinne.

Durch $\mathfrak{x}_2 = \mathfrak{x}_3 = 0$ ist nämlich ein Punkt (1), durch $\mathfrak{x}_3 = \mathfrak{x}_1 = 0$ ein Punkt (2) und durch $\mathfrak{x}_1 = \mathfrak{x}_2 = 0$ ein Punkt (3) bestimmt. Die Koordinaten x dieser Punkte können wir so ansetzen:

$$(1) \qquad (b_2 c_3), \quad (b_3 c_1), \quad (b_1 c_2);$$
$$(2) \qquad (c_2 a_3), \quad (c_3 a_1), \quad (c_1 a_2);$$
$$(3) \qquad (a_2 b_3), \quad (a_3 b_1), \quad (a_1 b_2).$$

Ihre Determinante $(1\,2\,3)$ ist gleich[1] $(a\,b\,c)^2$, also ungleich Null. (1), (2), (3) liegen also nicht auf einer Geraden.

Die Gerade $\sum a_\nu x_\nu = 0$ ist mit $(x\,2\,3) = 0$ identisch. Daher können sich die linken Seiten ihrer Gleichungen nur um einen konstanten Faktor unterscheiden. Es ist also

$$\mathfrak{x}_1 = \sigma_1 (x\,2\,3)$$

und aus demselben Grunde

$$\mathfrak{x}_2 = \sigma_2 (x\,3\,1), \quad \mathfrak{x}_3 = \sigma_3 (x\,1\,2).$$

Um die Proportionalitätsfaktoren σ zu bestimmen, betrachten wir den Punkt (0), für welchen alle $\mathfrak{x}$ gleich sind. Wir wollen sie alle gleich 1 setzen. Dann ergibt sich

$$\sigma_1 = 1:(0\,2\,3), \quad \sigma_2 = 1:(0\,3\,1), \quad \sigma_3 = 1:(0\,1\,2)$$

und daher

$$\mathfrak{x}_1 = \frac{(x\,2\,3)}{(0\,2\,3)}, \quad \mathfrak{x}_2 = \frac{(x\,3\,1)}{(0\,3\,1)}, \quad \mathfrak{x}_3 = \frac{(x\,1\,2)}{(0\,1\,2)}.$$

Die homogenen cartesischen Koordinaten x_1, x_2, x_3 sind ein Spezialfall der projektiven Koordinaten. Die Fundamentalpunkte (1), (2), (3) sind hier die Punkte 1, 0, 0; 0, 1, 0; 0, 0, 1. Die beiden ersten sind die unendlich fernen Punkte der x-Achse und y-Achse. Der letzte ist der Anfangspunkt. Der Einheitspunkt hat die Koordinaten 1, 1, 1, also die inhomogenen Koordinaten 1, 1. In Fig. 25 sind die Fundamentalpunkte und der Einheitspunkt der cartesischen Koordinaten angedeutet. Die Punkte (1), (2) muß man auf den Achsen ins Unendliche rücken lassen, um sie in die richtige Lage zu bringen.

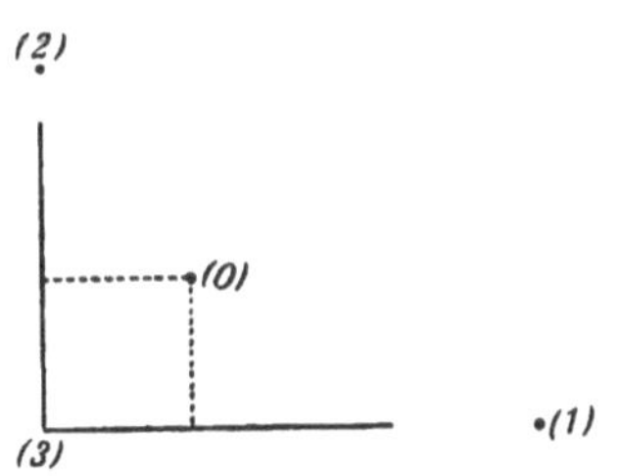

Fig. 25.

[1] Vgl. meine „Einführung in die Determinantentheorie“.

Man pflegt das Dreieck, das die Fundamentalpunkte bilden, das Fundamentaldreieck zu nennen. Bei den cartesischen Koordinaten besteht es aus den beiden Achsen und der unendlich fernen Geraden.

Jetzt wollen wir noch einen anderen Spezialfall der projektiven Koordinaten betrachten.

$$\sum a_\nu x_\nu = 0\,, \quad \sum b_\nu x_\nu = 0\,, \quad \sum c_\nu x_\nu = 0$$

seien drei eigentliche Geraden, in der Hesseschen Normalform geschrieben. Es sei also

$$a_1{}^2 + a_2{}^2 = b_1{}^2 + b_2{}^2 = c_1{}^2 + c_2{}^2 = 1\,.$$

Ist (x) ein eigentlicher Punkt, so verhalten sich $\mathfrak{x}_1$, $\mathfrak{x}_2$, $\mathfrak{x}_3$ zueinander wie

$$\frac{\Sigma a_\nu x_\nu}{x_3} : \frac{\Sigma b_\nu x_\nu}{x_3} : \frac{\Sigma c_\nu x_\nu}{x_3}\,,$$

d. h. wie die Abstände des Punktes von den drei Geraden. Die Abstände werden bei jeder Geraden in der einen Halbebene positiv, in der andern negativ gerechnet. Man kann die positiven Halbebenen nach Belieben auswählen und braucht nur eventuell die Zeichen der a oder der b oder der c umzukehren. Als Einheitspunkt figuriert hier der Punkt, dessen Abstände von den

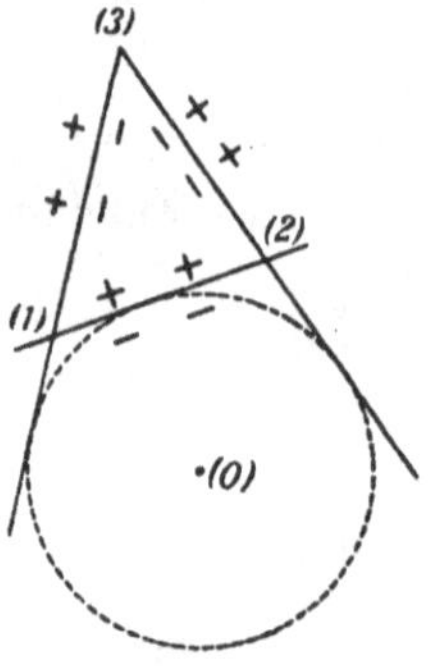

Fig. 26.

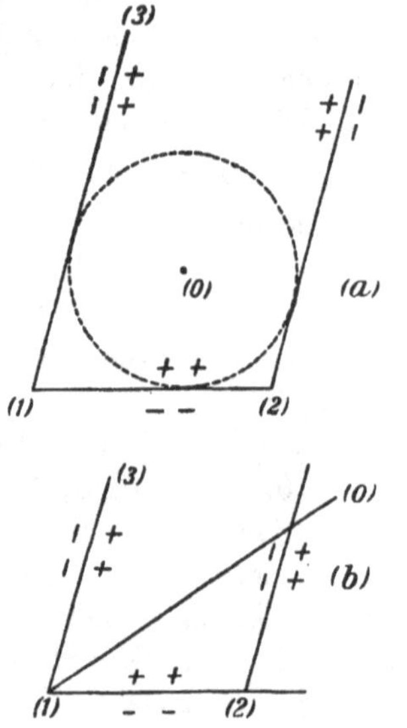

Fig. 27.

drei Geraden gleich sind (incl. Vorzeichen). Vgl. Fig. 26 und Fig. 27.

[1] Aus (II) sieht man, daß die Koordinaten $\mathfrak{x}$ (ebenso wie x) nie alle gleich Null sind.

In Fig. 27 *b*) muß man den Punkt (0) auf der Geraden (1), (0) ins Unendliche rücken lassen, um ihn in die richtige Lage zu bringen. Der Punkt (3) muß in Fig. 27 auf (1), (3) ins Unendliche fortrücken.

§ 29. Die Gerade in projektiven Koordinaten.

Wir wollen die projektiven Koordinaten

$$\text{(I)} \qquad \mathfrak{x}_1 = \sum a_\nu x_\nu, \quad \mathfrak{x}_2 = \sum b_\nu x_\nu, \quad \mathfrak{x}_3 = \sum c_\nu x_\nu$$

$(a\,b\,c) \neq 0$ einführen.

Zwei Punkte (x') und (x'') fallen, wie wir wissen, dann und nur dann zusammen, wenn die x' zu den x'' proportional sind. Wenn die x' und x'' proportional sind, so gilt dasselbe von den $\mathfrak{x}'$ und $\mathfrak{x}''$. Das Umgekehrte ist aber auch der Fall. Denn die Gleichungen (I) lassen sich nach x_1, x_2, x_3 auflösen und diese Auflösungen lauten[1]

$$\text{(II)} \qquad x_1 = \sum \mathfrak{a}_\nu \mathfrak{x}_\nu, \quad x_2 = \sum \mathfrak{b}_\nu \mathfrak{x}_\nu, \quad x_3 = \sum \mathfrak{c}_\nu x_\nu .$$

Dabei ist

$$(\mathfrak{a}\,\mathfrak{b}\,\mathfrak{c})(a\,b\,c) = 1 .$$

Die Punkte $(\mathfrak{x}')$ und $(\mathfrak{x}'')$ fallen also dann und nur dann zusammen, wenn die $\mathfrak{x}'$ zu den $\mathfrak{x}''$ proportional sind, d. h. wenn in der Matrix

$$\begin{vmatrix} \mathfrak{x}_1' & \mathfrak{x}_2' & \mathfrak{x}_3' \\ \mathfrak{x}_1'' & \mathfrak{x}_2'' & \mathfrak{x}_3'' \end{vmatrix}$$

alle zweireihigen Determinanten verschwinden.

Eine Gerade $\sum u_\nu x_\nu = 0$ hat in den projektiven Koordinaten $\mathfrak{x}$ eine Gleichung von der Form

$$\sum \mathfrak{u}_\nu \mathfrak{x}_\nu = 0 .$$

Setzt man nämlich für die x die Ausdrücke (II) ein, so wird

$$\sum u_\nu x_\nu = \sum \mathfrak{u}_\nu \mathfrak{x}_\nu .$$

Umgekehrt stellt jede lineare Gleichung $\sum \mathfrak{u}_\nu \mathfrak{x}_\nu = 0$ eine Gerade dar. Natürlich nehmen wir an, daß nicht alle Koeffizienten gleich Null sind. Setzt man für die $\mathfrak{x}$ die Ausdrücke (I) ein, so wird in der Tat $\sum \mathfrak{u}_\nu \mathfrak{x}_\nu = \sum u_\nu x_\nu$.

Die Verbindungsgerade der Punkte $(\mathfrak{x}')$, $(\mathfrak{x}'')$, die wir als verschieden voraussetzen, hat die Gleichung $(\mathfrak{x}\,\mathfrak{x}'\,\mathfrak{x}'') = 0$. Denn diese Gleichung ist linear in den $\mathfrak{x}$ und sie ist erfüllt, wenn man $(\mathfrak{x})$ durch $(\mathfrak{x}')$ oder $(\mathfrak{x}'')$ ersetzt. Die Punkte $(\mathfrak{x}')$, $(\mathfrak{x}'')$, $(\mathfrak{x}''')$ liegen dann und nur dann auf einer Geraden, wenn $(\mathfrak{x}'\,\mathfrak{x}''\,\mathfrak{x}''') = 0$ ist.

Sind $(\mathfrak{x}')$, $(\mathfrak{x}'')$ zwei verschiedene Punkte der Geraden g, so lassen sich die Koordinaten jedes andern Punktes von g in der Form

$$(*) \qquad \mathfrak{x}_1 = \lambda \mathfrak{x}_1' + \mu \mathfrak{x}_1'', \quad \mathfrak{x}_2 = \lambda \mathfrak{x}_2' + \mu \mathfrak{x}_2'', \quad \mathfrak{x}_3 = \lambda \mathfrak{x}_3' + \mu \mathfrak{x}_3''$$

schreiben. Aus diesen Formeln folgt nämlich

$$x_1 = \lambda x_1' + \mu x_1'', \quad x_2 = \lambda x_2' + \mu x_2'', \quad x_3 = \lambda x_3' + \mu x_3'',$$

und umgekehrt.

Jetzt können wir übrigens noch einmal die Bedeutung von λ, μ ableiten, die wir schon in § 27 ermittelt haben. Wir wählen als Fundamentaldreieck die Gerade g, eine dazu senkrechte Gerade h und die unendlich ferne Gerade.[1] Zum Einheitspunkt mache man einen Punkt, der von h und g die Entfernung 1 hat. Dann sind $\mathfrak{x}_1$, $\mathfrak{x}_2$, $\mathfrak{x}_3$ homogene cartesische Koordinaten in bezug auf die Achsen g und h. Wir richten es so ein, daß $\mathfrak{x}_2 = 0$ die Gerade g ist. Auf dieser Geraden sind $\mathfrak{x}_1$, $\mathfrak{x}_3$ homogene cartesische Koordinaten. Die Formeln (*), die sich auf

$$(**) \qquad \mathfrak{x}_1 = \lambda \mathfrak{x}_1' + \mu \mathfrak{x}_1'', \quad \mathfrak{x}_3 = \lambda \mathfrak{x}_3' + \mu \mathfrak{x}_3''$$

reduzieren, zeigen uns, daß λ, μ sich linear durch $\mathfrak{x}_1$, $\mathfrak{x}_3$ ausdrücken lassen. Sie sind also wirklich projektive Koordinaten auf g.

Den Fall, daß g die unendlich ferne Gerade ist, haben wir in § 27 erörtert. Auch dann sind λ, μ projektive Koordinaten (Doppelverhältniskoordinaten) auf g.

Wir wollen hier noch die folgende Bemerkung machen:

Auf jeder Seite des Fundamentaldreiecks, $\mathfrak{x}_\nu = 0$ sind die beiden andern $\mathfrak{x}$ projektive Koordinaten. Setzen wir $\mathfrak{x}_1' = 0$, $\mathfrak{x}_2' = 1$, $\mathfrak{x}_3' = 0$; $\mathfrak{x}_1'' = 0$, $\mathfrak{x}_2'' = 0$, $\mathfrak{x}_3'' = 1$, so ist auf der Seite $\mathfrak{x}_1 = 0$

$$\mathfrak{x}_1 = \mathfrak{x}_2 \mathfrak{x}_1' + \mathfrak{x}_3 \mathfrak{x}_1'', \quad \mathfrak{x}_2 = \mathfrak{x}_2 \mathfrak{x}_2' + \mathfrak{x}_3 \mathfrak{x}_2'', \quad \mathfrak{x}_3 = \mathfrak{x}_2 \mathfrak{x}_3' + \mathfrak{x}_3 \mathfrak{x}_3''.$$

Daraus geht das Behauptete hervor.

§ 30. Eine Eigenschaft der projektiven Koordinaten.

Wir sind von den homogenen cartesischen Koordinaten x zu den projektiven Koordinaten $\mathfrak{x}$ gelangt, indem wir

$$\text{(I)} \qquad \mathfrak{x}_1 = \frac{(x\,2\,3)}{(0\,2\,3)}, \quad \mathfrak{x}_2 = \frac{(x\,3\,1)}{(0\,3\,1)}, \quad \mathfrak{x}_3 = \frac{(x\,1\,2)}{(0\,1\,2)}$$

setzten. 1, 2, 3 sind die Fundamentalpunkte und 0 ist der Einheitspunkt. Von diesen vier Punkten liegen keine drei auf einer Geraden. Sonst sind sie keiner Beschränkung unterworfen.

[1] Dies geht nur, wenn g eine eigentliche Gerade ist.

Was kommt heraus, wenn wir dasselbe Verfahren auf die projektiven Koordinaten anwenden?

Es seien jetzt $\mathfrak{z}_1, \mathfrak{z}_2, \mathfrak{z}_3$ projektive Koordinaten (nicht gerade dieselben wie $\mathfrak{x}_1, \mathfrak{x}_2, \mathfrak{x}_3$) und $(\mathfrak{z}^{(0)})$, $(\mathfrak{z}^{(1)})$, $(\mathfrak{z}^{(2)})$, $(\mathfrak{z}^{(3)})$ vier Punkte, von denen keine drei in gerader Linien liegen. Die $\mathfrak{z}$ drücken sich linear durch die cartesischen Koordinaten aus in der Form

$$\mathfrak{z}_\nu = \sum_\varrho a_{\nu\varrho} x_\varrho . \qquad (\nu = 1, 2, 3)$$

Entsprechend sei für $k = 0, 1, 2, 3$

$$\mathfrak{z}_\nu^{(k)} = \sum_\varrho a_{\nu\varrho} x_\varrho^{(k)}, \qquad (\nu = 1, 2, 3)$$

d. h. wir wählen eben die $x^{(0)}$, $x^{(1)}$, $x^{(2)}$, $x^{(3)}$ so, daß diese Gleichungen gelten.

Wollen wir aus den $\mathfrak{z}$ nach dem Prinzip des § 28 neue Koordinaten herleiten, so müssen wir setzen

$$\xi_1 = \frac{(\mathfrak{z}\,\mathfrak{z}^{(2)}\,\mathfrak{z}^{(3)})}{(\mathfrak{z}^{(0)}\,\mathfrak{z}^{(2)}\,\mathfrak{z}^{(3)})}, \quad \xi_2 = \frac{(\mathfrak{z}\,\mathfrak{z}^{(3)}\,\mathfrak{z}^{(1)})}{(\mathfrak{z}^{(0)}\,\mathfrak{z}^{(3)}\,\mathfrak{z}^{(1)})}, \quad \xi_3 = \frac{(\mathfrak{z}\,\mathfrak{z}^{(1)}\,\mathfrak{z}^{(2)})}{(\mathfrak{z}^{(0)}\,\mathfrak{z}^{(1)}\,\mathfrak{z}^{(2)})}.$$

Nun ist aber z. B.

$$(\mathfrak{z}\,\mathfrak{z}^{(2)}\,\mathfrak{z}^{(3)}) = A\,(x\,x^{(2)}\,x^{(3)}),$$

wobei A die Determinante der $a_{\nu\varrho}$ bedeutet. Wir finden also, wenn wir die Punkte

$$x^{(0)}, \quad x^{(1)}, \quad x^{(2)}, \quad x^{(3)}$$

kurz mit (0), (1), (2), (3) bezeichnen,

$$\xi_1 = \frac{(x\,2\,3)}{(0\,2\,3)}, \quad \xi_2 = \frac{(x\,3\,1)}{(0\,3\,1)}, \quad \xi_3 = \frac{(x\,1\,2)}{(0\,1\,2)}.$$

D. h. es ist

$$\xi_1 = \mathfrak{x}_1, \quad \xi_2 = \mathfrak{x}_2, \quad \xi_3 = \mathfrak{x}_3 .$$

Wenn wir also auf den rechten Seiten von (I) die cartesischen Koordinaten der Punkte (x), (0), (1), (2), (3) durch irgend welche projektiven Koordinaten ersetzen, so bleiben $\mathfrak{x}_1, \mathfrak{x}_2, \mathfrak{x}_3$ (bis auf einen gemeinsamen Faktor) ungeändert.

§ 31. Projektive Abbildungen einer Ebene auf eine andere.

In § 28 haben wir drei Linearformen

$$\text{(I)} \qquad \begin{cases} y_1 = a_1 x_1 + a_2 x_2 + a_3 x_3 , \\ y_2 = b_1 x_1 + b_2 x_2 + b_3 x_3 , \\ y_3 = c_1 x_1 + c_2 x_2 + c_3 x_3 \end{cases}$$

mit nicht verschwindender Determinante $(a\,b\,c)$ als neue Koordinaten eingeführt. Die x waren dabei homogene cartesische Koordinaten.

Man kann das obige Gleichungssystem aber auch anders auffassen. Man kann nämlich y_1, y_2, y_3 als homogene cartesische Koordinaten in einer andern Ebene betrachten. Die x mögen sich auf die Ebene X, die y auf die Ebene Y beziehen.

Durch die Gleichungen (I) wird dann jedem Punkt der Ebene X ein Punkt der Ebene Y als Bildpunkt zugeordnet. Verschiedenen Punkten von X entsprechen verschiedene Punkte von Y, und zu jedem Punkt von Y gibt es in der Ebene X einen Punkt, dessen Bildpunkt er ist.

Man nennt die durch (I) vermittelte eineindeutige Abbildung der Ebene X auf die Ebene Y eine projektive Abbildung. Den Grund dieser Benennung werden wir später kennen lernen.

Wegen $(a\,b\,c) \neq 0$ lassen sich die Gleichungen nach den x auflösen:

$$\text{(II)} \qquad \left\{\begin{aligned} x_1 &= a_1'y_1 + a_2'y_2 + a_3'y_3, \\ x_2 &= b_1'y_1 + b_2'y_2 + b_3'y_3, \\ x_3 &= c_1'y_1 + c_2'y_2 + c_3'y_3. \end{aligned}\right. \qquad \{(a\,b\,c)(a'\,b'\,c') = 1\}$$

Diese Abbildung ordnet jedem Punkt von Y gerade den Punkt von X zu, dessen Bildpunkt er bei (I) ist. Man nennt daher (II) die Umkehrung der Abbildung (I). Die Umkehrung einer projektiven Abbildung ist, wie man sieht, wieder eine projektive Abbildung.

Die projektiven Abbildungen haben folgende Eigenschaft:

Einer Geraden entspricht als Bild stets eine Gerade. In der Tat wird, wenn man für die x die Ausdrücke (II) einsetzt,

$$\sum u_\nu x_\nu = \sum v_\nu y_\nu .$$

Umgekehrt wird, wenn man für die y die Ausdrücke (I) einsetzt,

$$\sum v_\nu y_\nu = \sum u_\nu x_\nu .$$

Durch die projektive Abbildung werden also zugleich die Geraden der Ebene X auf die Geraden der Ebene Y abgebildet. Man nennt deshalb eine projektive Abbildung auch eine Kollineation.

Wir wollen jetzt in der Ebene vier Punkte (0), (1), (2), (3) wählen, von denen keine drei in gerader Linie liegen. Ihre Bildpunkte (0'), (1'), (2'), (3') in der Ebene Y werden dann dieselbe Eigenschaft haben. Setzen wir

$$\mathfrak{x}_1 = \frac{(x\,2\,3)}{(0\,2\,3)}, \quad \mathfrak{x}_2 = \frac{(x\,3\,1)}{(0\,3\,1)}, \quad \mathfrak{x}_3 = \frac{(x\,1\,2)}{(0\,1\,2)}$$

und

$$\mathfrak{y}_1 = \frac{(y\,2'\,3')}{(0'\,2'\,3')}, \quad \mathfrak{y}_2 = \frac{(y\,3'\,1')}{(0'\,3'\,1')}, \quad \mathfrak{y}_3 = \frac{(y\,1'\,2')}{(0'\,1'\,2')},$$

so sind $\mathfrak{x}_1, \mathfrak{x}_2, \mathfrak{x}_3$ projektive Koordinaten von (x) in der Ebene X und $\mathfrak{y}_1, \mathfrak{y}_2, \mathfrak{y}_3$ projektive Koordinaten von (y) in der Ebene Y. Aus § 30 wissen wir ferner, daß die $\mathfrak{x}$ zu den $\mathfrak{y}$ proportional sind. Es kommt aber hier auf einen Proportionalitätsfaktor nicht an, und wir können schreiben

(III) $$\mathfrak{y}_1 = \mathfrak{x}_1, \quad \mathfrak{y}_2 = \mathfrak{x}_2, \quad \mathfrak{y}_3 = \mathfrak{x}_3.$$

Bei der Abbildung (I) sind also immer solche Punkte der Ebenen X und Y zusammengeordnet, die übereinstimmende projektive Koordinaten haben.

Es gibt eine und nur eine projektive Abbildung von X auf Y, die vier Punkten, von denen keine drei in gerader Linie liegen, vier vorgeschriebene Punkte derselben Art zuordnet.

Setzt man $\mathfrak{x}_3 = 0$, so sind $\mathfrak{x}_1, \mathfrak{x}_2$ projektive Koordinaten auf dieser Geraden. Da $\mathfrak{y}_1 = \mathfrak{x}_1$, $\mathfrak{y}_2 = \mathfrak{x}_2$ ist, so hat der entsprechende Punkt auf der Geraden $\mathfrak{y}_3 = 0$ dieselben projektiven Koordinaten. Die beiden Geraden sind also projektiv aufeinander abgebildet.

Das Fundamentaldreieck in der Ebene X können wir nach Belieben wählen. Daher gilt die obige Bemerkung für je zwei entsprechende Geraden. Sie sind immer projektiv aufeinander abgebildet.

Wir hätten dies auch so zeigen können. Wenn (x') und (y'), ebenso (x'') und (y'') durch die Gleichungen (I) verbunden sind, so gilt dasselbe von $(\lambda x' + \mu y')$ und $(\lambda x'' + \mu y'')$.

λ, μ sind aber projektive Koordinaten auf den beiden Geraden.

§ 32. **Linienkoordinaten.**

$\mathfrak{x}_1, \mathfrak{x}_2, \mathfrak{x}_3$ seien projektive Koordinaten. Eine Gerade wird, wie wir aus § 29 wissen, durch eine lineare Gleichung zwischen diesen Koordinaten dargestellt, also durch eine Gleichung von der Form

(1) $$\mathfrak{u}_3 \mathfrak{x}_1 + \mathfrak{u}_2 \mathfrak{x}_2 + \mathfrak{u}_3 \mathfrak{x}_3 = 0.$$

Sobald man die Koeffizienten $\mathfrak{u}$ dieser Gleichung hat, ist die Gerade bestimmt. Es kommt sogar nur auf die Verhältnisse der $\mathfrak{u}$ an.

Hierdurch wird es nahe gelegt, die drei Koeffizienten $\mathfrak{u}$ als Koordinaten der Geraden einzuführen. Sie heißen projektive

Linienkoordinaten. Cartesische (homogene) Linienkoordinaten hat man, wenn die $\mathfrak{x}$ homogene cartesische Koordinaten sind.

In der Gleichung (1) treten die $\mathfrak{u}$ und die $\mathfrak{x}$ in genau derselben Weise auf. Die linke Seite bleibt ungeändert, wenn man die $\mathfrak{u}$ mit den entsprechenden $\mathfrak{x}$ vertauscht.

Will man dieser Symmetrie Rechnung tragen, so empfiehlt es sich, (1) als den Ausdruck für die vereinigte Lage des Punktes $(\mathfrak{x})$ und der Geraden $(\mathfrak{u})$ zu bezeichnen.

Hält man $(\mathfrak{u})$ fest und betrachtet $(\mathfrak{x})$ als veränderlich, so ist (1) die Gleichung der Geraden $(\mathfrak{u})$ in Punktkoordinaten. Hält man $(\mathfrak{x})$ fest und betrachtet $(\mathfrak{u})$ als veränderlich, so ist (1) die Gleichung des Punktes $(\mathfrak{x})$ in Linienkoordinaten. In der Tat wird (1) von allen Geraden $(\mathfrak{u})$ erfüllt, die durch den Punkt $(\mathfrak{x})$ hindurchgehen. Der Punkt erscheint hier aufgefaßt als der Inbegriff der hindurchgehenden Geraden, ähnlich wie die Gerade als der Inbegriff ihrer Punkte angesehen wird.

Alle durch einen Punkt hindurchgehenden Geraden bezeichnet man als ein Geradenbüschel, ebenso alle Punkte auf einer Geraden als ein Punktbüschel oder eine Punktreihe.

Wenn wir in einem Punktbüschel zwei verschiedene Punkte $(\mathfrak{x}')$ und $(\mathfrak{x}'')$ nehmen, so läßt sich jeder andere Punkt des Büschels in der Form $(\lambda\mathfrak{x}' + \mu\mathfrak{x}'')$ darstellen. Der Träger des Punktbüschels, d. h. die Gerade, auf der alle seine Punkte liegen, hat nämlich die Gleichung $(\mathfrak{x}\mathfrak{x}'\mathfrak{x}'') = 0$. Genügt $\mathfrak{x}$ dieser Gleichung, so gibt es eine von 0, 0, 0 verschiedene Lösung l, m, n für das System

$$l\mathfrak{x}_\nu + m\mathfrak{x}_\nu' + n\mathfrak{x}_\nu'' = 0. \qquad (\nu = 1, 2, 3)$$

Da $(\mathfrak{x}')$, $(\mathfrak{x}'')$ verschieden sind, kann l nicht verschwinden. Setzt man aber $m : l = -\lambda$, $n : l = -\mu$, so wird

$$\mathfrak{x}_\nu = \lambda\mathfrak{x}_\nu' + \mu\mathfrak{x}_\nu''. \qquad (\nu = 1, 2, 3)$$

Die Gleichung des Punktes $(\lambda\mathfrak{x}_\nu' + \mu\mathfrak{x}'')$ lautet

$$\sum(\lambda\mathfrak{x}_\nu' + \mu\mathfrak{x}_\nu'')\mathfrak{u}_\nu = \lambda\mathfrak{P}' + \mu\mathfrak{P}'' = 0.$$

$\mathfrak{P}' = \sum\mathfrak{x}_\nu'\mathfrak{u}_\nu = 0$ und $\mathfrak{P}'' = \sum\mathfrak{x}_\nu''\mathfrak{u}_\nu = 0$ sind die Gleichungen der Fundamentalpunkte[1] $(\mathfrak{x}')$, $(\mathfrak{x}'')$.

Ganz ähnlich ist es nun bei einem Geradenbüschel. Nehmen wir zwei verschiedene Geraden $(\mathfrak{u}')$ und $(\mathfrak{u}'')$ in dem Büschel, so läßt sich jede andere Gerade des Büschels in der Form $(\lambda\mathfrak{u}' + \mu\mathfrak{u}'')$ darstellen. Der Träger des Büschels, d. h. der Punkt, durch den

[1] Sie sind die Fundamentalpunkte der projektiven Koordinaten λ, μ.

alle seine Geraden hindurchgehen, hat nämlich die Gleichung $(\mathfrak{u}\,\mathfrak{u}'\,\mathfrak{u}'') = 0$. Genügt $(\mathfrak{u})$ dieser Gleichung, so gibt es eine von 0, 0, 0 verschiedene Lösung l, m, n für das System

$$l\,\mathfrak{u}_\nu + m\,\mathfrak{u}_\nu' + n\,\mathfrak{u}_\nu'' = 0. \qquad (\nu = 1,\ 2,\ 3)$$

Da $(\mathfrak{u}')$ und $(\mathfrak{u}'')$ verschieden sind, kann l nicht verschwinden. Setzt man aber $m:l = -\lambda$, $n:l = -\mu$, so wird

$$\mathfrak{u}_\nu = \lambda\,\mathfrak{u}_\nu' + \mu\,\mathfrak{u}_\nu''. \qquad (\nu = 1,\ 2,\ 3)$$

Die Gleichung der Geraden $(\lambda\,\mathfrak{u}' + \mu\,\mathfrak{u}'')$ lautet

$$\sum(\lambda\,\mathfrak{u}_\nu' + \mu\,\mathfrak{u}_\nu'')\,\mathfrak{x}_\nu = \lambda\,\mathfrak{G}' + \mu\,\mathfrak{G}'' = 0.$$

$\mathfrak{G}' = \sum \mathfrak{u}_\nu'\,\mathfrak{x}_\nu = 0$ und $\mathfrak{G}'' = \sum \mathfrak{u}_\nu''\,\mathfrak{x}_\nu = 0$ sind die Gleichungen der Fundamentalgeraden $(\mathfrak{u}')$, $(\mathfrak{u}'')$.

Die Analogie zwischen den beiden obigen Betrachtungen über die Punktreihe und das Geradenbüschel ist eine vollkommene. Man gelangt von der einen zur andern, indem man „ein $\mathfrak{x}$ für ein $\mathfrak{u}$ macht" und umgekehrt ein $\mathfrak{u}$ für ein $\mathfrak{x}$.

Welche Bedeutung haben λ, μ in dem Geradenbüschel?

§ 33. Doppelverhältnis von vier Geraden eines Büschels.

Wir betrachten das Geradenbüschel

(1) $$\lambda\,\mathfrak{G}' + \mu\,\mathfrak{G}'' = 0.$$

$\mathfrak{G}''' = 0$ sei eine Gerade, die nicht dem Büschel angehört. Wir führen die neuen Koordinaten

$$\mathfrak{z}_1 = \mathfrak{G}'', \quad \mathfrak{z}_2 = -\,\mathfrak{G}', \quad \mathfrak{z}_3 = \mathfrak{G}'''$$

ein. Sie sind wie die $\mathfrak{x}$ projektive Koordinaten. Die Gerade (1) hat in diesen neuen Koordinaten die Gleichung

$$\lambda\,\mathfrak{z}_2 - \mu\,\mathfrak{z}_1 = 0.$$

Ihr Schnittpunkt mit der Geraden $\mathfrak{z}_3 = 0$ hat die Koordinaten $\mathfrak{z}_1 = \lambda$, $\mathfrak{z}_2 = \mu$, $\mathfrak{z}_3 = 0$. Auf der Geraden $\mathfrak{z}_3 = 0$ sind aber $\mathfrak{z}_1$, $\mathfrak{z}_2$ projektive Koordinaten. Der Schnittpunkt von $\lambda\,\mathfrak{G}' + \mu\,\mathfrak{G}'' = 0$ und $\mathfrak{G}''' = 0$ hat also auf der Geraden $\mathfrak{G}''' = 0$ die projektiven Koordinaten λ, μ. Die vier Geraden

$$\lambda_r\,\mathfrak{G}' + \mu_r\,\mathfrak{G}'' = 0 \qquad (r = 1,\ 2,\ 3,\ 4)$$

schneiden auf der Geraden $\mathfrak{G}''' = 0$ vier Punkte P_r aus mit den projektiven Koordinaten λ_r, μ_r, also mit dem Doppelverhältnis

$$(P_1\,P_2\,P_3\,P_4) = \frac{(\lambda_1\,\mu_3)\,(\lambda_2\,\mu_4)}{(\lambda_1\,\mu_4)\,(\lambda_2\,\mu_3)}.$$

Dieses Doppelverhältnis ist, wie man sieht, nur abhängig von den vier Geraden des Büschels, die man gewählt hat, aber absolut nicht von der Geraden $\mathfrak{G}''' = 0$, mit der man die vier Geraden zum Schnitt gebracht hat.

Dieser Satz heißt das Theorem von PAPPUS. Wir wollen ihn so formulieren.

Man habe zwei Geraden g und h und einen Punkt S, der keiner von beiden angehört. Projiziert man[1] vier Punkte der Geraden g von S aus auf die Gerade h, so bleibt ihr Doppelverhältnis erhalten.

Wird jedem Punkt von g seine Projektion auf h (von S aus) zugeordnet, so sagt man, daß die beiden Punktreihen perspektiv aufeinander bezogen sind. Sie sind dadurch nach dem Satze des PAPPUS projektiv aufeinander abgebildet.

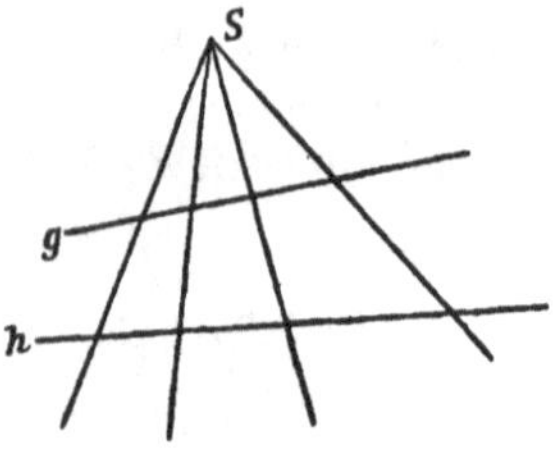

Fig. 28.

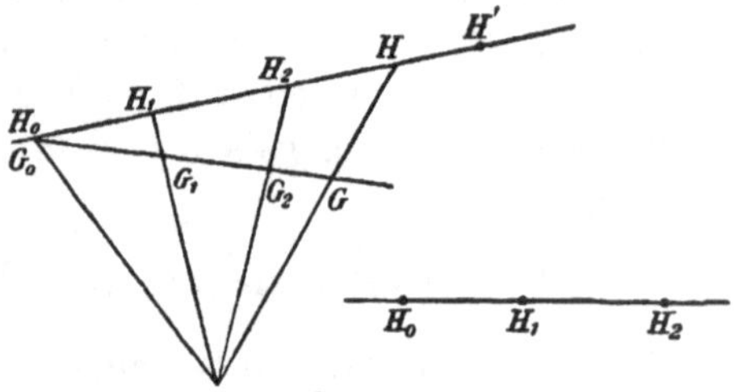

Fig. 29.

Hat man zwei Punktreihen g und h, die projektiv aufeinander abgebildet sind, so kann man sie immer in perspektive Lage bringen. Man nimmt einen Punkt G_0 auf g und seinen Bildpunkt H_0 auf h und ändert die Lage von h derart, daß H_0 mit G_0 zusammenfällt, ohne daß jedoch g und h zusammenfallen. Nun verbindet man zwei andere Punkte G_1, G_2 von g mit ihren Bildpunkten H_1, H_2 und bringt diese Verbindungslinien in S zum Schnitt. Dann liegen je zwei entsprechende Punkte G und H mit S in gerader Linie. Hätte H eine andere Lage H', so wäre, weil es sich um eine projektive Abbildung handelt,

$$(G\,G_0\,G_1\,G_2) = (H'\,H_0\,H_1\,H_2).$$

Andererseits ist aber nach dem Satz des PAPPUS

$$(G\,G_0\,G_1\,G_2) = (H\,H_0\,H_1\,H_2).$$

Also müßte sein

$$(H\,H_0\,H_1\,H_2) = (H'\,H_0\,H_1\,H_2).$$

[1] d. h. verbindet man sie mit S und bringt diese Verbindungslinien zum Schnitt mit h.

H und H' haben also übereinstimmende Doppelverhältniskoordinaten (vgl. S. 39). Daher können sie nicht verschieden sein.

Jetzt ist die in § 20 benutzte Bezeichnung „projektive Abbildung" gerechtfertigt. Bei geeigneter Verlegung der beiden Geraden läßt sie sich durch Projektion von einem Punkte S aus realisieren.

Wir kehren nun zur Betrachtung von vier Geraden eines Büschels zurück. Nach dem Satz des Pappus schneiden sie eine in dem Büschel nicht enthaltene Gerade g in vier Punkten mit einem konstanten Doppelverhältnis. D. h. das Doppelverhältnis bleibt ungeändert, wenn wir die Gerade g verschieben. Wir können dieses Doppelverhältnis als das der vier Geraden definieren. Dann haben also die Geraden $\lambda_r \mathfrak{G}' + \mu_r \mathfrak{G}'' = 0$ $(r = 1, 2, 3, 4)$ das Doppelverhältnis $(\lambda_1 \mu_3)(\lambda_2 \mu_4) : (\lambda_1 \mu_4)(\lambda_2 \mu_3)$. Werden die vier Geraden mit g_1, g_2, g_3, g_4 bezeichnet, so schreiben wir hierfür auch $(g_1 g_2 g_3 g_4)$.

Wir wollen zuerst den Fall betrachten, daß der Träger S des Geradenbüschels ein eigentlicher Punkt ist. Wir führen neue Koordinaten ein und zwar homogene cartesische. Als Fundamentaldreieck benutzen wir die Gerade $\mathfrak{G}' = 0$, eine durch S gezogene Senkrechte zu ihr, $\mathfrak{H}' = \alpha \mathfrak{G}' + \beta \mathfrak{G}'' = 0$ und die unendlich ferne Gerade $\mathfrak{K}' = 0$. Der Einheitspunkt sei von $\mathfrak{G}' = 0$ und $\mathfrak{H}' = 0$ um 1 entfernt. Wir denken uns $\mathfrak{H}'$ und $\mathfrak{K}'$ mit solchen Konstanten multipliziert, daß für ihn $\mathfrak{G}' = \mathfrak{H}' = \mathfrak{K}'$ ist. Dann können wir setzen

$$x_1 = \mathfrak{G}', \quad x_2 = \mathfrak{H}', \quad x_3 = \mathfrak{K}'$$

und x_1, x_2, x_3 sind homogene cartesische Koordinaten in bezug auf die Koordinatenachsen $\mathfrak{G}' = 0$, $\mathfrak{H}' = 0$.

Aus

$$x_1 = \mathfrak{G}', \quad x_2 = \mathfrak{H}' = \alpha \mathfrak{G}' + \beta \mathfrak{G}''$$

entnimmt man

$$\mathfrak{G}' = x_1, \quad \mathfrak{G}'' = a x_1 + b x_2.$$

Die Gerade

$$\lambda \mathfrak{G}' + \mu \mathfrak{G}'' = 0$$

hat also jetzt die Gleichung

$$\lambda x_1 + \mu (a x_1 + b x_2) = 0$$

oder

(*) $$\lambda' x_1 + \mu' x_2 = 0,$$

wobei

$$\lambda' = \lambda + \mu a, \quad \lambda'' = \mu b$$

gesetzt ist. Aus § 19 wissen wir, daß

$$\frac{(\lambda_1'\mu_3')(\lambda_2'\mu_4')}{(\lambda_1'\mu_4')(\lambda_2'\mu_3')} = \frac{(\lambda_1\mu_3)(\lambda_2\mu_4)}{(\lambda_1\mu_4)(\lambda_2\mu_3)}$$

ist. Wir brauchen uns also nur mit dem Ausdruck

$$\frac{(\lambda'\mu_3')(\lambda_2'\mu_4')}{(\lambda'\mu_4')(\lambda_2\mu_3')}$$

zu beschäftigen. Die Gerade (*), die wir orientieren und mit g bezeichnen wollen, bilde mit der Achse $x_2 = 0$ oder der x-Achse[1], den Winkel $(xg) = \varphi$. Der positive Drehungssinn sei so gewählt, daß $(xy) \equiv \frac{\pi}{2}$ ist. Für jeden Punkt x_1, x_2, x_3 auf g gelten dann Gleichungen von folgender Art

$$x_1 = \sigma \cos\varphi, \quad x_2 = \sigma \sin\varphi,$$

und wenn es nicht gerade der Punkt S ist, so ist $\sigma \neq 0$. Setzen wir diese Ausdrücke für x_1, x_2 in (*) ein, so ergibt sich

$$\lambda' \cos\varphi + \mu' \sin\varphi = 0,$$

d. h.

$$\lambda' = \varrho \sin\varphi, \quad \mu' = -\varrho\cos\varphi.$$

ϱ ist von Null verschieden, weil λ', μ' nicht beide verschwinden.

Dies wenden wir auf die vier Geraden g_1, g_2, g_3, g_4 an, die in dem Büschel (*) durch λ_r', μ_r' $(r = 1, 2, 3, 4)$ charakterisiert sind. Orientieren wir diese Geraden und setzen $(xg_r) = \varphi_r$, so können wir schreiben

$$\lambda_r' = \varrho_r \sin\varphi_r, \quad \mu_r' = -\varrho_r\cos\varphi_r. \qquad (r = 1, 2, 3, 4)$$

Jetzt wird (für $r, s = 1, 2, 3, 4$)

$$\begin{aligned}(\lambda_r'\mu_s') = \lambda_r'\mu_s' - \mu_r'\lambda_s' &= \varrho_r\varrho_s(\sin\varphi_s\cos\varphi_r - \sin\varphi_r\cos\varphi_s)\\ &= \varrho_r\varrho_s\sin(\varphi_s - \varphi_r).\end{aligned}$$

Nun ist aber

$$(g_r g_s) \equiv (g_r x) + (x g_s) \equiv \varphi_s - \varphi_r, \qquad (\text{mod } 2\pi).$$

also

$$(\lambda_r'\mu_s') = \varrho_r\varrho_s\sin(g_r g_s).$$

Demnach wird

$$\begin{aligned}(g_1 g_2 g_3 g_4) &= \frac{(\lambda_1'\mu_3')(\lambda_2'\mu_4')}{(\lambda_1'\mu_4')(\lambda_2'\mu_3')}\\ &= \frac{\varrho_1\varrho_3\sin(g_1g_3)\cdot\varrho_2\varrho_4\sin(g_2g_4)}{\varrho_1\varrho_4\sin(g_1g_4)\cdot\varrho_2\varrho_3\sin(g_2g_3)}\\ &= \frac{\sin(g_1g_3)\sin(g_2g_4)}{\sin(g_1g_4)\sin(g_2g_3)}.\end{aligned}$$

[1] Ebenso ist $x_1 = 0$ die y-Achse. Man denke an die Beziehung zwischen den inhomogenen und homogenen Koordinaten $(x = x_1 : x_3,\ y = x_2 : x_3)$. Orientiert sind die Achsen schon, weil wir den Punkt $x = y = 1$ kennen.

Wenn wir die Orientierung einer Geraden, z. B. die von g_1, umkehren und die neu orientierte Gerade mit g_1' bezeichnen, so ist

$$(g_1' g_2 g_3 g_4) = (g_1 g_2 g_3 g_4).$$

Denn man hat

$$(g_1' g_3) \equiv (g_1' g_1) + (g_1 g_3) \equiv \pi + (g_1 g_3)$$

und ebenso

$$(g_1' g_4) \equiv \pi + (g_1 g_4),$$

also

$$\sin(g_1' g_3) = -\sin(g_1 g_3), \quad \sin(g_1' g_4) = -\sin(g_1 g_4)$$

In dem Ausdruck für $(g_1 g_2 g_3 g_4)$ multiplizieren sich also, wenn man g_1 umgekehrt orientiert, Zähler und Nenner mit -1. Dasselbe geschieht, wenn man g_2 oder g_3 oder g_4 umgekehrt orientiert.

$(g_1 g_2 g_3 g_4)$ hängt also überhaupt gar nicht davon ab, wie man die vier Geraden orientiert. Auch der positive Drehungssinn spielt hier keine Rolle. Kehren wir ihn um, so multiplizieren sich alle $\sin(g_r, g_s)$ mit -1. $(g_1 g_2 g_3 g_4)$ bleibt also ungeändert.

Wir haben hiermit für das Doppelverhältnis der vier Geraden einen Ausdruck gewonnen, der nur von den vier Geraden abhängt.

Bezeichnen wir in dem Büschel $\lambda \mathfrak{G}' + \mu \mathfrak{G}'' = 0$ die Gerade $\mathfrak{G}'' = 0$ $(\lambda = 0,\ \mu = 1)$ mit g_1, die Gerade $\mathfrak{G}' = 0$ $(\lambda = 1,\ \mu = 0)$ mit g_2, die Gerade $\mathfrak{G}' + \mathfrak{G}'' = 0$ $(\lambda = 1,\ \mu = 1)$ mit g_0, endlich die Gerade $\lambda \mathfrak{G}' + \mu \mathfrak{G}'' = 0$ mit g, so findet man

$$(g g_0 g_1 g_2) = \lambda : \mu.$$

Wegen dieser Eigenschaft bezeichnen wir λ, μ als (homogene) Doppelverhältniskoordinaten oder **projektive Koordinaten in dem Geradenbüschel.** Setzen wir

$$\lambda = \sigma \frac{\sin(g g_1)}{\sin(g_0 g_1)}, \quad \mu = \sigma \frac{\sin(g g_2)}{\sin(g_0 g_2)},$$

so sind das ganz ähnlich gebaute Formeln wie die in § 16.

Es gibt noch eine andere Auffassung der Parameter λ, μ, die wir kurz darlegen wollen. Sie gilt auch, wenn der Träger S des Büschels ein unendlich ferner Punkt ist.

Wir denken uns homogene cartesische Koordinaten eingeführt. Dann werden $\mathfrak{G}'$, $\mathfrak{G}''$ lineare Formen in x_1, x_2, x_3. Wir wollen annehmen, daß $\mathfrak{G}' = 0$ und $\mathfrak{G}'' = 0$ eigentliche Geraden darstellen. Sie lassen sich dann durch Division mit gewissen Konstanten m', m'' auf die Hessesche Normalform reduzieren, $\mathfrak{H}' = 0$ bzw. $\mathfrak{H}'' = 0$. Es ist also $\mathfrak{G}' = m' \mathfrak{H}'$, $\mathfrak{G}'' = m'' \mathfrak{H}''$. Setzen wir diese Ausdrücke ein, so verwandelt sich $\lambda \mathfrak{G}' + \mu \mathfrak{G}'' = 0$ in

$$\lambda m' \mathfrak{H}' + \mu m'' \mathfrak{H}'' = 0.$$

Diese Gleichung besagt, daß für jeden von S verschiedenen Punkt der Geraden[1] $\lambda\mathfrak{G}' + \mu\mathfrak{G}'' = 0$ die Proportion

$$\mathfrak{H}'' : \mathfrak{H}' = -\,m'\lambda : m''\mu$$

stattfindet. Ist es ein eigentlicher Punkt, so können wir schreiben

$$\frac{\mathfrak{H}''}{x_3} : \frac{\mathfrak{H}'}{x_3} = -\,m'\lambda : m''\mu\,.$$

$\frac{\mathfrak{H}''}{x_3} = p_1$ ist der Abstand des Punktes von der Geraden $\mathfrak{G}'' = 0$ oder g_1, ebenso $\frac{\mathfrak{H}'}{x_3} = p_2$ sein Abstand von der Geraden $\mathfrak{G}' = 0$ oder g_2. $p_1 : p_2$ wollen wir das Abstandsverhältnis des Punktes in bezug auf g_1 und g_2 nennen. Dieses Abstandsverhältnis bleibt das gleiche, wenn der Punkt (x) auf der Geraden $\lambda\mathfrak{G}' + \mu\mathfrak{G}'' = 0$ oder g wandert. Wir werden es deshalb das Abstandsverhältnis von g in bezug auf g_1, g_2 nennen und mit $(g\,g_1\,g_2)$ bezeichnen.

g_0 bedeute wie oben die Gerade $\mathfrak{G}' + \mathfrak{G}'' = 0$ $(\lambda = \mu = 1)$. Dann hat man

$$(g\,g_1\,g_2) = -\,m'\lambda : m''\mu,$$

$$(g_0\,g_1\,g_2) = -\,m' : m'',$$

also

$$(g\,g_1\,g_2) : (g_0\,g_1\,g_2) = \lambda : \mu\,.$$

Hiernach ist

$$(g\,g_0\,g_1\,g_2) = (g\,g_1\,g_2) : (g_0\,g_1\,g_2)\,.$$

Das Doppelverhältnis von g, g_0, g_1, g_2 ist also der Quotient aus dem Abstandsverhältnis von g und dem von g_0 in bezug auf g_1, g_2.

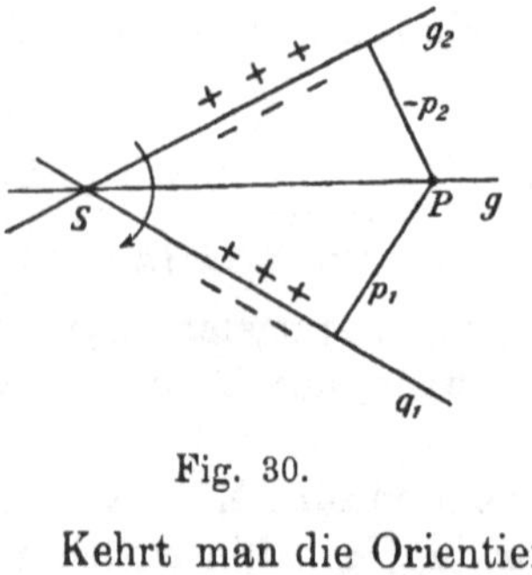

Fig. 30.

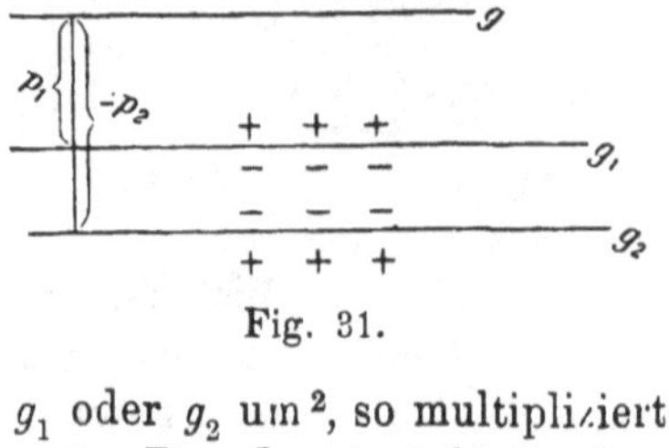

Fig. 31.

Kehrt man die Orientierung von g_1 oder g_2 um[2], so multipliziert sich $(g\,g_1\,g_2)$ und ebenso $(g_0\,g_1\,g_2)$ mit -1. Der Quotient bleibt derselbe. Man kann also die positiven Halbebenen für g_1 und g_2 beliebig festsetzen. Vgl. Fig. 30 und Fig. 31.

---

[1] Wir nehmen an, daß dies eine eigentliche Gerade ist.

[2] d. h. reduziert man die Gleichungen $\mathfrak{G}'' = 0$ oder $\mathfrak{G}' = 0$ in anderer Weise (durch Division mit $-m''$ bzw. $-m'$) auf die Hessesche Normalform.

Nehmen wir wieder an, daß S ein eigentlicher Punkt ist. Dann ist der Abstand p_1 des Punktes P von der Geraden g_1 gleich der Projektion von SP auf eine Gerade h_1, die aus g_1 durch die Drehung $\pi/2$ entsteht. Da

$$(g\,h_1) \equiv (g\,g_1) + (g_1\,h_1) \equiv (g\,g_1) + \frac{\pi}{2}$$

ist, so lautet die Maßzahl dieser Projektion

$$r \cos (g\,h_1) = - r \sin (g\,g_1). \qquad (r = \overline{SP})$$

Ebenso ist der Abstand p_2 des Punktes P von der Geraden g_2 gleich

$$- r \sin (g\,g_2).$$

Also hat man

$$p_1 : p_2 = (g\,g_1\,g_2) = \frac{\sin (g\,g_1)}{\sin (g\,g_2)}$$

und für $(g\,g_0\,g_1\,g_2) = (g\,g_1\,g_2) : (g_0\,g_1\,g_2)$ ergibt sich wieder der Ausdruck $\sin (g\,g_1) \sin (g_0\,g_2) : \sin (g\,g_2) \sin (g_0\,g_1)$.

§ 34. Die Einheitsgerade und der Einheitspunkt.

Wir nannten die Koeffizienten in der Gleichung einer Geraden (in projektiven Punktkoordinaten $\mathfrak{x}$) projektive Linienkoordinaten. Wenn also $\sum \mathfrak{u}_\nu \mathfrak{x}_\nu = 0$ die Gleichung der Geraden ist, so sind $\mathfrak{u}_1$, $\mathfrak{u}_2$, $\mathfrak{u}_3$ ihre projektiven Linienkoordinaten. Als Fundamentalgeraden bezeichnen wir die Geraden 1, 0, 0; 0, 1, 0; 0, 0, 1, d. h. die Geraden $\mathfrak{x}_1 = 0$, $\mathfrak{x}_2 = 0$, $\mathfrak{x}_3 = 0$. Das sind die Seiten, die in dem Fundamentaldreieck der Punktkoordinaten $\mathfrak{x}$ den Ecken 1, 0, 0; 0, 1, 0; 0, 0, 1 oder, wie wir sie kurz nennen, 1, 2, 3 gegenüberliegen. Als Einheitsgerade bezeichnen wir die Gerade 1, 1, 1, d. h. die Gerade $\mathfrak{x}_1 + \mathfrak{x}_2 + \mathfrak{x}_3 = 0$. Sie schneidet die Gerade $\mathfrak{x}_3 = 0$ in dem Punkte $\mathfrak{x}_1 = 1$, $\mathfrak{x}_2 = -1$. Verbinden wir 3 mit dem Einheitspunkte 0, d. h. mit dem Punkte 1, 1, 1, so entsteht die Gerade $\mathfrak{x}_1 - \mathfrak{x}_2 = 0$. Sie schneidet $\mathfrak{x}_3 = 0$ in dem Punkte $\mathfrak{x}_1 = 1$, $\mathfrak{x}_2 = 1$. Nun haben wir auf der Geraden $\mathfrak{x}_3 = 0$ die Punkte 1, 2 mit den Koordinaten 1, 0; 0, 1 und die beiden Punkte 1, 1 und 1, -1. Sie haben das Doppelverhältnis -1.[1] Durch die

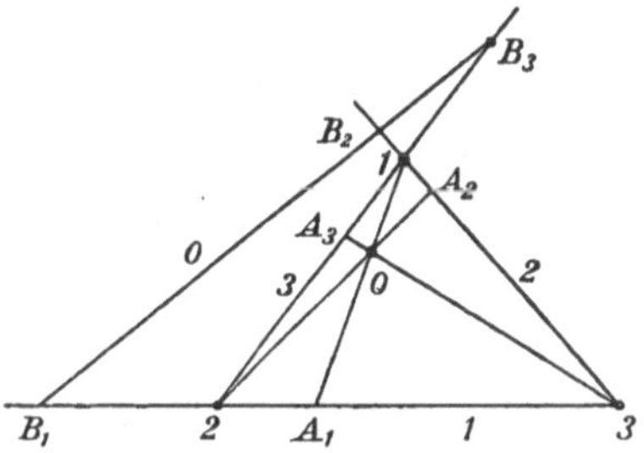

Fig. 32.

[1] Man bedenke, daß $\mathfrak{x}_1$, $\mathfrak{x}_2$ auf $\mathfrak{x}_3 = 0$ projektive Koordinaten sind.

Einheitsgerade und die Verbindungslinie des Einheitspunktes mit einem Fundamentalpunkt wird also die gegenüberliegende Seite des Fundamentaldreiecks harmonisch geteilt. Man sagt wegen dieser Beziehung, daß der Einheitspunkt und die Einheitsgerade in bezug auf das Fundamentaldreieck harmonisch sind, und nennt die Einheitsgerade die harmonische Polare des Einheitspunktes in bezug auf dieses Dreieck.

Wir wollen im Anschluß hieran die Sätze von Menelaus und Ceva bringen.[1] Die Schnittpunkte der Geraden 0, 1; 0, 2; 0, 3 mit den gegenüberliegenden Seiten mögen A_1, A_2, A_3 heißen, die der Einheitsgeraden mit den drei Seiten B_1, B_2, B_3. Dann lautet der Satz von Ceva

$$(A_1\,2\,3)(A_2\,3\,1)(A_3\,1\,2) = 1\,.$$

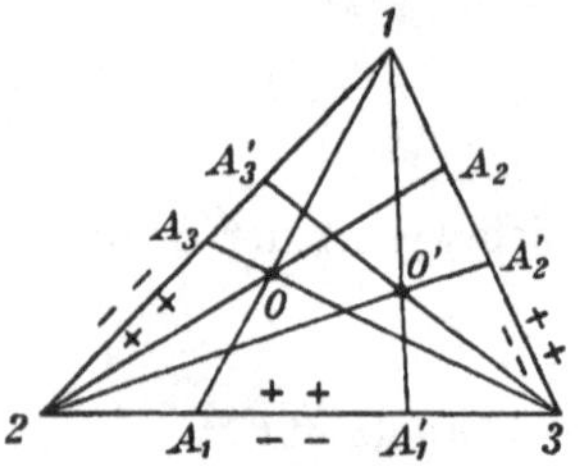

Fig. 33.

Wir betrachten eine andere Lage[2] 0′ des Einheitspunktes (vgl. Fig. 33) A_1', A_2', A_3' seien die entsprechenden Lagen von A_1, A_2, A_3. Mit q_1, q_2, q_3 bezeichnen wir (inkl. Vorzeichen) die Abstände des Punktes 0 von den Seiten 1, 2, 3, mit q_1', q_2', q_3' dasselbe für 0′.

Dann ist (vgl. S. 82)

$$(A_1\,A_1'\,2\,3) = (A_1\,2\,3):(A_1'\,2\,3) = \frac{q_2}{q_3} : \frac{q_2'}{q_3'}\,,$$

$$(A_2\,A_2'\,3\,1) = (A_2\,3\,1):(A_2'\,3\,1) = \frac{q_3}{q_1} : \frac{q_3'}{q_1'}\,,$$

$$(A_3\,A_3'\,1\,2) = (A_3\,1\,2):(A_3'\,1\,2) = \frac{q_1}{q_2} : \frac{q_1'}{q_2'}\,.$$

Hieraus folgt durch Multiplikation

$$(A_1\,2\,3)(A_2\,3\,1)(A_3\,1\,2) = (A_1'\,2\,3)(A_2'\,3\,1)(A_3'\,1\,2).$$

Das Produkt $(A_1\,2\,3)(A_2\,3\,1)(A_3\,1\,2)$ ist also unabhängig von der Lage des Punktes 0. Lassen wir 0 mit dem Schnittpunkt der Mittellinien des Dreiecks 1, 2, 3 zusammenfallen, so werden die Teilverhältnisse gleich 1. Also ist überhaupt immer

$$(A_1\,2\,3)(A_2\,3\,1)(A_3\,1\,2) = 1.$$

Will man den Satz, daß die Mittellinien sich in einem Punkte schneiden, nicht benutzen, so lasse man 0′ mit dem unendlich

[1] Dabei seien 1, 2, 3 eigentliche Punkte.

[2] Der Einheitspunkt darf auf keiner Seite des Fundamentaldreiecks liegen. Sonst unterliegt er keiner Beschränkung.

fernen Punkte der ersten Mittellinie zusammenfallen. Dann wird (vgl. Fig. 34)

$$(A_1' 2\,3) = 1, \quad (A_2' 3\,1) = -2, \quad (A_3' 1\,2) = -\tfrac{1}{2},$$

das Produkt also gleich 1.

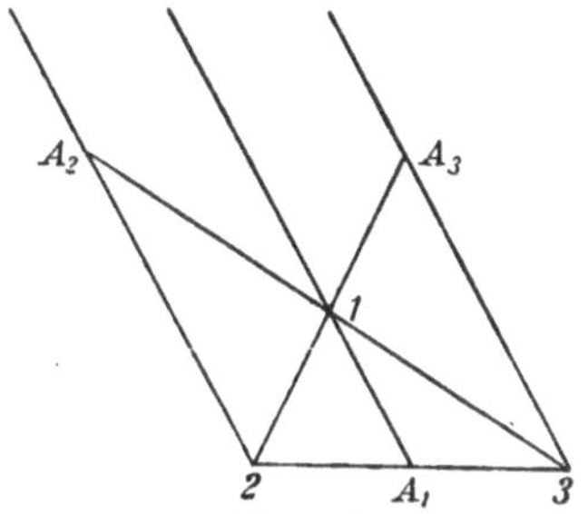

Fig. 34.

Da

$$(A_1 B_1 2\,3) = (A_1 2\,3):(B_1 2\,3) = -1,$$
$$(A_2 B_2 3\,1) = (A_2 3\,1):(B_2 3\,1) = -1,$$
$$(A_3 B_3 1\,2) = (A_3 1\,2):(B_3 1\,2) = -1$$

ist, so folgt durch Multiplikation

$$(B_1 2\,3)(B_2 3\,1)(B_3 1\,2) = -1.$$

Das ist der Satz des Menelaus.

Man kann der Einheitsgeraden durch passende Wahl des Einheitspunktes jede Lage verschaffen, in der sie nicht durch eine Ecke des Fundamentaldreiecks hindurchgeht. Daher gilt der Satz des Menelaus für jede Gerade, die durch keine Dreiecksecke geht.

Es ist natürlich sehr leicht, den Satz des Menelaus direkt zu beweisen. Man operiert mit zwei Transversalen (wie vorhin mit den Punkten 0 und 0′) und läßt nachher eine die unendlich ferne Gerade sein. Der Leser möge dies durchführen.

Verstehen wir unter (u′), (u″), (u‴) die drei Geraden 1, 0, 0; 0, 1, 0; 0, 0, 1 und unter (u*) die Einheitsgerade, so können wir schreiben

$$u_1 = \frac{(u\,u''\,u''')}{(u^*\,u''\,u''')}, \qquad u_2 = \frac{(u\,u'''\,u')}{(u^*\,u'''\,u')}, \qquad u_3 = \frac{(u\,u'\,u'')}{(u^*\,u'\,u'')}.$$

Jetzt wollen wir zu andern Koordinaten übergehen. Wir nehmen ein neues Fundamentaldreieck 1′, 2′, 3′ und einen neuen Einheitspunkt 0′. Die neue Einheitsgerade ist, wir wissen, die Polare von 0′ in bezug auf das Dreieck 1′, 2′, 3′. Die neuen Punktkoordinaten nennen wir $\mathfrak{y}_1, \mathfrak{y}_2, \mathfrak{y}_3$, die neuen Linienkoordinaten $\mathfrak{v}_1, \mathfrak{v}_2, \mathfrak{v}_3$. Diese sind als die Koeffizienten der $\mathfrak{y}$ in der Gleichung der Geraden definiert.

Die $\mathfrak{y}$ hängen, wie wir wissen, mit den $\mathfrak{x}$ durch eine lineare Transformation zusammen. Es sei etwa

$$(1) \qquad \left\{ \begin{aligned} \mathfrak{y}_1 &= \mathfrak{a}_1 \mathfrak{x}_1 + \mathfrak{a}_2 \mathfrak{x}_2 + \mathfrak{a}_3 \mathfrak{x}_3, \\ \mathfrak{y}_2 &= \mathfrak{b}_1 \mathfrak{x}_1 + \mathfrak{b}_2 \mathfrak{x}_2 + \mathfrak{b}_3 \mathfrak{x}_3, \\ \mathfrak{y}_3 &= \mathfrak{c}_1 \mathfrak{x}_1 + \mathfrak{c}_2 \mathfrak{x}_2 + \mathfrak{c}_3 \mathfrak{x}_3. \end{aligned} \right. \qquad (\mathfrak{a}\,\mathfrak{b}\,\mathfrak{c}) \neq 0.$$

Multiplizieren wir mit $\mathfrak{v}_1$, $\mathfrak{v}_2$, $\mathfrak{v}_3$ und addieren, so ergibt sich

$$\sum \mathfrak{v}_\nu \mathfrak{y}_\nu = \sum (\mathfrak{a}_\nu \mathfrak{v}_1 + \mathfrak{b}_\nu \mathfrak{v}_2 + \mathfrak{c}_\nu \mathfrak{v}_3)\mathfrak{x}_\nu .$$

Die Gerade $\sum \mathfrak{v}_\nu \mathfrak{y}_\nu = 0$ wird also in den alten Koordinaten dargestellt durch die Gleichung

$$\sum (\mathfrak{a}_\nu \mathfrak{v}_1 + \mathfrak{b}_\nu \mathfrak{v}_2 + \mathfrak{c}_\nu \mathfrak{v}_3)\mathfrak{x}_\nu = 0 .$$

Ihre Koordinaten $\mathfrak{u}_1$, $\mathfrak{u}_2$, $\mathfrak{u}_3$ in dem alten System sind also folgende

$$(2)\qquad \left\{\begin{aligned} \mathfrak{u}_1 &= \mathfrak{a}_1 \mathfrak{v}_1 + \mathfrak{b}_1 \mathfrak{v}_2 + \mathfrak{c}_1 \mathfrak{v}_3 ,\\ \mathfrak{u}_2 &= \mathfrak{a}_2 \mathfrak{v}_1 + \mathfrak{b}_2 \mathfrak{v}_2 + \mathfrak{c}_2 \mathfrak{v}_3 ,\\ \mathfrak{u}_3 &= \mathfrak{a}_3 \mathfrak{v}_1 + \mathfrak{b}_3 \mathfrak{v}_2 + \mathfrak{c}_3 \mathfrak{v}_3 , \end{aligned}\right.$$

In (2) treten dieselben Koeffizienten wie in (1) auf, nur sind die Zeilen zu Spalten geworden und umgekehrt. Man beachte, daß in (1) links die neuen Punktkoordinaten stehen, in (2) dagegen links die alten Linienkoordinaten.

Löst man die Gleichungen (2) nach den $\mathfrak{v}$ auf, so findet man

$$(2')\qquad \left\{\begin{aligned} \mathfrak{v}_1 &= \mathfrak{A}_1 \mathfrak{u}_1 + \mathfrak{A}_2 \mathfrak{u}_2 + \mathfrak{A}_3 \mathfrak{u}_3 ,\\ \mathfrak{v}_2 &= \mathfrak{B}_1 \mathfrak{u}_1 + \mathfrak{B}_2 \mathfrak{u}_2 + \mathfrak{B}_3 \mathfrak{u}_3 ,\\ \mathfrak{v}_3 &= \mathfrak{C}_1 \mathfrak{u}_1 + \mathfrak{C}_2 \mathfrak{u}_2 + \mathfrak{C}_3 \mathfrak{u}_3 . \end{aligned}\right.$$

Die $\mathfrak{A}$, $\mathfrak{B}$, $\mathfrak{C}$ sind die algebraischen Komplemente der $\mathfrak{a}$, $\mathfrak{b}$, $\mathfrak{c}$ in der Determinante

$$\begin{vmatrix} \mathfrak{a}_1 & \mathfrak{a}_2 & \mathfrak{a}_3 \\ \mathfrak{b}_1 & \mathfrak{b}_2 & \mathfrak{b}_3 \\ \mathfrak{c}_1 & \mathfrak{c}_2 & \mathfrak{c}_3 \end{vmatrix} ,$$

aber noch dividiert durch diese Determinante.

Den $\mathfrak{u}'$ mögen vermöge der Gleichungen (2′) die Werte $\mathfrak{v}'$ entsprechen, den $\mathfrak{u}''$ die Werte $\mathfrak{v}''$, den $\mathfrak{u}'''$ die Werte von $\mathfrak{v}'''$, endlich den $\mathfrak{u}^*$ die Werte $\mathfrak{v}^*$. Dann ist

$$(\mathfrak{u}\,\mathfrak{u}''\,\mathfrak{u}'') = (\mathfrak{a}\,\mathfrak{b}\,\mathfrak{c})(\mathfrak{v}\,\mathfrak{v}''\,\mathfrak{v}''),$$

$$(\mathfrak{u}^*\,\mathfrak{u}''\,\mathfrak{u}''' = (\mathfrak{a}\,\mathfrak{b}\,\mathfrak{c})(\mathfrak{v}^*\,\mathfrak{v}'',\mathfrak{v}'''),$$

usw., also

$$\mathfrak{u}_1 = \frac{(\mathfrak{v}\,\mathfrak{v}''\,\mathfrak{v}''')}{(\mathfrak{v}^*\,\mathfrak{v}''\,\mathfrak{v}''')}, \qquad \mathfrak{u}_2 = \frac{(\mathfrak{v}\,\mathfrak{v}'''\,\mathfrak{v}')}{(\mathfrak{v}^*\,\mathfrak{v}'''\,\mathfrak{v}')}, \qquad \mathfrak{u}_3 = \frac{(\mathfrak{v}\,\mathfrak{v}'\,\mathfrak{v}''')}{(\mathfrak{v}^*\,\mathfrak{v}'\,\mathfrak{v}'')},$$

oder, wenn wir die Geraden $(\mathfrak{v}^*)$, $(\mathfrak{v}')$, $(\mathfrak{v}'')$, $(\mathfrak{v}''')$ kurz mit 0, 1, 2, 3 bezeichnen,

$$\mathfrak{u}_1 = \frac{(\mathfrak{v}\,2\,3)}{(0\,2\,3)}, \qquad \mathfrak{u}_2 = \frac{(\mathfrak{v}\,3\,1)}{(0\,3\,1)}, \qquad \mathfrak{u}_3 = \frac{(\mathfrak{v}\,1\,2)}{(0\,1\,2)} .$$

Es ist ganz gleich, welche Koordinaten man rechts benutzt. Man kann z. B. cartesische Koordinaten anwenden. Die $\mathfrak{u}$ drücken sich genau so durch die $\mathfrak{v}$ und durch die Koordinaten der Fundamentalgeraden und der Einheitsgeraden aus, wie die $\mathfrak{x}$ durch die $\mathfrak{y}$ und durch die Koordinaten der Fundamentalpunkte und des Einheitspunktes.

In dem Punkte $\mathfrak{u}_3 = 0$, d. h. in dem Geradenbüschel, dessen Träger er ist, sind $\mathfrak{u}_1$, $\mathfrak{u}_2$ projektive Koordinaten. Das geht daraus hervor, daß die Gleichung einer Geraden dieses Büschels so lautet $\mathfrak{u}_1 \mathfrak{x}_1 + \mathfrak{u}_2 \mathfrak{x}_2 = 0$. Vgl. S. 82. Ebenso sind $\mathfrak{u}_3$, $\mathfrak{u}_1$ projektive Koordinaten im Punkte $\mathfrak{u}_2 = 0$ und $\mathfrak{u}_2$, $\mathfrak{u}_3$ im Punkte $\mathfrak{u}_1 = 0$.

§ 35. Die Verhältnisse der projektiven Punkt- und Linienkoordinaten, ausgedrückt durch Doppelverhältnisse.

Hat der Punkt P die Koordinaten $\mathfrak{x}_1'$, $\mathfrak{x}_2'$, $\mathfrak{x}_3'$, so werden seine Verbindungslinien mit den Ecken des Fundamentaldreiecks dargestellt durch die Gleichungen

$$\mathfrak{x}_2 \mathfrak{x}_3' - \mathfrak{x}_3 \mathfrak{x}_2' = 0, \qquad \mathfrak{x}_3 \mathfrak{x}_1' - \mathfrak{x}_1 \mathfrak{x}_3' = 0, \qquad \mathfrak{x}_1 \mathfrak{x}_2' - \mathfrak{x}_2 \mathfrak{x}_1' = 0.$$

Sie mögen der Reihe nach h_1, h_2, h_3 heißen. Die Verbindungslinien des Einheitspunktes mit den Ecken werden ausgedrückt durch

$$\mathfrak{x}_2 - \mathfrak{x}_3 = 0, \qquad \mathfrak{x}_3 - \mathfrak{x}_1 = 0, \qquad \mathfrak{x}_1 - \mathfrak{x}_2 = 0.$$

Sie nennen wir der Reihe nach e_1, e_2, e_3. Die Seiten des Fundamentaldreiecks, also die Geraden $\mathfrak{x}_1 = 0$, $\mathfrak{x}_2 = 0$, $\mathfrak{x}_3 = 0$ bezeichnen wir wie früher mit 1, 2, 3.

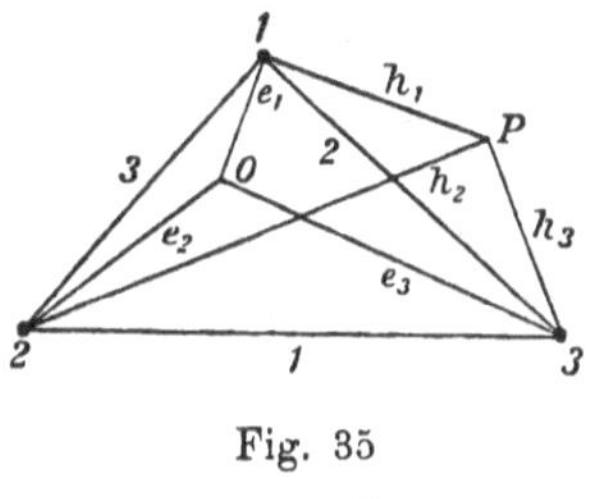

Fig. 35

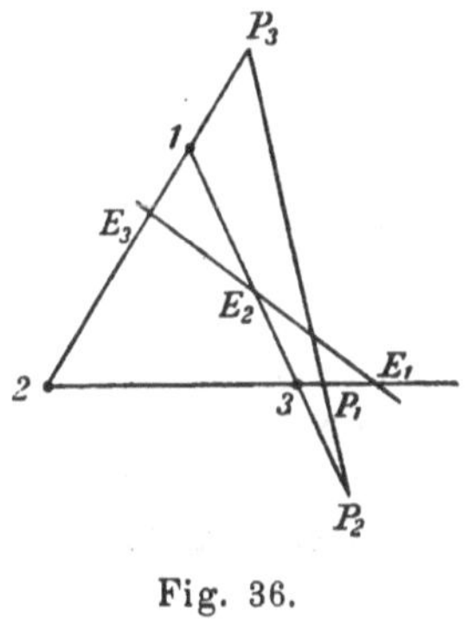

Fig. 36.

Dann ist (vgl. S. 82)

$$(h_1 e_1 2 3) = \mathfrak{x}_2' : \mathfrak{x}_3',$$
$$(h_2 e_2 3 1) = \mathfrak{x}_3' : \mathfrak{x}_1',$$
$$(h_3 e_3 1 2) = \mathfrak{x}_1' : \mathfrak{x}_2'.$$

Hat die Gerade g die Koordinaten $\mathfrak{u}_1'$, $\mathfrak{u}_2'$, $\mathfrak{u}_3'$, so werden ihre Schnittpunkte mit den Seiten des Fundamentaldreiecks dargestellt durch die Gleichungen

$$\mathfrak{u}_2\,\mathfrak{u}_3' - \mathfrak{u}_3\,\mathfrak{u}_2' = 0, \qquad \mathfrak{u}_3\,\mathfrak{u}_1' - \mathfrak{u}_1\,\mathfrak{u}_3' = 0, \qquad \mathfrak{u}_1\,\mathfrak{u}_2' - \mathfrak{u}_2\,\mathfrak{u}_1' = 0.$$

Sie mögen der Reihe nach P_1, P_2, P_3 heißen. Die Schnittpunkte der Einheitsgeraden mit den Seiten des Fundamentaldreiecks wollen wir E_1, E_2, E_3 nennen. Sie werden dargestellt durch die Gleichungen

$$\mathfrak{u}_2 - \mathfrak{u}_3 = 0, \qquad \mathfrak{u}_3 - \mathfrak{u}_1 = 0, \qquad \mathfrak{u}_1 - \mathfrak{u}_2 = 0.$$

Die Ecken des Fundamentaldreiecks, also die Punkte $\mathfrak{u}_1 = 0$, $\mathfrak{u}_2 = 0$, $\mathfrak{u}_3 = 0$ bezeichnen wir wie bisher mit 1, 2, 3. Dann ist[1]

$$(P_1\,E_1\,2\,3) = \mathfrak{u}_2' : \mathfrak{u}_3',$$
$$(P_2\,E_2\,3\,1) = \mathfrak{u}_3' : \mathfrak{u}_1',$$
$$(P_3\,E_3\,1\,2) = \mathfrak{u}_1' : \mathfrak{u}_2'.$$

§ 36. Projektive Abbildungen ausgedrückt in Linienkoordinaten oder in Punkt- und Linienkoordinaten.

Wir betrachten eine projektive Abbildung der Ebene X auf die Ebene Y. In § 31 schrieben wir eine solche Abbildung in cartesischen Punktkoordinaten. Die Gleichungen (I) in § 31 behalten ihre Form, wenn wir irgendwelche projektiven Punktkoordinaten benutzen, z. B. in X die Koordinaten $\mathfrak{x}$, in Y die Koordinaten $\mathfrak{y}$. Die Gleichungen lauten

$$(1) \qquad \begin{cases} \mathfrak{y}_1 = \mathfrak{a}_{11}\,\mathfrak{x}_1 + \mathfrak{a}_{12}\,\mathfrak{x}_2 + \mathfrak{a}_{13}\,\mathfrak{x}_3, \\ \mathfrak{y}_2 = \mathfrak{a}_{21}\,\mathfrak{x}_1 + \mathfrak{a}_{22}\,\mathfrak{x}_2 + \mathfrak{a}_{23}\,\mathfrak{x}_3, \\ \mathfrak{y}_3 = \mathfrak{a}_{31}\,\mathfrak{x}_1 + \mathfrak{a}_{32}\,\mathfrak{x}_2 + \mathfrak{a}_{33}\,\mathfrak{x}_3. \end{cases}$$

Die zu den Koordinaten $\mathfrak{x}$ und $\mathfrak{y}$ gehörigen Linienkoordinaten bezeichnen wir mit $\mathfrak{u}$ bzw. $\mathfrak{v}$.

Wir wissen bereits, daß die Abbildung die Geraden in X mit den Geraden in Y paart, und es ist leicht zu sagen, nach welchem Gesetz sie das tut. Multiplizieren wir die Gleichungen (1) mit $\mathfrak{v}_1$, $\mathfrak{v}_2$, $\mathfrak{v}_3$ und addieren, so kommt $\sum \mathfrak{v}_\nu\,\mathfrak{y}_\nu$ heraus. Setzen wir, was rechts herauskommt, gleich $\sum \mathfrak{u}_\nu\,\mathfrak{x}_\nu$, so ergeben sich die Formeln

[1] Durch Multiplikation ergibt sich der Satz des Menelaus. Man läßt die Einheitsgerade mit der unendlich fernen Geraden zusammenfallen. 1, 2, 3 müssen eigentliche Punkte sein. Dann teilen E_1, E_2, E_3 die Seiten des Dreiecks nach dem Teilverhältnis -1.

(2)
$$\begin{cases} \mathfrak{u}_1 = \mathfrak{a}_{11}\mathfrak{v}_1 + \mathfrak{a}_{21}\mathfrak{v}_2 + \mathfrak{a}_{31}\mathfrak{v}_3, \\ \mathfrak{u}_1 = \mathfrak{a}_{12}\mathfrak{v}_2 + \mathfrak{a}_{22}\mathfrak{v}_2 + \mathfrak{a}_{32}\mathfrak{v}_3, \\ \mathfrak{u}_1 = \mathfrak{a}_{13}\mathfrak{v}_2 + \mathfrak{a}_{23}\mathfrak{v}_2 + \mathfrak{a}_{33}\mathfrak{v}_3. \end{cases}$$

Sie sagen uns, welche Gerade $(\mathfrak{u})$ in der Ebene X der Geraden $(\mathfrak{v})$ in der Ebene Y entspricht.

(1) und (2) sind nur zwei verschiedene Ausdrücke für dieselbe Abbildung. Das eine Mal haben wir sie in Punktkoordinaten, das andere Mal in Linienkoordinaten ausgedrückt.

Die Betrachtungen in § 31 lassen sich auf (2) übertragen nach der Methode, daß man für jedes x ein u schreibt. Man nennt dieses Übertragungsprinzip das Prinzip des Dualität. Wir werden ihm noch mehrfach begegnen.

Es ergibt sich dann, daß bei der Abbildung (2) einem Geradenbüschel stets ein Geradenbüschel entspricht (was wir schon wissen), ferner, daß diese beiden Geradenbüschel projektiv aufeinander bezogen sind. Auch können wir bemerken, daß es eine und nur eine projektive Abbildung gibt, die vier Geraden, von denen keine drei durch einen Punkt hindurchgehen, vier vorgeschriebene Geraden derselben Art zuordnet.

Sehr bequem läßt sich eine projektive Abbildung schreiben, wenn man in der einen Ebene Punktkoordinaten, in der andern aber Linienkoordinaten benutzt.

Der Punkt $(\mathfrak{y})$, der dem Punkte $(\mathfrak{x})$ durch die Abbildung (1) zugeordnet wird, hat die Gleichung

$$\sum \mathfrak{y}_\nu \mathfrak{v}_\nu = 0.$$

Setzt man hier für die $\mathfrak{y}$ die Ausdrücke (1) ein, so ergibt sich

(3)
$$\sum_{r,s} \mathfrak{a}_{rs}\mathfrak{v}_r\mathfrak{x}_s = 0.$$

Diese eine Gleichung leistet genau dasselbe wie die drei Gleichungen (1) oder die drei Gleichungen (2). Ist $(\mathfrak{x})$ gegeben, so stellt sie die Gleichung des Punktes dar, der dem Punkt $(\mathfrak{x})$ bei der Abbildung entspricht. Ist $(\mathfrak{v})$ gegeben, so stellt sie die Gerade dar, aus der die Gerade $(\mathfrak{v})$ bei der Abbildung (1) hervorgeht.

§ 37. Projektive Abbildungen einer Ebene auf sich selbst.

Wir lassen jetzt die Ebenen X und Y, die projektiv aufeinander abgebildet werden, zusammenfallen. Dann entsteht eine projektive Abbildung der Ebene X auf sich selbst, und zwar wird dem Punkt $(\mathfrak{x})$ der Punkt

(1) $$\sum_{r,s} a_{rs} u_r x_s = 0$$

zugeordnet.

Einen Punkt, der sein eigener Bildpunkt ist, bezeichnet man als Doppelpunkt (oder auch Fixpunkt) der Abbildung. (x) ist offenbar dann und nur dann ein Doppelpunkt, wenn die Gleichung (1) denselben Punkt darstellt wie die Gleichung

(2) $$\sum_s u_s x_s = 0$$

also die linken Seiten beider Gleichungen sich um einen Faktor unterscheiden:

$$a_{r1} x_1 + a_{r2} x_2 + a_{r3} x_3 = \lambda x_r.$$
$$(r = 1,\ 2,\ 3)$$

Diese drei Gleichungen lauten, anders geschrieben, so:

(3) $$\begin{cases} (a_{11} - \lambda) x_1 + a_{12} x_2 + a_{13} x_3 = 0, \\ a_{21} x_1 + (a_{22} - \lambda) x_2 + a_{23} x_3 = 0, \\ a_{31} x_1 + a_{32} x_2 + (a_{33} - \lambda) x_3 = 0. \end{cases}$$

Da die x nicht alle gleich Null sein dürfen, so muß

(4) $$\begin{vmatrix} a_{11} - \lambda & a_{12} & a_{13} \\ a_{21} & a_{22} - \lambda & a_{23} \\ a_{31} & a_{32} & a_{33} - \lambda \end{vmatrix} = 0$$

sein. Ist λ eine Wurzel dieser Gleichung dritten Grades, so haben die drei Geraden (3) wenigstens einen Punkt gemein und er ist ein Doppelpunkt unserer Abbildung.

Auf die Ermittelung der verschiedenen Fälle, die hier eintreten können, wollen wir uns nicht einlassen. Der allgemeine Fall ist der, daß es den drei Wurzeln der kubischen Gleichung entsprechend drei Fixpunkte gibt, die nicht in gerader Linie liegen. Benutzen wir sie als Fundamentalpunkte, so lautet die Gleichung der Abbildung

$$\lambda_1 u_1 x_1 + \lambda_2 u_2 x_2 + \lambda_3 u_3 x_3 = 0$$

und λ_1, λ_2, λ_3 sind die drei verschiedenen Wurzeln der Gleichung (4). Keine von ihnen ist gleich Null, weil die Determinante der a_{rs} nicht verschwindet. Bei der Abbildung multiplizieren sich die Koordinaten des Punktes (x) mit den Zahlen λ_1, λ_2, λ_3.

Schließlich wollen wir noch die Fixpunkte einer Bewegung ermitteln. Eine Bewegung (vgl. S. 26) wird in inhomogenen cartesischen Koordinaten durch Gleichungen von der Form

(5)
$$\begin{cases} x' = x\cos\varphi - y\sin\varphi + a, \\ y' = x\sin\varphi + y\cos\varphi + b \end{cases}$$

ausgedrückt. x, y und x', y' beziehen sich auf dasselbe rechtwinklige Achsensystem. (x', y') ist die neue Lage, in die der Punkt x, y bei der Bewegung übergeht. Die Konstanten a, b, φ setzen wir als reell voraus.

Ist x, y ein eigentlicher Punkt, so können wir setzen

$$x = \frac{x_1}{x_3}, \qquad y = \frac{x_2}{x_3}; \qquad x' = \frac{x_1'}{x_3'}, \qquad y' = \frac{x_2'}{x_3'}.$$

An die Stelle der Gleichungen (5) treten dann die Gleichungen

(6)
$$\begin{cases} x_1' = x_1\cos\varphi - x_2\sin\varphi + a x_3, \\ x_2' = x_1\sin\varphi + x_2\cos\varphi + b x_3, \\ x_3' = \quad * \qquad\qquad * \qquad\qquad x_3. \end{cases}$$

Nun müssen wir noch nachsehen, was die Bewegung (5) mit den unendlich fernen Punkten macht. Dazu betrachten wir am einfachsten eine Strecke $P\bar{P}$. Die Koordinaten von P seien x, y, die von $\bar{P}$ aber $\bar{x}$, $\bar{y}$. $P\bar{P}$ geht bei der Bewegung über in $P'\bar{P}'$. Die Koordinaten von P' finden wir aus (5), die von $\bar{P}'$ aus

(7)
$$\begin{cases} \bar{x}' = \bar{x}\cos\varphi - \bar{y}\sin\varphi + a, \\ \bar{y}' = \bar{x}\sin\varphi - \bar{y}\cos\varphi + b. \end{cases}$$

Aus (5) und (7) ergibt sich

(8)
$$\begin{cases} \bar{x}' - x' = (\bar{x} - x)\cos\varphi - (\bar{y} - y)\sin\varphi. \\ \bar{y}' - y' = (\bar{x} - x)\sin\varphi + (\bar{y} - y)\cos\varphi. \end{cases}$$

Die Koordinaten von $P'\bar{P}'$ hängen, wie man sieht, nur von den Koordinaten von $P\bar{P}$ ab. Gleiche Strecken[1] werden eben durch die Bewegung in gleiche Strecken übergeführt.[2] Jedem unendlich fernen Punkt wird also ein unendlich ferner Punkt zugeordnet. Der unendlich ferne Punkt der Geraden P, $\bar{P}$ hat die Koordinaten

$$x_1 = \bar{x} - x, \qquad x_2 = \bar{y} - y, \qquad x_3 = 0,$$

der unendlich ferne Punkt der Geraden $P', \bar{P}'$ aber die Koordinaten

$$x_1' = \bar{x}' - x', \quad x_2' = \bar{y}' - y', \quad x_3' = 0.$$

[1] Man vgl. S. 1.

[2] Dasselbe geschieht bei der linearen Abbildung $x' = a_1 x + a_2 y + a_3$, $y' = b_1 x + b_2 y + b_3 \cdot (a\,b) \neq 0$.

Die Gleichungen (8) lassen sich daher auch so schreiben

$$x_1' = x_1 \cos\varphi - x_2 \sin\varphi,$$
$$x_2' = x_1 \sin\varphi + x_2 \cos\varphi.$$

Sie ergeben sich aber aus (6), wenn man dort x_3 gleich Null setzt. Die Gleichungen (6) sagen uns also auch ganz richtig, was die betrachtete Bewegung mit den unendlich fernen Punkten macht.

Wir fragen jetzt nach den Fixpunkten der Abbildung (6). Da müssen wir zuerst die kubische Gleichung (4) ansetzen. Sie lautet hier

$$\begin{vmatrix} \cos\varphi - \lambda, & -\sin\varphi, & a \\ \sin\varphi, & \cos\varphi - \lambda, & b \\ 0, & 0, & 1-\lambda \end{vmatrix} = 0$$

oder, ausgerechnet,

$$(4') \qquad (1-\lambda)(1 - 2\lambda\cos\varphi + \lambda^2) = 0.$$

Für $\lambda = 1$ reduzieren sich die linearen Gleichungen (3) auf

$$(3') \qquad \begin{cases} x_1(\cos\varphi - 1) - x_2 \sin\varphi + a x_3 = 0, \\ x_1 \sin\varphi + x_2(\cos\varphi - 1) + b x_3 = 0. \end{cases}$$

Wenn

$$\begin{vmatrix} \cos\varphi - 1, & -\sin\varphi \\ \sin\varphi, & \cos\varphi - 1 \end{vmatrix} = 2(1 - \cos\varphi) \neq 0$$

ist, so definieren sie einen eigentlichen Punkt. Ihn kennen wir schon aus § 12. Wir wissen von dort, daß die Bewegung sich im Falle $\cos\varphi \neq 1$ als eine Rotation ansehen läßt.

Wenn $\cos\varphi = 1$ ist, also $\sin\varphi = 0$, reduzieren sich die Gleichungen (3') auf[1] $x_3 = 0$. Jeder unendlich ferne Punkt ist dann ein Fixpunkt. Die Bewegung ist eine Translation.

Nun kommt der andere Faktor in (4') an die Reihe. Die quadratische Gleichung

$$\lambda^2 - 2\lambda\cos\varphi + 1 = 0$$

wird befriedigt durch

$$\lambda = \cos\varphi \pm i \sin\varphi.$$

Setzen wir einen von diesen Werten, z. B. $\lambda = \cos\varphi + i\sin\varphi$, in (3) ein, so gehen diese Gleichungen über in

$$-i x_1 \sin\varphi - x_2 \sin\varphi + a x_3 = 0,$$
$$x_1 \sin\varphi - i x_2 \sin\varphi + b x_3 = 0,$$
$$(1 - \cos\varphi - i \sin\varphi) x_3 = 0.$$

[1] Wären außer $\cos\varphi - 1$ auch a und b gleich Null, so wäre die Abbildung (6) die Identität. Das schließen wir aus.

Aus der letzten Gleichung folgt, da

$$1 - \cos\varphi - i\sin\varphi = 0$$

ausgeschlossen ist, $x_3 = 0$. Die beiden ersten Gleichungen reduzieren sich auf die eine

$$x_1 \sin\varphi - i\, x_2 \sin\varphi = 0 .$$

Wenn $\sin\varphi = 0$ ist, bleibt jeder unendlich ferne Punkt in Ruhe. Ist gleichzeitig $\cos\varphi = 1$, so haben wir eine Translation. Ist $\cos\varphi = -1$, so haben wir eine Rotation um zwei Rechte, die sich auch auffassen läßt als eine Spiegelung an dem Rotationszentrum R (vgl. Fig. 37). Man sieht sofort, daß bei einer solchen Rotation alle unendlich fernen Punkte in Ruhe bleiben. Denn jede Gerade g wird in eine parallele Gerade g' übergeführt.

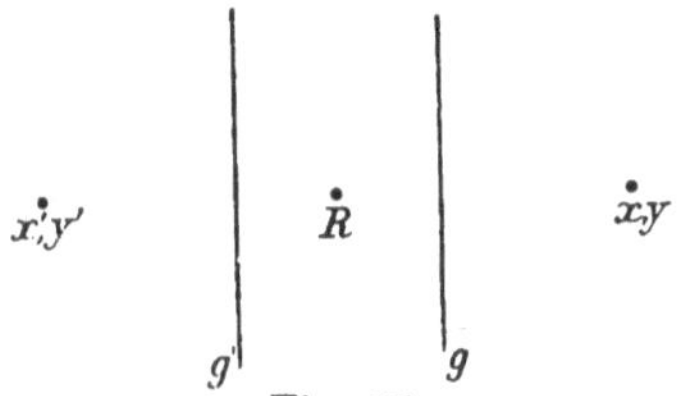

Fig. 37.

Jetzt müssen wir noch den Fall $\sin\varphi \neq 0$ untersuchen. Da bleiben nicht alle unendlich fernen Punkte in Ruhe, sondern nur diejenigen, die der Gleichung $x_1 - i\, x_2 = 0$ oder der Gleichung $x_1 + i\, x_2 = 0$ genügen, d. h. die beiden imaginären Punkte:

$$i,\ 1,\ 0 \quad \text{und} \quad -i,\ 1,\ 0 .$$

Wir haben also folgendes gefunden:

Translation. Fixpunkte: Alle unendlich fernen Punkte.

Rotation um zwei Rechte. Fixpunkte: Das Rotationszentrum und alle unendlich fernen Punkte.

Rotation, aber nicht um zwei Rechte. Fixpunkte: Das Rotationszentrum und zwei imaginäre unendlich ferne Punkte.

Die beiden imaginären Punkte $i, 1, 0$ und $-i, 1, 0$ bleiben, wie man sieht, bei alle Bewegungen in Ruhe. Man nennt sie, aus einem Grunde, den wir sogleich kennen lernen werden, die Kreispunkte oder ausführlicher die unendlich fernen Kreispunkte.

Wenn der Mittelpunkt eines Kreises vom Radius r in bezug auf unser rechtwinkliges Achsensystem die Koordinaten x_0, y_0 hat, so erfüllen alle seine Punkte und nur diese die Gleichung

$$(x - x_0)^2 + (y - y_0)^2 = r^2 .$$

Sie besagt nämlich weiter nichts, als daß der Punkt x, y von x_0, y_0 um r entfernt ist.

Wenn x, y ein eigentlicher Punkt ist, so können wir $x = x_1 : x_3$ und $y = x_2 : x_3$ setzen und die Gleichung des Kreises nimmt dann die homogene Gestalt an

$$(x_1 - x_0 x_3)^2 + (x_2 - y_0 x_3)^2 - r^2 x_3^2 = 0\,.$$

Jeder eigentliche Punkt, der dieser Gleichung genügt, erfüllt auch die ursprüngliche Gleichung. Wir wollen jetzt aber auch unendlich ferne Punkte, die der neuen Gleichung genügen, als Punkte des Kreises ansehen. Setzen wir $x_3 = 0$, so reduziert sie sich auf $x_1^2 + x_2^2 = 0$ und wir finden die beiden Punkte $i, 1, 0$ und $-i, 1, 0$. Jeder Kreis, welchen Radius und welchen Mittelpunkt er auch haben mag, enthält diese beiden und sonst keine andern unendlich fernen Punkte. Dadurch rechtfertigt sich der Name „unendlich ferne Kreispunkte".

Wenn wir von einer projektiven Abbildung der Ebene X auf sich selbst verlangen, daß die Kreispunkte Fixpunkte sein sollen, so muß vor allem die unendlich ferne Gerade in Ruhe bleiben, d. h. jeder unendlich ferne Punkt muß wieder in einen solchen übergeführt werden. Schreiben wir die Abbildung in cartesischen Koordinaten, so muß sie also die Form haben

$$\begin{aligned} x_1' &= a_1 x_1 + a_2 x_2 + a_3 x_3\,,\\ x_2' &= b_1 x_1 + b_2 x_2 + b_3 x_3\,,\\ x_3' &= \quad * \qquad * \qquad x_3\,. \end{aligned}$$

Dies ist die allgemeinste projektive Abbildung, die die unendlich ferne Gerade in Ruhe läßt. Man nennt sie eine affine Abbildung.

Fordern wir jetzt, daß der Punkt $i, 1, 0$ ein Fixpunkt ist, so ergibt sich, daß

$$\lambda i = a_1 i + a_2\,, \quad \lambda = b_1 i + b_2$$

sein muß, also

$$-b_1 + i b_2 = a_2 + i a_1\,.$$

Soll auch der Punkt $-i, 1, 0$ ein Fixpunkt sein, so muß außerdem die Gleichung

$$-b_1 - i b_2 = a_2 - i a_1$$

gelten. Aus beiden Gleichungen folgt nun

$$a_1 = b_2\,, \quad a_2 = -b_1\,.$$

Wir wollen die Koeffizienten der Abbildung reell annehmen und m und φ $(m > 0)$ so wählen, daß

$$a_1 = m \cos\varphi\,, \quad b_1 = m \sin\varphi$$

wird, also

$$a_2 = -m \sin\varphi, \quad b_2 = m \cos\varphi.$$

Dann lauten die Abbildungsgleichungen, inhomogen geschrieben,

$$x' = m(x\cos\varphi - y\sin\varphi) + a_3,$$
$$y' = m(x\sin\varphi + y\cos\varphi) + b_3.$$

Gibt es einen Punkt x_0, y_0, der in Ruhe bleibt? Die Gleichungen

$$x(m\cos\varphi - 1) - y m\sin\varphi + a_3 = 0,$$
$$x\, m\sin\varphi + y(m\cos\varphi - 1) + b_3 = 0$$

lassen sich nach x, y auflösen, wenn nicht

$$(m\cos\varphi - 1)^2 + m^2\sin^2\varphi = 0,$$

also $\sin\varphi = 0$ und $m\cos\varphi = 1$ ist, d. h. wenn es sich nicht um eine Translation handelt. Machen wir x_0, y_0 zum neuen Anfangspunkt, so drückt sich die Abbildung so aus[1]

$$x' = m(x\cos\varphi - y\sin\varphi),$$
$$y' = m(x\sin\varphi + y\cos\varphi).$$

Sie läßt sich dadurch realisieren, daß wir die ganze Ebene um x_0, y_0 drehen, und zwar um φ. Darauf müssen wir noch die Koordinaten jedes Punktes mit m multiplizieren. Diese letzte Operation bezeichnet man als eine Streckung vom Punkte x_0, y_0 aus.

Die Abbildung setzt sich, wie man sagt, zusammen aus einer Drehung und einer Streckung vom Drehpunkt aus. Man nennt solche Abbildungen, die die Kreispunkte einzeln in Ruhe lassen, Ähnlichkeitstransformationen. Zu ihnen gehören auch die Bewegungen.

§ 38. Winkel und Kreispunkte.

x_1, x_2, x_3 seien wie bisher homogene cartesische Koordinaten. Auf der unendlich fernen Geraden $x_3 = 0$ sind x_1, x_2 projektive Koordinaten. Die beiden Kreispunkte werden in diesen Koordinaten durch die quadratische Gleichung

$$x_1^2 + x_2^2 = 0$$

dargestellt. Sie bestimmen auf der unendlich fernen Geraden eine Involution, nämlich die Involution, deren Doppelpunkte sie sind. Diese Involution wird dargestellt durch die Gleichung (vgl. S. 52)

(1) $$x_1 y_1 + x_2 y_2 = 0.$$

[1] Wir behalten die Bezeichnungen der Koordinaten bei.

Es gehören immer die beiden unendlich fernen Punkte P und Q zusammen, deren Koordinaten x_1, x_2, 0 und y_1, y_2, 0 die Gleichung (1) erfüllen.

Wenn wir nun in der Ebene einen eigentlichen Punkt A nehmen und ihn mit P und Q verbinden, so hat AP die Richtungskoeffizienten x_1, x_2 und AQ die Richtungskoeffizienten y_1, y_2 (vgl. S. 59). Die Gleichung (1) drückt aus, daß AP und AQ aufeinander senkrecht stehen.

Zwei eigentliche Geraden stehen dann und nur dann aufeinander senkrecht, wenn ihre unendlich fernen Punkte zu den Kreispunkten harmonisch liegen.

Das Doppelverhältnis der unendlich fernen Punkte der beiden Geraden und der Kreispunkte ist also im Falle der Orthogonalität gleich -1.

Besteht vielleicht überhaupt eine Abhängigkeit zwischen diesem Doppelverhältnis und dem Winkel, den die beiden Geraden bilden? Einen solchen Zusammenhang hat LAGUERRE festgestellt.

Wir legen durch den Anfangspunkt zwei orientierte Geraden g und h. Ist $(xy) \equiv \frac{\pi}{2}$, und setzen wir $(xg) = \varphi$, $(xh) = \psi$, so lauten die Koordinaten der unendlich fernen Punkte G und H von g und h:

$$\cos\varphi, \quad \sin\varphi, \quad 0 \quad \text{bzw.} \quad \cos\psi, \quad \sin\psi, \quad 0.$$

Wir haben also auf der unendlich fernen Geraden vier Punkte, G und H und die beiden Kreispunkte K_1, K_2. Ihre projektiven Koordinaten sind folgende

$$\cos\varphi,\ \sin\varphi; \quad \cos\psi,\ \sin\psi; \quad i,\ 1; \quad -i,\ 1.$$

Nach § 18 ist das Doppelverhältnis $(G\,H\,K_1\,K_2)$ gleich

$$\frac{\begin{vmatrix} \cos\varphi & \sin\varphi \\ i & 1 \end{vmatrix} \begin{vmatrix} \cos\psi & \sin\psi \\ -i & 1 \end{vmatrix}}{\begin{vmatrix} \cos\varphi & \sin\varphi \\ -i & 1 \end{vmatrix} \begin{vmatrix} \cos\psi & \sin\psi \\ i & 1 \end{vmatrix}},$$

d. h. gleich

$$\frac{(\cos\varphi - i\sin\varphi)(\cos\psi + i\sin\psi)}{(\cos\varphi + i\sin\varphi)(\cos\psi - i\sin\psi)}.$$

Multipliziert man im Zähler und Nenner mit $(\cos\varphi - i\sin\varphi)$ $(\cos\psi + i\sin\psi)$, so ergibt sich

$$\{(\cos\varphi - i\sin\varphi)(\cos\psi + i\sin\psi)\}^2 = \cos 2(\psi - \varphi) + i\sin 2(\psi - \varphi).$$

Nun ist $(gh) \equiv (xh) - (xy) \equiv \psi - \varphi$ ist. Wir können unser Resultat also durch folgende Formel ausdrücken:

$$(G\,H\,K_1\,K_2) = \cos 2(g\,h) + i\sin 2(g\,h).$$

Unter Benutzung der Exponentialfunktion e^z kann man hierfür schreiben

$$(GHK_1K_2) = e^{2i(gh)}$$

oder, wenn man auch noch die Funktion $\log z$ heranzieht,

$$(2) \qquad (gh) = \frac{1}{2i}\log(GHK_1K_2).$$

Der Logarithmus ist eine unendlich vieldeutige Funktion, weil e^z die Periode $2\pi i$ hat ($e^{z+2\pi i} = e^z$). Der Logarithmus ist nur bis auf ein Vielfaches von $2\pi i$ bestimmt.

Aus der Formel (2) bestimmt sich also (gh) nur bis auf ein Vielfaches von π und so muß es auch sein. Orientieren wir eine der beiden Geraden umgekehrt, so ändert sich (gh) um π. Vgl. übrigens § 5.

Wenn $(GHK_1K_2) = -1$ ist, so wird der Logarithmus bis auf ein Vielfaches von $2\pi i$ gleich πi (weil $e^{\pi i} = \cos\pi + i\sin\pi = -1$). Also wird (gh), bis auf ein Vielfaches von π gleich $\pi/2$, d. h. g und h stehen aufeinander senkrecht.

Wir wollen hier noch eine Bemerkung über Involutionen in Geradenbüscheln anschließen.

Auf der unendlich fernen Geraden $x_3 = 0$ liege außer der Involution (1) noch eine **andere** vor,

$$(3) \qquad a_0x_1y_1 + a_1(x_1y_2 + x_2y_1) + a_2x_2y_2 = 0.$$

$$(a_0a_2 - a_1^2 \neq 0)$$

(1) und (3) haben dann (vgl. § 16) ein gemeinsames Punktepaar.

Man findet es durch Elimination der y aus den Gleichungen (1) und (3). Seine Gleichung lautet also

$$\begin{vmatrix} a_0x_1 + a_1x_2, & a_1x_1 + a_2x_2 \\ x_1 \quad , & x_2 \end{vmatrix} = 0,$$

d. h.

$$(4) \qquad -a_1x_1^2 + (a_0 - a_2)x_1x_2 + a_1x_2^2 = 0.$$

Die Diskriminante ist hier

$$(a_0 - a_2)^2 + 4a_1^2.$$

Setzen wir a_0, a_1, a_2 als reell voraus, so kann die Diskriminante nicht negativ sein. Verschwinden kann sie aber auch nicht. Sonst wäre

$$a_0 = a_2, \quad a_1 = 0$$

und (3) wäre dieselbe Involution wie (1). Das haben wir aber gerade ausgeschlossen. Die Gleichung (4) stellt also zwei voneinander verschiedene reelle Punkte dar.

Nun wollen wir einen eigentlichen Punkt A mit den Punktepaaren der Involutionen (1) und (3) verbinden. Dann entstehen zwei Involutionen in dem Geradenbüschel mit dem Träger A. Aus (1) entsteht eine Involution, die darin besteht, daß jeder Geraden des Büschels die zu ihr senkrechte zugeordnet wird. Man nennt diese Involution die orthogonale. Aus (3) entsteht eine andere Involution und in dieser gibt es ein Geradenpaar, daß auch der orthogonalen Involution angehört, d. h. es gibt in der Involution (3) ein Paar zueinander senkrechter Geraden und nur eins. Man nennt diese Geraden die Achsen der Involution. Macht man sie zu Koordinatenachsen, so wird jede Gerade des Büschels dargestellt durch eine Gleichung von der Form

$$\lambda x + \mu y = 0$$

und die Involution drückt sich durch eine Relation von folgender Art aus

$$c_0 \lambda \lambda' + c_1 (\lambda \mu' + \mu \lambda') + c_2 \mu \mu' = 0 .$$

Nun sollen sich bei ihr die beiden Achsen entsprechen, d. h. die beiden Geraden $\lambda = 1$, $\mu = 0$ und $\lambda' = 0$, $\mu' = 1$. Das gibt $c_1 = 0$. Die Gleichung der Involution lautet also

$$c_0 \lambda \lambda' + c_2 \mu \mu' = 0 .$$

§ 39. Korrelationen zwischen zwei Ebenen.

In § 36 sahen wir, daß eine Kollineation zwischen zwei Ebenen, d. h. eine projektive Abbildung der Ebenen aufeinander, durch das Verschwinden einer aus Punkt- und Linienkoordinaten aufgebauten Bilinearform ausgedrückt wird.

Welche Beziehung zwischen den beiden Ebenen wird nun durch das Verschwinden einer Bilinearform ausgedrückt, die nur Punktkoordinaten oder nur Linienkoordinaten enthält?

Mit $\mathfrak{x}$ bezeichnen wir projektive Punktkoordinaten in der Ebene X, mit $\mathfrak{y}$ ebensolche Koordinaten in der Ebene Y. Dann handelt es sich um eine Beziehung, die durch eine Gleichung von der Form

$$\sum \mathfrak{a}_{rs} \mathfrak{x}_s \mathfrak{y}_r = 0 \tag{1}$$

dargestellt wird. Wir wollen annehmen, daß die Determinante der Bilinearform nicht verschwindet, also

$$(2)\qquad \begin{vmatrix} \mathfrak{a}_{11} & \mathfrak{a}_{12} & \mathfrak{a}_{13} \\ \mathfrak{a}_{21} & \mathfrak{a}_{22} & \mathfrak{a}_{23} \\ \mathfrak{a}_{31} & \mathfrak{a}_{32} & \mathfrak{a}_{33} \end{vmatrix} \neq 0 .$$

Man nennt (1) eine Korrelation zwischen den beiden Ebenen.

Wenn wir einen bestimmten Punkt $(\mathfrak{x})$ in der Ebene X nehmen, so hat die Gleichung (1) die Form

$$(3)\qquad \mathfrak{v}_1 \mathfrak{y}_1 + \mathfrak{v}_2 \mathfrak{y}_2 + \mathfrak{v}_3 \mathfrak{y}_3 = 0$$

und die Koeffizienten $\mathfrak{v}$ sind nicht alle gleich Null, weil aus den Gleichungen $\mathfrak{v}_1 = \mathfrak{v}_2 = \mathfrak{v}_3 = 0$ wegen (2) folgen würde $\mathfrak{x}_1 = \mathfrak{x}_2 = \mathfrak{x}_3 = 0$. Die homogenen Koordinaten sind aber nie alle gleich Null.

(3) ist eine Gerade in der Ebene Y. Jedem Punkt $(\mathfrak{x})$ in der Ebene X wird also eine Gerade $(\mathfrak{v})$ in der Ebene Y zugeordnet. Nach welchem Gesetz dies geschieht, zeigt sich, wenn man die Ausdrücke der $\mathfrak{v}$ durch die $\mathfrak{x}$ aufschreibt:

$$(4)\qquad \begin{cases} \mathfrak{v}_1 = \mathfrak{a}_{11} \mathfrak{x}_1 + \mathfrak{a}_{12} \mathfrak{x}_2 + \mathfrak{a}_{13} \mathfrak{x}_3 , \\ \mathfrak{v}_2 = \mathfrak{a}_{21} \mathfrak{x}_1 + \mathfrak{a}_{22} \mathfrak{x}_2 + \mathfrak{a}_{23} \mathfrak{x}_3 , \\ \mathfrak{v}_3 = \mathfrak{a}_{31} \mathfrak{x}_1 + \mathfrak{a}_{32} \mathfrak{x}_2 + \mathfrak{a}_{33} \mathfrak{x}_3 . \end{cases}$$

Jeder Geraden $(\mathfrak{v})$ in der Ebene Y entspricht vermöge (4) ein Punkt $(\mathfrak{x})$ in der Ebene X. Sind nämlich die $\mathfrak{v}$ gegeben, so lassen sich die Gleichungen (4) nach den $\mathfrak{x}$ auflösen, weil die Determinante (2) von Null verschieden ist.

Die Punkte der Ebene X und die Geraden der Ebene Y sind hier also miteinander gepaart.

Nehmen wir einen bestimmten Punkt $(\mathfrak{y})$ in der Ebene Y, so stellt (1) eine Gerade $(\mathfrak{u})$ in der Ebene X dar und zwar die Gerade

$$(5)\qquad \begin{cases} \mathfrak{u}_1 = \mathfrak{a}_{11} \mathfrak{y}_1 + \mathfrak{a}_{21} \mathfrak{y}_2 + \mathfrak{a}_{31} \mathfrak{y}_3 , \\ \mathfrak{u}_2 = \mathfrak{a}_{12} \mathfrak{y}_1 + \mathfrak{a}_{22} \mathfrak{y}_2 + \mathfrak{a}_{32} \mathfrak{y}_3 , \\ \mathfrak{u}_3 = \mathfrak{a}_{13} \mathfrak{y}_1 + \mathfrak{a}_{23} \mathfrak{y}_2 + \mathfrak{a}_{33} \mathfrak{y}_3 . \end{cases}$$

Es sind also auch die Geraden der Ebene X mit den Punkten der Ebene Y gepaart.

Bei einer Kollineation waren die Punkte mit den Punkten und die Geraden mit den Geraden gepaart.

Lösen wir die Gleichungen (5) nach den $\mathfrak{y}$ auf, so ergibt sich

$$\begin{aligned} \mathfrak{y}_1 &= \mathfrak{A}_{11} \mathfrak{u}_1 + \mathfrak{A}_{12} \mathfrak{u}_2 + \mathfrak{A}_{13} \mathfrak{u}_3 , \\ \mathfrak{y}_2 &= \mathfrak{A}_{21} \mathfrak{u}_1 + \mathfrak{A}_{22} \mathfrak{u}_2 + \mathfrak{A}_{23} \mathfrak{u}_3 , \\ \mathfrak{y}_3 &= \mathfrak{A}_{31} \mathfrak{u}_1 + \mathfrak{A}_{32} \mathfrak{u}_2 + \mathfrak{A}_{33} \mathfrak{u}_3 . \end{aligned}$$

Dabei ist $\mathfrak{A}_{rs}$ das algebraische Komplement von a_{rs} in der Determinante (2) (noch dividiert durch diese Determinante). Die Gleichung des Punktes $(\mathfrak{y})$, der mit der Geraden $(\mathfrak{u})$ gepaart ist, lautet $\mathfrak{v}_1 \mathfrak{y}_1 + \mathfrak{v}_2 \mathfrak{y}_2 + \mathfrak{v}_3 \mathfrak{y}_3 = 0$ oder, wenn man für die $\mathfrak{y}$ ihre Ausdrücke einsetzt

$$(1') \qquad \sum \mathfrak{A}_{rs} \mathfrak{u}_s \mathfrak{v}_r = 0 .$$

Diese Gleichung liefert bei gegebenem $(\mathfrak{u})$ die Gleichung des mit $(\mathfrak{u})$ gepaarten Punktes $(\mathfrak{y})$, bei gegebenem $(\mathfrak{v})$ die Gleichung des mit $(\mathfrak{v})$ gepaarten Punktes $(\mathfrak{x})$. Sie leistet also genau dieselben Dienste wie (1). Sie drückt in Linienkoordinaten aus, was uns (1) in Punktkoordinaten sagt.

Wir wollen die Punkte $(\mathfrak{x})$ und $(\mathfrak{y})$ **konjugiert** nennen, wenn sie der Gleichung (1) genügen. Ebenso sollen die Geraden $(\mathfrak{u})$ und $(\mathfrak{v})$ konjugiert heißen, wenn sie der Gleichung (1′) genügen. Dann können wir die bisher festgestellten Beziehungen so ausdrücken:

Hält man von zwei konjugierten Punkten den einen fest, so beschreibt der andere eine Punktreihe, und beschreibt der eine eine Punktreihe, so bleibt der andere fest.

Hält man von zwei konjugierten Geraden die eine fest, so beschreibt die andere ein Geradenbüschel, und beschreibt die eine ein Geradenbüschel, so bleibt die andere fest.

$(\mathfrak{x}')$, $(\mathfrak{x}'')$ seien zwei verschiedene Punkte von X. Wir setzen

$$\mathfrak{G}' = \sum a_{rs} \mathfrak{x}_s' \mathfrak{y}_r , \qquad \mathfrak{G}'' = \sum a_{rs} \mathfrak{x}_s'' \mathfrak{y}_r .$$

Dann sind

$$\mathfrak{G}' = 0 \quad \text{bezw.} \quad \mathfrak{G}'' = 0$$

die Geraden, die zu $(\mathfrak{x}')$ und $(\mathfrak{x}'')$ gehören. Die zu $(\lambda \mathfrak{x}' + \mu \mathfrak{x}'')$ gehörige Gerade wird offenbar dargestellt durch die Gleichung

$$\lambda \mathfrak{G}' + \mu \mathfrak{G}'' = 0 .$$

Die Punktreihe $(\lambda \mathfrak{x}' + \mu \mathfrak{x}'')$ und das Geradenbüschel $\lambda \mathfrak{G}' + \mu \mathfrak{G}'' = 0$ sind hier projektiv aufeinander bezogen, d. h. entsprechende Quadrupel haben gleiches Doppelverhältnis.

Jede Punktreihe in der Ebene X wird also durch die Korrelation projektiv bezogen auf ein Geradenbüschel in der Ebene Y. Jedes Geradenbüschel in der Ebene X wird projektiv bezogen auf eine Punktreihe in der Ebene Y.

Wir wählen jetzt in der Ebene X nach Belieben vier Punkte 0, 1, 2, 3 aus, von denen keine drei in gerader Linie liegen.

0′, 1′, 2′, 3′ seien die entsprechenden Geraden in der Ebene Y. Wir machen 1, 2, 3 zu Fundamentalpunkten in X und 1′, 2′, 3′

zu Fundamentalgeraden in Y, ferner 0 zum Einheitspunkt in X und 0′ zur Einheitsgeraden in Y.

Wie drückt sich die Korrelation (1) in den neuen Koordinaten aus? Wir markieren die neuen Koordinaten durch Überstreichen. Da die $\mathfrak{x}$ lineare Formen in den $\bar{\mathfrak{x}}$ und die $\mathfrak{y}$ lineare Formen in den $\bar{\mathfrak{y}}$ sind, so wird sich (1) in eine Gleichung von derselben Gestalt verwandeln, etwa in

$$(\bar{1}) \qquad \sum \bar{\mathfrak{a}}_{rs}\,\bar{\mathfrak{x}}_s\,\bar{\mathfrak{y}}_r = 0.$$

Die Gleichungen (4) lauten jetzt

$$\begin{aligned}
\bar{\mathfrak{v}}_1 &= \bar{\mathfrak{a}}_{11}\,\bar{\mathfrak{x}}_1 + \bar{\mathfrak{a}}_{12}\,\bar{\mathfrak{x}}_2 + \bar{\mathfrak{a}}_{13}\,\bar{\mathfrak{x}}_3\,,\\
\bar{\mathfrak{v}}_2 &= \bar{\mathfrak{a}}_{21}\,\bar{\mathfrak{x}}_1 + \bar{\mathfrak{a}}_{22}\,\bar{\mathfrak{x}}_2 + \bar{\mathfrak{a}}_{23}\,\bar{\mathfrak{x}}_3\,,\\
\bar{\mathfrak{v}}_3 &= \bar{\mathfrak{a}}_{31}\,\bar{\mathfrak{x}}_1 + \bar{\mathfrak{a}}_{32}\,\bar{\mathfrak{x}}_2 + \bar{\mathfrak{a}}_{33}\,\bar{\mathfrak{x}}_3\,.
\end{aligned}$$

Es soll nun dem Punkte 1, d. h. 1, 0, 0 die Gerade 1′, d. h. 1, 0, 0 entsprechen. Daraus ersehen wir, daß $\bar{\mathfrak{a}}_{21}$, $\bar{\mathfrak{a}}_{31}$ verschwinden müssen. Es soll aber auch dem Punkt 0, 1, 0 die Gerade 0, 1, 0 und dem Punkt 0, 0, 1 die Gerade 0, 0, 1 entsprechen. Daraus ersehen wir, daß auch $\bar{\mathfrak{a}}_{12}$, $\bar{\mathfrak{a}}_{32}$ sowie $\bar{\mathfrak{a}}_{13}$, $\bar{\mathfrak{a}}_{23}$ verschwinden müssen. Endlich soll dem Punkt 1, 1, 1 die Gerade 1, 1, 1 entsprechen. Daraus ersehen wir noch, daß $\bar{\mathfrak{a}}_{11}$, $\bar{\mathfrak{a}}_{22}$, $\bar{\mathfrak{a}}_{33}$ einander gleich sind.

Die Gleichung ($\bar{1}$) reduziert sich also auf

$$(\bar{1}) \qquad \bar{\mathfrak{x}}_1\,\bar{\mathfrak{y}}_1 + \bar{\mathfrak{x}}_2\,\bar{\mathfrak{y}}_2 + \bar{\mathfrak{x}}_3\,\bar{\mathfrak{y}}_3 = 0\,.$$

Die Gleichungen (4) lauten

$$(\bar{4}) \qquad \bar{\mathfrak{v}}_1 = \bar{\mathfrak{x}}_1\,, \qquad \bar{\mathfrak{v}}_2 = \bar{\mathfrak{x}}_2\,, \qquad \bar{\mathfrak{v}}_3 = \bar{\mathfrak{x}}_3\,,$$

und die Gleichungen (5)

$$(\bar{5}) \qquad \bar{\mathfrak{u}}_1 = \bar{\mathfrak{y}}_1\,, \qquad \bar{\mathfrak{u}}_2 = \bar{\mathfrak{y}}_2\,, \qquad \bar{\mathfrak{u}}_3 = \bar{\mathfrak{y}}_3\,.$$

Man sieht, daß es immer eine und nur eine Korrelation gibt, die vier Punkten der Ebene X, von denen keine drei auf einer Geraden liegen, vier vorgeschriebene Geraden der Ebene Y zuordnet, von denen keine drei durch einen Punkt gehen.

Man kann auch verlangen, daß vier Geraden der Ebene X, von denen keine drei durch einen Punkt hindurchgehen, vier vorgeschriebene Punkte der Ebene Y entsprechen sollen. Es gibt immer eine und nur eine Korrelation, die das Verlangte leistet.

Wenn wir die Gleichung einer Korrelation auf die kanonische Gestalt ($\bar{1}$) bringen, so besteht sie ganz einfach darin, daß immer Punkte und Geraden mit übereinstimmenden Koordinaten einander zugeordnet werden.

Setzen wir $\bar{\mathfrak{x}}_3 = 0$ (also auch $\bar{\mathfrak{v}}_3 = 0$), so können wir $\bar{\mathfrak{x}}_1, \bar{\mathfrak{x}}_2$ als projektive Koordinaten in der Punktreihe $\bar{\mathfrak{x}}_3 = 0$ und $\bar{\mathfrak{v}}_1, \bar{\mathfrak{v}}_2$ als projektive Koordinaten in dem Geradenbüschel $\bar{\mathfrak{v}}_3 = 0$ betrachten. Wir sehen dann wieder, daß die Punktreihe und das Geradenbüschel durch die Korrelation projektiv aufeinander bezogen sind.

Es gibt eine einfache Figur, der bei einer Korrelation eine gleichartige Figur entspricht. Diese Figur besteht aus einem Punkt und einer Geraden in vereinigter Lage. Wir nennen diese Figur mit Sophus Lie ein Linienelement.

Fig. 38.

Ist $(\bar{\mathfrak{x}})$ der Punkt und $(\bar{\mathfrak{u}})$ die Gerade eines Linienelements in der Ebene X, so hat man

$$\bar{\mathfrak{u}}_1 \bar{\mathfrak{x}}_1 + \bar{\mathfrak{u}}_2 \bar{\mathfrak{x}}_2 + \bar{\mathfrak{u}}_3 \bar{\mathfrak{x}}_3 = 0 .$$

Aus den Gleichungen (4) sieht man, daß dann auch

$$\bar{\mathfrak{v}}_1 \bar{\mathfrak{y}}_1 + \bar{\mathfrak{v}}_2 \bar{\mathfrak{y}}_2 + \bar{\mathfrak{v}}_3 \bar{\mathfrak{y}}_3 = 0$$

ist.

Einem Linienelement in X entspricht also immer ein Linienelement in Y. Die Korrelation paart die Linienelemente der einen mit den Linienelementen der andern Ebene.

§ 40. Korrelationen in einer Ebene.

Wir lassen jetzt die Ebenen X und Y zusammenfallen und benutzen in beiden dieselben Fundamentalpunkte und Einheitspunkte. Die Gleichung

$$\sum \mathfrak{a}_{rs} \mathfrak{x}_s \mathfrak{y}_r = 0 \tag{1}$$

ist dann eine Korrelation in der Ebene X. Sie ordnet jedem Punkt $(\mathfrak{x})$ eine Gerade $(\mathfrak{v})$ der Ebene X zu und jeder Geraden $(\mathfrak{u})$ einen Punkt $(\mathfrak{y})$. Nach welchem Gesetz dies geschieht, sagen uns die Formeln

$$\mathfrak{v}_r = \mathfrak{a}_{r1} \mathfrak{x}_1 + \mathfrak{a}_{r2} \mathfrak{x}_2 + \mathfrak{a}_{r3} \mathfrak{x}_3 ,$$
$$(r = 1, 2, 3)$$

$$\mathfrak{y}_r = \mathfrak{A}_{r1} \mathfrak{u}_1 + \mathfrak{A}_{r2} \mathfrak{u}_2 + \mathfrak{A}_{r3} \mathfrak{u}_3 .$$
$$(r = 1, 2, 3)$$

Dabei ist $\mathfrak{A}_{rs}$ das algebraische Komplement von $\mathfrak{a}_{rs}$ in der Determinante

$$\mathfrak{A} = \begin{vmatrix} \mathfrak{a}_{11} & \mathfrak{a}_{12} & \mathfrak{a}_{13} \\ \mathfrak{a}_{21} & \mathfrak{a}_{22} & \mathfrak{a}_{23} \\ \mathfrak{a}_{31} & \mathfrak{a}_{32} & \mathfrak{a}_{33} \end{vmatrix},$$

noch dividiert durch $\mathfrak{A}$ selbst.

Wenn die Korrelation dem Punkte $(\mathfrak{x})$ die Gerade $(\mathfrak{v})$ zuordnet, und der Geraden $(\mathfrak{v})$ den Punkt $(\mathfrak{z})$, so werden $(\mathfrak{x})$ und $(\mathfrak{z})$ im allgemeinen verschieden. Fallen $(\mathfrak{x})$ und $(\mathfrak{z})$ immer zusammen, so nennt man die Korrelation involutorisch oder auch ein Polarsystem.

Wann ist die Korrelation (1) involutorisch? Offenbar dann und nur dann, wenn aus den Gleichungen

$$\mathfrak{v}_r = \mathfrak{a}_{r1}\mathfrak{x}_1 + \mathfrak{a}_{r2}\mathfrak{x}_2 + \mathfrak{a}_{r3}\mathfrak{x}_3 \quad (r = 1, 2, 3) \qquad \text{und} \qquad \mathfrak{z}_r = \mathfrak{A}_{r1}\mathfrak{v}_1 + \mathfrak{A}_{r2}\mathfrak{v}_2 + \mathfrak{A}_{r3}\mathfrak{v}_3 \quad (r = 1, 2, 3)$$

stets folgt

$$\mathfrak{z}_1 = \varrho\,\mathfrak{x}_1, \quad \mathfrak{z}_2 = \varrho\,\mathfrak{x}_2, \quad \mathfrak{z}_3 = \varrho\,\mathfrak{x}_3.$$

Nun ist

$$\mathfrak{z}_r = \sum_s \mathfrak{A}_{rs}\mathfrak{v}_s = \sum_{s,t} \mathfrak{A}_{rs}\mathfrak{a}_{st}\mathfrak{x}_t.$$

Soll also $\mathfrak{z}_r = \varrho\,\mathfrak{x}_r$ sein, so muß

$$\sum_s \mathfrak{A}_{rs}\mathfrak{a}_{st} = 0$$

sein, sobald $t \gtrless r$, und

$$\sum_s \mathfrak{A}_{rs}\mathfrak{a}_{sr} = \varrho.$$

Nun folgt aber aus der Bedeutung der $\mathfrak{A}_{rs}$, daß

$$\sum_s \mathfrak{A}_{rs}\mathfrak{a}_{ts} = 0$$

ist, sobald $t \gtrless r$, und

$$\sum_s \mathfrak{A}_{rs}\mathfrak{a}_{rs} = 1.$$

Also folgt (weil die Determinante der $\mathfrak{A}_{rs}$ nicht verschwindet)

$$\mathfrak{a}_{st} = \varrho\,\mathfrak{a}_{ts}. \qquad (s, t = 1, 2, 3)$$

Hieraus ergibt sich aber weiter, daß

$$\mathfrak{a}_{st} = \varrho^2\,\mathfrak{a}_{st}$$

ist. Da nicht alle $\mathfrak{a}_{st}$ verschwinden, muß $\varrho^2 = 1$ sein. Bildet man noch die Determinante aller $\mathfrak{a}_{st}$, so sieht man, daß auch $\varrho^3 = 1$ ist. Folglich ist $\varrho = 1$ und $\mathfrak{a}_{st} = \mathfrak{a}_{ts}$, d. h. die Determinante der Korrelation ist symmetrisch.

Eine Korrelation ist dann und nur dann ein Polarsystem, wenn ihre Determinante symmetrisch ist.

Wendet man eine Korrelation $\mathfrak{K}$ zweimal nacheinander an, so entsteht eine Kollineation. Diese Kollineation reduziert sich dann und nur dann auf die Identität, wenn $\mathfrak{K}$ ein Polarsystem ist.

In den Gleichungen einer involutorischen Korrelation gibt es, wegen der Relationen $\mathfrak{a}_{st} = \mathfrak{a}_{ts}$ nur sechs homogene Konstanten, also fünf inhomogene. Wenn wir nun von einem Polarsystem verlangen, daß es drei Punkten 1, 2, 3 drei vorgeschriebene Geraden I′, II′, III′ zuordnen soll, so sind das sechs Bedingungen, die wir ihm auferlegen. Denn drei Geraden haben zusammen sechs inhomogene Linienkoordinaten. Von diesen fordern wir, daß sie vorgeschriebene Werte annehmen sollen. Wir verlangen also etwas, was die Kräfte des Polarsystems übersteigt.

Das hier benutzte Verfahren der Konstantenzählung ist ein sehr nützliches heuristisches Hilfsmittel. Aber man muß ihm nicht den Charakter eines Beweises beimessen. Wir wollen hier noch einige andere Konstantenzählungen anführen, um dieses Verfahren zu erläutern. Eine Kollineation hängt von neun homogenen, also von acht inhomogenen Konstanten ab. Wenn wir fordern, daß vier Punkten vier vorgeschriebene Punkte entsprechen sollen, so sind das acht Bedingungen. Wir können also, weil acht Konstanten zur Verfügung stehen, hoffen, daß die Forderung sich befriedigen läßt. Eine Bewegung hängt von drei Konstanten ab. Fordern wir, daß ein Kreis in einen andern Kreis übergehen soll, so sind das drei Forderungen, also gerade so viele, als wir Konstanten zur Verfügung haben. Trotzdem läßt sich nicht jeder Kreis in jeden andern durch eine Bewegung überführen. Hier sieht man, daß die bloße Konstantenzählung ohne darauf folgende besondere Untersuchung zu falschen Resultaten führen kann. Man darf, wie gesagt, eine Konstantenzählung nie als einen ausreichenden Beweis betrachten.

Nun kehren wir zu der Aufgabe über das Polarsystem zurück. Wir verlangen also, daß den drei Punkten 1, 2, 3 die drei Geraden I′, II′, III′ entsprechen sollen. Dabei nehmen wir an, daß die drei Punkte nicht auf einer Geraden liegen und die drei Geraden nicht durch einen Punkt hindurchgehen.

Wir machen die drei Geraden (I′), (II′), (III′) zu Fundamentalgeraden. Dann lauten ihre Gleichungen $\mathfrak{y}_1 = 0$, $\mathfrak{y}_2 = 0$, $\mathfrak{y}_3 = 0$. Die Gleichungen der Punkte 1, 2, 3 seien folgende

$$\mathfrak{a}_1 \mathfrak{u}_1 + \mathfrak{a}_2 \mathfrak{u}_2 + \mathfrak{a}_3 \mathfrak{u}_3 = 0, \tag{1}$$

$$\mathfrak{b}_1 \mathfrak{u}_1 + \mathfrak{b}_2 \mathfrak{u}_2 + \mathfrak{b}_3 \mathfrak{u}_3 = 0, \tag{2}$$

$$\mathfrak{c}_1 \mathfrak{u}_1 + \mathfrak{c}_2 \mathfrak{u}_2 + \mathfrak{c}_3 \mathfrak{u}_3 = 0. \tag{3}$$

Die allgemeinste Korrelation, die das Verlangte leistet, wird dargestellt durch drei Gleichungen von der Form:

$$\mathfrak{y}_1 = \varrho_1(\mathfrak{a}_1\mathfrak{u}_1 + \mathfrak{a}_2\mathfrak{u}_2 + \mathfrak{a}_3\mathfrak{u}_3),$$
$$\mathfrak{y}_2 = \varrho_2(\mathfrak{b}_1\mathfrak{u}_1 + \mathfrak{b}_2\mathfrak{u}_2 + \mathfrak{b}_3\mathfrak{u}_3),$$
$$\mathfrak{y}_3 = \varrho_3(\mathfrak{c}_1\mathfrak{u}_1 + \mathfrak{c}_2\mathfrak{u}_2 + \mathfrak{c}_3\mathfrak{u}_3).$$

$\varrho_1, \varrho_2, \varrho_3$ sind drei von Null verschiedene Konstanten.

Nun müssen wir versuchen, diese Konstanten so zu bestimmen, daß die Korrelation ein Polarsystem wird. Dazu ist notwendig und hinreichend, daß die Determinante

$$\begin{vmatrix} \varrho_1\mathfrak{a}_1 & \varrho_1\mathfrak{a}_2 & \varrho_1\mathfrak{a}_3 \\ \varrho_2\mathfrak{b}_1 & \varrho_2\mathfrak{b}_2 & \varrho_2\mathfrak{b}_3 \\ \varrho_3\mathfrak{c}_1 & \varrho_3\mathfrak{c}_2 & \varrho_3\mathfrak{c}_3 \end{vmatrix}$$

symmetrisch ist, daß also die Gleichungen gelten:

$$(*) \qquad \begin{cases} \quad * \qquad \varrho_2\mathfrak{b}_3 - \varrho_3\mathfrak{c}_2 = 0, \\ -\varrho_1\mathfrak{a}_3 \qquad * \qquad + \varrho_3\mathfrak{c}_1 = 0, \\ \varrho_1\mathfrak{a}_2 - \varrho_2\mathfrak{b}_1 \qquad * \qquad = 0. \end{cases}$$

Da kein ϱ verschwindet, so ist vor allen Dingen nötig

$$(**) \qquad \begin{vmatrix} 0 & \mathfrak{b}_3 & -\mathfrak{c}_2 \\ -\mathfrak{a}_3 & 0 & \mathfrak{c}_1 \\ \mathfrak{a}_2 & -\mathfrak{b}_1 & 0 \end{vmatrix} = 0.$$

Wenn das Polarsystem eindeutig bestimmt sein soll, so müssen wir fordern, daß der Rang der Determinante gleich 2 ist. Man kann sich leicht klar machen, was es geometrisch bedeutet, wenn der Rang kleiner als 2 ist. Soll er kleiner als zwei sein, so müssen, entweder $\mathfrak{a}_2, \mathfrak{a}_3$ beide verschwinden oder, wenn das nicht der Fall ist, $\mathfrak{b}_3, \mathfrak{b}_1$ oder $\mathfrak{c}_1, \mathfrak{c}_2$. Einer der Punkte (1), (2), (3) fällt also mit der gleichnamigen Ecke des Fundamentaldreiecks zusammen, z. B. (1) mit II′III′. Dann muß aber auch I′ mit 23 zusammenfallen, wenn es überhaupt ein Polarsystem von der gewünschten Eigenschaft geben soll. Wir haben also die Figur 39 und die Gleichungen des Polarsystems lauten

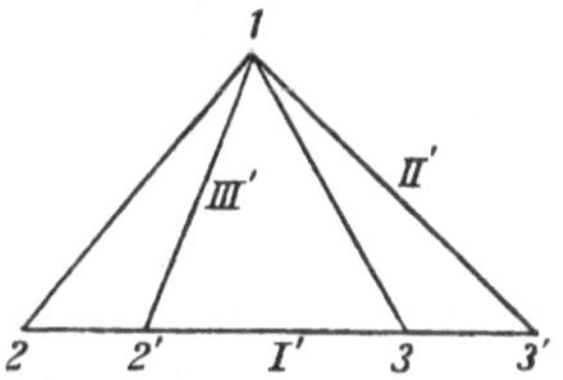

Fig. 39.

$$\mathfrak{y}_1 = \varrho_1\mathfrak{u}_1,$$
$$\mathfrak{y}_2 = \varrho_2(\mathfrak{b}_2\mathfrak{u}_2 + \mathfrak{b}_3\mathfrak{u}_3),$$
$$\mathfrak{y}_3 = \varrho_3(\mathfrak{c}_2\mathfrak{u}_2 + \mathfrak{c}_3\mathfrak{u}_3),$$

wobei

$$\varrho_2 \mathfrak{b}_3 - \varrho_3 \mathfrak{c}_2 = 0$$

sein muß. ϱ_2, ϱ_3 dürfen aber nicht verschwinden. Daher sind entweder $\mathfrak{b}_3$, $\mathfrak{c}_2$ beide gleich Null oder beide von Null verschieden. Im ersten Falle haben wir die ∞^2 Polarsysteme, die jeder Ecke des Dreiecks 1, 2, 3 die gegenüberliegende Seite zuordnen, im zweiten Falle die ∞^1 Polarsysteme, die dem Punkt 1 die Gerade I′ zuweisen und auf dieser eine Involution mit den beiden Paaren (2), (3′) und (3), (2′) bestimmen.

Soll es nur ein Polarsystem geben, das den drei Punkten 1, 2, 3 die drei Geraden I′, II′, III′ zuordnet, so müssen die Punkte 1 und 1′ verschieden sein, ebenso 2 und 2′, 3 und 3′. Vermöge des Polarsystems entsprechen aber diesen Punkten die Geraden I und I′, II und II′, III und III′. Es müssen also auch I und I′ verschieden sein, ebenso II und II′, III und III′. Kurz die Dreiecke 1, 2, 3 und 1′, 2′, 3′ dürfenweder eine gleichnamige Ecke noch eine gleichnamige Seite gemein haben.

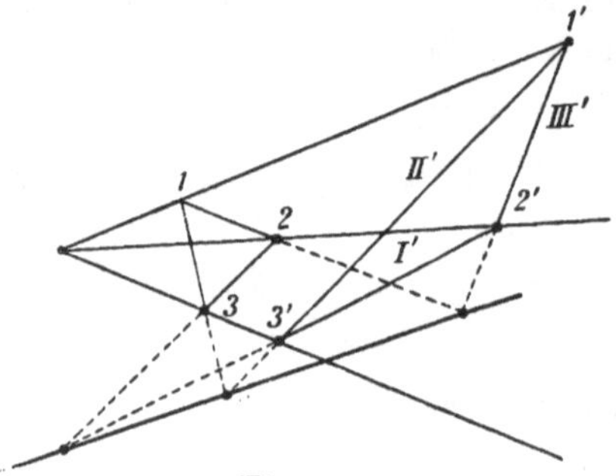

Fig. 40.

Wenn diese Bedingung erfüllt ist und außerdem die Gleichung (**) gilt, so sind durch (*) die Verhältnisse der ϱ eindeutig bestimmt. Es fragt sich nur, ob auch kein ϱ gleich Null ist.

Da die Dreiecke 1, 2, 3 und 1′, 2′, 3′ keine gleichnamige Seite gemein haben, so dürfen z. B. die Punkte (2) und (3) nicht auf 2′ 3′ liegen, d. h. es dürfen nicht $\mathfrak{b}_1$ und $\mathfrak{c}_1$ beide Null sein. Aus demselben Grunde dürfen $\mathfrak{c}_2$ und $\mathfrak{a}_2$ nicht beide verschwinden, ebenso $\mathfrak{a}_3$ und $\mathfrak{b}_3$. Wäre nun z. B. $\varrho_1 = 0$, so hätte man $\mathfrak{b}_1 \mathfrak{c}_1 = \mathfrak{b}_1 \mathfrak{c}_2 = \mathfrak{b}_3 \mathfrak{c}_1 = 0$. Da $\mathfrak{b}_1$ und $\mathfrak{b}_3$ nicht beide Null sind, folgt hieraus $\mathfrak{c}_1 = 0$. Dann ist aber $\mathfrak{b}_1 \neq 0$ und $\mathfrak{c}_2 \neq 0$, weil weder $\mathfrak{c}_1$, $\mathfrak{c}_2$ noch $\mathfrak{c}_1$, $\mathfrak{b}_1$ zusammen verschwinden. Andererseits müßte aber $\mathfrak{b}_1 \mathfrak{c}_2 = 0$ sein. Alle ϱ sind also von Null verschieden.

Es bleibt uns noch übrig die Gleichung (**) geometrisch zu interpretieren.

Die Verbindungslinie von 1 und 1′ genügt den Gleichungen

$$\mathfrak{a}_1 \mathfrak{u}_1 + \mathfrak{a}_2 \mathfrak{u}_2 + \mathfrak{a}_3 \mathfrak{u}_3 = 0, \quad \mathfrak{u}_1 = 0.$$

Ihre Koordinaten lauten also

$$0, \quad -\mathfrak{a}_3, \quad \mathfrak{a}_2 .$$

Ebenso hat die Gerade 2 2′ die Koordinaten

$$\mathfrak{b}_3, \quad 0, \quad -\mathfrak{b}_1,$$

und die Gerade 3 3′ die Koordinaten

$$-\mathfrak{c}_2, \quad \mathfrak{c}_1, \quad 0.$$

Die Gleichung (**) sagt aus, daß diese drei Geraden durch einen Punkt hindurchgehen.

Wir können jetzt unser Ergebnis so formulieren.

Die Dreiecke 1, 2, 3 und 1′, 2′, 3′ seien so beschaffen, daß weder zwei gleichnamige Ecken noch auch zwei gleichnamige Seiten zusammenfallen. Dann gibt es nicht immer ein Polarsystem, welches den Ecken 1, 2, 3 die Seiten I′, II′, III′ des zweiten Dreiecks zuordnet. Für die Existenz eines solchen Polarsystems ist es notwendig und hinreichend, daß die Verbindungslinien der gleichnamigen Ecken durch einen Punkt hindurchgehen, und es gibt nur ein Polarsystem mit der gewünschten Eigenschaft.

Da vermöge dieses Polarsystems den Geraden 11′, 22′, 33′ die Punkte I I′, II II′, III III′ entsprechen, so liegen die Schnittpunkte entsprechender Seiten auf einer Geraden. Damit haben wir den Satz von Desargues bewiesen.

Zum Schluß stellen wir noch die folgende Frage. Wann liegt bei einer Korrelation der Punkt $(\mathfrak{x})$ mit der zugeordneten Geraden vereinigt? Die notwendige und hinreichende Bedingung dafür lautet

$$\mathfrak{v}_1 \mathfrak{x}_1 + \mathfrak{v}_2 \mathfrak{x}_2 + \mathfrak{v}_3 \mathfrak{x}_3 = 0$$

d. h.

$$\sum \mathfrak{a}_{rs} \mathfrak{x}_r \mathfrak{x}_s = 0 \quad \text{oder} \quad \sum \mathfrak{A}_{rs} \mathfrak{v}_r \mathfrak{v}_s = 0.$$

Im nächsten Kapitel werden wir die geometrische Bedeutung solcher Gleichungen kennen lernen.

Die Gerade $(\mathfrak{u})$ liegt mit dem ihr zugeordneten Punkte $(\mathfrak{y})$ dann und nur dann vereinigt, wenn die Gleichung

$$\mathfrak{u}_1 \mathfrak{y}_1 + \mathfrak{u}_2 \mathfrak{y}_2 + \mathfrak{u}_3 \mathfrak{y}_3 = 0$$

stattfindet, d. h.

$$\sum \mathfrak{a}_{rs} \mathfrak{y}_r \mathfrak{y}_s = 0 \quad \text{oder} \quad \sum \mathfrak{A}_{rs} \mathfrak{u}_r \mathfrak{u}_s = 0.$$

Wir wollen diese letzten Resultate noch durch ein Beispiel erläutern, und zwar in cartesischen Koordinaten.

Es handle sich um das Polarsystem

$$x_1 y_1 + x_2 y_2 - x_3 y_3 = 0.$$

Die Punkte, die mit der zugeordneten Geraden vereinigt liegen, erfüllen hier die Gleichung $x_1^2 + x_2^2 - x_3^2 = 0$. Sie sind also die Punkte eines um den Anfangspunkt mit dem Radius 1 beschriebenen Kreises. Ihnen entsprechen die Tangenten dieses Kreises, wie der Leser feststellen möge, und zwar dem Punkte P die Tangente des Kreises im Punkte P.

§ 41. Viereck und Vierseit.

Ein Viereck wird gebildet von vier Punkten (0), (1), (2), (3), seinen Ecken. Wir wollen annehmen, daß keine drei auf einer Geraden liegen. Man kann aus den Ecken sechs Paare bilden

$$0\,1, \quad 0\,2, \quad 0\,3,$$
$$2\,3, \quad 3\,1, \quad 1\,2.$$

Verbindet man je zwei Punkte eines Paares, so entstehen die sechs Seiten des Vierecks. Zwei Seiten, die keine Ecke gemein haben, heißen Gegenseiten. Es gibt drei Paare von Gegenseiten

0 1 und 2 3,
0 2 „ 3 1,
0 3 „ 1 2.

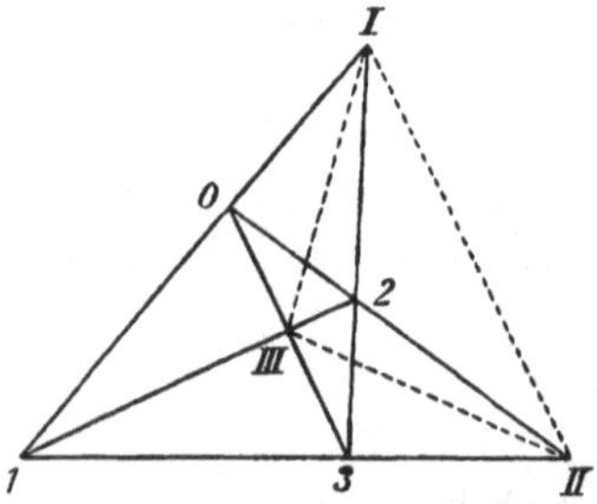

Fig. 41.

Je zwei Gegenseiten können wir zum Schnitt bringen und erhalten dadurch die Punkte (I), (II), (III). Sie bilden das Diagonaldreieck des betrachteten Vierecks und werden als Diagonalpunkte bezeichnet.

Wendet man auf ein Viereck eine Korrelation an, so entsteht ein Vierseit. Es wird gebildet von vier Geraden (0), (1), (2), (3), die sich paarweise in sechs Ecken schneiden. Es gibt drei Paare von Gegenecken. Je zwei Gegenecken können wir verbinden und erhalten so die drei Diagonalen des Vierseits. Sie bilden das Diagonaldreiseit.

Diese beiden Beschreibungen entsprechen sich, wie man zu sagen pflegt, dualistisch. Man gelangt von der einen zur andern, indem man überall statt Punkt Gerade sagt und umgekehrt, kurz, indem man überall „ein x für ein u macht" und umgekehrt (vgl. S. 89). Dieses Übertragungsprinzip heißt, wie wir schon früher bemerkten, das Prinzip der Dualität. Seine Anwendung läßt sich durch eine Korrelation ersetzen.

Wir kehren jetzt zur Betrachtung des Vierecks zurück. Wir machen die Ecken (1), (2), (3) zu Fundamentalpunkten und (0) zum Einheitspunkt. Die Koordinaten $\mathfrak{x}$ dieser vier Punkte sind dann folgende

(0)	1, 1, 1;
(1)	1, 0, 0;
(2)	0, 1, 0;
(3)	0, 0, 1.

Ihre Gleichungen lauten

$$\mathfrak{u}_1 + \mathfrak{u}_2 + \mathfrak{u}_3 = 0, \quad \mathfrak{u}_1 = 0, \quad \mathfrak{u}_2 = 0, \quad \mathfrak{u}_3 = 0$$

oder, wenn wir die Bezeichnung

$$\mathfrak{u}_0 = -(\mathfrak{u}_1 + \mathfrak{u}_2 + \mathfrak{u}_3)$$

einführen,

$$\mathfrak{u}_0 = 0, \quad \mathfrak{u}_1 = 0, \quad \mathfrak{u}_2 = 0, \quad \mathfrak{u}_3 = 0.$$

Zwischen $\mathfrak{u}_0$, $\mathfrak{u}_1$, $\mathfrak{u}_2$, $\mathfrak{u}_3$ besteht die Identität:

(1) $$\mathfrak{u}_0 + \mathfrak{u}_1 + \mathfrak{u}_2 + \mathfrak{u}_3 = 0.$$

r, s seien zwei Zahlen aus der Reihe 0, 1, 2, 3 und r', s' die beiden übrigen. Dann können wir (1) auch so schreiben

$$\mathfrak{u}_r + \mathfrak{u}_s = -(\mathfrak{u}_{r'} + \mathfrak{u}_{s'}).$$

Man sieht hieraus, daß die Gleichungen

$$\mathfrak{u}_r + \mathfrak{u}_s = 0 \quad \text{und} \quad \mathfrak{u}_{r'} + \mathfrak{u}_{s'} = 0$$

beide denselben Punkt darstellen. Die erste Gleichung läßt erkennen, daß dieser Punkt der durch $\mathfrak{u}_r = 0$ und $\mathfrak{u}_s = 0$ bestimmten Punktreihe angehört, daß er also auf der Seite rs liegt. Die zweite Gleichung zeigt, daß er auf der Seite $r's'$ liegt. Er ist also der Schnittpunkt der beiden Gegenseiten rs und $r's'$.

Die Punkte I, II, III haben demnach folgende Gleichungen:

(I) $$\mathfrak{u}_0 + \mathfrak{u}_1 = -(\mathfrak{u}_2 + \mathfrak{u}_3) = 0,$$

(II) $$\mathfrak{u}_0 + \mathfrak{u}_2 = -(\mathfrak{u}_3 + \mathfrak{u}_1) = 0,$$

(III) $$\mathfrak{u}_0 + \mathfrak{u}_3 = -(\mathfrak{u}_1 + \mathfrak{u}_2) = 0.$$

Auf der Seite 01 liegen die beiden Ecken $\mathfrak{u}_0 = 0$ und $\mathfrak{u}_1 = 0$ und der Diagonalpunkt $\mathfrak{u}_0 + \mathfrak{u}_1 = 0$. Er trennt zusammen mit dem

Punkte $u_0 - u_1 = 0$ die Punkte $u_0 = 0$ und $u_1 = 0$ harmonisch. Die Gleichung $u_0 - u_1 = 0$ läßt sich aber auch so schreiben

$$(u_0 + u_2) - (u_1 + u_2) = 0 .$$

Daraus sehen wir, daß der Punkt $u_0 - u_1 = 0$ auf der Geraden II III liegt. II und III werden nämlich (vgl. oben) durch die Gleichungen

$$u_0 + u_2 = 0 \quad \text{bzw.} \quad u_1 + u_2 = 0$$

dargestellt.

Hiermit ist folgender Satz gewonnen:

Jede Seite des Vierecks wird durch den auf ihr liegenden Diagonalpunkt und die Verbindungslinie der beiden anderen Diagonalpunkte harmonisch geteilt.

Diese Eigenschaft des Vierecks kann man benutzen, um zu drei Punkten BCD einer Geraden den vierten harmonischen zu konstruieren, d. h. den Punkt A, der mit ihnen das Doppelverhältnis $(ABCD) = -1$ bildet. A ist in der Involution mit den Doppelpunkten C, D dem Punkte B zugeordnet. Wir können also auch sagen, daß sich mit Hilfe des Vierseits eine Involution mit gegebenen reellen Doppelpunkten konstruieren läßt. Es läßt sich in der Tat zu jedem Punkt B der entsprechende Punkt A finden.

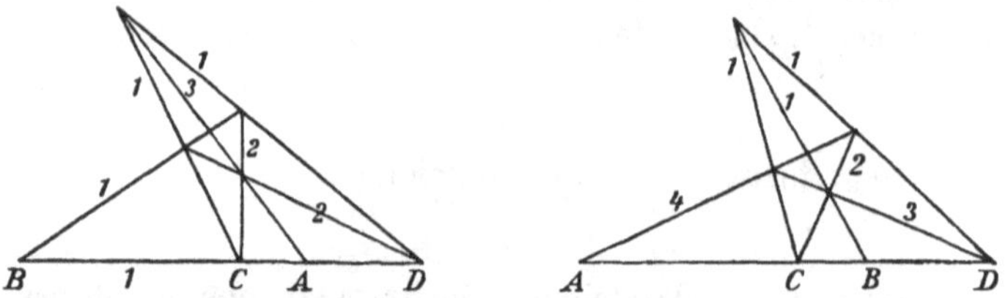

Fig. 42.

Um die Konstruktion auszuführen, muß man ein Viereck herstellen, bei dem C und D zwei Ecken sind und B ein Diagonalpunkt ist oder auf einer Seite des Diagonaldreiecks liegt (vgl. Fig. 42). In den Figuren sind die Linien so numeriert, wie wir sie uns der Reihe nach gezogen denken. Die drei ersten Linien, die man in beliebiger Reihenfolge ziehen kann, haben wir mit 1 numeriert. Die beiden mit 2 numerierten in der einen Figur kann man ebenfalls in beliebiger Reihenfolge ziehen.

Man beachte, daß die Konstruktion des vierten harmonischen Punktes mit alleiniger Benutzung des Lineals ausführbar ist.

Die oben nachgewiesene Eigenschaft des Vierecks läßt sich mit Hilfe einer Korrelation in eine Eigenschaft des Vierseits übertragen. Der Leser möge diese Übertragung ausführen, um eine Anwendung des Prinzips der Dualität zu haben.

Endlich wollen wir noch erwähnen, daß sich der Satz über das Viereck auch aus einer Eigenschaft des Quadrates ablesen läßt. Wir können nämlich durch eine projektive Abbildung die Ecken 0, 1, 2, 3 eines Vierecks stets in die Ecken eines Quadrates überführen, weil wir annehmen, daß keine drei Ecken in gerader Linie liegen. Von den Diagonalpunkten des Quadrats 0, 1, 2, 3 (Fig. 43) ist nur III ein eigentlicher Punkt, I ist der unendlich ferne Punkt von 0 1 und 2 3 und II der unendlich ferne Punkt von 0 2 und 1 3. Da 0 1 von II III in I′ halbiert wird, so ist

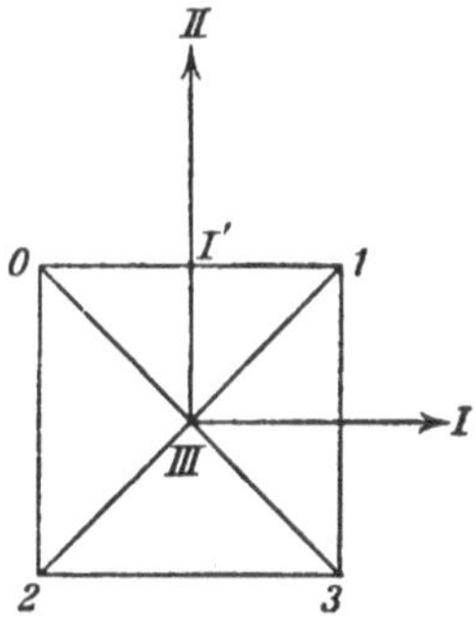

Fig. 43.

$$(I\,I'\,0\,1) = -1\,.$$

Fünftes Kapitel.

Kurven in der Ebene.

§ 42. Gleichung einer Kurve.

Wir wissen, daß eine eigentliche Gerade in rechtwinkligen Koordinaten durch eine Gleichung von der Form

$$Ax + By + C = 0 \qquad (A, B \neq 0, 0)$$

dargestellt wird.

Ebenso wissen wir, daß die Gleichung eines Kreises mit dem Radius r, dessen Mittelpunkt die Koordinaten a, b hat, so lautet

$$(x - a)^2 + (y - b)^2 - r^2 = 0\,.$$

Wenn eine Gleichung zwischen x, y von allen Punkten einer krummen Linie oder, wie man sagt, einer **Kurve** erfüllt wird und nur von diesen, so nennt man sie die **Gleichung der Kurve**. Ist die Gleichung eine algebraische, d. h. von der Form

$$0 = a_0 + b_0 x + b_1 y + c_0 x^2 + 2 c_1 xy + c_2 y^2 + \dots$$

mit einer endlichen Anzahl von Gliedern auf der rechten Seite, so spricht man von einer algebraischen Kurve. Man nennt $b_0 x$, $b_1 y$ die Glieder erster, $c_0 x^2$, $2c_1 xy$, $c_2 y^2$ die Glieder zweiter Dimension usw. Die höchste Dimension, die in der Gleichung vorkommt, heißt die Ordnung der algebraischen Kurve.

Wenn wir in der Gleichung einer algebraischen Kurve von n-ter Ordnung

(1) $$\sum c_{rs} x^r y^s = 0 \qquad (r + s \leqq n)$$

$x = x_1 : x_3$, $x_2 = x_2 : x_3$ setzen und mit x_3^n multiplizieren, so geht sie über in

(2) $$\sum c_{rs} x_1^r x_2^s x_3^{n-r-s} = 0.$$

(1) und (2) werden durch dieselben eigentlichen Punkte befriedigt. Wir wollen aber auch die unendlich fernen Punkte, die der Gleichung (2) genügen, mit zu der Kurve rechnen. Dann können wir sagen:

Eine algebraische Kurve n-ter Ordnung ist der Inbegriff aller Punkte, die einer homogenen Gleichung n-ten Grades in x_1, x_2, x_3 genügen. x_1, x_2, x_3 sind hierbei homogene cartesische Koordinaten. Benutzen wir statt dieser irgend welche projektiven Koordinaten, so haben wir für die x gewisse Linearformen in den $\mathfrak{x}$ einzusetzen. (2) verwandelt sich auf diese Weise in eine Gleichung von der Form

(3) $$\sum \mathfrak{c}_{rst} \mathfrak{x}_1^r \mathfrak{x}_2^s \mathfrak{x}_3^t = 0. \qquad (r, s, t \geqq 0,\ r + s + t = n)$$

Auch in projektiven Koordinaten wird also die algebraische Kurve n-ter Ordnung durch eine homogene Gleichung n-ten Grades dargestellt. Jede Gleichung von der Form (3) stellt eine solche Kurve dar. Denn die $\mathfrak{x}$ sind lineare Formen in den x. (3) verwandelt sich daher, wenn man für die $\mathfrak{x}$ ihre Ausdrücke einsetzt, in eine Gleichung von der Form (2).

Wir schließen, wenn wir von Kurvengleichungen reden, natürlich immer aus, daß alle Koeffizienten verschwinden.

Die Kurven erster Ordnung sind uns schon bekannt, wir wissen, daß jede Gleichung von der Form $c_1 x_1 + c_2 x_2 + c_3 x_3 = 0$ eine Gerade darstellt. Von Kurven zweiter Ordnung kennen wir nur den Kreis. Wir stießen auch auf eine Kurve zweiter Ordnung, als wir bei einer Korrelation in einer Ebene nach den Punkten fragten, die mit ihrer zugeordneten Geraden vereinigt liegen.

Eine algebraische Kurve n^{ter} Ordnung hat mit einer Geraden alle oder (bei richtiger Zählung) n Punkte gemein.

Wir dürfen annehmen, daß die Gerade eine Seite des Fundamentaldreiecks ist, etwa $\mathfrak{x}_3 = 0$.

Setzen wir aber in (3) $\mathfrak{x}_3 = 0$, so erhalten wir eine homogene Gleichung n-ten Gerades in $\mathfrak{x}_1$, $\mathfrak{x}_2$. Entweder sind alle ihre Koeffizienten gleich Null. Dann gehören alle Punkte der Geraden $\mathfrak{x}_3 = 0$ zu der Kurve. Oder es sind nicht alle Koeffizienten gleich Null. Dann stellt die Gleichung ein System von n Punkten dar (vgl. S. 36).

§ 43. Zwei Aufgaben, die auf Kurven zweiter Ordnung führen.

1. Gegeben sind zwei verschiedene Punkte F_1 und F_2. Wir fordern von einem Punkte P, daß er von F_1 und F_2 eine konstante Entfernungssumme hat.

Der Leser stelle sich vor, daß die Fig. 44 (ohne die Gerade F_1, F_2) um die punktierte Gerade gedreht wird. Dann entsteht ein Kegel, dessen Achse die punktierte Gerade ist. Jeder der beiden Kreise beschreibt eine Kugel, die den Kegel längs eines Kreises berührt.

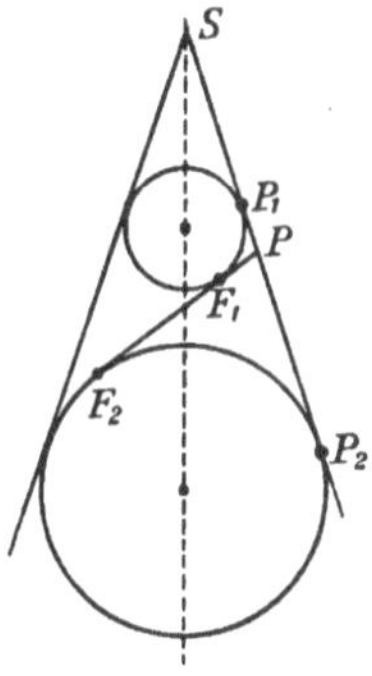

Fig. 44.

Nachdem diese räumliche Figur erzeugt ist, legen wir durch F_1 und F_2 eine Ebene senkrecht zu diesem Papier. Diese Ebene schneidet auf dem Kegelmantel eine Kurve $\mathfrak{C}$ aus und berührt die beiden Kugeln in F_1 bzw. F_2. Die Punkte von $\mathfrak{C}$ haben die in unserer Aufgabe geforderte Eigenschaft. Ist P ein Punkt[1] von $\mathfrak{C}$ und betrachten wir die Seitenlinie PS des Kegels, so berührt sie die kleine Kugel in einem Punkte P_1, die große in einem Punkte P_2. Alle von einem Punkte an eine Kugel gezogenen Tangenten sind gleich lang. Daher ist[2]

$$\widehat{PF_1} = \widehat{PP_1}, \qquad \widehat{PF_2} = \widehat{PP_2},$$

mithin

$$\widehat{PF_1} + \widehat{PF_2} = \widehat{P_1 P_2}.$$

$\widehat{P_1 P_2}$ ist aber konstant.

Unsere Aufgabe wird also durch den Kegelschnitt $\mathfrak{C}$ gelöst. Um diesen Kegelschnitt zu erhalten, wenn die Punkte F_1, F_2 und die Entfernungssumme gegeben sind, muß man die beiden Kreise

---

[1] In Fig. 44 sieht man nur eine spezielle Lage von P.

[2] Die Entfernung zweier Punkte AB bezeichnen wir mit $\widehat{AB}$, um sie von der Strecke AB zu unterscheiden.

in Fig. 44 so konstruieren, daß $\widehat{P_1 P_2}$ gleich der vorgeschriebenen Entfernungssumme wird.

Wir wollen jetzt die Gleichung dieses Kegelschnitts aufstellen. Als Anfangspunkt nehmen wir den Mittelpunkt O der Strecke $F_1 F_2$, als x-Achse die Gerade $F_1 F_2$, deren positive Richtung wir von F_1 nach F_2 weisen lassen. Die Entfernung der beiden Punkte F_1, F_2 sei $2c$, die vorgeschriebene Entfernungssumme des Punktes P von F_1 und F_2 sei $2a$. Wir nehmen an $a > c$, weil in einem Dreieck die Summe zweier Seiten größer als die dritte ist.

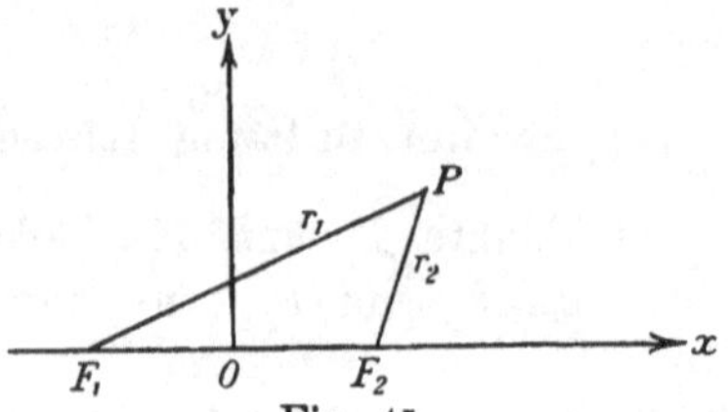

Fig. 45.

Die Punkte F_1, F_2, P haben die Koordinaten

$$-c,\ 0; \qquad c,\ 0; \qquad x,\ y.$$

Es ist also (vgl. S. 21)

$$r_1^2 = (x + c)^2 + y^2,$$
$$r_2^2 = (x - c)^2 + y^2,$$

und unsere Forderung drückt sich durch die Gleichung

$$(1) \qquad r_1 + r_2 - 2a = 0$$

aus. Da in dem Dreieck $P F_1 F_2$ die Differenz der beiden Seiten $P F_1$ und $P F_2$ nicht größer als die dritte Seite $F_1 F_2$ ist, so hat man

$$r_1 - r_2 \leqq 2c < 2a, \qquad r_2 - r_1 \leqq 2c < 2a.$$

Also sind

$$r_1 - r_2 - 2a \quad \text{und} \quad -r_1 + r_2 - 2a$$

ungleich Null. Dasselbe gilt von $r_1 + r_2 + 2a$. Es macht deshalb nichts aus, wenn wir die Gleichung (1) mit

$$(2) \qquad (r_1 - r_2 - 2a)(-r_1 + r_2 - 2a)(-r_1 - r_2 - 2a)$$

multiplizieren. Nun ist

$$(r_1 + r_2 - 2a)(r_1 - r_2 - 2a) = (r_1 - 2a)^2 - r_2^2 = r_1^2 - r_2^2 + 4a^2 - 4ar_1,$$

also

$$(-r_1 + r_2 - 2a)(-r_1 - r_2 - 2a) = r_1^2 - r_2^2 + 4a^2 + 4ar_1$$

und

$$(r_1 + r_2 - 2a)(r_1 - r_2 - 2a)(-r_1 + r_2 - 2a)(-r_1 - r_2 - 2a)$$
$$= (r_1^2 - r_2^2 + 4a^2)^2 - 16a^2 r_1^2.$$

Nach Multiplikation mit den Faktoren (2) lautet daher die Gleichung (1) wie folgt:

$$(r_1^2 - r_2^2)^2 - 8a^2(r_1^2 + r_2^2) + 16a^4 = 0$$

oder, wenn man für r_1, r_2 ihre Ausdrücke einsetzt,

$$a^2(a^2 - c^2) - a^2 y^2 - (a^2 - c^2)x^2 = 0\,.$$

Führt man für $a^2 - c^2$ die Bezeichnung b^2 ein, so nimmt die Gleichung schließlich folgende Gestalt an:

$$\frac{x^2}{a^2} + \frac{y^2}{b^2} = 1\,. \tag{3}$$

In homogenen cartesischen Koordinaten lautet sie

$$\frac{x_1^2}{a^2} + \frac{x_2^2}{b^2} - x_3^2 = 0\,. \tag{4}$$

Man nennt die durch (4) dargestellte Kurve zweiter Ordnung eine Ellipse. Sie schneidet die unendlich ferne Gerade in einem imaginären Punktepaar, nämlich in den beiden Punkten

$$a i,\ b,\ 0 \quad \text{und} \quad -a i,\ b,\ 0\,.$$

Die reellen Punkte der Ellipse liegen alle in dem Rechteck, das durch die Geraden $x = \pm a$, $y = \pm b$ begrenzt wird (vgl. Fig. 46). Denn nach (3) kann x^2 nie größer als a^2 und y^2 nie größer als b^2 werden.

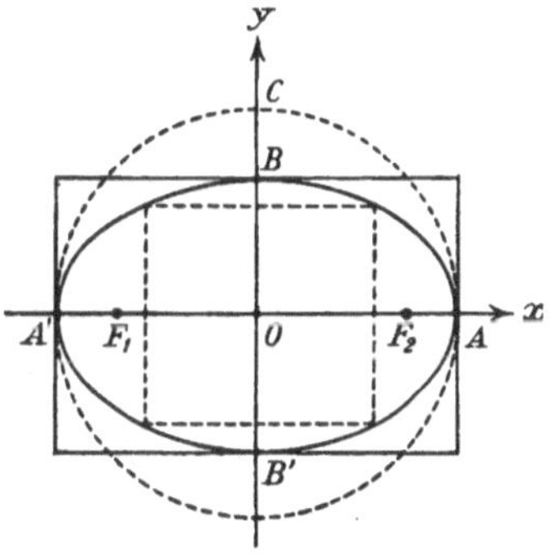

Fig. 46.

In der Gleichung (3) treten nur die Quadrate von x, y auf. Wenn also ein Punkt x, y sie erfüllt, so tun die Punkte $-x$, y; x, $-y$; $-x$, $-y$ (in Fig. 46 mit x, y punktiert verbunden) dasselbe. Die Kurve ist in bezug auf die beiden Achsen Ox und Oy symmetrisch. O nennt man den Mittelpunkt der Ellipse, weil die Punkte x, y und $-x$, $-y$ immer beide auf der Kurve liegen, sobald einer es tut. Einer ist das Spiegelbild des andern in bezug auf O. F_1, F_2 nennt man die Brennpunkte der Ellipse, $2a$ die große, $2b$ die kleine Achse. In Fig. 46 ist $A'A = 2a$, $B'B = 2b$.

Um die Ellipse zu konstruieren, benutzt man am besten den Umstand, daß sie durch die Affinität

$$x_1 = x\,, \quad y_1 = \frac{a}{b}\,y$$

in den Kreis

$$x_1^{\,2} + y_1^{\,2} = a^2$$

übergeht. Man zeichnet also zuerst diesen Kreis und multipliziert alle Ordinaten mit dem Faktor b/a. Die Brennpunkte findet man mit Hilfe der Bemerkung, daß

$$\widehat{BF_2}^2 = \widehat{OF_2}^2 + \widehat{OB}^2 = c^2 + b^2 = a^2$$

ist. Ein um B mit dem Radius a beschriebener Kreis schneidet die x-Achse gerade in den beiden Brennpunkten.

2. Gegeben sind zwei verschiedene Punkte F_1 und F_2. Wir fordern von einem Punkte P, daß er von F_1 und F_2 eine konstante Entfernungsdifferenz hat.

Diese Aufgabe wird ebenfalls durch einen Kegelschnitt gelöst. Man stelle sich vor, daß die Fig. 47 (ohne die Gerade $F_1 F_2$) um die punktierte Linie rotiert. Dann entsteht ein Kegel mit der punktierten Linie als Achse. Die beiden Kreise beschreiben Kugeln, die den Kegel längs Kreisen berühren. Nachdem diese räumliche Figur erzeugt ist, schneiden wir sie durch eine Ebene, die senkrecht zur Ebene des Papiers durch die Gerade $F_1 F_2$ gelegt wird. Sie berührt die Kugeln in F_1 und F_2 und bestimmt auf dem Kegel eine Kurve $\mathfrak{C}$; auf jedem Mantel liegt ein Teil oder, wie man sagt, Zweig (Ast) dieser Kurve.

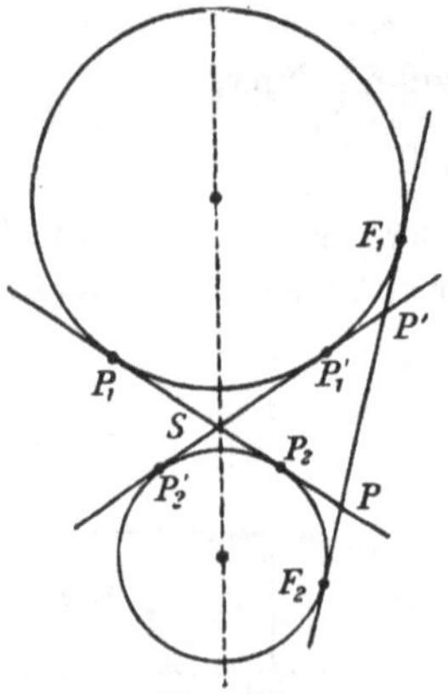

Fig. 47.

Ist P ein Punkt von $\mathfrak{C}$, so berührt die Seitenlinie PS des Kegels die eine Kugel in P_1, die andere aber in P_2 (Fig. 47 zeigt eine spezielle Lage von P). Man hat nun

$$\widehat{PF_1} = \widehat{PP_1}, \quad \widehat{PF_2} = \widehat{PP_2},$$

also

$$\widehat{PF_1} - \widehat{PF_2} = \widehat{PP_1} - \widehat{PP_2} = \widehat{P_1P_2},$$

$\widehat{P_1 P_2}$ ist aber konstant.

Ist P' ein Punkt des anderen Zweiges der Kurve, so wird

$$\widehat{P'F_2} - \widehat{P'F_1} = \widehat{P'P_2'} - \widehat{P'P_1'} = \widehat{P_1'P_2'} = \widehat{P_1P_2}.$$

Die Punkte beider Zweige haben dieselbe Entfernungsdifferenz von F_1 und F_2. Nur ist das eine Mal die Entfernung von F_1, das andere Mal die von F_2 größer.

Wir wollen jetzt die Gleichung des betrachteten Kegelschnittes aufstellen. Dabei benutzen wir dasselbe Achsensystem wie bei der ersten Aufgabe. $2a$ sei die konstante Entfernungsdifferenz, die gefordert wird, $2c$ die Entfernung der beiden Brennpunkte F_1 und F_2. Diesmal ist $c > a$, weil in einem Dreieck die Differenz zweier Seiten größer als die dritte ist.

Unsere Forderung wird ausgedrückt durch die Gleichung

$$(r_1 - r_2 - 2a)(-r_1 + r_2 - 2a) = 0.$$

Da $r_1 + r_2 \geqq 2c > 2a$ ist, so ist $r_1 + r_2 - 2a > 0$. Wir dürfen also mit

$$(r_1 + r_2 - 2a)(-r_1 - r_2 - 2a)$$

multiplizieren. Dann ergibt sich wie bei Aufgabe 1

$$a^2(a^2 - c^2) - a^2 y^2 - (a^2 - c^2)x^2 = 0.$$

Führt man für $c^2 - a^2$ die Bezeichnung b^2 ein, so nimmt die Gleichung folgende Gestalt an

$$\frac{x^2}{a^2} - \frac{y^2}{b^2} = 1. \tag{5}$$

In homogenen cartesischen Koordinaten lautet sie

$$\frac{x_1^2}{a^2} - \frac{x_2^2}{b^2} - x_3^2 = 0. \tag{6}$$

Man nennt die durch (6) dargestellte Kurve zweiter Ordnung eine **Hyperbel**. Sie schneidet die unendlich ferne Gerade in einem **reellen** Punktepaar, nämlich in den Punkten

$$a,\ b,\ 0 \quad \text{und} \quad a,\ -b,\ 0. \tag{7}$$

Aus Gleichung (5) sieht man, daß die Kurve in bezug auf die Achsen symmetrisch ist und den Mittelpunkt O hat (weil sie bei Spiegelung am Punkte O in sich übergeht). Die Verbindungslinien des Mittelpunktes mit den beiden unendlich fernen Punkten (7) heißen die **Asymptoten** der Hyperbel. Ihre Gleichungen lauten

$$\frac{x}{a} - \frac{y}{b} = 0 \quad \text{und} \quad \frac{x}{a} + \frac{y}{b} = 0. \tag{8}$$

Aus der Gleichung (5) sieht man, daß für jeden Hyperbelpunkt[1] $\frac{x}{a} - \frac{y}{b}$ und $\frac{x}{a} + \frac{y}{b}$ dasselbe Zeichen haben. Es ist also entweder

[1] Wir achten jetzt nur auf die **reellen** Hyperbelpunkte.

$$\frac{x}{a} - \frac{y}{b} > 0 \quad \text{und} \quad \frac{x}{a} + \frac{y}{b} > 0$$

oder

$$\frac{x}{a} - \frac{y}{b} < 0 \quad \text{und} \quad \frac{x}{a} + \frac{y}{b} < 0 .$$

Jede eigentliche Gerade $Ax + By + C = 0$ teilt die Ebene in zwei Halbebenen. Für alle Punkte der einen Halbebene ist $Ax + By + C > 0$, für alle Punkte der anderen $Ax + By + C < 0$. Wir haben das in § 25 gesehen. Dort zeigten wir nämlich, daß

$$\frac{Ax + By + C}{\sqrt{A^2 + B^2}}$$

die Entfernung des Punktes x, y von der Geraden angibt, und zwar positiv oder negativ, je nachdem der Punkt in der einen oder der anderen Halbebene liegt.

Bei den beiden Aymptoten (8) liegt die positive x-Achse in der positiven, die negative x-Achse in der negativen Halbebene.[1] Die Hyperbel ist also in den beiden Winkelräumen der Asymptoten enthalten, in denen sich die x-Achse befindet.

Aus Gleichung (5) ergibt sich

$$y = \pm \frac{b}{a} \sqrt{x^2 - a^2} .$$

Im Fall $x^2 < a^2$ ist y nicht reell. Zwischen den beiden Geraden $x = \pm a$ gibt es also keinen Hyperbelpunkt. Die Hyperbel liegt ganz außerhalb des von diesen Geraden begrenzten Streifens.

Die Entfernung des Punktes x, y $(x > 0, y > 0)$ von der Asymptote $\frac{x}{a} - \frac{y}{b} = 0$ ist gleich

$$\frac{bx - ay}{\sqrt{a^2 + b^2}}$$

oder, wenn man für y den Wert einsetzt $\frac{b}{a} \sqrt{x^2 - a^2}$ einsetzt, gleich

$$\frac{b(x - \sqrt{x^2 - a^2})}{\sqrt{a^2 + b^2}} .$$

Multipliziert man im Zähler und Nenner mit

$$x + \sqrt{x^2 - a^2} ,$$

so ergibt sich für $\widehat{PP'}$ (vgl. Fig. 48)

$$\frac{b a^2}{\sqrt{a^2 + b^2}(x + \sqrt{x^2 - a^2})}$$

[1] Man sieht das, wenn man $y = 0$ und $x > 0$ oder $x < 0$ setzt.

Läßt man x unbegrenzt zunehmen, so nimmt die Entfernung $\widehat{PP'}$ beständig ab, und kann durch Vergrößerung von x beliebig klein gemacht werden. Sie strebt, wie man zu sagen pflegt, bei unendlich zunehmendem x dem Grenzwert Null zu (konvergiert nach Null).

Man muß die Hyperbel als eine geschlossene Kurve ansehen. Um sie ganz zu durchlaufen, geht man von A in der Richtung des Pfeils ins Unendliche, bis zu dem unendlich fernen Punkt der Asymptote $\frac{x}{a} + \frac{y}{b} = 0$. Dann kommt man von diesem Punkt wieder ins Endliche zurück nach B und geht von dort wieder ins Unendliche, bis zu dem unendlich fernen Punkt der Asymptote $\frac{x}{a} - \frac{y}{b} = 0$. Dann kommt man von hier über P wieder nach A

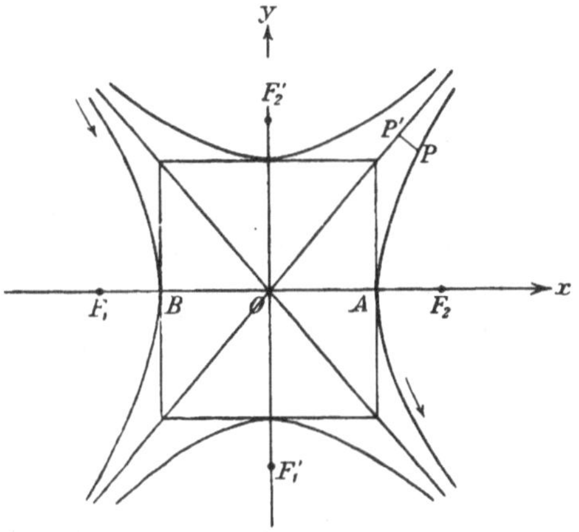

Fig. 48.

zurück. Da x_1 beim Durchlaufen der Kurve nie Null wird, so dürfen wir in (6) durch x_1^2 dividieren und diese Gleichung so schreiben

$$1 = \left(\frac{a\,x_2}{b\,x_1}\right)^2 + \left(\frac{a\,x_3}{x_1}\right)^2.$$

Wir können φ so wählen, daß

$$-\frac{a\,x_2}{b\,x_1} = \sin\varphi, \quad \frac{a\,x_3}{x_1} = \cos\varphi$$

wird. Der Punkt

$$a, \ -b\sin\varphi, \ \cos\varphi$$

durchläuft, wenn φ von 0 bis 2π zunimmt, die Hyperbel in der vorhin beschriebenen Weise. Wächst φ von 0 bis $\pi/2$, so geht er von A aus längs des in Fig. 48 mit einem Pfeil bezeichneten Weges ins Unendliche. Nimmt φ weiter von $\pi / 2$ bis π zu, so beschreibt der Punkt der Richtung des Pfeiles folgend den andern Zweig der Hyperbel und kommt bis B. Wächst φ von π bis $3\pi / 2$, so geht er weiter bis ins Unendliche. Nimmt φ schließlich noch von $3\pi / 2$ bis 2π zu, so beschreibt er vom Unendlichen kommend das letzte Stück und gelangt zu seinem Ausgangspunkt A zurück.

Die Gleichung

$$(5') \qquad \frac{x^2}{a^2} - \frac{y^2}{b^2} = -1$$

stellt ebenfalls eine Hyperbel dar. Setzt man $x' = y$, $y' = x$, so lautet (5')

$$\frac{x'^2}{b^2} - \frac{y'^2}{a^2} = 1 .$$

Die Brennpunkte liegen auf der Achse Ox' (also auf Oy) in der Entfernung $\sqrt{a^2 + b^2} = c$ vom Anfangspunkt.[1] In Fig. 48 sind sie mit F_1', F_2' bezeichnet. Die Punkte der Hyperbel (5') haben von F_1', F_2' die konstante Entfernungsdifferenz $2b$. Die Asymptoten von (5') werden dargestellt durch

$$\frac{x'}{b} - \frac{y'}{a} = 0, \qquad \frac{x'}{b} + \frac{y'}{a} = 0$$

oder

$$\frac{x}{a} - \frac{y}{q} = 0, \qquad \frac{x}{a} + \frac{y}{b} = 0.$$

Beide Hyperbeln haben also dieselben Asymptoten und denselben Mittelpunkt. Die Entfernung der Brennpunkte vom Mittelpunkt (die lineare Exzentrizität) ist bei beiden die gleiche. Ihre Transversalachsen (d. h. $F_1 F_2$ bzw. $F_1' F_2'$) sind zueinander senkrecht. Man nennt die beiden Hyperbeln komplementär.

Wenn $a = b$ ist, gehen die Hyperbeln durch die Drehung $\pi / 2$ um den Mittelpunkt ineinander über. Die Asymptoten stehen in diesem Falle aufeinander senkrecht. Man nennt eine Hyperbel mit orthogonalen Asymptoten gleichseitig.

Wie lautet die Gleichung der gleichseitigen Hyperbel $x^2 - y^2 = a^2$, wenn man die Asymptoten zu Achsen macht? Da die neuen Koordinaten $\mathfrak{x}$, $\mathfrak{y}$ die Abstände von den Asymptoten, also von den Geraden

$$x - y = 0 \qquad x + y = 0$$

[1] Man erinnere sich, daß $c^2 - a^2 = b^2$ gesetzt wurde, wonach $c^2 = a^2 + b^2$ ist.

sind, so setzen wir (vgl. S. 62)

$$\mathfrak{x} = \frac{x - y}{\sqrt{2}}, \qquad \mathfrak{y} = \frac{x + y}{\sqrt{2}}.$$

Dann erhalten wir die Gleichung

$$\mathfrak{x}\,\mathfrak{y} = \frac{a^2}{2}.$$

Wie lautet sie in Polarkoordinaten? Bezeichnen wir die Polarkoordinaten von P mit r, φ, so ist

$$\mathfrak{x} = r\cos\varphi, \qquad \mathfrak{y} = r\sin\varphi$$

und die obige Gleichung geht über in

(*) $$r^2 \sin 2\varphi = a^2.$$

Dies ist also die Polargleichung der gleichseitigen Hyperbel. r bedeutet, wie wir wissen, die Abszisse von P auf der irgendwie orientierten Geraden O, P. Wenn wir statt der Abszisse homogene cartesische Koordinaten einführen, so haben wir, solange P ein eigentlicher Punkt ist, $r = r_1 : r_2$ zu setzen. Die Gleichung (*) geht dann über in

(**) $$r_1^{\,2} \sin 2\varphi - a^2 r_2^{\,2} = 0,$$

die homogene Polargleichung der gleichseitigen Hyperbel. r_1, r_2 sind homogene cartesische Koordinaten auf der um φ gedrehten x-Achse. Das ist die Bedeutung dieser Koordinaten r_1, r_2, φ.

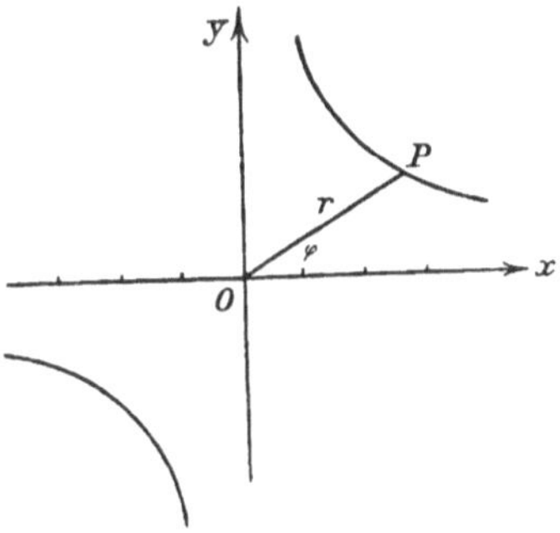

Fig. 49.

Die Gleichung (**) hat den Vorzug, daß sie auch die unendlich fernen Punkte der Kurve liefert, ohne daß man das Symbol ∞ braucht.

§ 44. Die Parabel als Grenzfall der Ellipse und der Hyperbel.

Wir wollen das Achsensystem, auf das wir die Ellipse

(1) $$\frac{x^2}{a^2} + \frac{y^2}{b^2} = 1$$

bezogen haben, um das Stück a in der negativen x-Richtung verschieben, so daß der neue Anfangspunkt die Koordinaten $-a$, 0

hat. Die alten und neuen Koordinaten hängen dann durch die Formeln

$$x = x' - a, \quad y = y'$$

zusammen. Gleichung (1) verwandelt sich durch Einführung der neuen Koordinaten in

$$\frac{x'(x' - 2a)}{a^2} + \frac{y'^2}{b^2} = 0$$

oder

$$y'^2 = \frac{2b^2}{a}x' - \frac{b^2 x'^2}{a^2}. \tag{2}$$

Die Abszisse $\overline{SF_1}$ des Brennpunktes F_1 (vgl. Fig. 50) werde mit $p/2$ bezeichnet. Da

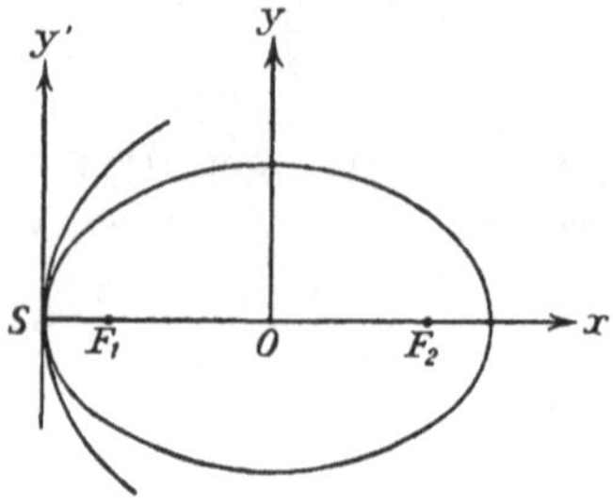

Fig. 50.

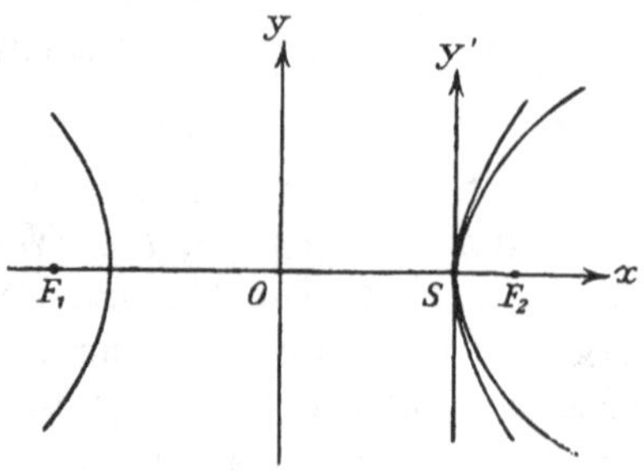

Fig. 51.

$$\overline{SF_1} = \overline{SO} - \overline{F_1 O} = a - c$$

ist, so hat man

$$\frac{p}{2} = a - c,$$

also

$$b^2 = a^2 - c^2 = a^2 - \left(a - \frac{p}{2}\right)^2 = pa - \frac{p^2}{4}.$$

Die Gleichung (2) läßt sich jetzt, wenn wir uns auf die Halbebene $y' \geqq 0$ beschränken, so schreiben:

$$y' = \sqrt{2px' - \frac{p^2}{2a}x' - \left(\frac{p}{a} - \frac{p^2}{4a^2}\right)x'^2}.$$

Halten wir nun F_1 (d. h. p) fest und lassen F_2 ins Unendliche rücken (d. h. a über alle Grenzen zunehmen), so strebt das zu einem bestimmten x' gehörige y' dem Grenzwert

$$\sqrt{2px'}$$

zu[1] und wir erhalten auf diese Weise eine Kurve mit der

[1] Man überzeugt sich leicht, daß y' seinem Grenzwert beständig wachsend zustrebt.

Gleichung:

$$y'^2 = 2p\,x'.$$

Diese Kurve zweiter Ordnung nennt man eine Parabel.

Man kann sie auch aus der Hyperbel

$$\frac{x^2}{a^2} - \frac{y^2}{b^2} = 1 \tag{2}$$

durch einen ähnlichen Grenzübergang ableiten. Das Achsensystem wird so verschoben, daß O nach S gelangt (vgl. Fig. 51). Dann hängen die alten und die neuen Koordinaten so zusammen

$$x = x' + a, \qquad y = y'.$$

(2) geht über in

$$\frac{x'(x' + 2a)}{a^2} - \frac{y'^2}{b^2} = 0. \tag{3}$$

Setzt man

$$\overline{SF_2} = \frac{p}{2},$$

so hat man

$$\frac{p}{2} = c - a,$$

also

$$b^2 = c^2 - a^2 = \left(a + \frac{p}{2}\right)^2 - a^2 = p\,a + \frac{p^2}{4}.$$

(3) läßt sich unter Beschränkung auf die Halbebene $y' \geqq 0$ so schreiben

$$y' = \sqrt{2p\,x' + \frac{p^2}{2a}\,x' + \left(\frac{p}{a} + \frac{p^2}{4a^2}\right)x'^2}.$$

Halten wir F_2 (d. h. p) fest und lassen F_1 ins Unendliche rücken (d. h. a über alle Grenzen zunehmen), so strebt das zu einem bestimmten x' gehörige y' dem Grenzwert

$$\sqrt{2p\,x'}$$

zu, und zwar beständig abnehmend. Wir erhalten also wieder die Parabel $y'^2 = 2p\,x'$.

Diese Kurve läßt sich ebenso wie die Ellipse und die Hyperbel als Kegelschnitt auffassen. Man muß den in § 44 betrachteten Kegel durch eine Ebene schneiden, die zu einer Seitenlinie des Kegels parallel ist.

In homogenen cartesischen Koordinaten lautet die Gleichung der Parabel

$$x_2{}^2 - 2p\,x_1\,x_3 = 0.$$

Auch die unendlich fernen Punkte, die dieser Gleichung genügen, rechnen wir mit zu der Parabel. Setzen wir $x_3 = 0$, so ergibt sich $x_2{}^2 = 0$. Die Parabel schneidet also die unendlich ferne Gerade in zwei zusammenfallenden Punkten.

§ 45. Andere Aufgaben, die durch die Kegelschnitte gelöst werden.

Gegeben sei eine Gerade l und ein Punkt F. Wir fordern von einem Punkt P, daß er von F und l gleich weit entfernt ist.

Wenn F und l vereinigt liegen, so sind die Punkte des auf l im Punkte F errichteten Lotes die einzigen, die der Forderung genügen. Jeder andere Punkt befindet sich näher an der Geraden l als an dem Punkte F.

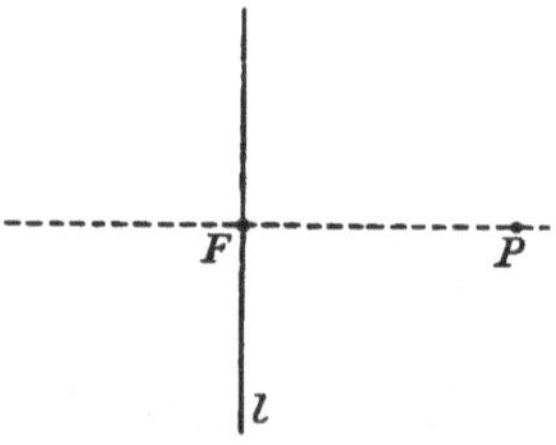

Fig. 52.

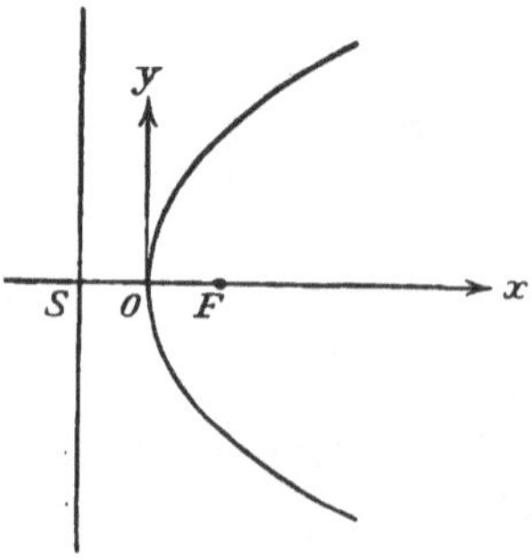

Fig. 53.

Liegt F nicht auf l, so stellt sich als Lösung der Aufgabe eine Parabel ein. Das von F auf l gefällte Lot F, S machen wir zur x-Achse. Zum Anfangspunkt wählen wir die Mitte zwischen S und F. Wir orientieren die x-Achse so, daß die Abszisse $\overline{OF} = \frac{p}{2}$ positiv ist.

Die Gleichung der Geraden l lautet

$$x + \frac{p}{2} = 0,$$

und das ist schon ihre HESSEsche Normalform. Die Entfernung des Punktes P (mit den Koordinaten x, y) von l wird daher angegeben durch

$$\left| x + \frac{p}{2} \right|.$$

Die Entfernung zwischen P und F ist gleich

$$\sqrt{\left(x - \frac{p}{2}\right)^2 + y^2}.$$

Unsere Forderung wird also ausgedrückt durch die Gleichung

$$\left(x - \frac{p}{2}\right)^2 + y^2 = \left(x + \frac{p}{2}\right)^2.$$

Diese reduziert sich aber auf

$$y^2 = 2px.$$

Die Punkte der Parabel sind also gleich weit entfernt von ihrem Brennpunkt[1] und von einer Geraden, die man Leitlinie (Direktrix) nennt.

Bei der Ellipse und Hyperbel gibt es eine analoge Eigenschaft. Ihre Punkte haben ein konstantes Entfernungsverhältnis von einem Brennpunkt und einer Geraden, die man die zu dem Brennpunkt gehörige Leitlinie (Direktrix) nennt.

Nehmen wir z. B. bei der Ellipse

$$\frac{x^2}{a^2} + \frac{y^2}{b^2} = 1$$

den Brennpunkt c, 0 und versuchen wir die Gerade $x + h = 0$ so zu wählen, daß jeder Punkt P der Ellipse ein konstantes Entfernungsverhältnis in bezug auf Brennpunkt und Gerade hat.

Dann muß für alle Ellipsenpunkte die Gleichung stattfinden

$$(x - c)^2 + y^2 = \varepsilon^2 (x + h)^2,$$

oder

$$(*) \qquad x^2 (1 - \varepsilon^2) + y^2 - 2x(c + \varepsilon^2 h) = \varepsilon^2 h^2 - c^2.$$

Das ist der Fall, wenn diese Gleichung sich von der Ellipsengleichung nur um einen konstanten Faktor unterscheidet. In der Ellipsengleichung kommt aber kein Glied mit x vor. Also muß

$$\varepsilon^2 h = -c$$

sein. Gleichung (*) reduziert sich hiernach auf

$$x^2 (1 - \varepsilon^2) + y^2 = \frac{c^2 (1 - \varepsilon^2)}{\varepsilon^2}$$

oder

$$(**) \qquad \frac{x^2 \varepsilon^2}{c^2} + \frac{y^2 \varepsilon^2}{c^2 (1 - \varepsilon^2)} = 1.$$

---

[1] Daß F der Brennpunkt ist, ersieht man aus $\overline{OF} = p/2$.

Setzen wir[1]

$$\varepsilon = \frac{c}{a},$$

so wird

$$1 - \varepsilon^2 = \frac{a^2 - c^2}{a^2} = \frac{b^2}{a^2}, \qquad \frac{\varepsilon^2}{1 - \varepsilon^2} = \frac{c^2}{b^2}$$

und (**) ist also wirklich die Ellipsengleichung.

Die Entfernung eines Ellipsenpunktes vom Brennpunkte c, 0 verhält sich zu seiner Entfernung von der Geraden

$$x = -h = \frac{c}{\varepsilon^2} = \frac{a^2}{c}.$$

wie c zu a.

Dasselbe gilt natürlich für den Brennpunkt $-c$, 0 und die Gerade $x = -a^2/c$.

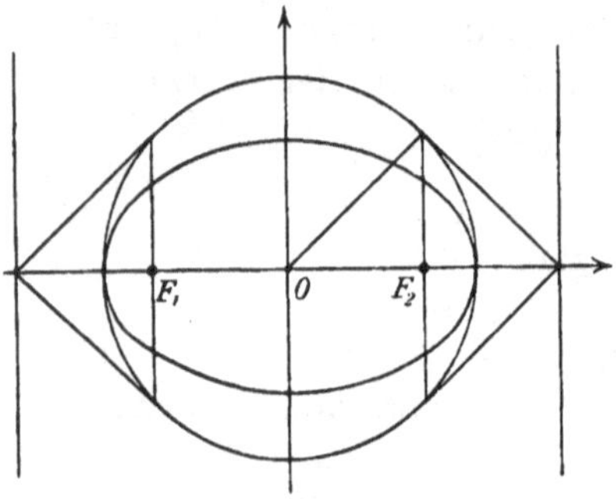

Fig. 54.

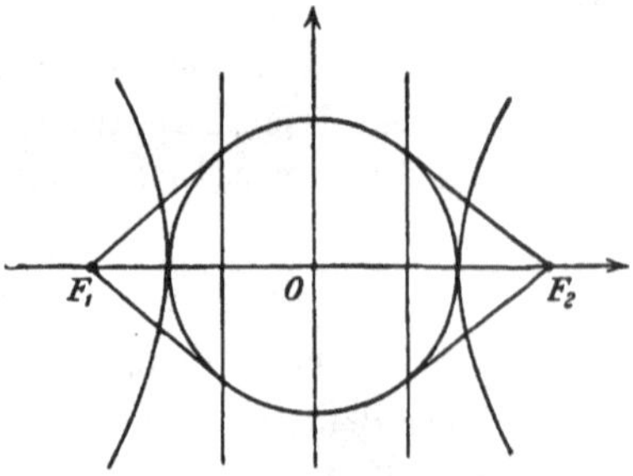

Fig. 55.

Fig. 54 zeigt, wie die Leitlinien der Ellipse liegen. Bei der Hyperbel

$$\frac{x^2}{a^2} - \frac{y^2}{b^2} = 1$$

sind die einzelnen Schritte der obigen Rechnung genau dieselben. Es muß auch hier $h = -c : \varepsilon^2$ sein, und man erhält folgenden Satz:

Die Entfernung eines Hyperbelpunktes vom Brennpunkt c, 0 verhält sich zu seiner Entfernung von der Geraden

$$x = \frac{a^2}{c}$$

wie c zu a.

Fig. 55 zeigt, wie die Leitlinien der Hyperbel liegen.

Der Leser möge die Untersuchung, die wir am Anfang dieses Paragraphen anstellten, für den allgemeinen Fall durchführen, daß

[1] $c : a$ nennt man die numerische Exzentrizität.

ein konstantes Entfernungsverhältnis gefordert wird (nicht gerade das Entfernungsverhältnis (1). Er erhält dann die Gleichung

$$\left(x - \frac{p}{2}\right)^2 + y^2 = \varepsilon^2 \left(x + \frac{p}{2}\right)^2.$$

Im Falle $\varepsilon \gtrless 1$ läßt sich das Glied mit x durch eine Translation längs der x-Achse beseitigen und man erhält eine Ellipse oder Hyperbel, je nachdem $\varepsilon < 1$ oder $\varepsilon > 1$ ist.

Die Punkte der Ellipse liegen näher am Brennpunkt als an der Leitlinie, die der Hyperbel näher an der Leitlinie als am Brennpunkt.

§ 46. Ellipsen als Bahnkurven bei gewissen Bewegungen.

Man denke sich auf eine Ebene E_0 eine andere E gelegt (wie ein Blatt Papier auf ein Reißbrett). E_0 soll fest bleiben und die Ebene E soll eine Bewegung ausführen, dabei aber beständig auf E_0 aufliegen.

Der Leser lege auf ein Reißbrett ein Blatt Papier und schiebe es auf dem Reißbrett herum, indem er es beständig dagegen drückt. Dann weiß er, was gemeint ist.

Bei der Bewegung, die wir mit E (dem aufgelegten Blatt) ausführen, beschreibt jeder Punkt von E in E_0 (auf dem Brett) eine Kurve, die man seine Bahnkurve nennt.

Denken wir uns in E_0 ein Achsensystem Ox, Oy zugrunde gelegt, so wird der Punkt P der zur Zeit $t = 0$ die Koordinaten x_0, y_0 hatte, zur Zeit t die Koordinaten

$$(1) \qquad \begin{cases} x = x_0 \cos\varphi - y_0 \sin\varphi + a, \\ y = x_0 \sin\varphi + y_0 \cos\varphi + b \end{cases}$$

haben.[1]

a, b, φ haben in jedem Zeitpunkt besondere Werte, sie sind Funktionen der Zeit.[2] Man bringt dies dadurch zum Ausdruck, daß man schreibt

$$\varphi = \varphi(t), \qquad a = a(t), \qquad b = b(t).$$

Auch x, y sind nach (1) Funktionen von t. Die Formeln (1) liefern uns für jeden Zeitpunkt t die Lage des Punktes P. Sie bestimmen

[1] Vgl. § 12. Wir haben nur φ durch $-\varphi$ ersetzt.

[2] Da für $t = 0$ immer $x = x_0$, $y = y_0$ sein muß, so reduzieren sich $\cos\varphi$, $\sin\varphi$, a, b, für $t = 0$ auf 1, 0, 0, 0.

seine Bewegung und insbesondere seine Bahnkurve vollständig. Die Koordinaten eines Kurvenpunktes erscheinen hier ausgedrückt als Funktionen einer Veränderlichen oder, wie man zu sagen pflegt, eines Parameters. (1) ist eine Parameterdarstellung der Bahnkurve.

Wir wollen jetzt eine Bewegung betrachten, bei der ein Punkt A von E sich auf der x-Achse bewegt, ein anderer B auf der y-Achse. Bei A ist $x_0 = p$, $y_0 = 0$, bei B aber $x_0 = 0$, $y_0 = q$. Die Bahnkurve von A wird also dargestellt durch

$$x = p\cos\varphi + a, \qquad y = p\sin\varphi + b,$$

die Bahnkurve von B durch

$$x = -q\sin\varphi + a, \qquad y = q\cos\varphi + b.$$

Nun soll aber im ersten Falle beständig $y = 0$ sein, im zweiten beständig $x = 0$. Es muß also

$$a = q\sin\varphi, \qquad b = -p\sin\varphi$$

sein.

Die Formeln (1) reduzieren sich somit auf

$$(2) \qquad \begin{cases} x = x_0\cos\varphi - (y_0 - q)\sin\varphi, \\ y = (x_0 - p)\sin\varphi + y_0\cos\varphi, \end{cases}$$

Das ist eine Parameterdarstellung der Bahnkurve des Punktes P. Statt t können wir auch einfach φ als Parameter benutzen. x, y sind ja als Funktionen von φ ausgedrückt.

Es kommt nun auf die Determinante

$$(3) \qquad D = \begin{vmatrix} x_0, & -(y_0 - q) \\ y_0, & x_0 - p \end{vmatrix}$$

an. Ist sie gleich Null, so lassen sich die Gleichungen

$$\lambda x_0 + \mu y_0 = 0,$$
$$-\lambda(y_0 - q) + \mu(x_0 - p) = 0$$

durch ein von 0, 0 verschiedenes Wertsystem befriedigen und sie bestimmen das Verhältnis $\lambda : \mu$ eindeutig, weil nicht alle Elemente der Determinante verschwinden.[1] Multipliziert man die Gleichungen (2) mit λ bzw. μ und addiert, so ergibt sich

$$\lambda x + \mu y = 0.$$

[1] Man bedenke, daß A, B zwei verschiedene Punkte sind.

Die Punkte P, deren Anfangslagen x_0, y_0 der Gleichung

$$D = x_0^2 + y_0^2 - p x_0 - q y_0 = 0 \tag{4}$$

genügen, bewegen sich also auf Geraden durch den Anfangspunkt.

Um zu sehen, welche Anfangslagen der Gleichung (4) genügen, schreiben wir (4) in der Form

$$\left(x_0 - \frac{p}{2}\right)^2 + \left(y_0 - \frac{q}{2}\right)^2 = \frac{p^2 + q^2}{4}.$$

Setzen wir

$$x_0 - \frac{p}{2} = x_0', \quad y_0 - \frac{q}{2} = y_0',$$

so lautet die Gleichung

$$x_0'^2 + y_0'^2 = \frac{p^2 + q^2}{4}.$$

Das ist ein Kreis mit dem Mittelpunkt O' und dem Radius $\frac{1}{4}(p^2 + q^2)$ (vgl. Fig. 56, wo O' der Mittelpunkt von AB ist). Auf ihm liegen auch die Punkte A, B.

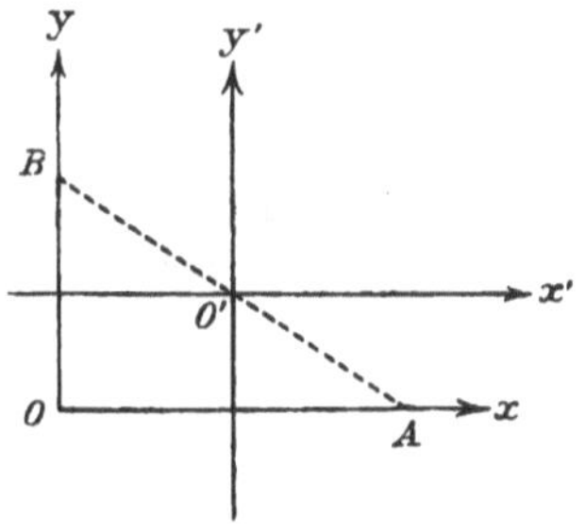

Fig. 56.

Wenn P zur Zeit $t = 0$ nicht auf diesem Kreise liegt, wenn also die Determinante (3) ungleich Null ist, folgt aus (2)

$$\cos\varphi = \frac{1}{D}\{x(x_0 - p) + y(y_0 - q)\},$$

$$\sin\varphi = \frac{1}{D}\{-x y_0 + x_0 y\}$$

und

$$\{x(x_0 - p) + y(y_0 - q)\}^2 + \{-x y_0 + x_0 y\}^2 = D^2. \tag{5}$$

Die Bahnkurve von P ist also eine Kurve zweiter Ordnung.

In homogenen Koordinaten lautet ihre Gleichung

$$\{X_1(x_0 - p) + X_2(y_0 - q)\}^2 + \{-X_1 y_0 + x_0 X_2\}^2 = D^2 X_3^2. \tag{5'}$$

Die Kurve schneidet die unendlich ferne Gerade in zwei konjugiert imaginären Punkten. Sie bestimmen als Doppelpunkte eine Involution. Verbinden wir die Punktepaare dieser Involution mit dem Anfangspunkt O, so entsteht eine Involution in dem Geradenbüschel mit dem Träger O. Eventuell ist es die orthogonale Involution. Wenn nicht, so gibt es in ihr ein orthogonales Geradenpaar (vgl. S. 98). Unter allen Umständen läßt sich also das Achsensystem Ox, Oy so drehen, daß die Achsen ein Geradenpaar jener Involution bilden.

Die Gleichung (5′) nimmt infolge der Drehung der Achsen die Form

$$(6)\qquad (\mathfrak{a}_1 \mathfrak{x}_1 + \mathfrak{a}_2 \mathfrak{x}_2)^2 + (\mathfrak{b}_1 \mathfrak{x}_1 + \mathfrak{b}_2 \mathfrak{x}_2)^2 = D^2 \mathfrak{x}_3^2$$

an. Die Involution auf der unendlich fernen Geraden wird dargestellt durch

$$(\mathfrak{a}_1 \mathfrak{x}_1 + \mathfrak{a}_2 \mathfrak{x}_2)(\mathfrak{a}_1 \mathfrak{y}_1 + \mathfrak{a}_2 \mathfrak{y}_2) + (\mathfrak{b}_1 \mathfrak{x}_1 + \mathfrak{b}_2 \mathfrak{x}_2)(\mathfrak{b}_1 \mathfrak{y}_1 + \mathfrak{b}_2 \mathfrak{y}_2) = 0 .$$

Da die unendlich fernen Punkte der Achsen, d. h. die Punkte $\mathfrak{x}_1 = 1$, $\mathfrak{x}_2 = 0$ und $\mathfrak{y}_1 = 0$, $\mathfrak{y}_2 = 1$ ein Paar dieser Involution bilden, so ist

$$\mathfrak{a}_1 \mathfrak{a}_2 + \mathfrak{b}_1 \mathfrak{b}_2 = 0.$$

Die Gleichung (6) reduziert sich demnach auf

$$(\mathfrak{a}_1^2 + \mathfrak{b}_1^2)\mathfrak{x}_1^2 + (\mathfrak{a}_2^2 + \mathfrak{b}_2^2)\mathfrak{x}_2^2 = D^2 \mathfrak{x}_3^2.$$

Das ist aber die Gleichung einer Ellipse.[1]

Bei der von uns betrachteten Bewegung beschreiben alle Punkte der Ebene Ellipsen. Bei den Punkten, die zu Anfang auf einem gewissen Kreise liegen, schrumpft die Ellipse zu einer Strecke zusammen, die durch den Anfangspunkt hindurchgeht. Zu diesen Punkten gehören z. B. die Punkte A, B, mit denen die bewegliche Ebene auf den Achsen Ox, Oy gleitet.

§ 47. Beispiele höherer algebraischer und transzendenter Kurven.

1. Die Lemniskate.

Gegeben seien zwei Punkte F_1, F_2. Wir fordern von dem Punkte P, daß er ein konstantes Entfernungsprodukt a^2 von F_1 und F_2 hat. Die Achsen legen wir ebenso wie in § 43. Dann drückt sich unsere Forderung durch die Gleichung aus

$$\{(x-c)^2 + y^2\}\{(x+c)^2 + y^2\} = a^4$$

oder

$$(x^2 + y^2 + c^2)^2 - 4c^2x^2 = a^4$$

oder endlich

$$(x^2 + y^2)^2 + 2c^2(y^2 - x^2) = a^4 - c^4.$$

Wir kommen hier also auf eine algebraische Kurve vierter Ordnung. Homogen geschrieben lautet ihre Gleichung

$$(1)\qquad (x_1^2 + x_2^2)^2 + 2c^2(x_2^2 - x_1^2)x_3^2 + (c^4 - a^4)x_3^4 = 0 .$$

[1] Der Leser berechne $\mathfrak{a}_1^2 + \mathfrak{b}_1^2$ und $\mathfrak{a}_2^2 + \mathfrak{b}_2^2$. Er drücke auch die Achsen der Ellipse durch x_0, y_0, p, q aus und sehe zu, was aus den Achsen wird, wenn x_0, y_0 auf den Kreis (4) rückt.

Diese Kurve schneidet die unendlich ferne Gerade $x_3 = 0$ in dem Punktquadrupel

$$(x_1^2 + x_2^2)^2 = 0.$$

Das ist (doppelt zählend) das Kreispunktepaar.

Man nennt (1) eine Cassinische Kurve. Im Falle $a = c$ geht sie durch den Anfangspunkt hindurch und heißt eine Lemniskate. Die Gleichung der Lemniskate wird

$$(2) \qquad (x_1^2 + x_2^2)^2 + 2c^2(x_2^2 - x_1^2)x_3^2 = 0.$$

Ihre homogene Polargleichung lautet[1]

$$r_1^4 - 2c^2 r_1^2 r_2^2 \cos 2\varphi = 0.$$

Lassen wir den Faktor r_1^2 fort[2], so bleibt

$$(3) \qquad r_1^2 - 2c^2 r_2^2 \cos 2\varphi = 0.$$

Die Polargleichung

$$(4) \qquad r_2^2 - 2c^2 r_1^2 \cos 2\varphi = 0,$$

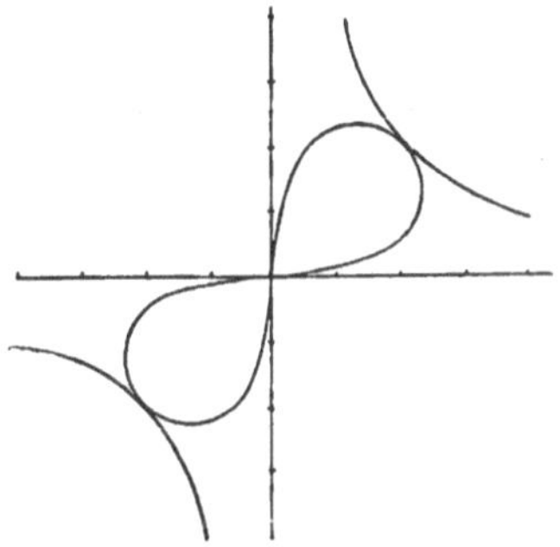

Fig. 57.

die mit

$$x_3^2 - 2c^2(x_1^2 - x_2^2) = 0$$

äquivalent ist, stellt eine gleichseitige Hyperbel dar.

(3) entsteht aus (4), indem man r_1 und r_2 vertauscht. Man bezeichnet diese Operation, die darauf hinauskommt, daß alle Radienvektoren durch ihre reziproken Werke ersetzt werden, während alle Amplituden ungeändert bleiben, als eine Inversion oder Transformation durch reziproke Radien. Unterwirft man eine gleichseitige Hyperbel einer Inversion vom Mittelpunkt aus, so geht sie in eine Lemniskate über.

2. Die Zykloide.

Es sei ein Kreis $\mathfrak{K}$ vom Radius 1 gegeben und eine Tangente mit dem Berührungspunkt O. Die Tangente Oy' denken wir uns orientiert.

Wenn der Punkt O sich auf dem Kreise bewegt und dabei im ersten Augenblick der positiven Richtung der Tangente folgt, so wollen wir sagen, daß er auf dem Kreise in positiver Richtung fortschreitet.

---

[1] Man gelangt von x_1, x_2, x_3 zu r_1, r_2, φ, indem man setzt: $x_1 = r_1 \cos\varphi$, $x_2 = r_1 \sin\varphi$, $x_3 = r_2$.

[2] Den Punkt $r_1 = 0$ verlieren wir dabei doch nicht.

Wird uns nun ein reelles Zahlenpaar x, y vorgelegt, so können wir ihm nach folgender Regel einen Punkt P der Ebene zuordnen. Je nachdem x positiv oder negativ, gehen wir auf dem Kreise $\mathfrak{K}$ von O aus in positiver oder negativer Richtung so lange, bis wir den Weg $|x|$ beschrieben haben. Dadurch gelangen wir zu einer Stelle Q. Von Q aus bewegen wir uns nun parallel zu Oy' bis zu einer Stelle P, so daß $\overline{QP} = y$ wird. Je nachdem y positiv oder negativ ist, müssen wir dem positiven oder negativen Sinn von Oy folgen. Der Weg, den wir zu beschreiben haben, ist $|y|$.

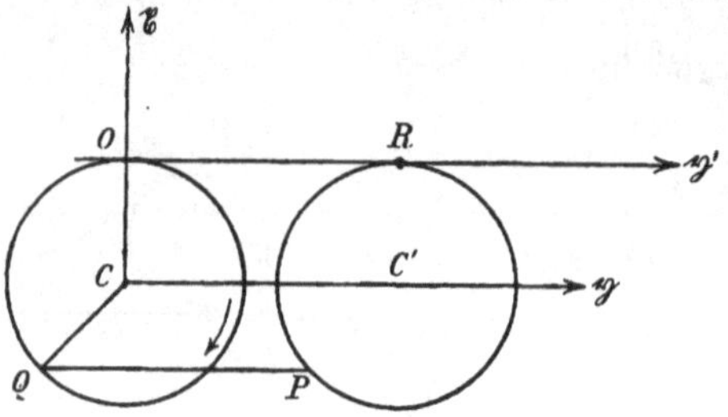

Fig. 58.

x, y wollen wir die Koordinaten von P nennen. Sie sind nach dem Obigen definiert durch die Gleichungen

$$\sphericalangle OCQ = x, \qquad \overline{QP} = y.$$

Diese Koordinaten sind nicht eindeutig.[1] Aber das darf uns nicht stören, weil ja auch die Polarkoordinaten nicht eindeutig sind.

Die beiden Operationen, die wir angewandt haben, um aus x, y den Punkt P zu erhalten, sind vertauschbar. Wir können zuerst (unter Mitnahme des Kreises $\mathfrak{K}$) von O nach R gehen, so daß $\overline{OR} = y$ wird und dann auf $\mathfrak{K}$ nach P, so daß der Radius $C'R$ die Drehung x ausführt.

Die Koordinatenlinien sind hier folgende. $x =$ Konst. ist eine Parallele zu Oy' und $y =$ Konst. ist ein Kreis, der aus $\mathfrak{K}$ durch Parallelverschiebung längs Oy' entsteht.

Wir wollen jetzt eine sehr einfache Gleichung zwischen diesen Koordinaten aufstellen, nämlich die Gleichung

$$x + y = 0.$$

Die Punkte, die dieser Gleichung genügen, bilden eine Kurve, die man als Zykloide bezeichnet. Wir können auch dadurch zu einem Zykloidenpunkte P gelangen, daß wir den Kreis $\mathfrak{K}$ bis zur Stelle R auf Oy' rollen lassen. Dadurch wird nämlich O gerade an die Stelle P gebracht. Mit dem Rollen darf kein Gleiten verbunden sein.

---

[1] Sie haben auch die Besonderheit, daß sie nur einen durch zwei Parallelen begrenzten Streifen der Ebene beherrschen.

Will man die Zykloide auf die beiden rechtwinkligen Achsen $C\mathfrak{x}$, $C\mathfrak{y}$ beziehen, so bemerke man zunächst, daß $(\mathfrak{x}\,\mathfrak{y}) = \frac{\pi}{2}$ ist. Daher lauten die Koordinaten von Q, wenn wir den gemeinsamen Wert von x und $-y$ mit t bezeichnen,

$$\cos t, \qquad \sin t.$$

Sie sind zugleich die Koordinaten der Strecke CQ. Die Koordinaten der Strecke QP sind gleich 0, $-t$, also die von $CP = CQ + QP$ gleich $\cos t$, $-t + \sin t$. Die Koordinaten $\mathfrak{x}$, $\mathfrak{y}$ des Zykloidenpunktes P drücken sich also in folgender Weise durch die Maßzahl der vom Mittelpunkt des Rollkreises beschriebenen Strecke aus:

$$\mathfrak{x} = \cos t, \qquad \mathfrak{y} = -t + \sin t.$$

Das ist eine Parameterdarstellung der Zykloide. Läßt man t um 2π zu- bzw. abnehmen, so bleibt $\mathfrak{x}$ ungeändert und $\mathfrak{y}$ nimmt

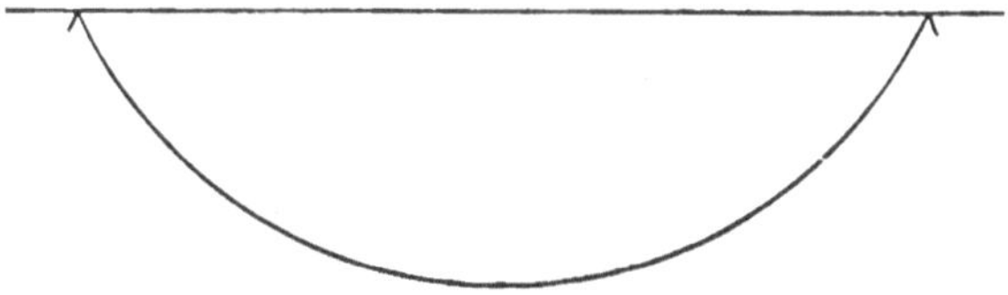

Fig. 59.

um 2π zu bzw. ab. Dasselbe erreicht man, wenn man die Zykloide parallel zur $\mathfrak{y}$-Achse um 2π in der positiven oder negativen Richtung verschiebt. Es genügt also t das Intervall 0 bis 2π durchlaufen zu lassen und den so erhaltenen Kurvenbogen wiederholt den erwähnten Translationen zu unterwerfen. Die Zykloide besteht aus unendlich vielen durch Translation kongruenten Bögen (vgl. Fig. 59).

Die $\mathfrak{y}$-Achse schneidet die Zykloide in unendlich vielen Punkten die durch

$$t \equiv \pm \frac{\pi}{2} \pmod{2\pi}$$

definiert sind. So etwas ist bei einer algebraischen Kurve unmöglich Setzen wir in der Gleichung einer algebraischen Kurve n-ter Ordnung $\mathfrak{x} = 0$, so bleibt, falls die $\mathfrak{x}$-Achse nicht mit ihren sämtlichen Punkten der Kurve angehört, für $\mathfrak{y}$ eine Gleichung übrig, die höchstens vom Grade n ist und daher nicht durch mehr als n verschiedene Werte von $\mathfrak{y}$ erfüllt wird.

Die Zykloide gehört also zur Klasse der nichtalgebraischen oder transzendenten Kurven.

3. Die Epizykloiden.

Die Zykloide gehört als Grenzfall zu einer Klasse von Kurven, die man Epizykloiden nennt.

Wir operieren mit orientierten Kreisen, d. h. mit Kreisen, auf denen ein positiver Fortschreitungssinn festgesetzt ist. Legen wir auf einem solchen Kreise einen Weg zurück, so wird er durch eine positive oder negative Zahl gemessen, je nachdem wir uns in positiver oder negativer Richtung bewegt haben. Von zwei orientierten Kreisen sagen wir, daß sie sich berühren, wenn an der Berührungsstelle die positiven Fortschreitungsrichtungen gleichsinnig und nicht gegensinnig sind. Die beiden orientierten Kreise in Fig. 60 berühren sich, die in Fig. 61 dagegen nicht.

Nun sei gegeben ein orientierter Kreis $\mathfrak{K}_0$ und ein orientierter Kreis $\mathfrak{K}$, der ihn im Punkte O berührt vgl. Fig. 62).

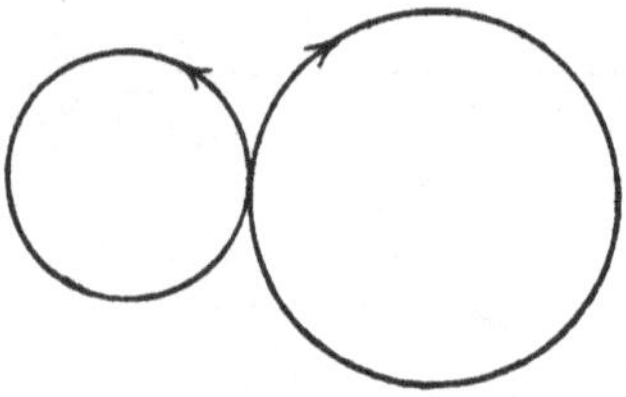

Fig. 60.

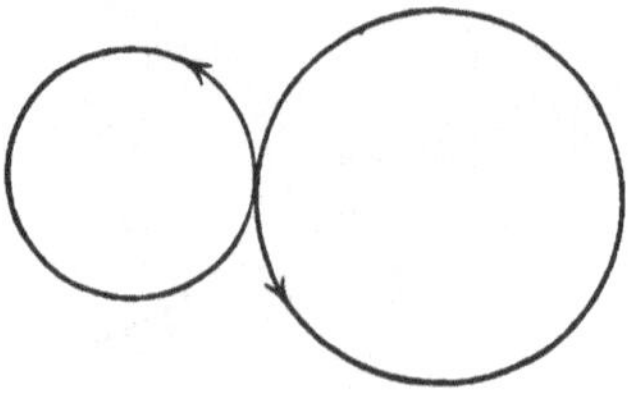

Fig. 61.

Wir können ähnlich wie in Nr. 2 jedem reellen Zahlenpaar x, y einen Punkt P zuordnen. Wir lassen zuerst O unter Mitnahme des Kreises $\mathfrak{K}$, der dabei auf $\mathfrak{K}_0$ entlang gleitet, auf $\mathfrak{K}_0$ den Weg y beschreiben. O muß also der positiven oder negativen Richtung von $\mathfrak{K}_0$ folgen, je nachdem y positiv oder negativ ist, und einen Weg von der Länge $|y|$ zurücklegen. O gelangt dabei in die neue Lage O' und $\mathfrak{K}$ in die neue Lage $\mathfrak{K}'$. Nun lassen wir den Punkt O' auf $\mathfrak{K}'$ den Weg x beschreiben. Dadurch gelangt er nach P, und dies ist der Punkt, den wir dem Zahlenpaar x, y zuordnen. x, y nennen wir die Koordinaten von P.

Die Koordinatenlinien sind hier folgende:

$y =$ Konst. ist ein Kreis $\mathfrak{K}'$, der aus $\mathfrak{K}$ durch Gleiten auf $\mathfrak{K}_0$ entsteht. $x =$ Konst. ist ein mit $\mathfrak{K}_0$ konzentrischer Kreis.

Die beiden Operationen, durch die wir zu P gelangten, sind vertauschbar. Wir können zuerst den Punkt O auf $\mathfrak{K}$ den Weg x beschreiben lassen, wodurch er etwa nach Q gelangt. Nun lassen wir $\mathfrak{K}$ auf $\mathfrak{K}_0$ gleiten, so daß der Berührungspunkt auf $\mathfrak{K}_0$ den Weg y beschreibt. Q wird dadurch wieder nach P gebracht.

Zwischen den hier definierten Koordinaten stellen wir jetzt die Gleichung auf

$$x + y = 0.$$

Man nennt eine solche Kurve eine Epizykloide. Wir können sie (vgl. Fig. 62) auch dadurch erzeugen, daß wir $\mathfrak{K}$ auf $\mathfrak{K}_0$ rollen lassen, ohne zu gleiten.

Um die Epizykloide $x + y = 0$ auf rechtwinklige Achsen zu beziehen, nehmen wir als Anfangspunkt den Mittelpunkt C des Kreises $\mathfrak{K}$. Als $\mathfrak{x}$-Achse benutzen wir die Gerade C, O und ihre positive Richtung soll von C nach O weisen. Um Oy zu gewinnen,

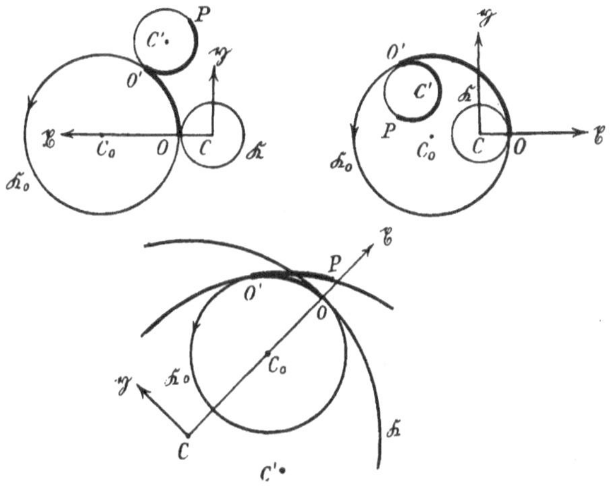

Fig. 62.

lassen wir O solange auf $\mathfrak{K}$ im positiven Sinne wandern, bis CO sich um einen rechten Winkel gedreht hat.

Den positiven Drehungssinn in der Ebene setzen wir so fest, daß $(\mathfrak{x}\mathfrak{y}) = \frac{\pi}{2}$ ist. Dann zerfallen die orientierten Kreise in zwei Klassen, je nachdem der Radius sich in positivem oder negativem Sinne dreht, wenn man sich auf dem Kreise in positiver Richtung bewegt. Wir sprechen im ersten Falle von einem positiven, im zweiten Falle von einem negativen Kreis. $\mathfrak{K}$ ist ein positiver Kreis. $\mathfrak{K}_0$ ist ein positiver oder negativer Kreis, je nachdem $\mathfrak{K}$ und $\mathfrak{K}_0$ auf derselben Seite ihrer gemeinsamen Tangente liegen oder nicht (vgl. Fig. 63).

Wenn der Kreis $\mathfrak{K}_0$ positiv ist, also C_0 und C, die Mittelpunkte der beiden Kreise, auf derselben Seite von O liegen, haben $\overline{CO}$

und $\overline{C_0 O}$ dasselbe Zeichen. $\overline{CO}$ ist aber, weil wir die positive $\mathfrak{x}$-Achse von C nach O hinläuft, positiv. Also wird auch $\overline{C_0 O} = a_0$ positiv sein.

Wenn der Kreis $\mathfrak{K}_0$ negativ ist, so liegen C_0 und C auf verschiedenen Seiten von O. Daher haben $\overline{CO}$ und $\overline{C_0 O}$ entgegengesetzte Zeichen. $\overline{C_0 O} = a_0$ wird also hier negativ sein.

a_0 ist der Radius von $\mathfrak{K}_0$, und zwar positiv oder negativ gerechnet, je nachdem $\mathfrak{K}_0$ ein positiver oder ein negativer Kreis ist.

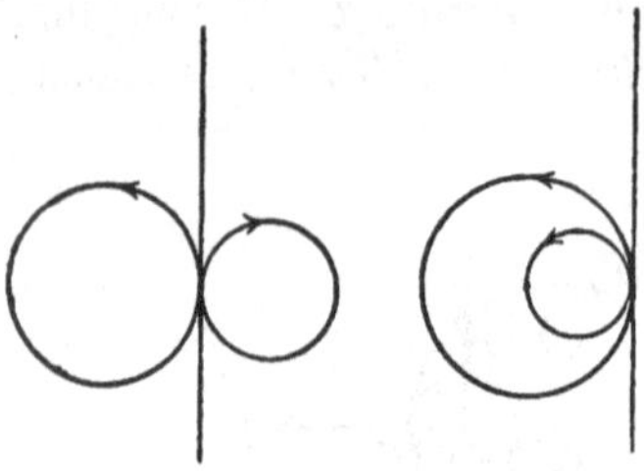

Fig. 63.

Bezeichnen wir den gemeinsamen Wert von x und $-y$ mit t, so gelangen wir zu dem Epizykloidenpunkt x, y, indem wir zuerst O auf $\mathfrak{K}$ den Weg t beschreiben lassen bis zur Stelle Q und dann den Kreis $\mathfrak{K}$ auf $\mathfrak{K}_0$ gleiten lassen derart, daß O auf $\mathfrak{K}_0$ den Weg $-t$ beschreibt. Q gelangt dabei nach dem Epizykloidenpunkt P mit den Koordinaten $x = t$, $y = -t$.

Die Strecke CQ hat in bezug auf $C\mathfrak{x}$, $C\mathfrak{y}$, also auch in bezug auf das System $C_0\mathfrak{x}'$, $C_0\mathfrak{y}'$, das aus $C\mathfrak{x}$, $C\mathfrak{y}$ durch Parallelverschiebung entstanden ist, die Koordinaten[1]

$$a \cos \frac{t}{a}, \quad a \sin \frac{t}{a}.$$

Während nämlich O auf K den Weg t beschreibt, führt CO die Drehung[2] $t : a$ aus.

Wenn nun O auf $\mathfrak{K}_0$ den Weg $-t$ durchläuft, führt $C_0 O$ die Drehung $-t : |a_0|$ oder $t : |a_0|$ aus, je nachdem $\mathfrak{K}_0$ ein positiver oder negativer Kreis, je nachdem also a_0 positiv oder negativ ist.

$C_0 O$ führt also immer die Drehung $-t : a_0$ aus.

Infolge dieser Drehung gewinnt die Strecke CQ die neue Lage $C'P$ und die Koordinaten von $C'P$ in bezug auf $O\mathfrak{x}$, $O\mathfrak{y}$ lauten (vgl. S. 30)

$$a \cos \frac{t}{a} \cos\left(-\frac{t}{a_0}\right) - a \sin \frac{t}{a} \sin\left(-\frac{t}{a_0}\right),$$

$$a \cos \frac{t}{a} \sin\left(-\frac{t}{a_0}\right) + a \sin \frac{t}{a} \cos\left(-\frac{t}{a_0}\right),$$

d. h.

$$a \cos\left(\frac{t}{a} - \frac{t}{a_0}\right), \quad a \sin\left(\frac{t}{a} - \frac{t}{a_0}\right).$$

[1] a ist der Radius von $\mathfrak{K}$ (positiv gerechnet).

[2] Vgl. § 5.

Es fehlen uns die Koordinaten von $C_0 C'$. Nun ist $C_0 O'$ aus $C_0 O$ durch die Drehung $-t : a_0$ entstanden. Ferner ist $\overline{C_0 C} = \overline{C_0 O} + \overline{O C} = a_0 - a$. Also sind $a_0 - a$ und $-t : a_0$ die Polarkoordinaten von C' in bezug auf $C_0 \mathfrak{x}'$, $C_0 \mathfrak{y}'$. Die cartesischen Koordinaten von C' oder, was dasselbe ist, von $C_0 C'$ lauten dann (vgl. S. 30)

$$(a_0 - a) \cos \frac{t}{a_0}, \qquad -(a_0 - a) \sin \frac{t}{a_0}.$$

Die Koordinaten von $C C_0$ sind $a - a_0$, 0.

Jetzt sind wir imstande die Koordinaten $\mathfrak{x}$, $\mathfrak{y}$ von P anzugeben. Sie sind die Koordinaten von

$$CP = CC_0 + C_0 C' + C' P,$$

also die Summen der entsprechenden Koordinaten von CC_0, $C_0 C'$, $C' P$, und lauten daher

$$(*) \qquad \begin{cases} \mathfrak{x} = (a - a_0)\left(1 - \cos \dfrac{t}{a_0}\right) + a \cos \left(\dfrac{t}{a} - \dfrac{t}{a_0}\right), \\ \mathfrak{y} = (a - a_0) \sin \dfrac{t}{a_0} + a \sin \left(\dfrac{t}{a} - \dfrac{t}{a_0}\right). \end{cases}$$

Das ist eine Parameterdarstellung der betrachteten Epizykloide.

Lassen wir a_0 unbegrenzt zunehmen, so strebt der Punkt $\mathfrak{x}$, $\mathfrak{y}$, der einem bestimmten Wert von t entspricht, einer Grenzlage $\bar{\mathfrak{x}}$, $\bar{\mathfrak{y}}$ zu. Es wird nämlich[1]

$$\lim a_0 \sin \frac{t}{a_0} = t,$$

$$\lim a_0 \left(1 - \cos \frac{t}{a_0}\right) = 0,$$

also

$$\bar{\mathfrak{x}} = \lim \mathfrak{x} = a \cos \frac{t}{a},$$

$$\bar{\mathfrak{y}} = \lim \mathfrak{y} = -t + a \sin \frac{t}{a}.$$

Die Punkte $\bar{\mathfrak{x}}$, $\bar{\mathfrak{y}}$ liegen, wie man sieht, auf einer Zykloide.[2] Das war auch zu erwarten. Denn $\mathfrak{K}_0$ hat sich in eine Gerade verwandelt, auf der $\mathfrak{K}$ rollt.

Will man a über alle Grenzen wachsen lassen, so kann man nicht die Koordinaten $\mathfrak{x}$, $\mathfrak{y}$ beibehalten. Denn C rückt ins Unendliche. Man wird also mit $\mathfrak{x}'$, $\mathfrak{y}'$, den Koordinaten in bezug auf den

---

[1] Vgl. meine „Grundzüge der Differential- und Integralrechnung".

[2] Vgl. S. 133. Dort hatten wir $a = 1$ gesetzt.

Anfangspunkt C_0, operieren. Sie sind die Summen der entsprechenden Koordinaten von $C_0 C'$ und $C'P$. Man hat also

$$(**)\quad \begin{cases} \mathfrak{x}' = \quad (a_0 - a)\cos\frac{t}{a_0} + a\cos\left(\frac{t}{a} - \frac{t}{a_0}\right), \\ \mathfrak{y}' = -(a_0 - a)\sin\frac{t}{a_0} + a\sin\left(\frac{t}{a} - \frac{t}{a_0}\right). \end{cases}$$

Läßt man jetzt a über alle Grenzen wachsen, so wird (bei festgehaltenem t)

$$\lim\left\{a\cos\left(\frac{t}{a} - \frac{t}{a_0}\right) - a\cos\frac{t}{a_0}\right\}$$

$$= \lim\left\{a\left(\cos\frac{t}{a} - 1\right)\cos\frac{t}{a_0}\right\} + \lim\left\{a\sin\frac{t}{a}\sin\frac{t}{a_0}\right\} = t\sin\frac{t}{a_0}$$

und

$$\lim\left\{a\sin\left(\frac{t}{a} - \frac{t}{a_0}\right) + a\sin\frac{t}{a_0}\right\}$$

$$= \lim\left\{a\left(1 - \cos\frac{t}{a}\right)\sin\frac{t}{a_0}\right\} + \lim\left\{a\sin\frac{t}{a}\cos\frac{t}{a_0}\right\} = t\cos\frac{t}{a_0},$$

mithin

$$\bar{\mathfrak{x}}' = \lim \mathfrak{x}' = \quad a_0\cos\frac{t}{a_0} + t\sin\frac{t}{a_0},$$

$$\bar{\mathfrak{y}}' = \lim \mathfrak{y}' = -a_0\sin\frac{t}{a_0} + t\cos\frac{t}{a_0}.$$

Die Punkte $\bar{\mathfrak{x}}'$, $\bar{\mathfrak{y}}'$ bilden eine Kurve, die man als Kreisevolvente bezeichnet. Sie wird beschrieben von einem Punkt einer Geraden, die auf einem Kreise rollt. Man kann auch sagen, daß sie beschrieben wird von dem Ende eines Fadens, den man von dem Kreise abwickelt. Das abgewickelte Stück ist ja eine Gerade, die auf dem Kreise rollt. Der Leser möge die Parameterdarstellung der Kreisevolvente direkt ableiten und sich überzeugen, daß dabei die obigen Formeln herauskommen.

Läßt man a nach Null konvergieren, so wird in den Formeln (**) bei festgehaltenem t

$$\lim \mathfrak{x}' = \quad a_0\cos\frac{t}{a_0},$$

$$\lim \mathfrak{y}' = -a_0\sin\frac{t}{a_0}.$$

Es kommt also der Kreis $\mathfrak{K}_0$ heraus.

Läßt man a_0 nach Null, so haben $\mathfrak{x}$, $\mathfrak{y}$ in den Formeln (*) bei festgehaltenem t keine Grenzwerte.

Erwähnt sei noch der Fall $a_0 = a$. Da fallen die beiden

Kreise $\mathfrak{K}_0$ und $\mathfrak{K}$ zusammen. Die Gleichungen (**) liefern $\mathfrak{x}' = a$, $\mathfrak{y}' = 0$. Es kann in diesem Falle keine Rollbewegung eintreten.

Wir nehmen jetzt an, daß a und a_0 beide von Null verschieden sind.

Wenn a und a_0 in einem **irrationalen** Verhältnis stehen, so ist die Epizykloide sicher keine algebraische Kurve. Sie hat nämlich mit dem Kreise $\mathfrak{K}_0$ unendlich viele Punkte gemein, ohne daß alle Punkte von $\mathfrak{K}_0$ zu ihr gehören. Aus (**) folgt

$$\mathfrak{x}'^2 + \mathfrak{y}'^2 = (a_0 - a)^2 + a^2 + 2a(a_0 - a)\cos\frac{t}{a}.$$

Dies wird (was auch geometrisch evident ist) dann und nur dann gleich $a_0{}^2 = (a_0 - a)^2 + a^2 + 2a(a_0 - a)$, wenn $t = 2m\pi a$ ist.

Der Punkt $t = 2m\pi a$ hat nun die Koordinaten

$$\mathfrak{x}' = a_0 \cos\frac{2m\pi a}{a_0}, \qquad \mathfrak{y}' = -a_0 \sin\frac{2m\pi a}{a_0},$$

d. h. die Amplitude

$$-\frac{2m\pi a}{a_0}. \qquad (m = 0, \pm 1, \pm 2, \ldots)$$

Diese Punkte liegen auf $\mathfrak{K}_0$ überall dicht[1], aber es sind doch nicht alle Punkte von $\mathfrak{K}_0$. Z. B. fehlen schon diejenigen, deren Amplitude in einem rationalen Verhältnis zu 2π steht.

Wenn eine algebraische Kurve n^{ter} Ordnung vorliegt, so hat sie mit dem Kreise $\mathfrak{K}_0$, wenn $\mathfrak{K}_0$ nicht ganz zu ihr gehört, nicht mehr als $2n$ Punkte gemein. Die Koordinaten eines Punktes von $\mathfrak{K}_0$ lauten nämlich, da

$$\cos\varphi = \frac{\cos^2\frac{\varphi}{2} - \sin^2\frac{\varphi}{2}}{\cos^2\frac{\varphi}{2} + \sin^2\frac{\varphi}{2}} = \frac{\lambda^2 - \mu^2}{\lambda^2 + \mu^2},$$

$$\sin\varphi = \frac{2\cos\frac{\varphi}{2}\sin\frac{\varphi}{2}}{\cos^2\frac{\varphi}{2} + \sin^2\frac{\varphi}{2}} = \frac{2\lambda\mu}{\lambda^2 + \mu^2}$$

ist

$$\mathfrak{x}' = \frac{a_0(\lambda^2 - \mu^2)}{\lambda^2 + \mu^2}, \qquad \mathfrak{y}' = \frac{2a_0\lambda\mu}{\lambda^2 + \mu^2}.$$

Setzt man sie in die Gleichung der algebraischen Kurve ein und multipliziert mit $(\lambda^2 + \mu^2)^n$, so entsteht eine homogene Gleichung

---

[1] d. h. auf jedem Bogenstückchen von $\mathfrak{K}_0$ gibt es solche Punkte. Der Leser möge dies beweisen.

$2n^{\text{ten}}$ Grades in λ, μ. Sie hat entweder lauter verschwindende Koeffizienten; dann gehören alle Punkte von $\mathfrak{K}_0$ der algebraischen Kurve an. Oder es sind nicht alle Koeffizienten gleich Null; dann wird sie höchstens durch $2n$-Werte von $\lambda : \mu$ befriedigt.

Wenn a und a_0 in einem rationalen Verhältnis stehen, so genügen die Punkte der Epizykloide einer algebraischen Gleichung.

Setzen wir

$$\frac{t}{a_0} = u, \qquad \frac{a_0 - a}{a} = k,$$

so nehmen die Gleichungen (**) folgende Gestalt an

$$\frac{\mathfrak{x}'}{a} = \quad k \cos u + \cos k u,$$

$$\frac{\mathfrak{y}'}{a} = -k \sin u + \sin k u.$$

k ist, weil a und a_0 in einem rationalen Verhältnis stehen, rational. Wir können also

$$k = \frac{m}{n}$$

setzen und m, n sind dann ganze Zahlen $(n > 0)$. Führen wir noch

$$v = \frac{u}{n}$$

als neuen Parameter ein und setzen $a = n a'$, so erhalten wir

$$\frac{\mathfrak{x}'}{a'} = \quad m \cos n v + n \cos m v,$$

$$\frac{\mathfrak{y}'}{a'} = -m \sin n v + n \sin m v.$$

Nun empfiehlt es sich statt mit $\mathfrak{x}'$, $\mathfrak{y}'$ mit

$$\mathfrak{z} = \frac{\mathfrak{x}' + i\mathfrak{y}'}{a'} \quad \text{und} \quad \bar{\mathfrak{z}} = \frac{\mathfrak{x}' - i\mathfrak{y}'}{a'}$$

zu operieren. Bezeichnen wir $\cos v + i \sin v$ mit z, so können wir schreiben

$$\mathfrak{z} = m z^{-n} + n z^{m}, \quad \bar{\mathfrak{z}} = m z^{n} + n z^{-m}.$$

Hieraus muß man z eliminieren, um die gewünschte algebraische Gleichung zwischen $\mathfrak{x}'$ und $\mathfrak{y}'$ zu erhalten. Wir können auch sagen, daß aus den drei Gleichungen

$$n \xi \eta - \mathfrak{z} \xi + m = 0,$$

$$m \xi \eta - \bar{\mathfrak{z}} \eta + n = 0,$$

$$\xi^m - \eta^n = 0$$

ξ und η zu eliminieren sind. Diese Elimination läßt sich so ausführen. Man entnimmt aus den beiden ersten Gleichungen

$$\mathfrak{z}\bar{\mathfrak{z}}\,\xi\eta = (n\,\xi\eta + m)(m\,\xi\eta + n).$$

Das ist eine quadratische Gleichung für $\xi\eta$. Man löst sie auf und findet dann Ausdrücke für ξ, η, in denen noch ein Wurzelzeichen auftritt. Setzt man sie in $\xi^m - \eta^n = 0$ ein und schafft das Wurzelzeichen fort, so hat man die algebraische Gleichung zwischen $\mathfrak{x}'$ und $\mathfrak{y}'$.

Wir wollen jetzt einige Spezialfälle betrachten. $k = 0$, d. h. $a_0 = a$ ist der schon oben erwähnte Fall, wo überhaupt keine Rollbewegung möglich ist. Ihn schließen wir aus.

Wenn $k = 1$ ist, also $a_0 = 2a$, so liegen beide Kreise auf derselben Seite ihrer gemeinsamen Tangente (sie gehören derselben Klasse an). Hier ist $m = n = 1$, also

$$\mathfrak{x}' = 2a' \cos v, \qquad \mathfrak{y}' = 0. \qquad \left(a' = \frac{a}{n} = a\right)$$

Der Punkt geht hier auf einem Durchmesser OO_1 von $\mathfrak{K}_0$ beständig hin und her, während $\mathfrak{K}$ auf $\mathfrak{K}_0$ rollt. Dies läßt sich auch sofort elementargeometrisch zeigen.

Die algebraische Gleichung zwischen $\mathfrak{x}'$, $\mathfrak{y}'$ lautet hier $\mathfrak{y}' = 0$.

Im Falle $k = 3$, d. h. $a_0 = 4a$, ist $m = 3$, $n = 1$, $a' = a$, also

$$\frac{\mathfrak{x}'}{a} = 3\cos v + \cos 3v,$$

$$\frac{\mathfrak{y}'}{a} = -3\sin v + \sin 3v$$

und

$$\frac{\mathfrak{x}' + i\mathfrak{y}'}{a} = 3(\cos v - i\sin v) + (\cos v + i\sin v)^3.$$

Hieraus folgt

$$\frac{\mathfrak{x}'}{a} = 3\cos v + \cos^3 v - 3\cos v \sin^2 v = 4\cos^3 v,$$

$$\frac{\mathfrak{y}'}{a} = -3\sin v + 3\cos^2 v \sin v - \sin^3 v = -4\sin^3 v$$

und die algebraische Gleichung zwischen $\mathfrak{x}'$, $\mathfrak{y}'$ läßt sich so schreiben

$$\left(\frac{\mathfrak{x}'}{a_0}\right)^{2/3} + \left(\frac{\mathfrak{y}'}{a_0}\right)^{2/3} = 1.$$

Man nennt diese Kurve eine **Astroide**.

Endlich sei noch der Spezialfall $a_0 = -a$, d. h. $k = -2$, erwähnt. Da rollt ein Kreis $\mathfrak{K}$ auf einem gleich großen Kreise.

Man hat in diesem Falle $m = -1$, $n = 2$, also

$$\frac{\mathfrak{x}'}{a'} = -\cos 2v + 2\cos v,$$

$$\frac{\mathfrak{y}'}{a'} = \sin 2v - 2\sin v.$$

Setzen wir

$$\mathfrak{z} = \frac{\mathfrak{x}' + i\mathfrak{y}'}{a'}, \quad \bar{\mathfrak{z}} = \frac{\mathfrak{x}' - i\mathfrak{y}'}{a'}, \quad \cos v + i \sin v = z,$$

so wird

$$\mathfrak{z} = -\frac{1}{z^2} + \frac{2}{z},$$

$$\bar{\mathfrak{z}} = -z^2 + 2z.$$

Man hat also aus den beiden quadratischen Gleichungen

$$\mathfrak{z} z^2 - 2z + 1 = 0,$$

$$z^2 - 2z + \bar{\mathfrak{z}} = 0$$

z zu eliminieren. Man findet zunächst

$$z = \frac{1 - \mathfrak{z}\bar{\mathfrak{z}}}{2(1 - \mathfrak{z})}, \quad z^2 = \frac{1 - \bar{\mathfrak{z}}}{1 - \mathfrak{z}}$$

und dann folgt

$$(1 - \mathfrak{z}\bar{\mathfrak{z}})^2 = 4(1 - \mathfrak{z})(1 - \bar{\mathfrak{z}}).$$

Es empfiehlt sich hier, das Achsensystem einer Translation zu unterwerfen, nämlich zu setzen

$$\mathfrak{x}' = a' + \mathfrak{x}_1, \quad \mathfrak{y}' = \mathfrak{y}_1$$

und entsprechend

$$\mathfrak{z} = 1 + \mathfrak{z}_1, \quad \bar{\mathfrak{z}} = 1 + \bar{\mathfrak{z}}_1.$$

Die gefundene Gleichung lautet dann

$$(\mathfrak{z}_1 \bar{\mathfrak{z}}_1 - \mathfrak{z}_1 - \bar{\mathfrak{z}}_1)^2 = 4\mathfrak{z}_1 \bar{\mathfrak{z}}_1$$

oder, wenn man zu $\mathfrak{x}_1$, $\mathfrak{y}_1$ übergeht und beachtet, daß $a' = a/2$ ist,

$$(\mathfrak{x}_1{}^2 + \mathfrak{y}_1{}^2 - a\mathfrak{x}_1)^2 = a^2(\mathfrak{x}_1{}^2 + \mathfrak{y}_1{}^2).$$

Das ist eine Kurve vierter Ordnung. Man bezeichnet sie als Kardioide. Führt man Polarkoordinaten ein, setzt man also

$$\mathfrak{x}_1 = r\cos\varphi, \quad \mathfrak{y}_1 = r\sin\varphi,$$

so verwandelt sich die Gleichung in

$$(r^2 - ar\cos\varphi)^2 = a^2 r^2$$

oder

$$r^2(r - a\cos\varphi - a)(r - a\cos\varphi + a) = 0.$$

Die Gleichungen

$$r = a\cos\varphi + a$$

und

$$r = a\cos\varphi - a$$

oder

$$-r = a\cos(\varphi + \pi) + a$$

sind gleichwertig; denn $-r$, $\varphi + \pi$ und r, φ sind die Polarkoordinaten eines und desselben Punktes. Da für $\varphi = \pi$

$$r = a\cos\varphi + a = 0$$

wird, so können wir die Kardioide durch die eine Gleichung

$$r = a(1 + \cos\varphi)$$

darstellen.

$r = a\cos\varphi$ ist die Polargleichung eines Kreises vom Durchmesser a. Addiert man zu allen Radienvektoren die Konstante a, so entsteht die Kardioide. Wegen dieser Entstehungsweise nennt man sie eine Konchoide des Kreises. Aber sie ist eine spezielle Konchoide des Kreises, weil zu den Radienvektoren a und nicht eine andere Konstante addiert wird. Die Polargleichung einer beliebigen Konchoide des Kreises, in bezug auf einen seiner Punkte, lautet

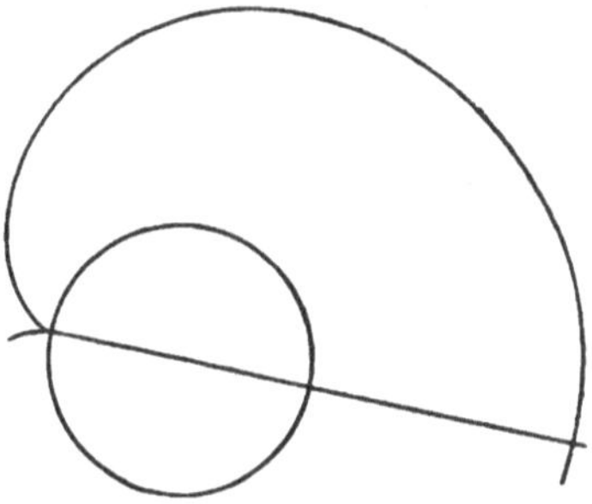

Fig. 64.

$$r = a\cos\varphi + b\,.$$

Die Konchoiden des Kreises in bezug auf einen seiner Punkte nennt man auch Schneckenlinien. Sie sind wie die Kardiode Kurven vierter Ordnung. In homogenen cartesischen Koordinaten lautet die Gleichung einer Schneckenlinie

$$(x_1^2 + x_2^2 - a x_1 x_3)^2 = b(x_1^2 + x_2^2) x_3^2.$$

Sie schneidet die unendlich ferne Gerade in dem (doppelt zählenden) Kreispunktepaar.

Sechstes Kapitel.

Kurven zweiter Ordnung und Kurven zweiter Klasse vom projektiven Standpunkt.

§ 48. Die Diskriminante.

Wir betrachten eine Kurve zweiter Ordnung und schreiben ihre Gleichung in projektiven Koordinaten $\mathfrak{x}_1, \mathfrak{x}_2, \mathfrak{x}_3$. Sie enthält Glieder mit $\mathfrak{x}_1^2, \mathfrak{x}_2^2, \mathfrak{x}_3^2, \mathfrak{x}_2\mathfrak{x}_3, \mathfrak{x}_3\mathfrak{x}_1, \mathfrak{x}_1\mathfrak{x}_2$. Die Koeffizienten bezeichnen wir mit $\mathfrak{a}_{11}, \mathfrak{a}_{22}, \mathfrak{a}_{33}, 2\mathfrak{a}_{23}, 2\mathfrak{a}_{31}, 2\mathfrak{a}_{12}$. Führen wir noch $\mathfrak{a}_{32}, \mathfrak{a}_{13}, \mathfrak{a}_{21}$ ein und setzen fest, daß

$$\mathfrak{a}_{32} = \mathfrak{a}_{23}, \qquad \mathfrak{a}_{13} = \mathfrak{a}_{31}, \qquad \mathfrak{a}_{21} = \mathfrak{a}_{12}$$

sein soll, so lautet die Gleichung der Kurve

$$(1) \qquad \sum_{r,s} \mathfrak{a}_{rs}\mathfrak{x}_r\mathfrak{x}_s = 0. \qquad (r, s = 1, 2, 3)$$

Der Koeffizient von $\mathfrak{x}_r^2$ ist hier $\mathfrak{a}_{rr}$, der von $\mathfrak{x}_r\mathfrak{x}_s (r \gtrless s)$ aber $\mathfrak{a}_{rs} + \mathfrak{a}_{sr} = 2\mathfrak{a}_{rs}$.

Die Determinante

$$\begin{vmatrix} \mathfrak{a}_{11} & \mathfrak{a}_{12} & \mathfrak{a}_{13} \\ \mathfrak{a}_{21} & \mathfrak{a}_{22} & \mathfrak{a}_{23} \\ \mathfrak{a}_{31} & \mathfrak{a}_{32} & \mathfrak{a}_{33} \end{vmatrix}$$

nennt man die Diskriminante der Kurve (1) oder auch die Diskriminante der quadratischen Form

$$(2) \qquad \sum \mathfrak{a}_{rs}\mathfrak{x}_r\mathfrak{x}_s.$$

Wenn man eine quadratische Form linear transformiert, so multipliziert sich die Diskriminante mit dem Quadrat der Transformationsdeterminante.

Wir wollen diesen Satz gleich allgemein für quadratische Formen mit n Veränderlichen beweisen und zugleich noch andere Eigenschaften der Diskriminante erörtern.

Unterwerfen wir die quadratische Form[1]

$$f = \sum a_{rs} x_r x_s \qquad (r, s = 1, \ldots, n)$$

der linearen Transformation[2]

[1] Wir schreiben die Form so, daß $a_{rs} = a_{sr}$ ist.

[2] Wir betrachten nur solche linearen Transformationen, deren Determinante von Null verschieden ist.

$$x_r = \beta_{r1} y_1 + \beta_{r2} y_2 + \dots + \beta_{rn} y_n,$$
$$(r = 1, 2, \dots, n)$$

so wird

$$f = \sum b_{rs} y_r y_s.$$

Um b_{rs} zu finden, müssen wir in $\sum a_{\varrho\sigma} x_\varrho x_\sigma$ für die x ihre Ausdrücke einsetzen. Dadurch erhalten wir

$$f = \sum_{\varrho, \sigma, r, s} a_{\varrho\sigma} \beta_{\varrho r} \beta_{\sigma s} y_r y_s.$$

Setzen wir nun

(3)
$$b_{rs} = \sum_{\varrho, \sigma} a_{\varrho\sigma} \beta_{\varrho r} \beta_{\sigma s},$$

so können wir schreiben

$$f = \sum_{r\,s} b_{rs} y_r y_s.$$

Vertauschen wir in der Summe für b_{rs} die gleichberechtigten Indizes ϱ, σ, so ergibt sich

$$\sum_{\varrho, \sigma} a_{\sigma\varrho} \beta_{\varrho s} \beta_{\sigma r}$$

oder, da $a_{\sigma\varrho} = a_{\varrho\sigma}$,

$$\sum_{\varrho, \sigma} a_{\varrho\sigma} \beta_{\varrho s} \beta_{\sigma r},$$

d. h. b_{sr}. Es ist also

$$b_{rs} = b_{sr}.$$

Die Berechnung der Determinante der b_{rs} gestaltet sich wie folgt. Setzen wir

(4)
$$\sum_{\varrho} a_{\varrho\sigma} \beta_{\varrho r} = c_{r\sigma},$$

so können wir schreiben

$$b_{rs} = \sum_{\sigma} c_{r\sigma} \beta_{\sigma s}.$$

Daraus ersehen wir, daß b_{rs} entsteht, indem man die r^{te} Zeile der Matrix

$$\begin{matrix} c_{11} & \dots & c_{1n} \\ \cdot & \cdot & \cdot \\ c_{n1} & \dots & c_{nn} \end{matrix}$$

mit der s^{ten} Spalte der Matrix

$$\begin{matrix} \beta_{11} & \dots & \beta_{1n} \\ \cdot & \cdot & \cdot \\ \beta_{n1} & \dots & \beta_{nn} \end{matrix}$$

zusammensetzt. Dies drückt man durch die folgende symbolische Gleichung aus:[1]

$$\begin{pmatrix} b_{11} & \dots & b_{1n} \\ . & . & . \\ b_{n1} & \dots & b_{nn} \end{pmatrix} = \begin{pmatrix} c_{11} & \dots & c_{1n} \\ . & . & . \\ c_{n1} & \dots & c_{nn} \end{pmatrix} \begin{pmatrix} \beta_{11} & \dots & \beta_{1n} \\ . & . & . \\ \beta_{n1} & \dots & \beta_{nn} \end{pmatrix}.$$

Wegen (4) ist nun

$$\begin{pmatrix} c_{11} & \dots & c_{1n} \\ . & . & . \\ c_{n1} & \dots & c_{nn} \end{pmatrix} = \begin{pmatrix} \beta_{11} & \dots & \beta_{n1} \\ . & . & . \\ \beta_{1n} & \dots & \beta_{nn} \end{pmatrix} \begin{pmatrix} a_{11} & \dots & a_{1n} \\ . & . & . \\ a_{n1} & \dots & a_{nn} \end{pmatrix}.$$

$c_{r\sigma}$ entsteht nämlich durch Zusammensetzen der r^{ten} Zeile des ersten mit der σ^{ten} Spalten des zweiten Faktors. Wir haben also schließlich folgende Beziehung zwischen der Matrix der b_{rs} und der Matrix der a_{rs}:

$$(5)\quad \begin{pmatrix} b_{11} & \dots & b_{1n} \\ . & . & . \\ b_{n1} & \dots & b_{nn} \end{pmatrix} = \begin{pmatrix} \beta_{11} & \dots & \beta_{n1} \\ . & . & . \\ \beta_{1n} & \dots & \beta_{nn} \end{pmatrix} \begin{pmatrix} a_{11} & \dots & a_{1n} \\ . & . & . \\ a_{n1} & \dots & a_{nn} \end{pmatrix} \begin{pmatrix} \beta_{11} & \dots & \beta_{1n} \\ . & . & . \\ \beta_{n1} & \dots & \beta_{nn} \end{pmatrix}.$$

Für diese Multiplikation von Matrizen[2] gilt das assoziative Gesetz, d. h. wenn A, B, C drei Matrizen sind, so hat man

$$(AB)C = A(BC).$$

Aber es gilt nicht das kommutative Gesetz, d. h. man hat nicht immer

$$AB = BA.$$

Man braucht die Multiplikation von Matrizen, wenn man lineare Transformationen hintereinander ausführt. Setzt man zuerst

$$x_r = \sum_s \beta_{rs} y_s \qquad (r = 1, 2, \dots, n)$$

und dann

$$y_r = \sum_s \gamma_{rs} z_s \qquad (r = 1, 2, \dots, n),$$

so hat man dasselbe erreicht wie wenn man gleich gesetzt hätte

$$x_r = \sum \alpha_{rs} z_s. \qquad (r = 1, 2, \dots, n)$$

Dabei ist

$$\alpha_{rs} = \sum_\sigma \beta_{r\sigma} \gamma_{\sigma s}. \qquad (r, s = 1, 2, \dots, n)$$

---

[1] Vgl. meine „Einführung in die Determinantentheorie" S. 80.
[2] Vgl. a. a. O. S. 83.

Diese n^2-Gleichungen kann man nun durch eine einzige symbolische Gleichung ausdrücken, nämlich durch

$$\begin{pmatrix} \alpha_{11} & \dots & \alpha_{1n} \\ \cdot & \cdot & \cdot \\ \alpha_{n1} & \dots & \alpha_{nn} \end{pmatrix} = \begin{pmatrix} \beta_{11} & \dots & \beta_{1n} \\ \cdot & \cdot & \cdot \\ \beta_{n1} & \dots & \beta_{nn} \end{pmatrix} \begin{pmatrix} \gamma_{11} & \dots & \gamma_{1n} \\ \cdot & \cdot & \cdot \\ \gamma_{n1} & \dots & \gamma_{nn} \end{pmatrix}.$$

Wenn man also zuerst eine lineare Transformation S und dann eine lineare Transformation T ausführt, so multipliziert sich die Matrix von S mit der Matrix von T. D. h. die resultierende lineare Transformation (die die erste Variablenreihe mit der letzten verbindet) hat als Matrix gerade das Produkt der Matrix von S mit der Matrix von T.

Aus (5) folgt nach dem Multiplikationssatz der Determinanten

$$\begin{vmatrix} b_{11} & \dots & b_{1n} \\ \cdot & \cdot & \cdot \\ b_{n1} & \dots & b_{nn} \end{vmatrix} = \begin{vmatrix} a_{11} & \dots & a_{1n} \\ \cdot & \cdot & \cdot \\ a_{n1} & \dots & a_{nn} \end{vmatrix} \begin{vmatrix} \beta_{11} & \dots & \beta_{n1} \\ \cdot & \cdot & \cdot \\ \beta_{1n} & \dots & \beta_{nn} \end{vmatrix}^2.$$

Wenn eine quadratische Form eine von Null verschiedene Diskriminante hat, so behält sie diese Eigenschaft bei allen linearen Transformationen.

Auf Grund von (5) können wir noch mehr aussagen.

Eine p-reihige Determinante der Matrix

$$\begin{pmatrix} c_{11} & \dots & c_{1n} \\ \cdot & \cdot & \cdot \\ c_{n1} & \dots & c_{nn} \end{pmatrix}$$

drückt sich[1] bilinear aus durch die p-reihigen Determinanten von

$$\begin{pmatrix} \beta_{11} & \dots & \beta_{n1} \\ \cdot & \cdot & \cdot \\ \beta_{1n} & \dots & \beta_{nn} \end{pmatrix} \quad \text{und} \quad \begin{pmatrix} a_{11} & \dots & a_{1n} \\ \cdot & \cdot & \cdot \\ a_{n1} & \dots & a_{nn} \end{pmatrix}.$$

Ebenso drückt sich jede p-reihige Determinante der Matrix

$$\begin{pmatrix} b_{11} & \dots & b_{1n} \\ \cdot & \cdot & \cdot \\ b_{n1} & \dots & b_{nn} \end{pmatrix}$$

bilinear aus durch die p-reihigen Determinanten von

[1] Vgl. meine „Einführung in die Determinantentheorie", S. 110.

$$\begin{pmatrix} c_{11} & \dots & c_{1n} \\ . & . & . \\ c_{n1} & \dots & c_{nn} \end{pmatrix} \text{ und } \begin{pmatrix} \beta_{11} & \dots & \beta_{1n} \\ . & . & . \\ \beta_{n1} & \dots & \beta_{nn} \end{pmatrix}.$$

Jeder p-reihige Minor in der Diskriminante von $\sum b_{rs} y_r y_s$ drückt sich also linear aus durch die p-reihigen Minoren der Diskriminante $\sum a_{rs} x_r x_s$. Die Koeffizienten sind quadratische Formen der p-reihigen Minoren der Transformationsdeterminante.

Weil wir uns immer auf lineare Transformationen mit nicht verschwindender Determinante beschränken, lassen sich die Transformationsformeln $x_r = \sum_s \beta_{rs} y_s$ $(r = 1, \dots, n)$ nach den y auflösen. Die Auflösung laute

$$y_r = \sum \bar{\beta}_{rs} x_s.$$

Man nennt dies die Umkehrung der vorigen Transformation. Sie führt $\sum b_{rs} y_r y_s$ wieder in $\sum a_{rs} x_r x_s$ über. Man hat also

$$\begin{pmatrix} a_{11} & \dots & a_{1n} \\ . & . & . \\ a_{n1} & \dots & a_{nn} \end{pmatrix} = \begin{pmatrix} \bar{\beta}_{11} & \dots & \bar{\beta}_{n1} \\ . & . & . \\ \bar{\beta}_{1n} & \dots & \bar{\beta}_{nn} \end{pmatrix} \begin{pmatrix} b_{11} & \dots & b_{1n} \\ . & . & . \\ b_{n1} & \dots & b_{nn} \end{pmatrix} \begin{pmatrix} \bar{\beta}_{11} & \dots & \bar{\beta}_{1n} \\ . & . & . \\ \bar{\beta}_{n1} & \dots & \bar{\beta}_{nn} \end{pmatrix}.$$

Daher drückt sich auch jeder p-reihige Minor in der Diskriminante von $\sum a_{rs} x_r x_s$ linear aus durch die p-reihigen Minoren der Diskriminante von $\sum b_{rs} y_r y_s$. Die Koeffizienten sind quadratische Formen der p-reihigen Minoren in der Determinante der $\bar{\beta}_{rs}$.

Aus der hier festgestellten Beziehung zwischen den p-reihigen Minoren der alten und der neuen Diskriminante folgt, daß beide denselben Rang haben. Hat die Diskriminante von $\sum a_{rs} x_r x_s$ den Rang q, d. h. gibt es in ihr einen von Null verschieden q-reihigen Minor, aber keinen von Null verschiedenen mehr als q-reihigen, so gibt es auch in der Diskriminante von $\sum b_{rs} y_r y_s$ keinen mehr als q-reihigen von Null verschiedenen Minor. Aber es muß in der neuen Diskriminante wenigstens ein q-reihiger Minor vorhanden sein, der nicht verschwindet. Sonst würden nämlich auch in der alten Diskriminante alle q-reihigen Minoren verschwinden.

Die Diskriminante einer quadratischen Form behält bei allen linearen Transformationen ihren Rang.

Kehren wir nun wieder zu den Kurven zweiter Ordnung zurück. Eine lineare Transformation der projektiven Koordinaten können wir auffassen als den Übergang zu neuen projektiven Koordinaten. Aus dem obigen Satze sehen wir, daß der Rang der Diskriminante gar nicht davon abhängt, welche projektiven Koordinaten man zugrunde legt.

Fassen wir die lineare Transformation als eine projektive Abbildung (Kollineation) auf, so können wir sagen, daß bei allen Kollineationen die Diskriminante einer Kurve zweiter Ordnung ihren Rang bewahrt. Der Rang der Diskriminante ist eine projektive Invariante. Wenn die Diskriminante einen bestimmten Rang hat, so ist das eine projektive Eigenschaft, d. h. diese Eigenschaft bleibt bei allen Kollineationen erhalten.

§ 49. Eigensysteme einer quadratischen Form.

Wir brauchen im folgenden einen Satz über die Wurzeln der sogenannten Säkulargleichung. Darunter versteht man eine Gleichung von der Form

$$\text{(1)} \qquad \begin{vmatrix} a_{11}-\lambda, & a_{12}, & \ldots, & a_{1n} \\ a_{21}, & a_{22}-\lambda, & \ldots, & a_{2n} \\ \cdot & \cdot & \cdot & \cdot \\ a_{n1}, & a_{n2}, & \ldots, & a_{nn}-\lambda \end{vmatrix} = 0,$$

wobei

$$\begin{vmatrix} a_{11} & a_{12} & \ldots & a_{1n} \\ a_{21} & a_{22} & \ldots & a_{2n} \\ \cdot & \cdot & \cdot & \cdot \\ a_{n1} & a_{n2} & \ldots & a_{nn} \end{vmatrix}$$

eine symmetrische Determinante mit reellen Elementen ist. Die a_{rs} sind also reelle Zahlen und a_{rs} ist immer gleich a_{sr}.

Der Satz, den wir beweisen wollen, lautet:

Die Säkulargleichung hat lauter reelle Wurzeln.

Um die Formeln bequemer schreiben zu können, bezeichnen wir die Elemente der Matrix

$$\begin{matrix} 1 & 0 & \ldots & 0 \\ 0 & 1 & \ldots & 0 \\ \cdot & \cdot & \cdot & \cdot \\ 0 & 0 & \ldots & 1 \end{matrix}$$

mit

$$\begin{matrix} \varepsilon_{11} & \varepsilon_{12} & \ldots & \varepsilon_{1n} \\ \varepsilon_{21} & \varepsilon_{22} & \ldots & \varepsilon_{2n} \\ \cdot & \cdot & \cdot & \cdot \\ \varepsilon_{n1} & \varepsilon_{n2} & \ldots & \varepsilon_{nn} \,. \end{matrix}$$

Dann nimmt die Gleichung (1) die Form an

$$S(\lambda) = \begin{vmatrix} a_{11} - \lambda\varepsilon_{11}, & a_{12} - \lambda\varepsilon_{12}, & \ldots, & a_{1n} - \lambda\varepsilon_{1n} \\ a_{21} - \lambda\varepsilon_{21}, & a_{22} - \lambda\varepsilon_{22}, & \ldots, & a_{2n} - \lambda\varepsilon_{2n} \\ \cdot & \cdot & \cdot & \cdot \\ a_{n1} - \lambda\varepsilon_{n1}, & a_{n2} - \lambda\varepsilon_{n2}, & \ldots, & a_{nn} - \lambda\varepsilon_{nn} \end{vmatrix} = 0.$$

$\lambda = \lambda' + i\lambda''$ sei eine Wurzel von ihr. Dann haben die linearen Gleichungen

(2) $$\sum_s (a_{rs} - \lambda\varepsilon_{rs}) x_s = 0 \qquad (r = 1, \ldots, n)$$

eine von 0, 0, ..., 0 verschiedene Lösung

$$x_1 = x_1' + i x_1'', \quad \ldots, \quad x_n = x_n' + i x_n''.$$

Die Gleichungen (2) lassen sich ausführlicher so schreiben:

$$\sum_s a_{rs}(x_s' + i x_s'') = (\lambda' + i\lambda'')(x_r' + i x_r'').$$
$$(r = 1, \ldots, n)$$

Multipliziert man sie der Reihe nach mit $x_1' - i x_1'', \ldots, x_n' - i x_n''$ und addiert sie dann, so kommt

(3) $$\sum_{r,s} a_{rs}(x_r' - i x_r'')(x_s' + i x_s'') = (\lambda' + i\lambda'')\sum (x_r'^2 + x_r''^2).$$

Die linke Seite ist reell. Ersetzt man nämlich i durch $-i$, so geht

$$\sum_{r,s} a_{rs}(x_r' - i x_r'')(x_s' + i x_s'')$$

über in

$$\sum_{r,s} a_{rs}(x_s' - i x_s'')(x_r' + i x_r'') = \sum_{r,s} a_{sr}(x_s' - i x_s'')(x_r' + i x_r'').$$

Vertauscht man in der letzten Summe die gleichberechtigten Indizes r und s, so wird sie mit der ersten identisch.

Da die linke Seite von (3) reell ist, so muß es auch die rechte Seite sein, d. h. es muß

$$\lambda'' \sum (x_r'^2 + x_r''^2) = 0$$

sein. Nun können aber x_r', x_r'' $(r = 1, \ldots, n)$ nicht alle verschwinden, weil das System $x_1' + i x_1'', \ldots, x_n' + i x_n''$ gerade von 0, ..., 0 verschieden ist. Also folgt $\lambda'' = 0$, d. h. λ ist reell.

Wir wollen eine Wurzel der Gleichung (1) einen **Eigenwert** der quadratischen Form $\sum a_{rs} x_r x_s$ nennen. Eine reelle quadratische Form hat also nur reelle Eigenwerte.

Ist λ ein Eigenwert von $\sum a_{rs} x_r x_s$, so lassen sich die Gleichungen (2) derart befriedigen, daß $x_1, x_2, \ldots, x_n$ alle reell und nicht alle gleich Null sind. Ein solches Wertsystem möge ein zu dem Eigenwert λ gehöriges Eigensystem der quadratischen Form $\sum a_{rs} x_r x_s$ heißen.

Wenn $\lambda = \lambda'$ eine p-fache Wurzel von $S(\lambda) = 0$ ist, so ist $h = 0$ eine p-fache Wurzel der Gleichung

$$S_1(h) = \begin{vmatrix} a'_{11} - h, & a'_{12}, & \ldots, & a'_{1n} \\ a'_{21}, & a'_{22} - h, & \ldots, & a'_{2n} \\ \cdot & \cdot & \cdot & \cdot \\ a'_{n1}, & a'_{n2}, & \ldots, & a'_{nn} - h \end{vmatrix} = 0.$$

Dabei haben die a'_{rs} folgende Bedeutung

$$a'_{rs} = a_{rs} - \lambda' \varepsilon_{rs}. \qquad (r, s = 1, 2, \ldots, n)$$

Es ist also $a'_{rs} = a'_{sr}$ und die a'_{rs} sind reell.

Nun multiplizieren wir $S_1(h)$ mit

$$S_1(-h) = \begin{vmatrix} a'_{11} + h, & a'_{12}, & \ldots, & a'_{1n} \\ a'_{21}, & a'_{22} + h, & \ldots, & a'_{2n} \\ \cdot & \cdot & \cdot & \cdot \\ a'_{n1}, & a'_{n2}, & \ldots, & a'_{nn} + h \end{vmatrix},$$

und zwar nach Zeilen. Dabei ergibt sich, wenn wir zur Abkürzung

$$a'_{r1} a'_{s1} + a'_{r2} a'_{s2} + \ldots + a'_{rn} a'_{sn} = c'_{rs}$$

setzen,

$$S_1(h) S_1(-h) = \begin{vmatrix} c'_{11} - h^2, & c'_{12}, & \ldots, & c'_{1n} \\ c'_{21}, & c'_{22} - h^2, & \ldots, & c'_{2n} \\ \cdot & \cdot & \cdot & \cdot \\ c'_{n1}, & c'_{n2}, & \ldots, & c'_{nn} - h^2 \end{vmatrix}.$$

Die Summe der m-reihigen Hauptminoren in der Determinante

$$\begin{vmatrix} c'_{11} & c'_{12} & \ldots & c'_{1n} \\ c'_{21} & c'_{22} & \ldots & c'_{2n} \\ \cdot & \cdot & \cdot & \cdot \\ c'_{n1} & c'_{n2} & \ldots & c'_{nn} \end{vmatrix}$$

werde mit σ_m bezeichnet. Es soll also

$$\sigma_m = \sum \begin{vmatrix} c'_{r_1 r_1} & \ldots & c'_{r_1 r_m} \\ \cdot & \cdot & \cdot \\ c'_{r_m r_1} & \ldots & c'_{r_m r_m} \end{vmatrix}$$

sein ($r_1 < r_2 < \ldots < r_m$). Nun ist aber

$$\begin{vmatrix} c'_{r_1 r_1} & \ldots & c'_{r_1 r_m} \\ \cdot & \cdot & \cdot \\ c'_{r_m r_1} & \ldots & c'_{r_m r_m} \end{vmatrix} = \begin{Vmatrix} a'_{r_1 1} & \ldots & a'_{r_1 n} \\ \cdot & \cdot & \cdot \\ a'_{r_m 1} & \ldots & a'_{r_m n} \end{Vmatrix}^2$$

$$= \sum \begin{vmatrix} a'_{r_1 s_1} & \ldots & a'_{r_1 s_m} \\ \cdot & \cdot & \cdot \\ a'_{r_m s_1} & \ldots & a'_{r_m s_m} \end{vmatrix}^2 . \qquad (s_1 < s_2 < \ldots < s_m)$$

Man sieht hieraus, daß σ_m der Quadratsumme aller m-reihigen Minoren von

$$\begin{vmatrix} a'_{11} & a'_{12} & \ldots & a'_{1n} \\ a'_{21} & a'_{22} & \ldots & a'_{2n} \\ \cdot & \cdot & \cdot & \cdot \\ a'_{n1} & a'_{n2} & \ldots & a'_{nn} \end{vmatrix}$$

gleich ist. Hat diese Determinante also den Rang $n - q$, so ist

$$\sigma_n = 0, \quad \sigma_{n-1} = 0, \quad \ldots, \quad \sigma_{n-q+1} = 0,$$

aber

$$\sigma_{n-q} > 0 .$$

In der Determinantentheorie wird bewiesen[1], daß

$$S_1(h) S_1(-h) = \sigma_n - \sigma_{n-1} h^2 + \sigma_{n-2} h^4 - \ldots + (-1)^n \sigma_0 h^{2n}$$

ist.[2] Sind $\sigma_n, \sigma_{n-1}, \ldots, \sigma_{n-q+1}$ gleich Null, aber $\sigma_{n-q} > 0$, so reduziert sich diese Gleichung auf

$$S_1(h) S_1(-h) = \pm \sigma_{n-q} h^{2q} \mp \ldots$$

Daraus läßt sich entnehmen, daß die Entwickelung von $S_1(h)$ nach steigenden Potenzen von h mit der q^{ten} Potenz beginnt. Dies bedeutet aber, daß $h = 0$ eine q-fache Wurzel von $S_1(h) = 0$ ist. Es sollte aber eine p-fache Wurzel sein. Mithin ist $q = p$ und es gilt folgender Satz:

Wenn λ' eine p-fache Wurzel von $S(\lambda) = 0$ ist, so hat die Determinante $S(\lambda')$ den Rang $n - p$.

Die Gleichungen (2) haben also für $\lambda = \lambda'$ eine Determinante vom Range $n - p$. Daher gibt es p linear unabhängige Eigensysteme zu dem Eigenwert λ'. Jedes andere zu λ' gehörige Eigensystem ist eine lineare Kombination von diesen.

---

[1] Vgl. meine „Einführung in die Determinantentheorie", S. 112.

[2] σ_0 ist gleich 1.

Sind (x') und (x'') Eigensysteme, die zu zwei **verschiedenen** Eigenwerten λ' bzw. λ'' gehören, so erfüllen sie die Relation

$$x_1 x_1' + x_2 x_2' + \ldots + x_n x_n' = 0 .$$

Die linke Seite bezeichnen wir kurz mit $(x x')$ und nennen sie das innere Produkt von (x) und (x'). Wenn das innere Produkt verschwindet, so nennen wir (x) und (x') zueinander orthogonal.

Der obige Satz läßt sich hiernach auch so aussprechen:

Eigensysteme der quadratischen Form $\sum a_{rs} x_r x_s$, die zu verschiedenen Eigenwerten gehören, sind zueinander orthogonal.

Aus den Gleichungen

$$\sum_s a_{rs} x_s' = \lambda' x_r' \qquad (r = 1,\ 2,\ \ldots,\ n)$$

folgt

$$\sum_{r,s} a_{rs} x_r'' x_s' = \lambda' \sum_r x_r' x_r'' .$$

Aus

$$\sum_s a_{rs} x_s'' = \lambda'' x_r'', \qquad (r = 1,\ 2,\ \ldots,\ n)$$

ergibt sich in derselben Weise

$$\sum_{r,s} a_{rs} x_r' x_s'' = \lambda'' \sum_r x_r' x_r'' .$$

Es ist also

$$(\lambda' - \lambda'') \sum_r x_r' x_r'' = \sum_{r,s} a_{rs} x_r'' x_s' - \sum_{r,s} a_{rs} x_r' x_s'' .$$

Vertauscht man in

$$\sum_{r,s} a_{rs} x_r'' x_s'$$

die gleichberechtigten Indizes r, s, so tritt keine Änderung ein. Es ist also

$$\sum_{r,s} a_{rs} x_r'' x_s' = \sum_{r,s} a_{sr} x_r' x_s'' = \sum_{r,s} a_{rs} x_r' x_s'',$$

mithin

$$(\lambda' - \lambda'') \sum_r x_r' x_r'' = 0 .$$

λ', λ'' sind aber verschieden. Daher muß

$$\sum_r x_r' x_r'' = 0$$

sein.

Wenn λ' ein p-facher Eigenwert ist, so lassen sich p zu ihm gehörige Eigensysteme so wählen, daß sie paarweise orthogonal sind.

Wir gehen von einem Eigensystem (x') aus, das zu λ' gehört. Ist (y') ein davon unabhängiges[1] ebenfalls zu λ' gehöriges Eigensystem, so können wir ϱ derart wählen, daß

$$(y' + \varrho x', \; x') = 0$$

wird, d. h.

$$(y' x') + \varrho (x' x') = 0 .$$

In der Tat ist

$$(x' x') = x_1'^2 + x_2'^2 + \ldots + x_n'^2 > 0 ,$$

also

$$\varrho = -(y x') : (x' x') .$$

In $(y' + \varrho x')$ haben wir, da die $y' + \varrho x'$ nicht alle verschwinden, ein zu λ' gehöriges Eigensystem (y''), das zu (x') orthogonal ist. Nun sei (z') ein von (x') und (y') unabhängiges Eigensystem, das zu dem Eigenwert λ' gehört. Dann lassen sich σ und τ derart wählen, daß

$$(z' + \sigma x' + \tau y'', \; x') = 0 ,$$

$$(z' + \sigma x' + \tau y'', \; y'') = 0$$

wird, d. h.

$$(z' x') + \sigma (x' x') = 0 ,$$

$$(z' y') + \tau (y'' y'') = 0 .$$

Da $(x' x')$ und $(y'' y'')$ positiv sind, lassen sich σ, τ in der gewünschten Weise bestimmen.

Es ist klar, daß das obige Verfahren, wenn man es genügend weit fortsetzt, p paarweise orthogonale Eigensysteme liefert, die zu dem Eigenwert λ' gehören. Daß sie unabhängig sind, brauchen wir nicht besonders zu bemerken. Denn das folgt schon aus der Orthogonalität. Sind (x'), (x''), (x'''), ... paarweise orthogonal und besteht zwischen ihnen eine lineare Abhängigkeit

$$\lambda' x_r' + \lambda'' x_r'' + \lambda''' x_r''' + \ldots = 0, \quad (r = 1, 2, \ldots, n)$$

so ergibt sich, wenn man die Gleichungen mit x_1', x_2' ..., x_n' multipliziert und addiert

$$\lambda' (x' x') = 0 .$$

Ebenso findet man

$$\lambda'' (x'' x'') = 0$$

usw.

Da nun, wenn es sich um Eigensysteme handelt, $(x' x')$, $(x'' x'')$, $(x''' x''')$, ... alle von Null verschieden sind, so lassen die obigen Gleichungen schließen, daß $0 = \lambda' = \lambda'' = \lambda''' = \ldots$ ist.

[1] D. h. die y' sind nicht proportional zu den x'.

Wir wollen bei jedem Eigenwert so viele zueinander orthogonale Eigensysteme wählen, als seine Vielfachheit angibt. Dadurch erhalten wir im ganzen n paarweise orthogonale Eigensysteme.

Jedes Eigensystem (x) läßt sich mit einem solchen Faktor ϱ multiplizieren, daß $(x x) = \sum x_r^2$, die Norm von (x), gleich 1 wird. Man braucht in der Tat nur zu erreichen, daß

$$(\varrho x, \varrho x) = \varrho^2 (x x) = 1$$

wird, hat also

$$\varrho = \pm \frac{1}{\sqrt{(x x)}}$$

zu setzen. Man nennt diese Operation das Normieren.

Wir wollen nun die oben erwähnten n Eigensysteme alle normieren.

Die normierten orthogonalen Eigensysteme mögen

$$(\xi_1), \quad (\xi_2), \quad \ldots, \quad (\xi_n)$$

heißen. (ξ_r) ist das System

$$\xi_{r1}, \quad \xi_{r2} \quad \ldots, \quad \xi_{rn}.$$

Zwischen den ξ bestehen folgende Relationen

$$(\xi_r \xi_r) = \xi_{r1}^2 + \xi_{r2}^2 + \ldots + \xi_{rn}^2 = 1,$$

$$(\xi_r \xi_s) = \xi_{r1} \xi_{s1} + \xi_{r2} \xi_{s2} + \cdots + \xi_{rn} \xi_{sn} = 0. \qquad (r \gtrless s)$$

Aus ihnen folgt, daß das Quadrat der Determinante

$$\begin{vmatrix} \xi_{11} & \xi_{12} & \cdots & \xi_{1n} \\ \xi_{21} & \xi_{22} & \cdots & \xi_{2n} \\ \cdot & \cdot & \cdot & \cdot \\ \xi_{n1} & \xi_{n2} & \cdots & \xi_{nn} \end{vmatrix}$$

gleich 1 ist. Bei passender Normierung wird die Determinante selbst auch gleich 1 sein.

Wenden wir nun auf die quadratische Form $\sum a_{rs} x_r x_s$ die lineare Transformation

$$(*) \qquad \begin{cases} x_1 = \xi_{11} x_1' + \xi_{21} x_2' + \ldots + \xi_{n1} x_n', \\ x_2 = \xi_{12} x_1' + \xi_{22} x_2' + \ldots + \xi_{n2} x_n', \\ \cdot \quad \cdot \quad \cdot \quad \cdot \quad \cdot \quad \cdot \quad \cdot \\ x_n = \xi_{1n} x_1' + \xi_{2n} x_2' + \ldots + \xi_{nn} x_n' \end{cases}$$

an, so geht sie über in $\sum a'_{rs} x'_r x'_s$ und die a'_{rs} berechnen sich (vgl. S. 148) aus der symbolischen Gleichung

$$\begin{pmatrix} a'_{11} & a'_{12} & \dots & a'_{1n} \\ a'_{21} & a'_{22} & \dots & a_{2n} \\ \cdot & \cdot & \cdot & \cdot \\ a_{n1} & a'_{n2} & \dots & a'_{nn} \end{pmatrix}$$

$$= \begin{pmatrix} \xi_{11} & \xi_{12} & \dots & \xi_{1n} \\ \xi_{21} & \xi_{22} & \dots & \xi_{2n} \\ \cdot & \cdot & \cdot & \cdot \\ \xi_{n1} & \xi_{n2} & \dots & \xi_{nn} \end{pmatrix} \begin{pmatrix} a_{11} & a_{12} & \dots & a_{1n} \\ a_{21} & a_{22} & \dots & a_{2n} \\ \cdot & \cdot & \cdot & \cdot \\ a_{n1} & a_{n2} & \dots & a_{nn} \end{pmatrix} \begin{pmatrix} \xi_{11} & \xi_{21} & \dots & \xi_{n1} \\ \xi_{12} & \xi_{22} & \dots & \xi_{n2} \\ \cdot & \cdot & \cdot & \cdot \\ \xi_{1n} & \xi_{2n} & \dots & \xi_{nn} \end{pmatrix}$$

Bezeichnen wir die Eigenwerte, zu denen (ξ_1), (ξ_2), $\dots$, (ξ_n) gehören, mit $\lambda_1, \lambda_2, \dots, \lambda_n$, so ist zunächst

$$\begin{pmatrix} \xi_{11} & \xi_{12} & \dots & \xi_{1n} \\ \xi_{21} & \xi_{22} & \dots & \xi_{2n} \\ \cdot & \cdot & \cdot & \cdot \\ \xi_{n1} & \xi_{n2} & \dots & \xi_{nn} \end{pmatrix} \begin{pmatrix} a_{11} & a_{12} & \dots & a_{1n} \\ a_{21} & a_{22} & \dots & a_{2n} \\ \cdot & \cdot & \cdot & \cdot \\ a_{n1} & a_{n2} & \dots & a_{nn} \end{pmatrix} = \begin{pmatrix} \lambda_1 \xi_{11}, & \lambda_1 \xi_{12}, & \dots, & \lambda_1 \xi_{1n} \\ \lambda_2 \xi_{21}, & \lambda_2 \xi_{22}, & \dots, & \lambda_2 \xi_{2n} \\ \cdot & \cdot & \cdot & \cdot \\ \lambda_n \xi_{n1}, & \lambda_n \xi_{n2}, & \dots, & \lambda_n \xi_{nn} \end{pmatrix}$$

und weiter

$$\begin{pmatrix} \lambda_1 \xi_{11}, & \lambda_1 \xi_{12}, & \dots, & \lambda_1 \xi_{1n} \\ \lambda_2 \xi_{21}, & \lambda_2 \xi_{22}, & \dots, & \lambda_2 \xi_{2n} \\ \cdot & \cdot & \cdot & \cdot \\ \lambda_n \xi_{n1}, & \lambda_n \xi_{n2}, & \dots, & \lambda_n \xi_{nn} \end{pmatrix} \begin{pmatrix} \xi_{11} & \xi_{21} & \dots & \xi_{n1} \\ \xi_{12} & \xi_{22} & \dots & \xi_{n2} \\ \cdot & \cdot & \cdot & \cdot \\ \xi_{1n} & \xi_{2n} & \dots & \xi_{nn} \end{pmatrix} = \begin{pmatrix} \lambda_1 & 0 & \dots & 0 \\ 0 & \lambda_2 & \dots & 0 \\ \cdot & \cdot & \cdot & \cdot \\ 0 & 0 & \dots & \lambda_n \end{pmatrix}$$

$\sum a'_{rs} x'_r x'_s$ hat also die Form $\sum \lambda_r x_r'^2$.

Zugleich ist aber wegen der Relationen, die zwischen den ξ bestehen,

$$\sum x_r^2 = \sum x_r'^2.$$ [1]

Man nennt (*) eine orthogonale Transformation.[2]

Was wir gefunden haben, läßt sich also auch so ausdrücken. Es gibt eine orthogonale Transformation (mit der Determinante 1), die die reelle quadratische Form $\sum a_{rs} x_r x_s$ auf die kanonische Gestalt $\sum \lambda_r x_r^2$ bringt.

Die Eigenwerte von $\sum a_{rs} x_r x_s$ sind orthogonale Invarianten, d. h. wenn $\sum a_{rs} x_r x_s$ durch eine orthogonale Transformation in

---

[1] Hieraus folgen umgekehrt die Relationen zwischen den ξ. Man sieht, daß die Umkehrung einer orthogonalen Transformation wieder eine solche ist, ebenso die Aufeinanderfolge von zwei orthogonalen Transformationen.

[2] Die Koeffizienten einer orthogonalen Transformation setzen wir immer als reell voraus.

$\sum b_{rs} y_r y_s$ übergeht, so haben die beiden Formen dieselben Eigenwerte. Es ist nämlich vermöge dieser orthogonalen Transformation nicht nur

$$\sum a_{rs} x_r x_s = \sum b_{rs} y_r y_s,$$

sondern auch

$$\sum x_r^2 = \sum y_r^2,$$

also zugleich

$$\sum a_{rs} x_r x_s - \lambda \sum x_r^2 = \sum b_{rs} y_r y_s - \lambda \sum y_r^2,$$

und zwar gilt dies für jeden Wert von λ. Da nun die Determinante einer orthogonalen Transformation das Quadrat 1 hat, so müssen die Diskriminanten der beiden Formen

$$\sum a_{rs} x_r x_s - \lambda \sum x_r^2 \quad \text{und} \quad \sum b_{rs} y_r y_s - \lambda \sum y_r^2$$

einander gleich sein, d. h.

$$(\dagger) \qquad \begin{vmatrix} a_{11}-\lambda, & a_{12}, & \ldots, & a_{1n} \\ a_{21}, & a_{22}-\lambda, & \ldots, & a_{2n} \\ \cdot & \cdot & \cdot & \cdot \\ a_{n1}, & a_{n2}, & \ldots, & a_{nn}-\lambda \end{vmatrix} = \begin{vmatrix} b_{11}-\lambda, & b_{12}, & \ldots, & b_{1n} \\ b_{21}, & b_{22}-\lambda, & \ldots, & b_{2n} \\ \cdot & \cdot & \cdot & \cdot \\ b_{n1}, & b_{n2}, & \ldots, & b_{nn}-\lambda \end{vmatrix}.$$

Daraus geht aber hervor, daß die Formen $\sum a_{rs} x_r x_s$ und $\sum b_{rs} y_r y_s$ dieselben Eigenwerte haben.

Wenn zwei Formen f_1 und f_2 dieselben Eigenwerte haben, so lassen sie sich durch orthogonale Transformation ineinander überführen. Es gibt nämlich eine orthogonale Transformation $\mathfrak{T}_1$, die f_1 in $\sum \lambda_\nu x_\nu'^2$ und eine orthogonale Transformation $\mathfrak{T}_2$, die f_2 in $\sum \lambda_\nu x_\nu'^2$ verwandelt. Verstehen wir unter $\mathfrak{T}_2^{-1}$ die Umkehrung von $\mathfrak{T}_2$, so können wir von f_1 zu f_2 dadurch gelangen, daß wir zuerst $\mathfrak{T}_1$ und dann $\mathfrak{T}_2^{-1}$ ausführen. Die Aufeinanderfolge von zwei orthogonalen Transformationen ist aber wieder eine solche[1] (vgl. Anm. 1 auf S. 156).

Wir können also sagen:

Zwei reelle quadratische Formen $\sum a_{rs} x_r x_s$ und $\sum b_{rs} x_r x_s$ lassen sich dann und nur dann durch orthogonale Transformation ineinander überführen, wenn sie dieselben Eigenwerte haben, d. h. wenn für alle Werte von λ die Gleichung $(\dagger)$ stattfindet.

Die Gleichung $(\dagger)$ besagt, daß in den Diskriminanten der Formen die Summen der p-reihigen Hauptminoren gleich sind ($p = 1, 2, \ldots, n$).

---

[1] Wir können es so einrichten, daß $\mathfrak{T}_1$ und $\mathfrak{T}_2$ die Determinante 1 haben. Dann gilt dasselbe von $\mathfrak{T}_1 \mathfrak{T}_2^{-1}$, der Aufeinanderfolge von $\mathfrak{T}_1$ und $\mathfrak{T}_2^{-1}$.

Wenn die Diskriminante der Form $\sum a_{rs} x_r x_s$ den Rang m hat, so bedeutet dies offenbar, daß 0 ein $(n - m)$-facher Eigenwert ist. Dann läßt sich die Form durch eine orthogonale Transformation in

$$\lambda_1 x_1'^2 + \lambda_2 x_2'^2 + \ldots + \lambda_m x_m'^2$$

überführen, also auf m Veränderliche reduzieren. Wenn umgekehrt durch irgend eine lineare Transformation $\sum a_{rs} x_r x_s$ sich in eine quadratische Form mit $\mathfrak{k}$ Veränderlichen überführen läßt, so sind in der Diskriminante dieser neuen Form alle $(\mathfrak{k} + 1)$-reihigen Minoren gleich Null. Daher ist der Rang höchstens gleich $\mathfrak{k}$. Der Rang der Diskriminante gibt also die kleinste Zahl von Veränderlichen an, auf die sich die quadratische Form reduzieren läßt. Die Reduktion läßt sich immer durch eine orthogonale Transformation bewirken.

§ 50. Das Trägheitsgesetz der quadratischen Formen.

Wir haben in § 49 die reelle quadratische Form $\sum a_{rs} x_r x_s$ durch eine orthogonale Transformation

$$x_r = \xi_{1r} x_1' + \ldots + \xi_{nr} x_n' \qquad (r = 1, \ldots, n)$$

auf die kanonische Gestalt

$$\lambda_1 x_1'^2 + \ldots + \lambda_m x_m'^2 \tag{1}$$

gebracht. Dabei sind $\lambda_1, \ldots, \lambda_m$ die von Null verschiedenen Eigenwerte der quadratischen Form, jeder so oft genommen, als seine Vielfachheit angibt.

Unter den λ kann es positive und negative geben. Wir wählen die Numerierung der x' derart, daß

$$\lambda_1, \ldots, \lambda_p \text{ positiv}$$

und

$$\lambda_{p+1}, \ldots, \lambda_m \text{ negativ}$$

sind.

Setzen wir noch

$$x_1' = \frac{y_1}{\sqrt{\lambda_1}}, \quad \ldots, \quad x_p' = \frac{y_p}{\sqrt{\lambda_p}},$$

$$x_{p+1}' = \frac{y_{p+1}}{\sqrt{-\lambda_{p+1}}}, \quad \ldots, \quad x_m' = \frac{y_m}{\sqrt{-\lambda_m}},$$

$$x_{m+1}' = y_{m+1}, \quad \ldots, \quad x_n' = y_n,$$

so verwandelt sich (1) in

$$y_1^2 + \cdots + y_p^2 - y_{p+1}^2 - \cdots - y_m^2. \tag{2}$$

Offenbar geht $\sum a_{rs} x_r x_s$ direkt in (2) über, wenn man die reelle lineare Transformation

$$x_r = \frac{\xi_{1r} y_1}{\sqrt{\lambda_1}} + \cdots + \frac{\xi_{pr} y_p}{\sqrt{\lambda_p}} + \frac{\xi_{p+1,\,r} y_{p+1}}{\sqrt{-\lambda_{p+1}}} + \cdots + \frac{\xi_{mr} y_m}{\sqrt{-\lambda_m}}$$
$$+ \xi_{m+1,\,r} y_{m+1} + \cdots + \xi_{nr} y_n$$
$$(r = 1, 2, \ldots, n)$$

anwendet.

Die Gliederzahl des Ausdrucks (2) ist durch den Rang m der Diskriminante bestimmt. Wie ist es aber mit der Zahl p?

Hierüber gilt folgender Satz, den man das Trägheitsgesetz der quadratischen Formen nennt:

Wenn man eine reelle quadratische Form durch eine reelle lineare Transformation in eine Summe positiver und negativer Quadrate überführt, so ist die Anzahl der positiven Quadrate (also auch die der negativen) immer dieselbe.

$\sum a_{rs} x_r x_s$ werde durch die reelle Transformation

$$x_r = \beta_{r1} y_1 + \cdots + \beta_{rn} y_n \tag{$\mathfrak{T}$}$$
$$(r = 1, \ldots, n)$$

in (2) verwandelt und durch die reelle Transformation

$$x_r = \gamma_{r1} z_1 + \cdots + \gamma_{rn} z_n \tag{$\mathfrak{T}'$}$$
$$(r = 1, \ldots, n)$$

in

$$z_1^2 + \cdots + z_{p'}^2 - z_{p'+1}^2 - \cdots - z_m^2. \tag{3}$$

Dann soll bewiesen werden, daß $p = p'$ ist. Dies geschieht in der Weise, daß man aus der Annahme $p < p'$ einen Widerspruch herleitet.

Von den y zu den z gelangt man durch die lineare Transformation $\mathfrak{T}^{-1}\mathfrak{T}'$. Ihre Gleichungen mögen lauten

$$y_r = \alpha_{r1} z_1 + \cdots + \alpha_{rn} z_n.$$
$$(r = 1, \ldots, n)$$

Die α sind dann reell.

Wenn nun $p' < p$ ist, so können wir die Gleichungen

$$\sum_s \alpha_{p+1,\,s} z_s = 0, \quad \ldots, \quad \sum_s \alpha_{ms} z_s = 0,$$

$$z_1 = 0, \quad \ldots, \quad z_{p'} = 0,$$
$$z_{m+1} = 0, \quad \ldots, \quad z_n = 0$$

durch ein von 0, 0, ..., 0 verschiedenes Wertsystem $z_1, z_2, \ldots, z_n$ befriedigen. Denn die Anzahl dieser Gleichungen ist gleich

$$(m - p) + p' + (n - m) = n - (p - p'),$$

d. h. kleiner als n. Setzen wir jetzt in

$$y_1^2 + \ldots + y_p^2 - y_{p+1}^2 - \ldots - y_m^2$$
$$= z_1^2 + \ldots + z_{p'}^2 - z_{p'+1}^2 - \ldots - z_m^2$$

dieses Wertsystem $z_1, z_2, \ldots, z_n$ ein, so kann die linke Seite, weil $y_{p+1}, \ldots, y_m$ verschwinden, nicht negativ ausfallen. Auf der rechten Seite sind $z_1, \ldots, z_{p'}$ gleich Null. Außerdem sind aber auch $z_{m+1}, \ldots, z_n$ gleich Null. Daher dürfen $z_{p'+1}, \ldots, z_m$ nicht alle verschwinden. Die rechte Seite ist also wirklich negativ, während die linke es nicht sein kann.

Damit ist das Trägheitsgesetz bewiesen.

Wenn man eine reelle quadratische Form $\sum a_{rs} x_r x_s$ reellen linearen Transformationen unterwirft (nicht bloß orthogonalen), so bleiben natürlich die Eigenwerte der Form nicht invariant. Es bleibt aber invariant die Anzahl der positiven, die Anzahl der negativen und die Anzahl der verschwindenden Eigenwerte. Dabei muß man jeden Eigenwert so oft zählen, als seine Vielfachheit angibt.

Geht die Form $\sum a_{rs} x_r x_s$ durch die reelle lineare Transformation $\mathfrak{T}$ in $\sum b_{rs} x_r x_s$ über, während sie sich mittels der reellen linearen Transformation $\mathfrak{S}$ in (2) verwandelt, so wird $\sum b_{rs} x_r x_s$ durch die reelle lineare Transformation $\mathfrak{T}^{-1}\mathfrak{S}$ in (2) übergeführt. $\sum b_{rs} x_r x_s$ hat infolgedessen p positive, $m - q$ negative und $n - m$ verschwindende Eigenwerte wie $\sum a_{rs} x_r x_s$.

Weiß man umgekehrt von den reellen quadratischen Formen $\sum a_{rs} x_r x_s$, $\sum b_{rs} x_r x_s$, daß sie gleichviele positive, gleichviele negative und gleichviele verschwindende Eigenwerte haben, so gibt es zwei reelle lineare Transformationen $\mathfrak{S}$ und $\mathfrak{S}'$, die die Formen in (2) einführen. $\mathfrak{S}'\mathfrak{S}^{-1}$ verwandelt dann $\sum b_{rs} x_r x_s$ in $\sum a_{rs} x_r x_s$.

Wir können also folgenden Satz aussprechen:

Zwei reelle quadratische Formen $\sum a_{rs} x_r x_s$ und $\sum b_{rs} x_r x_s$ lassen sich dann und nur dann durch eine reelle lineare Transformation ineinander überführen, wenn sie gleichviele positive, gleichviele negative und gleichviele verschwindende Eigenwerte haben.

Ist p die Anzahl der positiven, q die Anzahl der negativen, r die Anzahl der verschwindenden Eigenwerte und n die Anzahl der Veränderlichen einer quadratischen Form, so hat man $p+q+r=n$. Es genügt also von den positiven und den negativen Eigenwerten zu sprechen.

$p+q=m$ ist der Rang der Diskriminante oder, wie man auch sagt, der Rang der quadratischen Form. $p-q$ pflegt man die Signatur der quadratischen Form zu nennen. Kennt man Rang und Signatur, so sind auch p und q bekannt.

Zwei reelle quadratische Formen sind dann und nur dann durch eine reelle lineare Transformation ineinander überführbar, wenn sie gleichen Rang und gleiche Signatur haben.

Rang und Signatur sind die einzigen Invarianten einer reellen quadratischen Form gegenüber reellen linearen Transformationen.

§ 51. Einteilung der Kurven zweiter Ordnung vom projektiven Standpunkte.

Wir benutzen hier immer projektive Koordinaten $\mathfrak{x}_1, \mathfrak{x}_2, \mathfrak{x}_3$ mit reellen Fundamentalpunkten und reellem Einheitspunkt und betrachten Kurven zweiter Ordnung, die in diesen Koordinaten durch eine Gleichung mit reellen Koeffizienten dargestellt werden:

(1) $$\sum \mathfrak{a}_{rs}\mathfrak{x}_r\mathfrak{x}_s = 0. \qquad (r, s = 1, 2, 3)$$

Zwei solche Kurven rechnen wir zu demselben Typus, wenn sie durch eine reelle Kollineation ineinander überführbar sind. Ebensogut können wir sagen, daß wir zwei Kurven zu demselben Typus rechnen, wenn sie sich durch dieselbe Gleichung darstellen lassen (in zwei Systemen projektiver Koordinaten).

Um alle Kurven zu finden, die mit (1) zu demselben Typus gehören, muß man alle reellen linearen Transformationen ausführen. Wir wissen aus § 50, was dabei aus der quadratischen Form $\sum \mathfrak{a}_{rs}\mathfrak{x}_r\mathfrak{x}_s$ wird. Sie behält ihren Rang und ihre Signatur, weiter aber auch nichts; wir können sie in jede andre quadratische Form mit demselben Rang und derselben Signatur überführen.

Welche Möglichkeiten gibt es hier? Offenbar nur die folgenden:

Rang	Anzahl der positiven Quadrate
3	0, 1, 2, 3
2	0, 1, 2
1	0, 1

Die zugehörigen kanonischen Formen lauten:

Rang 3

$$-x_1^2-x_2^2-x_3^2,\quad x_1^2-x_2^2-x_3^2,\quad x_1^2+x_2^2-x_3^2,\quad x_1^2+x_2^2+x_3^2,$$

Rang 2

$$-x_1^2-x_2^2,\quad x_1^2-x_2^2,\quad x_1^2+x_2^2,$$

Rang 1

$$-x_1^2,\quad x_1^2.$$

Nun muß man noch bedenken, daß die Gleichung (1) stets mit einem von Null verschiedenen Faktor, also z. B. mit -1, multipliziert werden darf. Dabei bleibt der Rang der quadratischen Form $\sum \mathfrak{a}_{rs}\mathfrak{x}_r\mathfrak{x}_s$ derselbe, aber die Signatur multipliziert sich mit -1. Es kommt also nur auf den Rang und auf den absoluten Betrag der Signatur an, und man hat folgende Typen von Kurven zweiter Ordnung:[1]

Rang 3, Signatur 3:

$$x_1^2+x_2^2+x_3^2=0,$$

Rang 3, Signatur 1:

$$x_1^2+x_2^2-x_3^2=0;$$

Rang 2, Signatur 2:

$$x_1^2+x_2^2=0,$$

Rang 2, Signatur 0:

$$x_1^2-x_2^2=0;$$

Rang 1, Signatur 1:

$$x_1^2=0.$$

Unter der Signatur der Kurve (1) verstehen wir hier den absoluten Betrag der Signatur von $\sum \mathfrak{a}_{rs}\mathfrak{x}_r\mathfrak{x}_s$.

Die beiden ersten Typen nennt man nichtausgeartete Kurven zweiter Ordnung. Die Kurve

$$x_1^2+x_2^2+x_3^2=0 \tag{I}$$

hat keinen reellen Punkt, weil x_1, x_2, x_3 als homogene Koordinaten nicht alle drei verschwinden dürfen.

[1] Wenn man will, kann man die x als homogene cartesische Koordinaten betrachten.

(II) $$x_1^2 + x_2^2 - x_3^2 = 0$$

ist eine reelle Kurve, d. h. sie hat unendlich viele reelle Punkte. Faßt man die x als homogene cartesische Koordinaten auf, so stellt (II) einen Kreis vom Radius 1 dar.

Die anderen Typen nennt man ausgeartete Kurven zweiter Ordnung. Die Kurve

(III) $$x_1^2 + x_2^2 = 0$$

hat nur den einen reellen Punkt $x_1 = 0$, $x_2 = 0$. Sie besteht, da

$$x_1^2 + x_2^2 = (x_1 + i x_2)(x_1 - i x_2)$$

ist, aus den beiden konjugiert imaginären Geraden

$$x_1 + i x_2 = 0 \quad \text{und} \quad x_1 - i x_2 = 0,$$

die sich in dem reellen Punkt 0, 0, 1 schneiden.

(IV) $$x_1^2 - x_2^2 = 0$$

ist ein reelles Geradenpaar, bestehend aus den Geraden

$$x_1 - x_2 = 0 \quad \text{und} \quad x_1 + x_2 = 0.$$

Endlich stellt

(V) $$x_1^2 = 0$$

eine Doppelgerade dar, nämlich die doppelt zählende Gerade $x_1 = 0$.

Natürlich können wir bei den einzelnen Typen die kanonische Gleichung auch anders wählen. Z. B. können wir die Gleichung (II) so schreiben

$$x_1^2 - (x_3 + x_2)(x_3 - x_2) = 0.$$

Setzen wir

$$x_3 + x_2 = x_1',$$
$$x_1 = x_2',$$
$$x_3 - x_2 = x_3',$$

was nichts anderes als eine reelle Kollineation ist, so verwandelt sich (II) in

(II') $$x_1' x_3' - x_2'^2 = 0.$$

(IV) wird durch die reelle Kollineation

$$x_1 - x_2 = x_1',$$
$$x_1 + x_2 = x_2',$$
$$x_3 = x_3'$$

in das Geradenpaar

$$x_1' x_2' = 0 \qquad \text{(IV')}$$

übergeführt.

Wenn man auch lineare Transformationen mit komplexen Koeffizienten zuläßt, so gibt es nur drei Typen, nämlich $x_1^2 + x_2^2 + x_3^2 = 0$ (nichtausgeartete Kurve) $x_1^2 + x_2^2 = 0$ (Geradenpaar), $x_1^2 = 0$ (Doppelgerade). Der Rang ist hier die einzige Invariante.

§ 52. Projektive Erzeugung der reellen nichtausgearteten Kurven zweiter Ordnung.

x_1, x_2, x_3 seien homogene cartesische Koordinaten. Wir wissen, daß eine reelle nichtausgeartete Kurve zweiter Ordnung durch eine reelle Kollineation in den Kreis

$$x_1^2 + x_2^2 - x_3^2 = 0$$

überführbar ist.

Nimmt man auf diesem Kreise zwei verschiedene Punkte P, Q und ordnet in den Geradenbüscheln mit den Trägern P und Q immer die beiden Geraden einander zu, die P und Q mit demselben Punkte R des Kreises verbinden, so sind die beiden Büschel projektiv aufeinander bezogen. Verbindet man also P und Q mit vier Punkten A, B, C, D des Kreises, so entstehen zwei Geradenquadrupel mit gleichem Doppelverhältnis.

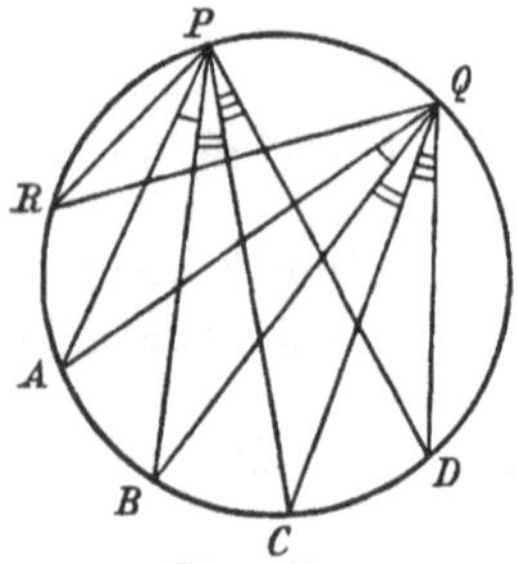

Fig. 65.

Aus dem Satz vom Peripheriewinkel folgt, daß die beiden Büschel sogar kongruent sind. Man kann sie so aufeinanderlegen, daß entsprechende Geraden sich decken.

Wir können aus dieser Eigenschaft des Kreises schließen, daß bei jeder reellen nichtausgearteten Kurve zweiter Ordnung projektive Geradenbüschel entstehen, wenn man zwei Punkte P, Q der Kurve mit den andern Punkten verbindet und immer die Geraden einander zuordnet, die von P und Q nach demselben Kurvenpunkte R laufen.

Im Anschluß hieran entsteht folgende Frage: Gegeben sind zwei projektiv aufeinander bezogene reelle Geradenbüschel mit verschiedenen Trägern P, Q. Man sucht den Ort der gemeinsamen Punkte je zweier entsprechender Geraden.

Die Gerade P, Q gehört beiden Büscheln an. Entspricht sie sich nicht selbst, so bestimmt sie zwei Geraden P, R und Q, R, so daß P, Q und Q, R, ebenso Q, P und P, R zusammengehören. PQR machen wir zum Fundamentaldreieck. Nehmen wir noch ein drittes Paar zusammengehöriger Geraden, so können wir ihren Schnittpunkt S als Einheitspunkt wählen. Dann entsprechen sich folgende Geraden:

Büschel P		Büschel Q
$\mathfrak{x}_2 = 0$	. . . .	$\mathfrak{x}_1 = 0$
$\mathfrak{x}_3 = 0$	. . . .	$\mathfrak{x}_2 = 0$
$\mathfrak{x}_2 - \mathfrak{x}_3 = 0$	. . . .	$\mathfrak{x}_1 - \mathfrak{x}_2 = 0$

Daraus können wir schließen, daß der Geraden

$$\lambda \mathfrak{x}_2 + \mu \mathfrak{x}_3 = 0 \qquad (\lambda,\ \mu \neq 0,\ 0)$$

die Gerade

$$\lambda \mathfrak{x}_1 + \mu \mathfrak{x}_2 = 0$$

entspricht.[1] Diese beiden Geraden haben nur einen Punkt gemein und er genügt der Gleichung

$$\mathfrak{x}_1 \mathfrak{x}_3 - \mathfrak{x}_2^{\,2} = 0. \tag{1}$$

Wenn umgekehrt ein Punkt $(\mathfrak{x})$ diese Gleichung erfüllt, so ist er der Schnittpunkt von zwei zusammengehörigen Geraden der beiden Büschel. Die Gleichungen $\lambda \mathfrak{x}_2 + \mu \mathfrak{x}_3 = 0$, $\lambda \mathfrak{x}_1 + \mu \mathfrak{x}_2 = 0$ lassen dann nämlich eine von 0, 0 verschiedene Lösung zu. Da $\mathfrak{x}_1$, $\mathfrak{x}_2$, $\mathfrak{x}_3$ nicht alle drei verschwinden, so ist durch jene Gleichungen das Verhältnis $\lambda : \mu$ eindeutig bestimmt.

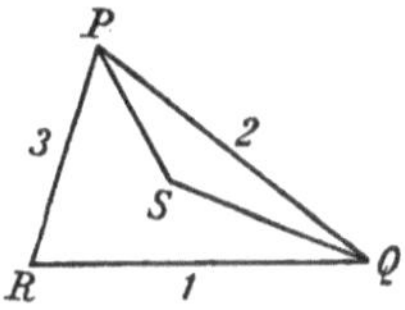

Fig. 66.

Nun müssen wir noch den Fall erörtern, daß P, Q sich selbst entspricht. Dann gehören schon alle Punkte von P, Q zu dem gesuchten geometrischen Ort. Wir nehmen noch zwei andere Paare von zusammengehörigen Geraden:

$$P,\ R \quad \text{und} \quad Q,\ R,$$
$$P,\ S \quad \text{und} \quad Q,\ S.$$

Dann entsprechen sich folgende Geraden:

Büschel P		Büschel Q
$\mathfrak{x}_2 = 0$	. . . .	$\mathfrak{x}_2 = 0$
$\mathfrak{x}_3 = 0$	. . . .	$\mathfrak{x}_1 = 0$
$\mathfrak{x}_2 - \mathfrak{x}_3 = 0$	. . . .	$\mathfrak{x}_2 - \mathfrak{x}_1 = 0$

[1] Durch drei Paare ist eine Projektivität bestimmt (vgl. S. 48).

Wir können also schließen, daß der Geraden

$$\lambda \mathfrak{x}_2 + \mu \mathfrak{x}_3 = 0 \qquad (\lambda, \mu \neq 0, 0)$$

die Gerade

$$\lambda \mathfrak{x}_2 + \mu \mathfrak{x}_1 = 0$$

entspricht. Liegt $(\mathfrak{x})$ auf beiden Geraden, so wird

$$\mathfrak{x}_2 (\mathfrak{x}_1 - \mathfrak{x}_3) = 0 .$$

Umgekehrt ist jeder Punkt $(\mathfrak{x})$, der dieser Gleichung genügt, ein gemeinsamer Punkt von zwei zusammengehörigen Geraden der beiden Büschel. Der Ort der gemeinsamen Punkte entsprechender Geraden ist hier ein reelles Geradenpaar, bestehend aus den beiden Geraden P, Q und R, S. Die beiden Büschel befinden sich hier, wie man sagt, in perspektiver Lage. Entsprechende Geraden schneiden sich immer auf der Geraden R, S.

Das Ergebnis ist also folgendes.

Zwei reelle projektive[1] Geradenbüschel mit verschiedenen Trägern erzeugen, wenn sie sich nicht in perspektiver Lage befinden, eine nichtausgeartete reelle Kurve zweiter Ordnung als Ort der gemeinsamen Punkte entsprechender Geraden. Befinden sich die Büschel in perspektiver Lage, so ist der Ort der gemeinsamen Punkte entsprechender Geraden ein reelles Geradenpaar; die eine Gerade des Paares verbindet die Träger des Büschels.

§ 53. Kurven zweiter Ordnung bestimmt durch fünf Punkte.

In der Gleichung einer Kurve zweiter Ordnung gibt es sechs homogene Koeffizienten, nämlich

$$(1) \qquad \mathfrak{a}_{11}, \quad \mathfrak{a}_{22}, \quad \mathfrak{a}_{33}, \quad \mathfrak{a}_{23}, \quad \mathfrak{a}_{31}, \quad \mathfrak{a}_{12}.$$

Verlangt man, daß die Kurve durch fünf gegebene (verschiedene) Punkte hindurchgehen soll, so sind das fünf lineare homogene Gleichungen für die sechs Unbekannten (1). Ihre Verhältnisse sind also dadurch bestimmt, vorausgesetzt, daß die Gleichungen unabhängig sind.

Bezeichnen wir die fünf Punkte mit

$$(p), \quad (q), \quad (r), \quad (s), \quad (t),$$

so kommt es auf den Rang der folgenden Matrix an

[1] d. h. projektiv aufeinander bezogene.

$$\text{(2)} \qquad \left\| \begin{array}{c} \cdots\cdots \; p_\varrho p_\sigma \; \cdots\cdots \\ \cdots\cdots \; q_\varrho q_\sigma \; \cdots\cdots \\ \cdots\cdots \; r_\varrho r_\sigma \; \cdots\cdots \\ \cdots\cdots \; s_\varrho s_\sigma \; \cdots\cdots \\ \cdots\cdots \; t_\varrho t_\sigma \; \cdots\cdots \end{array} \right\| . \qquad (\varrho, \sigma = 1, 2, 3)$$

Wir wollen untersuchen, wann diese Determinante einen niedrigeren Rang als 5 hat.

Wenn der Rang von (2) kleiner als 5 ist, so gibt es fünf Zahlen P, Q, R, S, T, die nicht alle gleich Null sind und die Gleichungen erfüllen:

$$P p_\varrho p_\sigma + Q q_\varrho q_\sigma + R r_\varrho r_\sigma + S s_\varrho s_\sigma + T t_\varrho t_\sigma = 0 .$$
$$(\varrho, \sigma = 1, 2, 3)$$

Setzt man irgend eine Zeile der Matrix

$$\text{(3)} \qquad \left\| \begin{array}{ccccc} p_1 & q_1 & r_1 & s_1 & t_1 \\ p_2 & q_2 & r_2 & s_2 & t_2 \\ p_3 & q_3 & r_3 & s_3 & t_3 \end{array} \right\|$$

mit irgend einer Zeile der Matrix

$$\left\| \begin{array}{ccccc} P p_1, & Q q_1, & R r_1, & S s_1, & T t_1 \\ P p_2, & Q q_2, & R r_2, & S s_2, & T t_2 \\ P p_3, & Q q_3, & R r_3, & S s_3, & T t_3 \end{array} \right\|$$

zusammen, so kommt Null heraus.

Es ist unmöglich, daß von den Zahlen P, Q, R, S, T drei gleich Null sind. Wäre z. B.

$$R = S = T = 0,$$

so hätte man

$$P p_\varrho p_1 + Q q_\varrho q_1 = 0,$$
$$P p_\varrho p_2 + Q q_\varrho q_2 = 0,$$
$$P q_\varrho p_3 + Q q_\varrho q_3 = 0.$$

Da die Punkte (p), (q) verschieden sind, so können die Determinanten

$$\left| \begin{array}{cc} p_2 & q_2 \\ p_3 & q_3 \end{array} \right|, \quad \left| \begin{array}{cc} p_3 & q_3 \\ p_1 & q_1 \end{array} \right|, \quad \left| \begin{array}{cc} p_1 & q_1 \\ p_2 & q_2 \end{array} \right|$$

nicht alle drei verschwinden. Es folgt also aus den obigen Gleichungen

$$P p_\varrho = 0, \quad Q q_\varrho = 0. \qquad (\varrho = 1, 2, 3)$$

p_1, p_2, p_3 sind aber nicht alle gleich Null, ebenso q_1, q_2, q_3. Daher müßte

$$P = Q = 0$$

sein. Dann würden aber P, Q, R, S, T alle verschwinden, und das ist ausgeschlossen.

Unter den Zahlen P, Q, R, S, T gibt es also mindestens drei von Null verschiedene. Sagen wir P, Q, R seien von Null verschieden. Dann hat man

$$PQR \begin{vmatrix} p_1 & q_1 & r_1 \\ p_2 & q_2 & r_2 \\ p_3 & q_3 & r_3 \end{vmatrix}^2$$

$$= \begin{vmatrix} p_1 & q_1 & r_1 \\ p_2 & q_2 & r_2 \\ p_3 & q_3 & r_3 \end{vmatrix} \begin{vmatrix} Pp_1 & Qq_1 & Rr_1 \\ Pp_2 & Qq_2 & Rr_2 \\ Pp_3 & Qq_3 & Rr_3 \end{vmatrix}$$

$$= \begin{vmatrix} -Ss_1s_1 - Tt_1t_1, & -Ss_1s_2 - Tt_1t_2, & -Ss_1s_3 - Tt_1t_3 \\ -Ss_2s_1 - Tt_2t_1, & -Ss_2s_2 - Tt_2t_2, & -Ss_2s_3 - Tt_2t_3 \\ -Ss_3s_1 - Tt_3t_1, & -Ss_3s_2 - Tt_3t_2, & -Ss_3s_3 - Tt_3t_3 \end{vmatrix}$$

$$= \begin{vmatrix} s_1 & t_1 & 0 \\ s_2 & t_2 & 0 \\ s_3 & t_3 & 0 \end{vmatrix} \begin{vmatrix} -Ss_1, & -Tt_1, & 0 \\ -Ss_2, & -Tt_2, & 0 \\ -Ss_3, & -Tt_3, & 0 \end{vmatrix} = 0.$$

Da $PQR \neq 0$ ist, so folgt

$$\begin{vmatrix} p_1 & q_1 & r_1 \\ p_2 & q_2 & r_2 \\ p_3 & q_3 & r_3 \end{vmatrix} = 0, \tag{4}$$

d. h. die drei Punkte (p), (q), (r) liegen auf einer Geraden.

Es ist unmöglich, daß S und T gleich Null sind. Sonst hätte man nämlich für $\varrho = 1, 2, 3$

$$Pp_\varrho \cdot p_1 + Qq_\varrho \cdot q_1 + Rr_\varrho \cdot r_1 = 0,$$
$$Pp_\varrho \cdot p_2 + Qq_\varrho \cdot q_2 + Rr_\varrho \cdot r_2 = 0,$$
$$Pp_\varrho \cdot p_3 + Qq_\varrho \cdot q_3 + Rr_\varrho \cdot r_3 = 0.$$

Da die Determinante (4) den Rang 2 hat (wegen der Verschiedenheit der Punkte), so wären nach diesen Gleichungen $Pp_\varrho, Qq_\varrho, Rr_\varrho$ proportional zu drei von ϱ unabhängigen Zahlen p', q', r'. $p_\varrho, q_\varrho, r_\varrho$

wären also proportional zu $p':P$, $q':Q$, $r':R$. Die Determinante (3) könnte dann aber nicht den Rang 2 haben.

Ist nun z. B. $S \neq 0$, so folgt (wie oben)

$$\begin{vmatrix} p_1 & q_1 & s_1 \\ p_2 & q_2 & s_2 \\ p_3 & q_3 & s_3 \end{vmatrix} = 0,$$

d. h. die Punkte (p), (q), (s) liegen ebenfalls auf einer Geraden.

Wenn also der Rang der Matrix (1) kleiner als 5 ist, so liegen wenigstens vier von den fünf Punkten auf derselben Geraden.

Umgekehrt ist leicht zu erkennen, daß der Rang der Matrix (1) kleiner als 5 ist, wenn vier von den Punkten (p), (q), (r), (s), (t) auf einer Geraden liegen. Liegen z. B. (p), (q), (r), (s) auf einer Geraden, so hat die Matrix

$$\left\| \begin{matrix} \cdots\cdots & p_\varrho p_\sigma & \cdots\cdots \\ \cdots\cdots & q_\varrho q_\sigma & \cdots\cdots \\ \cdots\cdots & r_\varrho r_\sigma & \cdots\cdots \\ \cdots\cdots & s_\varrho s_\sigma & \cdots\cdots \end{matrix} \right\| \tag{5}$$

einen Rang, der kleiner als 4 ist. Wir können nämlich setzen $r_\varrho = \lambda p_\varrho + \mu q_\varrho$, $s_\varrho = \lambda' p_\varrho + \mu' q_\varrho$. Dann wird aber

$$r_\varrho r_\sigma = \lambda^2 p_\varrho p_\sigma + \lambda\,\mu\,(p_\varrho q_\sigma + p_\sigma q_\varrho) + \mu^2\, q_\varrho q_\sigma,$$
$$s_\varrho s_\sigma = \lambda'^2 p_\varrho p_\sigma + \lambda'\mu'(p_\varrho q_\sigma + p_\sigma q_\varrho) + \mu'^2 q_\varrho q_\sigma.$$

Subtrahieren wir in (5) von der dritten Zeile die mit λ^2 multiplizierte erste und die mit μ^2 multiplizierte zweite Zeile, von der vierten Zeile aber die mit λ'^2 multiplizierte erste und die mit μ'^2 multiplizierte zweite, so erhalten wir eine Matrix von gleichem Range wie (5), und zwar die folgende

$$\left\| \begin{matrix} \cdots\cdots\cdots & p_\varrho p_\sigma & \cdots\cdots\cdots \\ \cdots\cdots\cdots & q_\varrho q_\sigma & \cdots\cdots\cdots \\ \cdots\cdots & \lambda\,\mu\,(p_\varrho q_\sigma + p_\sigma q_\varrho) & \cdots\cdots \\ \cdots\cdots & \lambda'\mu'(p_\varrho q_\sigma + p_\sigma q_\varrho) & \cdots\cdots \end{matrix} \right\|.$$

Hier sind die beiden letzten Zeilen proportional. Der Rang ist also kleiner als 4. Daher hat auch die Matrix (5) einen Rang, der kleiner ist als 4 und die Matrix (2) einen Rang, der kleiner ist als 5.

Die Matrix (2) hat dann und nur dann einen Rang, der

kleiner als 5 ist, wenn vier von den Punkten (p), (q), (r), (s), (t) auf einer Geraden liegen.

Liegen von fünf Punkten keine vier auf einer Geraden, so gibt es eine und nur eine Kurve zweiter Ordnung, die durch die fünf Punkte hindurchgeht.

Wann sind die Koeffizienten $\mathfrak{a}_{rs}$ in der Gleichung dieser Kurve reell?[1] Wenn alle fünf Punkte reell sind, sind offenbar auch die Verhältnisse der $\mathfrak{a}_{rs}$ reell, weil diese Verhältnisse sich aus den Gleichungen

$$(6) \qquad \sum \mathfrak{a}_{\varrho\sigma} p_\varrho p_\sigma = 0, \quad \ldots, \quad \sum \mathfrak{a}_{\varrho\sigma} t_\varrho t_\sigma = 0$$

bestimmen.

Wenn (p) und (q) konjugiert imaginär sind und (r), (s), (t) reell, sieht man, daß die $\bar{\mathfrak{a}}_{\varrho\sigma}$ (die zu den $\mathfrak{a}_{\varrho\sigma}$ konjugierten komplexen Zahlen) dieselben Gleichungen (6) erfüllen. Daher sind die $\bar{\mathfrak{a}}_{\varrho\sigma}$ proportional zu den $\mathfrak{a}_{\varrho\sigma}$. Die $\mathfrak{a}_{\varrho\sigma}$ sind also auch proportional zu den reellen Zahlen $\mathfrak{a}_{\varrho\sigma} + \bar{\mathfrak{a}}_{\varrho\sigma}$ oder (falls diese alle verschwinden) zu den reellen Zahlen $\frac{1}{i}(\mathfrak{a}_{\varrho\sigma} - \bar{\mathfrak{a}}_{\varrho\sigma})$.

Sind (p) und (q) konjugiert imaginär, ebenso (r) und (s), während (t) reell ist, so ist die Gleichung der Kurve wieder reell.

Wenn wir auf einer reellen nichtausgearteten Kurve zweiter Ordnung $\mathfrak{K}$ fünf reelle Punkte wählen, so liegen keine vier, ja sogar keine drei in gerader Linie. Sonst müßte diese Gerade mit allen ihren Punkten der Kurve angehören (vgl. S. 112), und das ist ausgeschlossen, wie man an dem Kreise sieht, in den sich die Kurve durch eine reelle Kollineation überführen läßt.

Wenn wir nun zwei von den fünf Punkten, P und Q, mit den drei andern, A, B, C, verbinden und festsetzen, daß

$$P, A \text{ und } Q, A;$$
$$P, B \text{ und } Q, B;$$
$$P, C \text{ und } Q, C$$

zusammengehören sollen, so ist dadurch eine Projektivität zwischen den beiden Geradenbüscheln P und Q bestimmt.

Der Ort der gemeinsamen Punkte entsprechender Geraden ist, wie wir wissen (vgl. S. 166), eine Kurve zweiter Ordnung $\mathfrak{K}'$. Sie geht durch A, B, C hindurch, aber auch durch P und Q. Denn der Geraden P, Q entspricht, wenn wir sie als Gerade des Büschels P betrachten, eine Gerade durch Q, wenn wir sie als Gerade des

[1] Es kommt nur auf die Verhältnisse der $\mathfrak{a}_{rs}$ an.

Büschels Q betrachten, eine Gerade durch P. Daraus ersieht man, daß P und Q zu den gemeinsamen Punkten entsprechender Geraden gehören. Nun gibt es aber außer $\mathfrak{K}$ keine Kurve zweiter Ordnung, die durch die fünf Punkte P, Q, A, B, C hindurchgeht. Also fallen $\mathfrak{K}$ und $\mathfrak{K}'$ zusammen. Damit ist ein Satz aus § 52 aufs neue bewiesen.

§ 54. Projektivitäten auf einer Kurve zweiter Ordnung.

Wir betrachten eine reelle nichtausgeartete Kurve zweiter Ordnung $\mathfrak{K}$. Wenn man vier Punkte A, B, C, D von $\mathfrak{K}$ mit einem andern Kurvenpunkt P verbindet, so haben die vier Geraden PA, PB, PC, PD ein bestimmtes Doppelverhältnis, das von der Wahl des Punktes P unabhängig ist. Rückt nämlich P auf $\mathfrak{K}$ in irgend eine neue Lage Q, so haben die Geradenquadrupel PA, PB, PC, PD und QA, QB, QC, QD das gleiche Doppelverhältnis (vgl. S. 164). Dieses Doppelverhältnis nennen wir das Doppelverhältnis der vier Punkte A, B, C, D und bezeichnen es mit $(ABCD)$.

Wenn die Punkte von $\mathfrak{K}$ eineindeutig auf die Punkte einer andern solchen Kurve $\mathfrak{K}'$ derart bezogen sind, daß entsprechende Punktquadrupel gleiches Doppelverhältnis haben, so sprechen wir von

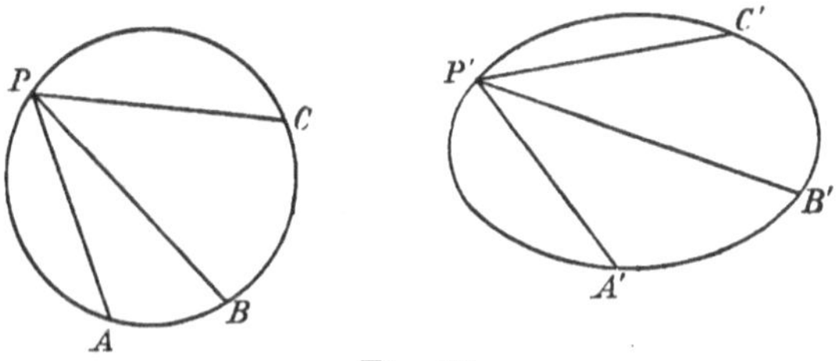

Fig. 67.

einer projektiven Abbildung von $\mathfrak{K}$ auf $\mathfrak{K}'$. Sind A, B, C drei verschiedene Punkte von $\mathfrak{K}$ und A', B', C' drei beliebige verschiedene Punkte von $\mathfrak{K}'$, so gibt es eine und nur eine projektive Abbildung von $\mathfrak{K}$ auf $\mathfrak{K}'$, die den Punkten A, B, C der Reihe nach die Punkte A', B', C' zuordnet. Durch die gestellte Forderung ist nämlich eine Projektivität zwischen den Geradenbüscheln P und P' festgelegt. P' ist ein Punkt auf $\mathfrak{K}'$.

Wir wollen die Ebenen, in denen $\mathfrak{K}$ und $\mathfrak{K}'$ liegen mit E bzw. E' bezeichnen. Wenn man will, kann man sich auch E und E' zusammenfallend denken.

Machen wir in E das Dreieck A, B, C und in E' das Dreieck A', B', C' zum Fundamentaldreieck, so lautet die Gleichung von $\mathfrak{K}$

$$\mathfrak{a}_1 \mathfrak{x}_2 \mathfrak{x}_3 + \mathfrak{a}_2 \mathfrak{x}_3 \mathfrak{x}_1 + \mathfrak{a}_3 \mathfrak{x}_1 \mathfrak{x}_2 = 0, \tag{1}$$

weil eben $\mathfrak{K}$ durch die drei Punkte 1, 0, 0; 0, 1, 0; 0, 0, 1 hindurchgeht. Die Koeffizienten $\mathfrak{a}_1, \mathfrak{a}_2, \mathfrak{a}_3$ sind von Null verschieden, da es sich um eine nichtausgeartete Kurve handelt. Durch passende Wahl des Einheitspunktes können wir die Gleichung (1) noch vereinfachen. Dividieren wir (1) durch $\mathfrak{a}_1 \mathfrak{a}_2 \mathfrak{a}_3$, so ergibt sich

$$\frac{\mathfrak{x}_2}{\mathfrak{a}_2} \cdot \frac{\mathfrak{x}_3}{\mathfrak{a}_3} + \frac{\mathfrak{x}_3}{\mathfrak{a}_3} \cdot \frac{\mathfrak{x}_1}{\mathfrak{a}_1} + \frac{\mathfrak{x}_1}{\mathfrak{a}_1} \cdot \frac{\mathfrak{x}_2}{\mathfrak{a}_2} = 0.$$

Machen wir den Punkt $\mathfrak{a}_1, \mathfrak{a}_2, \mathfrak{a}_3$ zum Einheitspunkt, d. h. führen wir die neuen Koordinaten

$$\mathfrak{y}_1 = \frac{\mathfrak{x}_1}{\mathfrak{a}_1}, \quad \mathfrak{y}_2 = \frac{\mathfrak{x}_2}{\mathfrak{a}_2}, \quad \mathfrak{y}_3 = \frac{\mathfrak{x}_3}{\mathfrak{a}_3}$$

ein, so erhalten wir als Gleichung von $\mathfrak{K}$

$$\mathfrak{y}_2 \mathfrak{y}_3 + \mathfrak{y}_3 \mathfrak{y}_1 + \mathfrak{y}_1 \mathfrak{y}_2 = 0. \tag{2}$$

Ebenso wird $\mathfrak{K}'$, wenn wir A', B', C' zum Fundamentaldreieck machen und den Einheitspunkt passend wählen, durch die Gleichung

$$\mathfrak{y}_2' \mathfrak{y}_3' + \mathfrak{y}_3' \mathfrak{y}_1' + \mathfrak{y}_1' \mathfrak{y}_2' = 0 \tag{2'}$$

ausgedrückt.

Die Gleichungen

$$\mathfrak{y}_1' = \mathfrak{y}_1, \qquad \mathfrak{y}_2' = \mathfrak{y}_2, \qquad \mathfrak{y}_3' = \mathfrak{y}_3$$

stellen eine projektive Abbildung der Ebene E auf die Ebene E' dar. Der Kurve $\mathfrak{K}$ entspricht bei ihr die Kurve $\mathfrak{K}'$ und den Punkten A, B, C entsprechen der Reihe nach die Punkte A', B', C'.

Jede projektive Abbildung von $\mathfrak{K}$ auf $\mathfrak{K}'$ läßt sich also durch eine projektive Abbildung von E auf E' herbeiführen.

Die projektive Abbildung von E auf E', die die gewünschte projektive Abbildung von $\mathfrak{K}$ auf $\mathfrak{K}'$ bewirkt, ist offenbar eindeutig bestimmt. Wählen wir nämlich auf $\mathfrak{K}$ und $\mathfrak{K}'$ die beiden Punkte D bzw. D' so, daß

$$(A\,B\,C\,D) = (A'\,B'\,C'\,D')$$

ist, so ordnet die projektive Abbildung von E auf E' den vier Punkten[1] A, B, C, D der Reihe nach die Punkte A', B', C', D'

[1] Von diesen vier Punkten liegen keine drei in gerader Linie. Dasselbe gilt für die vier Punkte A', B', C', D'.

zu. Dadurch ist sie aber, wie wir aus § 31 wissen, eindeutig bestimmt.

Lassen wir $\mathfrak{K}'$ mit $\mathfrak{K}$ identisch sein, so sehen wir, daß jede projektive Abbildung von $\mathfrak{K}$ auf sich selbst durch eine und nur eine projektive Abbildung von E auf sich selbst bewirkt werden kann. Die Abbildung von $\mathfrak{K}$ auf $\mathfrak{K}'$ ist vollkommen bestimmt, wenn man die drei Punkte A', B', C' kennt, die den gegebenen Punkten A, B, C entsprechen. Die Lage eines Punktes auf $\mathfrak{K}$ hängt von einer Koordinate ab, z. B. dem Doppelverhältnis, das er mit drei festen Punkten von $\mathfrak{K}$ bildet. Daher sagt man, daß es ∞^3 projektive Abbildungen von $\mathfrak{K}$ auf sich selbst gibt. Ihnen entsprechen ∞^3 Kollineationen in der Ebene E, die $\mathfrak{K}$ in $\mathfrak{K}$ überführen ($\mathfrak{K}$ invariant lassen). Sie bilden eine Gruppe, d. h. die Aufeinanderfolge von zwei solchen Kollineationen ist eine Kollineation derselben Art; sie läßt nämlich ebenfalls $\mathfrak{K}$ invariant. Man nennt diese Gruppe die dreigliedrige Kollineationsgruppe[1] oder die dreigliedrige projektive Gruppe von $\mathfrak{K}$. Die Bewegungen, die Ähnlichkeitstransformationen und die Affinitäten sind auch Kollineationsgruppen. Die Gruppe der Bewegungen ist dreigliedrig, die Gruppe der Ähnlichkeitstransformationen viergliedrig, die Gruppe der affinen Abbildungen sechsgliedrig. Alle Kollineationen zusammen bilden eine achtgliedrige Gruppe; denn zwei Kollineationen nacheinander ausgeführt geben wieder eine Kollineation und in den Gleichungen einer Kollineation treten neun Konstanten auf, deren Verhältnisse aber nur in Betracht kommen. Man nennt diese Gruppe die allgemeine Kollineationsgruppe oder die allgemeine projektive Gruppe.

Wir wollen für die Kurve zweiter Ordnung

$$\mathfrak{x}_1 \mathfrak{x}_3 - \mathfrak{x}_2^2 = 0$$

die zugehörige Kollineationsgruppe aufstellen. Die Kurve wird erzeugt durch die beiden projektiven Büschel

$$(*) \qquad \lambda \mathfrak{x}_1 + \mu \mathfrak{x}_2 = 0, \qquad \lambda \mathfrak{x}_2 + \mu \mathfrak{x}_3 = 0.$$

λ, μ können wir auf der Kurve als homogene Koordinaten benutzen. Das Doppelverhältnis der vier Kurvenpunkte

$$\lambda_1, \mu_1; \quad \lambda_2, \mu_2; \quad \lambda_3, \mu_3; \quad \lambda_4, \mu_4$$

lautet dann

$$(\lambda_1 \mu_3)(\lambda_2 \mu_4) : (\lambda_1 \mu_4)(\lambda_2 \mu_3).$$

---

[1] Damit ist gemeint, daß die Gruppe drei Parameter enthält.

Eine Projektivität auf der Kurve wird dargestellt durch Gleichungen von der Form[1]

$$\lambda = \alpha\lambda' + \beta\mu', \qquad \mu = \gamma\lambda' + \delta\mu'. \qquad (\alpha\delta - \beta\gamma \neq 0)$$

Nun folgt aus der ersten Gleichung (*)

$$\mathfrak{x}_1 = \varrho\mu, \qquad \mathfrak{x}_2 = -\varrho\lambda$$

und aus der zweiten

$$\mathfrak{x}_2 = -\sigma\mu, \qquad \mathfrak{x}_3 = \sigma\lambda.$$

Es muß also $\varrho\lambda - \sigma\mu = 0$ sein, d. h. wir können setzen $\varrho = \mu$, $\sigma = \lambda$. Dann wird

$$\mathfrak{x}_1 = \mu^2, \qquad \mathfrak{x}_2 = -\lambda\mu, \qquad \mathfrak{x}_3 = \lambda^2$$

und, wenn man für λ, μ ihre Ausdrücke in λ', μ' einsetzt,

$$\mathfrak{x}_1 = \gamma^2\lambda'^2 + 2\gamma\delta\lambda'\mu' + \delta^2\mu'^2,$$
$$\mathfrak{x}_2 = -\alpha\gamma\lambda'^2 - (\alpha\delta + \beta\gamma)\lambda'\mu' - \beta\delta\mu'^2,$$
$$\mathfrak{x}_3 = \alpha^2\lambda'^2 + 2\alpha\beta\lambda'\mu' + \beta^2\mu'^2.$$

Nun ist

$$\mathfrak{x}_1' = \mu'^2, \qquad \mathfrak{x}_2' = -\lambda'\mu', \qquad \mathfrak{x}_3' = \lambda'^2$$

ein Punkt auf der Kurve zweiter Ordnung. Die Kollineation, die auf der Kurve die betrachtete Projektivität bewirkt, lautet also

$$\mathfrak{x}_1 = \delta^2\mathfrak{x}_1 - 2\gamma\delta\mathfrak{x}_2' + \gamma^2\mathfrak{x}_3',$$
$$\mathfrak{x}_2 = -\beta\delta\mathfrak{x}_1' + (\alpha\delta + \beta\gamma)\mathfrak{x}_2' - \alpha\gamma\mathfrak{x}_3',$$
$$\mathfrak{x}_3 = \beta^2\mathfrak{x}_1' - 2\alpha\beta\mathfrak{x}_2' + \alpha^2\mathfrak{x}_3'.$$

§ 55. Der Pascalsche Satz.

$\mathfrak{K}$ sei wie in § 54 eine reelle nichtausgeartete Kurve zweiter Ordnung. Auf ihr betrachten wir eine Projektivität, die den Punkten A, B, C die Punkte A', B', C' zuordnet.

Es läßt sich dann, wie wir sehen werden, zu jedem Punkt P der entsprechende Punkt P' durch eine sehr einfache Konstruktion finden.

[1] Man kann nämlich durch passende Wahl von α, β, γ, δ erreichen, daß drei gegebenen Punkten λ, μ drei vorgeschriebene Punkte λ', μ' entsprechen, und außerdem bleibt bei dieser Abbildung das Doppelverhältnis von vier Punkten erhalten. Hierdurch ist aber eine Projektivität charakterisiert.

Verbinden wir A mit den Punkten A', B', C', P', so haben die vier Geraden AA', AB', AC', AP' das Doppelverhältnis $(A'B'C'P')$. Ebenso haben die vier Geraden $A'A$, $A'B$, $A'C$, $A'P$ das Doppelverhältnis $(ABCP)$. Da nun

$$(ABCP) = (A'B'C'P')$$

ist, so haben die beiden Geradenquadrupel gleiches Doppelverhältnis. Zwei entsprechende Geraden AA' und $A'A$ fallen zusammen. Die Geradenquadrupel befinden sich also in perspektiver Lage, d. h. die Schnittpunkte entsprechender Geraden liegen auf einer geraden Linie g (vgl. S. 166). Nehmen wir auf dieser Geraden g (die durch AB', AC' und $A'B$, $A'C$ vollkommen bestimmt ist) einen beliebigen Punkt Q und projizieren ihn von A' und A aus auf die Kurve, so entstehen zwei Punkte P bzw. P' und P' ist gerade der Punkt, der bei der betrachteten Projektivität dem Punkte P entspricht.

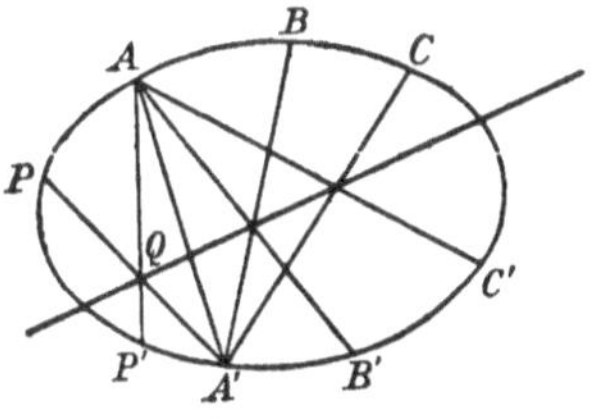

Fig. 68.

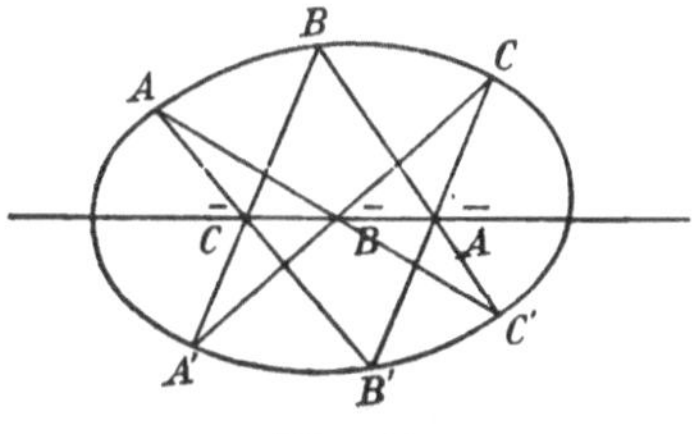

Fig. 69.

Wenn man statt der Punkte A, A' die Punkte B, B' benutzt, erhält man dieselbe Gerade g. Um das zu beweisen, brauchen wir nur zu zeigen, daß die drei Punkte

$$AB',\ A'B;\quad AC',\ A'C;\quad BC',\ B'C$$

in gerader Linie liegen. Wir bezeichnen sie der Reihe nach mit $\bar{C}$, $\bar{B}$, $\bar{A}$.

Wir verbinden A und B mit den Punkten C, A', B', C'. Dadurch entstehen zwei Geradenquadrupel

$$AC,\ AA',\ AB',\ AC' \quad \text{und} \quad BC,\ BA',\ BB',\ BC'$$

mit gleichem Doppelverhältnis. Sie schneiden wir mit den Geraden CA' bzw. CB'. Dadurch erhalten wir zwei Punktquadrupel

$$C;\quad A';\quad AB',\ CA';\quad AC',\ CA'$$

und

$$C;\quad BA',\ CB';\quad B';\quad BC',\ CB'$$

mit gleichem Doppelverhältnis. Es fallen hier zwei entsprechende Punkte zusammen. Die Quadrupel befinden sich in perspektiver Lage, d. h. die Verbindungslinien entsprechender Punkte gehen durch einen Punkt hindurch. Die Verbindungslinie von

$$A' \text{ und } BA', CB'$$

ist aber die Gerade $A'B$, die Verbindungslinie von

$$B' \text{ und } AB', CA'$$

die Gerade AB'. Durch den Schnittpunkt von AB' und $A'B$ geht also die Verbindungslinie von AC', CA' und BC', CB' hindurch, d. h. die drei Punkte AB', $A'B$; AC', $A'C$; BC', $B'C$ liegen in gerader Linie.

Es gilt also folgender Satz:

Wenn auf einer reellen nichtausgearteten Kurve zweiter Ordnung eine Projektivität vorliegt und den Punkten $A, B, C, D, \ldots$ die Punkte $A', B', C', D', \ldots$ entsprechen, so liegen die Punkte

$$AB', BA'; \quad AC', CA'; \quad \ldots$$
$$BC', CB'; \quad BD', DB'; \quad \ldots$$
$$\ldots\ldots\ldots\ldots\ldots$$

alle auf einer Geraden g. Sie schneidet die Kurve in zwei Punkten (reell und verschieden oder reell und zusammenfallend oder konjugiert imaginär), die offenbar die Doppelpunkte der Projektivität sind.[1]

$AB'CA'BC'A$ ist ein der Kurve zweiter Ordnung einbeschriebenes Sechseck.

$$AB', \quad B'C, \quad CA',$$
$$A'B, \quad BC', \quad C'A$$

sind seine Seiten, AB' und $A'B$, $B'C$ und BC', CA' und $C'A$ die drei Paare von Gegenseiten.

Was wir bewiesen haben, läßt sich also auch so ausdrücken. Einer reellen nichtausgearteten Kurve zweiter Ordnung sei ein Sechseck einbeschrieben. Bringt man je zwei gegenüberliegende Seiten zum Schnitt, so entstehen drei Punkte, die auf einer Geraden liegen.

---

[1] Sind $A, B, C, D, \ldots$ und $A', B', C', D', \ldots$ projektive Punktreihen auf zwei Geraden, so gilt der obige Satz auch noch. Der Beweis wird genau ebenso geführt.

Man nennt diesen Satz das Theorem von Pascal und die Gerade die Pascalsche Gerade.

Mit Hilfe des Pascalschen Satzes kann man beliebig viele Punkte der Kurve zweiter Ordnung konstruieren, wenn fünf Punkte bekannt sind. Sind A, B, C, A', B' bekannt, so legt man durch A eine beliebige Gerade h und bringt sie mit CA' zum Schnitt. Dieser Schnittpunkt und der Punkt AB', BA' bestimmen die Pascalsche Gerade. Schneidet man CB' mit der Pascalschen Geraden und verbindet den Schnittpunkt mit B, so trifft diese Verbindungslinie die Gerade h im Punkte C'.

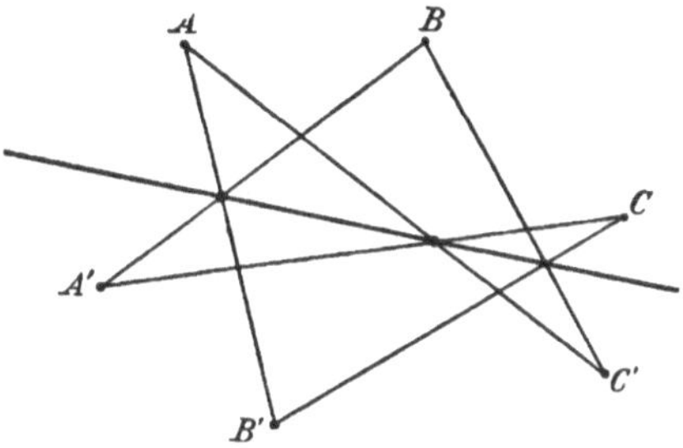

Fig. 70.

§ 56. Das zu einer Kurve zweiter Ordnung gehörige Polarsystem.

Wir betrachten eine nichtausgeartete Kurve zweiter Ordnung

(1) $$\sum \mathfrak{a}_{rs}\mathfrak{x}_r\mathfrak{x}_s = 0 .$$

$(\mathfrak{y})$ und $(\mathfrak{z})$ seien zwei verschiedene Punkte. Wir fragen nach den Schnittpunkten der Kurve mit der Geraden $(\mathfrak{y})(\mathfrak{z})$. Jeder Punkt dieser Geraden läßt sich in der Form $(\lambda\mathfrak{y} + \mu\mathfrak{z})$ schreiben, d. h. seine Koordinaten lauten

$$\mathfrak{x}_r = \lambda\mathfrak{y}_r + \mu\mathfrak{z}_r . \qquad (r = 1,\ 2,\ 3)$$

Um die gesuchten Schnittpunkte zu finden, müssen wir diese Ausdrücke für die $\mathfrak{x}$ in (1) einsetzen. Dadurch erhalten wir

$$\sum \mathfrak{a}_{rs}(\lambda\mathfrak{y}_r + \mu\mathfrak{z}_r)(\lambda\mathfrak{y}_s + \mu\mathfrak{z}_s) = 0$$

oder

(2) $$\lambda^2\sum \mathfrak{a}_{rs}\mathfrak{y}_r\mathfrak{y}_s + \lambda\mu\left(\sum \mathfrak{a}_{rs}\mathfrak{y}_r\mathfrak{z}_s + \sum \mathfrak{a}_{rs}\mathfrak{y}_s\mathfrak{z}_r\right) + \mu^2\sum \mathfrak{a}_{rs}\mathfrak{z}_r\mathfrak{z}_s = 0 .$$

Nun sind r und s zwei gleichberechtigte Indizes. Also ist

$$\sum \mathfrak{a}_{rs}\mathfrak{y}_s\mathfrak{z}_r = \sum \mathfrak{a}_{sr}\mathfrak{y}_r\mathfrak{z}_s .$$

Wegen $\mathfrak{a}_{rs} = \mathfrak{a}_{sr}$ haben wir außerdem

$$\sum \mathfrak{a}_{sr}\mathfrak{y}_r\mathfrak{z}_s = \sum \mathfrak{a}_{rs}\mathfrak{y}_r\mathfrak{z}_s .$$

Es ergibt sich hieraus

$$\sum \mathfrak{a}_{rs}\mathfrak{y}_s\mathfrak{z}_r = \sum \mathfrak{a}_{rs}\mathfrak{y}_r\mathfrak{z}_s ,$$

und wir können die Gleichung (2) so schreiben

(2') $$\lambda^2\sum \mathfrak{a}_{rs}\mathfrak{y}_r\mathfrak{y}_s + 2\lambda\mu\sum \mathfrak{a}_{rs}\mathfrak{y}_r\mathfrak{z}_s + \mu^2\sum \mathfrak{a}_{rs}\mathfrak{z}_r\mathfrak{z}_s = 0 .$$

Der Punkt $(\mathfrak{t})$ möge nicht auf der Geraden $(\mathfrak{y})(\mathfrak{z})$ liegen, es sei also

$$(\mathfrak{y}\,\mathfrak{z}\,\mathfrak{t}) \neq 0 .$$

Multiplizieren wir die Diskriminante von (1) zweimal mit der Determinante $(\mathfrak{y}\,\mathfrak{z}\,\mathfrak{t})$, so erhalten wir

$$\begin{vmatrix} \mathfrak{a}_{11} & \mathfrak{a}_{12} & \mathfrak{a}_{13} \\ \mathfrak{a}_{21} & \mathfrak{a}_{22} & \mathfrak{a}_{23} \\ \mathfrak{a}_{31} & \mathfrak{a}_{32} & \mathfrak{a}_{33} \end{vmatrix} \begin{vmatrix} \mathfrak{y}_1 & \mathfrak{y}_2 & \mathfrak{y}_3 \\ \mathfrak{z}_1 & \mathfrak{z}_2 & \mathfrak{z}_3 \\ \mathfrak{t}_1 & \mathfrak{t}_2 & \mathfrak{t}_3 \end{vmatrix}^2$$

$$= \begin{vmatrix} \sum \mathfrak{a}_{1s}\mathfrak{y}_s, & \sum \mathfrak{a}_{1s}\mathfrak{z}_s, & \sum \mathfrak{a}_{1s}\mathfrak{t}_s \\ \sum \mathfrak{a}_{2s}\mathfrak{y}_s, & \sum \mathfrak{a}_{2s}\mathfrak{z}_s, & \sum \mathfrak{a}_{2s}\mathfrak{t}_s \\ \sum \mathfrak{a}_{3s}\mathfrak{y}_s, & \sum \mathfrak{a}_{3s}\mathfrak{z}_s, & \sum \mathfrak{a}_{3s}\mathfrak{t}_s \end{vmatrix} \begin{vmatrix} \mathfrak{y}_1 & \mathfrak{z}_1 & \mathfrak{t}_1 \\ \mathfrak{y}_2 & \mathfrak{z}_2 & \mathfrak{t}_2 \\ \mathfrak{y}_3 & \mathfrak{z}_3 & \mathfrak{t}_3 \end{vmatrix}$$

$$= \begin{vmatrix} \sum \mathfrak{a}_{rs}\mathfrak{y}_r\mathfrak{y}_s, & \sum \mathfrak{a}_{rs}\mathfrak{y}_r\mathfrak{z}_s, & \sum \mathfrak{a}_{rs}\mathfrak{y}_r\mathfrak{t}_s \\ \sum \mathfrak{a}_{rs}\mathfrak{z}_r\mathfrak{y}_s, & \sum \mathfrak{a}_{rs}\mathfrak{z}_r\mathfrak{z}_s, & \sum \mathfrak{a}_{rs}\mathfrak{z}_r\mathfrak{t}_s \\ \sum \mathfrak{a}_{rs}\mathfrak{t}_r\mathfrak{y}_s, & \sum \mathfrak{a}_{rs}\mathfrak{t}_r\mathfrak{z}_s, & \sum \mathfrak{a}_{rs}\mathfrak{t}_r\mathfrak{t}_s \end{vmatrix} . \qquad (*)$$

Da weder die Diskriminante noch die Determinante $(\mathfrak{y}\,\mathfrak{z}\,\mathfrak{t})$ verschwindet, muß auch die letzte Determinante ungleich Null sein. Es können deshalb unmöglich die Koeffizienten in (2′) alle verschwinden, weil sonst die Determinante (*) sich auf

$$\begin{vmatrix} 0 & 0 & \sum \mathfrak{a}_{rs}\mathfrak{y}_r\mathfrak{t}_s \\ 0 & 0 & \sum \mathfrak{a}_{rs}\mathfrak{z}_r\mathfrak{t}_s \\ \sum \mathfrak{a}_{rs}\mathfrak{t}_r\mathfrak{y}_s, & \sum \mathfrak{a}_{rs}\mathfrak{t}_r\mathfrak{z}_s, & \sum \mathfrak{a}_{rs}\mathfrak{t}_r\mathfrak{t}_s \end{vmatrix},$$

also auf Null reduzieren würde.

Eine nichtausgeartete Kurve zweiter Ordnung hat also mit jeder Geraden nur zwei Punkte gemein. Sind es zwei zusammenfallende Punkte, so nennen wir die Gerade eine Tangente der Kurve und den Punkt, den sie mit der Kurve gemein hat, den Berührungspunkt.

Die beiden Punkte, in denen die Gerade $(\mathfrak{y})(\mathfrak{z})$ die Kurve (1) schneidet, bestimmen auf $(\mathfrak{y})(\mathfrak{z})$ eine Involution [1], deren Doppelpunkte sie sind. Diese Involution wird (vgl. S. 52) dargestellt durch

$$(3) \qquad \lambda\lambda' \sum \mathfrak{a}_{rs}\mathfrak{y}_r\mathfrak{y}_s + (\lambda\mu' + \mu\lambda') \sum \mathfrak{a}_{rs}\mathfrak{y}_r\mathfrak{z}_s + \mu\mu' \sum \mathfrak{a}_{rs}\mathfrak{z}_r\mathfrak{z}_s = 0 .$$

Sind die Punkte $(\mathfrak{y})$ und $(\mathfrak{z})$ ein Punktepaar der Involution, so ist

$$(4) \qquad \sum \mathfrak{a}_{rs}\mathfrak{y}_r\mathfrak{z}_s = 0 .$$

[1] Fallen sie zusammen, so ist es eine ausgeartete Involution, vgl. S. 52.

Denn bei $(\mathfrak{y})$ haben λ, μ die Werte 1, 0, bei $(\mathfrak{z})$ die Werte 0, 1. Setzt man aber in (3) $\lambda = 1$, $\mu = 0$ und $\lambda' = 0$, $\mu' = 1$, so ergibt sich (4). Zwei Punkte $(\mathfrak{y})$, $(\mathfrak{z})$, die der Bedingung (4) genügen, nennt man **konjugiert** in bezug auf die Kurve (1).

Wenn man eine projektive Abbildung ausführt, so gehen konjugierte Punkte in konjugierte Punkte über, d. h. wenn $(\mathfrak{y})$ und $(\mathfrak{z})$ in bezug auf (1) konjugiert sind, so sind ihre Bildpunkte in bezug auf die Bildkurve von (1) konjugiert. Das folgt unmittelbar aus der Definition des Konjugiertseins. Man kann es aber auch in folgender Weise zeigen.

Es sei vermöge der Kollineation

$$\mathfrak{x}_r = \beta_{r1}\mathfrak{x}_1' + \beta_{r2}\mathfrak{x}_2' + \beta_{r3}\mathfrak{x}_3'$$
$$(r = 1,\ 2,\ 3)$$

(5) $$\sum \mathfrak{a}_{rs}\mathfrak{x}_r\mathfrak{x}_s = \sum \mathfrak{a}'_{rs}\mathfrak{x}_r'\mathfrak{x}_s'.$$

Hat man nun

$$\mathfrak{y}_r = \beta_{r1}\mathfrak{y}_1' + \beta_{r2}\mathfrak{y}_2' + \beta_{r3}\mathfrak{y}_3',$$
$$\mathfrak{z}_r = \beta_{r1}\mathfrak{z}_1' + \beta_{r2}\mathfrak{z}_2' + \beta_{r3}\mathfrak{z}_3',$$

so ist auch

$$\lambda\mathfrak{y}_r + \mu\mathfrak{z}_r = \beta_{r1}(\lambda\mathfrak{y}_1' + \mu\mathfrak{z}_1') + \beta_{r2}(\lambda\mathfrak{y}_2' + \mu\mathfrak{z}_2') + \beta_{r3}(\lambda\mathfrak{y}_3' + \mu\mathfrak{z}_3').$$
$$(r = 1,\ 2,\ 3)$$

$(\mathfrak{x})$ und $(\mathfrak{x}')$ hängen also in genau derselben Weise zusammen wie $(\lambda\mathfrak{y} + \mu\mathfrak{z})$ und $(\lambda\mathfrak{y}' + \mu\mathfrak{z}')$. Wir dürfen daher in (5) $(\mathfrak{x})$ durch $(\lambda\mathfrak{y} + \mu\mathfrak{z})$ und $(\mathfrak{x}')$ durch $(\lambda\mathfrak{y}' + \mu\mathfrak{z}')$ ersetzen. Dann erhalten wir aber

(6) $$\lambda^2\sum \mathfrak{a}_{rs}\mathfrak{y}_r\mathfrak{y}_s + 2\lambda\mu\sum \mathfrak{a}_{rs}\mathfrak{y}_r\mathfrak{z}_s + \mu^2\sum \mathfrak{a}_{rs}\mathfrak{z}_r\mathfrak{z}_s$$
$$= \lambda^2\sum \mathfrak{a}'_{rs}\mathfrak{y}'_r\mathfrak{y}'_s + 2\lambda\mu\sum \mathfrak{a}'_{rs}\mathfrak{y}'_r\mathfrak{z}'_s + \mu^2\sum \mathfrak{a}'_{rs}\mathfrak{z}'_r\mathfrak{z}'_s.$$

Für $\lambda = 1$, $\mu = 0$ und $\lambda = 0$, $\mu = 1$ ergibt sich

$$\sum \mathfrak{a}_{rs}\mathfrak{y}_r\mathfrak{y}_s = \sum \mathfrak{a}'_{rs}\mathfrak{y}'_r\mathfrak{y}'_s, \qquad \sum \mathfrak{a}_{rs}\mathfrak{z}_r\mathfrak{z}_s = \sum \mathfrak{a}'_{rs}\mathfrak{z}'_r\mathfrak{z}'_s.$$

(6) reduziert sich also auf

$$2\lambda\mu\sum \mathfrak{a}_{rs}\mathfrak{y}_r\mathfrak{z}_s = 2\lambda\mu\sum \mathfrak{a}'_{rs}\mathfrak{y}'_r\mathfrak{z}'_s.$$

Hieraus folgt für $\lambda = \mu = 1$

$$\sum \mathfrak{a}_{rs}\mathfrak{y}_r\mathfrak{z}_s = \sum \mathfrak{a}'_{rs}\mathfrak{y}'_r\mathfrak{z}'_s.$$

Sind die Punkte $(\mathfrak{y})$ und $(\mathfrak{z})$ in bezug auf die Kurve $\sum \mathfrak{a}_{rs}\mathfrak{x}_r\mathfrak{x}_s = 0$ konjugiert, hat man also $\sum \mathfrak{a}_{rs}\mathfrak{y}_r\mathfrak{z}_s = 0$, so ist auch $\sum \mathfrak{a}'_{rs}\mathfrak{y}'_r\mathfrak{z}'_s = 0$, d. h. $(\mathfrak{y}')$ und $(\mathfrak{z}')$, die Bildpunkte von $(\mathfrak{y})$ und $(\mathfrak{z})$, sind konjugiert in bezug auf $\sum \mathfrak{a}'_{rs}\mathfrak{x}'_r\mathfrak{x}'_s = 0$, d. h. in bezug auf die Bildkurve von $\sum \mathfrak{a}_{rs}\mathfrak{x}_r\mathfrak{x}_s = 0$.

Durch die Gleichung (4) ist ein Polarsystem definiert. Ist der Punkt $(\mathfrak{z})$ gegeben, so sind die zu ihm konjugierten Punkte die Punkte der Geraden

$$\sum \mathfrak{a}_{rs}\mathfrak{x}_r\mathfrak{z}_s = 0.$$

Man nennt sie die Polare des Punktes $(\mathfrak{z})$.

Die Koordinaten $\mathfrak{w}_1, \mathfrak{w}_2, \mathfrak{w}_3$ der Polare lauten

$$(7)\qquad \begin{cases} \mathfrak{w}_1 = \mathfrak{a}_{11}\mathfrak{z}_1 + \mathfrak{a}_{12}\mathfrak{z}_2 + \mathfrak{a}_{13}\mathfrak{z}_3, \\ \mathfrak{w}_2 = \mathfrak{a}_{21}\mathfrak{z}_1 + \mathfrak{a}_{22}\mathfrak{z}_2 + \mathfrak{a}_{23}\mathfrak{z}_3, \\ \mathfrak{w}_3 = \mathfrak{a}_{31}\mathfrak{z}_1 + \mathfrak{a}_{32}\mathfrak{z}_2 + \mathfrak{a}_{33}\mathfrak{z}_3. \end{cases}$$

Jedem Punkt $(\mathfrak{z})$ entspricht eine bestimmte Polare. Denn $\mathfrak{w}_1, \mathfrak{w}_2, \mathfrak{w}_3$ können wegen

$$\begin{vmatrix} \mathfrak{a}_{11} & \mathfrak{a}_{12} & \mathfrak{a}_{13} \\ \mathfrak{a}_{21} & \mathfrak{a}_{22} & \mathfrak{a}_{23} \\ \mathfrak{a}_{31} & \mathfrak{a}_{32} & \mathfrak{a}_{33} \end{vmatrix} \neq 0$$

nicht alle drei verschwinden. Umgekehrt ist jede Gerade $(\mathfrak{w})$ die Polare eines bestimmten Punktes, ihres Pols. Die Gleichungen (7) lassen sich nämlich nach $\mathfrak{z}_1, \mathfrak{z}_2, \mathfrak{z}_3$ auflösen.

Die Gleichungen (7) stellen also eine Korrelation dar und wegen $\mathfrak{a}_{rs} = \mathfrak{a}_{sr}$ $(r, s = 1, 2, 3)$ ist diese Korrelation ein Polarsystem.

Wann liegen Pol und Polare vereinigt? Dann und nur dann, wenn

$$\sum \mathfrak{w}_r\mathfrak{z}_r = \sum \mathfrak{a}_{rs}\mathfrak{z}_r\mathfrak{z}_s = 0$$

ist, d. h. wenn der Punkt $(\mathfrak{z})$ auf der Kurve zweiter Ordnung liegt. Die Kurve (1) ist der Ort derjenigen Punkte, die mit ihrer Polare vereinigt liegen. Wir können auch sagen, daß sie der Ort der Punkte ist, die zu sich selbst konjugiert sind.

Wenn $(\mathfrak{y})$ auf der Kurve liegt, so reduziert sich die Gleichung (2') auf

$$2\lambda\mu \sum \mathfrak{a}_{rs}\mathfrak{y}_r\mathfrak{z}_s + \mu^2 \sum \mathfrak{a}_{rs}\mathfrak{z}_r\mathfrak{z}_s = 0.$$

Die Schnittpunkte der Geraden $(\mathfrak{y})(\mathfrak{z})$ und der Kurve fallen dann und nur dann in $(\mathfrak{y})$ zusammen, wenn $\sum \mathfrak{a}_{rs}\mathfrak{y}_r\mathfrak{z}_s = 0$ ist, d. h. wenn $(\mathfrak{z})$ auf der Polare von $(\mathfrak{y})$ liegt. In jedem Punkte hat die Kurve (1) eine bestimmte Tangente und diese ist die Polare des Berührungspunktes.

§ 57. Gleichung einer nichtausgearteten Kurve zweiter Ordnung in Linienkoordinaten.

Gegeben sei eine nichtausgeartete Kurve zweiter Ordnung $\sum \mathfrak{a}_{rs}\mathfrak{x}_r\mathfrak{x}_s = 0$. Wir fragen nach der notwendigen und hinreichenden Bedingung dafür, daß eine Gerade $(\mathfrak{u})$ eine Tangente der Kurve ist.

$(\mathfrak{y})$ und $(\mathfrak{z})$ seien zwei Punkte von $(\mathfrak{u})$. Die Schnittpunkte $(\lambda\mathfrak{y} + \mu\mathfrak{z})$ der Geraden und der Kurve sind, wie wir wissen, durch folgende Gleichung bestimmt:

$$\lambda^2 \sum \mathfrak{a}_{rs}\mathfrak{y}_r\mathfrak{y}_s + 2\lambda\mu \sum \mathfrak{a}_{rs}\mathfrak{y}_r\mathfrak{z}_s + \mu^2 \sum \mathfrak{a}_{rs}\mathfrak{z}_r\mathfrak{z}_s = 0\,.$$

Die beiden Schnittpunkte fallen dann und nur dann zusammen, wenn

$$(1) \qquad \left(\sum \mathfrak{a}_{rs}\mathfrak{y}_r\mathfrak{z}_s\right)^2 - \left(\sum \mathfrak{a}_{rs}\mathfrak{y}_r\mathfrak{y}_s\right)\left(\sum \mathfrak{a}_{rs}\mathfrak{z}_r\mathfrak{z}_s\right) = 0$$

ist. Setzen wir

$$\mathfrak{v}_r = \sum_s \mathfrak{a}_{rs}\mathfrak{y}_s, \qquad \mathfrak{w}_r = \sum_s \mathfrak{a}_{rs}\mathfrak{z}_s,$$

so wird

$$\sum \mathfrak{a}_{rs}\mathfrak{y}_r\mathfrak{z}_s = \sum \mathfrak{a}_{rs}\mathfrak{z}_r\mathfrak{y}_s = \sum \mathfrak{v}_r\mathfrak{z}_r = \sum \mathfrak{w}_r\mathfrak{y}_r,$$

$$\sum \mathfrak{a}_{rs}\mathfrak{y}_r\mathfrak{y}_s = \sum \mathfrak{v}_r\mathfrak{y}_r,$$

$$\sum \mathfrak{a}_{rs}\mathfrak{z}_r\mathfrak{z}_s = \sum \mathfrak{w}_r\mathfrak{z}_r.$$

Die Gleichung (1) kann daher auch so geschrieben werden:

$$\begin{vmatrix} \sum \mathfrak{v}_r\mathfrak{y}_r, & \sum \mathfrak{v}_r\mathfrak{z}_r \\ \sum \mathfrak{w}_r\mathfrak{y}_r, & \sum \mathfrak{w}_r\mathfrak{z}_r \end{vmatrix} = 0,$$

d. h.

$$\begin{Vmatrix} \mathfrak{v}_1 & \mathfrak{v}_2 & \mathfrak{v}_3 \\ \mathfrak{w}_1 & \mathfrak{w}_2 & \mathfrak{w}_3 \end{Vmatrix} \cdot \begin{Vmatrix} \mathfrak{y}_1 & \mathfrak{y}_2 & \mathfrak{y}_3 \\ \mathfrak{z}_1 & \mathfrak{z}_2 & \mathfrak{z}_3 \end{Vmatrix} = 0$$

oder

$$(2) \qquad \sum_{r,s} \begin{vmatrix} \mathfrak{v}_r & \mathfrak{v}_s \\ \mathfrak{w}_r & \mathfrak{w}_s \end{vmatrix} \begin{vmatrix} \mathfrak{y}_r & \mathfrak{y}_s \\ \mathfrak{z}_r & \mathfrak{z}_s \end{vmatrix} = 0. \quad (r,\ s = 1,\ 2,\ 3)$$

Nun ist aber

$$\begin{vmatrix} \mathfrak{v}_r & \mathfrak{v}_s \\ \mathfrak{w}_r & \mathfrak{w}_s \end{vmatrix} = \begin{vmatrix} \sum \mathfrak{a}_{rt}\mathfrak{y}_t, & \sum \mathfrak{a}_{st}\mathfrak{y}_t \\ \sum \mathfrak{a}_{rt}\mathfrak{z}_t, & \sum \mathfrak{a}_{st}\mathfrak{z}_t \end{vmatrix}$$

$$= \begin{Vmatrix} \mathfrak{a}_{r1} & \mathfrak{a}_{r2} & \mathfrak{a}_{r3} \\ \mathfrak{a}_{s1} & \mathfrak{a}_{s2} & \mathfrak{a}_{s3} \end{Vmatrix} \cdot \begin{Vmatrix} \mathfrak{y}_1 & \mathfrak{y}_2 & \mathfrak{y}_3 \\ \mathfrak{z}_1 & \mathfrak{z}_2 & \mathfrak{z}_3 \end{Vmatrix}$$

$$= \sum_{\varrho,\sigma} \begin{vmatrix} \mathfrak{a}_{r\varrho} & \mathfrak{a}_{r\sigma} \\ \mathfrak{a}_{s\varrho} & \mathfrak{a}_{s\sigma} \end{vmatrix} \begin{vmatrix} \mathfrak{y}_\varrho & \mathfrak{y}_\sigma \\ \mathfrak{z}_\varrho & \mathfrak{z}_\sigma \end{vmatrix}.$$

(2) lautet also schließlich

$$(2') \qquad \sum_{r,s,\varrho,\sigma} \begin{vmatrix} a_{r\varrho} & a_{r\sigma} \\ a_{s\varrho} & a_{s\sigma} \end{vmatrix} \begin{vmatrix} \mathfrak{y}_r & \mathfrak{y}_s \\ \mathfrak{z}_r & \mathfrak{z}_s \end{vmatrix} \begin{vmatrix} \mathfrak{y}_\varrho & \mathfrak{y}_\sigma \\ \mathfrak{z}_\varrho & \mathfrak{z}_\sigma \end{vmatrix} = 0.$$

Es genügt, wenn r, s die Systeme 2, 3; 3, 1; 1, 2 durchläuft und ϱ, σ dieselben Systeme.

Dann ist

$$\begin{vmatrix} a_{r\varrho} & a_{r\sigma} \\ a_{s\varrho} & a_{s\sigma} \end{vmatrix}$$

gerade das algebraische Komplement $\mathfrak{A}_{t\tau}$ eines Elements $a_{t\tau}$ in der Determinante

$$\mathfrak{A} = \begin{vmatrix} a_{11} & a_{12} & a_{13} \\ a_{21} & a_{22} & a_{23} \\ a_{31} & a_{32} & a_{33} \end{vmatrix}.$$

$\mathfrak{u}_1$, $\mathfrak{u}_2$, $\mathfrak{u}_3$, die Koordinaten der Geraden ($\mathfrak{y}$) ($\mathfrak{z}$), verhalten sich zueinander wie ($\mathfrak{y}_2 \mathfrak{z}_3$), ($\mathfrak{y}_3 \mathfrak{z}_1$), ($\mathfrak{y}_1 \mathfrak{z}_2$). Die Gleichung (2′) läßt sich also auch in folgender Weise schreiben:

$$(3) \qquad \sum \mathfrak{A}_{t\tau} \mathfrak{u}_t \mathfrak{u}_\tau = 0. \qquad (t, \tau = 1, 2, 3)$$

Die Tangenten einer nichtausgearteten Kurve zweiter Ordnung genügen also einer Gleichung zweiten Grades mit nichtverschwindender Diskriminante.

Man nennt (3) die Gleichung der Kurve in Linienkoordinaten und den Grad dieser Gleichung die Klasse der Kurve.

Eine nichtausgeartete Kurve zweiter Ordnung ist zugleich eine Kurve zweiter Klasse.

Ein kürzerer Weg, um zu der Gleichung (3) zu gelangen, ist der folgende:

($\mathfrak{x}$) sei der Pol der Geraden ($\mathfrak{u}$) in bezug auf die betrachtete Kurve zweiter Ordnung. Dann hat man

$$(4) \qquad \begin{cases} \mathfrak{u}_1 = a_{11} \mathfrak{x}_1 + a_{12} \mathfrak{x}_2 + a_{13} \mathfrak{x}_3, \\ \mathfrak{u}_2 = a_{21} \mathfrak{x}_1 + a_{22} \mathfrak{x}_2 + a_{23} \mathfrak{x}_3, \\ \mathfrak{u}_3 = a_{31} \mathfrak{x}_1 + a_{32} \mathfrak{x}_2 + a_{33} \mathfrak{x}_3. \end{cases}$$

Ist $\mathfrak{A}_{rs}$ das algebraische Komplement von a_{rs} in der Determinante $\mathfrak{A}$, so findet man durch Auflösung der obigen Gleichungen nach $\mathfrak{x}_1$, $\mathfrak{x}_2$, $\mathfrak{x}_3$

$$\mathfrak{x}_1 = \mathfrak{A}_{11} \mathfrak{u}_1 + \mathfrak{A}_{21} \mathfrak{u}_2 + \mathfrak{A}_{31} \mathfrak{u}_3,$$
$$\mathfrak{x}_2 = \mathfrak{A}_{12} \mathfrak{u}_1 + \mathfrak{A}_{22} \mathfrak{u}_2 + \mathfrak{A}_{32} \mathfrak{u}_3,$$
$$\mathfrak{x}_3 = \mathfrak{A}_{13} \mathfrak{u}_1 + \mathfrak{A}_{23} \mathfrak{u}_2 + \mathfrak{A}_{33} \mathfrak{u}_3.$$

Den Faktor $1 : \mathfrak{A}$ haben wir fortgelassen.

(u) ist dann und nur dann eine Tangente der Kurve, wenn die Gleichung $\sum \mathfrak{x}_\nu u_\nu = 0$ stattfindet. Setzt man hier für die $\mathfrak{x}$ ihre Ausdrücke durch die u ein, so ergibt sich wieder die Gleichung (3).

Am elegantesten ist folgende Schreibweise von (3). Man fügt zu (4) noch die Gleichung $\sum u_\nu \mathfrak{x}_\nu = 0$ hinzu und schließt dann aus

$$\begin{aligned}
a_{11}\mathfrak{x}_1 + a_{12}\mathfrak{x}_2 + a_{13}\mathfrak{x}_3 + u_1(-1) &= 0\,,\\
a_{21}\mathfrak{x}_1 + a_{22}\mathfrak{x}_2 + a_{23}\mathfrak{x}_3 + u_2(-1) &= 0\,,\\
a_{31}\mathfrak{x}_1 + a_{32}\mathfrak{x}_2 + a_{33}\mathfrak{x}_3 + u_3(-1) &= 0\,,\\
u_1\mathfrak{x}_1 + u_2\mathfrak{x}_2 + u_3\mathfrak{x}_3 + 0\,(-1) &= 0
\end{aligned}$$

nach einem bekannten Determinantensatz[1], daß

$$(3') \qquad \begin{vmatrix} a_{11} & a_{12} & a_{13} & u_1 \\ a_{21} & a_{22} & a_{23} & u_2 \\ a_{31} & a_{32} & a_{33} & u_3 \\ u_1 & u_2 & u_3 & 0 \end{vmatrix} = 0$$

ist. Rechnet man die linke Seite aus, so findet man, daß sie $-\sum \mathfrak{A}_{rs} u_r u_s$ lautet.

Da die Determinante der $\mathfrak{A}_{rs}$ ungleich Null ist, weil

$$(5) \qquad \begin{vmatrix} \mathfrak{A}_{11} & \mathfrak{A}_{12} & \mathfrak{A}_{13} \\ \mathfrak{A}_{21} & \mathfrak{A}_{22} & \mathfrak{A}_{23} \\ \mathfrak{A}_{31} & \mathfrak{A}_{32} & \mathfrak{A}_{33} \end{vmatrix} = \begin{vmatrix} a_{11} & a_{12} & a_{13} \\ a_{21} & a_{22} & a_{23} \\ a_{31} & a_{32} & a_{33} \end{vmatrix}^2,$$

so werden wir (3) als eine nichtausgeartete Kurve zweiter Klasse bezeichnen.

Eine Kurve zweiter Klasse mit verschwindender Diskriminante heißt ausgeartet.

Alle Betrachtungen, die wir in diesem Kapitel über Kurven zweiter Ordnung angestellt haben, übertragen sich auf Kurven zweiter Klasse. Man braucht nur das Prinzip der Dualität anzuwenden oder, was auf dasselbe hinausläuft, eine Korrelation auszuführen.

Gegenüber allen reellen projektiven Abbildungen zerfallen die Kurven zweiter Klasse in folgende fünf Typen:

1. Imaginäre nichtausgeartete Kurve
   $u_1^2 + u_2^2 + u_3^2 = 0.$ (Rang 3, Signatur 3)
2. Reelle nichtausgeartete Kurve
   $u_1^2 + u_2^2 - u_3^2 = 0.$ (Rang 3, Signatur 1)

[1] Vgl. meine „Einführung in die Determinantentheorie“.

3. Punktepaar, bestehend aus konjugiert imaginären Punkten

$$u_1^2 + u_2^2 = 0. \qquad \text{(Rang 2, Signatur 2)}$$

4. Reelles Punktepaar

$$u_1^2 - u_2^2 = 0. \qquad \text{(Rang 2, Signatur 0)}$$

5. Doppelpunkt

$$u_1^2 = 0. \qquad \text{(Rang 1, Signatur 1)}$$

Zwei Kurven zweiter Klasse lassen sich dann und nur dann durch eine reelle Kollineation ineinander überführen, wenn sie demselben Typus angehören.

Eine nichtausgeartete Kurve zweiter Klasse hat mit jedem Punkt $(\mathfrak{x})$ ein Geradenpaar gemein. Wenn dieses Geradenpaar sich auf eine Doppelgerade reduziert, nennen wir $(\mathfrak{x})$ einen Punkt der Kurve zweiter Klasse. Die Punkte einer nichtausgearteten Kurve zweiter Klasse werden genau so bestimmt, wie die Tangenten einer nichtausgearteten Kurve zweiter Ordnung. Man bestätige, daß die Punkte der Kurve (3) mit den Punkten von $\sum \mathfrak{a}_{rs} \mathfrak{x}_r \mathfrak{x}_s = 0$ identisch sind. Dabei muß man benutzen, daß das algebraische Komplement von $\mathfrak{A}_{rs}$ in der Determinante (5) gleich $\mathfrak{A}\, \mathfrak{a}_{rs}$ ist.

Die beiden Geraden, die eine nichtausgeartete Kurve zweiter Klasse mit dem Punkt $(\mathfrak{x})$ gemein hat, sind die Doppelgeraden einer Involution in dem Büschel mit dem Träger $(\mathfrak{x})$. Bilden die Geraden $(\mathfrak{v})$ und $(\mathfrak{w})$ ein Paar dieser Involution, so nennt man sie konjugiert in bezug auf die Kurve zweiter Klasse. Die zu einer festen Geraden $(\mathfrak{v})$ konjugierten Geraden bilden ein Geradenbüschel mit dem Träger $(\mathfrak{y})$. Der Punkt $(\mathfrak{y})$ heißt der Pol von $(\mathfrak{v})$. Diese Korrelation ist ein Polarsystem. Das zu (3) gehörige Polarsystem ist mit dem zu $\sum \mathfrak{a}_{rs} \mathfrak{x}_r \mathfrak{x}_s = 0$ gehörigen identisch.

Dem Pascalschen Satz entspricht ein Satz über reelle nichtausgeartete Kurven zweiter Klasse. Man kann ihn aber auch als Satz über reelle nichtausgeartete Kurven zweiter Ordnung aussprechen, da diese Kurven zugleich von zweiter Klasse sind. Dann erhält man das Theorem von Brianchon:

In einem Tangentensechseck einer reellen nichtausgearteten Kurve zweiter Ordnung gehen die Verbindungslinien gegenüberliegender Ecken durch einen Punkt.

Wenn man auf die Figur des Pascalschen Satzes das zu der betreffenden Kurve zweiter Ordnung gehörige Polarsystem anwendet, so ergibt sich die Figur des Brianchonschen Satzes.

Eine ausgeartete Kurve zweiter Ordnung kann man nicht durch eine Gleichung in Linienkoordinaten darstellen, ebensowenig eine ausgeartete Kurve zweiter Klasse durch eine Gleichung in Punktkoordinaten.

§ 58. Inneres und Äußeres einer reellen nichtausgearteten Kurve zweiter Ordnung.

$(\mathfrak{y})$ sei ein reeller Punkt, der nicht auf der reellen nichtausgearteten Kurve $\sum a_{rs}\mathfrak{x}_r\mathfrak{x}_s = 0$ liegt. Dann gehen von ihm an die Kurve zwei verschiedene Tangenten. Die Gleichung dieses Tangentenpaares lautet

(1) $$(\sum a_{rs}\mathfrak{x}_r\mathfrak{y}_s)^2 - (\sum a_{rs}\mathfrak{x}_r\mathfrak{x}_s)(\sum a_{rs}\mathfrak{y}_r\mathfrak{y}_s) = 0\,.$$

(1) ist nämlich die Bedingung dafür, daß die Gerade $(\mathfrak{x})(\mathfrak{y})$ eine Tangente ist.

Die Berührungspunkte liegen auf der Polare des Punktes $(\mathfrak{y})$. Denn sie sind die Pole der beiden Tangenten, also zu $(\mathfrak{y})$ konjugiert. Man kann dies auch aus (1) ersehen, wenn man darin $\sum a_{rs}\mathfrak{x}_r\mathfrak{x}_s = 0$ setzt.

Die Polare von $(\mathfrak{y})$ schneidet die Kurve entweder in zwei reellen Punkten oder in zwei konjugiert imaginären Punkten. Im ersten Falle sind die Tangenten, die von $(\mathfrak{y})$ ausgehen, reell, im zweiten konjugiert imaginär.

Wenn die Tangenten reell sind, so wollen wir sagen, daß $(\mathfrak{y})$ außerhalb der Kurve liegt, und wenn sie konjugiert imaginär sind, daß $(\mathfrak{y})$ innerhalb der Kurve liegt. Diese Unterscheidung bleibt bei allen reellen Kollineationen erhalten. Denn eine Kollineation führt Pol und Polare in Pol und Polare über. Pol und Polare, die vereinigt liegen, gehen in Pol und Polare über, die wieder vereinigt liegen, d. h. Tangente und Berührungspunkt verwandeln sich in Tangente und Berührungspunkt.

Wir wissen, daß man jede reelle nichtausgeartete Kurve zweiter Ordnung durch eine reelle Kollineation in einen Kreis verwandeln kann. Beim Kreise fällt das Innere und Äußere in dem oben definierten Sinne mit dem Inneren und Äußeren im gewöhnlichen Sinne zusammen. Wir sehen beim Kreise zugleich, daß die Polare eines inneren Punktes ganz aus äußeren Punkten besteht, während die Polare eines äußeren Punktes sowohl innere als auch äußere Punkte enthält. Das gilt natürlich für jede reelle nichtausgeartete Kurve zweiter Ordnung.

Nehmen wir den Kreis $x_1^2 + x_2^2 - x_3^2 = 0$ und verstehen unter x_1, x_2, x_3 homogene cartesische Koordinaten, so zeigt sich, daß die linke Seite der Gleichung im Innern des Kreises negativ und außerhalb des Kreises positiv ist. Bei jeder reellen nichtausgearteten Kurve zweiter Ordnung wird also die linke Seite für alle inneren Punkte dasselbe Zeichen haben und für alle äußeren das entgegengesetzte Zeichen.

Schließlich wollen wir noch die folgende Bemerkung machen. Ist $(\mathfrak{y})$ ein innerer und $(\mathfrak{z})$ ein äußerer Punkt des Kreises, so werden sie durch die Punkte $(\mathfrak{y}')$ und $(\mathfrak{z}')$, in denen die Gerade $(\mathfrak{y})(\mathfrak{z})$ die Kurve schneidet, getrennt. Daß die Punktepaare $(\mathfrak{y})$, $(\mathfrak{z})$ und $(\mathfrak{y}')$, $(\mathfrak{z}')$ sich trennen, drückt sich durch die Ungleichung

$$(\mathfrak{y}\,\mathfrak{z}\,\mathfrak{y}'\,\mathfrak{z}') < 0$$

aus. Da das Doppelverhältnis bei Kollineationen invariant bleibt, so überträgt sich auch diese Eigenschaft des Kreises auf alle reellen nichtausgearteten Kurven zweiter Ordnung.

Eine reelle Kollineation, die eine reelle nichtausgeartete Kurve invariant läßt, transformiert das Innere der Kurve für sich und das Äußere für sich. Das folgt aus der Definition der inneren und äußeren Punkte. Man kann es auch aus den Formeln entnehmen, die wir auf S. 174 für die Kollineationsgruppe der Kurve $x_1 x_3 - x_2^2 = 0$ angegeben haben. Daraus folgt nämlich

$$x_1 x_3 - x_2^2 = (\alpha\delta - \beta\gamma)^2 (x_1' x_3' - x_2'^2).$$

Sind α, β, γ, δ reell, so haben also

$$x_1 x_3 - x_2^2 \quad \text{und} \quad x_1' x_3' - x_2'^2$$

dasselbe Zeichen.

§ 59. Konstruktion der Polare eines Punktes.

Wir wollen zeigen, wie man bei einer reellen nichtausgearteten Kurve zweiter Ordnung die Polare eines Punktes P konstruiert.

Wir nehmen zunächst an, daß P nicht auf der Kurve liegt und ziehen durch P zwei Geraden, die die Kurve in je zwei verschiedenen reellen Punkten schneiden.

Wir müssen nun (vgl. Fig. 71) auf A, A' einen Punkt Q und auf B, B' einen Punkt R so bestimmen, daß

$$(P Q A A') = -1, \qquad (P R B B') = -1$$

ist. Verbinden wir dann Q und R, so haben wir die Polare des Punktes P. Die Punkte Q und R sind nämlich zu P konjugiert, weil P, Q ein Punktepaar der Involution mit den Doppelelementen A, A' und P, R ein Punktepaar der Involution mit den Doppelelementen B, B' ist.

P ist ein Diagonalpunkt des Vierecks A, A', B, B'. Die durch ihn hindurchgehenden Seiten werden durch P und durch die Verbindungslinie der beiden andern Diagonalpunkte harmonisch geteilt (vgl. S. 110). Wir brauchen also, um Q und R zu finden, nur noch die beiden andern Diagonalpunkte P', P'' zu bestimmen. Auf ihrer Verbindungslinie liegen Q und R.

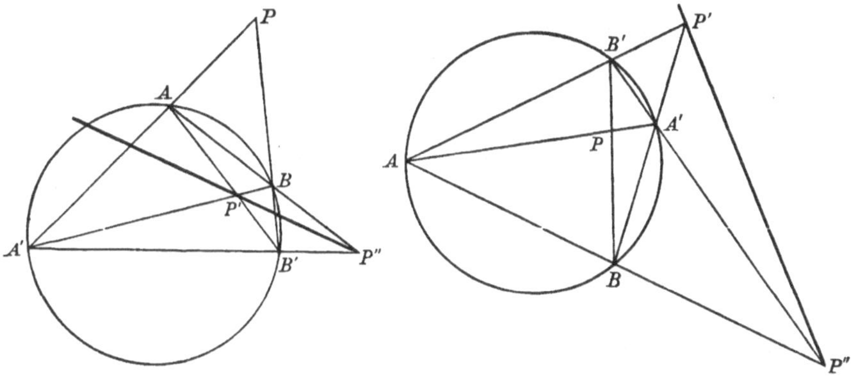

Fig. 71.

Die Konstruktion setzt, wie man sieht, voraus, daß die Kurve vollständig gezeichnet vorliegt.

Um den Pol einer Geraden zu konstruieren, nimmt man zwei Punkte auf ihr, die nicht der Kurve angehören, und konstruiert nach dem obigen Verfahren ihre Polare. Diese schneiden sich in dem gesuchten Pol.

Liegt der Punkt P auf der Kurve, handelt es sich also darum, im Punkte P die Tangente zu konstruieren, so verbindet man P mit einem andern Kurvenpunkt und bestimmt den Pol dieser Geraden. Er liegt auf der gesuchten Tangente.

§ 60. Polardreiecke.

Ein Dreieck, dessen Ecken in bezug auf die nichtausgeartete Kurve $\sum \mathfrak{a}_{rs}\mathfrak{x}_r\mathfrak{x}_s = 0$ paarweise konjugiert sind, nennt man ein Polardreieck. Die Ecken können nicht in gerader Linie liegen. Sonst müßte dies die Polare eines jeden der drei Punkte sein, während doch jede Gerade nur einen Pol hat. Keine Ecke eines Polardreiecks kann auf die Kurve fallen, weil sonst die beiden andern auf der zugehörigen Tangente, also mit jener ersten Ecke in gerader Linie lägen.

Um ein Polardreieck zu konstruieren, verfährt man so: Man nimmt einen Punkt A, der nicht auf der Kurve liegt und zieht seine Polare. Diese schneidet die Kurve in zwei Punkten. Es läßt sich also auf ihr ein Punkt B wählen, der der Kurve nicht angehört. Die Polaren von A und B schneiden sich in einem Punkt C und ABC ist ein Polardreieck.

Die Lage von A hängt von zwei Parametern ab, die Lage von B aber, weil dieser Punkt auf der Polare von A liegen soll, nur von einem Parameter. Daher gibt es ∞^3 Polardreiecke. Sie sind (vgl. Fig. 71) die Diagonaldreiecke der der Kurve einbeschriebenen Vierecke.

Wenn man ein Polardreieck zum Fundamentaldreieck macht, vereinfacht sich die Gleichung der Kurve so, daß nur noch die Quadrate der Koordinaten darin vorkommen.

Die neue Gleichung laute

$$(1) \qquad \sum \mathfrak{a}'_{rs} \mathfrak{x}'_r \mathfrak{x}'_s = 0 .$$

Auf $\mathfrak{x}_3' = 0$ liegen die beiden Punkte

$$\mathfrak{a}'_{11} \mathfrak{x}_1'^2 + 2\mathfrak{a}'_{12} \mathfrak{x}'_1 \mathfrak{x}'_2 + \mathfrak{a}'_{22} \mathfrak{x}_2'^2 = 0 .$$

Sie sind die Doppelpunkte der Involution

$$(2) \qquad \mathfrak{a}'_{11} \mathfrak{x}'_1 \mathfrak{y}'_1 + \mathfrak{a}'_{12} (\mathfrak{x}'_1 \mathfrak{y}'_2 + \mathfrak{x}'_2 \mathfrak{y}'_1) + \mathfrak{a}'_{22} \mathfrak{x}'_2 \mathfrak{y}'_2 = 0 .$$

Nun sind aber die Ecken

$$1,\ 0,\ 0 \quad \text{und} \quad 0,\ 1,\ 0$$

des Polardreiecks konjugierte Punkte in bezug auf die Kurve. Sie bilden daher ein Punktepaar der Involution (2), d. h. die Gleichung (2) wird erfüllt durch

$$\mathfrak{x}_1' = 1, \quad \mathfrak{x}_2' = 0; \qquad \mathfrak{y}_1' = 0, \quad \mathfrak{y}_2' = 1 .$$

Es ist also $\mathfrak{a}'_{12} = 0$. Ebenso findet man $\mathfrak{a}'_{23} = 0$, $\mathfrak{a}'_{31} = 0$.

Die Gleichung (1) reduziert sich demnach auf

$$\mathfrak{a}'_{11} \mathfrak{x}_1'^2 + \mathfrak{a}'_{22} \mathfrak{x}_2'^2 + \mathfrak{a}'_{33} \mathfrak{x}_3'^2 = 0 .$$

Daß man die quadratische Form $\sum \mathfrak{a}_{rs} \mathfrak{x}_r \mathfrak{x}_s$ durch lineare Transformation auf die kanonische Gestalt $\sum \mathfrak{a}'_{rr} \mathfrak{x}_r'^2$ bringen kann, wissen wir aus § 49. Jetzt sehen wir aber die geometrische Bedeutung einer solchen Transformation. Es wird einfach eins der ∞^3 Polardreiecke der Kurve $\sum \mathfrak{a}_{rs} \mathfrak{x}_r \mathfrak{x}_s = 0$ zum Fundamentaldreieck gemacht.

Durch passende Wahl des Einheitspunktes kann man noch jedem der Koeffizienten $\mathfrak{a}'_{11}$, $\mathfrak{a}'_{22}$, $\mathfrak{a}'_{33}$, je nachdem er positiv oder negativ ist, den Wert 1 oder -1 verschaffen. Man sieht dann aufs neue, daß es gegenüber den reellen Kollineationen nur zwei Typen nichtausgearteter Kurven zweiter Ordnung gibt, nämlich:

$$x_1^2 + x_2^2 + x_3^2 = 0 \quad \text{und} \quad x_1^2 + x_2^2 - x_3^2 = 0.$$

Bei einer reellen nichtausgearteten Kurve liegen immer zwei Ecken eines Polardreiecks außerhalb und eine innerhalb der Kurve. Man sieht das, wenn man das Polardreieck zum Fundamentaldreieck macht. Dann lautet (bei passender Wahl des Einheitspunktes) die Gleichung der Kurve $x_1^2 + x_2^2 - x_3^2 = 0$. Die Seiten $x_1 = 0$ und $x_2 = 0$ haben reelle Schnittpunkte mit der Kurve, die Seite $x_3 = 0$ nicht. Die Ecken 1, 2 liegen also außerhalb, die Ecke 3 liegt innerhalb. Die Seite $x_3 = 0$ enthält nur äußere Punkte.

§ 61. Büschel von Kurven zweiter Ordnung.

$f = \sum \mathfrak{a}_{rs} \mathfrak{x}_r \mathfrak{x}_s = 0$ und $g = \sum \mathfrak{b}_{rs} \mathfrak{x}_r \mathfrak{x}_s = 0$ seien zwei verschiedene Kurven zweiter Ordnung.

Die Kurven[1]

$$\lambda f + \mu g = 0, \tag{1}$$

die man erhält, wenn man λ, μ alle möglichen Werte erteilt (mit Ausschluß des Wertsystems 0, 0), bilden ein sogenanntes Büschel von Kurven zweiter Ordnung.

Jede Kurve des Büschels hat ihren Rang und ihre Signatur.[2] Wir wollen zuerst solche Büschel betrachten, in denen es Kurven mit dem Rang 3 und der Signatur 3 gibt.

Wir können irgend zwei verschiedene Kurven des Büschels, etwa

$$f_1 = \lambda_1 f + \mu_1 g = 0,$$

$$f_2 = \lambda_2 f + \mu_2 g = 0$$

als Fundamentalkurven wählen. Aus

[1] Die $\mathfrak{a}_{rs}$, $\mathfrak{b}_{rs}$ seien reell, ebenso λ und μ.

[2] Der Rang ist der Rang der Diskriminante, die Signatur der absolute Betrag von der Signatur der quadratischen Form $\lambda f + \mu g$ (vgl. S. 161).

$$f_1 = \lambda_1 f + \mu_1 g, \quad f_2 = \lambda_2 f + \mu_2 g$$

folgt nämlich, da $\lambda_1 \mu_2 - \mu_1 \lambda_2 \neq 0$ ist,

$$f = \lambda_1' f_1 + \mu_1' f_2, \quad g = \lambda_2' f_1 + \mu_2' f_2,$$

mithin

$$\lambda f + \mu g = \lambda' f_1 + \mu' f_2,$$

wobei

$$\lambda' = \lambda \lambda_1' + \mu \lambda_2', \quad \mu' = \lambda \mu_1' + \mu \mu_2'$$

ist. Die Gleichung (1) schreibt sich jetzt so

$$\lambda' f_1 + \mu' f_2 = 0.$$

Kommt in dem Büschel (1) eine Kurve mit dem Rang 3 und der Signatur 3 vor, so können wir ruhig annehmen, daß $f = 0$ diese Kurve ist. Durch eine reelle Kollineation läßt sich erreichen, daß f in

$$\pm (x_1^2 + x_2^2 + x_3^2)$$

übergeht. Ferner läßt sich, nachdem dies geschehen ist, durch eine orthogonale Transformation g in $c_1 x_1^2 + c_2 x_2^2 + c_3 x_3^2$ verwandeln. Bei dieser orthogonalen Transformation bleibt $x_1^2 + x_2^2 + x_3^2$ ungeändert.

Durch eine reelle Kollineation können wir also in dem betrachteten Falle das Büschel (1) auf die einfache Gestalt

$$(1') \qquad \lambda (x_1^2 + x_2^2 + x_3^2) + \mu (c_1 x_1^2 + c_2 x_2^2 + c_3 x_3^2) = 0$$

bringen. c_1, c_2, c_3 sind reelle Zahlen, aber nicht alle einander gleich, weil die Kurven $f = 0$, $g = 0$ als verschieden vorausgesetzt werden.

Jetzt wollen wir die ausgearteten Kurven des Büschels (1') bestimmen. Die Diskriminante lautet

$$\begin{vmatrix} \lambda + \mu c_1, & 0 & , & 0 \\ 0 & , & \lambda + \mu c_2, & 0 \\ 0 & , & 0 & , & \lambda + \mu c_3 \end{vmatrix}.$$

Sind c_1, c_2, c_3 alle verschieden, so hat die Diskriminante drei verschiedene Linearfaktoren. Es gibt in dem Büschel drei ausgeartete Kurven, nämlich

$$* + (c_2 - c_1) x_2^2 + (c_3 - c_1) x_3^2 = 0,$$
$$(c_1 - c_2) x_1^2 + * + (c_3 - c_2) x_3^2 = 0,$$
$$(c_1 - c_3) x_1^2 + (c_2 - c_3) x_2^2 + * = 0.$$

Wir können annehmen

$$c_1 > c_2 > c_3 .$$

Dann ist die erste ausgeartete Kurve ein Paar konjugiert imaginärer Geraden, ebenso die dritte. Die zweite ausgeartete Kurve ist aber ein reelles Geradenpaar.

Dieses reelle Geradenpaar schneidet die Kurve $x_1{}^2 + x_2{}^2 + x_3{}^2 = 0$ in den vier imaginären Punkten:

$$\text{(A)} \quad x_1 = \sqrt{c_2 - c_3}, \quad x_2 = i\sqrt{c_1 - c_3}, \quad x_3 = \sqrt{c_1 - c_2},$$

$$\text{(B)} \quad x_1 = \sqrt{c_2 - c_3}, \quad x_2 = -i\sqrt{c_1 - c_3}, \quad x_3 = \sqrt{c_1 - c_2},$$

$$\text{(C)} \quad x_1 = \sqrt{c_2 - c_3}, \quad x_2 = i\sqrt{c_1 - c_3}, \quad x_3 = -\sqrt{c_1 - c_2},$$

$$\text{(D)} \quad x_1 = \sqrt{c_2 - c_3}, \quad x_2 = -i\sqrt{c_1 - c_3}, \quad x_3 = -\sqrt{c_1 - c_2}.$$

Die Kurven des Büschels lassen sich definieren als diejenigen Kurven zweiter Ordnung, die durch die vier Punkte A, B, C, D hindurchgehen. Fordert man nämlich, daß eine Kurve zweiter Ordnung die vier Punkte enthält, so gibt das vier lineare homogene Gleichungen für ihre sechs Koeffizienten. Diese Gleichungen sind nach § 53 unabhängig. Sie haben also zwei unabhängige reelle Lösungen, aus denen sich alle andern Lösungen linear zusammensetzen.

Wir können durch eine reelle Kollineation die beiden Punkte A, B in die Kreispunkte (vgl. S. 162) überführen. Betrachten wir die x als homogene cartesische Koordinaten, so gehen A und B bei der genannten Kollineation in die Punkte $1, i, 0$ und $1, -i, 0$ über. Durch passende Wahl der Kollineation läßt sich erreichen, daß gleichzeitig C und D in $0, i, 1$ und $0, -i, 1$ übergehen. Geht aber die Kurve $\sum a_{rs} x_r x_s = 0$ durch die vier Punkte $1, i, 0$; $1, -i, 0$; $0, i, 1$; $0, -i, 1$, so ist $a_{11} - a_{22} = 0$, $a_{12} = 0$, $a_{22} = a_{33}$, $a_{23} = 0$. Die Gleichung der Kurve lautet also

$$\lambda(x_1{}^2 + x_2{}^2 + x_3{}^2) + 2\mu x_1 x_3 = 0.$$

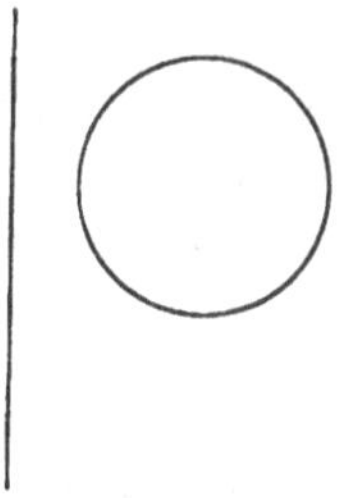

Fig. 72.

Die reellen nichtausgearteten Kurven des Büschels sind Kreise, die die Gerade $x_1 = 0$ in denselben konjugiert imaginären Punkten schneiden. (Vgl. Fig. 72.)

Wenn $c_1 = c_2$ ist, so wird die Diskriminante gleich

$$(\lambda + \mu c_3)(\lambda + \mu c_1)^2.$$

Für $\lambda = -\mu c_3$ findet man das Geradenpaar

$$x_1^2 + x_2^2 = 0,$$

für $\lambda = -\mu c_1$ die Doppelgerade

$$x_3^2 = 0.$$

Das Büschel enthält außer diesem Geradenpaar und dieser Doppelgeraden lauter nichtausgeartete Kurven zweiter Ordnung, die durch die Schnittpunkte von $x_3 = 0$ und $x_1^2 + x_2^2 = 0$ hindurchgehen und dort gemeinsame Tangenten haben. Faßt man x_1, x_2, x_3 als homogene cartesische Koordinaten auf, so sind die Kurven des Büschels die mit dem Einheitskreis $x_1^2 + x_2^2 - x_3^2 = 0$ konzentrischen Kreise. (Vgl. Fig. 73.)

Jetzt gehen wir zur Behandlung des Falles über, daß in dem Büschel keine Kurve vom Range 3 und von der Signatur 3 vorkommt, daß aber doch der Rang 3 vertreten ist. Alle Kurven vom Range 3, die in dem Büschel auftreten, haben dann die Signatur 1. Eine von ihnen führen wir durch eine reelle Kollineation in $x_1^2 + x_2^2 - x_3^2 = 0$ über. Es gibt auch eine ausgeartete Kurve in dem Büschel; denn eine binäre kubische Form mit reellen Koeffizienten hat wenigstens einen reellen Linearfaktor, Diese ausgeartete Kurve kann sein ein Paar reeller oder konjugiert imaginärer Geraden oder eine Doppelgerade.

Fig 73.

Ist sie ein Geradenpaar und schneidet die Kurve $x_1^2 + x_2^2 - x_3^2 = 0$ in vier verschiedenen Punkten, so besteht das Büschel aus allen Kurven zweiter Ordnung, die durch diese vier Punkte hindurchgehen.

Die vier Punkte können nicht alle imaginär sein. Wären sie das nämlich, so hätten wir zwei Paare konjugiert imaginärer Punkte $(\mathfrak{y})$, $(\bar{\mathfrak{y}})$ und $(\mathfrak{z})$, $(\bar{\mathfrak{z}})$. Die Determinanten

$$(\mathfrak{x}\,\mathfrak{y}\,\mathfrak{z}), \quad (\mathfrak{x}\,\bar{\mathfrak{y}}\,\bar{\mathfrak{z}})$$

sind konjugiert imaginär, ebenso die Determinanten

$$(\mathfrak{x}\,\mathfrak{y}\,\bar{\mathfrak{z}}), \quad (\mathfrak{x}\,\bar{\mathfrak{y}}\,\mathfrak{z}).$$

Offenbar ist

$$(*) \qquad (\mathfrak{x}\,\mathfrak{y}\,\mathfrak{z})(\mathfrak{x}\,\bar{\mathfrak{y}}\,\bar{\mathfrak{z}}) + (\mathfrak{x}\,\mathfrak{y}\,\bar{\mathfrak{z}})(\mathfrak{x}\,\bar{\mathfrak{y}}\,\mathfrak{z}) = 0$$

eine Kurve zweiter Ordnung, die durch die vier Punkte $(\mathfrak{y})$, $(\bar{\mathfrak{y}})$, $(\mathfrak{z})$, $(\bar{\mathfrak{z}})$ hindurchgeht. Diese Kurve enthält keinen reellen Punkt. Denn ein solcher müßte die Gleichungen

$$(\mathfrak{x}\,\mathfrak{y}\,\mathfrak{z})(\mathfrak{x}\,\bar{\mathfrak{y}}\,\bar{\mathfrak{z}}) = 0$$

und

$$(\mathfrak{x}\,\mathfrak{y}\,\bar{\mathfrak{z}})(\mathfrak{x}\,\bar{\mathfrak{y}}\,\mathfrak{z}) = 0$$

erfüllen. Das tun aber nur die imaginären Punkte $(\mathfrak{y})$, $(\bar{\mathfrak{y}})$, $(\mathfrak{z})$, $(\bar{\mathfrak{z}})$. Die Kurve (*) ist also sicher eine nichtausgeartete imaginäre Kurve zweiter Ordnung. Denn auf jeder andern Kurve zweiter Ordnung, deren Gleichung reelle Koeffizienten hat wie (*), gibt es wenigstens einen reellen Punkt. Eine nichtausgeartete imaginäre Kurve zweiter Ordnung ist aber im vorliegenden Falle gerade ausgeschlossen. Denn sie hat den Rang 3 und die Signatur 3.

Gibt es also in dem Büschel ein Geradenpaar, das mit $x_1^2 + x_2^2 - x_3^2 = 0$ vier verschiedene Punkte gemein hat, so sind sie entweder alle reell oder es sind zwei von ihnen reell und die beiden andern konjugiert imaginär.

Im ersten Falle ist das Büschel der Inbegriff aller Kurven zweiter Ordnung, die durch vier reelle Punkte A, B, C, D hindurchgehen, von denen keine drei in gerader Linie liegen. Es gibt in dem Büschel drei ausgeartete Kurven, nämlich die Gegenseitenpaare des Vierecks A, B, C, D. (Vgl. Fig. 74.)

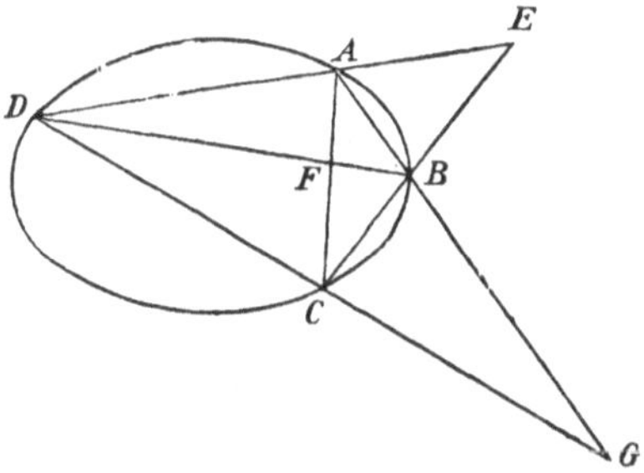

Fig. 74.

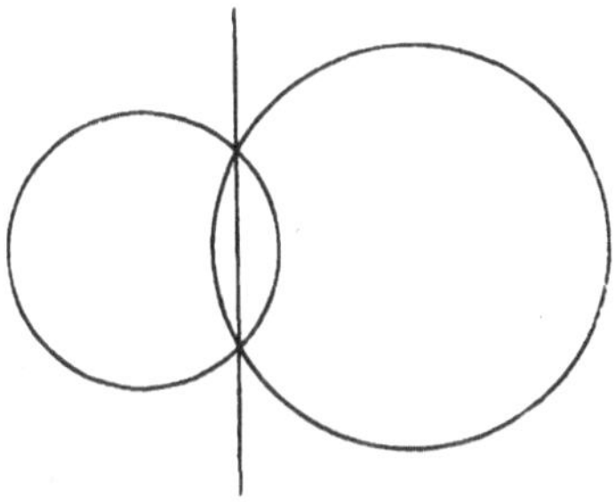

Fig. 75.

Im zweiten Falle handelt es sich um alle Kurven zweiter Ordnung, die durch zwei reelle Punkte A, B und zwei konjugiert imaginäre Punkte C, D hindurchgehen. Keine drei von den vier Punkten liegen in gerader Linie. Es gibt in dem Büschel ein reelles Geradenpaar AB, CD. Die beiden Geradenpaare AC, BD und AD, BC lassen sich nicht durch reelle Gleichungen darstellen. Wenn wir die Parameter λ, μ des Büschels auf reelle Werte beschränken, fallen diese Geradenpaare heraus. Ein Beispiel für den hier betrachteten Fall bieten die Kreise durch zwei gegebene reelle Punkte. Sie gehen, wie wir wissen, außerdem durch die beiden Kreispunkte hindurch. (Vgl. Fig. 75.) Nun müssen wir die übrigen Möglichkeiten erörtern.

Es gebe in dem Büschel ein Geradenpaar, dessen eine Gerade die Kurve $x_1{}^2 + x_2{}^2 - x_3{}^2 = 0$ in zwei verschiedenen Punkten trifft, während die andre zwei zusammenfallende Punkte mit ihr gemein hat. Das ist nur möglich, wenn das Geradenpaar reell ist. Eine Gerade des Paars ist eine Tangente von $x_1{}^2 + x_2{}^2 - x_3{}^2 = 0$, die andre eine Sekante. Die Gleichung der Tangente sei $T = 0$, die der Sekante $S = 0$. Dann können wir das Büschel so schreiben

$$(\dagger) \qquad \lambda(x_1{}^2 + x_2{}^2 - x_3{}^2) + 2\mu S T = 0 .$$

Schneidet man eine Kurve des Büschels, bei der $\lambda \neq 0$ ist, mit $T = 0$, so findet man, daß die Schnittpunkte beide mit dem Be-

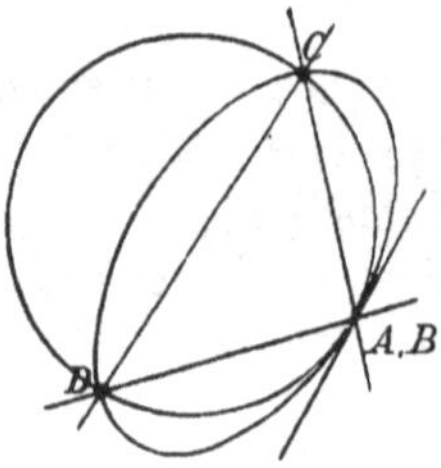

Fig. 76.

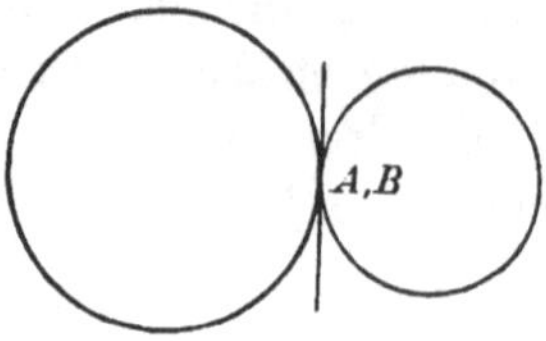

Fig. 77.

rührungspunkt von $T = 0$ mit $x_1{}^2 + x_2{}^2 - x_3{}^2 = 0$ zusammenfallen. Die nichtausgearteten Kurven des Büschels werden von $T = 0$ alle in demselben Punkt berührt, sie haben dort ein Linienelement gemein (vgl. S. 102). Außerdem gehen sie durch die Schnittpunkte von $S = 0$ mit $x_1{}^2 + x_2{}^2 - x_3{}^2 = 0$. Diese können reell oder konjugiert imaginär sein. Vgl. Figg. 76 und 77. Die ausgearteten Kurven sind hier folgende. Erstens das Geradenpaar $S T = 0$, zweitens das Geradenpaar $A C$, $A D$ (doppelt zählend). In Fig. 77 besteht dieses Geradenpaar aus den Verbindungslinien des Punktes A mit den Kreispunkten. Die Gerade $S = 0$ ist in Fig. 77 die unendlich ferne Gerade.

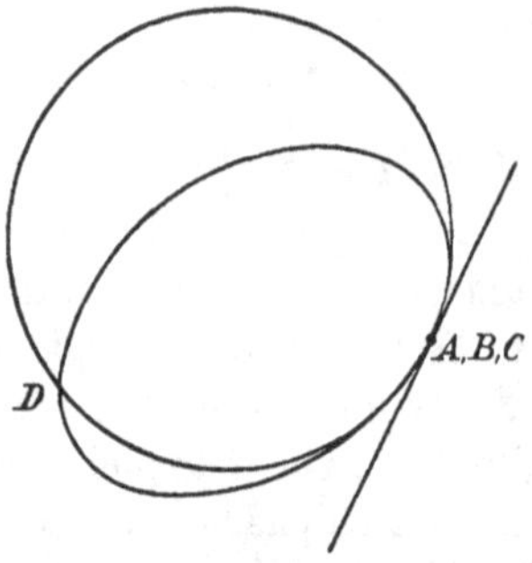

Fig. 78.

Im Falle der Fig. 76 haben wir vorausgesetzt, daß C und D von A verschieden sind. Wenn z. B. C mit A zusammenfällt, so haben die nichtausgearteten Kurven des Büschels in A nicht nur ein Linienelement gemein, sondern, wie man sagt, ein Element zweiter Ordnung. Außerdem gehen sie durch D hindurch. (Fig. 78.)

Es kann sein, daß in dem Büschel ein Geradenpaar auftritt von der Art, daß jede Gerade des Paares die Kurve $x_1^2+x_2^2-x_3^2=0$ in zwei verschiedenen Punkten trifft, daß aber diese beiden Punktepaare einen Punkt gemein haben. Dieser gemeinsame Punkt ist sicher reell. $S_1 S_2 = 0$ sei das Geradenpaar. Dann läßt sich eine Kurve des Büschels so schreiben:

$$\lambda (x_1^2 + x_2^2 - x_3^2) + 2\mu S_1 S_2 = 0.$$

Ist sie nichtausgeartet, so lautet die Gleichung der Tangente, im Punkte (x')

$$\lambda (x_1 x_1' + x_2 x_2' - x_3 x_3') + \mu (S_1 S_2' + S_2 S_1') = 0.$$

Wenn (x') der Schnittpunkt von $S_1 = 0$ und $S_2 = 0$ ist, so reduziert sich die Gleichung auf

$$x_1 x_1' + x_2 x_2' - x_3 x_3' = 0.$$

Alle Kurven haben in x' dieselbe Tangente. Außerdem gehen sie noch durch zwei andere Punkte hindurch. Wir haben hier also den Fall der Fig. 76 oder der Fig. 77.

Nun bleibt bloß noch die Möglichkeit, daß jede Gerade des Geradenpaares die Kurve $x_1^2 + x_2^2 - x_3^2 = 0$ in zwei zusammenfallenden Punkten trifft. Alle nichtausgearteten Kurven des Büschels

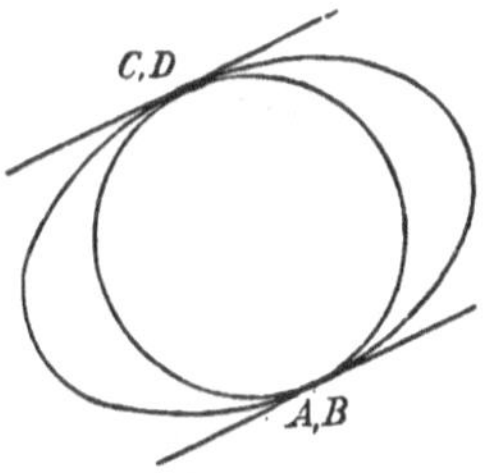

Fig. 79.

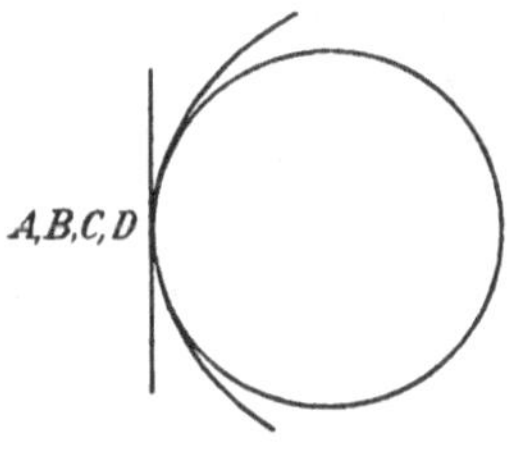

Fig. 80.

haben in diesen beiden Punkten eine gemeinsame Tangente. Wären die Punkte konjugiert imaginär, so hätten wir ein Büschel vom Typus der konzentrischen Kreise. Das ist aber hier ausgeschlossen, weil keine Kurve des Büschels den Rang 3 und die Signatur 3 haben soll.

Die Kurven des Büschels haben also zwei reelle Linienelemente gemein (Fig. 79).

Jetzt müssen wir auch den Fall erörtern, daß es unter den Kurven des Büschels eine Doppelgerade, aber kein Geradenpaar gibt. Hätte die Doppelgerade mit der Kurve $x_1^2 + x_2^2 - x_3^2 = 0$ getrennte Punkte gemein, so bildeten die Tangenten in diesen Punkten, wie sich leicht zeigen läßt, ein dem Büschel angehöriges Geradenpaar. Wir müssen also annehmen, daß die Doppelgerade die Kurve $x_1^2 + x_2^2 - x_3^2 = 0$ berührt. Geschieht das im Punkte 0, 1, 1 (diesen Fall kann man stets herbeiführen), so lautet die Gleichung der Doppelgeraden $x_2 - x_3 = 0$. Das Büschel wird dargestellt durch

$$\lambda(x_1^2 + x_2^2 - x_3^2) + \mu(x_2 - x_3)^2 = 0 .$$

Die Kurven des Büschels haben im Punkte 0, 1, 1, wie man sagt, ein Element dritter Ordnung gemein (vgl. Fig. 80).

Die Kurven des Büschels $\lambda f + \mu g = 0$ haben in allen bisher behandelten Fällen vier gemeinsame Punkte.

Diese können sein:

1. vier verschiedene imaginäre (paarweise konjugierte) Punkte (Typus: Kreise durch zwei konjugiert imaginäre Punkte, Fig. 72),

2. zwei konjugiert imaginäre Doppelpunkte (Typus: Kreise mit demselben Mittelpunkt, Fig. 73),

3. zwei reelle und zwei konjugiert imaginäre Punkte (Typus: Kreise durch zwei reelle Punkte, Fig. 75),

4. ein reeller Doppelpunkt und zwei konjugiert imaginäre Punkte (Typus: Kreise mit einem gemeinsamen reellen Linienelement, Fig. 77),

5. vier reelle Punkte (Kurven zweiter Ordnung durch die Ecken eines Vierecks, Fig. 74),

6. ein reeller Doppelpunkt und zwei reelle Punkte (Kurven zweiter Ordnung mit einem gemeinsamen reellen Linienelement und noch zwei gemeinsamen reellen Punkten, Fig. 76),

7. zwei reelle Doppelpunkte (Kurven zweiter Ordnung mit zwei gemeinsamen reellen Linienelementen, Fig. 79),

8. ein dreifacher reeller Punkt und ein reeller Punkt (Kurven zweiter Ordnung mit einem gemeinsamen Element zweiter Ordnung und noch einem gemeinsamen Punkt, Fig. 78),

9. ein reeller vierfacher Punkt (Kurven zweiter Ordnung mit einem gemeinsamen Element dritter Ordnung, Fig. 80),

Nun kämen noch die Büschel von Kurven zweiter Ordnung, die nur ausgeartete Kurven enthalten. Von ihrer Besprechung wollen wir jedoch absehen. Wir überlassen sie dem Leser.

§ 62. Verschiedene Arten von Berührung zwischen Kurven zweiter Ordnung.

Wir haben in § 61 nicht nur von gemeinsamen Linienelementen, sondern auch von gemeinsamen Elementen zweiter und höherer Ordnung gesprochen. Dies bedarf noch einiger Erläuterung. Es lagen stets reelle nichtausgeartete Kurven zweiter Ordnung vor.

Da es sich um Eigenschaften handelt, die bei reellen Kollineationen bestehen bleiben, so können wir die eine Kurve die Parabel $y = x^2$ sein lassen und den gemeinsamen Punkt in den Anfangspunkt legen.

Eine Kurve zweiter Ordnung durch den Anfangspunkt wird dargestellt durch eine Gleichung von der Form

$$(1) \qquad a_0 x^2 + 2a_1 xy + a_2 y^2 + 2b_0 x + 2b_1 y = 0.$$

Die Schnittpunkte mit der Parabel findet man, indem man in (1) $y = x^2$ einsetzt. Es ergibt sich dann die Gleichung vierten Grades

$$(2) \qquad a_2 x^4 + 2a_1 x^3 + (a_0 + 2b_1)x^2 + 2b_0 x = 0.$$

Eine Wurzel ist $x = 0$. Ist sie einfach, so hat (1) im Anfangspunkt keine Berührung mit der Parabel.

Ist die Wurzel zweifach, so haben die Kurven im Anfangspunkt ein gemeinsames Linienelement. Dieser Fall liegt vor, wenn

$$b_0 = 0, \quad \text{aber } a_0 + 2b_1 \neq 0$$

ist.

Ist $x = 0$ eine dreifache Wurzel der Gleichung (2), so haben die Kurven im Anfangspunkt ein gemeinsames Element zweiter Ordnung. Dieser Fall tritt ein, wenn

$$b_0 = 0, \quad a_0 + 2b_1 = 0, \quad \text{aber } a_1 \neq 0$$

ist.

Ist endlich $x = 0$ eine vierfache Wurzel, so haben die Kurven im Anfangspunkt ein gemeinsames Element dritter Ordnung. Dieser Fall liegt vor, wenn

$$b_0 = 0, \quad a_0 + 2b_1 = 0, \quad a_1 = 0, \quad a_2 \neq 0$$

ist.

Wie läßt sich die Art der Berührung erkennen, wenn die Kurven beide durch Gleichungen von der Form (1) gegeben sind? Die Gleichung der einen Kurve sei also (1), die der andern

$$(1') \qquad a_0' x^2 + 2a_1' xy + a_2' y^2 + 2b_0' x + 2b_1' y = 0.$$

Beide mögen die x-Achse berühren, es sei also $b_0 = 0$, $b_0' = 0$. Da die Kurven nichtausgeartet sein sollen, muß $a_0 \neq 0$, $a_0' \neq 0$ sein, ebenso $b_1 \neq 0$, $b_1' \neq 0$.

Aus den Gleichungen

$$-2b_1\, y = a_0\, x^2 + 2a_1\, xy + a_2\, y^2,$$
$$-2b_1'y = a_0' x^2 + 2a_1' xy + a_2' y^2$$

folgt

$$(a_0\, b_1')x^2 + 2(a_1\, b_1')xy + (a_2\, b_1')y^2 = 0$$

Soll noch ein Schnittpunkt der beiden Kurven in den Anfangspunkt fallen, so muß diese Gleichung y als einfachen Faktor enthalten, d. h. es muß sein

$$a_0 b_1' - a_0' b_1 = 0, \quad \text{aber } a_1 b_1' - a_1' b_1 \neq 0.$$

Sollen alle Schnittpunkte in den Anfangspunkt fallen, so muß sein

$$a_0 b_1' - a_0' b_1 = 0, \quad a_1 b_1' - a_1' b_1 = 0, \quad \text{aber } a_2 b_1' - a_2' b_1 \neq 0.$$

Im ersten Falle lassen sich die Gleichungen (1) und (1') so schreiben:

$$2y = \varrho x^2 + 2\sigma\, xy + \tau\, y^2, \qquad (\sigma \neq \sigma')$$
$$2y = \varrho x^2 + 2\sigma' xy + \tau' y^2,$$

im zweiten Falle

$$2y = \varrho x^2 + 2\sigma xy + \tau\, y^2, \qquad (\tau \neq \tau')$$
$$2y = \varrho x^2 + 2\sigma xy + \tau' y^2.$$

§ 63. Allgemeine Sätze über Büschel von Kurven zweiter Ordnung.

Die gemeinsamen Punkte der beiden Kurven zweiter Ordnung $f = 0$ und $g = 0$ nennt man die Fundamentalpunkte des Büschels

(1) $$\lambda f + \mu g = 0.$$

Durch jeden Punkt $(\mathfrak{x}')$, der kein Fundamentalpunkt ist, geht eine und nur eine Kurve des Büschels. Setzt man in (1) für $\mathfrak{x}$ überall $\mathfrak{x}'$ ein, so ergibt sich

(2) $$\lambda f' + \mu g' = 0$$

und f', g' sind nicht beide gleich Null. Daher ist durch (2) das Verhältnis von λ zu μ bestimmt. Die durch $(\mathfrak{x}')$ hindurchgehende Kurve des Büschels hat die Gleichung

$$g' f - f' g = 0.$$

Ist $(\mathfrak{x}')$ ein Fundamentalpunkt, so gehen durch ihn alle Kurven des Büschels.

Wir wollen jetzt den Schnitt des Büschels mit einer Geraden untersuchen. Durch eine lineare Transformation können wir sie zu einer Seite des Fundamentaldreiecks machen, so daß sie etwa durch $\mathfrak{x}_3 = 0$ dargestellt wird. Setzen wir

$$f = \sum \mathfrak{a}_{rs} \mathfrak{x}_r \mathfrak{x}_s, \qquad g = \sum \mathfrak{b}_{rs} \mathfrak{x}_r \mathfrak{x}_s,$$

so werden die Schnittpunkte von (1) mit $\mathfrak{x}_3 = 0$ dargestellt durch

$$(3)\quad \lambda(\mathfrak{a}_{11}\mathfrak{x}_1^2 + 2\mathfrak{a}_{12}\mathfrak{x}_1\mathfrak{x}_2 + \mathfrak{a}_{22}\mathfrak{x}_2^2) + \mu(\mathfrak{b}_{11}\mathfrak{x}_1^2 + 2\mathfrak{b}_{12}\mathfrak{x}_1\mathfrak{x}_2 + \mathfrak{b}_{22}\mathfrak{x}_2^2) = 0.$$

Geht die Gerade $\mathfrak{x}_3 = 0$ durch keinen Fundamentalpunkt hindurch, so sind je zwei der Punktepaare (3), die den verschiedenen Kurven des Büschels entsprechen, ohne gemeinsamen Punkt. Es kann auch nicht passieren, daß in (3) alle Koeffizienten verschwinden. Sonst wäre $\mathfrak{x}_3 = 0$ ein Bestandteil einer Kurve des Büschels, enthielte also zwei Fundamentalpunkte.

Nun bestimmen z. B. die Punktepaare

$$(4)\qquad \mathfrak{a}_{11}\mathfrak{x}_1^2 + 2\mathfrak{a}_{12}\mathfrak{x}_1\mathfrak{x}_2 + \mathfrak{a}_{22}\mathfrak{x}_2^2 = 0$$

und

$$(5)\qquad \mathfrak{b}_{11}\mathfrak{x}_1^2 + 2\mathfrak{b}_{12}\mathfrak{x}_1\mathfrak{x}_2 + \mathfrak{b}_{22}\mathfrak{x}_2^2 = 0$$

eine Involution.

Sind (ξ) und (η) ihre Doppelpunkte, so hat man

$$(6)\qquad \mathfrak{a}_{11}\xi_1\eta_1 + \mathfrak{a}_{12}(\xi_1\eta_2 + \xi_2\eta_1) + \mathfrak{a}_{22}\xi_2\eta_2 = 0.$$

Diese Gleichung besagt nämlich nur, daß das Punktepaar (ξ) und (η) der Involution mit den Doppelpunkten (4) angehört.

Ebenso ist

$$(7)\qquad \mathfrak{b}_{11}\xi_1\eta_1 + \mathfrak{b}_{12}(\xi_1\eta_2 + \xi_2\eta_1) + \mathfrak{b}_{22}\xi_2\eta_2 = 0,$$

weil (ξ), (η) ein Punktepaar der Involution mit den Doppelpunkten (5) ist.

Aus (6) und (7) folgt nun

$$(\lambda\mathfrak{a}_{11} + \mu\mathfrak{b}_{11})\xi_1\eta_1 + (\lambda\mathfrak{a}_{12} + \mu\mathfrak{b}_{12})(\xi_1\eta_2 + \xi_2\eta_1) + (\lambda\mathfrak{a}_{22} + \mu\mathfrak{b}_{22})\xi_2\eta_2 = 0,$$

d. h. (ξ) und (η) sind harmonisch zu dem Punktepaar (3).

Die Punktepaare (3) bilden eine Involution. Ein Büschel von Kurven zweiter Ordnung schneidet auf jeder Geraden, die durch keinen Fundamentalpunkt hindurchgeht, eine Involution aus.

Wenn die schneidende Gerade durch einen Fundamentalpunkt des Büschels hindurchgeht, aber nicht durch zwei (auch nicht durch zwei zusammenfallende), so bestimmt das Büschel auf ihr eine ausgeartete Involution.

Den beiden Doppelpunkten der Involution (3) entsprechen zwei Kurven des Büschels, die mit der schneidenden Geraden zwei zusammenfallende Punkte gemein haben. Wenn die Gerade einen Fundamentalpunkt des Büschels enthält, so hat nur eine Kurve diese Eigenschaft.

§ 64. Satz von Desargues über das Viereck.

Die drei Gegenseitenpaare eines Vierecks lassen sich ansehen als ausgeartete Kurven eines Büschels von Kurven zweiter Ordnung. Dieses Büschel besteht aus allen Kurven zweiter Ordnung, die durch die Ecken des Vierecks hindurchgehen.

Nach § 63 schneiden die Gegenseitenpaare auf jeder Geraden, die nicht eine Seite des Vierecks ist, Punktepaare einer Involution aus.

Das ist ein Satz von Desargues. Man kann ihn benutzen, um aus zwei gegebenen Punktepaaren einer Involution die Involution zu konstruieren. Sind z. B. die Punktepaare A, A' und B, B' gegeben und sucht man das Punktepaar, dem der Punkt C angehört, so muß man ein Viereck konstruieren, von dem zwei Gegenseiten durch A und A', zwei andre Gegenseiten durch B und B' und eine fünfte Seite durch C hindurchgehen. Die sechste Seite schneidet den Träger der Involution in dem Punkte C', der mit C zusammengehört.

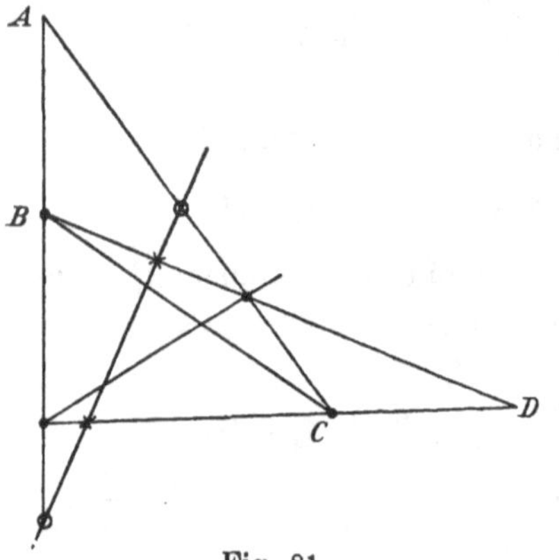

Fig. 81.

Lassen wir die Gerade durch zwei Diagonalpunkte, etwa A und D, hindurchgehen, so sind A und D die Doppelpunkte der Involution. Das dritte Gegenseitenpaar trennt also A und D harmonisch.

Jede Seite des Diagonaldreiecks wird durch ein Gegenseitenpaar des Vierecks harmonisch geteilt.

Dieser Satz ist nichts anderes als der, den wir in § 41 bewiesen haben, nur angewandt auf das Viereck $ABCD$ in Fig. 81.

§ 65. Zweiter Beweis des Pascalschen Satzes.

Auf einer reellen nichtausgearteten Kurve zweiter Ordnung $\mathfrak{K}$ seien sechs verschiedene Punkte 1, 2, 3, 4, 5, 6 gegeben.

Wir wollen noch einmal den Pascalschen Satz beweisen, daß sich

12 mit 45,
23 „ 56,
34 „ 61

auf derselben Geraden schneidet.

Die Kurve $\mathfrak{K}$ geht durch die vier Punkte 1, 2, 3, 4 hindurch. Sie gehört dem Büschel mit den Fundamentalpunkten 1, 2, 3, 4 an. Ist $g_{rs} = 0$ die Gleichung der Geraden r, s, so stellen die Gleichungen

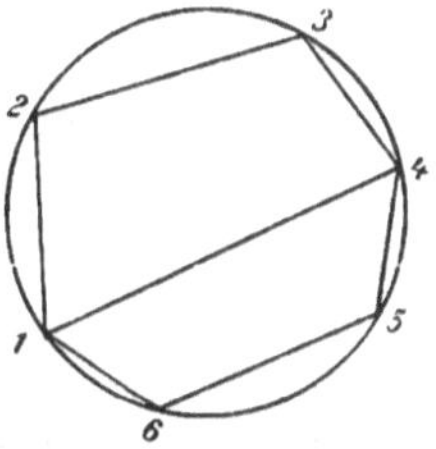
Fig. 82.

$$g_{12}\, g_{34} = 0, \quad g_{14}\, g_{23} = 0$$

zwei Geradenpaare des genannten Büschels dar. Die Gleichung von $\mathfrak{K}$ läßt sich also so schreiben

(1) $$\lambda g_{12}\, g_{34} + \mu g_{14}\, g_{23} = 0.$$

Da $\mathfrak{K}$ auch durch die vier Punkte 1, 6, 5, 4 hindurchgeht und die Geradenpaare

$$g_{16}\, g_{45} = 0, \quad g_{14}\, g_{56} = 0$$

dasselbe tun, kann man der Gleichung von $\mathfrak{K}$ auch die Form geben

(2) $$\varrho g_{16}\, g_{45} + \sigma g_{14}\, g_{56} = 0.$$

Die linken Seiten von (1) und (2) können sich nur um einen konstanten Faktor unterscheiden. Wenn man ϱ und σ mit einem passenden Faktor multipliziert, werden sie identisch sein. Da λ, μ, ϱ, σ von Null verschieden sind, können wir λg_{12} als neues g_{12}, μg_{23} als neues g_{23}, $-\varrho g_{16}$ als neues g_{16}, $-\sigma g_{56}$ als neues g_{56} einführen. Dann ist für alle Punkte der Ebene

(*) $$g_{12}\, g_{34} + g_{14}\, g_{23} + g_{16}\, g_{45} + g_{14}\, g_{56} = 0,$$

d. h.

$$g_{12}\, g_{34} + g_{16}\, g_{45} + g_{14}(g_{23} + g_{56}) = 0.$$

Hat man nun $g_{12} = g_{45} = 0$, so kann nicht zugleich $g_{14} = 0$ sein, weil von den Punkten 1, 2, 3, 4, 5, 6 keine drei in gerader Linie liegen. Also muß

(3) $$g_{23} + g_{56} = 0$$

sein. 12 und 45 schneiden sich also auf der Geraden (3). Ebenso folgt aus $g_{34} = g_{16} = 0$ auf Grund von (*) $g_{23} + g_{56} = 0$, d. h. 34 und 61 schneiden sich auch auf der Geraden (3). Die Gestalt der Gleichung (3) läßt endlich erkennen, daß auch 23 und 56 sich auf der Geraden (3) schneiden. Damit ist der PASCALsche Satz bewiesen.

§ 66. Das zu einer ausgearteten Kurve zweiter Ordnung gehörige ausgeartete Polarsystem.

$\sum \mathfrak{a}_{rs} \mathfrak{x}_r \mathfrak{x}_s = 0$ sei eine ausgeartete Kurve zweiter Ordnung. Wie bei den nichtausgearteten Kurven sollen zwei Punkte $(\mathfrak{y})$ und $(\mathfrak{z})$ konjugiert heißen, wenn sie die Gleichung

$$\sum \mathfrak{a}_{rs} \mathfrak{y}_r \mathfrak{z}_s = 0 \tag{1}$$

erfüllen.

Die zu einem bestimmten Punkte $(\mathfrak{z})$ konjugierten Punkte genügen der Gleichung

$$\sum \mathfrak{a}_{rs} \mathfrak{x}_r \mathfrak{z}_s = 0 . \tag{2}$$

Wenn hier die Koeffizienten von $\mathfrak{x}_1$, $\mathfrak{x}_2$, $\mathfrak{x}_3$ nicht alle verschwinden, so stellt die Gleichung eine Gerade dar, die Polare des Punktes $(\mathfrak{z})$.

Bei einer nichtausgearteten Kurve zweiter Ordnung hat jeder Punkt seine Polare. Bei einer ausgearteten Kurve zweiter Ordnung gibt es wenigstens einen singulären Punkt, d. h. einen Punkt, der keine Polare hat, sondern zu allen Punkten der Ebene konjugiert ist.

Wie viele singuläre Punkte es gibt, hängt von dem Range der Kurve ab, d. h. von dem Rang ihrer Diskriminante.

Hat die Diskriminante

$$\begin{vmatrix} \mathfrak{a}_{11} & \mathfrak{a}_{12} & \mathfrak{a}_{13} \\ \mathfrak{a}_{21} & \mathfrak{a}_{22} & \mathfrak{a}_{23} \\ \mathfrak{a}_{31} & \mathfrak{a}_{32} & \mathfrak{a}_{33} \end{vmatrix}$$

den Rang 2, so gibt es einen und nur einen Punkt $(\mathfrak{z})$, der die Gleichungen

$$\left\{ \begin{aligned} \mathfrak{a}_{11} \mathfrak{z}_1 + \mathfrak{a}_{12} \mathfrak{z}_2 + \mathfrak{a}_{13} \mathfrak{z}_3 &= 0 , \\ \mathfrak{a}_{21} \mathfrak{z}_1 + \mathfrak{a}_{22} \mathfrak{z}_2 + \mathfrak{a}_{23} \mathfrak{z}_3 &= 0 , \\ \mathfrak{a}_{31} \mathfrak{z}_1 + \mathfrak{a}_{32} \mathfrak{z}_2 + \mathfrak{a}_{33} \mathfrak{z}_3 &= 0 \end{aligned} \right. \tag{3}$$

erfüllt.

Da aus diesen Gleichungen folgt $\sum \mathfrak{a}_{rs}\mathfrak{z}_r\mathfrak{z}_s = 0$, so liegt der singuläre Punkt auf der Kurve. Ist $(\mathfrak{y})$ irgend ein anderer Kurvenpunkt, so wird, wenn man

$$\mathfrak{x}_r = \lambda\,\mathfrak{y}_r + \mu\,\mathfrak{z}_r$$

setzt ($r = 1, 2, 3$),

$$\sum \mathfrak{a}_{rs}\mathfrak{x}_r\mathfrak{x}_s = \lambda^2 \sum \mathfrak{a}_{rs}\mathfrak{y}_r\mathfrak{y}_s + 2\lambda\mu \sum \mathfrak{a}_{rs}\mathfrak{y}_r\mathfrak{z}_s + \mu^2 \sum \mathfrak{a}_{rs}\mathfrak{z}_r\mathfrak{z}_s = 0,$$

was auch λ, μ sein mögen. Alle Punkte der Geraden $(\mathfrak{y})(\mathfrak{z})$ gehören also der Kurve an. Die beiden Geraden, aus denen die Kurve besteht, schneiden sich in $(\mathfrak{z})$.

Ist $(\mathfrak{z}')$ ein von $(\mathfrak{z})$ verschiedener Punkt, so hat er die Polare (1)

$$\sum \mathfrak{a}_{rs}\mathfrak{x}_r\mathfrak{z}_s' = 0.$$

Sie geht durch $(\mathfrak{z})$ hindurch; denn $(\mathfrak{z})$ ist zu allen Punkten der Ebene konjugiert. Wenn $(\mathfrak{z}')$ auf der Kurve liegt und auch nur dann, geht die Polare von $(\mathfrak{z}')$ durch $(\mathfrak{z}')$ hindurch.

Verbindet man $(\mathfrak{z}')$ mit $(\mathfrak{z})$, so wird das Geradenpaar $\sum \mathfrak{a}_{rs}\mathfrak{x}_r\mathfrak{x}_s = 0$ harmonisch getrennt durch $(\mathfrak{z})(\mathfrak{z}')$ und durch die Polare von $(\mathfrak{z}')$. In der Tat sind die konjugierten Punkte $(\mathfrak{z}')$ und $(\mathfrak{z}'')$ harmonisch zu den Schnittpunkten von $(\mathfrak{z}')(\mathfrak{z}'')$ mit dem Geradenpaar.

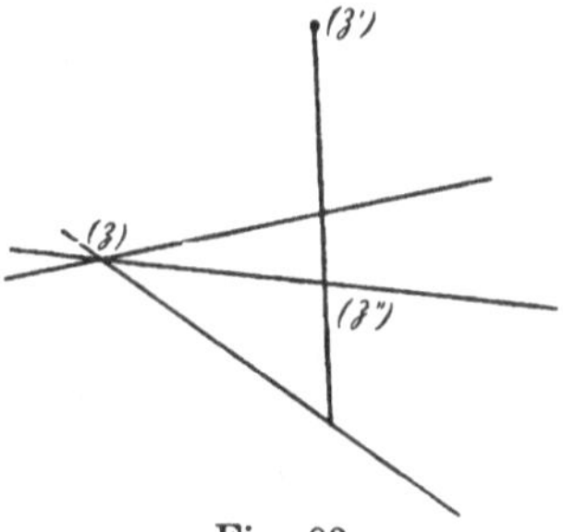

Fig. 83.

Macht man $(\mathfrak{z})$ zum Fundamentalpunkt 0, 0, 1 der projektiven Koordinaten, so lauten die Gleichungen (3)

$$\mathfrak{a}_{13} = \mathfrak{a}_{23} = \mathfrak{a}_{33} = 0.$$

$\sum \mathfrak{a}_{rs}\mathfrak{x}_r\mathfrak{x}_s = 0$ nimmt also die Form an

$$\mathfrak{a}_{11}\mathfrak{x}_1^2 + 2\mathfrak{a}_{12}\mathfrak{x}_1\mathfrak{x}_2 + \mathfrak{a}_{22}\mathfrak{x}_2^2 = 2(\mathfrak{x}\,\mathfrak{x}')(\mathfrak{x}\,\mathfrak{x}'') = 0.$$

Die Polare des Punktes $(\mathfrak{z}')$ hat dann die Gleichung

$$\mathfrak{a}_{11}\mathfrak{x}_1\mathfrak{z}_1' + \mathfrak{a}_{12}(\mathfrak{x}_1\mathfrak{z}_2' + \mathfrak{x}_2\mathfrak{z}_1') + \mathfrak{a}_{22}\mathfrak{x}_2\mathfrak{z}_2' = (\mathfrak{x}\,\mathfrak{x}')(\mathfrak{z}'\,\mathfrak{x}'') + (\mathfrak{z}'\,\mathfrak{x}')(\mathfrak{x}\,\mathfrak{x}'') = 0.$$

Die Gleichung der Geraden $(\mathfrak{z})(\mathfrak{z}')$ lautet aber

$$(\mathfrak{x}\,\mathfrak{x}')(\mathfrak{z}'\,\mathfrak{x}'') - (\mathfrak{z}'\,\mathfrak{x}')(\mathfrak{x}\,\mathfrak{x}'') = 0.$$

Die Geraden

$$(\mathfrak{x}\,\mathfrak{x}') = 0, \qquad (\mathfrak{x}\,\mathfrak{x}'') = 0,$$

$$(\mathfrak{x}\,\mathfrak{x}')(\mathfrak{z}'\,\mathfrak{x}'') + (\mathfrak{z}'\,\mathfrak{x}')(\mathfrak{x}\,\mathfrak{x}'') = 0, \qquad (\mathfrak{x}\,\mathfrak{x}')(\mathfrak{z}'\,\mathfrak{x}'') - (\mathfrak{z}'\,\mathfrak{x}')(\mathfrak{x}\,\mathfrak{x}'') = 0$$

haben offenbar das Doppelverhältnis -1.

Die Geradenpaare

$$(\mathfrak{x}\mathfrak{x}')(\mathfrak{z}'\mathfrak{x}'') + (\mathfrak{z}'\mathfrak{x}')(\mathfrak{x}\mathfrak{x}'') = 0,$$
$$(\mathfrak{x}\mathfrak{x}')(\mathfrak{z}'\mathfrak{x}'') - (\mathfrak{z}'\mathfrak{x}')(\mathfrak{x}\mathfrak{x}'') = 0$$

bilden eine Involution mit den Doppelgeraden

$$(\mathfrak{x}\mathfrak{x}') = 0, \quad (\mathfrak{x}\mathfrak{x}'') = 0.$$

Zwei Punkte $(\mathfrak{z}')$ und $(\mathfrak{z}'')$ sind in bezug auf das Geradenpaar $(\mathfrak{x}\mathfrak{x}')(\mathfrak{x}\mathfrak{x}'') = 0$ konjugiert, wenn ihre Verbindungslinien mit $(\mathfrak{z})$ ein Paar jener Involution liefern.

Nicht jede Gerade der Ebene ist hier die Polare eines Punktes wohl aber jede Gerade durch $(\mathfrak{z})$, und zwar nicht nur die Polare eines Punktes, sondern aller Punkte einer gewissen Geraden durch $(\mathfrak{z})$.

Wenn man nach Polardreiecken fragt, d. h. nach Dreiecken, deren Ecken paarweise konjugiert sind, aber nicht in gerader Linie liegen, so ergibt sich, daß eine Ecke der Punkt $(\mathfrak{z})$ ist und die beiden von $(\mathfrak{z})$ ausgehenden Seiten ein Paar der oben erwähnten Involution bilden. Wo die beiden andern Ecken auf diesen Seiten liegen, ist gleichgültig.

Ist der Rang der Kurve $\sum \mathfrak{a}_{rs}\mathfrak{x}_r\mathfrak{x}_s = 0$ gleich 1, so reduziert sie sich, wie wir wissen, auf eine Doppelgerade. Unter den Gleichungen (3) gibt es eine unabhängige. Die singulären Punkte erfüllen also eine ganze Gerade, und da sie zugleich der Kurve angehören, so ist dies die Doppelgerade, aus der die Kurve besteht. Nehmen wir einen Punkt $(\mathfrak{z})$, der nicht auf der Doppelgeraden liegt, so hat er eine Polare. Sie fällt mit der Doppelgeraden zusammen, weil deren Punkte zu allen Punkten der Ebene konjugiert sind. Alle Punkte der Ebene, die überhaupt eine Polare haben, haben hier also dieselbe Polare.

Wenn wir vier Punkte A, B, C, D nehmen, von denen keine drei in gerader Linie liegen, so bestimmen sie ein Büschel von Kurven zweiter Ordnung, wie wir es in § 61 betrachteten (S. 193). Die Gegenseitenpaare des Vierecks A, B, C, D sind die drei ausgearteten Kurven des Büschels. Die Diagonalpunkte L, M, N des Vierecks sind die drei singulären Punkte dieser ausgearteten Kurven.

Sind die Punkte $(\mathfrak{y})$ und $(\mathfrak{z})$ in bezug auf zwei verschiedene Kurven des Büschels konjugiert, so sind sie in bezug auf alle Kurven des Büschels konjugiert. Denn aus

$$\sum \mathfrak{a}_{rs}\mathfrak{y}_r\mathfrak{z}_s = 0, \quad \sum \mathfrak{b}_{rs}\mathfrak{y}_r\mathfrak{z}_s = 0,$$

folgt

$$\lambda \sum \mathfrak{a}_{rs}\mathfrak{y}_r\mathfrak{z}_s + \mu \sum \mathfrak{b}_{rs}\mathfrak{y}_r\mathfrak{z}_s = 0.$$

Nun sind z. B. L und M konjugiert in bezug auf die beiden Gegenseitenpaare, die durch L und M hindurchgehen. Denn der singuläre Punkt eines Geradenpaares ist in bezug auf dieses Geradenpaar zu allen Punkten der Ebene konjugiert. Wir sehen also, daß die Diagonalpunkte des Vierecks ein gemeinsames Polardreieck für alle dem Viereck umbeschriebenen Kurven zweiter Ordnung bilden. Daher sind z. B. L und M auch in bezug auf die durch N hindurchgehenden Viereckseiten konjugiert, womit der Satz vom Viereck (vgl. S. 110) aufs neue bewiesen ist.

Wir wollen zum Schluß noch über die Darstellung der Kurve $\sum \mathfrak{a}_{rs} \mathfrak{x}_r \mathfrak{x}_s = 0$ in Linienkoordinaten einiges sagen. Wir wissen, daß eine nichtausgeartete Kurve zweiter Ordnung zugleich eine Kurve zweiter Klasse ist und als solche die Gleichung

$$(\dagger) \qquad \begin{vmatrix} \mathfrak{a}_{11} & \mathfrak{a}_{12} & \mathfrak{a}_{13} & \mathfrak{u}_1 \\ \mathfrak{a}_{21} & \mathfrak{a}_{22} & \mathfrak{a}_{23} & \mathfrak{u}_2 \\ \mathfrak{a}_{31} & \mathfrak{a}_{32} & \mathfrak{a}_{33} & \mathfrak{u}_3 \\ \mathfrak{u} & \mathfrak{u}_2 & \mathfrak{u}_3 & 0 \end{vmatrix} = -\sum \mathfrak{A}_{rs} \mathfrak{u}_r \mathfrak{u}_s = 0$$

hat. Diese Gleichung wird erfüllt von den Geraden $(\mathfrak{u})$, die die Kurve nicht in zwei verschiedenen Punkten schneiden (vgl. S. 181).

Wenn es sich nun um ein Geradenpaar mit dem singulären Punkt $(\mathfrak{z})$ handelt, so sind die einzigen Geraden, die das Geradenpaar nicht in zwei verschiedenen Punkten treffen, die Geraden durch $(\mathfrak{z})$. Die Gleichung $(\dagger)$ wird also im Falle eines Geradenpaars den Punkt $(\mathfrak{z})$ darstellen (doppelt zählend). Von den Geraden des Paares ist nichts mehr zu merken. Ein Geradenpaar ist eben nicht durch e i n e Gleichung in Linienkoordinaten darstellbar.

Wenn $\sum \mathfrak{a}_{rs} \mathfrak{x}_r \mathfrak{x}_s = 0$ ein Geradenpaar ist, so hat die Diskriminante den Rang 2. Es ist also

$$\mathfrak{A} = \begin{vmatrix} \mathfrak{a}_{11} & \mathfrak{a}_{12} & \mathfrak{a}_{13} \\ \mathfrak{a}_{21} & \mathfrak{a}_{22} & \mathfrak{a}_{23} \\ \mathfrak{a}_{31} & \mathfrak{a}_{32} & \mathfrak{a}_{33} \end{vmatrix} = 0,$$

aber es verschwinden nicht alle $\mathfrak{A}_{rs}$. Die $\mathfrak{A}_{rs}$ sind die algebraischen Komplemente der $\mathfrak{a}_{rs}$ in $\mathfrak{A}$.

Man nennt in der Determinantentheorie

$$\begin{vmatrix} \mathfrak{A}_{11} & \mathfrak{A}_{12} & \mathfrak{A}_{13} \\ \mathfrak{A}_{21} & \mathfrak{A}_{22} & \mathfrak{A}_{23} \\ \mathfrak{A}_{31} & \mathfrak{A}_{32} & \mathfrak{A}_{33} \end{vmatrix}$$

die reziproke Determinante von $\mathfrak{A}$ und man beweist, daß die reziproke Determinante hiervon so lautet

$$\begin{vmatrix} \mathfrak{A}\,\mathfrak{a}_{11}, & \mathfrak{A}\,\mathfrak{a}_{12}, & \mathfrak{A}\,\mathfrak{a}_{13} \\ \mathfrak{A}\,\mathfrak{a}_{21}, & \mathfrak{A}\,\mathfrak{a}_{22}, & \mathfrak{A}\,\mathfrak{a}_{23} \\ \mathfrak{A}\,\mathfrak{a}_{31}, & \mathfrak{A}\,\mathfrak{a}_{32}, & \mathfrak{A}\,\mathfrak{a}_{33} \end{vmatrix}.$$

Im Falle $\mathfrak{A} = 0$ sind alle ihre Elemente gleich Null. Die Determinante der $\mathfrak{A}_{rs}$ hat also lauter verschwindende zweireihige Minoren. Da in unserm Falle nicht alle $\mathfrak{A}_{rs}$ gleich Null sind, hat sie den Rang 1. Daher stellt die Gleichung $\sum \mathfrak{A}_{rs}\,\mathfrak{u}_r\,\mathfrak{u}_s = 0$ wirklich einen Doppelpunkt dar (vgl. S. 184).

Der singuläre Punkt $(\mathfrak{z})$ von $\sum \mathfrak{a}_{rs}\,\mathfrak{x}_r\,\mathfrak{x}_s = 0$ erfüllt die Gleichungen

$$\mathfrak{a}_{r1}\,\mathfrak{z}_1 + \mathfrak{a}_{r2}\,\mathfrak{z}_2 + \mathfrak{a}_{r3}\,\mathfrak{z}_3 = 0. \quad (r = 1, 2, 3)$$

Man sieht hieraus, daß $\mathfrak{A}_{s1}$, $\mathfrak{A}_{s2}$, $\mathfrak{A}_{s3}$ proportional zu $\mathfrak{z}_1$, $\mathfrak{z}_2$, $\mathfrak{z}_3$ sind:

$$\mathfrak{A}_{s1} = \lambda_s\,\mathfrak{z}_1, \quad \mathfrak{A}_{s2} = \lambda_s\,\mathfrak{z}_2, \quad \mathfrak{A}_{s3} = \lambda_s\,\mathfrak{z}_3. \quad (s = 1, 2, 3)$$

Nun erfüllt aber $(\mathfrak{z})$ auch die Gleichungen

$$\mathfrak{a}_{1r}\,\mathfrak{z}_1 + \mathfrak{a}_{2r}\,\mathfrak{z}_2 + \mathfrak{a}_{3r}\,\mathfrak{z}_3 = 0. \quad (r = 1, 2, 3)$$

Also sind $\mathfrak{A}_{1t}$, $\mathfrak{A}_{2t}$, $\mathfrak{A}_{3t}$ proportional zu $\mathfrak{z}_1$, $\mathfrak{z}_2$, $\mathfrak{z}_3$. Andererseits sind sie gleich $\lambda_1\,\mathfrak{z}_t$, $\lambda_2\,\mathfrak{z}_t$, $\lambda_3\,\mathfrak{z}_t$. Da $\mathfrak{z}_1$, $\mathfrak{z}_2$, $\mathfrak{z}_3$ nicht alle drei verschwinden können, so folgt, daß λ_1, λ_2, λ_3 proportional zu $\mathfrak{z}_1$, $\mathfrak{z}_2$, $\mathfrak{z}_3$ sind:

$$\lambda_1 = \lambda\,\mathfrak{z}_1, \quad \lambda_2 = \lambda\,\mathfrak{z}_2, \quad \lambda_3 = \lambda\,\mathfrak{z}_3.$$

Wir können also schreiben

$$\mathfrak{A}_{st} = \lambda\,\mathfrak{z}_s\,\mathfrak{z}_t$$

und

$$\sum \mathfrak{A}_{st}\,\mathfrak{u}_s\,\mathfrak{u}_t = \lambda \sum \mathfrak{z}_s\,\mathfrak{z}_t\,\mathfrak{u}_s\,\mathfrak{u}_t = \lambda\,(\mathfrak{z}_1\,\mathfrak{u}_1 + \mathfrak{z}_2\,\mathfrak{u}_2 + \mathfrak{z}_3\,\mathfrak{u}_3)^2.$$

$\sum \mathfrak{A}_{st}\,\mathfrak{u}_s\,\mathfrak{u}_t = 0$ reduziert sich auf

$$(\mathfrak{z}_1\,\mathfrak{u}_1 + \mathfrak{z}_2\,\mathfrak{u}_2 + \mathfrak{z}_3\,\mathfrak{u}_3)^2 = 0.$$

Wenn $\sum \mathfrak{a}_{rs}\,\mathfrak{z}_r\,\mathfrak{z}_s = 0$ eine Doppelgerade ist, so hat keine Gerade mit ihr zwei verschiedene Schnittpunkte. Analytisch zeigt sich dies darin, daß in der Gleichung $\sum \mathfrak{A}_{rs}\,\mathfrak{u}_r\,\mathfrak{u}_s = 0$ alle Koeffizienten gleich Null sind.

§ 67. Büschel von Kurven zweiter Klasse.

Die Betrachtungen des § 61 lassen sich ins Dualistische übersetzen. Man geht aus von zwei verschiedenen Kurven zweiter Klasse $f = \sum \mathfrak{a}_{rs} \mathfrak{u}_r \mathfrak{u}_s = 0$, $g = \sum \mathfrak{b}_{rs} \mathfrak{u}_r \mathfrak{u}_s = 0$.[1] Dann bilden die Kurven

(1) $$\lambda f + \mu g = 0$$

ein Büschel von Kurven zweiter Klasse.

Wir beschränken uns auf den Fall, daß nicht alle Kurven (1) ausgeartet sind. Es gibt dann neun verschiedene Typen. Alle Kurven des Büschels haben vier gemeinsame Geraden. Sie sind entweder alle vier imaginär[2] oder es sind zwei reell und zwei konjugiert imaginär oder alle vier reell. Durch Zusammenfallen der gemeinsamen Geraden entstehen die übrigen Typen.

Die nichtausgearteten Kurven des Büschels (1) lassen sich auch als Kurven zweiter Ordnung auffassen. Man spricht deshalb, wenn das Büschel (1) vorliegt, von einer Schar von Kurven zweiter Ordnung.

Wir wollen hier nur zwei Typen solcher Scharen besprechen. Die Kurven (1) mögen vier verschiedene imaginäre Geraden gemein haben.

Es gibt dann in dem Büschel (1) drei verschiedene Punktepaare. Eins besteht aus reellen Punkten und zwei aus konjugiert imaginären Punkten. Wir können durch eine reelle Kollineation ein imaginäres Punktepaar in die Kreispunkte $i, 1, 0$ und $-i, 1, 0$ überführen und zugleich das reelle Punktepaar in die beiden Punkte $c, 0, 1$ und $-c, 0, 1$. Dann sind in dem Büschel die beiden Punktepaare

$$u_1^2 + u_2^2 = 0 \quad \text{und} \quad c^2 u_1^2 - u_3^2 = 0$$

enthalten. (1) nimmt also die Form an

(2) $$\lambda (u_1^2 + u_2^2) + \mu (c^2 u_1^2 - u_3^2) = 0.$$

In Punktkoordinaten lautet die Gleichung der Kurve (2)

$$\begin{vmatrix} \lambda + \mu c^2 & 0 & 0 & x_1 \\ 0 & \lambda & 0 & x_2 \\ 0 & 0 & -\mu & x_3 \\ x_1 & x_2 & x_3 & 0 \end{vmatrix} = 0,$$

[1] Die $\mathfrak{a}_{rs}$ und $\mathfrak{b}_{rs}$ werden als reell vorausgesetzt.

[2] Zu zweien konjugiert imaginär.

d. h.

(3) $$\lambda \mu x_1^2 + \mu(\lambda + \mu c^2) x_2^2 - \lambda(\lambda + \mu c^2) x_3^2 = 0.$$

Für $\lambda = 0$ erhalten wir $x_2^2 = 0$, für $\mu = 0$ aber $x_3^2 = 0$, für $\lambda = -\mu c^2$ endlich $x_1^2 = 0$. Das sind (doppelt gezählt) die Träger der drei Punktepaare des Büschels.

Sehen wir von diesen Ausartungen ab, so läßt sich (3) so schreiben

(4) $$\frac{x_1^2}{c^2 + \varrho} + \frac{x_2^2}{\varrho} - x_3^2 = 0.$$

Im Falle $\varrho > 0$ stellt (4) eine Ellipse dar mit den Brennpunkten $c, 0, 1$ und $-c, 0, 1$, im Falle $-c^2 < \varrho < 0$ eine Hyperbel mit denselben Brennpunkten, im Falle $\varrho < -c^2$ eine imaginäre Kurve.

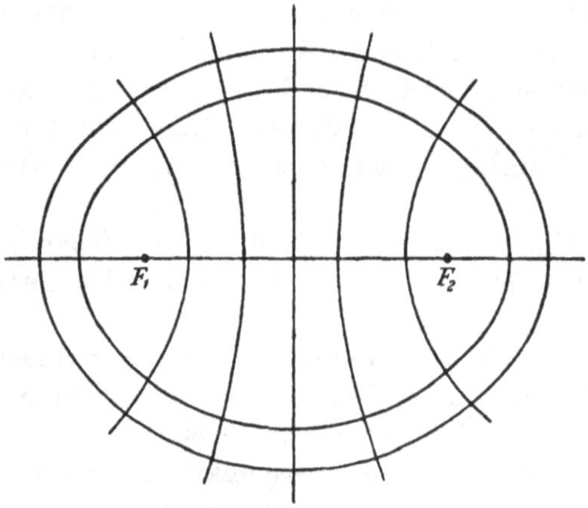

Fig. 84.

Die nichtausgearteten reellen Kurven der Schar (4) sind also Ellipsen und Hyperbeln mit denselben Brennpunkten oder, wie man sagt, konfokale Ellipsen und Hyperbeln.

Läßt man ϱ immer näher an $-c^2$ heranrücken ($\varrho > -c^2$), so weicht die Hyperbel (4) immer weniger von der y-Achse ab. Läßt man ϱ immer näher an 0 heranrücken ($\varrho < 0$), so weicht die Hyperbel (4) immer weniger ab von dem Teil der x-Achse, der außerhalb der Strecke $F_1 F_2$ liegt.

Läßt man ϱ, während es positiv ist, immer näher an 0 heranrücken, so unterscheidet sich die Ellipse (4) immer weniger von Strecke $F_1 F_2$. Läßt man endlich ϱ positiv unendlich werden, so geht die Ellipse in die unendlich ferne Gerade über (doppelt zählend).

Wir wollen jetzt noch das dualistische Analogon der Fig. 77 besprechen. Von den vier gemeinsamen Geraden der Kurven (1) sind zwei konjugiert imaginär und zwei reell, aber zusammenfallend. Die reelle Gerade g wird von den konjugiert imaginären p, q in einem Paar konjugiert imaginärer Punkte P, Q geschnitten, und P, Q ist ein Punktepaar des Büschels (1). Alle nichtausgearteten Kurven des Büschels berühren g in demselben Punkte B. Der (reelle) Schnittpunkt von p und q heiße A. Auch A und B bilden ein Punktepaar des Büschels (1). Durch eine reelle Kollineation können wir bewirken, daß P, Q die Kreispunkte werden, also g die unendlich ferne Gerade. Legen wir den Anfangspunkt nach A und machen A, B zur x-Achse, so sind in (1) folgende beiden Punktepaare enthalten

$$i, 1, 0 \quad \text{und} \quad -i, 1, 0$$

mit der Gleichung

$$(i u_1 + u_2)(-i u_1 + u_2) = u_1^2 + u_2^2 = 0$$

und außerdem

$$0, 0, 1 \quad \text{und} \quad 1, 0, 0$$

mit der Gleichung

$$u_1 u_3 = 0.$$

Wir können also das Büschel so schreiben:

$$2\lambda u_1 u_3 + \mu(u_1^2 + u_2^2) = 0. \tag{5}$$

Die Gleichung der Kurve (5) in Punktkoordinaten lautet:

$$\begin{vmatrix} \mu & 0 & \lambda & x_1 \\ 0 & \mu & 0 & x_2 \\ \lambda & 0 & 0 & x_3 \\ x_1 & x_2 & x_3 & 0 \end{vmatrix} = 0,$$

d. h.

$$\lambda^2 x_2^2 - \mu^2 x_3^2 + 2\lambda\mu x_1 x_3 = 0.$$

Für $\lambda = 0$ reduziert sich die Gleichung auf $x_3^2 = 0$, für $\mu = 0$ auf $x_2^2 = 0$. Sind λ, μ von Null verschieden, so können wir sie (inhomogen) so schreiben:

$$y^2 - 2px - p^2 = 0. \qquad \left(p = -\frac{\mu}{\lambda}\right) \tag{6}$$

Setzen wir noch

$$x' = x + \frac{p}{2}, \qquad y' = y,$$

so lautet sie

$$y'^2 = 2px'.$$

Sie stellt eine Parabel dar, deren Brennpunkt die Abszisse $x' = p/2$, also $x = 0$ hat. Die Parabeln (6) haben also denselben Brennpunkt und einen gemeinsamen Berührungspunkt mit der unendlich fernen Geraden. Es sind, wie man sagt, konfokale Parabeln (vgl. Fig. 85).

Ein Büschel von Kurven zweiter Klasse zeigt einer Geraden und einem Punkt gegenüber ein genau entsprechendes Verhalten wie ein Büschel von Kurven zweiter Ordnung gegenüber einem Punkt bzw. einer Geraden (vgl. § 63).

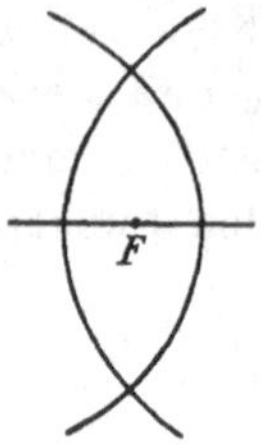

Fig. 85.

Eine Gerade, die keine Fundamentalgerade des Büschels (1) ist, die also nicht allen Kurven des Büschels angehört, gehört nur einer Kurve des Büschels an.

Wenn ein Punkt nicht auf einer Fundamentalgeraden liegt, so bilden die Geradenpaare, die er mit den einzelnen Kurven des Büschels gemein hat, eine Involution. Diese Involution besitzt zwei Doppelgeraden, d. h. es gibt zwei Kurven in dem Büschel, mit denen der Punkt zwei zusammenfallende Geraden gemein hat. Sind es nichtausgeartete Kurven, so bedeutet dies, daß der Punkt ihnen angehört. Ist eine der Kurven ein Punktepaar, so bedeutet es, daß der Punkt auf dem Träger des Punktepaares liegt.

Nimmt man einen Punkt, der auf einer Fundamentalgeraden liegt, aber nicht auf zweien (auch nicht auf zwei zusammenfallenden), so entsteht eine ausgeartete Involution, wobei die Fundamentalgerade die singuläre Gerade ist, die mit jeder andern Geraden des Punktes ein Paar der Involution bildet. Es gibt in dem Kurvenbüschel eine (doppelt zählende) Kurve, die mit dem Punkt zwei zusammenfallende Geraden gemein hat.

Liegt der Punkt auf zwei Fundamentalgeraden des Büschels, so hat er mit allen Kurven des Büschels nur dies eine Geradenpaar gemein.

Wir wollen die obigen Sätze auf die konfokalen Ellipsen und Hyperbeln, sowie die konfokalen Parabeln anwenden.

Bei den konfokalen Ellipsen sind die Fundamentalgeraden die gemeinsamen Geraden von

$$u_1^2 + u_2^2 = 0 \quad \text{und} \quad c^2 u_1^2 - u_3^2 = 0,$$

d. h. die Geraden, die die Brennpunkte mit den Kreispunkten verbinden.

Wenn ein reeller eigentlicher Punkt kein Brennpunkt ist, so bilden die Geradenpaare, die er mit den Kurven des Büschels gemein hat, eine Involution, zu der auch das Geradenpaar gehört, das ihn mit den Kreispunkten verbindet. Die Doppelgeraden müssen also auch zu diesem Geradenpaar harmonisch sein, d. h. sie stehen aufeinander senkrecht.

Rechnet man die Träger der Punktepaare des Büschels mit zu den Kurven der Schar, so kann man sagen, daß durch jeden reellen eigentlichen Punkt, der kein Brennpunkt ist, zwei Kurven der Schar hindurchgehen, die sich dort senkrecht schneiden, d. h. orthogonale Tangenten haben. Liegt der Punkt weder auf der x-Achse noch auf der y-Achse, so sind die beiden Kurven nichtausgeartet. Eine ist eine Ellipse, die andre eine Hyperbel; denn die Gleichung

$$\frac{x^2}{c^2+\varrho}+\frac{y^2}{\varrho}-1=0$$

oder

$$\varrho x^2+(c^2+\varrho)y^2-(c^2+\varrho)\varrho=0$$

hat bei gegebenen x, y zwei Wurzeln $\varrho=\varrho_1$, $\varrho=\varrho_2$, deren Produkt gleich $-c^2y^2$, also negativ ist. Eine Wurzel, etwa ϱ_1, ist also positiv, und ihr entspricht eine durch den Punkt hindurchgehende Ellipse. Die andre Wurzel ist negativ, aber größer als $-c^2$, weil im Falle $\varrho<c^2$ kein reeller Punkt auf der Kurve liegt. Dieser Wurzel ϱ_2 entspricht also eine durch den Punkt hindurchgehende Hyperbel. Die Doppelgeraden der Involution, von der wir sprachen, sind die Tangenten der durch den Punkt hindurchgehenden Ellipse und Hyperbel. Sie stehen nach dem Obigen aufeinander senkrecht.

Die Zahlen ϱ_1, ϱ_2 kann man als Koordinaten des Punktes x, y benutzen. Man nennt sie elliptische Koordinaten. Liegt x, y auf der x-Achse, so hat man, je nachdem $x^2>c^2$ oder $x^2<c^2$ ist, $\varrho_1=x^2-c^2$, $\varrho_2=0$ oder $\varrho_1=0$, $\varrho_2=x^2-c^2$. Liegt x, y auf der y-Achse, so ist $\varrho_1=y^2$, $\varrho_2=-c^2$. Will man die Lage eines Punktes durch die elliptischen Koordinaten bestimmen, so muß man noch wissen, in welchem Quadranten er liegt. Denn die Punkte

$$x,\ y,\quad -x,\ y;\quad x,\ -y;\quad -x,\ -y$$

haben dieselben elliptischen Koordinaten.

Aus den Gleichungen

$$\varrho_1x^2+(c^2+\varrho_1)y^2-(c^2+\varrho_1)\varrho_1=0,$$

$$\varrho_2x^2+(c^2+\varrho_2)y^2-(c^2+\varrho_2)\varrho_2=0$$

ergibt sich

$$x^2 = \frac{(c^2+\varrho_1)(c^2+\varrho_2)}{c^2},$$

$$y^2 = -\frac{\varrho_1\varrho_2}{c^2},$$

also

$$x = \frac{1}{c}\sqrt{(c^2+\varrho_1)(c^2+\varrho_2)}, \quad y = \frac{1}{c}\sqrt{-\varrho_1\varrho_2}.$$

Bleiben wir in dem Quadranten $x \geqq 0$, $y \geqq 0$, so sind die Wurzeln positiv zu nehmen.

Welche Punkte der Ebene haben entgegengesetzt gleich elliptische Koordinaten? Wenn $\varrho_1 + \varrho_2 = 0$ ist, so wird

$$x^2 = \frac{\varrho_1\varrho_2}{c^2} + c^2, \qquad y^2 = -\frac{\varrho_1\varrho_2}{c^2},$$

also

$$x^2 + y^2 = c^2.$$

Das sind die Punkte eines Kreises um den Anfangspunkt, der durch die Brennpunkte hindurchgeht.

Wenn $\varrho_1 + \varrho_2 = k$, d. h. gleich einer Konstanten, ist, so hat man

$$x^2 = \frac{\varrho_1\varrho_2}{c^2} + k + c^2,$$

$$y^2 = -\frac{\varrho_1\varrho_2}{c_1},$$

also

$$x^2 + y^2 = k + c^2.$$

Das ist (falls $k > -c^2$) ebenfalls ein Kreis um den Anfangspunkt.

Wenn wir wieder die Geradenpaare betrachten, die der reelle eigentliche Punkt P mit den Kurven des Büschels gemein hat, so kommt unter ihnen auch das Geradenpaar vor, das ihn mit den Brennpunkten F_1, F_2 verbindet. Diese beiden Verbindungslinien müssen also zu den Doppelgeraden harmonisch sein, und wir wissen, daß die Doppelgeraden aufeinander senkrecht stehen. Dann halbieren sie aber die Winkel jener Verbindungslinien. Man sieht das sofort, wenn man zu der einen Doppelgeraden eine Parallele zieht und den Satz des Pappus anwendet.

Es läßt sich aber auch so zeigen. Wir wollen die Geraden PF_1, PF_2 mit f_1, f_2 bezeichnen und die beiden Doppelgeraden mit d_1, d_2. Dann ist (vgl. S. 80)

$$(f_1 f_2 d_1 d_2) = \frac{\sin(f_1 d_1)\sin(f_2 d_2)}{\sin(f_1 d_2)\sin(f_2 d_1)} = -1.$$

Andererseits hat man[1]

$$(d_1 d_2) \equiv \frac{\pi}{2},$$

also

$$(f_1 d_2) \equiv (f_1 d_1) + \frac{\pi}{2}, \qquad (f_2 d_2) \equiv (f_2 d_1) + \frac{\pi}{2}$$

und

$$\sin(f_1 d_2) = \cos(f_1 d_1), \qquad \sin(f_2 d_2) = \cos(f_2 d_1).$$

Es wird also

$$(f_1 f_2 d_1 d_2) = \frac{\sin(f_1 d_1)\cos(f_2 d_1)}{\sin(f_2 d_1)\cos(f_1 d_1)} = -1,$$

d. h.

$$0 = \sin(f_1 d_1)\cos(f_2 d_1) + \sin(f_2 d_1)\cos(f_1 d_1) = \sin\{(f_1 d_1) + (f_2 d_1)\}.$$

Daraus geht hervor

$$(f_1 d_1) \equiv -(f_2 d_1) \quad \text{oder} \quad (f_1 d_1) \equiv -(f_2 d_1) + \pi,$$

mithin

$$(f_1 f_2) \equiv (f_1 d_1) + (d_1 f_2) \equiv 2(f_1 d_1)$$

oder

$$(f_1 f_2) \equiv 2(f_1 d_1) + \pi.$$

Die letzte Kongruenz reduziert sich auf die erste, wenn man f_2 umgekehrt orientiert. Jedenfalls sieht man, daß d_1 eine Winkelhalbierende von f_1, f_2 ist. Aus demselben Grunde gilt dies für d_2.

Die Gerade, die durch den Berührungspunkt senkrecht zur Tangente gezogen ist, nennt man die Normale.

Unter Benutzung dieser Bezeichnung können wir sagen, daß die Tangente und Normale der Ellipse und der Hyperbel die Winkelhalbierenden der beiden Verbindungslinien des Kurvenpunktes mit den Brennpunkten sind. Keppler hat bei der Ellipse gerade auf Grund dieser Eigenschaft die Benennung „Brennpunkte“ eingeführt. Denkt man sich die Ellipse auf der Innenseite spiegelnd, so wirft sie alle Lichtstrahlen, die von einem Brennpunkt kommen, nach dem andern Brennpunkt.

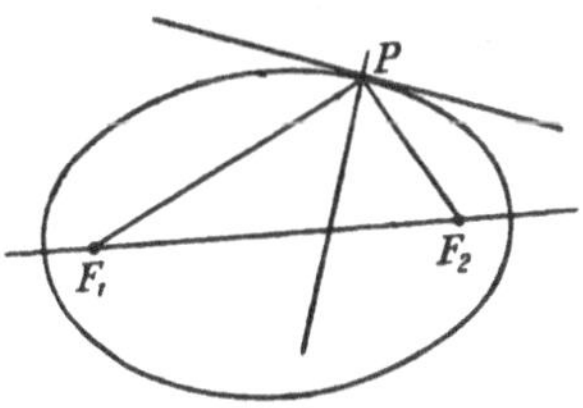

Fig. 86.

Nun wollen wir noch die konfokalen Parabeln betrachten, d. h. die Parabeln mit demselben Brennpunkt und demselben Punkt im Unendlichen. Man kann diesen unendlich fernen Punkt als den

[1] Wir denken uns f_1, f_2, d_1, d_2 orientiert und d_2 so, daß $(d_1 d_2) \equiv \pi/2$ wird.

zweiten Brennpunkt der Parabel betrachten. Das stimmt mit den Angaben auf S. 122 überein. Die Punktepaare des Büschels sind hier die Kreispunkte (doppelt zählend) und das Brennpunktepaar, bestehend aus dem eigentlichen und dem uneigentlichen Brennpunkt.

Rechnen wir wieder die Träger der Punktepaare mit zu den Kurven der Schar, so gehen durch jeden eigentlichen reellen Punkt P, der vom Brennpunkt verschieden ist, zwei Kurven der Schar hindurch. Ihre Tangenten in P bilden die Doppelgeraden der zu P gehörigen Involution. Da zu dieser Involution auch das Geradenpaar gehört, das P mit den Kreispunkten verbindet, so stehen die beiden Doppelgeraden der Involution aufeinander senkrecht. Liegt P nicht auf der Fokalachse (d. h. der Verbindungslinie der Brennpunkte), so sind die durch P hindurchgehenden Kurven der Schar Parabeln.

Siebentes Kapitel.

Klassifikation der Kurven zweiter Ordnung nach der Affinität und nach der Kongruenz.

§ 68. Kurven zweiter Ordnung mit Mittelpunkt und ohne Mittelpunkt.

Wir benutzen hier ein Fundamentaldreieck, dessen eine Seite, $\mathfrak{x}_3 = 0$, die unendlich ferne Gerade ist. Handelt es sich um einen eigentlichen Punkt P, so sind $\mathfrak{x}_1 : \mathfrak{x}_3$ und $\mathfrak{x}_2 : \mathfrak{x}_3$ gleich dessen Abständen p_1, p_2 von $\mathfrak{x}_1 = 0$ bzw. $\mathfrak{x}_2 = 0$, multipliziert mit zwei Konstanten a_1, a_2. Sind nämlich x_1, x_2, x_3 homogene rechtwinklige Koordinaten, so hat man

$$\begin{aligned} \mathfrak{x}_1 &= c_{11} x_1 + c_{12} x_2 + c_{13} x_3, \\ \mathfrak{x}_2 &= c_{21} x_1 + c_{22} x_2 + c_{23} x_3, \\ \mathfrak{x}_3 &= \quad * \quad + \quad * \quad + x_3 \quad, \end{aligned}$$

also

$$\frac{\mathfrak{x}_1}{\mathfrak{x}_3} = \frac{c_{11} x + c_{12} y + c_{13}}{\sqrt{c_{11}^2 + c_{12}^2}} \cdot \sqrt{c_{11}^2 + c_{12}^2} = p_1 a_1,$$

$$\frac{\mathfrak{x}_2}{\mathfrak{x}_3} = \frac{c_{21} x + c_{22} y + c_{23}}{\sqrt{c_{21}^2 + c_{22}^2}} \cdot \sqrt{c_{21}^2 + c_{22}^2} = p_2 a_2,$$

wobei

$$a_1 = \sqrt{c_{11}^2 + c_{12}^2}, \quad a_2 = \sqrt{c_{21}^2 + c_{22}^2}.$$

Bei dem Einheitspunkt E ist $\mathfrak{x}_1 = \mathfrak{x}_2 = \mathfrak{x}_3$. Bezeichnen wir seine Abstände von $x_1 = 0$ und $\mathfrak{x}_2 = 0$ mit p_1', p_2', so ist

$$1 = p_1' a_1, \qquad 1 = p_2' a_2.$$

Wir können also auch schreiben

$$\frac{\mathfrak{x}_1}{\mathfrak{x}_3} = \frac{p_1}{p_1'}, \qquad \frac{\mathfrak{x}_2}{\mathfrak{x}_3} = \frac{p_2}{p_2'}.$$

Bezeichnen wir die schiefwinkligen Koordinaten des Punktes P in bezug auf $\mathfrak{x}_2 = 0$, $\mathfrak{x}_1 = 0$ mit $\mathfrak{x}$, $\mathfrak{y}$, die des Punktes E mit $\mathfrak{x}'$, $\mathfrak{y}'$, so ist offenbar

$$\frac{p_1}{p_1'} = \frac{\mathfrak{x}}{\mathfrak{x}'}, \qquad \frac{p_2}{p_2'} = \frac{\mathfrak{y}}{\mathfrak{y}'},$$

also

$$\frac{\mathfrak{x}_1}{\mathfrak{x}_3} = \frac{\mathfrak{x}}{\mathfrak{x}'}, \qquad \frac{\mathfrak{x}_2}{\mathfrak{x}_3} = \frac{\mathfrak{y}}{\mathfrak{y}'}.$$

Die Quotienten $\mathfrak{x}_1 : \mathfrak{x}_3$ und $\mathfrak{x}_2 : \mathfrak{x}_3$ sind also schiefwinklige Koordinaten, nur mit dem Unterschied, daß auf beiden Achsen mit verschiedenen Längeneinheiten gemessen wird.

Wir können die Achsen $O\mathfrak{x}$, $O\mathfrak{y}$ so orientieren, daß $\mathfrak{x}' > 0$ und $\mathfrak{y}' > 0$ ist. Dann ist (vgl. Fig. 87) auf $O\mathfrak{x}$

$$\overline{OE_1} = 1,$$

auf $O\mathfrak{y}$

$$\overline{OE_2} = 1.$$

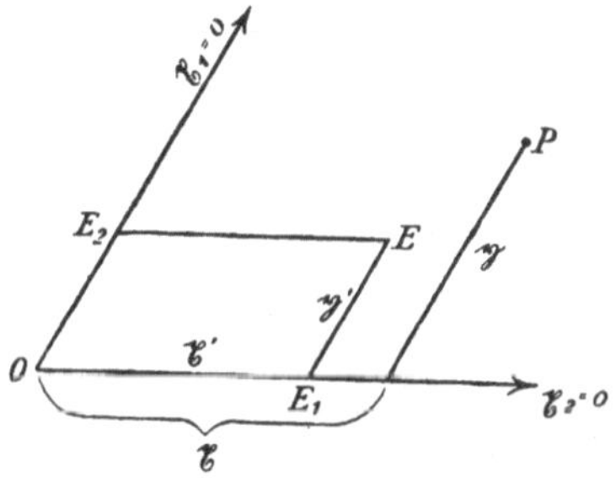

Fig. 87.

Eine nichtausgeartete Kurve zweiter Ordnung $\sum \mathfrak{a}_{rs} \mathfrak{x}_r \mathfrak{x}_s = 0$ (alle $\mathfrak{a}_{rs}$ reell) ordnet der unendlich fernen Geraden $\mathfrak{x}_3 = 0$ einen Punkt zu, den Pol der unendlich fernen Geraden.

Dieser Pol ist entweder ein eigentlicher Punkt oder ein unendlich ferner Punkt.

Im ersten Falle nennt man ihn den **Mittelpunkt** der Kurve. In der Tat wird jede durch ihn hindurchgehende Sehne der Kurve von ihm und der unendlich fernen Geraden harmonisch geteilt. Er ist also der Mittelpunkt jeder solchen Sehne.

Um die Koordinaten $\mathfrak{x}_1'$, $\mathfrak{x}_2'$, $\mathfrak{x}_3'$ des Pols der unendlich fernen

Geraden zu finden, muß man ausdrücken, daß seine Polare $\mathfrak{x}_3 = 0$ lautet. Soll

$$\sum \mathfrak{a}_{rs} \mathfrak{x}_r \mathfrak{x}_s' = 0$$

sich auf $\mathfrak{x}_3 = 0$ reduzieren, so muß

$$\mathfrak{a}_{11}\mathfrak{x}_1' + \mathfrak{a}_{12}\mathfrak{x}_2' + \mathfrak{a}_{13}\mathfrak{x}_3' = 0,$$

$$\mathfrak{a}_{21}\mathfrak{x}_1' + \mathfrak{a}_{22}\mathfrak{x}_2' + \mathfrak{a}_{23}\mathfrak{x}_3' = 0$$

sein. Hieraus folgt

$$\mathfrak{x}_1' : \mathfrak{x}_2' : \mathfrak{x}_3' = \mathfrak{A}_{31} : \mathfrak{A}_{32} : \mathfrak{A}_{33}.$$

$\mathfrak{A}_{rs}$ ist das algebraische Komplement von $\mathfrak{a}_{rs}$ in

$$\mathfrak{A} = \begin{vmatrix} \mathfrak{a}_{11} & \mathfrak{a}_{12} & \mathfrak{a}_{13} \\ \mathfrak{a}_{21} & \mathfrak{a}_{22} & \mathfrak{a}_{23} \\ \mathfrak{a}_{31} & \mathfrak{a}_{32} & \mathfrak{a}_{33} \end{vmatrix}.$$

$(\mathfrak{x}')$ ist ein eigentlicher Punkt, wenn $\mathfrak{A}_{33} \neq 0$ ist, ein unendlich ferner Punkt, wenn $\mathfrak{A}_{33} = 0$ ist.

Wir haben also folgendes Kriterium:

Kurven mit Mittelpunkt: $\mathfrak{A}_{33} \neq 0$,

Kurven ohne Mittelpunkt: $\mathfrak{A}_{33} = 0$.

Schreibt man $\sum \mathfrak{a}_{rs} \mathfrak{x}_r \mathfrak{x}_s = 0$ in Linienkoordinaten, so lautet die Gleichung

(*) $$\sum \mathfrak{A}_{rs} \mathfrak{u}_r \mathfrak{u}_s = 0.$$

Um zu sehen, ob die unendlich ferne Gerade $\mathfrak{x}_3 = 0$ mit ihrem Pol vereinigt liegt oder nicht, braucht man nur festzustellen, ob ihre Koordinaten 0, 0, 1 die Gleichung (*) erfüllen oder nicht. Sie tun es dann und nur dann, wenn $\mathfrak{A}_{33} = 0$ ist.

§ 69. Ellipsen, Hyperbeln, Parabeln.

Wenn eine nichtausgeartete Kurve zweiter Ordnung keinen Mittelpunkt hat, wenn also die unendlich ferne Gerade eine ihrer Tangenten ist, so nennt man die Kurve eine Parabel. Bei einer Parabel hat man

$$\mathfrak{A} \neq 0, \qquad \mathfrak{A}_{33} = 0.$$

Die andern nichtausgearteten Kurven zweiter Ordnung haben mit der unendlich fernen Geraden zwei verschiedene Punkte gemein. Diese sind entweder reell; dann nennt man die Kurve eine Hyperbel.

Oder sie sind konjugiert imaginär; dann heißt die Kurve eine Ellipse. Die Ellipse kann reell oder imaginär sein.

Wie erkennt man, ob $\sum \mathfrak{a}_{rs}\mathfrak{x}_r\mathfrak{x}_s = 0$ eine Ellipse oder Hyperbel ist?

$\mathfrak{x}_1, \mathfrak{x}_2, \mathfrak{x}_3$ sind solche projektiven Koordinaten, daß die unendlich ferne Gerade die Gleichung $\mathfrak{x}_3 = 0$ hat; man könnte sie affine Koordinaten nennen. Bei einem eigentlichen Punkt sind $\mathfrak{x}_1 : \mathfrak{x}_3$, $\mathfrak{x}_2 : \mathfrak{x}_3$ schiefwinklige Koordinaten in bezug auf die Achsen $\mathfrak{x}_2 = 0$ ($\mathfrak{x}$-Achse) und $\mathfrak{x}_1 = 0$ ($\mathfrak{y}$-Achse); nur wird auf jeder Achse mit einer besonderen Längeneinheit gemessen. Wir wiederholen dies, damit der Leser nicht denkt, daß $\mathfrak{x}_1, \mathfrak{x}_2, \mathfrak{x}_3$ beliebige projektive Koordinaten sind.

Wann stellt nun $\sum \mathfrak{a}_{rs}\mathfrak{x}_r\mathfrak{x}_s = 0$ eine Ellipse oder Hyperbel dar? Die Schnittpunkte mit $\mathfrak{x}_3 = 0$ werden durch die Gleichung

$$\mathfrak{a}_{11}\mathfrak{x}_1^2 + 2\mathfrak{a}_{12}\mathfrak{x}_1\mathfrak{x}_2 + \mathfrak{a}_{22}\mathfrak{x}_2^2 = 0$$

bestimmt. Sie hat zwei verschiedene reelle Linearfaktoren, wenn

$$\mathfrak{a}_{11}\mathfrak{a}_{22} - \mathfrak{a}_{12}^2 < 0$$

ist, und konjugiert imaginäre Linearfaktoren, wenn

$$\mathfrak{a}_{11}\mathfrak{a}_{22} - \mathfrak{a}_{12}^2 > 0$$

ist. Es gilt also folgendes Kriterium:

$$\text{Ellipse: } \mathfrak{A} \neq 0, \qquad \mathfrak{A}_{33} > 0,$$
$$\text{Hyperbel: } \mathfrak{A} \neq 0, \qquad \mathfrak{A}_{33} < 0.$$

Wie unterscheidet man die reelle von der imaginären Ellipse? Bei einer imaginären nichtausgearteten Kurve ist $\sum \mathfrak{a}_{rs}\mathfrak{x}_r\mathfrak{x}_s$ für alle reellen Punkte $(\mathfrak{x})$ entweder stets positiv oder stets negativ. Man nennt eine solche quadratische Form definit und positiv oder negativ, je nachdem sie stets positiv oder stets negativ ist (für reelle $\mathfrak{x}$).

Ist $\sum \mathfrak{a}_{rs}\mathfrak{x}_r\mathfrak{x}_s$ eine positive Form, so gibt es eine reelle lineare Transformation

$$\mathfrak{y}_r = \beta_{r1}\mathfrak{x}_1 + \beta_{r2}\mathfrak{x}_2 + \beta_{r3}\mathfrak{x}_3,$$
$$(r = 1,\ 2,\ 3)$$

durch die sie aus $\mathfrak{y}_1^2 + \mathfrak{y}_2^2 + \mathfrak{y}_3^2$ entsteht (vgl. § 49). Es ist also (vgl. S. 146)

$$\begin{pmatrix} \mathfrak{a}_{11} & \mathfrak{a}_{12} & \mathfrak{a}_{13}\\ \mathfrak{a}_{21} & \mathfrak{a}_{22} & \mathfrak{a}_{23}\\ \mathfrak{a}_{31} & \mathfrak{a}_{32} & \mathfrak{a}_{33} \end{pmatrix} = \begin{pmatrix}\beta_{11}&\beta_{21}&\beta_{31}\\ \beta_{12}&\beta_{22}&\beta_{32}\\ \beta_{13}&\beta_{23}&\beta_{33}\end{pmatrix} \begin{pmatrix}1&0&0\\0&1&0\\0&0&1\end{pmatrix}\begin{pmatrix}\beta_{11}&\beta_{12}&\beta_{13}\\ \beta_{21}&\beta_{22}&\beta_{23}\\ \beta_{31}&\beta_{32}&\beta_{33}\end{pmatrix}$$

$$= \begin{pmatrix}\beta_{11}&\beta_{21}&\beta_{31}\\ \beta_{12}&\beta_{22}&\beta_{32}\\ \beta_{13}&\beta_{23}&\beta_{33}\end{pmatrix} \begin{pmatrix}\beta_{11}&\beta_{12}&\beta_{13}\\ \beta_{21}&\beta_{22}&\beta_{23}\\ \beta_{31}&\beta_{32}&\beta_{33}\end{pmatrix}.$$

Hieraus ersieht man, daß z. B.

$$\mathfrak{a}_{11} = \beta_{11}^2 + \beta_{21}^2 + \beta_{31}^2 > 0$$

$$\begin{vmatrix} \mathfrak{a}_{11} & \mathfrak{a}_{12}\\ \mathfrak{a}_{21} & \mathfrak{a}_{22}\end{vmatrix} = \begin{vmatrix} \sum \beta_{r1}\beta_{r1}, & \sum \beta_{r1}\beta_{r2}\\ \sum \beta_{r2}\beta_{r1}, & \sum \beta_{r2}\beta_{r2}\end{vmatrix}$$

$$= \left\| \begin{matrix}\beta_{11} & \beta_{21} & \beta_{31}\\ \beta_{12} & \beta_{22} & \beta_{32}\end{matrix} \right\|^2 = \begin{vmatrix}\beta_{21} & \beta_{31}\\ \beta_{22} & \beta_{32}\end{vmatrix}^2 + \begin{vmatrix}\beta_{11} & \beta_{31}\\ \beta_{12} & \beta_{32}\end{vmatrix}^2 + \begin{vmatrix}\beta_{11} & \beta_{21}\\ \beta_{12} & \beta_{22}\end{vmatrix}^2 > 0$$

ist. Ferner hat man

$$\mathfrak{A} = \begin{vmatrix}\beta_{11}&\beta_{21}&\beta_{31}\\ \beta_{12}&\beta_{22}&\beta_{32}\\ \beta_{13}&\beta_{23}&\beta_{33}\end{vmatrix}^2 > 0.$$

In der Diskriminante einer positiven Form sind also alle Hauptminoren (auch die Diskriminante selbst) positiv.

Wenn

$$\mathfrak{a}_{11} > 0, \qquad \begin{vmatrix} \mathfrak{a}_{11} & \mathfrak{a}_{12}\\ \mathfrak{a}_{21} & \mathfrak{a}_{22}\end{vmatrix} > 0, \qquad \begin{vmatrix} \mathfrak{a}_{11} & \mathfrak{a}_{12} & \mathfrak{a}_{13}\\ \mathfrak{a}_{21} & \mathfrak{a}_{22} & \mathfrak{a}_{23}\\ \mathfrak{a}_{31} & \mathfrak{a}_{32} & \mathfrak{a}_{33} \end{vmatrix} > 0$$

ist, so ist die Form $f = \sum \mathfrak{a}_{rs}\mathfrak{x}_r\mathfrak{x}_s$ positiv.

Unter den gemachten Voraussetzungen hat man

$$\mathfrak{a}_{11} f = (\mathfrak{a}_{11}\mathfrak{x}_1 + \mathfrak{a}_{12}\mathfrak{x}_2 + \mathfrak{a}_{13}\mathfrak{x}_3)^2 + \mathfrak{A}_{33}\mathfrak{x}_2{}^2 - 2\mathfrak{A}_{23}\mathfrak{x}_2\mathfrak{x}_3 + \mathfrak{A}_{22}\mathfrak{x}_3{}^2,$$

ferner

$$\begin{aligned} &\mathfrak{A}_{33}(\mathfrak{A}_{33}\mathfrak{x}_2{}^2 - 2\mathfrak{A}_{23}\mathfrak{x}_2\mathfrak{x}_3 + \mathfrak{A}_{22}\mathfrak{x}_3{}^2)\\ &= (\mathfrak{A}_{33}\mathfrak{x}_2 - \mathfrak{A}_{23}\mathfrak{x}_3)^2 + (\mathfrak{A}_{22}\mathfrak{A}_{33} - \mathfrak{A}_{23}^2)\mathfrak{x}_3{}^2\\ &= (\mathfrak{A}_{33}\mathfrak{x}_2 - \mathfrak{A}_{23}\mathfrak{x}_3)^2 + \mathfrak{A}\,\mathfrak{a}_{11}\mathfrak{x}_3{}^2. \end{aligned}$$

Man kann also schreiben:

$$f = \mathfrak{a}_{11}\left(\mathfrak{x}_1 + \frac{\mathfrak{a}_{12}}{\mathfrak{a}_{11}}\mathfrak{x}_2 + \frac{\mathfrak{a}_{13}}{\mathfrak{a}_{11}}\mathfrak{x}_3\right)^2 + \frac{\mathfrak{A}_{33}}{\mathfrak{a}_{11}}\left(\mathfrak{x}_2 - \frac{\mathfrak{A}_{23}}{\mathfrak{A}_{33}}\mathfrak{x}_3\right)^2 + \frac{\mathfrak{A}}{\mathfrak{A}_{33}}\mathfrak{x}_3{}^2.$$

Daraus ersieht man, daß f eine positive Form ist.

Eine negative Form verwandelt sich durch Multiplikation mit -1 in eine positive Form. Daher sind bei einer negativen Form $\mathfrak{a}_{11}, \mathfrak{a}_{22}, \mathfrak{a}_{33}$ negativ, $\mathfrak{A}_{11}, \mathfrak{A}_{22}, \mathfrak{A}_{33}$ positiv und $\mathfrak{A}$ ist negativ. Es gilt überdies der Satz:

Wenn

$$\mathfrak{a}_{11} < 0, \quad \begin{vmatrix} \mathfrak{a}_{11} & \mathfrak{a}_{12} \\ \mathfrak{a}_{21} & \mathfrak{a}_{22} \end{vmatrix} > 0, \quad \begin{vmatrix} \mathfrak{a}_{11} & \mathfrak{a}_{12} & \mathfrak{a}_{13} \\ \mathfrak{a}_{21} & \mathfrak{a}_{22} & \mathfrak{a}_{23} \\ \mathfrak{a}_{31} & \mathfrak{a}_{32} & \mathfrak{a}_{33} \end{vmatrix} < 0$$

ist, so ist die Form $\sum \mathfrak{a}_{rs} \mathfrak{x}_r \mathfrak{x}_s$ negativ.

Die quadratische Form $\sum \mathfrak{a}_{rs} \mathfrak{x}_r \mathfrak{x}_s$ ist dann und nur dann definit, wenn die Reihe

$$1, \quad \mathfrak{a}_{11}, \quad \begin{vmatrix} \mathfrak{a}_{11} & \mathfrak{a}_{12} \\ \mathfrak{a}_{21} & \mathfrak{a}_{22} \end{vmatrix}, \quad \begin{vmatrix} \mathfrak{a}_{11} & \mathfrak{a}_{12} & \mathfrak{a}_{13} \\ \mathfrak{a}_{21} & \mathfrak{a}_{22} & \mathfrak{a}_{23} \\ \mathfrak{a}_{31} & \mathfrak{a}_{32} & \mathfrak{a}_{33} \end{vmatrix}$$

entweder lauter Zeichenwechsel aufweist $(+ - + -)$ oder lauter Zeichenfolgen $(+ + + +)$.

§ 70. Konjugierte Durchmesser. Asymptoten.

$\sum \mathfrak{a}_{rs} \mathfrak{x}_r \mathfrak{x}_s = 0$ sei eine nichtausgeartete Kurve mit Mittelpunkt. Der Mittelpunkt liegt nicht auf seiner Polare, der unendlich fernen Geraden. Wir können daher Polardreiecke konstruieren, deren eine Ecke der Mittelpunkt M ist. Die beiden durch M hindurchgehenden Seiten nennt man ein Paar konjugierter Durchmesser. Sie sind konjugierte Geraden in bezug auf $\sum \mathfrak{A}_{rs} \mathfrak{u}_r \mathfrak{u}_s = 0$.

Die konjugierten Durchmesser bilden eine Involution, deren Doppelgeraden die von M an die Kurve gelegten Tangenten sind. Diese Tangenten verbinden M mit den unendlich fernen Punkten der Kurve, weil die unendlich ferne Gerade die Polare von M ist. Man nennt sie die Asymptoten der Kurve. Bei einer Ellipse sind die Asymptoten konjugiert imaginär, bei einer Hyperbel reell.

Wir wissen, daß von den Ecken eines Polardreiecks eine im Innern der Kurve liegt, die beiden andern außerhalb. Eine Seite des Polardreiecks enthält nur äußere Punkte, die beiden andern äußere und innere Punkte.

Bei der Ellipse ist in dem Polardreieck, das von zwei konjugierten Durchmessern und der unendlich fernen Geraden gebildet wird, M der innere Eckpunkt; denn die Tangenten von M an die

Kurve (die Asymptoten) sind imaginär. Die unendlich ferne Gerade ist die Seite des Polardreiecks, die außerhalb liegt.

Bei der Hyperbel ist der Mittelpunkt ein äußerer Punkt, weil die Tangenten von M an die Kurve (die Asymptoten) reell sind. Der innere Eckpunkt des Polardreiecks ist also der unendlich ferne Punkt des einen Durchmessers. Der andre Durchmesser ist die Seite, die nur äußere Punkte enthält.

Bei der Ellipse treffen in einem Paar konjugierter Durchmesser beide Durchmesser die Kurve in reellen Punkten, bei der Hyperbel tut es nur einer.

$(\mathfrak{y})$ und $(\mathfrak{z})$ seien die unendlich fernen Punkte von zwei konjugierten Durchmessern. $(\mathfrak{y})$ ist dann zu allen Punkten $(\mathfrak{y}')$ konjugiert, die auf dem andern Durchmesser liegen. $(\mathfrak{y})$, $(\mathfrak{y}')$ werden

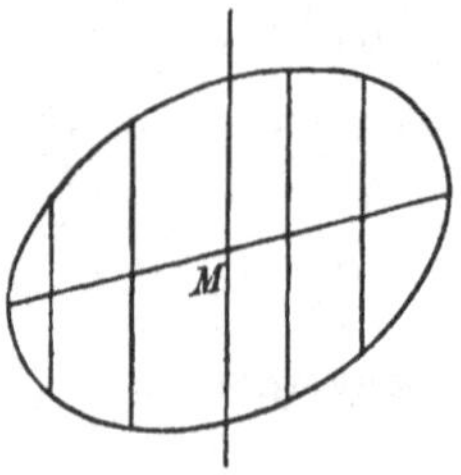

Fig. 88.

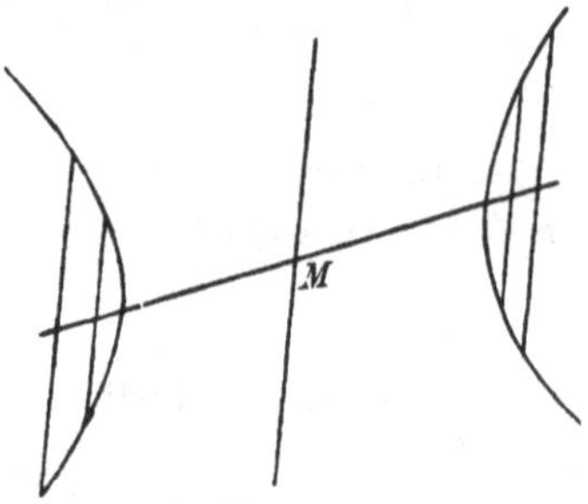

Fig. 89.

also durch die Kurve harmonisch getrennt, d. h. *alle zu einem Durchmesser parallelen Sehnen werden von dem konjugierten Durchmesser halbiert.*

Zieht man durch einen Punkt A Sehnen parallel zu zwei konjugierten Durchmessern, so liegen ihre Endpunkte B, C auf einem Durchmesser. Das folgt aus der Ähnlichkeit der Dreiecke ABC, DBM (Fig. 90).

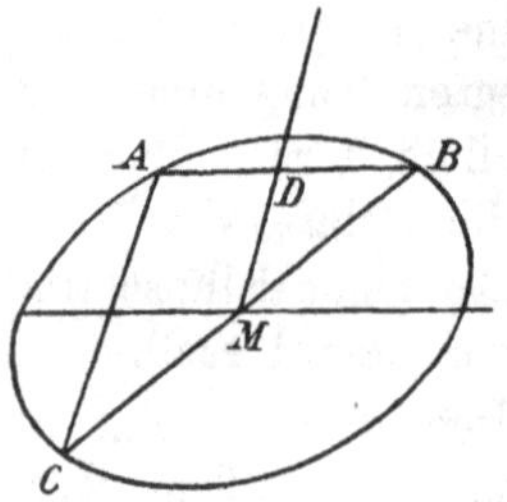

Fig. 90.

Zwei Sehnen wie AB und AC, die von einem Kurvenpunkt A nach den Endpunkten eines Durchmessers laufen, nennt man *komplementär.* Zieht man zu zwei komplementären Sehnen Parallelen durch den Mittelpunkt, so entstehen zwei konjugierte Durchmesser, und dieses Verfahren liefert alle Paare konjugierter Durchmesser. Man kann auch sagen, daß zwei konjugierte Durchmesser die Mittellinien in einem der Kurve einbeschriebenen Parallelogramm sind.

Diese Mittellinien bilden zusammen mit der unendlich fernen Geraden das Diagonaldreieck des Parallelogramms.

Die Tangenten in den Schnittpunkten eines Durchmessers mit der Kurve gehen durch den Pol dieses Durchmessers hindurch, sind also zu dem konjugierten Durchmesser parallel.

Wenn man zwei konjugierte (nicht zusammenfallende) Durchmesser und die unendliche ferne Gerade zum Fundamentaldreieck macht, nimmt die Gleichung der Kurve eine sehr einfache Gestalt an. Da das Fundamentaldreieck ein Polardreieck ist, so kommen in der Gleichung nur die Quadrate von $\mathfrak{x}_1$, $\mathfrak{x}_2$, $\mathfrak{x}_3$ vor. Sie lautet also

$$(*) \qquad \mathfrak{a}_1 \mathfrak{x}_1^2 + \mathfrak{a}_2 \mathfrak{x}_2^2 + \mathfrak{a}_3 \mathfrak{x}_3^2 = 0 .$$

Die $\mathfrak{a}$ sind alle von Null verschieden, weil wir die Kurve als nichtausgeartet voraussetzen.

Liegt eine reelle Ellipse vor, so sind $-\mathfrak{a}_1 : \mathfrak{a}_3$ und $-\mathfrak{a}_2 : \mathfrak{a}_3$ positiv. Wir können daher den Einheitspunkt so wählen, daß $-\mathfrak{a}_1 : \mathfrak{a}_3 = 1$ und $-\mathfrak{a}_2 : \mathfrak{a}_3 = 1$ wird.

Dann nimmt die Gleichung der Ellipse die Form an

$$(\dagger) \qquad \mathfrak{x}_1^2 + \mathfrak{x}_2^2 - \mathfrak{x}_3^2 = 0 .$$

Man sieht hieraus, daß zwei beliebige reelle Ellipsen stets affin sind. Legt man bei jeder ein passendes System affiner Koordinaten (vgl. S. 217) zugrunde, so wird sie durch die Gleichung (†) dargestellt. Wenn man aber jedem Punkt der Ebene mit den affinen Koordinaten ($\mathfrak{x}$), den Punkt zuordnet, der in einem andern System affiner Koordinaten dieselben Koordinaten hat, so ist das eine affine Abbildung der Ebene auf sich selbst. Denn sie ist projektiv und den unendlich fernen Punkten entsprechen die unendlich fernen Punkte.

Eine imaginäre Ellipse wird, wenn man die affinen Koordinaten wie oben wählt, durch die Gleichung

$$\mathfrak{x}_1^2 + \mathfrak{x}_2^2 + \mathfrak{x}_3^2 = 0$$

dargestellt. Zwei imaginäre Ellipsen sind also auch stets affin.

Im Falle der Hyperbel haben in (*) $-\mathfrak{a}_1 : \mathfrak{a}_3$ und $-\mathfrak{a}_2 : \mathfrak{a}_3$ entgegengesetzte Zeichen. Wir können annehmen, daß

$$-\mathfrak{a}_1 : \mathfrak{a}_3 > 0, \qquad -\mathfrak{a}_2 : \mathfrak{a}_3 < 0$$

ist, und den Einheitspunkt derart wählen, daß

$$-\mathfrak{a}_1 : \mathfrak{a}_3 = +1, \qquad -\mathfrak{a}_2 : \mathfrak{a}_3 = -1$$

wird. Dann reduziert sich die Gleichung der Hyperbel auf

$$\mathfrak{x}_1{}^2 - \mathfrak{x}_2{}^2 - \mathfrak{x}_3{}^2 = 0.$$

Zwei beliebige Hyperbeln sind also immer affin.

Bei der Parabel liegt der Pol M der unendlich fernen Geraden mit ihr vereinigt, die unendlich ferne Gerade ist eine Tangente der Parabel. Ziehen wir eine eigentliche Gerade g durch M, so liegt ihr Pol G auf der unendlich fernen Geraden. Jeder Punkt von g ist zu G konjugiert. g halbiert daher alle Sehnen, die durch G hindurch- gehen. g trifft die Parabel außer in M noch in einem eigentlichen Punkte S. Die Tangente der Parabel im Punkte S geht ebenfalls durch G hindurch.

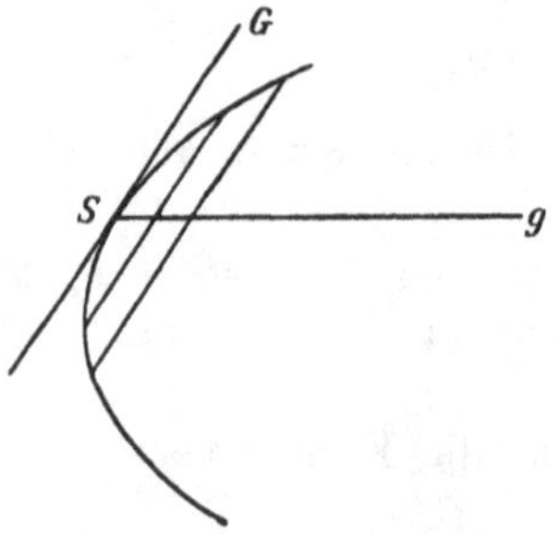

Fig. 91.

Machen wir SMG zum Fundamentaldreieck, so vereinfacht sich die Gleichung der Parabel. Die neue Gleichung laute $\sum \mathfrak{a}_{rs}\mathfrak{x}_r\mathfrak{x}_s = 0$. Die Polare von G oder $0, 1, 0$ ist $\mathfrak{x}_2 = 0$. Daher muß $\mathfrak{a}_{12} = \mathfrak{a}_{23} = 0$ sein. Die Parabel geht durch S, d. h. durch $0, 0, 1$. Es muß also $\mathfrak{a}_{33} = 0$ sein. Ferner geht sie durch M, d. h. durch $1, 0, 0$. Es muß also $\mathfrak{a}_{11} = 0$ sein und die Gleichung lautet

$$\mathfrak{a}_{22}\mathfrak{x}_2{}^2 + 2\mathfrak{a}_{13}\mathfrak{x}_1\mathfrak{x}_3 = 0.$$

Der Einheitspunkt läßt sich so wählen, daß $\mathfrak{a}_{22} = 1$ und $\mathfrak{a}_{13} = -1$ wird. Die Gleichung lautet dann

$$\mathfrak{x}_2{}^2 - 2\mathfrak{x}_1\mathfrak{x}_3 = 0.$$

Zwei beliebige Parabeln sind also stets affin.

§ 71. Affine Transformationen einer Kurve zweiter Ordnung in sich.

Wir sahen in § 54, daß es ∞^3 Kollineationen gibt, die eine reelle nichtausgeartete Kurve zweiter Ordnung $\mathfrak{K}$ invariant lassen. Wenn man verlangt, daß drei Punkten A, B, C von $\mathfrak{K}$ drei vorgeschriebene Punkte A', B', C' von $\mathfrak{K}$ entsprechen sollen, so gibt es unter jenen Kollineationen eine und nur eine, die das Verlangte leistet.

Soll die Kollineation eine Affinität sein, so muß sie die unendlich ferne Gerade invariant lassen. Infolgedessen muß sie die unendlich fernen Punkte der Kurve einzeln in Ruhe lassen oder sie miteinander vertauschen.

Sind A, B z. B. die unendlich fernen Punkte einer Hyperbel, C, C' zwei andre Hyperbelpunkte, so gibt es eine Kollineation, die A, B, C in A, B, C' überführt, und eine Kollineation, die A, B, C in B, A, C' überführt. Beide sind Affinitäten.

Bei diesen Affinitäten geht jedes Paar konjugierter Durchmesser wieder in ein Paar konjugierter Durchmesser über. Denn die unendlich ferne Gerade bleibt invariant, die Hyperbel bleibt invariant, also auch der Pol der unendlich fernen Geraden, d. h. der Mittelpunkt. Polardreiecke gehen außerdem in Polardreiecke über. Die eine Affinität führt jede Asymptote in sich über, die andre vertauscht die beiden Asymptoten.

Im letzteren Falle ist die Affinität involutorisch. Denn man hat

$$(A\,B\,C\,C') = (B\,A\,C'\,C),$$

d. h. es geht C' in C über. Wenn man nun die Affinität zweimal nacheinander ausführt, so geht A in A, B in B, C in C über. Es bleiben drei verschiedene Punkte in Ruhe, mithin überhaupt alle Punkte der Hyperbel, d. h. wir haben die Identität. Man kann jede Affinität, die die Hyperbel in sich überführt, aus diesen involutorischen Affinitäten zusammensetzen. Zuerst führt man A, B, C in B, A, D über und dann B, A, D in A, B, C'. Dadurch hat man die Affinität gewonnen, die den Punkten A, B, C die Punkte A, B, C' zuordnet.

Wenn eine involutorische Affinität die Punkte P und P' miteinander vertauscht, so läßt sie die Gerade P, P' invariant, also auch den zu P, P' parallelen Durchmesser und seinen konjugierten. Sie besteht einfach darin, daß auf jeder Parallelsehne zu einem bestimmten Durchmesser die beiden Endpunkte vertauscht werden.

Die Ellipse ist affin zum Kreise. Beim Kreise stehen je zwei konjugierte Durchmesser aufeinander senkrecht. Die Affinitäten, die den Kreis in sich überführen und jeden der beiden unendlich fernen Kreispunkte in Ruhe lassen, sind die Drehungen um den Mittelpunkt. Wenn eine Affinität die beiden unendlich fernen Kreispunkte vertauscht, so ist sie eine Spiegelung an einem Durchmesser. Die Endpunkte jeder Parallelsehne zu dem konjugierten Durchmesser werden hierbei miteinander vertauscht. In dieser Form gilt das auch für die Ellipse. Offenbar sind diese Affinitäten involutorisch.

Kehren wir noch einmal zum Kreise zurück, so läßt sich jede Drehung um den Anfangspunkt durch die Aufeinanderfolge zweier Spiegelungen an Durchmessern erreichen.

Benutzt man nämlich Polarkoordinaten und den Durchmesser,

man dem die erste Spiegelung stattfindet, als Achse, dann drückt sich die erste Spiegelung aus durch

$$\varphi' = -\varphi.$$

Die zweite Spiegelung durch

$$\varphi'' - \alpha = -(\varphi' - \alpha).$$

Es ist also

$$\varphi'' = \varphi + 2\alpha$$

und das bedeutet eine Drehung um 2α. Aus den involutorischen Affinitäten, die die Ellipse invariant lassen, kann man also alle anderen Affinitäten dieser Art zusammensetzen. Natürlich kann man dies auch ohne den Kreis beweisen, wie bei der Hyperbel.

Nun müssen wir noch die Parabel besprechen. Welche Affinitäten lassen die Parabel invariant? Wir wollen die Frage diesmal analytisch behandeln. Die Parabel wird bei geeigneter Wahl der affinen Koordinaten dargestellt durch $\mathfrak{x}_2^2 - 2\mathfrak{x}_1\mathfrak{x}_3 = 0$. Die Affinität muß den Punkt $1, 0, 0$ in sich überführen. Sie wird also dargestellt durch Gleichungen von der Form

$$\begin{aligned} \mathfrak{x}_1 &= \mathfrak{x}_1' + 2\alpha\mathfrak{x}_2' + \alpha_1\mathfrak{x}_3', \\ \mathfrak{x}_2 &= \beta\mathfrak{x}_2' + \beta_1\mathfrak{x}_3', \qquad\qquad (\beta\gamma \neq 0) \\ \mathfrak{x}_3 &= \gamma\mathfrak{x}_3'. \end{aligned}$$

Nach diesen Gleichungen wird

$$\begin{aligned} &\mathfrak{x}_2^2 - 2\mathfrak{x}_1\mathfrak{x}_3 \\ &= (\beta\mathfrak{x}_2' + \beta_1\mathfrak{x}_3')^2 - 2\gamma(\mathfrak{x}_1' + 2\alpha\mathfrak{x}_2' + \alpha_1\mathfrak{x}_3')\mathfrak{x}_3' \\ &= (\beta^2\mathfrak{x}_2'^2 - 2\gamma\mathfrak{x}_1'\mathfrak{x}_3' + 2(\beta\beta_1 - 2\alpha\gamma)\mathfrak{x}_2' + (\beta_1^2\mathfrak{x}_3' - 2\gamma\alpha_1)\mathfrak{x}_3'^2. \end{aligned}$$

Soll die Parabel invariant bleiben, so muß sein

$$\gamma = \beta^2, \quad \beta\beta_1 - 2\alpha\gamma = 0, \quad \beta_1^2 - 2\gamma\alpha_1 = 0,$$

d. h.

$$\gamma = \beta^2, \quad \beta_1 = 2\alpha\beta, \quad \alpha_1 = 2\alpha^2.$$

Die Affinität lautet also

$$\begin{aligned} \mathfrak{x}_1 &= \mathfrak{x}_1' + 2\alpha\mathfrak{x}_2' + 2\alpha^2\mathfrak{x}_3', \\ \mathfrak{x}_2 &= \beta(\mathfrak{x}_2' + 2\alpha\mathfrak{x}_3'), \\ \mathfrak{x}_3 &= \beta^2\mathfrak{x}_3'. \end{aligned}$$

β ist hierbei von Null verschieden. Ein unendlich ferner Punkt $\mathfrak{x}_1$, $\mathfrak{x}_2$, 0 bleibt in Ruhe, wenn

$$\varrho\,\mathfrak{x}_1 = \mathfrak{x}_1 + 2\alpha\,\mathfrak{x}_2,$$
$$\varrho\,\mathfrak{x}_2 = \beta\,\mathfrak{x}_2$$

ist, d. h.

(*) $$\begin{vmatrix} 1-\varrho & 2\alpha \\ 0 & \beta-\varrho \end{vmatrix} = 0.$$

Im Falle $\beta = 1$ hat diese Gleichung die Doppelwurzel $\varrho = 1$. Da $\alpha \neq 0$ ist, weil wir sonst die Identität hätten, so haben wir hier im Unendlichen den doppelt zählenden invarianten Punkt 1, 0, 0. Außerdem gibt es dort überhaupt keinen invarianten Punkt. Die Affinität

$$\mathfrak{x}_1 = \mathfrak{x}_1' + 2\alpha\,\mathfrak{x}_2' + 2\alpha^2\,\mathfrak{x}_3',$$
$$\mathfrak{x}_2 = \mathfrak{x}_2' + 2\alpha\,\mathfrak{x}_3',$$
$$\mathfrak{x}_3 = \mathfrak{x}_3'$$

läßt auf der Parabel nur den doppelt zählenden unendlich fernen Punkt in Ruhe.

Wenn $\beta \neq 1$, hat die Gleichung (*) außer $\varrho = 1$ noch die Wurzel $\varrho = \beta$. Ihr entspricht der invariante Punkt

$$2\alpha, \quad \beta - 1, \quad 0.$$

Seine Polare trifft die Parabel in 1, 0, 0 und $2\alpha^2$, $2\alpha(\beta-1)$, $(\beta-1)^2$. Das sind die beiden invarianten Punkte auf der Parabel

Wann ist die Affinität

$$\mathfrak{x}_1 = \mathfrak{x}_1' + 2\alpha\,\mathfrak{x}_2' + 2\alpha^2\,\mathfrak{x}_3', \qquad \mathfrak{x}_2 = \beta(\mathfrak{x}_2' + 2\alpha\,\mathfrak{x}_3'), \qquad \mathfrak{x}_3 = \beta^2\,\mathfrak{x}_3'$$

involutorisch? Setzt man

$$\mathfrak{x}_1' = \mathfrak{x}_1'' + 2\alpha\,\mathfrak{x}_2'' + 2\alpha^2\,\mathfrak{x}_3'', \qquad \mathfrak{x}_2' = \beta(\mathfrak{x}_2'' + 2\alpha\,\mathfrak{x}_3''), \qquad \mathfrak{x}_3' = \beta^2\,\mathfrak{x}_3'',$$

so wird

$$\mathfrak{x}_1 = \mathfrak{x}_1'' + 2\alpha(1+\beta)\,\mathfrak{x}_2'' + 2\alpha^2(1+\beta)^2\,\mathfrak{x}_3'',$$
$$\mathfrak{x}_2 = \beta^2\{\mathfrak{x}_2'' + 2\alpha(1+\beta)\,\mathfrak{x}_3''\},$$
$$\mathfrak{x}_3 = \beta^4\,\mathfrak{x}_3''.$$

Soll dies die Identität sein, so muß man haben

$$\beta^2 = 1, \qquad 2\alpha(1+\beta) = 0.$$

$\beta = 1$, $\alpha = 0$ ist ausgeschlossen. Also muß

$$\beta = -1$$

sein. Die einzigen involutorischen Affinitäten, die die Parabel $\mathfrak{x}_2^2 - 2\,\mathfrak{x}_1\,\mathfrak{x}_3 = 0$ invariant lassen, sind also folgende

$$(\dagger)\qquad \begin{cases} \mathfrak{x}_1 = \mathfrak{x}_1' + 2\alpha\,\mathfrak{x}_2' + 2\alpha^2\mathfrak{x}_3', \\ \mathfrak{x}_2 = \quad - \quad \mathfrak{x}_2' - 2\alpha\,\mathfrak{x}_3', \\ \mathfrak{x}_3 = \qquad\qquad \mathfrak{x}_3'. \end{cases}$$

Eine solche Affinität besteht darin, daß auf jeder Sehne, die nach dem Punkt

$$\alpha, \quad -1, \quad 0$$

gerichtet ist, die beiden Endpunkte vertauscht werden. Jede Gerade durch diesen Punkt bleibt nämlich invariant.

Führt man nach (†) die Affinität

$$\begin{aligned} \mathfrak{x}_1' &= \mathfrak{x}_1'' + 2\alpha'\mathfrak{x}_2'' + 2\alpha'^2\mathfrak{x}_3'', \\ \mathfrak{x}_2' &= \quad - \quad \mathfrak{x}_2'' - 2\alpha'\,\mathfrak{x}_3'', \\ \mathfrak{x}_3' &= \qquad\qquad \mathfrak{x}_3'', \end{aligned}$$

so ergibt sich

$$\begin{aligned} \mathfrak{x}_1 &= \mathfrak{x}_1'' + 2(\alpha' - \alpha)\mathfrak{x}_2'' + 2(\alpha' - \alpha)^2\mathfrak{x}_3'', \\ \mathfrak{x}_2 &= \qquad\qquad \mathfrak{x}_2'' + 2(\alpha' - \alpha)\,\mathfrak{x}_3'', \\ \mathfrak{x}_3 &= \qquad\qquad\qquad \mathfrak{x}_3''. \end{aligned}$$

Wenn nicht $\alpha' - \alpha = 0$, so ist dies eine Affinität, die auf der Parabel nur den doppelt zählenden unendlich fernen Punkt invariant läßt. Eine solche Affinität läßt sich also in folgender Weise konstruieren. Man hat auf der Parabel zwei eigentliche Punkte und in ihnen die Tangenten f, g. Um nun den zu P gehörigen Punkt zu finden, geht man zuerst von P aus parallel zu f, bis man in Q wieder auf die Parabel kommt. Dann geht man von Q parallel zu g, bis man in P' wieder die Parabel trifft. P' ist der zu P gehörige Punkt. In genau derselben Weise erhielten wir beim Kreise eine Drehung um den Anfangspunkt.

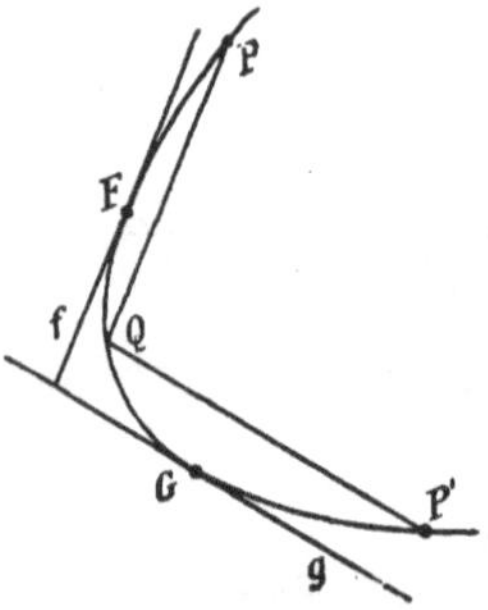

Fig. 92.

Der Leser kann aus dem Obigen folgenden Satz entnehmen, der sich natürlich auch leicht direkt beweisen läßt. Er würde in das vorige Kapitel hineingehören.

$\mathfrak{K}$ sei eine nichtausgeartete Kurve zweiter Ordnung und S ein Punkt, der nicht auf $\mathfrak{K}$ liegt. Ordnet man immer diejenigen Punkte von $\mathfrak{K}$ einander zu, die mit S in gerader Linie liegen, so entsteht auf $\mathfrak{K}$ eine Involution. Jede Kollineation, die $\mathfrak{K}$ in sich überführt, ist entweder eine solche Involution oder die Aufeinanderfolge von zweien.

Wenn die Kollineation den Punkten A, B, C auf $\mathfrak{K}$ die Punkte A', B', C' zuordnet, so bringe man die Geraden A, A' und B, B' in S zum Schnitt. Liegen die Punkte S, C, C' in gerader Linie, so ist die Kollineation die zu S gehörige Involution. Liegt dieser Fall nicht vor, so bringe man zuerst A, B' und A', B in T zum Schnitt. Die Gerade T, C treffe $\mathfrak{K}$ in $\bar{C}$. Die zu T gehörige Involution ordnet A, B, C die Punkte B', A' $\bar{C}$ zu. Jetzt bringe man die Geraden A', B' und $\bar{C}, C'$ in R zum Schnitt. Dann ordnet die zu R gehörige Involution den Punkten $B', A', \bar{C}$ die Punkte A', B', C' zu. Die erste Involution (mit dem Zentrum T) führt

$$A, B, C \quad \text{in} \quad B', A', \bar{C}$$

über, die zweite (mit dem Zentrum R)

$$B', A', \bar{C} \quad \text{in} \quad A', B', C',$$

die Aufeinanderfolge beider Involutionen also A, B, C in A', B', C'.

§ 72. Klassifikation der ausgearteten Kurven zweiter Ordnung nach der Affinität.

Wir wollen jetzt noch die ausgearteten Kurven gegenüber der affinen Gruppe klassifizieren.

Die Geradenpaare zerfallen in zwei Klassen, je nachdem sie die unendlich ferne Gerade enthalten oder nicht. Ein Geradenpaar der ersten Klasse läßt sich darstellen durch $\mathfrak{x}_1 \mathfrak{x}_3 = 0$. Die Geradenpaare der zweiten Klasse haben mit der unendlich fernen Geraden entweder zwei reelle Punkte gemein ($\mathfrak{x}_1 \mathfrak{x}_2 = 0$) oder zwei zusammenfallende Punkte ($\mathfrak{x}_1^2 + \mathfrak{x}_3^2 = 0$ oder $\mathfrak{x}_1^2 + 2\mathfrak{x}_1 \mathfrak{x}_3 = 0$) oder zwei konjugiert imaginäre Punkte ($\mathfrak{x}_1^2 + \mathfrak{x}_2^2 = 0$).

Eine Doppelgerade kann mit der unendlich fernen Geraden zusammenfallen ($\mathfrak{x}_3^2 = 0$) oder sie ist eine eigentliche Gerade $\mathfrak{x}_1^2 = 0$.

Es gibt, wie man sieht, sieben Typen von ausgearteten Kurven. Zwei ausgeartete Kurven zweiter Ordnung sind dann und nur dann affin, wenn sie demselben Typus angehören.

§ 73. Klassifikation der Kurven zweiter Ordnung nach der Ähnlichkeit.

Wir haben die Kurven zweiter Ordnung zuerst vom projektiven Standpunkt klassifiziert. Dabei gehörten zwei Kurven dann und nur dann zu einem Typus, wenn sie sich durch eine reelle Kollineation ineinander überführen ließen.

Dann klassifizierten wir die Kurven zweiter Ordnung nach der Affinität, d. h. wir teilten sie so in Typen, daß zwei Kurven dann und nur dann zu einem Typus gehören, wenn sie reell affin waren.

Das erstemal stand die Klassifikation unter der Herrschaft der allgemeinen projektiven Gruppe, das zweitemal unter der Herrschaft der affinen Gruppe, die eine Untergruppe der allgemeinen projektiven ist.

Jetzt werden wir eine Untergruppe der affinen Gruppe zugrunde legen, die Gruppe der Ähnlichkeitstransformationen. Sie entsteht aus der affinen Gruppe, wenn man fordert, daß das Kreispunktepaar invariant bleiben soll.

Bei einer Ähnlichkeitstransformation bleibt die Orthogonalität von zwei Geraden erhalten. Denn zwei solche Geraden sind harmonisch zu den Verbindungslinien ihres Schnittpunktes mit den Kreispunkten.

Wir werden uns deshalb der rechtwinkligen cartesischen Koordinaten bedienen.

Eine nichtausgeartete Kurve zweiter Ordnung mit Mittelpunkt hat, wenn man diesen zum Anfangspunkt macht, eine Gleichung von der Form

$$a_{11} x_1^2 + 2a_{12} x_1 x_2 + a_{22} x_2^2 + a_{33} x_3^2 = 0. \tag{1}$$

Die Paare konjugierter Durchmesser schneiden auf der unendlich fernen Geraden eine Involution aus, deren Doppelpunkte durch die Gleichung

$$a_{11} x_1^2 + 2a_{12} x_1 x_2 + a_{22} x_2^2 = 0 \tag{2}$$

bestimmt sind.

Dabei müssen nun folgende beiden Möglichkeiten unterschieden werden.

Die Doppelpunkte fallen mit den Kreispunkten zusammen oder nicht.

Ist das erstere der Fall, so hat man

$$a_{11} = a_{22}, \qquad a_{12} = 0.$$

Die Gleichung der Kurve lautet

$$a_{11}(x_1^2 + x_2^2) + a_{33} x_3^2 = 0$$

oder, inhomogen geschrieben

$$x^2 + y^2 = -\frac{a_{33}}{a_{11}}.$$

Das ist ein reeller oder imaginärer Kreis, je nachdem

$$-\frac{a_{33}}{a_{11}} > 0 \quad \text{oder} \quad -\frac{a_{33}}{a_{11}} < 0$$

ist.

Beim Kreise ist die Involution der konjugierten Durchmesser die orthogonale, d. h. je zwei konjugierte Durchmesser stehen aufeinander senkrecht.

Wenn die Punkte (2), d. h. die unendlich fernen Punkte der Kurve, nicht die Kreispunkte sind, so haben (vgl. S. 53) die beiden Involutionen

(3) $$a_{11} x_1 y_1 + a_{12}(x_1 y_2 + x_2 y_1) + a_{22} x_2 y_2 = 0$$

und

(4) $$x_1 y_1 + x_2 y_2 = 0$$

ein einziges Punktepaar gemein und zwar ein reelles, d. h. es gibt ein und nur ein Paar orthogonaler konjugierter Durchmesser. Diese nennt man die Achsen der Kurve. Machen wir sie zu Koordinatenachsen, so muß die Gleichung (3) durch die unendlich fernen Punkte der Achsen erfüllt werden, d. h. durch

$$x_1 = 1, \qquad x_2 = 0, \qquad y_1 = 0, \qquad y_2 = 1.$$

Es muß also $a_{12} = 0$ sein. Dann lautet die Gleichung (1) folgendermaßen:

(1′) $$a_{11} x_1^2 + a_{22} x_2^2 + a_{33} x_3^2 = 0.$$

Ist $a_{11} a_{22} > 0$, so haben wir eine reelle oder imaginäre Ellipse. Im zweiten Falle setzen wir

$$\frac{a_{33}}{a_{11}} = a^2, \qquad \frac{a_{33}}{a_{22}} = b^2$$

und schreiben die Gleichung so

$$\frac{x_1^2}{a^2} + \frac{x_2^2}{b^2} + x_3^2 = 0.$$

Im ersten Falle setzen wir

$$-\frac{a_{33}}{a_{11}} = a^2, \qquad -\frac{a_{33}}{a_{22}} = b^2.$$

Dann nimmt die Gleichung die Form an

$$\frac{x_1^2}{a^2} + \frac{x_2^2}{b^2} - x_3^2 = 0.$$

a^2 und b^2 sind hier zwei verschiedene positive Zahlen. Wir können es so einrichten, daß $a^2 > b^2$ ist. Zwei reelle oder zwei imaginäre Ellipsen sind nur dann ähnlich, wenn das Verhältnis $a^2 : b^2$ bei beiden dasselbe ist. Bildet man nämlich das Doppelverhältnis der unendlich fernen Punkte der Kurve, d. h. der Punkte

$$a, \quad ib, \quad 0; \qquad a, \quad -ib, \quad 0$$

und der Kreispunkte

$$1, \quad i, \quad 0; \qquad 1, \quad -i, \quad 0,$$

so ergibt sich

$$\begin{vmatrix} a, & ib \\ 1, & i \end{vmatrix} \begin{vmatrix} a, & -ib \\ 1, & -i \end{vmatrix} : \begin{vmatrix} a, & ib \\ 1, & -i \end{vmatrix} \begin{vmatrix} a, & -ib \\ 1, & i \end{vmatrix}$$

$$= (a-b)^2 : (a+b)^2.$$

Durch dieses Doppelverhältnis ist $b : a$ bestimmt.

Wenn andererseits bei zwei Ellipsen

$$\frac{x_1^2}{a^2} + \frac{x_2^2}{b^2} \pm x_3^2 = 0$$

und

$$\frac{x_1^2}{a'^2} + \frac{x_2^2}{b'^2} \pm x_3^2 = 0$$

$a = \lambda a'$, $b = \lambda b'$ ist, so sind sie ähnlich. Die Ähnlichkeitstransformation, die die erste in die zweite überführt, lautet

$$x_1 = \lambda x_1', \qquad x_2 = \lambda x_2', \qquad x_3 = x_3'.$$

Ist (1') eine Hyperbel, also $a_{11} a_{22} < 0$, so können wir immer erreichen, daß $-\frac{a_{11}}{a_{33}} > 0$, $-\frac{a_{22}}{a_{33}} < 0$ ist. Eventuell müssen wir das Achsensystem um einen rechten Winkel drehen. Setzen wir

$$-\frac{a_{33}}{a_{11}} = a^2, \qquad -\frac{a_{33}}{a_{22}} = -b^2,$$

so verwandelt sich (1') in

$$\frac{x_1^2}{a^2} - \frac{x_2^2}{b^2} - x_3^2 = 0.$$

Hier bilden die unendlich fernen Punkte

$$a, \quad b, \quad 0; \qquad a, \quad -b, \quad 0$$

mit den Kreispunkten das Doppelverhältnis

$$\begin{vmatrix} a, & b \\ 1, & i \end{vmatrix} \begin{vmatrix} a, & -b \\ 1, & -i \end{vmatrix} : \begin{vmatrix} a, & b \\ 1, & -i \end{vmatrix} \begin{vmatrix} a, & -b \\ 1, & i \end{vmatrix}$$

$$= (a + b\,i)^2 : (a - b\,i)^2.$$

Durch dieses Doppelverhältnis ist $b : a$ bestimmt.

Wenn andererseits bei zwei Hyperbeln

$$\frac{x_1^{\,2}}{a^2} - \frac{x_2^{\,2}}{b^2} - x_3^{\,2} = 0$$

und

$$\frac{x_1^{\,2}}{a'^2} - \frac{x_2^{\,2}}{b'^2} - x_3^{\,2} = 0$$

$a = \lambda a'$, $b = \lambda b'$ ist, so sind sie ähnlich.

Eine nichtausgeartete Kurve ohne Mittelpunkt, also eine Parabel, berührt die unendlich ferne Gerade in einem Punkte M. Es gibt dann einen unendlich fernen Punkt M', der mit M zusammen zu den Kreispunkten harmonisch ist. Dieser Punkt M' hat eine Polare, und man nennt sie die Achse der Parabel. Alle zu ihr senkrechten Sehnen werden von ihr halbiert. Die Achse schneidet die Parabel außer in M noch in einem eigentlichen Punkte S, dem Scheitel der Parabel. Den Scheitel wollen wir als Anfangspunkt wählen und die Achse der Parabel als x-Achse. Dann lautet die Gleichung der Parabel (vgl. S. 123)

$$x_2^{\,2} - 2p\,x_1\,x_3 = 0\,.$$

Durch die Ähnlichkeitstransformation

$$x_1 = p\,x_1', \qquad x_2 = p\,x_2', \qquad x_3 = x_3'$$

geht die obige Parabel in die folgende über:

$$x_2'^{\,2} - 2x_1'\,x_3' = 0.$$

Zwei beliebige Parabeln sind also stets ähnlich.

Die Klassifikation der ausgearteten Kurven zweiter Ordnung nach der Ähnlichkeit überlassen wir dem Leser.

§ 74. Klassifikation der Kurven zweiter Ordnung nach der Kongruenz.

Wir legen jetzt eine Untergruppe der Gruppe aller Ähnlichkeitstransformationen zugrunde, die Gruppe aller Bewegungen und Spiegelungen.

Zwei Kurven, die durch eine Transformation dieser Gruppe ineinander überführbar sind, nennen wir kongruent.

Zwei imaginäre Kreise

$$x_1^2 + x_2^2 + r^2 x_3^2 = 0, \qquad x_1^2 + x_2^2 + r'^2 x_3^2 = 0$$

sind nur kongruent, wenn $r^2 = r'^2$ ist. Dasselbe gilt von den reellen Kreisen

$$x_1^2 + x_2^2 - r^2 x_3^2 = 0, \qquad x_1^2 + x_2^2 - r'^2 x_3^2 = 0,$$

bei denen r und r' die Radien sind.

Zwei imaginäre Ellipsen

$$\frac{x_1^2}{a^2} + \frac{x_2^2}{b^2} + x_3^2 = 0, \qquad \frac{x_1^2}{a'^2} + \frac{x_2^2}{b'^2} + x_3^2 = 0$$

$$(a > b > 0, \qquad a' > b' > 0)$$

sind nur kongruent, wenn

$$a = a', \qquad b = b'$$

ist. Dasselbe gilt für die reellen Ellipsen

$$\frac{x_1^2}{a^2} + \frac{x_2^2}{b^2} - x_3^2 = 0, \qquad \frac{x_1^2}{a'^2} + \frac{x_2^2}{b'^2} - x_3^2 = 0;$$

es müssen die Achsen gleich sein.

Zwei Hyperbeln

$$\frac{x_1^2}{a^2} - \frac{x_2^2}{b^2} - x_3^2 = 0, \qquad \frac{x_1^2}{a'^2} - \frac{x_2^2}{b'^2} - x_3^2 = 0$$

sind kongruent, wenn $a = a'$, $b = b'$ ist.

Zwei Parabeln

$$x_2^2 - 2p\,x_1 x_3 = 0, \quad x_2^2 - 2p' x_1 x_3 = 0 \qquad (p > 0,\ p' > 0)$$

sind kongruent, wenn $p = p'$ ist, d. h. wenn die Parameter übereinstimmen.

Das Obige gilt auch dann noch, wenn man den Begriff der Kongruenz enger faßt und als kongruent nur solche Figuren bezeichnet, die durch eine Bewegung zur Deckung gebracht werden können. Wenn man nämlich die Ellipse oder Hyperbel an einer ihrer Achsen und die Parabel an ihrer Achse spiegelt, so gehen sie in sich über. Lassen sich also zwei Ellipsen oder zwei Hyperbeln oder zwei Parabeln durch eine Spiegelung ineinander überführen, so braucht man nur hinterher noch eine Spiegelung an einer Achse vorzunehmen, um eine Bewegung zu erhalten, die dasselbe leistet.

Die Klassifikation der ausgearteten Kurven nach der Kongruenz möge der Leser durchführen.

§ 75. Invarianten.

Gegeben sei quadratische Form $\sum a_{rs} x_r x_s$ in rechtwinkligen cartesischen Koordinaten. Setzen wir $x_3 = 1$, so werden $x_1 = x$, $x_2 = y$ die inhomogenen Koordinaten.

Wir wollen eine Spiegelung an einer eigentlichen Geraden g vornehmen. x', y' sei das Spiegelbild von x, y. Wie hängen x, y und x', y' zusammen?

Die Gleichung von g in der HESSEschen Normalform laute

(g) $$x \cos\alpha + y \sin\alpha - p = 0 .$$

Dann ist

(h) $$x \sin\alpha - y \cos\alpha = 0$$

die Gleichung einer dazu senkrechten Geraden, ebenfalls in der HESSEschen Normalform.

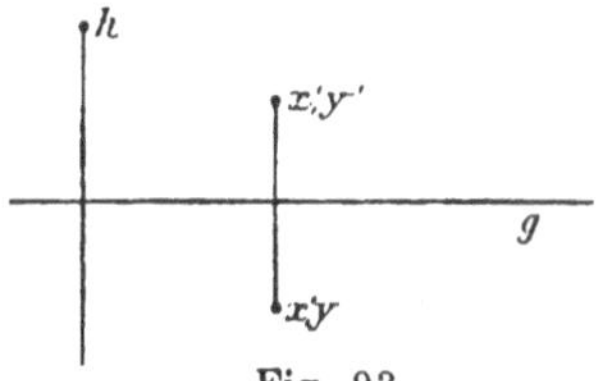

Fig. 93.

x, y und sein Spiegelbild x', y' in bezug auf g haben von g entgegengesetzt gleiche, von h dagegen gleiche Abstände. Es ist also

$$x' \cos\alpha + y' \sin\alpha - p = - x \cos\alpha - y \sin\alpha + p,$$
$$x' \sin\alpha - y' \cos\alpha = x \sin\alpha - y \cos\alpha .$$

Hieraus folgt

$$x = - x' \cos 2\alpha - y' \sin 2\alpha + 2p \cos\alpha ,$$
$$y = - x' \sin 2\alpha + y' \cos 2\alpha + 2p \sin\alpha$$

oder, homogen geschrieben,

(†) $$\begin{cases} x_1 = - x_1' \cos 2\alpha - x_2' \sin 2\alpha + x_3' \, 2p \cos\alpha, \\ x_2 = - x_1' \sin 2\alpha + x_2' \cos 2\alpha + x_3' \, 2p \sin\alpha, \\ x_3 = \quad * \quad + \quad * \quad + x_3'. \end{cases}$$

Setzen wir diese Ausdrücke in $\sum a_{rs} x_r x_s$ ein, so entsteht eine neue quadratische Form $\sum a'_{rs} x'_r x'_s$, d. h. es ist vermöge der Relationen (†)

$$\sum a_{rs} x_r x_s = \sum a'_{rs} x'_r x'_s , \qquad (r,\ s = 1,\ 2,\ 3)$$

offenbar aber vermöge

(††) $$\begin{cases} x_1 = - x_1' \cos 2\alpha - x_2' \sin 2\alpha , \\ x_2 = - x_1' \sin 2\alpha + x_2' \cos 2\alpha \end{cases}$$

gleichzeitig

$$\sum a_{\varrho\sigma} x_\varrho x_\sigma = \sum a_{\varrho\sigma} x'_\varrho x'_\sigma . \qquad (\varrho,\ \sigma = 1,\ 2)$$

Die lineare Transformation (†) hat die Determinante 1. Daher ist (vgl. S. 144)

$$\begin{vmatrix} a'_{11} & a'_{12} & a'_{13} \\ a'_{21} & a'_{22} & a'_{23} \\ a'_{31} & a'_{32} & a'_{33} \end{vmatrix} = \begin{vmatrix} a_{11} & a_{12} & a_{13} \\ a_{21} & a_{22} & a_{23} \\ a_{31} & a_{32} & a_{33} \end{vmatrix}.$$

Außerdem aber hat man, weil (††) eine orthogonale Transformation ist,

$$\begin{vmatrix} a'_{11} & a'_{12} \\ a'_{21} & a'_{22} \end{vmatrix} = \begin{vmatrix} a_{11} & a_{12} \\ a_{21} & a_{22} \end{vmatrix},$$

$$a'_{11} + a'_{22} = a_{11} + a_{22}.$$

Wir sehen hieraus, daß sich aus den Koeffizienten von

$$a_{11}x^2 + 2a_{12}xy + a_{22}y^2 + 2a_{13}x + 2a_{23}y + a_{33}$$

drei Ausdrücke, nämlich

$$(**) \qquad a_{11} + a_{22}, \quad \begin{vmatrix} a_{11} & a_{12} \\ a_{21} & a_{22} \end{vmatrix}, \quad \begin{vmatrix} a_{11} & a_{12} & a_{13} \\ a_{21} & a_{22} & a_{23} \\ a_{31} & a_{32} & a_{33} \end{vmatrix},$$

bilden lassen, die bei allen Spiegelungen ungeändert bleiben.

Sie bleiben natürlich auch ungeändert, wenn man mehrere Spiegelungen nacheinander ausführt. Spiegelt man zuerst an der Geraden g, dann an der Geraden g', so ist der Erfolg eine Drehung um den Schnittpunkt von g und g'. Sind g und g' parallel, so ist die Aufeinanderfolge der beiden Spiegelungen äquivalent mit einer Translation. Man sieht das aus den Gleichungen

$$y' = -y, \qquad x' = x,$$

$$y'' - c = -(y' - c), \qquad x'' = x,$$

die

$$y'' = y + 2c, \qquad x'' = x$$

liefern.

Die Ausdrücke (**) bleiben also bei allen Spiegelungen und Bewegungen invariant. Wir wollen sie der Reihe nach mit J_1, J_2, J_3 bezeichnen. Der Index gibt den Grad in den a_{rs} an.

§ 76. Direkte Aufstellung der kanonischen Gleichungen mit Hilfe der Invarianten J_1, J_2, J_3.

Wir wissen, wann die Gleichung $\sum a_{rs}x_r x_s$ (x_1, x_2, x_3 homogene rechtwinklige Koordinaten) eine ausgeartete oder eine nichtausgeartete Kurve darstellt. Dafür ist entscheidend die Diskriminante, d. h. J_3. Wenn $J_3 \neq 0$ ist, haben wir eine nichtausgeartete Kurve. Diese kann eine Ellipse, Hyperbel oder Parabel sein. Darüber entscheidet J_2. Je nachdem

$$J_2 > 0, \qquad J_2 < 0, \qquad J_2 = 0$$

ist, haben wir eine Ellipse, Hyperbel oder Parabel. Die Ellipse ist imaginär, wenn die Reihe a_{11}, J_2, J_3 lauter Zeichenwechsel oder lauter Zeichenfolgen aufweist. Jedenfalls müssen a_{11} und J_3 dasselbe Zeichen haben. Wegen $J_2 = a_{11}a_{22} - a_{12}^2 > 0$, d. h. $a_{11}a_{22} > a_{12}^2$ haben aber a_{11} und a_{22} dasselbe Zeichen, mithin auch a_{11} und $a_{11} + a_{22} = J_1$. Bei einer imaginären Ellipse ist mithin $J_1 J_3 > 0$. Bei einer reellen Ellipse ist $J_1 J_3 < 0$.

Wir wollen diese Ergebnisse hier noch einmal übersichtlich zusammenstellen:

Nichtausgeartete Kurven zweiter Ordnung: $J_3 \neq 0$.

1. Ellipse: $J_2 > 0$,
   α) imaginär: $J_1 J_3 > 0$,
   β) reell: $J_1 J_3 < 0$.
2. Hyperbel: $J_2 < 0$.
3. Parabel: $J_2 = 0$.

Den Kreis haben wir nicht besonders erwähnt. Wir können ihn nämlich als Grenzfall einer Ellipse betrachten. Übrigens ist er charakterisiert durch $J_3 \neq 0$, $J_2 > 0$, $J_1^2 = 4J_2$; er ist reell oder imaginär, je nachdem $J_1 J_3 < 0$ oder $J_1 J_3 > 0$.

Nun wissen wir, daß die Gleichungen der oben genannten Kurven bei passender Wahl der rechtwinkligen Achsen so lauten

$$\text{Ellipse:} \begin{cases} \text{imaginär:} & \dfrac{x^2}{a^2} + \dfrac{y^2}{b^2} + 1 = 0, \\[2ex] \text{reell:} & \dfrac{x^2}{y^2} + \dfrac{y^2}{b^2} - 1 = 0. \end{cases}$$

$$\text{Hyperbel:} \quad \frac{x^2}{a^2} - \frac{y^2}{b^2} = 1,$$

$$\text{Parabel:} \quad y^2 - 2px = 0.$$

Wir nennen diese Gleichungen die kanonischen Gleichungen der betreffenden Kurven. Die in ihnen auftretenden Konstanten bestimmen die Gestalt der Kurve. Zwei Kurven sind dann und nur dann kongruent, wenn sie sich durch dieselbe kanonische

Gleichung darstellen lassen. $2a$, $2b$ heißen die Achsen der Ellipse und Hyperbel, p der Parameter der Parabel.

Es wird sich zeigen, daß diese Konstanten durch die Invarianten J_1, J_2, J_3 ausdrückbar sind. Um z. B. die Gleichung der imaginären Ellipse

$$a_{11}x^2 + 2a_{12}xy + a_{22}y^2 + 2a_{13}x + 2a_{23}y + a_{33} = 0$$

auf die Form

$$\frac{x^2}{a^2} + \frac{y^2}{b^2} + 1 = 0$$

zu bringen, muß man eine Bewegung ausführen und nachher noch mit einem gewissen Faktor multiplizieren, damit das konstante Glied gleich 1 wird. $a_{11}x^2 + \ldots + a_{33}$ nimmt also, wenn man eine geeignete Bewegung ausführt, die Form an

$$\varrho\left(\frac{x'^2}{a^2} + \frac{y'^2}{b^2} + 1\right).$$

Bei den beiden Ausdrücken müssen daher entsprechende Invarianten gleich sein. Es bestehen also die Gleichungen

$$\frac{\varrho}{a^2} + \frac{\varrho}{b^2} = a_{11} + a_{22},$$

$$\begin{vmatrix} \frac{\varrho}{a^2} & 0 \\ 0 & \frac{\varrho}{b^2} \end{vmatrix} = \begin{vmatrix} a_{11} & a_{12} \\ a_{21} & a_{22} \end{vmatrix},$$

$$\begin{vmatrix} \frac{\varrho}{a^2} & 0 & 0 \\ 0 & \frac{\varrho}{b^2} & 0 \\ 0 & 0 & \varrho \end{vmatrix} = \begin{vmatrix} a_{11} & a_{12} & a_{13} \\ a_{21} & a_{22} & a_{23} \\ a_{31} & a_{32} & a_{33} \end{vmatrix},$$

d. h.

$$\varrho\left(\frac{1}{a^2} + \frac{1}{b^2}\right) = J_1, \quad \frac{\varrho^2}{a^2 b^2} = J_2, \quad \frac{\varrho^3}{a^2 b^2} = J_3.$$

Aus den beiden letzten Gleichungen ersieht man, daß

$$\varrho = \frac{J_3}{J_2}$$

ist. Setzt man diesen Wert in die beiden ersten Gleichungen ein, so erhält man

$$\frac{1}{a^2} + \frac{1}{b^2} = \frac{J_1 J_2}{J_3},$$

$$\frac{1}{a^2} \cdot \frac{1}{b^2} = \frac{J_2^3}{J_3^2}.$$

$\frac{1}{a^2}, \frac{1}{b^2}$ sind also die Wurzeln der quadratischen Gleichung

$$\lambda^2 - \frac{J_1 J_2}{J_3}\lambda + \frac{J_2^3}{J_3^2} = 0,$$

d. h. gleich

$$\frac{J_2(J_1 \pm \sqrt{J_1^2 - 4J_2})}{2J_3}.$$

Richtet man es so ein, daß $a^2 > b^2$ ist, so kann man setzen

$$\frac{1}{a^2} = \frac{J_2(J_1 - \sqrt{J_1^2 - 4J_2})}{2J_3}, \qquad \frac{1}{b^2} = \frac{J_2(J_1 + \sqrt{J_1^2 - 4J_2})}{2J_3}.$$

Im Falle $J_1^2 - 4J_2 = 0$ werden beide Werte gleich $J_1 J_2 : 2J_3$. Die Kurve wird der imaginäre Kreis $\frac{x^2}{a^2} + \frac{y^2}{a^2} + 1 = 0$.

Auf ähnliche Weise findet man die Konstanten in den andern kanonischen Gleichungen. Wenn durch eine Bewegung $a_{11}x^2 + \dots + a_{33} = 0$ in $\frac{x^2}{a^2} + \frac{y^2}{b^2} - 1 = 0$ übergehen soll, so müssen

$$a_{11}x^2 + 2a_{12}xy + \dots + a_{33} \quad \text{und} \quad \varrho\left(\frac{x^2}{a^2} + \frac{y^2}{b^2} - 1\right)$$

gleiche Invarianten haben, d. h. es muß sein

$$\varrho\left(\frac{1}{a^2} + \frac{1}{b^2}\right) = J_1, \quad \frac{\varrho^2}{a^2 b^2} = J_2, \quad -\frac{\varrho^3}{a^2 b^2} = J_3,$$

d. h. $\varrho = -J_3 : J_2$ und

$$\frac{1}{a^2} + \frac{1}{b^2} = -\frac{J_1 J_2}{J_3},$$

$$\frac{1}{a^2} \cdot \frac{1}{b^2} = \frac{J_2^3}{J_3^2}.$$

Hieraus ergibt sich

$$\frac{1}{a^2} = \frac{J_2(-J_1 - \sqrt{J_1^2 - 4J_2})}{2J_3}, \qquad \frac{1}{b^2} = \frac{J_2(-J_1 + \sqrt{J_1^2 - 4J_2})}{2J_3}.$$

Was wir oben über die Unterscheidung der reellen und der imaginären Ellipse gesagt haben, läßt sich auch aus den Formeln für $1/a^2$ und $1/b^2$ ablesen. Damit die gefundenen Ausdrücke positiv sind, muß bei der imaginären Ellipse $J_1 : J_3 > 0$, bei der reellen $J_1 : J_3 < 0$ sein.

Wenn sich $a_{11}x^2 + \dots + a_{33} = 0$ durch eine Bewegung in $\frac{x^2}{a^2} - \frac{y^2}{b^2} - 1 = 0$ verwandeln soll, so müssen folgende Gleichungen stattfinden:

$$\varrho\left(\frac{1}{a^2} - \frac{1}{b^2}\right) = J_1, \quad \frac{\varrho^2}{a^2 b^2} = -J_2, \quad \frac{\varrho^3}{a^2 b^2} = J_3.$$

Es muß also sein $\varrho = - J_3 : J_2$ und

$$\frac{1}{a^2} - \frac{1}{b^2} = - \frac{J_1 J_2}{J_3},$$

$$\frac{1}{a^2} \cdot \frac{1}{b^2} = - \frac{J_2^3}{J_3^2}.$$

Hieraus folgt

$$\left(\frac{1}{a^2} - \frac{1}{b^2}\right)^2 + \frac{4}{a^2 b^2} = \left(\frac{1}{a^2} + \frac{1}{b^2}\right)^2 = \frac{(J_1^2 - 4 J_2) J_2^2}{J_3^2},$$

mithin

$$\frac{1}{a^2} + \frac{1}{b^2} = - J_2 \sqrt{\frac{J_1^2 - 4 J_2}{J_3^2}}$$

und

$$\frac{1}{a^2} = - \frac{J_2}{2} \left(\sqrt{\frac{J_1^2 - 4 J_2}{J_3^2}} + \frac{J_1}{J_3} \right),$$

$$\frac{1}{b^2} = - \frac{J_2}{2} \left(\sqrt{\frac{J_1^2 - 4 J_2}{J_3^2}} - \frac{J_1}{J_3} \right).$$

Nun wollen wir noch zeigen, wie man den Parameter der Parabel berechnet. Soll sich $a_{11} x^2 + \ldots + a_{33} = 0$ durch eine Bewegung in $y^2 - 2 p x = 0$ verwandeln, so muß dabei $a_{11} x^2 + \ldots + a_{33}$ in $\varrho (y'^2 - 2 p x')$ übergehen. Daher müssen die gleichnamigen Invarianten gleich sein, d. h. es müssen folgende Gleichungen bestehen:

$$\varrho = J_1, \quad 0 = J_2, \quad \begin{vmatrix} 0 & 0 & -p\varrho \\ 0 & \varrho & 0 \\ -p\varrho & 0 & 0 \end{vmatrix} = - p^2 \varrho^3 = J_3 .$$

Hieraus folgt

$$p = \sqrt{- \frac{J_3}{J_1^3}}.$$

§ 77. Reduktion der Gleichung einer Kurve zweiter Ordnung auf die kanonische Form.

Um die Gleichung einer nichtausgearteten Kurve zweiter Ordnung auf die kanonische Form zu bringen, wird man zuerst den Pol der unendlich fernen Geraden aufsuchen. Lautet die Gleichung der Kurve in rechtwinkligen cartesischen Koordinaten $\sum a_{rs} x_r x_s = 0$, so ist der Pol der unendlich fernen Geraden ein Punkt (x'), dessen Polare $\sum a_{rs} x_r x_s' = 0$ mit $x_3 = 0$ zusammenfällt. Er erfüllt also die Gleichungen

$$(1) \qquad \begin{cases} a_{11} x_1' + a_{12} x_2' + a_{13} x_3' = 0, \\ a_{21} x_1' + a_{22} x_2' + a_{23} x_3' = 0. \end{cases}$$

Ist $a_{11}a_{22} - a_{12}^2 = J_2 \neq 0$, so ist (x') ein eigentlicher Punkt. Wir können also durch eine Translation des Achsensystems erreichen, daß er der Anfangspunkt wird. Der Einfachheit halber behalten wir die Bezeichnungen der Koordinaten bei. (x') ist jetzt der Punkt 0, 0, 1. Nach (1) muß dann $a_{13} = a_{23} = 0$ sein. Die Gleichung der Kurve in bezug auf den Mittelpunkt als Anfangspunkt, lautet also

$$a_{11}x_1^2 + 2a_{12}x_1x_2 + a_{22}x_2^2 + a'_{33}x_3^2 = 0. \tag{2}$$

a_{11}, a_{12}, a_{13} haben ihre Werte behalten. Bei allen Translationen $x = x' + p$, $y = y' + q$, die man auf

$$a_{11}x^2 + 2a_{12}xy + a_{22}y^2 + 2a_{13}x + 2a_{23}y + a_{33} \tag{3}$$

anwendet, bleiben nämlich

$$a_{11}, \quad a_{12}, \quad a_{22}, \quad \begin{vmatrix} a_{11} & a_{12} & a_{13} \\ a_{21} & a_{22} & a_{23} \\ a_{31} & a_{32} & a_{33} \end{vmatrix} \qquad (a_{sr} = a_{rs})$$

ungeändert. Gegenüber allen Translationen hat (3) vier Invarianten, gegenüber allen Bewegungen drei (vgl. S. 234).

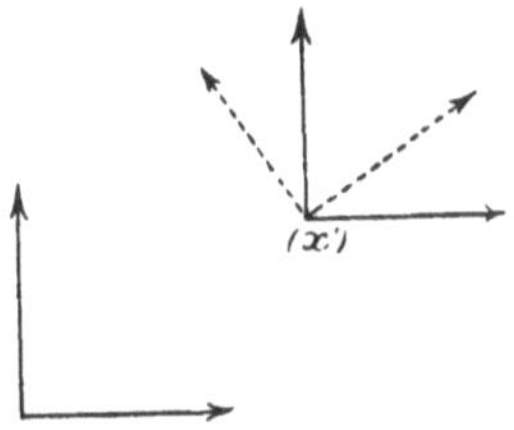

Fig. 94.

Nun muß man, um (2) weiter zu vereinfachen, in der Involution

$$a_{11}x_1y_1 + a_{12}(x_1y_2 + x_2y_1) + a_{22}x_2y_2 = 0$$

das Paar aufsuchen, das zugleich der Involution

$$x_1y_1 + x_2y_2 = 0$$

angehört. Wenn die beiden Involutionen identisch sind, ist dies natürlich nicht nötig. Sollen die beiden Involutionen dem unendlich fernen Punkt (x) denselben unendlich fernen Punkt (y) zuordnen, so muß

$$\begin{vmatrix} a_{11}x_1 + a_{12}x_2, & a_{21}x_1 + a_{22}x_2 \\ x_1\quad, & x_2 \end{vmatrix} = 0$$

sein, d. h.

$$(a_{11} - a_{22})x_1x_2 + a_{12}(x_2^2 - x_1^2) = 0. \tag{4}$$

Diese Gleichung bestimmt das gemeinsame Punktepaar der beiden Involutionen. Verbindet man die beiden Punkte mit dem Anfangspunkt, so hat man die Achsen der Kurve. (4) ist auch die Gleichung dieses Geradenpaares.

$$x_1 x_2' - x_2 x_1', \quad x_1 x_2'' - x_2 x_1''$$

seien die beiden Linearfaktoren von (4), also $x_1', x_2', 0$ und $x_1'', x_2'', 0$ die unendlich fernen Punkte der Achsen.

Will man sie zu Koordinatenachsen machen, so muß man setzen

$$\mathfrak{x}_1 = \frac{x_1 x_2' - x_2 x_1'}{\sqrt{x_1'^2 + x_2'^2}}, \qquad \mathfrak{x}_2 = \frac{x_1 x_2'' - x_2 x_1''}{\sqrt{x_1''^2 + x_2''^2}}, \qquad \mathfrak{x}_3 = x_3.$$

Dann nimmt (2) die Gestalt an

$$a'_{11} \mathfrak{x}_1^2 + a'_{22} \mathfrak{x}_2^2 + a'_{33} \mathfrak{x}_3^2 = 0.$$

Jetzt hat man nur noch einen konstanten Faktor hinzuzufügen.

Wenn es sich um eine Kurve ohne Mittelpunkt, also um eine Parabel, handelt, geben die Gleichungen (1) den unendlich fernen Punkt der Parabelachse. Man lasse die x-Achse durch diesen Punkt hindurchgehen. Dann ist (x') der Punkt 1, 0, 0. Man hat also $a_{11} = a_{21} = 0$. Die Parabelachse ist jetzt nichts anderes als die Polare des unendlich fernen Punktes der y-Achse, also des Punktes 0, 1, 0. Diese Polare lautet $a_{22} x_2 + a_{23} x_3 = 0$. Man kann durch eine Translation bewirken, daß sie mit der x-Achse zusammenfällt, daß also auch $a_{23} = 0$ wird. Nun hat die Gleichung der Parabel schon folgende Form

$$a_{22} x_2^2 + 2 a_{13} x_1 x_3 + a_{33} x_3^2 = 0.$$

Die x-Achse wird in den Punkten $x_3 = 0$ und $x_1 = -\frac{a_{33}}{2 a_{13}} x_3$ getroffen. Den letzten Punkt kann man durch eine Translation zum Anfangspunkt machen. Dann wird schließlich noch $a_{33} = 0$.

Bei einer ausgearteten Kurve zweiter Ordnung gibt es wenigstens einen singulären Punkt (x'). Er ist zu allen Punkten der Ebene konjugiert, d. h. er genügt den Gleichungen

$$a_{11} x_1' + a_{12} x_2' + a_{13} x_3' = 0,$$
$$a_{21} x_1' + a_{22} x_2' + a_{23} x_3' = 0,$$
$$a_{31} x_1' + a_{32} x_2' + a_{33} x_3' = 0.$$

Ist der Punkt (x') ein eigentlicher, so kann man ihn durch eine Translation zum Anfangspunkt machen. Davon ist $x_1' = 0$, $x_2' = 0$ und die obigen Gleichungen liefern

$$a_{13} = a_{23} = a_{33} = 0.$$

Die Gleichung der Kurve lautet

$$a_{11} x_1^2 + 2 a_{12} x_1 x_2 + a_{22} x_2^2 = 0.$$

Die Auffindung der beiden (eventuell zusammenfallenden) Geraden erfordert die Auflösung der obigen quadratischen Gleichung für $x_1 : x_2$.

Ist (x') ein unendlich ferner Punkt, so bewirken wir durch eine Drehung, daß es der Punkt 1, 0, 0 wird. Dann haben wir $a_{11} = a_{12} = a_{13} = 0$. Die Gleichung der Kurve lautet

$$a_{22}x_2^2 + 2a_{23}x_2x_3 + a_{33}x_3^2 = 0.$$

Das Weitere geht wie soeben.

§ 78. Kurven zweiter Ordnung in schiefwinkligen Koordinaten.

In § 69 benutzten wir Koordinaten, bei denen das Fundamentaldreieck aus der unendlich fernen Geraden und zwei eigentlichen Geraden bestand. Wir nannten sie affine Koordinaten. Sind $\mathfrak{x}_1$, $\mathfrak{x}_2$, $\mathfrak{x}_3$ solche Koordinaten, so lassen sich im Falle eines eigentlichen Punktes $\mathfrak{x}_1 : \mathfrak{x}_3$ und $\mathfrak{x}_2 : \mathfrak{x}_3$ als schiefwinklige Koordinaten in bezug auf die beiden eigentlichen Geraden ansehen. Wir sahen nämlich in § 68, daß

$$\mathfrak{x}_1 : \mathfrak{x}_3 = \mathfrak{x} : \mathfrak{x}', \qquad \mathfrak{x}_2 : \mathfrak{x}_3 = \mathfrak{y} : \mathfrak{y}'$$

ist. $\mathfrak{x}$, $\mathfrak{y}$ sind hierbei die schiefwinkligen Koordinaten des Punktes $\mathfrak{x}_1$, $\mathfrak{x}_2$, $\mathfrak{x}_3$ und $\mathfrak{x}'$, $\mathfrak{y}'$ die schiefwinkligen Koordinaten des Einheitspunktes. Wenn $|\mathfrak{x}'| = |\mathfrak{y}'|$ ist, so sind $\mathfrak{x}_1 : \mathfrak{x}_3$ und $\mathfrak{x}_2 : \mathfrak{x}_3$ gewöhnliche schiefwinklige Koordinaten (vgl. S. 215). Ist dagegen $|\mathfrak{x}'| \gtrless |\mathfrak{y}'|$, so muß man auf den beiden Achsen mit verschiedenen Längeneinheiten messen.

Wir wollen annehmen, daß es sich um gewöhnliche schiefwinklige Koordinaten handelt, daß also $|\mathfrak{x}'| = |\mathfrak{y}'|$ ist. $\mathfrak{x}_1$, $\mathfrak{x}_2$, $\mathfrak{x}_3$ wären dann als homogene schiefwinklige Koordinaten zu bezeichnen. Wählen wir die Längeneinheit und die Orientierung der Achsen so, daß $\mathfrak{x}' = \mathfrak{y}' = 1$ wird, so haben wir

$$\mathfrak{x} = \frac{\mathfrak{x}_1}{\mathfrak{x}_3}, \qquad \mathfrak{y} = \frac{\mathfrak{x}_2}{\mathfrak{x}_3}.$$

Die Gleichung $\sum \mathfrak{a}_{rs}\mathfrak{x}_r\mathfrak{x}_s = 0$ stellt, wie wir wissen, eine ausgeartete oder nichtausgeartete Kurve zweiter Ordnung dar, je nachdem die Determinante $\mathfrak{A}$ der $\mathfrak{a}_{rs}$ verschwindet oder nicht. Ist diese Determinante von Null verschieden, so haben wir eine Ellipse, Hyperbel oder Parabel, je nachdem $\mathfrak{A}_{33} = \mathfrak{a}_{11}\mathfrak{a}_{22} - \mathfrak{a}_{12}^2$ positiv, negativ oder Null ist. $\mathfrak{A} = 0$ und $\mathfrak{A}_{33} = 0$ sind also Eigenschaften, die beim Übergange von einem zu einem andern schiefwinkligen Achsensystem erhalten bleiben.

Wir wollen zuerst zu einem neuen Achsensystem übergehen, das denselben Anfangspunkt hat, und zwar zu einem rechtwinkligen. Die beiden positiven $\mathfrak{x}$-Achsen mögen zusammenfallen. Die rechtwinkligen Koordinaten des Punktes $\mathfrak{x}$, $\mathfrak{y}$ bezeichnen wir mit x, y. Dann ist (vgl. S. 13)

$$(1)\qquad \begin{cases} x = \mathfrak{x} + \mathfrak{y}\cos\omega, \\ y = \qquad \mathfrak{y}\sin\omega. \end{cases}$$

ω ist der Winkel $(\mathfrak{x}\,\mathfrak{y})$. Außerdem wird vorausgesetzt $(x\,y) = \frac{\pi}{2}$.

Setzt man in

$$f = \mathfrak{a}_{11}\mathfrak{x}^2 + 2\mathfrak{a}_{12}\mathfrak{x}\mathfrak{y} + \mathfrak{a}_{22}\mathfrak{y}^2 + 2\mathfrak{a}_{13}\mathfrak{x} + 2\mathfrak{a}_{23}\mathfrak{y} + \mathfrak{a}_{33}$$

für $\mathfrak{x}$, $\mathfrak{y}$ aus (1) die Werte

$$\mathfrak{x} = \frac{x\sin\omega - y\cos\omega}{\sin\omega},$$

$$\mathfrak{y} = \frac{y}{\sin\omega}$$

ein, so verwandelt sich $\mathfrak{a}_{11}\mathfrak{x}^2 + 2\mathfrak{a}_{12}\mathfrak{x}\mathfrak{y} + \mathfrak{a}_{22}\mathfrak{y}^2$ in

$$a_{11}x^2 + 2a_{12}xy + a_{22}y^2,$$

und zwar ist

$$a_{11} = \frac{1}{\sin^2\omega}\cdot\mathfrak{a}_{11}\sin^2\omega,\quad a_{12} = \frac{1}{\sin^2\omega}\cdot(-\mathfrak{a}_{11}\sin\omega\cos\omega + \mathfrak{a}_{12}\sin\omega),$$

$$a_{22} = \frac{1}{\sin^2\omega}\cdot(\mathfrak{a}_{11}\cos^2\omega - 2\mathfrak{a}_{12}\cos\omega + \mathfrak{a}_{22}).$$

Hieraus folgt

$$(2)\qquad a_{11} + a_{22} = \frac{\mathfrak{a}_{11} + \mathfrak{a}_{22} - 2\mathfrak{a}_{12}\cos\omega}{\sin^2\omega},$$

$$(3)\qquad a_{11}a_{22} - a_{12}^2 = \frac{\mathfrak{a}_{11}\mathfrak{a}_{22} - \mathfrak{a}_{12}^2}{\sin^2\omega}.$$

Die letzte Formel konnten wir voraussehen; denn wir wissen, daß die Diskriminante einer quadratischen Form sich bei einer linearen Transformation mit dem Quadrat der Transformationsdeterminante multipliziert.

f selbst gehe bei der betrachteten linearen Transformation in

$$a_{11}x^2 + 2a_{12}xy + a_{22}y^2 + 2a_{13}x + 2a_{23}y + a_{33}$$

über. Offenbar können wir ebensogut sagen, daß $\sum\mathfrak{a}_{rs}\mathfrak{x}_r\mathfrak{x}_s$ durch

(*) $$\mathfrak{x}_1 = \frac{x_1 \sin\omega - x_2 \cos\omega}{\sin\omega}, \qquad \mathfrak{x}_2 = \frac{x_2}{\sin\omega}, \qquad \mathfrak{x}_3 = x_3$$

in $\sum a_{rs} x_r x_s$ verwandelt wird. Die Transformationsdeterminante ist $1 : \sin\omega$. Es wird also

(4) $$\begin{vmatrix} a_{11} & a_{12} & a_{13} \\ a_{21} & a_{22} & a_{23} \\ a_{31} & a_{32} & a_{33} \end{vmatrix} = \frac{1}{\sin^2\omega} \begin{vmatrix} \mathfrak{a}_{11} & \mathfrak{a}_{12} & \mathfrak{a}_{13} \\ \mathfrak{a}_{21} & \mathfrak{a}_{22} & \mathfrak{a}_{23} \\ \mathfrak{a}_{31} & \mathfrak{a}_{32} & \mathfrak{a}_{33} \end{vmatrix}$$

sein.

Aus (2), (3), (4) können wir unter Benutzung von § 75 folgendes schließen:

Wenn man in

$$\mathfrak{a}_{11}\mathfrak{x}^2 + 2\mathfrak{a}_{12}\mathfrak{x}\mathfrak{y} + \mathfrak{a}_{22}\mathfrak{y}^2 + 2\mathfrak{a}_{13}\mathfrak{x} + 2\mathfrak{a}_{23}\mathfrak{y} + \mathfrak{a}_{33}$$

statt $\mathfrak{x}$, $\mathfrak{y}$ beliebige andere schiefwinklige Koordinaten einführt, so behalten die drei Ausdrücke

$$J_1 = \frac{\mathfrak{a}_{11} + \mathfrak{a}_{22} - 2\mathfrak{a}_{12}\cos(\mathfrak{x}\mathfrak{y})}{\sin^2(\mathfrak{x}\mathfrak{y})},$$

$$J_2 = \frac{\mathfrak{a}_{11}\mathfrak{a}_{22} - \mathfrak{a}_{12}^2}{\sin^2(\mathfrak{x}\mathfrak{y})},$$

$$J_3 = \frac{1}{\sin^2(\mathfrak{x}\mathfrak{y})} \begin{vmatrix} \mathfrak{a}_{11} & \mathfrak{a}_{12} & \mathfrak{a}_{13} \\ \mathfrak{a}_{21} & \mathfrak{a}_{22} & \mathfrak{a}_{23} \\ \mathfrak{a}_{31} & \mathfrak{a}_{32} & \mathfrak{a}_{33} \end{vmatrix}$$

ihre Werte.

Im Falle $(\mathfrak{x}\mathfrak{y}) = \frac{\pi}{2}$ reduzieren sie sich auf die drei Invarianten des § 75.

Die Invarianteneigenschaft der obigen drei Ausdrücke kann man auch so nachweisen.

Die Entfernung des Punktes $\mathfrak{x}$, $\mathfrak{y}$ vom Anfangspunkt ist nach (1) gleich der Quadratwurzel aus

$$x^2 + y^2 = \mathfrak{x}^2 + \mathfrak{y}^2 + 2\mathfrak{x}\mathfrak{y}\cos\omega.$$

Daher ist vermöge der Gleichungen (*) bei beliebigem λ

$$\sum \mathfrak{a}_{rs}\mathfrak{x}_r\mathfrak{x}_s + \lambda(\mathfrak{x}_1^2 + \mathfrak{x}_2^2 + 2\mathfrak{x}_1\mathfrak{x}_2\cos\omega) = \sum a_{rs}x_r x_s + \lambda(x_1^2 + x_2^2).$$

Da nun die Eigenschaft $\mathfrak{A}_{33} = 0$ erhalten bleibt (vgl. S. 216), so haben die Gleichungen

$$\begin{vmatrix} \mathfrak{a}_{11} + \lambda, & \mathfrak{a}_{12} + \lambda\cos\omega \\ \mathfrak{a}_{21} + \lambda\cos\omega, & \mathfrak{a}_{22} + \lambda \end{vmatrix} = 0$$

und

$$\begin{vmatrix} a_{11}+\lambda, & a_{12} \\ a_{21} \quad , & a_{22}+\lambda \end{vmatrix} = 0$$

dieselben Wurzeln. Diese beiden Gleichungen, die ausführlich geschrieben so lauten:

$$\mathfrak{a}_{11}\mathfrak{a}_{22} - \mathfrak{a}_{12}^2 + \lambda(\mathfrak{a}_{11} + \mathfrak{a}_{22} - 2\mathfrak{a}_{12}\cos\omega) + \lambda^2 \sin^2\omega = 0,$$

$$a_{11}a_{22} - a_{12}^2 + \lambda(a_{11} + a_{22}) + \lambda^2 = 0,$$

dürfen sich nur um einen Faktor unterscheiden, sie werden also identisch, wenn man die erste durch $\sin^2\omega$ dividiert. Das liefert die Formeln (2) und (3). Formel (4) erhält man, wenn man ausnutzt, daß die Eigenschaft $\mathfrak{A} = 0$ erhalten bleibt.

Bezieht man eine reelle Ellipse auf zwei konjugierte Durchmesser und die unendlich ferne Gerade als Fundamentaldreieck, so lautet die Gleichung bei passender Wahl des Einheitspunktes (vgl. S. 221)

$$\mathfrak{x}_1{}^2 + \mathfrak{x}_2{}^2 - \mathfrak{x}_3{}^2 = 0.$$

Hier sind aber die schiefwinkligen Koordinaten des Einheitspunktes nicht gerade gleich 1. Wir müssen also setzen

$$\frac{\mathfrak{x}_1}{\mathfrak{x}_3} = \frac{\mathfrak{x}}{\mathfrak{x}'}, \qquad \frac{\mathfrak{x}_2}{\mathfrak{x}_3} = \frac{\mathfrak{y}}{\mathfrak{y}'}.$$

Dann lautet die Ellipsengleichung

$$\left(\frac{\mathfrak{x}}{\mathfrak{x}'}\right)^2 + \left(\frac{\mathfrak{y}}{\mathfrak{y}'}\right)^2 - 1 = 0.$$

Da der Punkt $\mathfrak{x} = \mathfrak{x}'$, $\mathfrak{y} = 0$, ebenso $\mathfrak{x} = 0$, $\mathfrak{y} = \mathfrak{y}'$ auf der Ellipse liegt, so sind $\mathfrak{x}'$, $\mathfrak{y}'$, die wir als positiv voraussetzen dürfen, die halben Längen der beiden konjugierten Durchmesser. Die Gleichung der Ellipse in bezug auf ihre Achsen sei

$$\left(\frac{x}{a}\right)^2 + \left(\frac{y}{b}\right)^2 - 1 = 0.$$

Die Invarianten J_1, J_2, J_3 müssen in beiden Fällen dieselben Werte haben, d. h. es muß sein

$$\left(\frac{1}{\mathfrak{x}'^2} + \frac{1}{\mathfrak{y}'^2}\right) : \sin^2\omega = \frac{1}{a^2} + \frac{1}{b^2},$$

$$\left(\frac{1}{\mathfrak{x}'^2} \cdot \frac{1}{\mathfrak{y}'^2}\right) : \sin^2\omega = \frac{1}{a^2} \cdot \frac{1}{b^2}.$$

Hieraus folgt durch Division

$$\mathfrak{x}'^2 + \mathfrak{y}'^2 = a^2 + b^2.$$

Die Längen konjugierter Durchmesser der Ellipse haben eine konstante Quadratsumme.

Ferner sieht man, daß

$$|\mathfrak{x}'\,\mathfrak{y}' \sin\omega| = ab.$$

$|\mathfrak{y}' \sin\omega|$ ist die Höhe und $\mathfrak{x}'$ die Basis des Dreiecks, das zwei Hälften der konjugierten Durchmesser einschließen. Dieses Dreieck hat also einen konstanten Inhalt. Dasselbe gilt von dem Parallelogramm, dessen Diagonalen die beiden Durchmesser sind.

Konjugierte Durchmesser sind die Diagonalen eines Parallelogramms von konstantem Inhalt.

Die beiden hier bewiesenen Sätze rühren von APOLLONIUS her.

Bei der Hyperbel gelten ähnliche Sätze.

Hier lautet die Gleichung in bezug auf zwei konjugierte Durchmesser

(†) $$\left(\frac{\mathfrak{x}}{\mathfrak{x}'}\right)^2 - \left(\frac{\mathfrak{y}}{\mathfrak{y}'}\right)^2 = 1. \qquad (\mathfrak{x}' > 0,\ \mathfrak{y}' > 0)$$

Der Punkt $\mathfrak{x} = \mathfrak{x}'$, $\mathfrak{y} = 0$ liegt auf der Hyperbel. Der eine Durchmesser, der die Hyperbel reell schneidet, der transversale Durchmesser, hat also die Länge $2\mathfrak{x}'$.

Der andere Durchmesser $\mathfrak{x} = 0$ ist ein transversaler Durchmesser für die Hyperbel

$$\left(\frac{\mathfrak{x}}{\mathfrak{x}'}\right)^2 - \left(\frac{\mathfrak{y}}{\mathfrak{y}'}\right)^2 = -1,$$

die komplementäre Hyperbel zu der betrachteten. Seine Länge st dort $2\mathfrak{y}'$.

Die Gleichung der ersten Hyperbel in bezug auf ihre Achsen laute

(††) $$\left(\frac{x}{a}\right)^2 - \left(\frac{y}{b}\right)^2 = 1.$$

Dann hat die zweite Hyperbel in bezug auf diese Achsen die Gleichung

$$\left(\frac{x}{a}\right)^2 - \left(\frac{y}{b}\right)^2 = -1.$$

Die Brennpunkte der komplementären Hyperbeln bilden die Gegenecken eines Quadrats und ihre Asymptoten sind dieselben. Die beiden Hyperbeln liegen so wie Fig. 48 auf S. 119 zeigt.

Wenn wir die nicht transversalen Durchmesser der Hyperbel (†) durch die komplementäre Hyperbel begrenzen, so können wir bei jedem Durchmesser von seiner Länge reden. Die beiden konjugierten Durchmesser, auf die sich die Gleichung (†) bezieht, haben die Längen $2\mathfrak{x}'$, $2\mathfrak{y}'$. Da die Invarianten von (†) und (††) übereinstimmen müssen (weil die konstanten Glieder gleich sind), so gelten die Gleichungen

$$\left(\frac{1}{\mathfrak{x}'^2} - \frac{1}{\mathfrak{y}'^2}\right) : \sin^2\omega = \frac{1}{a^2} - \frac{1}{b^2}.$$

$$\left(-\frac{1}{\mathfrak{x}'^2} \cdot \frac{1}{\mathfrak{y}'^2}\right) : \sin^2\omega = -\frac{1}{a^2} \cdot \frac{1}{b^2}.$$

Hieraus folgt durch Division

$$\mathfrak{x}'^2 - \mathfrak{y}'^2 = a^2 - b^2.$$

Konjugierte Durchmesser einer Hyperbel liefern Quadrate mit konstanter Differenz.

Außerdem ist

$$|\mathfrak{x}'\mathfrak{y}' \sin\omega| = ab.$$

Auch bei der Hyperbel gilt also der Satz, daß konjugierte Durchmesser die Diagonalen oder auch die Mittellinien eines Parallelogramms von konstantem Inhalt sind. Ein solches Parallelogramm ist in Fig. 48 zu sehen.

In § 71 betrachteten wir involutorische Affinitäten, die eine reelle Ellipse oder eine Hyperbel in sich überführen. Eine solche Affinität verwandelt konjugierte Durchmesser wieder in konjugierte Durchmesser und aus der geometrischen Bedeutung dieser involutorischen Affinitäten (vgl. S. 223) läßt sich ohne Schwierigkeit erkennen, daß daß Parallelogramm, dessen Diagonalen die beiden konjugierten Durchmesser sind, seinen Inhalt bewahrt. Nun kann man aber durch eine oder durch zwei solche Affinitäten jedes Paar konjugierter Durchmesser in jedes andere überführen. Damit ist der zweite Apollonische Satz bewiesen.

Nun wollen wir uns noch mit der Parabel beschäftigen. Ihre Gleichung lautete in passend gewählten affinen Koordinaten

$$\mathfrak{x}_2^2 - 2\mathfrak{x}_1\mathfrak{x}_3 = 0.$$

Dabei war $\mathfrak{x}_3 = 0$, wie bei affinen Koordinaten immer, die unendlich ferne Gerade; $\mathfrak{x}_2 = 0$ war eine zu ihr konjugierte Gerade und $\mathfrak{x}_1 = 0$ eine zu $\mathfrak{x}_2 = 0$ konjugierte Tangente der Parabel. $\mathfrak{x}_1 = 0$ und $\mathfrak{x}_3 = 0$ sind also kurz gesagt die Tangenten der Parabel in den

Endpunkten eines Parabeldurchmessers. Als Durchmesser der Parabel bezeichnen wir jede eigentliche Gerade, die durch den Pol der unendlich fernen Geraden hindurchgeht.

Benutzen wir $\mathfrak{x}_1 = 0$ und $\mathfrak{x}_2 = 0$ als Koordinatenachsen, so müssen wir setzen

$$\frac{\mathfrak{x}_1}{\mathfrak{x}_3} = \frac{\mathfrak{x}}{\mathfrak{x}'}, \qquad \frac{\mathfrak{x}_2}{\mathfrak{x}_3} = \frac{\mathfrak{y}}{\mathfrak{y}'}$$

und $\mathfrak{x}'$, $\mathfrak{y}'$ sind die Koordinaten des Einheitspunktes. Die Parabelgleichung nimmt die Form an

$$\mathfrak{y}^2 - 2\mathfrak{p}\mathfrak{x} = 0. \qquad \left(\mathfrak{p} = \frac{\mathfrak{y}'^2}{\mathfrak{x}'}\right)$$

In bezug auf die Achse und die Scheiteltangente laute sie

$$y^2 - 2px = 0.$$

Die Invarianten von

$$\mathfrak{y}^2 - 2\mathfrak{p}\mathfrak{x} \quad \text{und} \quad \varrho(y^2 - 2px)$$

müssen übereinstimmen, d. h. es muß sein

$$\frac{1}{\sin^2\omega} = \varrho,$$

$$\frac{1}{\sin^2\omega}\begin{vmatrix} 0 & 0 & -\mathfrak{p} \\ 0 & 1 & 0 \\ -\mathfrak{p} & 0 & 0 \end{vmatrix} = \varrho^3 \begin{vmatrix} 0 & 0 & -p \\ 0 & 1 & 0 \\ -p & 0 & 0 \end{vmatrix}$$

oder

$$\frac{1}{\sin^2\omega} = \varrho, \qquad \frac{\mathfrak{p}^2}{\sin^2\omega} = \varrho^3 p^2.$$

Hieraus folgt

$$\mathfrak{p}\sin^2\omega = p.$$

In der Parabel $y^2 - 2px = 0$ sei eine Sehne A, B gezeichnet. Den dazu konjugierten Durchmesser (die Polare des unendlich fernen Punktes von A, B) machen wir zur $\mathfrak{x}$-Achse. Die $\mathfrak{y}$-Achse wird die Tangente im Punkte C (Fig. 95). Wir wollen den Inhalt des Dreiecks ABC berechnen. Wenn wir den Mittelpunkt von AB mit D bezeichnen, so ist das der doppelte Inhalt von BCD. Der Punkt B habe die Koordinaten $\mathfrak{x}, \mathfrak{y}$. Dann hat BCD die Basis $\mathfrak{x}$ und die Höhe $\mathfrak{y}\sin\omega$, also den Inhalt $\frac{1}{2}\mathfrak{x}\mathfrak{y}\sin\omega$. Der Inhalt von ABC ist hiernach gleich $\mathfrak{x}\mathfrak{y}\sin\omega$. Nach der Parabelgleichung $\mathfrak{y}^2 - 2\mathfrak{p}\mathfrak{x} = 0$ hat man $\mathfrak{x} = \mathfrak{y}^2 : 2\mathfrak{p}$. Also wird der Inhalt von ABC gleich

$$\frac{\mathfrak{y}^3\sin\omega}{2\mathfrak{p}},$$

d. h. gleich

$$\frac{(2\mathfrak{y}\sin\omega)^3}{16p}.$$

$2\mathfrak{y}\sin\omega$ mißt die Projektion von AB auf die Scheiteltangente der Parabel. Nur von dieser Projektion hängt der Inhalt des Dreiecks ABC ab, und zwar ist er proportional zu ihrer dritten Potenz.

Hieraufberuht das Verfahren des ARCHIMEDES zur Berechnung eines Parabelsegments, d. h. des Stückes S vom Innern der Parabel, welches durch eine Sehne wie AB abgetrennt wird. Man konstruiert das Dreieck ABC, indem man durch die Mitte von AB eine Parallele zur Parabelachse zieht. Dieses Dreieck ist ganz in S enthalten. Das Innere der Parabel ist nämlich ein konvexes

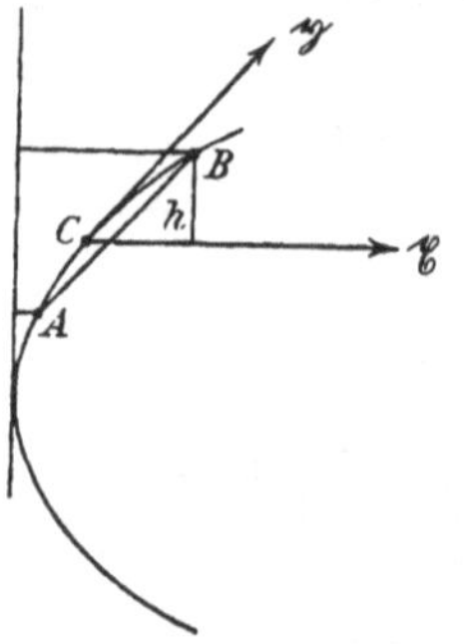

Fig. 95.

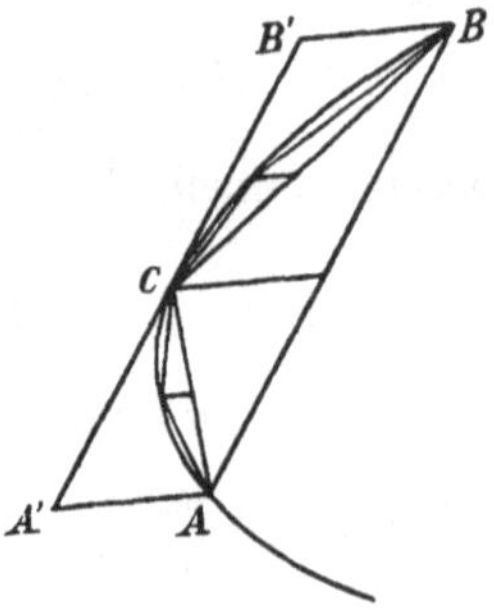

Fig. 96.

Gebiet. Wenn man zwei innere Punkte P, Q durch eine Strecke verbindet, so gehört diese auch dem Innern der Parabel an. Der unendlich ferne Punkt von P, Q ist nämlich ein äußerer Punkt; seine Polare trifft die Parabel in reellen Punkten. Geht man von P auf P, Q ins Unendliche, aber nicht über Q, so trifft man notwendig die Parabel, ebenso, wenn man von Q auf P, Q ins Unendliche geht, aber nicht über P. Zwischen P und Q gibt es also keinen Punkt der Parabel, folglich auch keinen äußeren Punkt.

Da das Dreieck ABC mit allen seinen Punkten in S liegt, so ist der Inhalt $\triangle$ von ABC kleiner als S. Nun werden über den Sehnen AC und CB ebensolche Dreiecke konstruiert wie vorhin über AB. Da die Projektionen dieser Sehnen auf die Scheiteltangente nur halb so groß sind als die Projektion von AB, so ist jedes der beiden Dreiecke gleich $\frac{1}{8}\triangle$, beide zusammen also gleich

$\frac{1}{4}\triangle$. Zu jedem dieser Dreiecke werden nun wieder zwei neue Dreiecke konstruiert. Ihre Inhalte sind zusammen gleich $\frac{1}{4^2}\triangle$ usf. Man bleibt, wie weit man dieses Verfahren auch fortsetzt, immer in S. Daher ist der Inhalt von S größer als

$$\triangle\left\{1+\frac{1}{4}+\frac{1}{4^2}+\dots+\frac{1}{4^{n-1}}\right\}.$$

Wenn wir aus dem Dreieck ABC ein Parallelogramm machen, indem wir durch A und B Parallelen zur Achse ziehen, und durch C eine Parallele zu AB, so ist S in diesem Parallelogramm enthalten. Der Inhalt des Parallelogramms ist doppelt so groß wie der des Dreiecks.

Wenden wir dies auf die letzten Dreiecke an, die wir bei dem obigen Verfahren konstruierten, so können wir sagen, daß der Rest, der von S noch übrig geblieben ist, jedenfalls kleiner ist als $\triangle : 4^{n-1}$.

Daher erfüllt S die Ungleichungen

$$\triangle\left(1+\dots+\frac{1}{4^{n-1}}\right) < S < \triangle\left(1+\dots+\frac{1}{4^{n-1}}\right)+\frac{\triangle}{4^{n-1}}.$$

Hieraus folgt

$$S=\triangle\left(1+\frac{1}{4}+\frac{1}{4^2}+\dots\right)=\frac{4}{3}\triangle.$$

S ist also um ein Drittel größer als $\triangle$.

§ 79. Ellipse und Hyperbel bezogen auf einen Durchmesser und eine dazu konjugierte Tangente.

Die Parabel bezogen wir auf einen Durchmesser und die Tangente in seinem eigentlichen Schnittpunkt mit der Parabel.

Wir wollen jetzt auch die Ellipse und Hyperbel auf zwei solche Achsen beziehen, d. h. auf einen Durchmesser und die Tangente in einem seiner Endpunkte. Bei der Hyperbel nehmen wir einen transversalen Durchmesser.

Der Durchmesser sei die $\mathfrak{x}$-Achse, die Tangente die $\mathfrak{y}$-Achse, Homogen geschrieben laute die Gleichung der Kurve $\sum \mathfrak{a}_{rs}\mathfrak{x}_r\mathfrak{x}_s = 0$.

$\mathfrak{x}_3 = 0$ ist die unendlich ferne Gerade, $\mathfrak{x}_2 = 0$ der Durchmesser und $\mathfrak{x}_1 = 0$ die Tangente in einem seiner Endpunkte.

Da die Tangente durch den (unendlich fernen) Pol des Durchmessers hindurchgeht, so ist 0, 1, 0 der Pol von $\mathfrak{x}_2 = 0$, d. h. man hat $\mathfrak{a}_{12} = \mathfrak{a}_{23} = 0$. Ferner ist 0, 0, 1 der Pol von $\mathfrak{x}_1 = 0$, also auch $\mathfrak{a}_{33} = 0$. Die Gleichung der Kurve reduziert sich somit auf

$$\mathfrak{a}_{11}\mathfrak{x}_1{}^2 + \mathfrak{a}_{22}\mathfrak{x}_2{}^2 + 2\mathfrak{a}_{13}\mathfrak{x}_1\mathfrak{x}_3 = 0.$$

Die Koeffizienten sind alle von Null verschieden, weil es sich um eine Ellipse oder Hyperbel handelt. Wir können die Gleichung daher auch so schreiben

$$\mathfrak{x}_2{}^2 = 2\mathfrak{p}\mathfrak{x}_1\mathfrak{x}_3 + \mathfrak{q}\mathfrak{x}_1{}^2\left(\mathfrak{p} = -\frac{\mathfrak{a}_{13}}{\mathfrak{a}_{22}}, \qquad \mathfrak{q} = -\frac{\mathfrak{a}_{11}}{\mathfrak{a}_{22}}\right)$$

oder inhomogen:

$$(*) \qquad \mathfrak{y}^2 = 2\mathfrak{p}\mathfrak{x} + \mathfrak{q}\mathfrak{x}^2.$$

Ob dies eine Ellipse oder Hyperbel ist, hängt von dem Zeichen der Invariante J_2 ab. J_2 hat aber hier dasselbe Zeichen wie

$$\begin{vmatrix} \mathfrak{q} & 0 \\ 0 & -1 \end{vmatrix} = -\mathfrak{q}.$$

Für $\mathfrak{q} > 0$ haben wir also eine Hyperbel. Da übertrifft die rechte Seite vom (*) $2\mathfrak{p}\mathfrak{x}$. Für $\mathfrak{q} < 0$ haben wir eine Ellipse. Da untertrifft die rechte Seite von (*) $2\mathfrak{p}\mathfrak{x}$. *υπεϱβολη* bedeutet das Übertreffen, *εκλειψις* das Untertreffen. Wenn $\mathfrak{q} = 0$ wird, die rechte Seite von (*) also gleich $2\mathfrak{p}\mathfrak{x}$, so haben wir eine Parabel. *παϱαβολη* bedeutet das Gleichsein. Dies ist der Ursprung der Bezeichnungen Ellipse, Hyperbel und Parabel.

Die beiden Kurven

$$\mathfrak{y}^2 = 2\mathfrak{p}\mathfrak{x} + \mathfrak{q}\mathfrak{x}^2 \quad \text{und} \quad \mathfrak{y}^2 = 2\mathfrak{p}\mathfrak{x} + \mathfrak{q}'\mathfrak{x}^2$$

haben im Anfangspunkt ein Element dritter Ordnung gemein, d. h. alle vier Schnittpunkte fallen im Anfangspunkt zusammen. $\mathfrak{y}^2 = 2\mathfrak{p}\mathfrak{x} + \lambda\mathfrak{x}^2$ ist ein Büschel vom Typus der Figur 80 in § 61. $\mathfrak{y}^2 = 2\mathfrak{p}\mathfrak{x}$ nennt man die oskulierende Parabel der Kurven $\mathfrak{y}^2 = 2\mathfrak{p}\mathfrak{x} + \lambda\mathfrak{x}^2 (\lambda \neq 0)$ im Punkte $\mathfrak{x} = 0$, $\mathfrak{y} = 0$. Man kann zu ihr auch auf folgende Weise gelangen. Eine Parabel, die durch diesen Punkt hindurchgeht und die Tangente $\mathfrak{x} = 0$ hat, wird durch eine Gleichung von der Form

$$(\mathfrak{y} + \varrho\mathfrak{x})^2 + 2\sigma\mathfrak{x} = 0.$$

Um ihre Schnittpunkte mit $\mathfrak{y}^2 = 2\mathfrak{p}\mathfrak{x} + \mathfrak{q}\mathfrak{x}^2$ zu ermitteln ($\mathfrak{q} \neq 0$), subtrahieren wir beide Gleichungen. Dadurch erhalten wir

$$\mathfrak{x}\{2\varrho\mathfrak{y} + (\varrho^2 + \mathfrak{q})\mathfrak{x} + 2(\sigma + \mathfrak{p})\} = 0.$$

$\mathfrak{x} = 0$ liefert den doppelt zählenden Punkt $\mathfrak{x} = 0$, $\mathfrak{y} = 0$. Aber die Gerade

$$2\varrho\mathfrak{y} + (\varrho^2 + \mathfrak{q})\mathfrak{x} + 2(\sigma + \mathfrak{p}) = 0$$

schneidet auf $\mathfrak{y}^2 = 2\mathfrak{p}\mathfrak{x} + \mathfrak{q}\mathfrak{x}^2$ noch zwei weitere gemeinsame Punkte aus. Sie fallen nur dann beide mit $\mathfrak{x} = 0$, $\mathfrak{y} = 0$ zusammen, wenn die Gerade sich auf $\mathfrak{x} = 0$ reduziert, wenn also $\varrho = 0$, $\sigma = -\mathfrak{p}$ ist. Dann haben wir aber die Parabel $\mathfrak{y}^2 - 2\mathfrak{p}\mathfrak{x} = 0$.

Unter den Hyperbeln $\mathfrak{y}^2 = 2\mathfrak{p}\mathfrak{x} + \lambda\mathfrak{x}^2 (\lambda > 0)$ gibt es eine gleichseitige, d. h. eine mit gleichen Achsen. Lautet die kanonische Gleichung der Hyperbel $\mathfrak{y}^2 = 2\mathfrak{p}\mathfrak{x} + \lambda\mathfrak{x}^2 (\lambda > 0)$

$$\frac{x^2}{a^2} - \frac{y^2}{b^2} - 1 = 0,$$

so müssen die Invarianten von $\mathfrak{y}^2 - 2\mathfrak{p}\mathfrak{x} - \lambda\mathfrak{x}^2$ und $\sigma\left(\frac{x^2}{a^2} - \frac{y^2}{b^2} - 1\right)$ übereinstimmen, d. h. es muß insbesondere

$$\sigma\left(\frac{1}{a^2} - \frac{1}{b^2}\right) = \frac{1 - \lambda}{\sin^2\omega}$$

sein. Im Falle $\lambda = 1$ wird, wie man sieht, $a^2 = b^2$. Die Hyperbel

$$\mathfrak{y}^2 = 2\mathfrak{p}\mathfrak{x} + \mathfrak{x}^2$$

ist also gleichseitig. Man nennt sie die oskulierende gleichseitige Hyperbel von $\mathfrak{y}^2 = 2\mathfrak{p}\mathfrak{x} + \mathfrak{q}\mathfrak{x}^2 (\mathfrak{q} \mp 1)$ im Punkte $\mathfrak{x} = 0$, $\mathfrak{y} = 0$. Sie ist die einzige gleichseitige Hyperbel, die mit dieser Kurve nur den (vierfach zählenden) Punkt $\mathfrak{x} = 0$, $\mathfrak{y} = 0$ gemein hat. Daß $\mathfrak{y}^2 = 2\mathfrak{p}\mathfrak{x} + \mathfrak{x}^2$ eine gleichseitige Hyperbel ist, kann man auch direkt erkennen. Die Asymptoten werden nämlich dargestellt durch $\mathfrak{y}^2 - \mathfrak{x}^2 = 0$, d. h. sie sind die Geraden

$$\mathfrak{y} - \mathfrak{x} = 0, \qquad \mathfrak{y} + \mathfrak{x} = 0,$$

also die Winkelhalbierenden der Koordinatenachsen. Diese Winkelhalbierenden stehen aber senkrecht aufeinander. Daher hat die Hyperbel orthogonale Asymptoten, wodurch sie als gleichseitige Hyperbel charakterisiert ist.

Der Mittelpunkt der oskulierenden gleichseitigen Hyperbel ist der Pol der unendlich fernen Geraden $\mathfrak{x}_3 = 0$. Soll sich die Polare von $(\mathfrak{x}')$ in bezug auf $\mathfrak{x}_2 = 2\mathfrak{p}\mathfrak{x}_1\mathfrak{x}_3 + \mathfrak{x}_1^2$, deren Gleichung

$$\mathfrak{x}_2\mathfrak{x}_2' = \mathfrak{p}(\mathfrak{x}_1\mathfrak{x}_3' + \mathfrak{x}_3\mathfrak{x}_1') + \mathfrak{x}_1\mathfrak{x}_1'$$

ist, auf $\mathfrak{x}_3 = 0$ reduzieren, so muß $(\mathfrak{x}')$ die Bedingungen

$$\mathfrak{x}_1' + \mathfrak{p}\mathfrak{x}_3' = 0, \qquad \mathfrak{x}_2' = 0$$

erfüllen. Der Mittelpunkt der oskulierenden gleichseitigen Hyperbel von $\mathfrak{y}^2 = 2\mathfrak{p}\mathfrak{x} + \mathfrak{q}\mathfrak{x}^2 (\mathfrak{q} \neq 1)$ hat also die Koordinaten

$$\mathfrak{x}' = -\mathfrak{p}, \qquad \mathfrak{y}' = 0.$$

Nehmen wir $\mathfrak{q} \neq 0$ an, so hat der Mittelpunkt von $\mathfrak{y}^2 = 2\mathfrak{p}\mathfrak{x} + \mathfrak{q}\mathfrak{x}^2$ die Koordinaten

$$\mathfrak{x} = -\frac{\mathfrak{p}}{\mathfrak{q}}, \qquad \mathfrak{y} = 0.$$

Der Mittelpunkt der oskulierenden gleichseitigen Hyperbel teilt also den zugehörigen Durchmesser nach einem von $\mathfrak{p}$ unabhängigen Teilverhältnis. Zwischen dem Berührungspunkt und dem Mittelpunkt der oskulierenden gleichseitigen Hyperbel liegt ein Abschnitt, der sich zu dem halben Durchmesser verhält wie $-\mathfrak{p}$ zu $-\frac{\mathfrak{p}}{\mathfrak{q}}$, d. h. wie $\mathfrak{q}$ zu 1.

Im Falle der Parabel ($\mathfrak{q} = 0$) ist die $\mathfrak{x}$-Achse parallel zur Parabelachse. Man sieht leicht, daß

$$\mathfrak{x}_1 + \mathfrak{x}_2 \cos\omega = 0$$

eine Senkrechte zur $\mathfrak{x}$-Achse ist. Der unendlich ferne Punkt dieser Senkrechten, d. h. der Punkt $-\cos\omega$, 1, 0 hat als Polare die Parabelachse. Die Polare dieses Punktes in bezug auf $\mathfrak{x}_2{}^2 - 2\mathfrak{p}\mathfrak{x}_1\mathfrak{x}_3 = 0$ lautet aber

$$\mathfrak{x}_2 + \mathfrak{p}\mathfrak{x}_3 \cos\omega = 0.$$

Sie schneidet die Parabel außer im Unendlichen noch in dem Punkte $\frac{1}{2}\mathfrak{p}\cos^2\omega$, $-\mathfrak{p}\cos\omega$, 1. Das ist der Scheitel der Parabel. Seine Polare, die Scheiteltangente, wird dargestellt durch

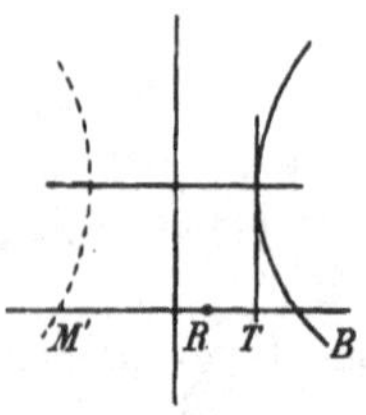

Fig. 97.

$$\mathfrak{x}_1 + \mathfrak{x}_2 \cos\omega + \frac{1}{2}\mathfrak{p}\mathfrak{x}_3 \cos^2\omega = 0$$

oder

$$\mathfrak{x} + \mathfrak{y} \cos\omega + \frac{\mathfrak{p}}{2}\cos^2\omega = 0.$$

Sie trifft die $\mathfrak{x}$-Achse in dem Punkte T mit der Abszisse

$$\mathfrak{x} = -\frac{\mathfrak{p}}{2}\cos^2\omega.$$

Der Mittelpunkt M' der oskulierenden gleichseitigen Hyperbel liegt, wie wir wissen, auch auf der $\mathfrak{x}$-Achse, hat aber die Abszisse $-\mathfrak{p}$. Wählen wir auf der $\mathfrak{x}$-Achse einen Punkt R so, daß (vgl. Fig. 97)

$$\overline{BR} = 2\overline{BT}, \quad \text{d. h.} \quad \overline{BT} = \overline{TR}$$

ist, so haben wir

$$\overline{BM'} = -\mathfrak{p}, \qquad \overline{BR} = -\mathfrak{p}\cos^2\omega,$$

also

$$\overline{BR} - \overline{BM'} = \overline{M'R} = \mathfrak{p}\sin^2\omega = p. \qquad \text{(vgl. S. 247)}$$

R ist das Spiegelbild von B in bezug auf die Scheiteltangente. M' entsteht hieraus durch die Translation $-p$ in der Achsenrichtung der Parabel. Die Reihenfolge dieser beiden Operationen läßt sich durch eine einzige Spiegelung an einer Parallelen zur Scheiteltangente ersetzen. Um zu erkennen, wie sie liegt, nehme man $\omega = \pi/2$. Dann fällt R mit B zusammen und der Mittelpunkt von BM' oder RM' bekommt die Abszisse $-p/2$. Die Parallele ist also die Leitlinie (vgl. S. 125).

Die Mittelpunkte der oskulierenden gleichseitigen Hyperbeln einer Parabel liegen auf dem Spiegelbild der Parabel in bezug auf ihre Leitlinie.

§ 80. Die Hyperbel bezogen auf ihre Asymptoten.

In bezug auf zwei konjugierte Durchmesser und die unendlich ferne Gerade als Fundamentaldreieck lautet die Gleichung einer Hyperbel (bei geeigneter Wahl des Einheitspunktes) $\mathfrak{x}_1^2 - \mathfrak{x}_2^2 - \mathfrak{x}_3^2 = 0$ oder

$$(\mathfrak{x}_1 - \mathfrak{x}_2)(\mathfrak{x}_1 + \mathfrak{x}_2) - \mathfrak{x}_3^2 = 0.$$

Setzt man

$$\mathfrak{z}_1 = \frac{1}{2}(\mathfrak{x}_1 - \mathfrak{x}_2), \qquad \mathfrak{z}_2 = \mathfrak{x}_1 + \mathfrak{x}_2, \qquad \mathfrak{z}_3 = \mathfrak{x}_3,$$

so nimmt die Gleichung die Form an

$$(1) \qquad 2\mathfrak{z}_1\mathfrak{z}_2 - \mathfrak{z}_3^2 = 0.$$

Das Fundamentaldreieck besteht hier aus den Asymptoten der Hyperbel und aus der unendlich fernen Geraden.

Wir wollen jetzt die beiden Asymptoten als schiefwinklige Achsen benutzen. Dann müssen wir setzen (vgl. S. 215)

$$\frac{\mathfrak{z}_1}{\mathfrak{z}_3} = \frac{\mathfrak{x}}{\mathfrak{x}'}, \qquad \frac{\mathfrak{z}_2}{\mathfrak{z}_3} = \frac{\mathfrak{y}}{\mathfrak{y}'}.$$

Gleichung (1) verwandelt sich dabei in

$$2\mathfrak{x}\mathfrak{y} = c. \qquad (c = \mathfrak{x}'\mathfrak{y}')$$

Homogen geschrieben lautet diese Gleichung

$$2\mathfrak{x}_1\mathfrak{x}_2 - c\mathfrak{x}_3^2 = 0. \tag{2}$$

Jetzt haben aber die $\mathfrak{x}$ eine andre Bedeutung wie zu Anfang.

(2) ist eine Kurve des Büschels

$$\lambda\mathfrak{x}_1\mathfrak{x}_2 + \mu\mathfrak{x}_3^2 = 0.$$

Dieses Büschel ist vom Typus der Fig. 73 auf S. 192. Es besteht aus Kurven zweiter Ordnung, die die Geraden $\mathfrak{x}_1\mathfrak{x}_2 = 0$ in ihren Schnittpunkten mit $\mathfrak{x}_3 = 0$ berühren, also aus allen Hyperbeln mit den Asymptoten $\mathfrak{x}_1\mathfrak{x}_2 = 0$ und aus gewissen ausgearteten Kurven. Diese sind erstens das Asymptotenpaar, zweitens die Gerade $\mathfrak{x}_3 = 0$ (doppelt zählend).

Wir wissen, daß ein Büschel von Kurven zweiter Ordnung auf einer Geraden, die durch keinen Fundamentalpunkt hindurchgeht (d. h., im vorliegenden Falle, zu keiner Asymptote parallel ist), eine (nichtausgeartete) Involution bestimmt. Lassen wir die Gerade eine Tangente der Hyperbel (2) sein, so ist der Berührungspunkt einer der Doppelpunkte der erwähnten Involution. Der andre Doppelpunkt ist der unendlich ferne Punkt, in welchem die Schnittpunkte mit $\mathfrak{x}_3^2 = 0$ zusammenfallen. Zu diesen beiden Punkten sind alle Paare der Involution harmonisch, insbesondere also das Schnittpunktepaar mit den Asymptoten.

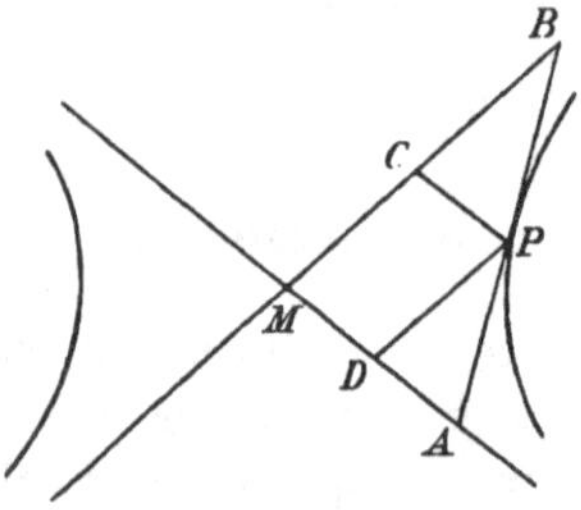

Fig. 98.

Die Asymptoten bestimmen auf der Hyperbeltangente eine Strecke, die der Berührungspunkt halbiert.

Zieht man durch den Berührungspunkt P Parallelen zu den Koordinatenachsen, so entsteht ein Parallelogramm vom Inhalt $|\mathfrak{x}\mathfrak{y}\sin\omega|$, also von konstantem Inhalt. Die Dreiecke PBC und PAD sind halb so groß wie das Parallelogramm. Daher hat das Dreieck ABM ebenfalls einen konstanten Inhalt.

Eine Hyperbeltangente bestimmt zusammen mit den Asymptoten ein Dreieck von konstantem Inhalt.

§ 81. Brennpunkte der Kurven zweiter Ordnung.

Wenn eine nichtausgeartete Kurve zweiter Ordnung vorliegt, $\sum a_{rs}x_r x_s = 0$, so hat man in jedem Geradenbüschel eine Involution. Jedes Paar dieser Involution besteht aus zwei Geraden, die in bezug auf die Kurve konjugiert sind. Diese Involution kann orthogonal sein, d. h. es kann jedes Paar aus zwei zueinander senkrechten Geraden bestehen. Ist dies der Fall, so soll der Träger des Geradenbüschels ein Brennpunkt heißen. Ist P kein Brennpunkt, so gibt es durch P nur ein orthogonales Paar von konjugierten Geraden. Der Mittelpunkt eines Kreises ist z. B. ein Brennpunkt in diesem Sinne, der Mittelpunkt einer Ellipse oder Hyperbel aber nicht.

Ist P ein Brennpunkt und zieht man durch ihn einen Durchmesser, so ist dieser konjugiert zu dem in P auf ihm errichteten Lot. Denn je zwei orthogonale Geraden durch P sind konjugiert. Bei der Ellipse oder Hyperbel ist also der genannte Durchmesser eine der Achsen, bei der Parabel die Achse.

Nehmen wir bei der Ellipse

$$\frac{x^2}{a^2} + \frac{y^2}{b^2} = 1 \qquad (a^2 > b^2)$$

einen Punkt x_0, 0 auf der x-Achse, so wird eine Gerade durch ihn die Gleichung

$$\lambda(x - x_0) + \mu y = 0 \tag{1}$$

haben. Drehen wir diese Gerade um einen Rechten, so lautet ihre Gleichung

$$-\mu(x - x_0) + \lambda y = 0. \tag{2}$$

Die beiden Geraden haben die Koordinaten

$$\lambda,\ \mu,\ -\lambda x_0 \quad \text{und} \quad -\mu,\ \lambda,\ \mu x_0.$$

Sollen sie konjugiert sein, so müssen sie die Gleichung

$$\begin{vmatrix} \frac{1}{a^2} & 0 & 0 & u_1 \\ 0 & \frac{1}{b^2} & 0 & u_2 \\ 0 & 0 & -1 & u_3 \\ v_1 & v_2 & v_3 & 0 \end{vmatrix} = 0$$

erfüllen, d. h.

$$a^2 u_1 v_1 + b^2 u_2 v_2 - u_3 v_3 = 0.$$

Setzt man die Koordinaten der beiden Geraden ein, so ergibt sich

$$\lambda\mu(x_0^2 - a^2 + b^2) = 0. \tag{3}$$

Wenn $x_0^2 \gtrless a^2 - b^2$ ist, so gibt es durch x_0, 0 nur ein Paar von orthogonalen konjugierten Geraden, nämlich $y = 0$ und $x = x_0$.

Ist dagegen

$$x_0 = \pm \sqrt{a^2 - b^2},$$

so besteht jedes orthogonale Geradenpaar durch x_0, 0 aus konjugierten Geraden. Man sieht, daß es auf der großen Achse zwei reelle Brennpunkte gibt, die mit den Punkten zusammenfallen, die wir schon in § 43 als Brennpunkte bezeichneten.

Außer diesen beiden reellen Brennpunkten gibt es noch auf der andern Achse die beiden konjugiert imaginären Brennpunkte $x = 0$, $y = i\sqrt{a^2 - b^2}$. Statt der Gleichung (3) erhalten wir jetzt nämlich, weil die Achsen ihre Rollen vertauscht haben,

$$\lambda \mu (y_0^2 - b^2 + a^2) = 0.$$

Führt man dieselbe Untersuchung bei der Hyperbel

$$\frac{x^2}{a^2} - \frac{y^2}{b^2} = 1$$

durch, so findet man auf der x-Achse (der transversalen Achse) die beiden reellen Brennpunkte

$$x = \pm \sqrt{a^2 + b^2}, \quad y = 0.$$

Sie fallen mit den Punkten zusammen, die wir schon früher als die Brennpunkte der Hyperbel bezeichneten. Außerdem gibt es noch auf der y-Achse die beiden konjugiert imaginären Brennpunkte

$$x = 0, \quad y = \pm i \sqrt{a^2 + b^2}.$$

Bei der Parabel $y^2 = 2px$ kann es nur auf der Achse, d. h. auf $y = 0$ einen Brennpunkt geben. Die beiden Geraden (1) und (2) sind in bezug auf die Parabel konjugiert, wenn sie die Gleichung

$$\begin{vmatrix} 0 & 0 & -p & u_1 \\ 0 & 1 & 0 & u_2 \\ -p & 0 & 0 & u_3 \\ v_1 & v_2 & v_3 & 0 \end{vmatrix} = 0$$

erfüllen, d. h.

$$(*) \qquad u_1 v_3 + u_3 v_1 - p u_2 v_2 = 0.$$

Setzt man hier die Koordinaten der beiden Geraden (1), (2) ein, so ergibt sich

$$\lambda \mu (2x_0 - p) = 0,$$

d. h. $x_0 = \frac{p}{2}$.

Wenn man den Punkt x_0, 0 durch homogene Koordinaten x_1', 0, x_3' charakterisiert, so werden die Geraden (1), (2) dargestellt durch

$$\lambda(x_1 x_3' - x_3 x_1') + \mu x_2 x_3' = 0,$$

$$-\mu(x_1 x_3' - x_3 x_1') + \lambda x_2 x_3' = 0.$$

Ihre Koordinaten lauten

$$\lambda x_3',\ \mu x_3'\ -\lambda x_1' \quad \text{und} \quad -\mu x_3',\ \lambda x_3',\ \mu x_1'.$$

Setzt man sie in (*) ein, so kommt

$$\lambda\mu(2x_3' x_1' - p x_3'^2) = 0.$$

Jetzt hat man

$$2x_1' x_3' - p x_3'^2 = 0,$$

d. h. entweder $x_3' = 0$ oder $x_1' = \frac{p}{2} x_3'$. Man kann hiernach auch den unendlich fernen Punkt der Parabel als Brennpunkt bezeichnen. Der andre Brennpunkt ist übrigens derselbe Punkt, den wir auch früher so nannten.

Bei einem Brennpunkt sind alle Paare konjugierter Geraden, wie wir wissen, orthogonal. Die Doppelgeraden dieser Involution sind die Verbindungslinien des Brennpunktes mit den beiden Kreispunkten. Andererseits sind aber diese Doppelgeraden die von dem Brennpunkt an die Kurve gelegten Tangenten. Diese Tangenten gehen also durch die beiden Kreispunkte hindurch.

Die gemeinsamen Geraden der betrachteten Kurve zweiter Klasse und des Kreispunktepaares schneiden sich also außer in den Kreispunkten in den Brennpunkten der Kurve. Das wissen wir schon aus § 67. Dort kam auch schon einiges von den Brennpunktseigenschaften der Kurven zweiter Ordnung vor.

Zu einer eigentlichen Geraden[1] gibt es eine konjugierte, die auf ihr senkrecht steht. Man braucht nämlich nur durch den Pol der Geraden eine Senkrechte zu ihr zu ziehen. Wenn wir z. B. die Ellipse oder Hyperbel

$$a_1 x_1^2 + a_2 x_2^2 + a_3 x_3^2 = 0 \qquad (a_1 a_2 a_3 \neq 0)$$

betrachten, so hat die Gerade (u) den Pol

$$x_1 = \frac{u_1}{a_1}, \qquad x_2 = \frac{u_2}{a_2}, \qquad x_3 = \frac{u_3}{a_3}.$$

[1] Wir nehmen an, daß sie kein Durchmesser ist.

Die zu (u) konjugierte und orthogonale Gerade (v) erfüllt die beiden Bedingungen

$$(\dagger) \qquad \begin{cases} \frac{u_1 v_1}{a_1} + \frac{u_2 v_2}{a_2} + \frac{u_3 v_3}{a_3} = 0, \\ u_1 v_1 + u_2 v_2 \qquad\qquad = 0. \end{cases}$$

Die Gleichungen der beiden Geraden lauten

$$\sum u_r x_r = 0, \qquad \sum v_r x_r = 0.$$

Die Schnittpunkte mit $x_2 = 0$ haben also auf der x-Achse die homogenen Koordinaten

$$u_3, \ -u_1 \quad \text{bzw.} \quad v_3, \ -v_1.$$

Nach $(\dagger)$ ist aber

$$u_1 v_1 \left(\frac{1}{a_1} - \frac{1}{a_2}\right) + \frac{u_3 v_3}{a_3} = 0.$$

Nennen wir die Koordinaten jener beiden Schnittpunkte x_1, x_3 bzw. y_1, y_3, so läßt sich die letzte Gleichung so schreiben

$$x_3 y_3 \left(\frac{1}{a_1} - \frac{1}{a_2}\right) + \frac{x_1 y_1}{a_3} = 0.$$

Das ist eine Involution, deren Doppelpunkte durch

$$(\dagger\dagger) \qquad x_3^2 \left(\frac{1}{a_1} - \frac{1}{a_2}\right) + \frac{x_1^2}{a_3} = 0$$

definiert sind. Man kann voraussehen,, daß diese Doppelpunkte die Brennpunkte sind. Der Leser möge es mittelst $(\dagger\dagger)$ bei der Ellipse $\frac{x_1^2}{a^2} + \frac{x_2^2}{b^2} - x_3^2 = 0$ und der Hyperbel $\frac{x_1^2}{a^2} - \frac{x_2^2}{b^2} - x_3^2 = 0$ bestätigen. Die Betrachtung läßt sich ebenso bei der andern Achse durchführen.

Bei der Parabel $x_2^2 - 2p\,x_1 x_3 = 0$ sind Pol und Polare durch die Gleichungen

$$u_1 = -p\,x_3, \quad u_2 = x_2, \quad u_3 = -p\,x_1$$

verbunden. Die zu (u) konjugierte und senkrechte Gerade muß also die Bedingungen

$$\begin{aligned} u_3 v_1 - p\,u_2 v_2 + u_1 v_3 &= 0, \\ u_1 v_1 + u_2 v_2 \qquad\quad &= 0 \end{aligned}$$

erfüllen. Die Schnittpunkte von (u) und (v) mit $x_2 = 0$, d. h. mit 0, 1, 0 haben die Koordinaten $u_3, 0, -u_1$; $v_3, 0, -v_1$. Da nun

$$u_1 v_3 + u_3 v_1 + p\,u_1 v_1 = 0$$

ist, so haben wir auf $x_3 = 0$ die Involution

$$x_1 y_3 + x_3 y_1 - p x_3 y_3 = 0.$$

Ihre Doppelpunkte sind bestimmt durch

$$2 x_1 x_3 - p x_3^2 = 0.$$

Der eine ist der Brennpunkt, der andre der unendlich ferne Punkt (der uneigentliche Brennpunkt) der Parabel.

Wenn man durch einen Punkt P die beiden orthogonalen konjugierten Geraden zieht (bei einer Ellipse, Hyperbel oder Parabel), so schneiden sie jede Achse (bei der Parabel die Achse) in zwei Punkten, die zu den auf dieser Achse liegenden Brennpunkten harmonisch sind.

Nimmt man die Achse der reellen Brennpunkte (die Fokalachse) und verbindet P mit den beiden Brennpunkten F_1, F_2, so sind die orthogonalen konjugierten Geraden durch P harmonisch zu PF_1, PF_2. Sie sind also die Winkelhalbierenden dieser beiden Geraden. Ebenso sind sie aber auch die Winkelhalbierenden des von P an die Kurve gezogenen Tangentenpaares. Dieses Tangentenpaar hat also dieselben Winkelhalbierenden wie das Geradenpaar PF_1, PF_2. Fällt P auf die Kurve, so werden die beiden orthogonalen konjugierten Geraden die Tangente und die Normale der Kurve im Punkte P. Die beiden Tangenten von P an die Kurve fallen in eine zusammen und die Winkelhalbierenden des Tangentenpaares sind die Tangente und die Normale. Tangente und Normale halbieren also die Winkel der Verbindungslinien des Kurvenpunktes mit dem Brennpunkt. Diese Eigenschaft lernten wir schon früher kennen, wenigstens bei der Ellipse und Hyperbel. Bei der Parabel ist der eine Brennpunkt der unendlich ferne Punkt der Parabel. Denkt man sich den eigentlichen Brennpunkt als einen leuchtenden Punkt und die Parabel anf der Innenseite spiegelnd, so wirft sie alle von dem Brennpunkt kommenden Strahlen nach dem andern, dem unendlich fernen Brennpunkt. Die Strahlen laufen also nach der Reflexion alle zur Parabelachse parallel. Umgekehrt wirft die Parabel alle Strahlen, die parallel zur Achse laufen und ihre Innenseite treffen, nach dem eigentlichen Brennpunkt.

Die Polare eines Brennpunktes nennt man die zu ihm gehörige Leitlinie.

Dem Brennpunkt c, 0, 1 der Ellipse $\frac{x_1^2}{a^2} + \frac{x_2^2}{b^2} - x_3^2 = 0$ entspricht also die Leitlinie

$$\frac{c\,x_1}{a^2} - x_3 = 0$$

oder, inhomogen geschrieben,

$$x - \frac{a^2}{c} = 0.$$

Dieselbe Gerade nannten wir auch in § 45 die Leitlinie des betrachteten Brennpunkts. Der Leser überzeuge sich, daß auch bei der Hyperbel die Polaren der reellen Brennpunkte die Leitlinien im Sinne von § 45 sind. Dasselbe mache er bei der Parabel für den eigentlichen Brennpunkt.

Zieht man durch einen Brennpunkt zwei zueinander senkrechte Geraden, so bilden sie mit der Leitlinie, die zu dem Brennpunkt gehört, ein Polardreieck. Geht also eine Seite dieses Dreiecks durch den Kurvenpunkt P hindurch, so geht die Tangente im Punkte P durch die gegenüberliegende Ecke des Dreiecks.

Wir wollen einen (reellen) Brennpunkt zum Anfangspunkt machen und das von ihm auf die Leitlinie gefällte Lot als x-Achse wählen. Wir orientieren sie so, daß die positive Richtung vom Brennpunkt nach der Leitlinie hinführt. Die y-Achse ist parallel zur Leitlinie. Die Gleichung der Leitlinie sei $x - f = 0\,(f > 0)$.

$$x - f = 0, \quad x = 0, \quad y = 0$$

bilden nach der oben gemachten Bemerkung ein Polardreieck. Daher wird die Gleichung der Kurve zweiter Ordnung, um die es sich handelt, so aussehen (vgl. S. 188)

$$y^2 + \lambda x^2 - \mu (x - f)^2 = 0.$$

Wir müssen jetzt nur noch ausdrücken, daß der Anfangspunkt ein Brennpunkt ist. Wie erkennt man überhaupt, ob bei einer gegebenen Kurve zweiter Ordnung $\sum a_{rs} x_r x_s = 0$ der Anfangspunkt 0, 0, 1 ein Brennpunkt ist. Zwei zueinander senkrechte Geraden durch den Anfangspunkt haben die Koordinaten u_1, u_2, 0 und $-u_2$, u_1, 0. Sie müssen die Bedingung

$$-\begin{vmatrix} a_{11} & a_{12} & a_{13} & u_1 \\ a_{21} & a_{22} & a_{23} & u_2 \\ a_{31} & a_{32} & a_{33} & u_3 \\ v_1 & v_2 & v_3 & 0 \end{vmatrix} = \sum A_{rs} u_r v_s = 0$$

erfüllen, wenn sie konjugiert sein sollen. Diese Bedingung reduziert sich im vorliegenden Falle auf

$$(A_{22} - A_{11}) u_1 u_2 + A_{12} (u_1{}^2 - u_2{}^2) = 0.$$

Der Anfangspunkt ist also dann und nur dann ein Brennpunkt, wenn

$$A_{12} = 0 \quad \text{und} \quad A_{22} - A_{11} = 0$$

ist.

Wenden wir dies auf die Gleichung $y^2 + \lambda x^2 - \mu(x - f)^2 = 0$ an, so ergibt sich $\lambda = 1$. Sie lautet daher

$$x^2 + y^2 = \mu(x - f)^2$$

und zeigt uns, daß die Kurvenpunkte ein konstantes Entfernungsverhältnis von Brennpunkt und Leitlinie haben. Die Kurve ist eine Ellipse, Hyperbel oder Parabel, je nachdem $\mu < 1$, $\mu > 1$ oder $\mu = 1$. Denn $1 - \mu$ ist gerade die Invariante J_2 (vgl. S. 234).

Die Bedeutung von μ läßt sich leicht ermitteln. Setzt man $y = 0$, so ergibt sich für x die quadratische Gleichung

$$(1 - \mu)x^2 + 2\mu f x - \mu f^2 = 0.$$

Diese Gleichung hat im Falle der Ellipse und der Hyperbel zwei Wurzeln x_1, x_2 und es ist

$$\left(\frac{x_1 - x_2}{2}\right)^2 = a^2,$$

wenn wir die Länge der Fokalachse, wie bisher immer, $2a$ nennen; x_1, x_2 sind die Abszissen der beiden Scheitel auf der Fokalachse. Ferner ist

$$\left(\frac{x_1 + x_2}{2}\right)^2 = c^2,$$

d. h. gleich dem Entfernungsquadrat des Brennpunkts vom Mittelpunkt der Kurve. Aus beiden Angaben folgt durch Subtraktion

$$x_1 x_2 = c^2 - a^2.$$

Andererseits haben wir

$$\frac{x_1 + x_2}{2} = -\frac{\mu f}{1 - \mu}, \quad x_1 x_2 = -\frac{\mu f^2}{1 - \mu},$$

also

$$\frac{\mu^2 f^2}{(1 - \mu)^2} = c^2, \quad \frac{\mu f^2}{1 - \mu} = a^2 - c^2$$

oder

$$\frac{\mu^2 f^2}{(1 - \mu)^2} = c^2, \quad \frac{\mu f^2}{(1 - \mu)^2} = a^2.$$

Hieraus folgt

$$\mu = \frac{c^2}{a^2},$$

mithin

$$\frac{1-\mu}{\mu} = \frac{a^2-c^2}{c^2}, \quad \text{also} \quad f^2 = \frac{(a^2-c^2)^2}{c^2}.$$

Im Falle der Parabel ist, wie wir wissen, $\mu = 1$. Der eigentliche Schnittpunkt der Fokalachse und der Parabel bestimmt sich aus der Gleichung

$$2x - f = 0.$$

f ist also der doppelte Abstand zwischen Brennpunkt und Scheitel.

§ 82. Polargleichung einer Kurve zweiter Ordnung in bezug auf einen Brennpunkt.

Wir machen wie in § 81 einen Brennpunkt 0 zum Anfangspunkt, die x-Achse wählen wir senkrecht zur Leitlinie l des Brennpunktes und lassen ihre positive Richtung vom Brennpunkt zur Leitlinie weisen. Die Gleichung der Kurve lautete dann

$$(1) \qquad x^2 + y^2 = \varepsilon^2 (x - f)^2.$$

Im Falle der Ellipse und Hyperbel ist $\varepsilon = 2c : 2a$, d. h. gleich der numerischen Exzentrizität (Abstand der Brennpunkte dividiert durch die Länge der Fokalachse). Im Falle der Parabel ist $\varepsilon = 1$.

Führen wir in (1) Polarkoordinaten ein, setzen wir also

$$x = r\cos\varphi, \qquad y = r\sin\varphi,$$

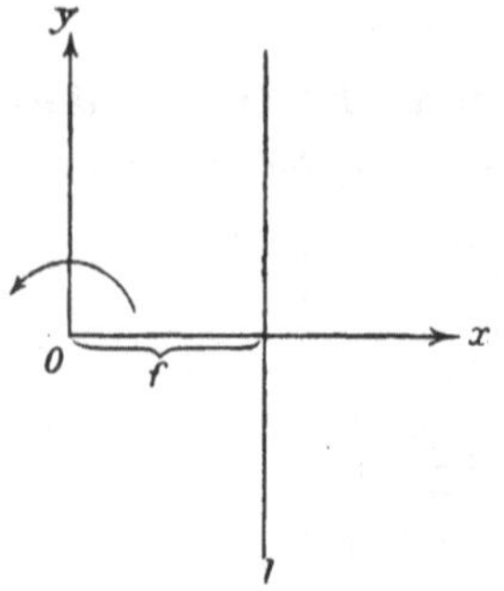

Fig. 99.

so ergibt sich

$$(2) \qquad r^2 = \varepsilon^2 (r\cos\varphi - f)^2$$

oder

$$\{r - \varepsilon(r\cos\varphi - f)\}\{r + \varepsilon(r\cos\varphi - f)\} = 0.$$

Diese Gleichung ist dann und nur dann erfüllt, wenn einer der Faktoren der linken Seite verschwindet, wenn also

$$(3) \qquad r = \varepsilon(r\cos\varphi - f)$$

oder

$$(4) \qquad r = -\varepsilon(r\cos\varphi - f)$$

ist. (3) und (4) sind aber gleichbedeutend. Nach der Definition der Polarkoordinaten (vgl. § 13) gehört nämlich zu r, φ und $-r$, $\varphi + \pi$ derselbe Punkt. Ersetzen wir aber in (4) r und φ durch $-r$ bzw. $\varphi + \pi$, so erhalten wir (3). Es genügt also, die eine der beiden Gleichungen (3), (4) zu behalten, z. B. (4). Diese Gleichung schreibt sich so

$$(5) \qquad r = \frac{p}{1 + \varepsilon \cos \varphi}.$$

p ist zur Abkürzung für εf gesetzt worden. Die Bedeutung von p ist aus (5) leicht zu entnehmen. Setzen wir $\varphi = \pi/2$, so wird $r = p$. Wenn man durch einen Brennpunkt eine Senkrechte zur Fokalachse zieht, so schneidet die Kurve auf ihr eine Strecke von der Länge $2p$ aus. Bei der Parabel ($\varepsilon = 1$) finden wir, wenn wir $\varphi = 0$ setzen, $r = p/2$. Daraus sehen wir, daß p das ist, was wir früher den Parameter der Parabel nannten.

Achtes Kapitel.

Einiges über Kreise.

§ 83. Nichtausgeartete und ausgeartete Kreise.

Als Kreis wird hier jede Kurve zweiter Ordnung bezeichnet, die durch die unendlich fernen Kreispunkte hindurchgeht, d. h. durch die Punkte $i, 1, 0$ und $-i, 1, 0$. Ist $\sum a_{rs} x_r x_s = 0$ die Gleichung eines Kreises, so hat man also

$$a_{22} - a_{11} + 2i a_{12} = 0, \qquad a_{22} - a_{11} - 2i a_{12} = 0,$$

d. h. $a_{11} = a_{22}$, $a_{12} = 0$. Die Gleichung eines Kreises sieht demnach folgendermaßen aus

$$(1) \qquad a_0 (x_1^2 + x_2^2) + 2a_1 x_1 x_3 + 2a_2 x_2 x_3 + a_3 x_3^2 = 0.$$

Die Diskriminante lautet

$$(2) \qquad \begin{vmatrix} a_0 & 0 & a_1 \\ 0 & a_0 & a_2 \\ a_1 & a_2 & a_3 \end{vmatrix} = a_0 (a_0 a_3 - a_1^2 - a_2^2).$$

Im Falle $a_0 = 0$ besteht der Kreis aus der unendlich fernen Geraden $x_3 = 0$ und der eigentlichen Geraden

$$2a_1 x_1 + 2a_2 x_2 + a_3 x_3 = 0.$$

Wenn auch noch $a_1 = a_2 = 0$ ist, so ist der Kreis die doppelt zählende unendlich ferne Gerade.

Im Falle $a_0 \neq 0$ kann man (1) so schreiben

$$(3)\quad (a_0 x_1 + a_1 x_3)^2 + (a_0 x_2 + a_2 x_3)^2 + (a_0 a_3 - a_1^2 - a_2^2) x_3^2 = 0\,.$$

Ist $a_0 a_3 - a_1^2 - a_2^2 = 0$, so zerfällt der Kreis in ein Paar konjugiert imaginärer Geraden

$$a_0 x_1 + a_1 x_3 \pm i (a_0 x_2 + a_2 x_3) = 0.$$

Der einzige reelle Punkt ist der Punkt $a_1, a_2, -a_0$. Die beiden Geraden (3) verbinden ihn mit den Kreispunkten.

Die Gleichung eines nichtausgearteten Kreises kann man immer in der Form (3) schreiben. Er ist reell, wenn

$$a_0 a_3 - a_1^2 - a_2^2 < 0$$

und imaginär, wenn

$$a_0 a_3 - a_1^2 - a_2^2 > 0$$

ist. Sein Mittelpunkt (der Pol der unendlich fernen Geraden) genügt den Gleichungen

$$a_0 x_1 + a_1 x_3 = 0, \qquad a_0 x_2 + a_2 x_3 = 0,$$

er ist also der Punkt $a_1, a_2, -a_0$.

Inhomogen geschrieben lautet die Gleichung (3)

$$(x - x_0)^2 + (y - y_0)^2 - r^2 = 0.$$

Dabei ist

$$x_0 = -\frac{a_1}{a_0}, \qquad y_0 = -\frac{a_2}{a_0},$$

$$r^2 = x_0^2 + y_0^2 - \frac{a_3}{a_0} = \frac{a_1^2 + a_2^2 - a_0 a_3}{a_0^2}.$$

r ist bei einem reellen Kreise der Radius. Bei einem imaginären Kreise ist r rein imaginär.

Wenn $a_0 = 0$ ist, aber nicht $a_1 = a_2 = 0$, wenn also der Kreis aus der eigentlichen Geraden $2a_1 x_1 + 2a_2 x_2 + a_3 = 0$ und aus der unendlich fernen Geraden besteht, so liegt der Mittelpunkt (Pol von $x_3 = 0$) in $a_1, a_2, 0$. Er ist also der Schnittpunkt aller Senkrechten zu der eigentlichen Geraden des Kreises. Wir sprechen in diesem Falle von einem Kreise mit unendlichem Radius.

Ein imaginärer ausgearteter Kreis kann auch angesehen werden als ein reeller Kreis vom Radius Null (Nullkreis).

§ 84. Orthogonalitätsbedingung.

(x') sei ein reeller eigentlicher Punkt, der den beiden Kreisen

$$\mathfrak{A} = a_0(x_1^2 + x_2^2) + 2a_1 x_1 x_3 + 2a_2 x_2 x_3 + a_3 x_3^2 = 0,$$

$$\mathfrak{B} = b_0(x_1^2 + x_2^2) + 2b_1 x_1 x_3 + 2b_2 x_2 x_3 + b_3 x_3^2 = 0$$

angehört. Die Tangenten von $(\mathfrak{A})$ und $(\mathfrak{B})$ im Punkte (x') haben folgende Gleichungen

$$a_0(x_1 x_1' + x_2 x_2') + a_1(x_1 x_3' + x_3 x_1') + a_2(x_2 x_3' + x_3 x_2') + a_3 x_3 x_3' = 0,$$

$$b_0(x_1 x_1' + x_2 x_2') + b_1(x_1 x_3' + x_3 x_1') + b_2(x_2 x_3' + x_3 x_2') + b_3 x_3 x_3' = 0.$$

Diese Geraden stehen aufeinander senkrecht, wenn

$$(a_0 x_1' + a_1 x_3')(b_0 x_1' + b_1 x_3') + (a_0 x_2' + a_2 x_3')(b_0 x_2' + b_2 x_3') = 0$$

ist, d. h.

$$(1) \qquad a_0 b_0(x_1'^2 + x_2'^2) + (a_0 b_1 + a_1 b_0)x_1' x_3' + (a_0 b_2 + a_2 b_0)x_2' x_3' + (a_1 b_1 + a_2 b_2)x_3'^2 = 0.$$

Da (x') auch den Gleichungen $\mathfrak{A} = 0$, $\mathfrak{B} = 0$ genügt, so ist außerdem

$$(2) \qquad a_0(x_1'^2 + x_2'^2) + 2a_1 x_1' x_3' + 2a_2 x_2' x_3' + a_3 x_3'^2 = 0,$$

$$(3) \qquad b_0(x_1'^2 + x_2'^2) + 2b_1 x_1' x_3' + 2b_2 x_2' x_3' + b_3 x_3'^2 = 0.$$

Multipliziert man (1), (2), (3) mit 2, $-b_0$, $-a_0$ und addiert, so ergibt sich, da $x_3' \neq 0$ ist,

$$(4) \qquad 2a_1 b_1 + 2a_2 b_2 - a_0 b_3 - a_3 b_0 = 0.$$

In § 75 haben wir die Formeln für eine Spiegelung an einer Geraden angegeben. Sie lauteten

$$(5) \qquad \begin{cases} x_1 = -x_1'\cos 2\alpha - x_2'\sin 2\alpha + 2p x_3'\cos\alpha, \\ x_2 = -x_1'\sin 2\alpha + x_2'\cos 2\alpha + 2p x_3'\sin\alpha, \\ x_3 = \quad * \quad + \quad * \quad + x_3' \quad . \end{cases}$$

Aus ihnen ist zu entnehmen

$$\begin{aligned} x_1^2 + x_2^2 &= x_1'^2 + x_2'^2 - 4p x_1' x_3'\cos\alpha - 4p x_2' x_3'\sin\alpha + 4p^2 x_3'^2, \\ 2x_1 x_3 &= \quad * \quad - 2x_1' x_3'\cos 2\alpha - 2x_2' x_3'\sin 2\alpha + 4p x_3'^2\cos\alpha, \\ 2x_2 x_3 &= \quad * \quad - 2x_1' x_3'\sin 2\alpha - 2x_2' x_3'\cos 2\alpha + 4p x_3'^2\sin\alpha, \\ x_3^2 &= \quad * \quad + \quad * \quad + \quad * \quad + x_3'^2. \end{aligned}$$

Es wird hiernach

$$\begin{aligned}\mathfrak{A} &= a_0(x_1^2 + x_2^2) + 2\,a_1\,x_1\,x_3 + 2\,a_2\,x_2\,x_3 + a_3\,x_3^2\\ &= a_0'(x_1'^2 + x_2'^2) + 2\,a_1'\,x_1'\,x_3' + 2\,a_2'\,x_2'\,x_3' + a_3'\,x_3'^2 = \mathfrak{A}',\end{aligned}$$

und dabei ist

$$(6)\qquad \begin{cases} a_0' = a_0\,, \\ a_1' = -\,a_0\,2\,p\cos\alpha - a_1\cos 2\,\alpha - a_2\sin 2\,\alpha\,, \\ a_2' = -\,a_0\,2\,p\sin\alpha - a_1\sin 2\,\alpha + a_2\cos 2\,\alpha\,, \\ a_3' = \,a_0\,4\,p^2 + a_1\,4\,p\cos\alpha + a_2\,4\,p\sin\alpha + a_3\,. \end{cases}$$

Die drei ersten Gleichungen hätten wir auch direkt hinschreiben können. Sie sagen nämlich nur aus, daß bei der Spiegelung der Mittelpunkt eines Kreises in den Mittelpunkt des Bildkreises übergeht.

Wenn vermöge der Formeln (5)

$$\begin{aligned}\mathfrak{B} &= b_0(x_1^2 + x_2^2) + 2\,b_1\,x_1\,x_3 + 2\,b_2\,x_2\,x_3 + b_3\,x_3^2\\ &= b_0'(x_1'^2 + x_2'^2) + 2\,b_1'\,x_1'\,x_3' + 2\,b_2'\,x_2'\,x_3' + b_3'\,x_3'^2 = \mathfrak{B}'\end{aligned}$$

ist, so sind die b mit den b' durch dieselben Gleichungen verbunden wie die a mit den a'.

Aus beiden Gleichungssystemen folgt

$$\begin{aligned} a_1'\,b_1' + a_2'\,b_2' &= 4\,p^2\,a_0\,b_0 + a_1\,b_1 + a_2\,b_2\\ &\quad + 2\,p\,(a_0\,b_1 + a_1\,b_0)\cos\alpha + 2\,p\,(a_0\,b_2 + a_2\,b_0)\sin\alpha\,,\\ a_0'\,b_3' + a_3'\,b_0' &= 8\,p^2\,a_0\,b_0 + 4\,p\,(a_0\,b_1 + a_1\,b_0)\cos\alpha\\ &\quad + 4\,p\,(a_0\,b_2 + a_2\,b_0)\sin\alpha + a_0\,b_3 + a_3\,b_0\,. \end{aligned}$$

und hieraus weiter

$$(7)\qquad \begin{aligned} &2\,a_1'\,b_1' + 2\,a_2'\,b_2' - a_0'\,b_3' - a_3'\,b_0'\\ &\quad = 2\,a_1\,b_1 + 2\,a_2\,b_2 - a_0\,b_3 - a_3\,b_0\,. \end{aligned}$$

Bei allen Spiegelungen, folglich auch bei allen Bewegungen, bleibt

$$\mathfrak{J}(a, b) = 2\,a_1\,b_1 + 2\,a_2\,b_2 - a_0\,b_3 - a_3\,b_0$$

ungeändert.

Lassen wir die b gleich den entsprechenden a werden, so ergibt sich, daß

$$\mathfrak{J}(a, a) = 2\,(a_1^2 + a_2^2 - a_0\,a_3)$$

invariant bleibt. Dies hätten wir auch daraus folgern können, daß die Diskriminante $a_0\ (a_1^2 + a_2^2 - a_0\,a_3)$ sich bei den betrachteten Transformationen nicht ändert, weil die Transformationsdeterminante

± 1 ist.[1] Da außerdem a_0 ungeändert bleibt, muß auch der andere Faktor der Diskriminante diese Eigenschaft haben.

Aus $\mathfrak{A} = \mathfrak{A}'$, $\mathfrak{B} = \mathfrak{B}'$ folgt

$$\lambda \mathfrak{A} + \mu \mathfrak{B} = \lambda \mathfrak{A}' + \mu \mathfrak{B}'.$$

Bildet man für beide Seiten die Invariante $a_1{}^2 + a_2{}^2 - a_0 a_3$, so findet man

$$(\lambda a_1 + \mu b_1)^2 + (\lambda a_2 + \mu b_2)^2 - (\lambda a_0 + \mu b_0)(\lambda a_3 + \mu b_3)$$
$$= (\lambda a_1' + \mu b_1')^2 + (\lambda a_2' + \mu b_2')^2 - (\lambda a_0' + \mu b_0')(\lambda a_3' + \mu b_3').$$

Vergleicht man beiderseits die Koeffizienten von $\lambda \mu$, so ergibt sich die Formel (7).

Man sieht aus (7), daß das Verschwinden der Invariante $\mathfrak{J}$ eine Eigenschaft ist, die die beiden Kreise $\mathfrak{A} = 0$, $\mathfrak{B} = 0$ bei allen Bewegungen und Spiegelungen behalten. Sie bleibt sogar bei allen Ähnlichkeitstransformationen bestehen.[2] Eine solche Transformation läßt sich nämlich dadurch herbeiführen, daß man zuerst eine Streckung vom Anfangspunkt aus vornimmt:

(8) $$x_1 = m x_1', \quad x_2 = m x_2', \quad x_3 = x_3'$$

und dann noch eine Bewegung oder Spiegelung folgen läßt. Bei (8) multiplizieren sich aber a_0, a_1, a_2, a_3 mit m^2, m, m, 1, ebenso b_0, b_1, b_2, b_3. Daher multipliziert sich $\mathfrak{J}$ mit m^2. War vorher $\mathfrak{J} = 0$, so ist auch nachher $\mathfrak{J} = 0$.

Wir wollen zwei Kreise $\mathfrak{A} = 0$, $\mathfrak{B} = 0$, die der Bedingung $\mathfrak{J} = 0$ genügen, **orthogonal** nennen. Haben sie einen reellen eigentlichen Punkt gemein, so schneiden sie sich dort unter rechtem Winkel, d. h. ihre Tangenten sind zueinander senkrecht. Dies sahen wir auf S. 265.

§ 85. Kreisbüschel.

Zwei verschiedene Kreise $\mathfrak{A} = 0$, $\mathfrak{B} = 0$ bestimmen ein **Kreisbüschel** (vgl. S. 189). Die Kurven zweiter Ordnung, die durch die vier Schnittpunkte der beiden Kreise hindurchgehen, sind nämlich lauter Kreise, weil zu den genannten Schnittpunkten auch die Kreispunkte gehören.

---

[1] Wir schreiben die Transformationsformeln immer so, daß die letzte $x_3 = x_3'$ lautet.

[2] Ebenso sind $a_0 = 0$ und $\mathfrak{J}(a, a) = 0$ invariante Eigenschaften des Kreises $\mathfrak{A} = 0$ bei allen Ähnlichkeitstransformationen. Durch $a_0 \neq 0$ und $\mathfrak{J}(a, a) > 0$ ist ein reeller, durch $a_0 \neq 0$ und $\mathfrak{J}(a, a) < 0$ ein imaginärer nicht ausgearteter Kreis charakterisiert.

Die ausgearteten Kreise des Büschels $\lambda \mathfrak{A} + \mu \mathfrak{B} = 0$ genügen der Bedingung

$$(\lambda a_0 + \mu b_0) \mathfrak{J}(\lambda a + \mu b, \lambda a + \mu b) = 0$$

oder, ausführlicher geschrieben,

$$(\lambda a_0 + \mu b_0)\{\lambda^2 \mathfrak{J}(a, a) + 2 \lambda \mu \mathfrak{J}(a, b) + \mu^2 \mathfrak{J}(b, b)\} = 0 .$$

Wir schließen zunächst aus, daß alle Kreise des Büschels ausgeartet sind. Dann sind auch a_0, b_0 nicht beide gleich Null und durch

$$\lambda a_0 + \mu b_0 = 0$$

ist ein ausgearteter Kreis des Büschels bestimmt, nämlich

$$b_0 \mathfrak{A} - a_0 \mathfrak{B}$$

$$= 2(b_0 a_1 - a_0 b_1) x_1 x_3 + 2(b_0 a_2 - a_0 b_2) x_2 x_3 + (b_0 a_3 - a_0 b_3) x_3^2 = 0 .$$

Man nennt

$$2(b_0 a_1 - a_0 b_1) x_1 + 2(b_0 a_2 - a_0 b_2) x_2 + (b_0 a_3 - a_0 b_3) = 0$$

die Potenzlinie des Büschels.

Da wir die Fundamentalkreise des Büschels beliebig wählen können, so dürfen wir annehmen, daß $\mathfrak{A} = 0$ selbst aus der Potenzlinie und der unendlich fernen Geraden besteht, daß also $a_0 = 0$ ist. Die Gleichung der Potentiallinie lautet dann

$$2 a_1 x_1 + 2 a_2 x_2 + a_3 x_3 = 0 .$$

Wir wollen zuerst den Fall besprechen, daß die Potenzlinie die unendlich ferne Gerade ist: $a_1 = a_2 = 0$, d. h. $\mathfrak{J}(a, a) = 0$. In diesem Falle hat

$$\lambda \mathfrak{A} + \mu \mathfrak{B}$$

$$= \mu b_0 (x_1^2 + x_2^2) + 2 \mu b_1 x_1 x_3 + 2 \mu b_2 x_2 x_3 + (\mu b_3 + \lambda a_3) x_3^2 = 0$$

($\mu \neq 0$) den Mittelpunkt

$$b_1 , b_2 , - b_0 .$$

Machen wir ihn zum Anfangspunkt ($b_1 = b_2 = 0$), so nimmt die obige Gleichung die Gestalt an

$$\mu b_0 (x_1^2 + x_2^2) + (\mu b_3 + \lambda a_3) x_3^2 = 0 .$$

Es gibt unter diesen Kreisen einen Nullkreis, nämlich

$$\mu = a_3 , \lambda = - b_3 .$$

Lassen wir $\mathfrak{B} = 0$ diesen Nullkreis sein, so wird $b_3 = 0$ und das Büschel wird dargestellt durch

(I) $$\lambda (x_1^2 + x_2^2) + \mu x_3^2 = 0 .$$

Wenn die Potenzlinie nicht mit der unendlich fernen Geraden zusammenfällt, so können wir sie zur y-Achse machen. $\mathfrak{A} = 0$ ist dann der Kreis $2 x_1 x_3 = 0$.

Es kommt jetzt auf die Schnittpunkte der Potenzlinie mit $\mathfrak{B} = 0$ an. Sind sie reell und verschieden, so können wir den Kreis $\mathfrak{B} = 0$ so verschieben, daß die Schnittpunkte zum Anfangspunkt symmetrisch liegen. Das Büschel besteht aus allen Kreisen, die durch diese beiden Punkte hindurchgehen. Es wird dargestellt durch eine Gleichung von der Form:

$$\text{(II)} \qquad \lambda (x_1^2 + x_2^2 - c^2 x_3^2) + 2 \mu x_1 x_3 = 0. \qquad (c^2 > 0)$$

Fallen die Schnittpunkte von $x_1 = 0$ und $\mathfrak{B} = 0$ zusammen, so können wir den Anfangspunkt in sie hineinlegen. Das Büschel schreibt sich dann folgendermaßen:

$$\text{(III)} \qquad \lambda (x_1^2 + x_2^2) + 2 \mu x_1 x_3 = 0.$$

Es besteht aus allen Kreisen, die die y-Achse im Anfangspunkt berühren. Darunter ist auch ein Nullkreis mit dem Anfangspunkt als Mittelpunkt enthalten.

Sind die Schnittpunkte von $x_1 = 0$ und $\mathfrak{B} = 0$ imaginär, so können wir den Anfangspunkt so wählen, daß die Koordinaten der beiden Punkte 0, ci, 1 und 0, $-ci$, 1 lauten. Das Büschel besteht aus allen Kreisen, die durch diese Punkte hindurchgehen und wird durch eine Gleichung von der Form

$$\text{(IV)} \qquad \lambda (x_1^2 + x_2^2 + c^2 x_3^2) + 2 \mu x_1 x_3 = 0$$

dargestellt.

Jetzt haben wir alle Kreisbüschel aufgezählt, die nicht lauter ausgearbeitete Kreise enthalten.

Wenn das Büschel $\lambda \mathfrak{A} + \mu \mathfrak{B} = 0$ lauter ausgeartete Kreise enthält, so kann $a_0 = b_0 = 0$ sein. Jeder Kreis des Büschels zerfällt in die unendlich ferne Gerade und eine Gerade g. Diese Geraden g bilden ein Geradenbüschel, und zwar ein eigentliches Geradenbüschel oder ein Parallelenbüschel. Wenn a_0 und b_0 nicht alle beide gleich Null sind und das Büschel $\lambda \mathfrak{A} + \mu \mathfrak{B} = 0$ doch nur ausgeartete Kreise enthalten soll, so müßte

$$\mathfrak{J}(a, a) = \mathfrak{J}(a, b) = \mathfrak{J}(b, b) = 0$$

sein. Das ist aber unmöglich. Wir dürfen nämlich annehmen $a_0 \neq 0$, $b_0 = 0$. $\mathfrak{A} = 0$ wäre wegen $a_0 \neq 0$ und $\mathfrak{J}(a, a) = 0$ ein Nullkreis, etwa $x_1^2 + x_2^2 = 0$ und $\mathfrak{B} = 0$ wegen $b_0 = 0$ und $\mathfrak{J}(b, b) = 0$

identisch mit $x_3^2 = 0$. $\lambda(x_1^2 + x_2^2) + \mu x_3^2 = 0$ ist aber z. B. für $\lambda = \mu = 1$ nicht ausgeartet.

Die Kreisbüschel mit lauter ausgearteten Kreisen reduzieren sich also auf folgende Typen

$$\text{(V)} \qquad \lambda x_1 x_3 + \mu x_2 x_3 = 0,$$

$$\text{(VI)} \qquad \lambda x_1 x_3 + \mu x_3^2 = 0.$$

Hierbei haben wir, wie bisher immer, die Voraussetzung gemacht, daß die Koeffizienten in der Gleichung eines Kreises reell sind. Sonst durften wir nicht aus $b_0 = 0$ und $\mathfrak{J}(b, b) = 0$ schließen, daß $b_1 = b_2 = 0$ ist.

Die Kreise, die zu allen Kreisen eines Büschels orthogonal sind, bilden ebenfalls ein Büschel.

Daß der Kreis

$$\mathfrak{C} = c_0(x_1^2 + x_2^2) + 2c_1 x_1 x_3 + 2c_2 x_2 x_3 + c_3 x_3^2 = 0$$

zu $\lambda\mathfrak{A} + \mu\mathfrak{B} = 0$ orthogonal ist, drückt sich durch die Gleichung aus

$$2c_1(\lambda a_1 + \mu b_1) + 2c_2(\lambda a_2 + \mu b_2) - c_0(\lambda a_3 + \mu b_3) - c_3(\lambda a_0 + \mu b_0) = 0.$$

Soll diese Gleichung immer erfüllt sein, welche Werte auch λ, μ haben mögen, so muß man haben

$$(*) \qquad \begin{cases} c_0 a_3 - 2c_1 a_1 - 2c_2 a_2 + c_3 a_0 = 0, \\ c_0 b_3 - 2c_1 b_1 - 2c_2 b_2 + c_3 b_0 = 0. \end{cases}$$

Da wir die beiden Kreise $\mathfrak{A} = 0$, $\mathfrak{B} = 0$ als verschieden voraussetzen, sind dies zwei unabhängige Gleichungen. Kennt man zwei unabhängige Lösungen von ihnen, so setzen sich alle anderen linear aus ihnen zusammen. Sind also $\mathfrak{A}' = 0$, $\mathfrak{B}' = 0$ zwei verschiedene Kreise, die den obigen Gleichungen genügen, so ist $\mathfrak{C} = \lambda'\mathfrak{A}' + \mu'\mathfrak{B}'$. Damit ist unser Satz bewiesen.

Wir wollen nun die Orthogonalbüschel zu den Büscheln (I) bis (VI) aufstellen.

Bei (I) lauten die Gleichungen (*)

$$b_3 = 0, \quad c_0 = 0.$$

Das orthogonale Büschel ist also, wie vorauszusehen war, das Büschel (V).

Bei (II) finden wir

$$c_3 - c^2 c_0 = 0, \quad c_1 = 0.$$

Das orthogonale Büschel wird hier also das Büschel (IV).

Bei (III) haben wir die Gleichungen $c_3 = 0$, $c_1 = 0$. Das zu (III) orthogonale Büschel lautet

$$\text{(III')} \qquad \lambda'(x_1^2 + x_2^2) + 2\mu' x_2 x_3 = 0 .$$

Das ist ein Büschel von demselben Typus wie (III). Die Kreise berühren in dem einen Falle die y-Achse, im anderen Falle die x-Achse im Anfangspunkt.

Wir brauchen nur noch das Büschel (VI) zu betrachten. Da

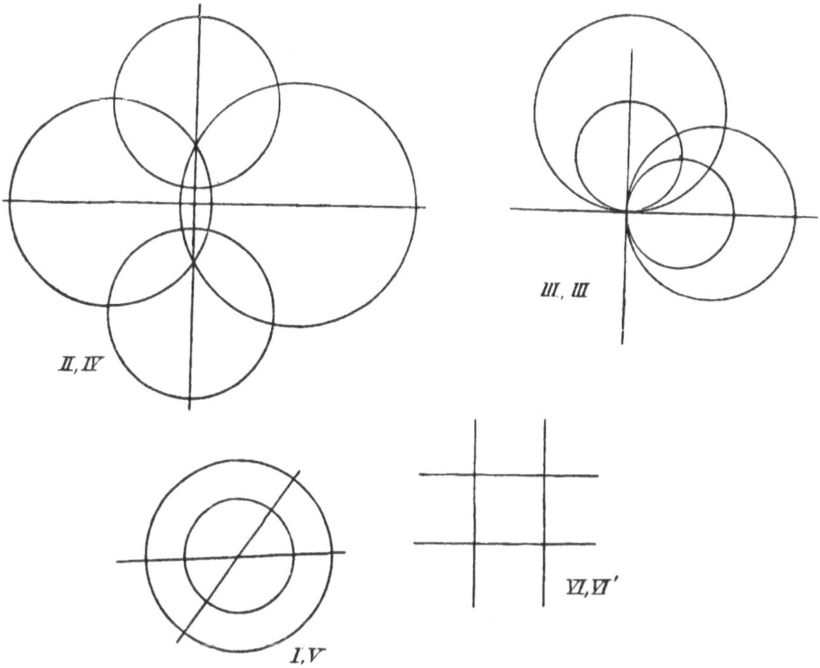

Fig. 100.

lauten die Gleichungen (*) $c_1 = 0$, $c_0 = 0$. Das orthogonale Büschel hat also folgendes Aussehen

$$\text{(VI')} \qquad \lambda' x_2 x_3 + \mu' x_3^2 = 0 .$$

Es entsteht aus (VI) durch Drehung um einen Rechten. (VI) besteht aus Parallelen zur y-Achse, (VI') aus Parallelen zur x-Achse.

Die verschiedenen Paare von orthogonalen Kreisbüscheln, die wir gefunden haben, werden durch die Fig. 100 dargestellt.

§ 86. Spiegelung an einem Kreise. Tetrazyklische Koordinaten eines Punktes.

Man kann einen Kreis charakterisieren durch die vier Koeffizienten a_0, a_1, a_2, a_3, die in seiner Gleichung auftreten. Wir wollen sie die homogenen Koordinaten des Kreises nennen. Ein Kreis hat vier homogene Koordinaten gerade so wie ein Punkt im Raume vier homogene cartesische Koordinaten. Ordnet man jedem Kreis den Punkt des Raumes zu, der dieselben Koordinaten hat, so sind die Kreise der Ebene eineindeutig auf die Punkte des Raumes abgebildet. Näheres hierüber werden wir in einem späteren Kapitel sagen.

Nennen wir die homogenen Kreiskoordinaten z_0, z_1, z_2, z_3, so drückt eine lineare Gleichung

$$c_0 z_0 + c_1 z_1 + c_2 z_2 + c_3 z_3 = 0$$

aus, daß der Kreis (z) zu einem festen Kreise orthogonal ist. Man nennt den Inbegriff aller dieser Kreise (z) ein Kreisnetz. Der feste Kreis heißt der Grundkreis des Netzes. Zwei verschiedene Kreisnetze, d. h. zwei Kreisnetze mit verschiedenen Grundkreisen, haben ein Kreisbüschel gemein, das Orthogonalbüschel zu den beiden Grundkreisen. Drei Kreisnetze, deren Grundkreise keinem Kreisbüschel angehören, haben einen einzigen Kreis gemein. Er ist zu den drei Grundkreisen orthogonal.

Wenn der Grundkreis eines Kreisnetzes der imaginäre nicht ausgeartete Kreis $x_1^2 + x_2^2 + c^2 x_3^2 = 0$ ist, so wird das Netz dargestellt durch die Gleichung $z_0 c^2 + z_3 = 0$. Ein Kreis des Netzes hat also eine Gleichung von der Form

$$z_0 (x_1^2 + x_2^2 - c^2 x_3^2) + 2 z_1 x_1 x_3 + 2 z_2 x_2 x_3 = 0\,.$$

Dieser Kreis trifft $x_1^2 + x_2^2 - c^2 x_3^2 = 0$ in denselben Punkten wie die Gerade $z_1 x_1 + z_2 x_2 = 0$, d. h. in zwei diametral gegenüberliegenden Punkten. Das Netz besteht also aus allen Kreisen, die die Eigenschaft haben, einen reellen nicht ausgearteten Kreis in zwei diametral gegenüberliegenden Punkten zu treffen.

Von den übrigen Fällen heben wir nur folgende hervor. Der Grundkreis ist der Kreis $x_3^2 = 0$. Dann wird das Netz dargestellt durch $z_0 = 0$. Jeder Kreis des Netzes zerfällt in eine Gerade und $x_3 = 0$. $x_3^2 = 0$ gehört auch mit zu dem Netz.

Der Grundkreis ist ein Nullkreis mit dem reellen Punkte P. Dann besteht das Kreisnetz aus allen Kreisen, die durch P hindurchgehen. Durch drei verschiedene reelle eigentliche Punkte gibt es einen und nur einen Kreis. Es ist der gemeinsame dreier Kreisnetze.

Wir betrachten ein Kreisnetz, dessen Grundkreis (a) die Bedingung $\mathfrak{J}(a, a) \neq 0$ erfüllt. Nehmen wir einen reellen eigentlichen Punkt P, so gibt es in dem Kreisnetz ein Kreisbüschel, dessen Kreise durch P hindurchgehen. Dieses Kreisbüschel ist entweder vom Typus (II) oder (III) oder (V). Beim Typus (V) ist P der Mittelpunkt des Kreises (a). Schließen wir diese spezielle Lage von P aus, so gehen alle Kreise des Büschels noch durch einen zweiten Punkt Q, der beim Typus (III) mit P zusammenfällt. Die Operation, die im Übergange von P zu Q besteht, nennt man Spiegelung am Kreise (a). Sie ist involutorisch; wenn man sie zweimal nacheinander anwendet, gelangt man wieder zu P zurück. P und Q bestimmen in dem betrachteten Kreisnetz beide dasselbe Büschel.

Es sind hier verschiedene Fälle zu unterscheiden, die sich auf folgende Typen reduzieren.

1. $\mathfrak{K} = x_1^2 + x_2^2 - c^2 x_3^2 = 0$. Spiegelung an einem reellen nicht ausgearteten Kreis. Ein zu $\mathfrak{K} = 0$ orthogonaler Kreis hat eine Gleichung von der Form

$$a_0 (x_1^2 + x_2^2 + c^2 x_3^2) + 2\, a_1 x_1 x_3 + 2\, a_2 x_2 x_3 = 0\,.$$

Sind nun (x) und (x') bei der Spiegelung zusammengehörige Punkte, so dürfen sich die Gleichungen

$$\begin{aligned} a_0 (x_1^2 + x_2^2 + c^2 x_3^2) + 2 a_1 x_1 x_3 + 2 a_2 x_2 x_3 &= 0\,, \\ a_0 (x_1'^2 + x_2'^2 + c^2 x_3'^2) + 2 a_1 x_1' x_3' + 2 a_2 x_2' x_3' &= 0\,, \end{aligned}$$

aufgefaßt als Gleichungen für die a, nur um einen Faktor unterscheiden. Wenn

$$\begin{aligned} x_1^2 + x_2^2 &= c^2 x_3'^2, \\ x_1 x_3 &= x_1' x_3', \\ x_2 x_3 &= x_2' x_3', \\ c^2 x_3^2 &= x_1'^2 + x_2'^2 \end{aligned}$$

ist, tritt das Verlangte ein.

Inhomogen geschrieben lauten die obigen Formeln

$$x = \frac{c^2 x'}{x'^2 + y'^2}\,, \qquad y = \frac{c^2 y'}{x'^2 + y'^2}\,.$$

Die beiden zusammengehörigen Punkte P, P' haben dieselbe Amplitude und ihre Radienvektoren bilden das konstante Produkt c^2. Wir haben diese Transformation schon einmal angetroffen und nannten sie damals (es war $c = 1$) eine Inversion.

P' liegt auf der Polare von P.

2. $\mathfrak{K} = x_1^2 + x_2^2 + c^2 x_3^2 = 0$ (Spiegelung an einem nichtausgearteten imaginären Kreis). Dieselben Formeln wie bei 1, nur c^2 durch $-c^2$ zu ersetzen. Um diese Spiegelung auszuführen, spiegele man zuerst an dem reellen Kreis $x_1^2 + x_2^2 - c^2 x_3^2 = 0$ und dann drehe man um den Anfangspunkt um zwei Rechte.

3. $\mathfrak{K} = 2x_1 x_3 = 0$. Ein zu $\mathfrak{K}$ orthogonaler Kreis hat eine Gleichung von der Form

$$a_0 (x_1^2 + x_2^2) + 2 a_2 x_2 x_3 + a_3 x_3^2 = 0.$$

Die Gleichungen

$$a_0 (x_1^2 + x_2^2) + 2 a_2 x_2 x_3 + a_3 x_3^2 = 0,$$
$$a_0 (x_1'^2 + x_2'^2) + 2 a_2 x_2' x_3' + a_3' x_3'^2 = 0$$

werden miteinander identisch, wenn

$$\begin{aligned} x_1^2 + x_2^2 &= x_1'^2 + x_2'^2, \\ x_1 x_3 &= - x_1' x_3', \\ x_2 x_3 &= x_2' x_3', \\ x_3^2 &= x_3'^2 \end{aligned}$$

ist. Inhomogen lauten diese Formeln

$$x = - x', \qquad y = y'.$$

Es handelt sich hier um eine Spiegelung an der eigentlichen Geraden des Kreises.

Die Spiegelungen drücken sich, wie man sieht, besonders einfach aus, wenn man sie mit Hilfe von

$$x_1^2 + x_2^2, \quad x_1 x_3, \quad x_2 x_3, \quad x_3^2$$

schreibt. Diese vier Ausdrücke nennt man (homogene) **tetrazyklische Koordinaten** des Punktes (x). Sie sind nämlich die linken Seiten der Gleichungen von vier Kreisen. Wir wollen diese Koordinaten der Reihe nach mit

$$p_3, \quad -p_1, \quad -p_2, \quad p_0$$

bezeichnen. Es besteht zwischen ihnen die Relation

$$p_0 p_3 - p_1^2 - p_2^2 = 0.$$

p_0, p_1, p_2, p_3 sind nichts anderes als die Koordinaten des Nullkreises mit dem reellen Punkt (x).

Handelt es sich nun um ein Kreisnetz, dessen Grundkreis die Koordinaten $a_0, \ldots, a_3$ hat, so bestimmt der Punkt mit den Koordinaten $p_0, \ldots, p_3$ in dem Kreisnetz ein Büschel, daß durch die beiden Gleichungen

$$J(a, x) = 0, \qquad J(p, x) = 0$$

dargestellt wird. Diesen Gleichungen genügen nämlich alle Kreise (x), die orthogonal zu (a) und ebenso orthogonal zu dem Nullkreis (p) sind, d. h. durch den Punkt (p) hindurchgehen.

Jetzt fragt es sich, wann der Punkt $q_0, \ldots, q_3$ dasselbe Büschel bestimmt. Offenbar tut er es dann und nur dann, wenn er, wie (a) und (p), in dem zugehörigen Orthogonalbüschel steckt, d. h. wenn

$$q_r = \lambda a_r + \mu p_r$$

ist $(r = 0, \ldots, 3)$. Damit $(\lambda a + \mu p)$ ein Nullkreis wird, müssen λ, μ der Gleichung

$$J(\lambda a + \mu p, \lambda a + \mu p) = 0$$

genügen. Es muß also sein

$$\lambda^2 J(a, a) + 2 \lambda \mu J(a, p) + \mu^2 J(p, p) = 0$$

oder, da $J(p, p) = 0$ und $\lambda \neq 0$ ist,

$$\lambda J(a, a) + 2 \mu J(a, p) = 0.$$

Die Beziehung zwischen den Punkten (p), (q) drückt sich daher in folgender Form aus (wir dürfen $\lambda = - J(a, p)$, $\mu = \frac{1}{2} J(a, a)$ setzen:

$$q_r = - a_r J(a, p) + \tfrac{1}{2} J(a, a) p_r. \qquad (r = 0,\ 1,\ 2,\ 3)$$

Das ist also die Spiegelung an dem Kreise mit den Koordinaten $a_0, \ldots, a_3$. In den tetrazyklischen Koordinaten hat sie die Gestalt einer linearen Transformation. Ausführlich geschrieben lautet sie

$$q_r = - a_r (- a_3 p_0 + 2 a_1 p_1 + 2 a_2 p_2 - a_0 p_3) + (- a_0 a_3 + a_1^2 + a_2^2) p_r. \\ (r = 0, 1, 2, 3)$$

Die Determinante dieser Transformation ist folgende:

$$\begin{vmatrix} a_0 a_3 + \frac{1}{2} J(a, a), & - 2 a_0 a_1 & , - 2 a_0 a_2 & , a_0^2 \\ a_1 a_3 & , - 2 a_1^2 + \frac{1}{2} J(a, a), & - 2 a_1 a_2 & , a_1 a_0 \\ a_2 a_3 & , - 2 a_2 a_1 & , - 2 a_2^2 + \frac{1}{2} J(a, a), & a_2 a_0 \\ a_3^2 & , - 2 a_3 a_1 & , - 2 a_3 a_1 & , a_3 a_0 + \frac{1}{2} J(a, a) \end{vmatrix}$$

$$= \tfrac{1}{8} J^3(a, a) \{2 a_0 a_3 - 2 a_1^2 - 2 a_2^2\} + \tfrac{1}{16} J^4(a, a) = - \tfrac{1}{16} J^4(a, a).$$

Wenn $J(a, a) \neq 0$ ist, also einer der drei oben betrachteten Fälle vorliegt, ist die Transformationsdeterminente von Null verschieden.

Ein Kreis wird durch eine lineare Gleichung in tetrazyklischen Koordinaten dargestellt. Eine solche Gleichung behält aber bei allen linearen Transformationen ihre Gestalt. Bei einer Spiegelung an einem Kreise geht also jeder Kreis wieder in einen Kreis über.

Will man sehen, in welchen Kreis (x') ein Kreis (x) übergeht, so muß man

$$J(q, x') = -J(a, p)\, J(a, x') + \tfrac{1}{2} J(a, a)\, J(p, x')$$

mit $J(p, x)$ identifizieren, d. h. man muß die Koeffizienten der p in beiden Ausdrücken vergleichen. Das gibt

$$x_r = -a_r J(a, x') + \tfrac{1}{2} J(a, a)\, x_r'. \qquad (r = 0, 1, 2, 3)$$

Diese Formeln kann man, da die Spiegelung involutorisch ist, auch so schreiben

$$x_r' = -a_r J(a, x) + \tfrac{1}{2} J(a, a)\, x_r. \qquad (r = 0, 1, 2, 3)$$

(x) und (x') hängen also durch genau dieselben Formeln zusammen wie die Punkte (p) und (q).

Man bestätige, daß

$$J(x', x') = J(x, x) \{\tfrac{1}{2} J(a, a)\}^2$$

ist.

Hat man

$$y_r' = -a_r J(a, y) + \tfrac{1}{2} J(a, a)\, y_r \quad \text{und} \quad x_r' = -a_r J(a, x) + \tfrac{1}{2} J(a, a)\, x_r, \qquad (r = 0, 1, 2, 3)$$

so ist auch

$$\lambda y_r' + \mu x_r' = -a_r J(a, \lambda y + \mu x) + \tfrac{1}{2} J(a, a)(\lambda y_r + \mu x_r),$$

mithin

$$J(\lambda y' + \mu x', \lambda y' + \mu x') = J(\lambda y + \mu x, \lambda y + \mu x)\{\tfrac{1}{2} J(a, a)\}^2.$$

d. h.

$$\lambda^2 J(y', y') + 2\lambda\mu J(y', x') + \mu^2 J(x', x')$$
$$= \{\lambda^2 J(y, y) + 2\lambda\mu J(y, x) + \mu^2 J(x, x)\}\{\tfrac{1}{2} J(a, a)\}^2.$$

Vergleicht man die Koeffizienten, so ergibt sich

$$J(y', x') = J(y, x)\{\tfrac{1}{2} J(a, a)\}^2.$$

Aus $J(y, x) = 0$ folgt hiernach $J(y', x') = 0$. Orthogonale Kreise gehen bei der Spiegelung in orthogonale Kreise über.

§ 87. Winkel, unter dem sich zwei Kreise schneiden.

Auf S. 265 haben wir zwei Kreise $\mathfrak{A} = 0$, $\mathfrak{B} = 0$ mit reellem Schnittpunkt (x') betrachtet. Die Gleichungen der Tangenten im Punkte (x') lauteten

$$(a_0 x_1' + a_1 x_3')x_1 + (a_0 x_2' + a_2 x_3')x_2 + (a_1 x_1' + a_2 x_2' + a_3 x_3')x_3 = 0,$$

$$(b_0 x_1' + b_1 x_3')x_1 + (b_0 x_2' + b_2 x_3')x_2 + (b_1 x_1' + b_2 x_2' + b_3 x_3')x_3 = 0,$$

Wir wissen aus § 25, daß in der Gleichung $u_1 x_1 + u_2 x_2 + u_3 x_3 = 0$ einer Geraden g, wenn man sie auf die HESSEsche Normalform

$$\frac{u_1 x_1 + u_2 x_2 + u_3 x_3}{\sqrt{u_1^2 + u_2^2}} = 0$$

bringt,

$$\frac{u_1}{\sqrt{u_1^2+u_2^2}} = \cos\alpha, \qquad \frac{u_2}{\sqrt{u_1^2+u_2^2}} = \sin\alpha$$

ist. Dabei ist α der Winkel, den die Normale n der Geraden mit der x-Achse bildet. Betrachtet man noch eine zweite Gerade g' oder $u_1' x_1 + u_2' x_2 + u_3' x_3 = 0$, deren Normale n' mit der x-Achse den Winkel α' bildet, so hat man

$$\frac{u_1'}{\sqrt{u_1'^2 + u_2'^2}} = \cos\alpha', \qquad \frac{u_2'}{\sqrt{u_1'^2 + u_2'^2}} = \sin\alpha'.$$

Nun ist

$$(n n') \equiv (x n') - (x n) \equiv \alpha' - \alpha$$

und

$$(g g') \equiv (g n) + (n n') + (n' g') \equiv (n n'),$$

weil

$$(g n) \equiv (g' n') \equiv \frac{\pi}{2}$$

ist (vgl. S. 59). Also folgt

$$\cos(g g') = \frac{u_1 u_1' + u_2 u_2'}{\sqrt{u_1^2 + u_2^2}\,\sqrt{u_1'^2 + u_2'^2}},$$

$$\sin(g g') = \frac{u_1 u_2' - u_2 u_1'}{\sqrt{u_1^2 + u_2^2}\,\sqrt{u_1'^2 + u_2'^2}}.$$

Lassen wir jetzt g, g' die Tangenten der Kreise $\mathfrak{A} = 0$, $\mathfrak{B} = 0$ im Punkte (x') sein, so ist

$$u_1 = a_0 x_1' + a_1 x_3', \quad u_2 = a_0 x_2' + a_2 x_3',$$

$$u_1' = b_0 x_1' + b_1 x_3', \quad u_2' = b_0 x_2' + b_2 x_3',$$

mithin

$$u_1 u_1' + u_2 u_2' = a_0 b_0 (x_1'^2 + x_2'^2) + (a_0 b_1 + a_1 b_0) x_1' x_3' + (a_0 b_2 + a_2 b_0) x_2' x_3' + (a_1 b_1 + a_2 b_2) x_3'^2.$$

Da (x') den Gleichungen $\mathfrak{A} = 0$, $\mathfrak{B} = 0$ genügt, kann man auch schreiben

$$2(u_1 u_1' + u_2 u_2') = J(a, b) x_3'^2.$$

Hieraus folgt, wenn man die Kreise und die Geraden zusammenfallen läßt,

$$2(u_1^2 + u_2^2) = J(a, a) x_3'^2,$$
$$2(u_1'^2 + u_2'^2) = J(b, b) x_3'^2.$$

Ferner ist

$$(u_1 u_2' - u_2 u_1')^2 = (u_1^2 + u_2^2)(u_1'^2 + u_2'^2) - (u_1 u_1' + u_2 u_2')^2$$

also

$$2(u_1 u_2' - u_2 u_1') = \sqrt{J(a, a) J(b, b) - J^2(a, b)} \cdot x_3'^2.$$

Es gelten daher für den Winkel $(g g') = \varphi$, den die Tangenten in dem Schnittpunkt (x') der Kreise $\mathfrak{A} = 0$, $\mathfrak{B} = 0$ bilden, die Formeln

$$\cos\varphi = \frac{J(a, b)}{\sqrt{J(a, a) J(b, b)}},$$

$$\sin\varphi = \frac{\sqrt{J(a, a) J(b, b) - J^2(a, b)}}{\sqrt{J(a, a) J(b, b)}}.$$

Wenn man eine Spiegelung an einem Kreise vornimmt, z. B. an dem Kreise $c_0(x_1^2 + x_2^2) + 2c_1 x_1 x_3 + 2c_2 x_2 x_3 + c_3 x_3^2 = 0$, so multiplizieren sich $J(a, a)$, $J(a, b)$, $J(b b)$ alle mit dem Faktor

$$\{\tfrac{1}{2} J(c, c)\}^2.$$

Daher bleiben $\cos\varphi$ und $\sin\varphi$ ungeändert.

Die in § 86 betrachteten Spiegelungen haben also die Eigenschaft, den Winkel, unter dem sich zwei Kreise schneiden, zu bewahren. Sie sind winkeltreue Abbildungen. Bei der Spiegelung an einer Geraden ist diese Eigenschaft evident. Bei der Spiegelung an einem reellen nichtausgearteten Kreise kann man sie leicht elementargeometrisch nachweisen. Es seien A und A', ebenso B und B' entsprechende Punkte bei der Spiegelung an dem Kreise $\mathfrak{K}$ mit dem Mittelpunkt 0 und dem Radius r. Dann ist

$$\overline{OA} \cdot \overline{OA'} = r^2, \quad \overline{OB} \cdot \overline{OB'} = r^2,$$

mithin

$$\overline{OA} : \overline{OB} = \overline{OB'} : \overline{OA'}.$$

Die Dreiecke OAB und $OB'A'$ sind hier also ähnlich und die Winkel OAB und $OB'A'$ gleich, so daß

$$(*) \qquad \sphericalangle B'A'A = \sphericalangle B'OA' + \sphericalangle OB'A'$$
$$= \sphericalangle BOA + \sphericalangle OAB$$

ist. Wir wollen uns vorstellen, daß A, B auf einem Kreise liegen. A', B' befinden sich dann auf dem Bildkreise. Rückt B auf dem ersten Kreise nach A hin, so rückt B' auf dem zweiten Kreise nach A'. Die Gerade AB wird zur Tangente AT des ersten Kreises im Punkte A und $A'B'$ zur Tangente $A'T'$ des zweiten Kreises im Punkte A'. Der Winkel BOA konvergiert nach Null. Aus (*) folgt also

$$\sphericalangle T'A'A = \sphericalangle TAA'.$$

Die Tangente $A'T$ entsteht aus AT durch Spiegelung an der Mittelsenkrechten von AA'. Der Leser zeichne eine Figur.

Die Sachlage ist demnach folgende.

Ein Kreis durch A verwandelt sich bei der Spiegelung an $\mathfrak{K}$ in einen Kreis durch A'. Die Tangente des ersten Kreises in A wird zur Tangente des zweiten Kreises in A', wenn man sie an der Mittelsenkrechten MN von AA' spiegelt.

Betrachtet man zwei Kreise durch A und spiegelt sie an $\mathfrak{K}$, so spiegeln sich ihre Tangenten an der Geraden MN.

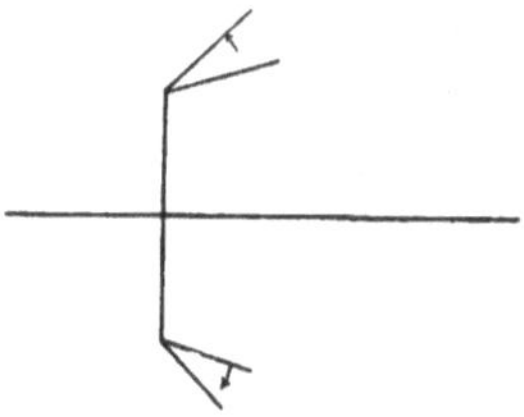

Fig. 101.

Eine Spiegelung an einem imaginären nichtausgearteten Kreise ($x^2 + y^2 + c^2 = 0$) läßt sich durch drei nacheinander ausgeführte Spiegelungen an reellen Kreisen ersetzen (nämlich an $x^2 + y^2 - c^2 = 0$, $x = 0$, $y = 0$).

Man bemerke, daß eine Spiegelung an einem Kreise die Winkel umlegt. Sie macht aus einem positiven einen negativen Winkel und umgekehrt. Nur der absolute Betrag des Winkels bleibt erhalten. Bei der Spiegelung an einer Geraden sieht man dies sofort (vgl. Fig. 101). Bei der Spiegelung an einem reellen nichtausgearteten Kreise erfahren die Tangenten in einem Schnittpunkt zweier Kreise eine Spiegelung an einer Geraden. Spiegelt man an einem imaginären nichtausgearteten Kreis und ersetzt die Spiegelung durch die Aufeinanderfolge von drei Spiegelungen an reellen Kreisen, so findet ein dreimaliges Umlegen der Winkel statt; das ist soviel wie ein einmaliges Umlegen.

§ 88. Typen von Kreisbüscheln gegenüber Inversionen.

Wir haben in § 85 sechs verschiedene Arten von Kreisbüscheln unterschieden. Diese Klassifikation war beherrscht von der Gruppe der Ähnlichkeitstransformationen. Wir wollen jetzt eine größere

Gruppe zugrunde legen, nämlich die Gruppe, zu der alle Spiegelungen an Kreisen gehören, die Gruppe der Kreisverwandtschaften. Sie enthält die Gruppe der Bewegungen als Untergruppe. Denn in ihr kommen die Spiegelungen an Geraden vor.

Wenn man zuerst eine Spiegelung an dem Kreise $x^2 + y^2 = c^2$ und dann noch eine an dem Kreise $x^2 + y^2 = 1$ vornimmt, so bleibt die Amplitude eines Punktes ungeändert und der Radiusvektor transformiert sich in folgender Weise

$$r_1 = \frac{c^2}{r}, \quad r_2 = \frac{1}{r_1} = \frac{r}{c^2}.$$

Der Erfolg der beiden Spiegelungen ist also eine Streckung vom Anfangspunkt aus.

Dies genügt schon, um zu erkennen, daß die Gruppe der Kreisverwandtschaften die Gruppe der Ähnlichkeitstransformationen als Untergruppe enthält.

Nun wollen wir sehen, welche von den sechs Typen von Kreisbüscheln, die wir in § 85 unterschieden haben, auch gegenüber der Kreisverwandtschaften verschieden bleiben.

Die Typen (II) und (V) hören auf verschieden zu sein. Wir wollen den einen der beiden reellen Grundpunkte des Büschels (II) in den Anfangspunkt legen, der andere falle in den Punkt 1, 0, 1.

Spiegeln wir nun an dem Kreise $x^2 + y^2 = 1$, so verwandeln sich die Kreise des Büschels in lauter gerade Linien durch den Punkt 1, 0, 1.

Die[1] Koordinaten des Nullkreises 0, 0, 1 lauten

$$1, \quad 0, \quad 0, \quad 0$$

die des Nullkreises 1, 0, 1

$$1, \quad -1, \quad 0, \quad 1.$$

Der erste Nullkreis hat nämlich die Gleichung

$$x^2 + y^2 = 0 \quad \text{oder} \quad x_1{}^2 + x_2{}^2 = 0,$$

der zweite die Gleichung

$$(x-1)^2 + y^2 = 0 \quad \text{oder} \quad (x_1 - x_3)^2 + x_2{}^2 = x_1{}^2 + x_2{}^2 - 2x_1 x_3 + x_3{}^2 = 0.$$

Soll nun der Kreis (x) durch die beiden Punkte 0, 0, 1 und 1, 0, 1 hindurchgehen, so muß er zu den beiden Nullkreisen orthogonal sein, d. h. er muß die Gleichungen

[1] Dies ist nur als eine Übung im Rechnen mit Kreiskoordinaten zu betrachten.

$$x_3 = 0, \qquad x_0 + 2x_1 + x_3 = 0$$

erfüllen oder $x_3 = 0$, $x_0 + 2x_1 = 0$.

Nun wollen wir an dem Kreis $x_1^2 + x_2^2 - x_3^2 = 0$, dessen Koordinaten a gleich 1, 0, 0, -1 sind, spiegeln. Diese Spiegelung drückt sich (vgl. S. 276) durch die Formeln aus

$$x_r' = -a_r J(a, x) + \tfrac{1}{2} J(a, a) x_r.$$
$$(r = 0, 1, 2, 3)$$

Da

$$J(a, a) = 2, \qquad J(a, x) = x_0 - x_3$$

ist, so lauten sie

$$x_0' = -(x_0 - x_3) + x_0 = x_3,$$
$$x_1' = x_1,$$
$$x_2' = x_2,$$
$$x_3' = (x_0 - x_3) + x_3 = x_0.$$

Das Büschel

$$x_3 = 0, \qquad x_0 + 2x_1 = 0$$

verwandelt sich in

$$x_0' = 0, \qquad x_3' + 2x_1' = 0.$$

Die erste Gleichung zeigt, daß die Kreise des Büschels Geraden sind. Um zu verifizieren, daß sie durch den Punkt 1, 0, 1 hindurchgehen, bedenke man, daß dieser Punkt als Nullkreis die Koordinaten 1, -1, 0, 1 hat. Nennen wir sie b, so wird

$$J(b, x') = -2x_1' - x_0' - x_3'.$$

Wenn also $x_0' = 0$, $x_3' + 2x_1' = 0$ ist, so folgt $J(b, x') = 0$.

Da bei einer Spiegelung an einem Kreise orthogonale Kreisbüschel in orthogonale Kreisbüschel übergehen, so verwandelt die oben betrachtete Spiegelung nicht nur den Typus II in V, sondern auch den Typus IV in den Typus I.

Spiegelt man das Büschel

$$\lambda (x_1^2 + x_2^2) + \mu x_1 x_3 = 0$$

an dem Kreise $x_1^2 + x_2^2 - x_3^2 = 0$, so geht es über in

$$\lambda x_3^2 + \mu x_1 x_3 = 0.$$

Die Typen III und VI sind also kreisverwandt. Es bleiben somit nur drei verschiedene Typen übrig.

Man kann zu diesem Resultat auch auf folgende Weise gelangen. (x) und (x') seien zwei Kreise eines Büschels. Wir wollen zusehen, wie viele Kreise mit verschwindender Invariante J es in dem Büschel gibt. Die Kreise des Büschels sind in der Form $(\lambda x + \mu x')$ darstellbar. Da

$$J(\lambda x + \mu x', \lambda x + \mu x')$$
$$= \lambda^2 J(x, x) + 2\lambda\mu J(x, x') + \mu^2 J(x', x')$$

ist, so führt die Forderung $J = 0$ auf die quadratische Gleichung

$$(\dagger) \qquad \lambda^2 J(x, x) + 2\lambda\mu J(x, x') + \mu^2 J(x', x') = 0.$$

Da wir nur reelle Werte x, x' zulassen, ist es unmöglich, daß $J(x, x) = J(x, x') = J(x', x') = 0$ ist. Zwei verschiedene zueinander orthogonale Nullkreise gibt es eben nicht.

Es bleiben also nur drei Möglichkeiten übrig.

1. Die Gleichung (†) hat zwei verschiedene reelle Linearfaktoren. Das Büschel enthält zwei Nullkreise (Typus IV). $J(x, x)J(x', x') - J^2(x, x') < 0$.

2. Die Gleichung (†) hat übereinstimmende Linearfaktoren. Das Büschel enthält einen Nullkreis (Typus III) $J(x, x)J(x', x') - J^2(x, x') = 0$.

3. Die Gleichung (†) hat konjugiert imaginäre Linearfaktoren. Das Büschel enthält keinen Nullkreis (Typus II). $J(x, x)J(x', x') - J^2(x, x') > 0$. Das Orthogonalbüschel gehört zum ersten der drei Typen:

Daß der Typus V hier mit dem Typus II zusammenfällt, d. h. das Büschel aller Kreise durch zwei reelle Punkte und aller Geraden durch einen Punkt, läßt deutlich erkennen, daß jetzt die unendlich fernen Punkte anders behandelt werden als bisher.

Der Unterschied ist kurz gesagt folgender:

Bisher hatte die Ebene ∞^1 uneigentliche Punkte, die die „unendlich ferne Gerade“ bildeten. In dieser Geometrie, die man die Geometrie der Kreisverwandtschaften nennen könnte, gibt es nur einen uneigentlichen Punkt. Wenn man sich auf diesen Standpunkt stellt, so wird die Klassifikation der Kreise viel bequemer.

Früher mußten wir bei den ausgearteten Kreisen solche unterscheiden, die den ersten Faktor a_0 der Diskriminante zum Verschwinden brachten, aber nicht den zweiten $a_1^2 + a_2^2 - a_0 a_3$ (eigentliche Gerade + unendlich ferne Gerade), dann solche, die nicht den ersten, wohl aber den zweiten Faktor der Diskriminante zu Null machten (Nullkreis). Dann aber, und das war das Unbequeme, kam es noch vor, daß beide Faktoren der Diskriminante verschwanden (unendlich ferne Gerade doppelt zählend).

Jetzt haben wir im letzten Falle einen Nullkreis ($x_1^2 + x_2^2 = 0$ und $x_3^2 = 0$ gehen durch Spiegelung an $x_1^2 + x_2^2 - x_3^2 = 0$ ineinander über) und im ersten Falle dürfen wir nicht mehr von einem ausgearteten Kreise reden. Wir können nämlich durch Spiegelung an einem Kreise jede Gerade in einen Kreis verwandeln.

Die einzigen ausgearteten Kreise sind in der Geometrie der Kreisverwandtschaften die Nullkreise. Sie sind durch das Verschwinden der Invariante J charakterisiert.

Zum Schluß wollen wir noch folgende Frage beantworten. Wann schneiden sich zwei Kreise (z) und (z') in reellen Punkten?

(z) und (z') bestimmen ein Büschel $\mathfrak{B}$. Dazu gibt es ein Orthogonalbüschel $\overline{\mathfrak{B}}$. Ein reeller Schnittpunkt von (z) und (z') läßt sich auffassen als ein Nullkreis von $\overline{\mathfrak{B}}$. Nun wissen wir, daß nur folgende drei Möglichkeiten vorhanden sind.

1. $\mathfrak{B}$ enthält zwei Nullkreise und $\overline{\mathfrak{B}}$ keinen:

$$J(z, z)\, J(z', z') - J^2(z, z') < 0.$$

2. $\mathfrak{B}$ enthält einen Nullkreis und $\overline{\mathfrak{B}}$ auch nur einen (denselben wie $\mathfrak{B}$):

$$J(z, z)\, J(z', z') - J^2(z, z') = 0.$$

3. $\mathfrak{B}$ enthält keinen Nullkreis und $\overline{\mathfrak{B}}$ zwei:

$$J(z, z)\, J(z', z') - J^2(z, z') > 0.$$

(z), (z') schneiden sich in zwei verschiedenen Punkten oder in zwei zusammenfallenden Punkten (Berührung) oder gar nicht, je nachdem

$$B(z, z') = \begin{vmatrix} J(z, z) & J(z, z') \\ J(z', z) & J(z', z') \end{vmatrix}$$

positiv, null oder negativ ist.

Wenn (z) ein Nullkreis ist, wird

$$B(z, z') = - J^2(z, z').$$

Wie die unendlich vielen unendlich fernen Punkte in dieser Geometrie alle in einen geworfen werden, sieht man deutlich an den tetrazyklischen Koordinaten

$$p_0 = x_3^2, \quad p_1 = - x_1 x_3, \quad p_2 = - x_2 x_3, \quad p_3 = x_1^2 + x_2^2.$$

Nimmt man zwei verschiedene reelle unendlich ferne Punkte x_1, x_2, 0 und x_1', x_2', 0, so erhält man im ersten Falle

$$p_0 = 0,\ p_1 = 0,\ p_2 = 0,\ p_3 = x_1^2 + x_2^2,$$

im zweiten

$$p_0 = 0,\ p_1 = 0,\ p_2 = 0,\ p_3 = x_1'^2 + x_2'^2.$$

In beiden Fällen sind p_0, p_1, p_2, p_3 proportional zu 0, 0, 0, 1. Alle unendlich fernen reellen Punkte (x) werden also in einen Punkt zusammengeworfen.

§ 89. Verlegung des Schauplatzes auf die Kugel.

Es ist bequemer, wenn man als Schauplatz der Geometrie der Kreisverwandtschaften nicht die Ebene, sondern eine Kugel benutzt. Der Leser stelle sich eine Kugel vor, auf der Nordpol N und Südpol S markiert sind. Diese wird so auf die Ebene gelegt, daß sie sie mit dem Südpol berührt. Der Südpol diene zugleichin der Ebene als Anfangspunkt. Verbinden wir einen Punkt P der Ebene mit dem Nordpol der Kugel, so schneidet die Verbindungslinie die Kugel noch in einem Punkte P'. Ihn nennen wir den Bildpunkt von P. Rückt P in der Ebene ins Unendliche, so geht P' in den Nordpol der Kugel über. Dieser ist also der uneigentliche Punkt, von dem wir sprachen.

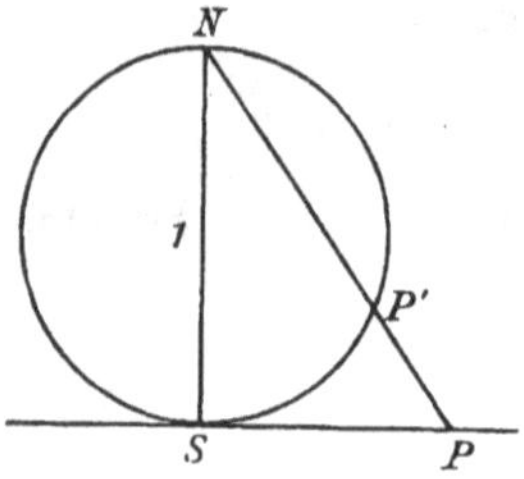

Fig. 102.

Die betrachtete Abbildung der Ebene auf die Kugel läßt sich bewirken durch eine Inversion im Raume. Man hat nämlich

$$\overline{NS^2} = \overline{NP} \cdot \overline{NP^1}.$$

Setzt man den Durchmesser der Kugel gleich 1 und bezeichnet die Radienvektoren $\overline{NP}$, $\overline{NP'}$ mit r, r', so ist also

$$r' = \frac{1}{r}.$$

Wenn von den räumlichen Polarkoordinaten eines Raumpunktes (vgl. § 13) nur der Radiusvektor sich ändert, und zwar den reziproken Wert annimmt, so nennt man das eine Inversion im Raume. Unsere Abbildung der Ebene auf die Kugel wird durch eine solche Inversion hervorgebracht.|

Machen wir NS zur ζ-Achse und N zum Anfangspunkt eines rechtwinkligen Achsensystems $N\xi$, $N\eta$, $N\zeta$, so läßt sich leicht der Zusammenhang zwischen den Koordinaten ξ, η, ζ eines Punktes und den Koordinaten ξ', η', ζ' seines Bildpunktes angeben. λ, μ, ν seien die Richtungskosinus von OP. Dann hat man (vgl. S. 14)

$$\xi = r\,\lambda,\ \eta = r\,\mu,\ \zeta = r\,\nu,$$
$$\xi' = r'\,\lambda,\ \eta = r'\,\mu,\ \zeta' = r'\,\nu,$$

also

$$\xi' = \frac{\lambda}{r} = \frac{\xi}{r^2},\quad \eta' = \frac{\mu}{r} = \frac{\mu}{r^2},\quad \zeta' = \frac{\nu}{r} = \frac{\zeta}{r^2}$$

oder, da

$$r^2 = \xi^2 + \eta^2 + \zeta^2$$

ist,

$$\xi' = \frac{\xi}{\xi^2 + \eta^2 + \zeta^2},\quad \eta' = \frac{\eta}{\xi^2 + \eta^2 + \zeta^2},\quad \zeta' = \frac{\zeta}{\xi^2 + \eta^2 + \zeta^2}\,.$$

Hierin kann man ξ, η, ζ mit ξ', η', ζ' vertauschen.

Was wird bei dieser Inversion aus einer Kugel? Die Punkte der um N mit dem Radius 1 beschriebenen Kugel K_1 gehen alle in sich über.

Wenn eine beliebige Kugel K vorliegt, so ziehe man eine Gerade g, die durch die Mittelpunkte von K_1 und K hindurchgeht, und lege durch g eine Ebene E. Diese schneidet K_1 und K in den

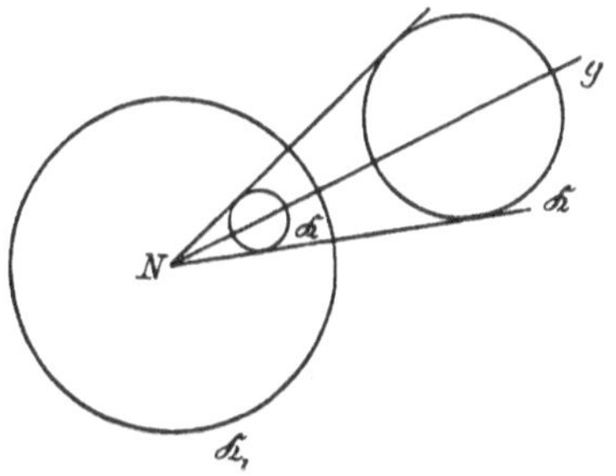

Fig. 103.

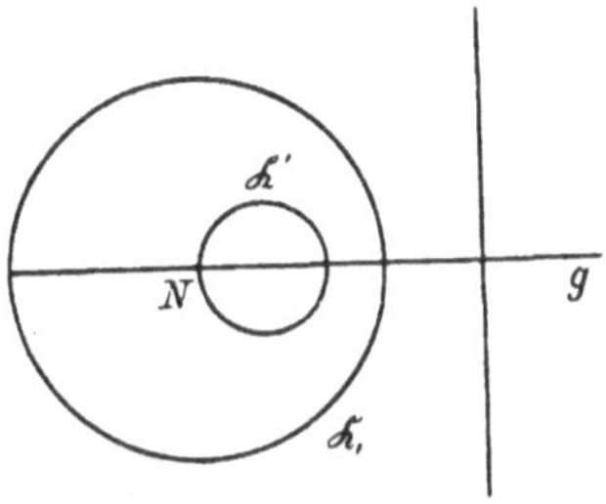

Fig. 104.

beiden Kreisen $\mathfrak{K}_1$ und $\mathfrak{K}$. In der Ebene E kommt die Inversion auf eine Spiegelung am Kreise $\mathfrak{K}_1$ hinaus. Wir wissen, daß dabei $\mathfrak{K}$ in einen Kreis $\mathfrak{K}'$ übergeht, dessen Mittelpunkt offenbar auf g liegt, weil alles in bezug auf g symmetrisch ist. $\mathfrak{K}'$ kann auch eine Gerade sein, die dann auf g senkrecht steht; dieser Fall tritt ein, wenn K durch N hindurchgeht. Läßt man die Ebene E um g rotieren, so bleibt $\mathfrak{K}'$ das Bild von $\mathfrak{K}$. Wir sehen also, daß einer Kugel eine Kugel oder eine Ebene entspricht.

Will man wissen, was einer Ebene entspricht, so lege man durch N eine Gerade g senkrecht zu ihr. Eine Ebene E durch g trifft die vorgelegte Ebene in einer Geraden. Deren Bild ist ein

Kreis $\mathfrak{K}'$ oder die Gerade selbst (falls sie durch N hindurchgeht). Man läßt wieder die Figur um g rotieren und sieht, daß einer Ebene eine Kugel entspricht oder die Ebene selbst (falls sie durch N hindurchgeht). Es empfiehlt sich die Ebenen als Kugeln mit unendlichem Radius zu betrachten. Dann kann man kurz sagen, daß jede Kugel in eine Kugel übergeht.

Kehren wir nun wieder zu der x, y-Ebene und der auf sie gestellten Kugel NS zurück, so können wir auf Grund der obigen Feststellungen sagen, daß jedem Kreis in der x, y-Ebene ein Kreis auf der Kugel NS entspricht. Einen Kreis in der x, y-Ebene erhalten wir, indem wir sie mit einer Kugel schneiden. Dem Schnitt der x, y-Ebene mit einer Kugel entspricht aber der Schnitt der Kugel NS mit einer andern Kugel, also ein Kreis.

Den Kreisen in der x, y-Ebene entsprechen also auf der Kugel NS Kreise. Insbesondere entsprechen den Geraden der x, y-Ebene die Kreise, die durch N hindurchgehen. Den Nullkreisen entsprechen Nullkreise, dem Nullkreis $x_3^2 = 0$ der Nullkreis N.

Die Abbildung der x, y-Ebene auf die Kugel NS — man nennt sie in der Kartographie stereographische Projektion — ist winkeltreu.

Wir betrachten in der x, y-Ebene einen Kreis $\mathfrak{C}$ und auf ihm einen Punkt P und die Kreistangente PT. Der Bildkreis auf der Kugel NS sei $\mathfrak{C}'$, der Bildpunkt von P sei P' und $P'T'$ sei die Tangente von $\mathfrak{C}'$.

Die Inversion im Raume verwandelt Kugeln, die sich berühren, d. h. einen einzigen Punkt gemein haben, natürlich in ebensolche.[1] Legt man durch den Berührungspunkt eine dritte Kugel, so entstehen zwei Kreise, die sich berühren. PT und $\mathfrak{C}$ sind zwei solche Kreise. Man denke sich durch PT eine Ebene senkrecht zur x, y-Ebene gelegt und durch $\mathfrak{C}$ eine Kugel q mit demselben Mittelpunkt wie $\mathfrak{C}$. Diese beiden Kugeln berühren sich in P und schneiden die x, y-Ebene in PT und $\mathfrak{C}$. Man kann also schließen, daß die Bildkreise $\mathfrak{C}'$ und $\mathfrak{C}''$ von $\mathfrak{C}$ und PT sich in P' berühren. $P'T'$ wird also auch die Tangente von $\mathfrak{C}''$ in P' sein. PT und $\mathfrak{C}''$ liegen in einer Ebene durch N, die die Einheitskugel in einem Kreis $\mathfrak{K}_1$, schneidet. $\mathfrak{C}''$ entsteht aus PT durch Spiegelung an $\mathfrak{K}_1$. Daher erhalten wir (vgl. S. 279) $P'T'$ aus PT durch Spiegelung an der Mittelsenkrechten von PP' oder, was auf dasselbe hinauskommt, durch Spiegelung an der Ebene, die durch die Mitte von PP' senk-

[1] Der Berührungspunkt sei von N verschieden.

recht zu PP' gelegt ist. Nun stelle man sich zwei Kreise in der x, y-Ebene vor, die durch P hindurchgehen. Ihnen entsprechen auf der Kugel zwei Kreise durch P' und die Tangenten dieser Kreise in P' entstehen aus den Tangenten jener Kreise in P, beide durch Spiegelung an einer gewissen Ebene. Bei einer solchen Spiegelung bleibt aber der Winkel, den die Tangenten bilden, erhalten. Die stereographische Projektion verwandelt also zwei Kreise, die sich unter dem Winkel α schneiden, in zwei Kreise, die sich unter demselben Winkel α schneiden. Deshalb heißt sie winkeltreu.

Wir können nun einen Kreis $\mathfrak{C}'$ auf der Kugel NS durch dieselben Koordinaten bestimmen, wie sein Bild $\mathfrak{C}$ in der x, y-Ebene. Dann spielt die ganze Geometrie der Kreisverwandtschaften auf der Kugel.

Einem Kreisbüschel mit zwei verschiedenen reellen Grundpunkten entspricht auf der Kugel ein ebensolches. Nennen wir die Grundpunkte auf der Kugel A, B, so entstehen die Kreise des Büschels dadurch, daß man die Kugel mit dem Ebenenbüschel schneidet, dessen Träger die Gerade A, B ist, d. h. mit allen Ebenen, die durch A und B hindurchgehen.

Fig. 105 ist in der Ebene gezeichnet, die den Mittelpunkt der Kugel und die Punkte A, B enthält. Wir wollen zunächst annehmen, daß A, B nicht diametral gegenüberliegen. AS mit BS sind die Spuren der Tangentialebenen der Kugel in A und B. Diese stehen auf der Zeichnungsebene senkrecht, ebenso ihre Schnittlinie s, deren Spur S ist. Ein Kreis des Büschels liegt in der Zeichnungsebene. Einer steht auf ihr senkrecht; seine Spur ist die Gerade A, B.

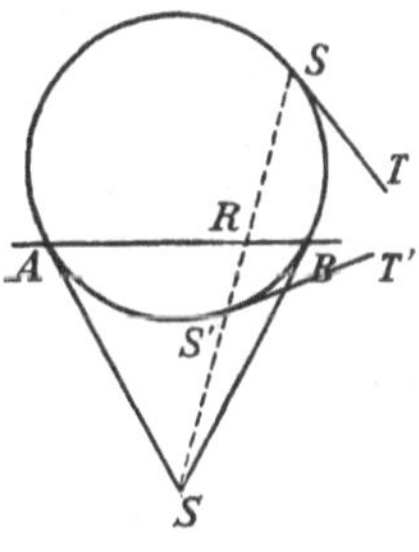

Fig. 105.

Wenn man nun durch s eine Ebene legt, die die Kugel schneidet, so entsteht ein Kreis $\mathfrak{K}$, der zu beiden vorhin genannten Kreisen des Büschels orthogonal ist. Die Tangenten von $\mathfrak{K}$ in den Punkten S', S'' stehen senkrecht auf der Zeichnungsebene, sind also senkrecht zu $S'T'$ und $S''T''$. Mit dem zur Zeichnungsebene senkrechten Kreise trifft sich $\mathfrak{K}$ in zwei Punkten R', R'' und die Tangenten in R', R'' gehen durch S hindurch.

$\mathfrak{K}$ ist demnach ein Kreis des Orthogonalbüschels und man sieht, daß auch dieses Büschel entsteht, indem man die Kugel mit einem Ebenenbüschel schneidet. Nur hat jetzt der Träger des Ebenenbüschels mit der Kugel keinen reellen Punkt gemein.

Wenn die Punkte A und B diametral gegenüberliegen, besteht das Kreisbüschel aus lauter größten Kreisen und das Orthogonalbüschel aus lauter Parallelkreisen. Hier erhält man also das Orthogonalbüschel, indem man die Kugel mit einem Büschel von Parallelebenen schneidet.

Der dritte Typus von Kreisbüscheln ergibt sich, wenn man die Kugel mit einem Ebenenbüschel schneidet, dessen Träger die Kugel berührt. Das Orthogonalbüschel wird durch ein Ebenenbüschel ausgeschnitten, dessen Träger die Kugel in demselben Punkte berührt, aber zu dem ersten Träger senkrecht ist.

In allen Fällen gehen also die Ebenen der Kreise eines Kreisbüschels durch eine Gerade hindurch (eventuell eine unendlich ferne Gerade).[1] Bei einem Nullkreis ist die Ebene die zugehörige Tangentialebene der Kugel. Drei Kreise auf der Kugel gehören dann und nur dann einem Büschel an, wenn ihre Ebenen durch eine gemeinsame Gerade hindurchgehen.

Bei einem Kreisnetz mit reellem Orthogonalkreis geht durch jeden Punkt dieses Kreises ein Kreisbüschel des Netzes hindurch, dessen Kreise sich in jenem Punkt berühren. Die gemeinsame Tangente ist senkrecht zur Tangente des Orthogonalkreises. Man sieht hieraus, daß die Ebenen der Kreise des Netzes alle durch denselben Punkt außerhalb der Kugel hindurchgehen.

Ist der Orthogonalkreis des Netzes ein Nullkreis, so gehen die Ebenen der Kreise durch denselben Punkt auf der Kugel.

Daß bei jedem Kreisnetz die Ebenen der Kreise durch denselben Punkt hindurchgehen, kann man auch so erkennen. Man nehme aus dem Netz drei Kreise $\mathfrak{K}$, $\mathfrak{K}'$, $\mathfrak{K}''$, die nicht einem Büschel angehören. Ihre Ebenen gehen nicht durch dieselbe Gerade, sie bestimmen also einen Punkt P. Durch diesen Punkt gehen auch die Ebenen aller Kreise des durch $\mathfrak{K}$, $\mathfrak{K}'$ bestimmten Büschels. Nimmt man aus diesem Büschel einen Kreis $\overline{\mathfrak{K}}$, so gehen auch die Ebenen aller Kreise des durch $\overline{\mathfrak{K}}$, $\mathfrak{K}''$ bestimmten Büschels durch P. Ist der Orthogonalkreis des Netzes imaginär, so muß P im Innern der Kugel liegen.

Ein Kreisnetz entsteht also, wenn man die Kugel mit einem Ebenenbündel schneidet, d. h. mit allen Ebenen, die durch einen Punkt hindurchgehen, der auch ein unendlich ferner Punkt sein kann.[2]

---

[1] Wenn die Ebenen parallel sind, sagen wir, daß sie sich in einer unendlich fernen Geraden schneiden.

[2] Dann sind die Ebenen parallel zu einer Geraden.

Jetzt wollen wir noch die Spiegelung an einem Kreise besprechen. Es liege ein Kreisnetz vor, dessen Kreisebenen alle durch R hindurchgehen. R sei aber kein Kugelpunkt, d. h. der Orthogonalkreis $\mathfrak{K}$ des Netzes sei kein Nullkreis. Nehmen wir nun einen Kugelpunkt P, so gehen durch ihn alle Kreise des Netzes hindurch, deren Ebenen die Gerade R, P enthalten. Dasselbe Kreisbüschel geht augenscheinlich durch den Punkt Q hindurch, in welchem die Gerade R, P die Kugel außerdem noch trifft. P, Q sind zusammengehörige Punkte bei der Spiegelung an $\mathfrak{K}$, dem Orthogonalkreis des Netzes. Diese Spiegelungen sind, wie wir wissen, winkeltreu. Man kann sie übrigens leicht durch Inversionen im Raume herbeiführen und damit ist dann aufs neue bewiesen, daß sie winkeltreu sind. Liegt z. B. R außerhalb der Kugel, so ist das Produkt $\overline{RP}.\overline{RQ}$ konstant, etwa gleich a^2. Nimmt man von R aus eine Inversion des Raumes vor, so zwar, daß jeder Radiusvektor r in $a^2 : r$ übergeht, so wird die Kugel in sich übergeführt und ihre Punkte werden genau so vertauscht wie bei der betrachteten Spiegelung. Liegt R im Innern der Kugel, so ist $\overline{RP}.\overline{RQ}$ auch konstant, aber negativ, etwa $-a^2$. Da nimmt man zuerst eine Inversion von R aus vor, bei der jeder Radiusvektor r in $a^2 : r$ übergeht und dann spiegelt man noch am Punkte R.

Der Leser sieht, wie viel einfacher alles geworden ist, nachdem wir den Schauplatz auf die Kugel verlegt haben.

Neuntes Kapitel.

Punkte, Ebenen und Geraden des Raumes.

§ 90. Homogene cartesische Koordinaten eines Punktes.

Wir beziehen den Raum auf drei rechtwinklige Achsen Ox, Oy, Oz. Die inhomogenen Koordinaten eines Punktes P sind dann (vgl. Fig. 106)

$$x = \overline{OA} = \overline{BC'} = \overline{CB'} = \overline{A'P},$$

$$y = \overline{OB} = \overline{AC'} = \overline{CA'} = \overline{B'P},$$

$$z = \overline{OC} = \overline{AB'} = \overline{BA'} = \overline{C'P}.$$

Man kann diese Koordinaten auch so auffassen. Man hat eine Grundebene Oxy. Sie teilt den Raum in zwei Gebiete. Das eine von ihnen wird als das positive markiert. Man kann die Ebene z. B. auf einer Seite weiß, auf der andern schwarz anstreichen und festsetzen, daß die Punkte des Raumes, denen die Ebene weiß erscheint, dem positiven Gebiet angehören sollen.

C' sei die Projektion eines Punktes P auf diese Ebene. Dann ist P vollkommen bestimmt, wenn man seine Projektion C' auf die Grundebene und seine Entfernung von der Grundebene kennt und wenn man außerdem weiß, ob er in dem positiven oder negativen Gebiet liegt. Die beiden letzten Angaben kann man in eine zusammenziehen, indem man den Abstand eines Punktes von der Grundebene positiv oder negativ rechnet, je nachdem er dem positiven oder dem negativen Gebiet angehört. Die Lage von C' in der Grundebene wird durch die rechtwinkligen Koordinaten $\overline{OA} = x$, $\overline{OB} = y$ bestimmt. Der Abstand des Punktes P von der Grundebene ist gleich $\overline{OC}$ oder z, wenn man es so einrichtet, daß die positive Hälfte von Oz dem positiven Gebiet angehört.

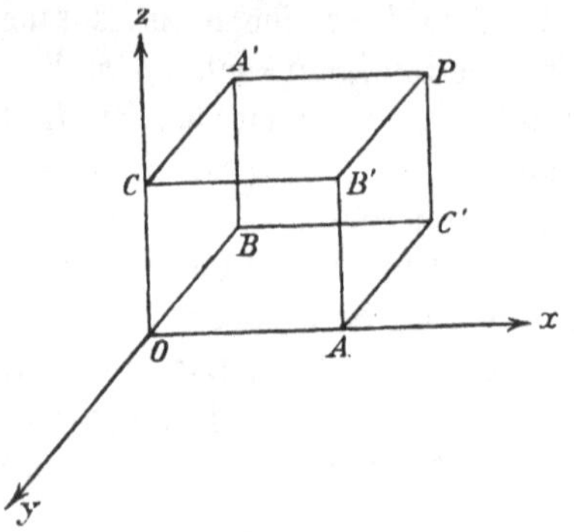

Fig. 106.

Man nennt bei dieser Auffassung z die Ordinate von P. Um den Punkt mit den Koordinaten x, y, z zu finden, sucht man erst in der Grundebene den Punkt C' mit den Koordinaten x, y und errichtet dann in C' auf der Grundebene ein Lot $C'P$, das gleich z ist.

Die homogenen Koordinaten von P sind nach § 14 vier Zahlen x_1, x_2, x_3, x_4, die sich zueinander verhalten wie x, y, z, 1. Man hat also

$$x = \frac{x_1}{x_4}, \quad y = \frac{x_2}{x_4}, \quad z = \frac{x_3}{x_4}.$$

Bei einem unendlich fernen Punkt, z. B. dem unendlich fernen Punkt der Geraden g mit dem Richtungskosinus λ, μ, ν sind die homogenen Koordinaten x_1, x_2, x_3, x_4 proportional zu λ, μ, ν, 0, d. h. x_4 ist gleich Null und x_1, x_2, x_3 sind Richtungskoeffizienten von g (d. h. proportional zu den Richtungskosinus von g). Man kann auch sagen x_1, x_2, x_3 sind die Koordinaten einer Strecke auf g. Ist nämlich r die Maßzahl einer Strecke auf g, so sind deren Koordinaten, d. h. die Maßzahlen ihrer Projektionen auf die Achsen

Ox, Oy, Oz gleich $r\lambda$, $r\mu$, $r\nu$. Durch passende Wahl von r läßt sich erreichen, daß $r\lambda = x_1$, $r\mu = x_2$, $r\nu = x_3$ wird.

Die homogenen Koordinaten eines eigentlichen oder uneigentlichen Punktes sind nie alle gleich Null.

Wir lassen auch imaginäre Werte der homogenen Koordinaten zu. Sind die Verhältnisse der x reell, so haben wir einen reellen Punkt, sind sie nicht alle reell, so sprechen wir von einem imaginären Punkt des Raumes.

§ 91. Gleichung einer Ebene.

E sei eine Ebene. Wir denken sie uns wieder auf einer Seite weiß, auf der andern schwarz gestrichen. Die Ebene teilt den Raum in zwei Gebiete. Den Punkten des einen erscheint sie weiß, denen des andern schwarz. Die Punkte, die die Ebene schwarz sehen, bilden das negative, die anderen das positive Gebiet.

Eine Senkrechte zur Ebene liegt mit einer Hälfte in dem negativen, mit der andern im positiven Gebiet. Wir wollen sie so orientieren, daß man beim Verfolgen ihrer positiven Richtungschließlich in das positive Gebiet kommt. Eine so orientierte Senkrechte soll eine Normale der Ebene heißen.

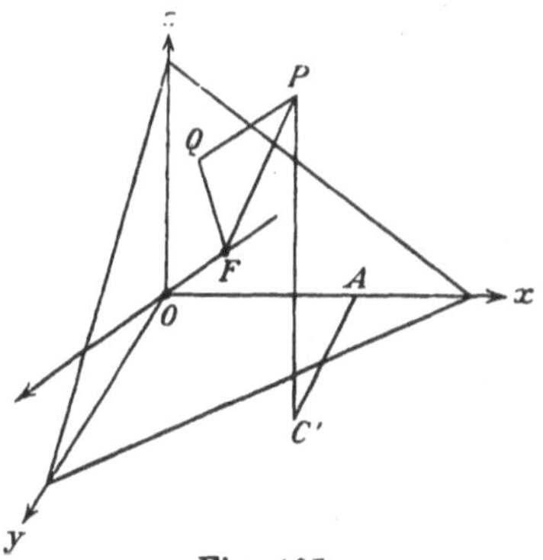

Fig. 107.

Ist P ein eigentlicher Punkt, so schneidet die Normale durch P die Ebene in einem Punkte Q. Der Abstand des Punktes P von der Ebene E ist (einschließlich des Vorzeichens) gleich $\overline{QP}$. In dempositiven Gebiet werden die Abstände positiv, in dem negativen negativ gerechnet.

Um $\overline{QP}$ zu ermitteln, müssen wir zuerst wissen, um welche Ebene E es sich handelt. Die Lage von E läßt sich in folgender Weise charakterisieren. Wir ziehen durch den Anfangspunkt die Normale zu E. Sie treffe die Ebene in F. Diese Normale können wir durch ihre Richtungskosinus α, β, γ festlegen. Kennen wir außerdem

$$\overline{OF} = r,$$

so ist E vollkommen bestimmt. E ist nämlich die Ebene, die auf der Geraden O, F im Punkte F senkrecht steht.

QP ist offenbar gleich der Projektion von FP auf eine Normale von E. Auf welche Normale projiziert wird, ist ganz gleich. Wir können die Normale O, F nehmen. Da nun (vgl. § 2 und Fig. 106)

$$FP = FO + OP = FO + OA + AC' + C'P$$

und die Projektion von FP gleich der Summe der Projektionen von FO, OA, AC', $C'P$ ist (S. 7), so ergibt sich

(1) $$\overline{QP} = \alpha x + \beta y + \gamma z - r\,.$$

Die Projektion von OA auf OF ist z. B. gleich der Maßzahl von OA (d. h. x) multipliziert mit dem Kosinus des Winkels, den die x-Achse und die Normale O, F bilden (d. h. mit α). Vgl. § 7.

Ein eigentlicher Punkt liegt dann und nur dann auf der Ebene E, wenn $\overline{QP} = 0$ ist, wenn also seine Koordination x, y, z die Gleichung

$$\alpha x + \beta y + \gamma z - r = 0$$

erfüllen, d. h. seine homogenen Koordinaten die Gleichung

(2) $$\alpha x_1 + \beta x_2 + \gamma x_3 - r x_4 = 0\,.$$

Ein uneigentlicher Punkt, z. B. der unendlich ferne Punkt der Geraden g wird zur Ebene E gerechnet, wenn sich in dieser eine Parallele g' zu g ziehen läßt. g' und g haben, wie wir wissen (vgl. § 14), denselben unendlich fernen Punkt.

Sind λ, μ, ν die Richtungskosinus der Geraden g und g', so hat man, weil diese Geraden senkrecht zu O, F sind,

(3) $$\alpha\lambda + \beta\mu + \gamma\nu = 0. \qquad \text{(vgl. S. 16)}$$

Die Koordinaten x_1, x_2, x_3, x_4 des unendlich fernen Punktes von g und g' sind proportional zu λ, μ, ν, 0. Daher ist auch $\alpha x_1 + \beta x_2 + \gamma x_3 = 0$ und (wegen $x_4 = 0$) zugleich $\alpha x_1 + \beta x_2 + \gamma x_3 - r x_4 = 0$. Wenn ein unendlich ferner Punkt diese Gleichung erfüllt, so liegt er auf einer Geraden g, die zu OF senkrecht ist, d. h. er gehört der Ebene E an. Da nämlich $x_4 = 0$ ist, so hat man $\alpha x_1 + \beta x_2 + \gamma x_3 = 0$. Nun sind aber x_1, x_2, x_3 proportional zu den Richtungskosinus λ, μ, ν von g. Daher gilt die Gleichung (3).

Wir können also sagen, daß ein (eigentlicher oder uneigentlicher) Punkt des Raumes dann und nur dann der Ebene E angehört, wenn seine homogenen Koordinaten der Gleichung (2) genügen. (2) heißt die Gleichung der Ebene E. Der Inbegriff aller Punkte von E ist identisch mit dem Inbegriff aller Punkte, die die Gleichung von E erfüllen.

Wenn eine lineare Gleichung

(4) $$u_1 x_1 + u_2 x_2 + u_2 x_3 + u_4 x_4 = 0$$

vorliegt und u_1, u_2, u_3 nicht alle gleich Null sind, so können wir sie als die Koordinaten einer Strecke ansehen, und diese Strecke hat die Länge $\sqrt{u_1^2 + u_2^2 + u_3^2}$, ist also keine Nullstrecke. Orientieren wir den Träger der Strecke, so bekommt die Strecke eine Maßzahl c ($\gtrless 0$) und ihre Koordinaten drücken sich durch c und durch die Richtungskosinus des Trägers in folgender Weise aus (vgl. S. 14)

$$u_1 = c\alpha, \quad u_2 = c\beta, \quad u_3 = c\gamma.$$

Setzen wir noch

$$-\frac{u_4}{c} = r,$$

so nimmt (4) die Gestalt an

(4′) $$c(\alpha x_1 + \beta x_2 + \gamma x_3 - r x_4) = 0.$$

Diese Gleichung ist aber völlig gleichbedeutend mit (2). Daraus sehen wir, daß (4) im Falle $u_1^2 + u_2^2 + u_3^2 > 0$ eine Ebene darstellt, d. h. der Inbegriff aller Punkte, die der Gleichung (4) genügen, ist identisch mit dem Inbegriff aller Punkte einer Ebene. Will man die Gleichung (4), d. h. (4′), auf die Form (2), die sogenannte Hessesche Normalform, zurückführen, so muß man durch c, d. h. durch $\pm \sqrt{u_1^2 + u_2^2 + u_3^2}$ dividieren. Für die Gleichung einer Ebene gibt es zwei Hessesche Normalformen. Die eine lautet

$$\frac{u_1 x_1 + u_2 x_2 + u_3 x_3 + u_4 x_4}{\sqrt{u_1^2 + u_2^2 + u_3^2}} = 0,$$

die andere

$$-\frac{u_1 x_1 + u_2 x_2 + u_3 x_3 + u_4 x_4}{\sqrt{u_1^2 + u_2^2 + u_3^2}} = 0.$$

Dies entspricht der Tatsache, daß man die Ebene auf zwei Weisen orientieren (d. h. auf der einen Seite weiß, auf der andern schwarz anstreichen) kann.

Ist (x) ein eigentlicher Punkt, so stellt

$$\frac{u_1 x_1 + u_2 x_2 + u_3 x_3 + u_4 x_4}{x_4 \sqrt{u_1^2 + u_2^2 + u_3^2}}$$

seinen Abstand von der Ebene (4) dar, bei einer bestimmten Orientierung der Ebene. Legt man die umgekehrte Orientierung zugrunde (vertauscht man die Farben Schwarz und Weiß), so tritt das Minuszeichen hinzu.

Wir haben bisher angenommen, daß in (4) u_1, u_2, u_3 nicht alle gleich Null sind. Ist $u_1 = u_2 = u_3 = 0$, so reduziert sich (4) auf

$$x_4 = 0. \tag{5}$$

Diese Gleichung sagt aus, daß (x) ein uneigentlicher Punkt ist. Wenn man vereinbart, den Inbegriff der unendlich fernen Punkte als eine Ebene (die uneigentliche oder unendlich ferne Ebene) anzusehen, so stellt jede lineare Gleichung in den (x), d. h. jede Gleichung von der Form (4), eine Ebene dar. Natürlich wird angenommen, daß nicht alle u verschwinden.

§ 92. Geraden und Ebenen in Parameterdarstellung.

Wenn zwei Punkte (x'), (x'') gegeben sind, so hat die Matrix

$$\begin{Vmatrix} x_1' & x_2' & x_3' & x_4' \\ x_1'' & x_2'' & x_3'' & x_4'' \end{Vmatrix} \tag{1}$$

den Rang 2 oder 1, je nachdem sie verschieden sind oder zusammenfallen.

Nimmt man drei Punkte, so kann die Matrix

$$\begin{Vmatrix} x_1' & x_2' & x_3' & x_4' \\ x_1'' & x_2'' & x_3'' & x_4'' \\ x_1''' & x_2''' & x_3''' & x_4''' \end{Vmatrix} \tag{2}$$

den Rang 3 oder 2 oder 1 haben.

Hat sie den Rang 3, so gibt es eine und nur eine Ebene, die durch die drei Punkte hindurchgeht. Sollen nämlich die drei Punkte der Ebene $\sum u_r x_r = 0$ angehören, so müssen die Gleichungen

$$u_1 x_1' + u_2 x_2' + u_3 x_3' + u_4 x_4' = 0,$$
$$u_1 x_1'' + u_2 x_2'' + u_3 x_3'' + u_4 x_4'' = 0,$$
$$u_1 x_1''' + u_2 x_2''' + u_3 x_3''' + u_4 x_4''' = 0$$

erfüllt sein. Dadurch sind aber die Verhältnisse der u völlig bestimmt und die Gleichung der Ebene läßt sich in der Form schreiben

$$\begin{vmatrix} x_1 & x_2 & x_3 & x_4 \\ x_1' & x_2' & x_3' & x_4' \\ x_1'' & x_2'' & x_3'' & x_4'' \\ x_1''' & x_2''' & x_3''' & x_4''' \end{vmatrix} = 0$$

oder, wenn man die linke Seite mit $(x\,x'\,x''\,x''')$ bezeichnet,

(3) $$(x\,x'\,x''\,x''') = 0.$$

Daß diese Ebene die drei Punkte (x'), (x''), (x''') enthält, sieht man sofort, wenn man (x) durch einen von ihnen ersetzt. Dann bekommt die Determinante $(x\,x'\,x''\,x''')$ zwei übereinstimmende Zeilen, wird also gleich Null.

Wenn die Matrix (2) den Rang 3 hat, liegen die drei Punkte nicht auf einer Geraden. Sonst gäbe es nämlich nicht nur eine Ebene, die sie alle drei enthält.

Hat (2) den Rang 2, so gibt es unter den drei Punkten (x'), (x''), (x''') mindestens zwei verschiedene, etwa (x'), (x''). Die Gleichungen

$$\varrho\, x_r' + \sigma\, x_r'' + \tau\, x_r''' = 0 \qquad (r = 1, \ldots, 4)$$

haben eine von 0, 0, 0 verschiedene Lösung ϱ, σ, τ, und zwar ist $\tau \neq 0$, weil (x'), (x'') sonst nicht verschiedene Punkte wären. Dividieren wir durch τ, so ergibt sich

$$x_r''' = \lambda\, x_r' + \mu\, x_r''. \qquad (r = 1, \ldots, 4)$$

(x''') liegt mit (x') und (x'') in gerader Linie, weil jede Ebene, die durch (x') und (x'') hindurchgeht, auch (x''') enthält. Aus

$$\sum u_r x_r' = 0, \quad \sum u_r x_r'' = 0$$

folgt nämlich

$$\sum u_r x_r''' = \lambda \sum u_r x_r' + \mu \sum u_r x_r'' = 0.$$

Ist der Rang der Matrix (2) gleich 1, so fallen die drei Punkte (x'), (x''), (x''') in einen zusammen.

Betrachtet man vier Punkte, so kann es sein, daß sie eine von Null verschiedene Determinante $(x'\,x''\,x'''\,x^{\mathrm{IV}})$ liefern. Dann hat die Matrix (2) den Rang 3 und die drei Punkte (x'), (x''), (x''') bestimmen die Ebene $(x'\,x''\,x'''\,x) = 0$. Der Punkt (x^{IV}) liegt aber nicht in ihr, weil $(x'\,x''\,x'''\,x^{\mathrm{IV}}) \neq 0$ ist.

Wenn $(x'\,x''\,x'''\,x^{\mathrm{IV}})$ den Rang 3 hat, so werden drei von den Punkten, etwa (x'), (x''), (x''') eine Matrix vom Range 3 geben. Wegen $(x'\,x''\,x'''\,x^{\mathrm{IV}}) = 0$ haben die Gleichungen

$$\varrho\, x_r' + \sigma\, x_r'' + \tau\, x_r''' + \omega\, x_r^{\mathrm{IV}} = 0 \qquad (r = 1, \ldots, 4)$$

eine von 0, 0, 0, 0 verschiedene Lösung ϱ, σ, τ, ω, und zwar ist $\omega \neq 0$, weil sonst der Rang von (2) kleiner als 3 wäre. Dividieren wir durch ω, so ergibt sich

(5) $$x_r^{\mathrm{IV}} = \lambda\, x_r' + \mu\, x_r'' + \nu\, x_r'''. \qquad (r = 1, \ldots, 4)$$

Ist $\sum u_r x_r = 0$ die Ebene, die durch (x'), (x''), (x''') bestimmt wird, so enthält sie auch den Punkt (x^{IV}), weil aus

$$\sum u_r x_r' = 0, \quad \sum u_r x_r'' = 0, \quad \sum u_r x_r''' = 0$$

folgt

$$\sum u_r x_r^{IV} = \lambda \sum u_r x_r' + \mu \sum u_r x_r'' + \nu \sum u_r x_r''' = 0.$$

Daß (x^{IV}) in der durch (x'), (x''), (x''') bestimmten Ebene liegt, kann man auch direkt daraus entnehmen, daß (x^{IV}) die Gleichung dieser Ebene, d. h. die Gleichung $(x' x'' x''' x) = 0$, erfüllt.

Hat die Determinante $(x' x'' x''' x^{IV})$ den Rang 2 und sind z. B. (x') und (x'') verschiedene Punkte, so liegen (x''') und (x^{IV}) auf der Geraden (x'), (x''). Hat $(x' x'' x''' x^{IV})$ den Rang 1, so fallen alle vier Punkte zusammen.

Es gilt also folgender Satz. Hat die Matrix

$$(6) \qquad \begin{Vmatrix} a_1 & a_2 & a_3 & a_4 \\ b_1 & b_2 & b_3 & b_4 \\ \cdot & \cdot & \cdot & \cdot \end{Vmatrix}$$

den Rang 1, so fallen die Punkte (a), (b), (c), ... zusammen. Hat die Matrix den Rang 2, so gibt es unter ihnen zwei verschiedene und alle andern liegen auf der durch sie bestimmten Geraden. Hat die Matrix den Rang 3, so gibt es unter den Punkten drei, die nicht auf einer Geraden liegen und alle andern gehören der durch sie bestimmten Ebene an. Hat die Matrix endlich den Rang 4, so gibt es unter den Punkten (a), (b), (c), ... vier, die nicht in einer Ebene liegen.

Ist der Rang der Matrix p, so lassen sich p Punkte (x'), ..., (x^p) aus der Matrix (6) herausgreifen, die eine Matrix vom Range p liefern. Alle andern in (6) vorkommenden Punkte (x) sind in folgender Form darstellbar:

$$(7) \qquad x_r = \lambda' x_r' + \lambda'' x'' + \ldots + \lambda^{(p)} x_r^{(p)}. \qquad (r = 1, \ldots, 4)$$

Das gilt, wie wir oben gesehen haben, für $p = 1, 2, 3$, aber auch, wie leicht zu erkennen ist, für $p = 4$.

Die Koeffizienten λ', ..., $\lambda^{(p)}$ sind durch den Punkt (x) bis auf einen Faktor bestimmt. Denn unter den Gleichungen (7) gibt es p mit nicht verschwindender Determinante. Sie lassen sich also nach λ', ..., $\lambda^{(p)}$ auflösen. Multipliziert man $x_1, \ldots, x_4$ mit einem Faktor, so multiplizieren sich die λ mit demselben Faktor.

Die Punkte (x) einer Geraden lassen sich durch zwei Punkte (x'), (x'') ausdrücken in der Form

$$x_r = \lambda x_r' + \mu x_r'', \qquad (r = 1, \ldots, 4)$$

die Punkte (x) einer Ebene durch drei Punkte (x'), (x''), (x''') in der Form

$$x_r = \lambda x_r' + \mu x_r'' + \nu x_r''', \qquad (r = 1, \ldots, 4)$$

die Punkte (x) des Raumes durch vier Punkte in der Form

$$x_r = \lambda x_r' + \mu x_r'' + \nu x_r''' + \varrho x_r^{\mathrm{IV}}. \qquad (r = 1, \ldots, 4)$$

Man nennt das eine Parameterdarstellung der Geraden, der Ebene und des Raumes.

Welche Bedeutung λ, μ bzw. λ, μ, ν bzw. λ, μ, ν, ϱ haben, werden wir spärer sehen.

§ 93. Inhalte von Dreiecken.

Wir betrachten ein Dreieck mit drei eigentlichen Ecken A, B, C. Wenn die von C ausgehenden Seiten die Längen r_1, r_2 haben und den Winkel φ bilden, so ist der doppelte Inhalt des Dreiecks gleich $r_1 r_2 \sin\varphi$.

Die Richtungskosinus der Geraden CA und CB (orientiert von C nach A bzw. B) seien $\alpha_1, \beta_1, \gamma_1$ bzw. $\alpha_2, \beta_2, \gamma_2$, die Koordinaten der Punkte A, B, C aber x_1, y_1, z_1; $x_2, y_2\ z_2$; x_3, y_3, z_3. Wir benutzen, weil es sich um eigentliche Punkte handelt, inhomogene Koordinaten. Dann ist (vgl. S. 14 und 21)

$$(1) \qquad \begin{cases} x_1 - x_3 = r_1 \alpha_1, & y_1 - y_3 = r_1 \beta_1, \quad z_1 - z_3 = r_1 \gamma_1, \\ x_2 - x_3 = r_2 \alpha_2, & y_2 - y_3 = r_2 \beta_2, \quad z_2 - z_3 = r_2 \gamma_2. \end{cases}$$

Ferner hat man

$$\cos\varphi = a_1 \alpha_2 + \beta_1 \beta_2 + \gamma_1 \gamma_2,$$

also

$$\sin^2\varphi = 1 - (\alpha \alpha_1 + \beta_1 \beta_2 + \gamma_1 \gamma_2)^2$$

$$= (\alpha_1^2 + \beta_1^2 + \gamma_1^2)(\alpha_2^2 + \beta_2^2 + \gamma_2^2) - (\alpha_1 \alpha_2 + \beta_1 \beta_2 + \gamma_1 \gamma_2)^2,$$

oder

$$\sin^2\varphi = (\beta_1 \gamma_2 - \beta_2 \gamma_1)^2 + (\gamma_1 \alpha_2 - \gamma_2 \alpha_1)^2 + (\alpha_1 \beta_2 - \alpha_2 \beta_1)^2.$$

Hieraus folgt

$$(2) \qquad (r_1 r_2 \sin\varphi)^2 = \left\| \begin{matrix} x_1 - x_3, & y_1 - y_3, & z_1 - z_3 \\ x_2 - x_3, & y_2 - y_3, & z_2 - z_3 \end{matrix} \right\|^2.$$

Man erinnere sich, daß das Quadrat einer solchen Matrix gleich der Quadratsumme ihrer Determinanten ist (hier der zweireihigen).

Wir wollen die beiden Strecken CA und CB mit $\mathfrak{A}$ bzw. $\mathfrak{B}$ bezeichnen und ihre Koordinaten (vgl. S. 6) mit h_1, k_1, l_1 bzw. h_2, k_2, l_2. Dann wird die Strecke $\mathfrak{P}$, deren Koordinaten

$$H = \begin{vmatrix} k_1 & l_1 \\ k_2 & l_2 \end{vmatrix}, \quad K = \begin{vmatrix} l_1 & h_1 \\ l_2 & h_2 \end{vmatrix}, \quad L = \begin{vmatrix} h_1 & k_1 \\ h_2 & k_2 \end{vmatrix}$$

sind, das äußere Produkt[1], von $\mathfrak{A}$, $\mathfrak{B}$ (in dieser Reihenfolge) genannt. (2) sagt dann aus, das $(r_1 r_2 \sin\varphi)^2$, das Quadrat des doppelten Dreiecksinhalts ABC, gleich der Norm der Strecke $\mathfrak{P}$ ist, d. h. gleich dem Quadrat ihrer Länge $(H^2 + K^2 + L^2)$.

Man bezeichnet das äußere Produkt von $\mathfrak{A}$ und $\mathfrak{B}$ mit $\mathfrak{A} \times \mathfrak{B}$.

Aus der Definition des äußeren Produktes folgt

$$\mathfrak{A} \times \mathfrak{B} = -(\mathfrak{B} \times \mathfrak{A}).$$

Die beiden Strecken $\mathfrak{A} \times \mathfrak{B}$ und $\mathfrak{B} \times \mathfrak{A}$ haben nämlich entgegengesetzt gleiche Koordinaten, $\mathfrak{A} \times \mathfrak{B}$ die Koordinaten H, K, L und $\mathfrak{B} \times \mathfrak{A}$ die Koordinaten $-H$, $-K$, $-L$.

Es gilt für die äußere Multiplikation und die Addition der Strecken (ebenso wie für die innere Multiplikation und die Addition) das distributive Gesetz, d. h. es ist

$$\mathfrak{A} \times (\mathfrak{B} + \mathfrak{B}') = \mathfrak{A} \times \mathfrak{B} + \mathfrak{A} \times \mathfrak{B}'.$$

Sind h_2', k_2', l_2' die Koordinaten von $\mathfrak{B}'$, so hat $\mathfrak{A} \times \mathfrak{B}$ die Koordinaten

$$H' = \begin{vmatrix} k_1 & l_1 \\ k_2' & l_2' \end{vmatrix}, \quad K' = \begin{vmatrix} l_1 & h_1 \\ l_2' & h_2' \end{vmatrix}. \quad L' = \begin{vmatrix} h_1 & k_1 \\ h_2' & k'_2 \end{vmatrix}$$

und $\mathfrak{A} \times \mathfrak{B} + \mathfrak{A} \times \mathfrak{B}'$ die Koordinaten

$$H + H', \quad K + K', \quad L + L'.$$

Genau dieselben Koordinaten hat aber $\mathfrak{A} \times (\mathfrak{B} + \mathfrak{B}')$.

Wie liegt die Strecke $\mathfrak{A} \times \mathfrak{B}$ zu den Strecken $\mathfrak{A}$ und $\mathfrak{B}$? Da

$$h_1 H + k_1 K + l_1 L = \begin{vmatrix} h_1 & k_1 & l_1 \\ h_1 & k_1 & l_1 \\ h_2 & k_2 & l_2 \end{vmatrix} = 0,$$

und

$$h_2 H + k_2 K + l_2 L = \begin{vmatrix} h_2 & k_2 & l_2 \\ h_1 & k_1 & l_1 \\ h_2 & k_2 & l_2 \end{vmatrix} = 0$$

[1] Das innere Produkt von $\mathfrak{A}$ und $\mathfrak{B}$ war eine Zahl, das äußere ist eine Strecke.

ist, so ist $\mathfrak{A} \times \mathfrak{B}$ sowohl zu $\mathfrak{A}$ als auch zu $\mathfrak{B}$ senkrecht. Wenn $\mathfrak{A}$ und $\mathfrak{B}$ parallel sind, so ist durch jene Eigenschaft die Lage von $\mathfrak{A} \times \mathfrak{B}$ nicht bestimmt. Dann sind aber h_2, k_2, l_2 proportional zu h_1, k_1, l_1 und H, K, L werden gleich Null, $\mathfrak{A} \times \mathfrak{B}$ ist also ein Nullvektor. Man schreibt in diesem Falle $\mathfrak{A} \times \mathfrak{B} = 0$.

$\mathfrak{A} \times \mathfrak{B}$ ist also senkrecht zu $\mathfrak{A}$ und $\mathfrak{B}$ und hat die Länge $|r_1 r_2 \sin\varphi|$, wobei r_1, r_2 die Längen von $\mathfrak{A}$ und $\mathfrak{B}$ sind und φ der Winkel ist, den $\mathfrak{A}$ und $\mathfrak{B}$ bilden.[1] Es fehlt jetzt noch eine Angabe darüber, nach welcher Seite die Strecke $\mathfrak{A} \times \mathfrak{B}$ gerichtet ist. Wir denken uns $\mathfrak{A}$, $\mathfrak{B}$ auch $\mathfrak{A} \times \mathfrak{B}$ durch Parallelverschiebungen nach dem Anfangspunkt O des Koordinatensystems gebracht und wollen nun das Achsensystem um O drehen, so daß $\mathfrak{A}$ auf der positiven x-Achse liegt und $\mathfrak{A} \times \mathfrak{B}$ auf der positiven z-Achse. Dadurch ist im Falle $\mathfrak{A} \times \mathfrak{B} \neq 0$ die neue Lage des Achsensystems vollkommen bestimmt.

Wir wissen, wie sich bei einer solchen Drehung des Achsensystems die Koordinaten der Strecken, d. h. hier die Koordinaten ihrer Endpunkte ändern (vgl. S. 21). Es wird

$$(3) \qquad \begin{cases} x = \lambda_1 x' + \lambda_2 y' + \lambda_3 z', \\ y = \mu_1 x' + \mu_2 y' + \mu_3 z', \\ z = \nu_1 x' + \nu_2 y' + \nu_3 z'. \end{cases}$$

Die Determinante

$$(4) \qquad \begin{vmatrix} \lambda_1 & \lambda_2 & \lambda_3 \\ \mu_1 & \mu_2 & \mu_3 \\ \nu_1 & \nu_2 & \nu_3 \end{vmatrix}$$

ist orthogonal und hat den Wert 1 (vgl. S. 22).

Aus (3) folgt

$$(5) \qquad \begin{cases} \begin{vmatrix} y_1 & y_2 \\ z_1 & z_2 \end{vmatrix} = \begin{vmatrix} \mu_1 & \mu_2 & \mu_3 \\ \nu_1 & \nu_2 & \nu_3 \end{vmatrix} \begin{vmatrix} x_1' & y_1' & z_1' \\ x_2' & y_2' & z_2' \end{vmatrix}, \\[2ex] \begin{vmatrix} z_1 & z_2 \\ x_1 & x_2 \end{vmatrix} = \begin{vmatrix} \nu_1 & \nu_2 & \nu_3 \\ \lambda_1 & \lambda_2 & \lambda_3 \end{vmatrix} \begin{vmatrix} x_1' & y_1' & z_1' \\ x_2' & y_2' & z_2' \end{vmatrix}, \\[2ex] \begin{vmatrix} x_1 & x_2 \\ y_1 & y_2 \end{vmatrix} = \begin{vmatrix} \lambda_1 & \lambda_2 & \lambda_3 \\ \mu_1 & \mu_2 & \mu_3 \end{vmatrix} \begin{vmatrix} x_1' & y_1' & z_1' \\ x_2' & y_2' & z_2' \end{vmatrix}. \end{cases}$$

Die reziproke Determinante zu (4) ist aber wieder die Determinante (4). Daher lauten die Formeln (5), wenn wir

---

[1] Man muß, um diesen Winkel zu messen, durch Parallelverschiebung die Anfangspunkte der Strecken zusammenbringen.

$$H = \begin{vmatrix} y_1 & y_2 \\ z_1 & z_2 \end{vmatrix}, \quad K = \begin{vmatrix} z_1 & z_2 \\ x_1 & x_2 \end{vmatrix}, \quad L = \begin{vmatrix} x_1 & x_2 \\ y_1 & y_2 \end{vmatrix}$$

setzen und

$$H' = \begin{vmatrix} y_1' & y_2' \\ z_1' & z_2' \end{vmatrix}, \quad K' = \begin{vmatrix} z_1' & z_2' \\ x_1' & x_2' \end{vmatrix}, \quad L' = \begin{vmatrix} x_1' & x_2' \\ y_1' & y_2' \end{vmatrix},$$

wie folgt

$$(5') \qquad \begin{cases} H = \lambda_1 H' + \lambda_2 K' + \lambda_3 L', \\ K = \mu_1 H' + \mu_2 K' + \mu_3 L', \\ L = \nu_1 H' + \nu_2 K' + \nu_3 L'. \end{cases}$$

Ist x_1, y_1, z_1 der Endpunkt von $\mathfrak{A}$ und x_2, y_2, z_2 der von $\mathfrak{B}$, so zeigen die Formeln (5'), daß die neuen Koordinaten von $\mathfrak{A} \times \mathfrak{B}$ sich genau ebenso durch die neuen Koordinaten von $\mathfrak{A}$ und von $\mathfrak{B}$ ausdrücken, wie die alten Koordinaten von $\mathfrak{A} \times \mathfrak{B}$ durch die alten Koordinaten von $\mathfrak{A}$ und von $\mathfrak{B}$.

Die auf Seite 298 gegebene Definition des äußeren Produktes zweier Strecken ist also unabhängig von der Lage des rechtwinkligen Achsensystems. Wir dürfen das Achsensystem beliebig bewegen, ohne daß die Definition eine andere Strecke $\mathfrak{A} \times \mathfrak{B}$ liefert.

Wir haben vorhin das Achsensystem so gedreht, daß $\mathfrak{A}$ auf die positive x-Achse und $\mathfrak{A} \times \mathfrak{B}$ auf die positive z-Achse fiel. Es ist also jetzt

$$x_1' > 0, \quad y_1' = 0, \quad z_1' = 0,$$
$$H' = 0, \quad K' = 0, \quad L' > 0.$$

Da

$$H' = \begin{vmatrix} y_1' & y_2' \\ z_1' & z_2' \end{vmatrix}, \quad K' = \begin{vmatrix} z_1' & z_2' \\ x_1' & x_2' \end{vmatrix}, \quad L' = \begin{vmatrix} x_1' & x_2' \\ y_1' & y_2' \end{vmatrix},$$

so reduzieren sich die obigen Gleichungen und Ungleichungen auf

$$x_1' > 0, \quad y_1' = 0, \quad z_1' = 0.$$
$$y_2' > 0, \quad z_2' = 0.$$

Die Strecke $\mathfrak{B}$ liegt also (was wir bereits wissen) in der x, y-Ebene und auf der positiven Seite der x, z-Ebene, d. h auf derselben Seite der x, z-Ebene wie die positive y-Achse. Man sagt kurz:

$\mathfrak{A}$, $\mathfrak{B}$ und $\mathfrak{A} \times \mathfrak{B}$ liegen so zueinander, wie die Achsen Ox, Oy, Oz.

Man legt gewöhnlich eine bestimmte Art von rechtwinkligen Achsensystem zugrunde. Der Leser stelle sich einen Beobachter vor, der seine Füße in O und seinen Kopf auf der positiven Hälfte der z-Achse hat. Wenn sich für diesen Beobachter die positive x-Achse um O nach links dreht, bis sie einen rechten Winkel beschrieben hat, so soll sie gerade in die positive y-Achse übergegangen sein. Das sind die rechtwinkligen Achsensysteme, die man z. B. in der Astronomie gewöhnlich anwendet. Wenn man Mittelfinger, Zeigefinger und Daumen der linken Hand so ausstreckt, daß sie ungefähr rechtwinklig zueinander sind, dann ist der Mittelfinger die x-Achse, der Zeigefinger die y-Achse und der Daumen die z-Achse eines Systems von der oben beschriebenen Art, eines sogenannten Linkssystems. Mittelfinger, Zeigefinger und Daumen der rechten Hand geben, in geeigneter Weise ausgestreckt, ein Bild von einem Rechtssystem. Jedes Linkssystem läßt sich mit jedem anderen Linkssystem zur Deckung bringen, ebenso jedes Rechtssystem mit jedem Rechtssystem. Dagegen ist es unmöglich, ein Linkssystem und ein Rechtssystem zur Deckung zu bringen. Kehrt man in einem Achsensystem die positive Richtung einer Achse um, so ändert es seinen Charakter, d. h. es wird aus einem Linkssystem ein Rechtssystem oder umgekehrt.

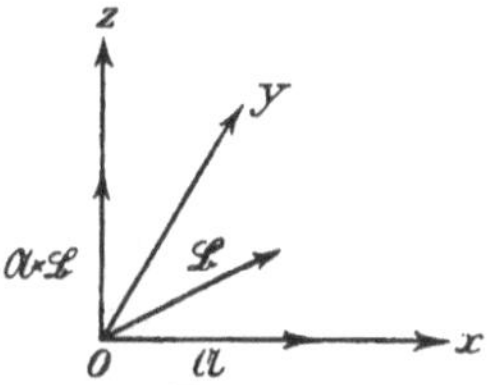

Fig. 108.

Benutzen wir als Achsensystem ein Linkssystem, so können wir die Lage von $\mathfrak{A} \times \mathfrak{B}$ so beschreiben.

Man lasse die Strecken $\mathfrak{A}$, $\mathfrak{B}$, $\mathfrak{A} \times \mathfrak{B}$ von demselben Punkt ausgehen und denke sich einen Beobachter, dessen Füße im Anfangspunkt von $\mathfrak{A} \times \mathfrak{B}$ sind und dessen Kopf im Endpunkt von $\mathfrak{A} \times \mathfrak{B}$ liegt. Blickt dieser Beobachter nach dem Endpunkt von $\mathfrak{A}$ hin, so liegt die Strecke $\mathfrak{B}$ auf der linken Seite.

Hat ein solcher Beobachter seine Füße im Anfangspunkt der Koordinaten und seinen Kopf auf der positiven Hälfte der z-Achse, so liegt, wenn er nach der positiven x-Achse blickt, die positive y-Achse auf der linken Seite.

Deshalb sagten wir: $\mathfrak{A}$, $\mathfrak{B}$, $\mathfrak{A} \times \mathfrak{B}$ liegen so zueinander wie Ox, Oy, Oz.

$\mathfrak{A}'$ und $\mathfrak{B}'$ seien die Projektionen von $\mathfrak{A}$ und $\mathfrak{B}$ auf eine Ebene E. Dann ist

$$\mathfrak{A} = \mathfrak{A}' + \mathfrak{A}'', \quad \mathfrak{B} = \mathfrak{B}' + \mathfrak{B}''$$

und $\mathfrak{A}''$, $\mathfrak{B}''$ sind senkrecht zu E. Für $\mathfrak{A} \times \mathfrak{B}$ finden wir jetzt

$$\begin{aligned} \mathfrak{A} \times \mathfrak{B} &= (\mathfrak{A}' + \mathfrak{A}'') \times (\mathfrak{B}' + \mathfrak{B}'') \\ &= \mathfrak{A}' \times (\mathfrak{B}' + \mathfrak{B}'') + \mathfrak{A}'' \times (\mathfrak{B}' + \mathfrak{B}'') \\ &= \mathfrak{A}' \times \mathfrak{B}' + \mathfrak{A}' \times \mathfrak{B}'' + \mathfrak{A}'' \times \mathfrak{B}' + \mathfrak{A}'' \times \mathfrak{B}''. \end{aligned}$$

Hier ist

$$\mathfrak{A}'' \times \mathfrak{B}'' = 0,$$

weil $\mathfrak{A}''$ und $\mathfrak{B}''$ parallel sind. $\mathfrak{A}' \times \mathfrak{B}'$ ist senkrecht zu E, dagegen sind $\mathfrak{A}' \times \mathfrak{B}''$ und $\mathfrak{A}'' \times \mathfrak{B}'$ parallel zu E. Wir sehen hieraus, daß $\mathfrak{A}' \times \mathfrak{B}'$ die Projektion von $\mathfrak{A} \times \mathfrak{B}$ auf eine zu E senkrechte Gerade (eine Normale von E) ist. Das äußere Produkt der Projektionen von $\mathfrak{A}$ und $\mathfrak{B}$ auf E ist gleich der Projektion des äußeren Produktes von $\mathfrak{A}$ und $\mathfrak{B}$ auf eine Normale von E.

Wir wollen jetzt wieder zu dem Dreieck ABC zurückkehren. Den doppelten Inhalt dieses Dreiecks repräsentieren wir durch die Strecke $\mathfrak{A} \times \mathfrak{B}$, wobei

$$\mathfrak{A} = CA, \quad \mathfrak{B} = CB$$

ist. Der doppelte Dreiecksinhalt wird hier also nicht als Zahl, sondern als Strecke angesehen. Es wird eben auch Rücksicht genommen auf die Lage des Dreiecks im Raume. Wenn es sich um den Inhalt im gewöhnlichen Sinne handelt, so sprechen wir von dem absoluten Inhalt.

Wir wollen als Symbol für den doppelten Inhalt des Dreiecks ABC

$$2\,ABC$$

benutzen. $2ABC$ soll also das äußere Produkt von CA und CB sein.

Dann haben wir

$$2\,ABC = 2\,BCA = 2\,ABC.$$

$2\,BCA$ ist das äußere Produkt von AB und AC. Da

$$AB = AC + CB$$

ist, so wird

$$AB \times AC = (AC + CB) \times AC.$$

also

$$2\,BCA = AC \times AC + CB \times AC.$$

Nun müssen wir eine Eigenschaft des äußeren Produktes benutzen, die sich in folgender Formel ausdrückt:

$$(*) \qquad \mathfrak{A} \times k\mathfrak{B} = k(\mathfrak{A} \times \mathfrak{B}).$$

$k\mathfrak{B}$ ist eine zu $\mathfrak{B}$ parallele Strecke und die Maßzahlen von $k\mathfrak{B}$ und $\mathfrak{B}$ (vgl. S. 4) verhalten sich wie $k:1$. Wenn x, y, z die Koordinaten von $\mathfrak{B}$ sind, so sind kx, ky, kz die von $k\mathfrak{B}$. Man beweist die Formel (*), indem man auf die Definition des äußeren Produktes zurückgeht.

Nach (*) ist

$$CB \times AC = -(CB \times CA) = CA \times CB.$$

Man hat daher

$$2\,BCA = CA \times CB = 2\,ABC.$$

Da

$$2\,BAC = CB \times CA = -(CA \times CB)$$

ist, so sieht man, daß

$$2\,BAC = -2\,ABC$$

wird. Drei Punkte geben also zwei entgegengesetzte doppelte Dreiecksinhalte. Es ist

$$2\,ABC = 2\,BCA = 2\,CAB$$

$$= -2\,BAC = -2\,ACB = -2\,CBA.$$

Durchläuft man den Rand des Dreiecks in einer bestimmten Richtung, so trifft man die Ecken in der Reihenfolge

$$ABCABC\ldots$$

Dieser Art den Rand zu durchlaufen oder dieser „Orientierung" des Randes entspricht der doppelte Inhalt $2\,ABC$, der andern Orientierung, bei der die Ecken so aufeinanderfolgen,

$$ACBACB\ldots,$$

entspricht der doppelte Inhalt $2\,BAC$.

Denkt man sich den Anfangspunkt der Strecke $2\,ABC$ in einem Punkt D innerhalb des Dreiecks und stellt sich einen Beobachter vor, der seine Füße in D und seinen Kopf im Endpunkt von $2\,ABC$ hat, so geht für ihn ein Punkt P, wenn er den Rand des Dreiecks[1] durchläuft, von rechts nach links, vorausgesetzt, daß Ox, Oy, Oz ein Linkssystem ist.[2]

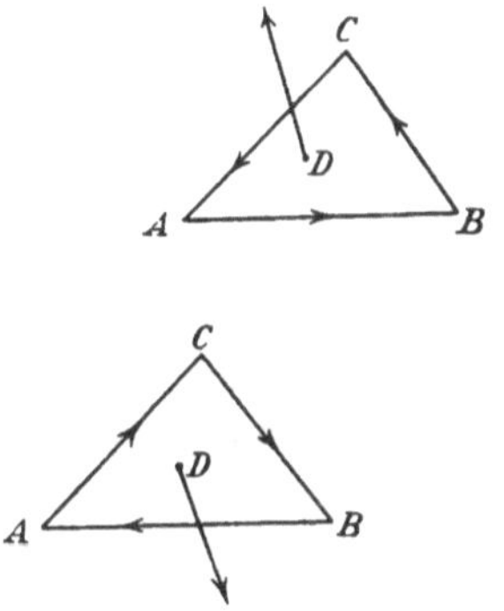

Fig. 109.

Projiziert man ein orientiertes Dreieck auf eine Ebene E und läßt die Orientierung mitgehen, so ist der doppelte Inhalt dieser Projektion gleich der Projektion des doppelten Inhalts auf eine Normale von E.

[1] Den Rand des Dreiecks ABC durchlaufen heißt von A nach B, von B nach C, von C nach A gehen. Will man den Rand von BAC durchlaufen, so geht man von B nach A, von A nach C, von C nach A, also in umgekehrtem Sinne wie vorher.

[2] DP dreht sich um D umgekehrt wie ein Uhrzeiger.

Die Koordinaten der Strecke $2ABC$ in bezug auf Ox, Oy, Oz sind hiernach die Maßzahlen von[1]

$$2A_x B_x C_x, \quad 2A_y B_y C_y, \quad 2A_z B_z C_z.$$

Diese Strecken sind nämlich parallel zu den Achsen Ox, Oy, Oz. Wir können also (vgl. § 3) von ihren Maßzahlen reden.

A_z, B_z, C_z haben in der x-, y-Ebene die Koordinaten x_1, y_1; x_2, y_2; x_3, y_3. Die Koordinaten von $2A_x B_x C_x$ sind demnach

$$0,\ 0,\ \begin{vmatrix} x_1 - x_3, & y_1 - y_3 \\ x_2 - x_3, & y_2 - y_3 \end{vmatrix}.$$

Die Maßzahl von $2A_z B_z C_z$ (in bezug auf die z-Achse, ist also

$$\begin{vmatrix} x_1 - x_3, & y_1 - y_3 \\ x_2 - x_3, & y_2 - y_3 \end{vmatrix}.$$

Man kann hierfür auch schreiben

$$\begin{vmatrix} x_1 - x_3, & y_1 - y_3, & 0 \\ x_2 - x_3, & y_2 - y_3, & 0 \\ x_3\ , & y_3 & 1 \end{vmatrix}$$

oder, wenn man zu den beiden ersten Teilen die letzte addiert

$$(\dagger) \qquad \begin{vmatrix} 1 & 1 & 1 \\ x_1 & x_2 & x_3 \\ y_1 & y_2 & y_3 \end{vmatrix}.$$

Das ist also der doppelte Inhalt des Dreiecks x_1, y_1; x_2, y_2; x_3, y_3; aber es handelt sich nicht um den absoluten Inhalt, sondern es tritt noch ein Vorzeichen hinzu.

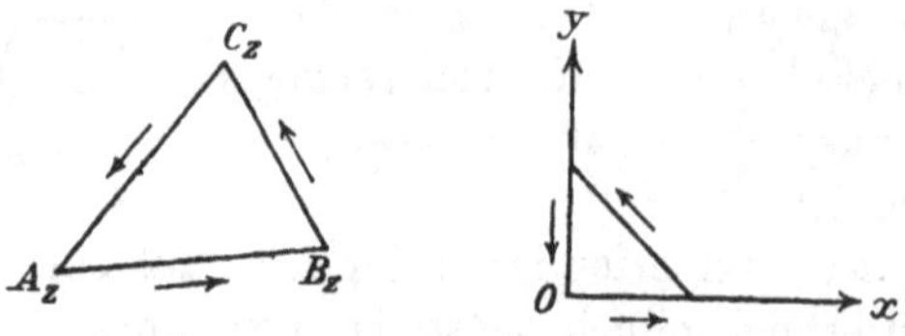

Fig. 110.

Um zu erkennen, welches Zeichen es ist, vergleicht man das Dreieck mit dem Dreieck 0, 0; 1, 0; 0, 1, dessen doppelter Inhalt durch (†) offenbar positiv angegeben wird. Stimmt die Orientierung

[1] P_x, P_y, P_z sollen die Projektionen von P auf die Ebenen Oyz, Ozx, Oxy sein (die Koordinatenebenen).

der beiden Dreiecke überein (wie in Fig. 110), so ist (†) positiv, andernfalls (vgl. Fig. 111) ist (†) negativ.

Die Koordinaten der Strecke

$$2ABC = CA \times CB$$

lassen sich nach dem obigen in folgender Form darstellen

$$H = \begin{vmatrix} 1 & 1 & 1 \\ y_1 & y_2 & y_3 \\ z_1 & z_2 & z_3 \end{vmatrix}, \quad K = \begin{vmatrix} 1 & 1 & 1 \\ z_1 & z_2 & z_3 \\ x_1 & x_2 & x_3 \end{vmatrix}, \quad L = \begin{vmatrix} 1 & 1 & 1 \\ x_1 & x_2 & x_3 \\ y_1 & y_2 & y_3 \end{vmatrix}.$$

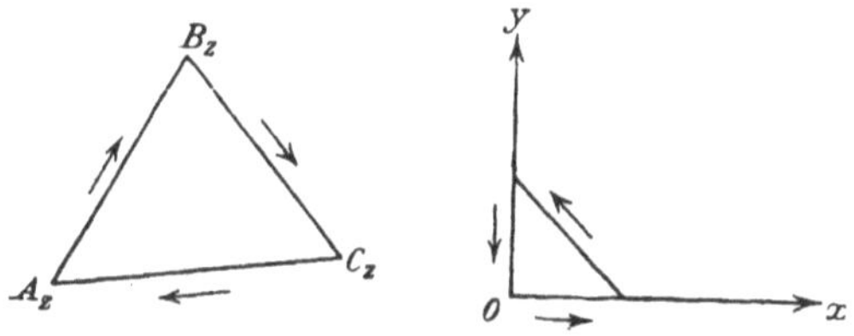

Fig. 111.

Projiziert man $2ABC$ auf eine Gerade g mit dem Richtungskosinus α, β, γ, so ist die Maßzahl der Projektion (vgl. § 7)

$$\alpha H + \beta K + \gamma L = \begin{vmatrix} 1 & 1 & 1 & 0 \\ x_1 & x_2 & x_3 & \alpha \\ y_1 & y_2 & y_3 & \beta \\ z_1 & z_2 & z_3 & \gamma \end{vmatrix}.$$

$\alpha H + \beta K + \gamma L$ ist das innere Produkt von $2ABC$ mit einer Strecke $\mathfrak{E}$, die in bezug auf g die Maßzahl 1 hat. $\mathfrak{E}$ hat die Länge 1, ist eine sogenannte Einheitsstrecke. Nimmt man drei Einheitsstrecken $\mathfrak{E}_1$, $\mathfrak{E}_2$, $\mathfrak{E}_3$, die paarweise zueinander senkrecht sind, und bildet die inneren Produkte der Strecke $\mathfrak{P} = 2ABC$ mit $\mathfrak{E}_1$, $\mathfrak{E}_2$, $\mathfrak{E}_3$, also die Produkte (vgl. S. 14)

$$(\mathfrak{P}\mathfrak{E}_1), \quad (\mathfrak{P}\mathfrak{E}_2), \quad (\mathfrak{P}\mathfrak{E}_3),$$

so sind das die Koordinaten von $\mathfrak{P}$ in bezug auf ein rechtwinkliges Achsensystem.

Ist $\triangle$ der absolute Inhalt des Dreiecks ABC, so hat man

$$4\triangle^2 = H^2 + K^2 + L^2 = \begin{Vmatrix} x_1 & y_1 & z_1 & 1 \\ x_2 & y_2 & z_2 & 1 \\ x_3 & y_3 & z_3 & 1 \end{Vmatrix}^2.$$

Zum Schluß wollen wir noch eine Bemerkung über das Berechnen äußerer Produkte machen. Sind $\mathfrak{i}$, $\mathfrak{j}$, $\mathfrak{k}$ Strecken, die in bezug auf Ox bzw. Oy bzw. $O\mathfrak{z}$ die Maßzahl 1 haben, so lauten die Komponenten einer Strecke $\mathfrak{A}$, deren Koordinaten gleich a, b, c sind

$$a\mathfrak{i}, \quad b\mathfrak{j}, \quad c\mathfrak{k}.$$

Wir können also schreiben

$$\mathfrak{A} = a\mathfrak{i} + b\mathfrak{j} + c\mathfrak{k}.$$

Ist $\mathfrak{A}'$ eine Strecke mit den Koordinaten a', b', c', so haben wir

$$\mathfrak{A}' = a'\mathfrak{i} + b'\mathfrak{j} + c'\mathfrak{k}.$$

Es wird also

$$\begin{aligned}\mathfrak{A} \times \mathfrak{A}' = {} & aa'(\mathfrak{i} \times \mathfrak{i}) + ab'(\mathfrak{i} \times \mathfrak{j}) + ac'(\mathfrak{i} \times \mathfrak{k}) \\ & + ba'(\mathfrak{j} \times \mathfrak{i}) + bb'(\mathfrak{j} \times \mathfrak{j}) + bc'(\mathfrak{j} \times \mathfrak{k}) \\ & + ca'(\mathfrak{k} \times \mathfrak{i}) + cb'(\mathfrak{k} \times \mathfrak{j}) + cc'(\mathfrak{k} \times \mathfrak{k}).\end{aligned}$$

Nun ist

$$\mathfrak{i} \times \mathfrak{i} = \mathfrak{j} \times \mathfrak{j} = \mathfrak{k} \times \mathfrak{k} = 0.$$

Da $\mathfrak{i}$, $\mathfrak{j}$, $\mathfrak{k}$ so zueinander liegen wie Ox, Oy, $O\mathfrak{z}$, ferner $\mathfrak{k}$ senkrecht zu $\mathfrak{i}$ und $\mathfrak{j}$ ist und dieselbe Länge hat wie $\mathfrak{i} \times \mathfrak{j}$, so ist

$$\mathfrak{i} \times \mathfrak{j} = -(\mathfrak{j} \times \mathfrak{i}) = \mathfrak{k},$$

und aus demselben Grunde

$$\mathfrak{j} \times \mathfrak{k} = -(\mathfrak{k} \times \mathfrak{j}) = \mathfrak{i},$$
$$\mathfrak{k} \times \mathfrak{i} = -(\mathfrak{i} \times \mathfrak{k}) = \mathfrak{j}.$$

Daher wird, was wir übrigens schon wissen (vgl. S. 298),

(**) $$\mathfrak{A} \times \mathfrak{A}' = \begin{vmatrix} \mathfrak{i} & \mathfrak{j} & \mathfrak{k} \\ a & b & c \\ a' & b' & c' \end{vmatrix}.$$

Wenn man sich die Multiplikationsregeln für die drei Einheitsstrecken merkt, die sich in folgender Weise übersichtlich darstellen lassen[1]

.	$\mathfrak{i}$	$\mathfrak{j}$	$\mathfrak{k}$
$\mathfrak{i}$	0	$\mathfrak{k}$	$-\mathfrak{j}$
$\mathfrak{j}$	$-\mathfrak{k}$	0	$\mathfrak{i}$
$\mathfrak{k}$	$\mathfrak{j}$	$-\mathfrak{i}$	0

,

so kann man alle äußeren Produkte berechnen.

[1] In der Zeile $\mathfrak{i}$ und der Spalte $\mathfrak{j}$ steht das Produkt $\mathfrak{i} \times \mathfrak{j}$.

Z. B. ist, wenn wir noch eine dritte Strecke $\mathfrak{A}''$ mit den Koordinaten a'', b'', c'' in Betracht ziehen,

$$(\mathfrak{A} \times \mathfrak{A}') \times \mathfrak{A}'' = \begin{vmatrix} \mathfrak{i} & \mathfrak{j} & \mathfrak{k} \\ (b\,c') & (c\,a') & (a\,b') \\ a'' & b'' & c'' \end{vmatrix}.$$

Multipliziert man diese Determinante mit

$$D = \begin{vmatrix} a & b & c \\ a' & b' & c' \\ a'' & b'' & c'' \end{vmatrix},$$

so kommt heraus

$$\begin{vmatrix} \mathfrak{A} & \mathfrak{A}' & \mathfrak{A}'' \\ 0 & 0 & D \\ (\mathfrak{A}\,\mathfrak{A}'') & (\mathfrak{A}'\,\mathfrak{A}'') & (\mathfrak{A}''\,\mathfrak{A}'') \end{vmatrix} = -D\{\mathfrak{A}\,(\mathfrak{A}'\,\mathfrak{A}'') - \mathfrak{A}'\,(\mathfrak{A}\,\mathfrak{A}'')\}.$$

Man hat also

$$(\mathfrak{A} \times \mathfrak{A}') \times \mathfrak{A}'' = (\mathfrak{A}\,\mathfrak{A}'')\,\mathfrak{A}' - (\mathfrak{A}'\,\mathfrak{A}'')\,\mathfrak{A}.$$

Hieraus folgt übrigens

$$(\mathfrak{A} \times \mathfrak{A}') \times \mathfrak{A}'' + (\mathfrak{A}' \times \mathfrak{A}'') \times \mathfrak{A} + (\mathfrak{A}'' \times \mathfrak{A}) \times \mathfrak{A}' = 0.$$

Der Leser überzeuge sich, daß

$$(\mathfrak{A} \times \mathfrak{A}', \mathfrak{A}'') = (\mathfrak{A}' \times \mathfrak{A}'', \mathfrak{A}) = (\mathfrak{A}'' \times \mathfrak{A}, \mathfrak{A}') = D$$

ist.

Nehmen wir noch eine vierte Strecke $\mathfrak{A}'''$ mit den Koordinaten a''', b''', c''', so ist:

$$(\mathfrak{A} \times \mathfrak{A}') \times (\mathfrak{A}'' \times \mathfrak{A}''') = \begin{vmatrix} \mathfrak{i} & \mathfrak{j} & \mathfrak{k} \\ (b\,c') & (c\,a') & (a\,b') \\ (b''\,c''') & (c''\,a''') & (a''\,b''') \end{vmatrix}.$$

Multipliziert man mit

$$D' = \begin{vmatrix} a' & b' & c' \\ a'' & b'' & c'' \\ a''' & b''' & c''' \end{vmatrix},$$

so ergibt sich

$$\begin{vmatrix} \mathfrak{A}' & \mathfrak{A}'' & \mathfrak{A}''' \\ 0 & (\mathfrak{A} \times \mathfrak{A}', \mathfrak{A}'') & (\mathfrak{A} \times \mathfrak{A}', \mathfrak{A}''') \\ D' & 0 & 0 \end{vmatrix}$$
$$= D'\{(\mathfrak{A} \times \mathfrak{A}', \mathfrak{A}''')\,\mathfrak{A}'' - (\mathfrak{A} \times \mathfrak{A}', \mathfrak{A}'')\,\mathfrak{A}'''\}.$$

Man hat also

$$(\mathfrak{A} \times \mathfrak{A}') \times (\mathfrak{A}'' \times \mathfrak{A}''') = (\mathfrak{A} \times \mathfrak{A}', \mathfrak{A}''')\,\mathfrak{A}'' - (\mathfrak{A} \times \mathfrak{A}', \mathfrak{A}'')\,\mathfrak{A}'''.$$

Welchen Wert hat das innere Produkt von $\mathfrak{A} \times \mathfrak{A}'$ und $\mathfrak{A}'' \times \mathfrak{A}'''$? Es ist offenbar gleich

$$(b\,c')(b''\,c''') + (c\,a')(c''\,a''') + (a\,b')(a''\,b'''),$$

d. h. gleich

$$\left\| \begin{matrix} a & b & c \\ a' & b' & c' \end{matrix} \right\| \left\| \begin{matrix} a'' & b'' & c'' \\ a''' & b''' & c''' \end{matrix} \right\|.$$

Dafür können wir aber auch schreiben

$$\begin{vmatrix} a\,a'' + b\,b'' + c\,c'', & a\,a''' + b\,b''' + c\,c''' \\ a'\,a'' + b'\,b'' + c'\,c'', & a'\,a''' + b'\,b''' + c'\,c''' \end{vmatrix}.$$

Es ist also

$$(\mathfrak{A} \times \mathfrak{A}',\ \mathfrak{A}'' \times \mathfrak{A}''') = (\mathfrak{A}\,\mathfrak{A}'')(\mathfrak{A}'\,\mathfrak{A}''') - (\mathfrak{A}\,\mathfrak{A}''')(\mathfrak{A}'\,\mathfrak{A}'').$$

§ 94. Inhalte von Tetraedern.

Wir betrachten ein Tetraeder mit den Ecken A, B, C, D. Von der Ecke D gehen die drei Strecken

$$\mathfrak{A} = D\,A, \quad \mathfrak{B} = D\,B, \quad \mathfrak{C} = D\,C$$

aus. $\mathfrak{A} \times \mathfrak{B}$ ist die Strecke, die den doppelten Inhalt des Dreiecks $A\,B\,D$ repräsentiert, d. h. nach der in § 91 eingeführten Schreibweise

$$\mathfrak{A} \times \mathfrak{B} = 2\,A\,B\,D.$$

Das innere Produkt dieser Strecke mit $\mathfrak{C}$, also

$$(\mathfrak{A} \times \mathfrak{B},\ \mathfrak{C}),$$

ist, wie wir sehen werden, gleich dem sechsfachen Volumen des Tetraeders $A\,B\,C\,D$, aber mit einem Vorzeichen. Wir schreiben

$$(\mathfrak{A} \times \mathfrak{B},\ \mathfrak{C}) = 6\,A\,B\,C\,D$$

und definieren diese Zahl als den Inhalt des Tetraeders $A\,B\,C\,D$.

Um das Produkt $(\mathfrak{A} \times \mathfrak{B},\ \mathfrak{C})$ zu finden, muß man (vgl. § 8) $\mathfrak{C}$ auf den Träger von $\mathfrak{A} \times \mathfrak{B}$ projizieren und dann die Maßzahlen von $\mathfrak{A} \times \mathfrak{B}$ und $\mathfrak{C}'$, der Projektion von $\mathfrak{C}$, miteinander multiplizieren. Es kommt dabei etwas Positives oder Negatives heraus, je nachdem $\mathfrak{C}'$ und $\mathfrak{A} \times \mathfrak{B}$ gleichsinnig oder gegensinnig sind. Da $\mathfrak{A}$, $\mathfrak{B}$, $\mathfrak{A} \times \mathfrak{B}$ so zueinander liegen wie $O\,x$, $O\,y$, $O\,z$, können wir auch sagen, daß $6\,A\,B\,C\,D$ positiv oder negativ ist, je nachdem $\mathfrak{A}$, $\mathfrak{B}$, $\mathfrak{C}'$ oder auch

$\mathfrak{A}$, $\mathfrak{B}$, $\mathfrak{C}$ so zueinander liegen wie Ox, Oy, Oz. In Fig. 112 ist in dem einen Falle $6ABCD > 0$, im andern $6ABCD < 0$.

Der absolute Betrag von $(\mathfrak{A} \times \mathfrak{B}, \mathfrak{C}) = (\mathfrak{A} \times \mathfrak{B}, \mathfrak{C}')$ ist gleich der Länge von $\mathfrak{A} \times \mathfrak{B}$, d. h. gleich dem doppelten Absolutinhalt des Dreiecks ABD, mal der Länge von $\mathfrak{C}'$, d. h. der von C ausgehenden Höhe des Tetraeders. Dieses Produkt ist aber gerade das sechsfache Volumen des Tetraeders.

Aus § 91 wissen wir, daß $(\mathfrak{A} \times \mathfrak{B}, \mathfrak{C})$ sich folgendermaßen durch die Koordinaten a_1, a_2, a_3; b_1, b_2, b_3; c_1, c_2, c_3 ausdrückt:

$$(\mathfrak{A} \times \mathfrak{B}, \mathfrak{C}) = \begin{vmatrix} a_1 & a_2 & a_3 \\ b_1 & b_2 & b_3 \\ c_1 & c_2 & c_3 \end{vmatrix}.$$

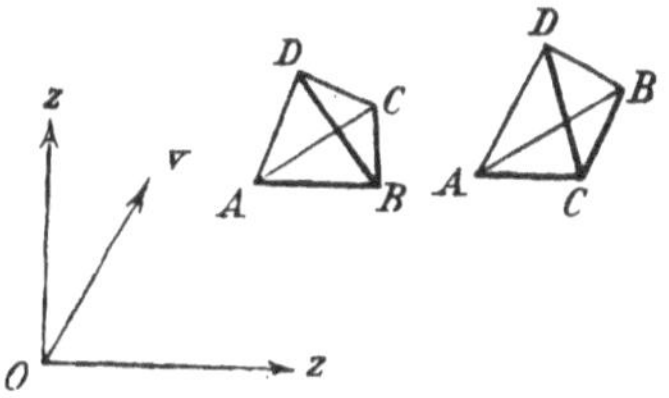

Fig. 112.

Bezeichnen wir die Koordinaten von A, B, C, D mit x_1, y_1, z_1; ..., x_4, y_4, z_4, so können wir schreiben

$$6ABCD = \begin{vmatrix} x_1 - x_4, & y_1 - y_4, & z_1 - z_4 \\ x_2 - x_4, & y_2 - y_4, & z_2 - z_4 \\ x_3 - x_4, & y_3 - y_4, & z_3 - z_4 \end{vmatrix}$$

$$= - \begin{vmatrix} 1 & 1 & 1 & 1 \\ x_1 & x_2 & x_3 & x_4 \\ y_1 & y_2 & y_3 & y_4 \\ z_1 & z_2 & z_3 & z_4 \end{vmatrix}.$$

§ 95. **Abstand zweier Geraden.**

(1) $$x = x_0 + at, \qquad y = y_0 + bt, \qquad z = z_0 + ct$$
$$(a^2 + b^2 + c^2 > 0)$$

ist die Parameterdarstellung einer Geraden, nämlich der Verbindungsgeraden der beiden Punkte mit den homogenen Koordinaten x_0, y_0, z_0, 1 und a, b, c, 0 (vgl. S. 296).

Durch

(1') $$x' = x_0' + a't', \qquad y' = y_0' + b't', \qquad z' = z_0' + c't'$$
$$(a'^2 + b'^2 + c'^2 > 0)$$

wird eine zweite Gerade dargestellt.

Mit $\mathfrak{A}$ wollen wir eine Strecke bezeichnen, deren Koordinaten a, b, c, mit $\mathfrak{A}'$ eine Strecke, deren Koordinaten a', b', c' sind. Die

Strecke, die von x_0, y_0, z_0 oder P_0 nach x_0', y_0', z_0' oder P_0' führt, soll $\mathfrak{B}$ heißen.

Ist nun P ein beliebiger Punkt von (1) und P' ein beliebiger Punkt von (1'), so hat man

$$PP_0 = \lambda\mathfrak{A}, \qquad P_0'P' = \lambda'\mathfrak{A}',$$

also

$$PP' = PP_0 + P_0P_0' + P_0'P' = \mathfrak{B} + \lambda\mathfrak{A} + \lambda'\mathfrak{A}'.$$

Lassen sich λ, λ' so wählen, daß PP' senkrecht zu $\mathfrak{A}$ und $\mathfrak{A}'$ ist daß also

$$(\mathfrak{B} + \lambda\mathfrak{A} + \lambda'\mathfrak{A}', \mathfrak{A}) = 0,$$
$$(\mathfrak{B} + \lambda\mathfrak{A} + \lambda'\mathfrak{A}', \mathfrak{A}') = 0$$

wird, d. h.

$$(2) \qquad \begin{cases} (\mathfrak{B}\mathfrak{A}) + \lambda(\mathfrak{A}\mathfrak{A}) + \lambda'(\mathfrak{A}'\mathfrak{A}) = 0, \\ (\mathfrak{B}\mathfrak{A}') + \lambda(\mathfrak{A}\mathfrak{A}') + \lambda'(\mathfrak{A}'\mathfrak{A}') = 0? \end{cases}$$

Die Determinante dieser linearen Gleichungen

$$\begin{vmatrix} (\mathfrak{A}\mathfrak{A}) & (\mathfrak{A}'\mathfrak{A}) \\ (\mathfrak{A}\mathfrak{A}') & (\mathfrak{A}'\mathfrak{A}') \end{vmatrix}$$

ist die Norm der Strecke $\mathfrak{A} \times \mathfrak{A}'$. Wenn also $\mathfrak{A} \times \mathfrak{A}' \neq 0$ ist, sind λ, λ' durch die Gleichungen (2) eindeutig bestimmt. Wir wissen, was $(\mathfrak{A} \times \mathfrak{A}') = 0$ bedeutet. Denkt man sich durch Parallelverschiebung $\mathfrak{A}$ und $\mathfrak{A}'$ nach demselben Anfangspunkt gebracht, so ist die halbe Länge von $\mathfrak{A} \times \mathfrak{A}'$ gleich dem absoluten Inhalt des durch $\mathfrak{A}$, $\mathfrak{A}'$ bestimmten Dreiecks. $\mathfrak{A}$ und $\mathfrak{A}'$ sind keine Nullstrecken. Daher ist der fragliche Dreiecksinhalt nur gleich Null, wenn $\mathfrak{A}$ und $\mathfrak{A}'$ parallel sind.

Ist aber $\mathfrak{A}' = \varrho\mathfrak{A}$, so entsteht die zweite der Gleichungen (2) aus der ersten durch Multiplikation mit ϱ. Es gibt also, was auch geometrisch evident ist, unendlich viele PP', die senkrecht zu $\mathfrak{A}$ und $\mathfrak{A}'$ sind.

Um im Falle $\mathfrak{A} \times \mathfrak{A}' \neq 0$ die Strecke $\mathfrak{S} = PP'$ zu berechnen die den Gleichungen (2) genügt, eliminiert man aus

$$(\mathfrak{B} - \mathfrak{S}) + \lambda\mathfrak{A} \quad + \lambda'\mathfrak{A}' \quad = 0,$$
$$(\mathfrak{B}\mathfrak{A}) + \lambda(\mathfrak{A}\mathfrak{A}) + \lambda'(\mathfrak{A}'\mathfrak{A}) = 0,$$
$$(\mathfrak{B}\mathfrak{A}') + \lambda(\mathfrak{A}\mathfrak{A}') + \lambda'(\mathfrak{A}'\mathfrak{A}') = 0$$

λ und λ'. Das gibt

$$\begin{vmatrix} \mathfrak{B} - \mathfrak{S}, & \mathfrak{A}, & \mathfrak{A}' \\ (\mathfrak{B}\mathfrak{A}), & (\mathfrak{A}\mathfrak{A}), & (\mathfrak{A}'\mathfrak{A}) \\ (\mathfrak{B}\mathfrak{A}'), & (\mathfrak{A}\mathfrak{A}'), & (\mathfrak{A}'\mathfrak{A}') \end{vmatrix} = 0,$$

also

$$\mathfrak{S} = \begin{vmatrix} (\mathfrak{A}\,\mathfrak{A}) & (\mathfrak{A}\,\mathfrak{A}') & \mathfrak{A} \\ (\mathfrak{A}'\,\mathfrak{A}) & (\mathfrak{A}'\,\mathfrak{A}') & \mathfrak{A}' \\ (\mathfrak{B}\,\mathfrak{A}) & (\mathfrak{B}\,\mathfrak{A}') & \mathfrak{B} \end{vmatrix} : \begin{vmatrix} (\mathfrak{A}\,\mathfrak{A}) & (\mathfrak{A}\,\mathfrak{A}') \\ (\mathfrak{A}'\,\mathfrak{A}) & (\mathfrak{A}'\,\mathfrak{A}') \end{vmatrix}$$

oder

$$\mathfrak{S} = \begin{vmatrix} (\mathfrak{A}\,\mathfrak{A}) & (\mathfrak{A}\,\mathfrak{A}') & \mathfrak{A} \\ (\mathfrak{A}'\,\mathfrak{A}) & (\mathfrak{A}'\,\mathfrak{A}') & \mathfrak{A}' \\ (\mathfrak{B}\,\mathfrak{A}) & (\mathfrak{B}\,\mathfrak{A}') & \mathfrak{B} \end{vmatrix} : (\mathfrak{A} \times \mathfrak{A}',\ \mathfrak{A} \times \mathfrak{A}').$$

Die Determinante

$$\begin{vmatrix} (\mathfrak{A}\,\mathfrak{A}) & (\mathfrak{A}\,\mathfrak{A}') & \mathfrak{A} \\ (\mathfrak{A}'\,\mathfrak{A}) & (\mathfrak{A}'\,\mathfrak{A}') & \mathfrak{A}' \\ (\mathfrak{B}\,\mathfrak{A}) & (\mathfrak{B}\,\mathfrak{A}') & \mathfrak{B} \end{vmatrix}$$

ist das Produkt der beiden folgenden

$$\begin{vmatrix} a & b & c \\ a' & b' & c' \\ \mathfrak{i} & \mathfrak{j} & \mathfrak{k} \end{vmatrix} = \mathfrak{A} \times \mathfrak{A}',$$

$$\begin{vmatrix} a\,, & b\,, & c \\ a'\,, & b'\,, & c' \\ x_0' - x_0\,, & y_0' - y_0\,, & z_0' - z_0 \end{vmatrix} = (\mathfrak{A} \times \mathfrak{A}',\ \mathfrak{B}).$$

Wir können also auch schreiben

$$(3) \qquad \mathfrak{S} = \frac{(\mathfrak{A} \times \mathfrak{A}')\,(\mathfrak{A} \times \mathfrak{A}',\ \mathfrak{B})}{(\mathfrak{A} \times \mathfrak{A}',\ \mathfrak{A} \times \mathfrak{A}')}.$$

Die Norm von $\mathfrak{S}$ ist

$$(\mathfrak{S}\,\mathfrak{S}) = \frac{(\mathfrak{A} \times \mathfrak{A}',\ \mathfrak{B})^2}{(\mathfrak{A} \times \mathfrak{A}',\ \mathfrak{A} \times \mathfrak{A}')},$$

die Länge von $\mathfrak{S}$

$$(4) \qquad \sqrt{(\mathfrak{S}\mathfrak{S})} = \pm \frac{(\mathfrak{A} \times \mathfrak{A}',\ \mathfrak{B})}{\sqrt{(\mathfrak{A} \times \mathfrak{A}',\ \mathfrak{A} \times \mathfrak{A}')}}.$$

Man nennt $\mathfrak{S}$ das g e m e i n s a m e L o t der Geraden (1) und (2).

Ausführlich geschrieben lauten die Formeln (3) und (4)

$$(3') \qquad \mathfrak{S} = \frac{\begin{vmatrix} a\,, & b\,, & c \\ a'\,, & b'\,, & c' \\ x_0' - x_0\,, & y_0' - y_0\,, & z_0' - z_0 \end{vmatrix} \begin{vmatrix} a & b & c \\ a' & b' & c' \\ \mathfrak{i} & \mathfrak{j} & \mathfrak{k} \end{vmatrix}}{\left\| \begin{matrix} a & b & c \\ a' & b' & c' \end{matrix} \right\|^2}.$$

$$(4') \qquad \sqrt{(\mathfrak{S}\mathfrak{S})} = \frac{\begin{vmatrix} a, & b, & c \\ a', & b', & c' \\ x_0'-x_0, & y_0'-y_0, & z_0'-z_0 \end{vmatrix}}{\sqrt{\begin{Vmatrix} a & b & c \\ a' & b' & c' \end{Vmatrix}^2}}.$$

Wir wollen jetzt noch ein Tetraeder berechnen, das zwei Punkte P_1, P_2 auf (1) und zwei Punkte P_1', P_2' auf (1′) zu Ecken hat.

In § 92 zeigten wir, daß

$$6\,ABCD = (DA \times DB,\, DC)$$

ist. Dafür kann man auch schreiben $(AD \times DB,\, CD)$. Nun ist ferner

$$DB = AB - AD$$

und daher

$$AD \times DB = AD \times (AB - AD) = AD \times AB,$$

also

$$6\,ABCD = (AD \times AB,\, CD).$$

Nun ist aber (vgl. S. 307)

$$(AD \times AB,\, CD) = (AB \times CD,\, AD).$$

Also haben wir schließlich die Formel

$$6\,ABCD = (AB \times CD,\, AD).$$

Lassen wir A, B, C, D mit P_1, P_2, P_1', P_2' zusammenfallen, so wird

$$AB = P_1 P_2 = \mu\mathfrak{A},$$
$$CD = P_1' P_2' = \mu'\mathfrak{A}',$$
$$AD = P_1 P_2' = P_1 P_0 + P_0 P_0' + P_0' P_2' = \varrho\mathfrak{A} + \mathfrak{B} + \sigma\mathfrak{A}'.$$

Es ergibt sich hieraus

$$AB \times CD = \mu\mu'(\mathfrak{A} \times \mathfrak{A}').$$

Da $(\mathfrak{A} \times \mathfrak{A}')$ senkrecht zu $\mathfrak{A}$ und $\mathfrak{A}'$ ist, hat man

$$(\mathfrak{A} \times \mathfrak{A}',\, \mathfrak{A}) = 0, \quad (\mathfrak{A} \times \mathfrak{A}',\, \mathfrak{A}') = 0,$$

mithin $(AB \times CD,\, AD) = \mu\mu'(\mathfrak{A} \times \mathfrak{A}',\, \mathfrak{B})$, d. h.:

$$(5) \qquad 6\,P_1 P_2 P_1' P_2' = \mu\mu'(\mathfrak{A} \times \mathfrak{A}',\, \mathfrak{B}).$$

Diese Formel zeigt uns, daß $6\,P_1 P_2 P_1' P_2'$ sich nicht ändert, wenn wir $P_1 P_2$ auf der Geraden (1) und $P_1' P_2'$ auf der Geraden (1′)

beliebig verschieben. Dabei behalten nämlich μ und μ' ihre Werte.

Wir wollen jetzt $P_1 P_2$ mit $\mathfrak{A}$ und $P_1' P_2'$ mit $\mathfrak{A}'$ zusammenfallen lassen. Dann werden μ, μ' gleich 1 und Formel (5) lautet

$$6 P_1 P_2 P_1' P_2' = (\mathfrak{A} \times \mathfrak{A}', \mathfrak{B})$$

oder, wenn wir $\mathfrak{B}$ durch $\mathfrak{S}$ ersetzen, was offenbar erlaubt ist,

$$6 P_1 P_2 P_1' P_2' = (\mathfrak{A} \times \mathfrak{A}', \mathfrak{S}).$$

Wenn wir das Achsensystem Ox, Oy, Oz um die z-Achse in geeignetem Sinne drehen, so fällt nach einer Drehung um einen Rechten die positive x-Achse mit der positiven y-Achse zusammen. Diesen Drehungssinn wollen wir den positiven nennen. Bei einem Linkssystem gehen für einen Beobachter, dem die positive z-Achse von den Füßen zum Kopfe läuft, von rechts nach links vor sich.

Die positiven Drehungen um eine beliebige orientierte Gerade g sind so definiert. Man bringe die z-Achse mit ihr zur Deckung, so daß auch die positiven Richtungen zusammenfallen. Die positiven Drehungen um die z-Achse sollen dann die positiven Drehungen um g sein.

Wir wollen den Träger von $\mathfrak{S}$, also die Gerade g, welche die beiden Geraden (1) und (1') senkrecht trifft, irgendwie orientieren. Dann bekommt $\mathfrak{S}$ eine positive oder negative Maßzahl s. Wenn wir die Strecke $\mathfrak{A}$ um die Achse g drehen bis sie parallel und gleichsinnig mit $\mathfrak{A}'$ wird, so hat diese Drehung eine positive oder negative Maßzahl φ, die bis auf ein Vielfaches von 2π bestimmt ist (vgl. § 5). Sind ferner $\mathfrak{l}$, $\mathfrak{l}'$ die Längen von $\mathfrak{A}$ und $\mathfrak{A}'$, so wird

$$(\mathfrak{A} \times \mathfrak{A}', \mathfrak{S}) = \mathfrak{l}\,\mathfrak{l}'\, s \sin \varphi .$$

Am bequemsten ist es, sich auf folgende Weise von der Richtigkeit dieser Formel zu überzeugen. Wir machen g zur z-Achse und drehen das System noch so, daß $\mathfrak{A}$ in die positive x-Achse fällt. $\mathfrak{A}$ hat dann die Koordinaten

$$\mathfrak{l}, \quad 0, \quad 0$$

und $\mathfrak{A}'$ die Koordinaten

$$\mathfrak{l}' \cos \varphi, \quad \mathfrak{l}' \sin \varphi, \quad 0,$$

$\mathfrak{S}$ endlich die Koordinaten

$$0, \quad 0, \quad s.$$

Es wird also

$$\mathfrak{A} \times \mathfrak{A}' = \begin{vmatrix} \mathfrak{l} & , & 0 & 0 \\ \mathfrak{l}' \cos \varphi, & & \mathfrak{l}' \sin \varphi, & 0 \\ \mathfrak{i} & , & \mathfrak{j} \quad , & \mathfrak{k} \end{vmatrix} = \mathfrak{k}\, \mathfrak{l}\, \mathfrak{l}' \sin \varphi .$$

Das innere Produkt mit $\mathfrak{S} = \mathfrak{k} s$ lautet $\mathfrak{l}\mathfrak{l}' s \sin\varphi$. Damit ist die Formel

$$(*) \qquad 6 P_1 P_2 P_1' P_2' = \mathfrak{l}\mathfrak{l}' s \sin\varphi$$

in aller Strenge bewiesen.

φ haben wir als die Drehung um den Träger von $\mathfrak{S}$ definiert, die $\mathfrak{A}$ parallel und gleichsinnig mit $\mathfrak{A}'$ macht. Man kann es auch noch anders machen. Die Geraden (1) und (1'), auf denen $\mathfrak{A}$ und $\mathfrak{A}'$ liegen, werden irgendwie orientiert. $\mathfrak{l}$ und $\mathfrak{l}'$ sind ihre positiven oder negativen Maßzahlen. φ ist die Drehung um den Träger von $\mathfrak{S}$, die die Gerade (1) parallel und gleichsinnig mit (1') macht. Es gilt dann auch noch die Formel (*).

Das Produkt $s \sin\varphi$ pflegt man das **Moment** der beiden Geraden (1) und (1') zu nennen. Es kommt auf die Reihenfolge, in der man die Geraden nimmt, nicht an. Bei Vertauschung von (1) und (1') geht s in $-s$, aber auch φ in $-\varphi$ über. $6 P_1 P_2 P_1' P_2'$ wird das Moment von (1) und (1'), wenn man auf (1) und (1') die Strecken so wählt, daß jede die Maßzahl 1 hat.

Der Leser drücke das Moment von (1) und (1') durch die in den Formeln (1), (1') vorkommenden Konstanten aus.

§ 96. Projektive Punktkoordinaten im Raume.

Vier lineare Formen in den homogenen cartesischen Koordinaten, d. h. vier Ausdrücke von der Gestalt

$$(1) \qquad \mathfrak{x}_r = a_{r1} x_1 + a_{r2} x_2 + a_{r3} x_3 + a_{r4} x_4 \qquad (r = 1, 2, 3, 4)$$

leisten dieselben Dienste wie x_1, x_2, x_3, x_4 selbst, vorausgesetzt, daß die Determinante

$$A = \begin{vmatrix} a_{11} & a_{12} & a_{13} & a_{14} \\ a_{21} & a_{22} & a_{23} & a_{24} \\ a_{31} & a_{32} & a_{33} & a_{34} \\ a_{41} & a_{42} & a_{43} & a_{44} \end{vmatrix}$$

von Null verschieden ist.

Zu jedem Punkt (x) gehören in der Tat vermöge der Gleichungen (1) vier Werte $\mathfrak{x}_1, \mathfrak{x}_2, \mathfrak{x}_3, \mathfrak{x}_4$, die nicht alle verschwinden und durch den Punkt bis auf einen gemeinsamen Faktor bestimmt sind. Sind umgekehrt vier Werte $\mathfrak{x}_1, \mathfrak{x}_2, \mathfrak{x}_3, \mathfrak{x}_4$ gegeben, die nicht alle verschwinden, so gibt es einen Punkt (x), der den Gleichungen (1) genügt. Zu $\lambda \mathfrak{x}_1$, $\lambda \mathfrak{x}_2$, $\lambda \mathfrak{x}_3$, $\lambda \mathfrak{x}_4$ gehört derselbe Punkt. Die Gleichungen (1) lassen sich nämlich nach den $\mathfrak{x}$ auflösen und die Auflösung hat die Form

(2) $$x_r = \mathfrak{a}_{r1}\mathfrak{x}_1 + \mathfrak{a}_{r2}\mathfrak{x}_2 + \mathfrak{a}_{r3}\mathfrak{x}_3 + \mathfrak{a}_{r4}\mathfrak{x}_4 .$$
$$(r = 1, 2, 3, 4)$$

Man nennt die $\mathfrak{x}$ projektive Koordinaten. Die homogenen cartesischen Koordinaten sind ein Spezialfall davon. Man erhält sie, indem man $a_{rr} = 1$ und $a_{rs} = 0$ setzt $(r \gtrless s)$.

Die Gleichungen

(2) $$\sum a_{1s}x_s = 0, \quad \sum a_{2s}x_s = 0, \quad \sum a_{3s}x_s = 0, \quad \sum a_{4s}x_s = 0$$

stellen vier Ebenen dar, die keinen Punkt gemein haben. Weil nämlich $A \neq 0$ ist, haben die vier Gleichungen zusammen nur die triviale Lösung 0, 0, 0, 0, der kein Punkt entspricht.

Wenn wir die p-te der Ebenen (2) auslassen, so haben die übrigen einen Punkt gemein, der kurz mit p bezeichnet werden soll. Z. B. haben

$$\sum a_{2s}x_s = 0, \quad \sum a_{3s}x_s = 0, \quad \sum a_{4s}x_s = 0$$

den Punkt 1 gemein. Es gibt nur einen gemeinsamen Punkt, weil die Matrix, die aus den Koeffizienten der drei Gleichungen gebildet ist, den Rang 3 hat. Diesen Rang hat sie deshalb, weil $A \neq 0$ ist.

Die Ebene $\sum a_{1s}x_s = 0$ geht durch die drei Punkte 2, 3, 4 hindurch. Daher kann sich $\sum a_{1s}x_s$ von $(x\,2\,3\,4)$ nur um einen konstanten Faktor unterscheiden:

$$\sum a_{1s}x_s = \varrho_1 (x\ 2\ 3\ 4).$$

Aus demselben Grunde ist

$$\sum a_{2s}x_s = \varrho_2 (x\ 1\ 3\ 4),$$
$$\sum a_{3s}x_s = \varrho_3 (x\ 1\ 2\ 4),$$
$$\sum a_{4s}x_s = \varrho_4 (x\ 1\ 2\ 3).$$

Wir haben also

$$\mathfrak{x}_1 = \varrho_1 (x\,2\,3\,4), \quad \mathfrak{x}_2 = \varrho_2 (x\,1\,3\,4), \quad \mathfrak{x}_3 = \varrho_3 (x\,1\,2\,4), \quad \mathfrak{x}_4 = \varrho_4 (x\,1\,2\,3).$$

Setzen wir alle $\mathfrak{x}$ einander gleich, z. B. alle gleich 1, so ist dadurch ein Punkt 0 charakterisiert, der in keiner der vier Ebenen

$$\sum_s a_{rs}x_s = 0 \, (r = 1, \ldots, 4)$$

enthalten ist. Schreiben wir in den obigen Gleichungen für x überall 0, so ergibt sich

$$1 = \varrho_1 (0\,2\,3\,4), \quad 1 = \varrho_2 (0\,1\,3\,4), \quad 1 = \varrho_3 (0\,1\,2\,4), \quad 1 = \varrho_4 (0\,1\,2\,3).$$

Daher ist

$$(3) \quad \begin{cases} \mathfrak{x}_1 = \dfrac{(x\,2\,3\,4)}{(0\,2\,3\,4)}, & \mathfrak{x}_2 = \dfrac{(x\,1\,3\,4)}{(0\,1\,3\,4)}, \\[2ex] \mathfrak{x}_3 = \dfrac{(x\,1\,2\,4)}{(0\,1\,2\,4)}, & \mathfrak{x}_4 = \dfrac{(x\,1\,2\,3)}{(0\,1\,2\,3)}. \end{cases}$$

1, 2, 3, 4 heißen die Fundamentalpunkte. Ihre Koordinaten $\mathfrak{x}$ sind bezüglich

$$\begin{matrix} 1, & 0, & 0, & 0; \\ 0, & 1, & 0, & 0; \\ 0, & 0, & 1, & 0; \\ 0, & 0, & 0, & 1. \end{matrix}$$

(0) ist der Einheitspunkt. Keine vier von diesen fünf Punkten liegen in derselben Ebene. Sonst aber sind sie an keine Bedingung gebunden. Durch die fünf Punkte sind die Koordinaten $\mathfrak{x}$ bis auf einen gemeinsamen Faktor bestimmt. Daß die Determinante A der Linearformen (3) von Null verschieden ist, erkennt man durch Multiplikation mit

$$(0\,2\,3\,4)\ (0\,1\,3\,4)\ (0\,1\,2\,4)\ (0\,1\,2\,3)\ (1\,2\,3\,4).$$

Die Abhängigkeit der $\mathfrak{x}$ von den Punkten x, 0, 1, 2, 3, 4 behält genau dieselbe Form, wenn man anstatt der cartesischen beliebige projektive Koordinaten $\mathfrak{z}$ benutzt. Ist

$$\mathfrak{z}_r = b_{r1} x_1 + b_{r2} x_2 + b_{r3} x_3 + b_{r4} x_4 \qquad (r = 1, \ldots, 4)$$

und sind $\mathfrak{z}_1^{(p)}$, $\mathfrak{z}_2^{(p)}$, $\mathfrak{z}_3^{(p)}$, $\mathfrak{z}_4^{(p)}$ die Koordinaten des Punktes p, also

$$\mathfrak{z}_1^{(p)} = b_{r1} p_1 + b_{r2} p_2 + b_{r3} p_3 + b_{r4} p_4, \qquad (r = 1, \ldots, 4)$$

so hat man z. B.

$$(\mathfrak{z}\ \ \mathfrak{z}^{(2)}\,\mathfrak{z}^{(3)}\,\mathfrak{z}^{(4)}) = B(\mathfrak{z}\,2\,3\,4),$$

$$(\mathfrak{z}^{(0)}\,\mathfrak{z}^{(2)}\,\mathfrak{z}^{(3)}\,\mathfrak{z}^{(4)}) = B(0\,2\,3\,4),$$

also

$$\frac{(\mathfrak{z}\ \ \mathfrak{z}^{(2)}\,\mathfrak{z}^{(3)}\,\mathfrak{z}^{(4)})}{(\mathfrak{z}^{(0)}\,\mathfrak{z}^{(2)}\,\mathfrak{z}^{(3)}\,\mathfrak{z}^{(4)})} = \frac{(\mathfrak{z}\,2\,3\,4)}{(0\,2\,3\,4)}.$$

B ist die Determinante der b_{rs}.

Die Formeln (3) lassen sich also auch so schreiben:

$$(3') \quad \begin{cases} \mathfrak{x}_1 = \dfrac{(\mathfrak{z}\,\mathfrak{z}^{(2)}\,\mathfrak{z}^{(3)}\,\mathfrak{z}^{(4)})}{(\mathfrak{z}^{(0)}\,\mathfrak{z}^{(2)}\,\mathfrak{z}^{(3)}\,\mathfrak{z}^{(4)})}, & \mathfrak{x}_2 = \dfrac{(\mathfrak{z}\,\mathfrak{z}^{(1)}\,\mathfrak{z}^{(3)}\,\mathfrak{z}^{(4)})}{(\mathfrak{z}^{(0)}\,\mathfrak{z}^{(1)}\,\mathfrak{z}^{(3)}\,\mathfrak{z}^{(4)})}, \\ \mathfrak{x}_3 = \dfrac{(\mathfrak{z}\,\mathfrak{z}^{(1)}\,\mathfrak{z}^{(2)}\,\mathfrak{z}^{(4)})}{(\mathfrak{z}^{(0)}\,\mathfrak{z}^{(1)}\,\mathfrak{z}^{(2)}\,\mathfrak{z}^{(4)})}, & \mathfrak{x}_4 = \dfrac{(\mathfrak{z}\,\mathfrak{z}^{(1)}\,\mathfrak{z}^{(2)}\,\mathfrak{z}^{(3)})}{(\mathfrak{z}^{(0)}\,\mathfrak{z}^{(1)}\,\mathfrak{z}^{(2)}\,\mathfrak{z}^{(3)})}. \end{cases}$$

Die Gleichung $\sum u_r x_r = 0$ verwandelt sich, wenn man für die (x) die Ausdrücke (2) einsetzt in $\sum \mathfrak{u}_r \mathfrak{x}_r = 0$ und jede Gleichung von der Form $\sum \mathfrak{u}_r \mathfrak{x}_r = 0$ nimmt die Form $\sum u_r x_r = 0$ an, wenn man für die $\mathfrak{x}$ die Ausdrücke (1) einsetzt.

Die Gleichung einer Ebene hat also die Form $\sum \mathfrak{u}_r \mathfrak{x}_r = 0$ und jede solche Gleichung stellt eine Ebene dar, vorausgesetzt natürlich, daß nicht alle Koeffizienten $\mathfrak{u}$ verschwinden.

Die Betrachtungen in § 92 übertragen sich ohne weiteres auf projektive Koordinaten. Wenn $(\mathfrak{x})$, $(\mathfrak{y})$, $(\mathfrak{z})$, ... Punkte sind (in projektiven Koordinaten), so hat die Matrix

$$\left\| \begin{matrix} \mathfrak{x}_1 & \mathfrak{x}_2 & \mathfrak{x}_3 & \mathfrak{x}_4 \\ \mathfrak{y}_1 & \mathfrak{y}_2 & \mathfrak{y}_3 & \mathfrak{y}_4 \\ \mathfrak{z}_1 & \mathfrak{z}_2 & \mathfrak{z}_3 & \mathfrak{z}_4 \\ \cdot & \cdot & \cdot & \cdot \end{matrix} \right\|$$

den Rang 1 oder 2 oder 3 oder 4. Hat sie den Rang 1, so fallen alle Punkte in einen zusammen. Hat sie den Rang 2, so gibt es zwei nichtzusammenfallende Punkte. Alle andern liegen aber mit ihnen in gerader Linie. Ist der Rang gleich 3, so gibt es drei Punkte, die nicht in gerader Linie liegen. Alle andern befinden sich in derselben Ebene mit ihnen. Ist endlich der Rang gleich 4, so gibt es vier Punkte, die nicht in einer Ebene liegen.

Es gelten hier auch die in § 92 angegebenen Parameterdarstellungen.

Alle Punkte einer Geraden lassen sich durch zwei Punkte $(\mathfrak{x}')$, $(\mathfrak{x}'')$ in der Form ausdrücken

$$\mathfrak{x}_r = \lambda \mathfrak{x}_r' + \mu \mathfrak{x}_r'', \qquad (r = 1, \ldots, 4)$$

alle Punkte einer Ebene durch drei Punkte $(\mathfrak{x}')$, $(\mathfrak{x}'')$, $(\mathfrak{x}''')$ in der Form

$$\mathfrak{x}_r = \lambda \mathfrak{x}_r' + \mu \mathfrak{x}_r'' + \nu \mathfrak{x}_r''', \qquad (r = 1, \ldots, 4)$$

alle Punkte des Raumes durch vier Punkte in der Form

$$\mathfrak{x}_r = \lambda \mathfrak{x}_r' + \mu \mathfrak{x}_r'' + \nu \mathfrak{x}_r''' + \varrho \mathfrak{x}_r^{\mathrm{IV}}. \qquad (r = 1, \ldots, 4)$$

Im letzten Falle haben λ, μ, ν, ϱ folgende Werte

$$\lambda = \lambda_1 (\mathfrak{x}\,\mathfrak{x}''\,\mathfrak{x}'''\,\mathfrak{x}^{\mathrm{IV}}), \quad \mu = \mu_1 (\mathfrak{x}\,\mathfrak{x}'\,\mathfrak{x}'''\,\mathfrak{x}^{\mathrm{IV}}),$$
$$\nu = \nu_1 (\mathfrak{x}\,\mathfrak{x}'\,\mathfrak{x}''\,\mathfrak{x}^{\mathrm{IV}}), \quad \varrho = \varrho_1 (\mathfrak{x}\,\mathfrak{x}'\,\mathfrak{x}''\,\mathfrak{x}''').$$

Setzt man

$$\mathfrak{x}_r' + \mathfrak{x}_r'' + \mathfrak{x}_r''' + \mathfrak{x}_r^{\mathrm{IV}} = \mathfrak{x}_r^{(0)}, \qquad (r = 1, \ldots, 4)$$

so ist auch

$$1 = \lambda_1 (\mathfrak{x}^{(0)}\,\mathfrak{x}''\,\mathfrak{x}'''\,\mathfrak{x}^{\mathrm{IV}}), \quad 1 = \mu_1 (\mathfrak{x}^{(0)}\,\mathfrak{x}'\,\mathfrak{x}'''\,\mathfrak{x}^{\mathrm{IV}}),$$
$$1 = \nu_1 (\mathfrak{x}^{(0)}\,\mathfrak{x}'\,\mathfrak{x}''\,\mathfrak{x}^{\mathrm{IV}}), \quad 1 = \varrho_1 (\mathfrak{x}^{(0)}\,\mathfrak{x}'\,\mathfrak{x}''\,\mathfrak{x}''').$$

Daher kann man schreiben

$$\lambda = \frac{(\mathfrak{x}\,\mathfrak{x}''\,\mathfrak{x}'''\,\mathfrak{x}^{\mathrm{IV}})}{(\mathfrak{x}^{(0)}\,\mathfrak{x}''\,\mathfrak{x}'''\,\mathfrak{x}^{\mathrm{IV}})}, \quad \mu = \frac{(\mathfrak{x}\,\mathfrak{x}'\,\mathfrak{x}'''\,\mathfrak{x}^{\mathrm{IV}})}{(\mathfrak{x}^{(0)}\,\mathfrak{x}'\,\mathfrak{x}'''\,\mathfrak{x}^{\mathrm{IV}})},$$

$$\nu = \frac{(\mathfrak{x}\,\mathfrak{x}'\,\mathfrak{x}''\,\mathfrak{x}^{\mathrm{IV}})}{(\mathfrak{x}^{(0)}\,\mathfrak{x}'\,\mathfrak{x}''\,\mathfrak{x}^{\mathrm{IV}})}, \quad \varrho = \frac{(\mathfrak{x}\,\mathfrak{x}'\,\mathfrak{x}''\,\mathfrak{x}''')}{(\mathfrak{x}^{(0)}\,\mathfrak{x}'\,\mathfrak{x}''\,\mathfrak{x}''')}.$$

Hieraus sieht man, daß $\lambda, \mu, \nu, \varrho$ projektive Koordinaten mit den Fundamentalpunkten $(\mathfrak{x}')$, $(\mathfrak{x}'')$, $(\mathfrak{x}''')$, $(\mathfrak{x}^{\mathrm{IV}})$ und dem Einheitspunkt $(\mathfrak{x}' + \mathfrak{x}'' + \mathfrak{x}''' + \mathfrak{x}^{\mathrm{IV}})$ sind.

Bei der Parameterdarstellung der Geraden und der Ebene haben λ, μ bzw. λ, μ, ν eine ähnliche Bedeutung. Um dies zunächst bei der Geraden zu erkennen, beachte man, daß in jeder der vier Ebenen $\mathfrak{x}_r = 0$ die andern $\mathfrak{x}$ projektive Koordinaten sind. Handelt es sich um $\mathfrak{x}_1 = 0$ und ist dies eine eigentliche Ebene, so können wir sie zur x, y-Ebene eines rechtwinkligen Achsensystems machen. Die zugehörigen homogenen Koordinaten bezeichnen wir mit $\mathfrak{z}$. Dann ist, da nur die Fundamentalpunkte 2, 3, 4 in der Ebene $\mathfrak{x}_1 = 0$ liegen,

$$0 = \mathfrak{z}_1^{(2)} = \mathfrak{z}_1^{(3)} = \mathfrak{z}_1^{(4)}, \quad \text{aber } \mathfrak{z}_1^{(1)} \neq 0.$$

Im Falle $\mathfrak{x}_1 = 0$, also $\mathfrak{z}_1 = 0$, liefern aber die Formeln (3') für $\mathfrak{x}_2, \mathfrak{x}_3, \mathfrak{x}_4$ folgende Ausdrücke:

$$\mathfrak{x}_2 = \mu_2 \begin{vmatrix} \mathfrak{z}_2 & \mathfrak{z}_3 & \mathfrak{z}_4 \\ \mathfrak{z}_2^{(3)} & \mathfrak{z}_3^{(3)} & \mathfrak{z}_4^{(3)} \\ \mathfrak{z}_2^{(4)} & \mathfrak{z}_3^{(4)} & \mathfrak{z}_4^{(4)} \end{vmatrix}, \quad \mathfrak{x}_3 = \mu_3 \begin{vmatrix} \mathfrak{z}_2 & \mathfrak{z}_3 & \mathfrak{z}_4 \\ \mathfrak{z}_2^{(2)} & \mathfrak{z}_3^{(2)} & \mathfrak{z}_4^{(2)} \\ \mathfrak{z}_2^{(4)} & \mathfrak{x}_3^{(4)} & \mathfrak{z}_4^{(4)} \end{vmatrix},$$

$$\mathfrak{x}_4 = \mu_4 \begin{vmatrix} \mathfrak{z}_2 & \mathfrak{z}_3 & \mathfrak{z}_4 \\ \mathfrak{z}_2^{(2)} & \mathfrak{z}_3^{(2)} & \mathfrak{z}_4^{(2)} \\ \mathfrak{z}_2^{(3)} & \mathfrak{z}_3^{(3)} & \mathfrak{z}_4^{(3)} \end{vmatrix}.$$

Nun sind $\mathfrak{z}_2, \mathfrak{z}_3, \mathfrak{z}_4$ homogene cartesische Koordinaten in der Ebene $\mathfrak{x}_1 = 0$, also $\mathfrak{x}_2, \mathfrak{x}_3, \mathfrak{x}_4$ projektive Koordinaten in dieser Ebene. Auf der Geraden $\mathfrak{x}_1 = 0$, $\mathfrak{x}_2 = 0$ sind daher $\mathfrak{x}_3, \mathfrak{x}_4$ projektive Koordinaten.

Das gilt für jede Kante des Fundamentaltetraeders, weil von den beiden durch sie hindurchgehenden Fundamentalebenen (d. h. Seitenebenen des Fundamentaltetraeders) wenigstens eine eine eigentliche ist.

In der Parameterdarstellung einer Geraden: $\mathfrak{x}_r = \lambda \mathfrak{x}_r' + \mu \mathfrak{x}_r''$ $(r = 1, \ldots, 4)$ sind λ, μ projektive Koordinaten auf der Geraden.

In der Matrix

$$\left\| \begin{matrix} \mathfrak{x}_1' & \mathfrak{x}_2' & \mathfrak{x}_3' & \mathfrak{x}_4' \\ \mathfrak{x}_1'' & \mathfrak{x}_2'' & \mathfrak{x}_3'' & \mathfrak{x}_4'' \end{matrix} \right\|$$

gibt es sicher eine von Null verschiedene zweireihige Determinante. Es sei etwa

$$\left| \begin{matrix} \mathfrak{x}_1' & \mathfrak{x}_2' \\ \mathfrak{x}_1'' & \mathfrak{x}_2'' \end{matrix} \right| \neq 0$$

Dann ist

$$\lambda = \alpha_1 \mathfrak{x}_1 + \alpha_2 \mathfrak{x}_2, \qquad (\alpha \beta) \neq 0$$
$$\mu = \beta_1 \mathfrak{x}_1 + \beta_2 \mathfrak{x}_2$$

und daher

$$\mathfrak{x}_3 = \gamma_1 \mathfrak{x}_1 + \gamma_2 \mathfrak{x}_2,$$
$$\mathfrak{x}_4 = \delta_1 \mathfrak{x}_1 + \delta_2 \mathfrak{x}_2.$$

Benutzen wir die projektiven Koordinaten

$$\mathfrak{y}_1 = \mathfrak{x}_1, \quad \mathfrak{y}_2 = \mathfrak{x}_2,$$
$$\mathfrak{y}_3 = \mathfrak{x}_3 - \gamma_1 \mathfrak{x}_1 - \gamma_2 \mathfrak{x}_2, \quad \mathfrak{y}_4 = \mathfrak{x}_4 - \delta_1 \mathfrak{x}_1 - \delta_2 \mathfrak{x}_2,$$

so ist die Gerade eine Kante des Fundamentaltetraeders. $\mathfrak{y}_1, \mathfrak{y}_2$, d. h. $\mathfrak{x}_1, \mathfrak{x}_2$, sind also auf ihr projektive Koordinaten, ebenso λ, μ, da sie sich linear und homogen durch $\mathfrak{x}_1, \mathfrak{x}_2$ ausdrücken.

Wir legen durch die Kante 1 2 des Fundamentaltetraeders und durch den Einheitspunkt 0 eine Ebene E_0, ferner eine Ebene E' durch 12 und durch den Punkt $\mathfrak{x}_1', \mathfrak{x}_2', \mathfrak{x}_3', \mathfrak{x}_4'$. Dann gehen durch 12 die Ebenen E_0 und E' und zwei Fundamentalebenen, die wir E_3 und E_4 nennen. Die Gleichungen dieser Ebenen lauten bezüglich

$$\mathfrak{x}_3 - \mathfrak{x}_4 = 0, \quad \mathfrak{x}_3 \mathfrak{x}_4' - \mathfrak{x}_4 \mathfrak{x}_3' = 0, \quad \mathfrak{x}_3 = 0, \quad \mathfrak{x}_4 = 0.$$

Jetzt wollen wir die vier Ebenen durch eine Gerade schneiden, die nicht durch einen Punkt der Geraden 12 hindurchgeht.

Die Schnittpunkte dieser Geraden mit E_3 und E_4 seien $\mathfrak{y}_1, \mathfrak{y}_2, 0, \mathfrak{y}_4$ und $\mathfrak{z}_1, \mathfrak{z}_2, \mathfrak{z}_3, 0$. Da die Gerade keinen Punkt von 1, 2 enthält, sind $\mathfrak{y}_4$ und $\mathfrak{z}_3$ von Null verschieden. Wir können sie gleich 1 setzen. Jeder andere Punkt der Geraden hat Koordinaten von der Form

$$\lambda \mathfrak{y}_1 + \mu \mathfrak{z}_1, \quad \lambda \mathfrak{y}_2 + \mu \mathfrak{z}_2, \quad \mu, \ \lambda.$$

Den Schnittpunkten mit den Ebenen E', E_0, E_3, E_4 entsprechen folgende Werte von λ, μ

$$\mathfrak{x}_4', \mathfrak{x}_3'; \quad 1, 1; \quad 1, 0; \quad 0, 1.$$

Das Doppelverhältnis dieser vier Punkte ist

$$\begin{vmatrix} \mathfrak{x}_4' & \mathfrak{x}_3' \\ 1 & 0 \end{vmatrix} \begin{vmatrix} 1 & 1 \\ 0 & 1 \end{vmatrix} : \begin{vmatrix} \mathfrak{x}_4' & \mathfrak{x}_3' \\ 0 & 1 \end{vmatrix} \begin{vmatrix} 1 & 1 \\ 1 & 0 \end{vmatrix} = \mathfrak{x}_3' : \mathfrak{x}_4'$$

Damit haben wir bewiesen, daß vier Ebenen eines Büschels, d. h. vier Ebenen, die durch dieselbe Gerade g hindurchgehen, von einer Geraden, die g nicht trifft, in vier Punkten mit konstantem Doppelverhältnis geschnitten werden. Dies läßt sich übrigens auch mittels des Satzes von Pappus ohne Rechnung zeigen. Das konstante Doppelverhältnis nennt man das Doppelverhältnis der vier Ebenen. Schneidet man die vier Ebenen mit einer fünften, die nicht durch g hindurchgeht, so entsteht ein Geradenquadrupel mit demselben Doppelverhältnis (nach dem Satz von Pappus). Schneiden wir z. B. die oben betrachteten Ebenen E', E_0, E_3, E_4, mit $\mathfrak{x}_1 = 0$ so entstehen vier Geraden g', g_0, g_3, g_4, deren Doppelverhältnis $\mathfrak{x}_3' : \mathfrak{x}_4'$ ist. Verbindet man 1 mit 0, so schneidet diese Verbindungslinie die Ebene $\mathfrak{x}_1 = 0$ in einem Punkte 0', durch den g_0 hindurchgeht.

Wiederholt man die obige Betrachtung für die Kanten 13, 14, so sieht man (vgl. § 28), daß $\mathfrak{x}_2'$, $\mathfrak{x}_3'$, $\mathfrak{x}_4'$ projektive Koordinaten des Punktes 0, $\mathfrak{x}_2'$, $\mathfrak{x}_3'$, $\mathfrak{x}_4'$ in der Ebene $\mathfrak{x}_1 = 0$ sind, und zwar in bezug auf das Fundamentaldreieck 2, 3, 4 und den Einleitungspunkt 0'. Dabei ist es ganz gleichgültig, ob die Ebene $\mathfrak{x}_1 = 0$ eine eigentliche oder die unendlich ferne ist.

Jetzt können wir uns auch über die Bedeutung von λ, μ, ν in der Parameterdarstellung $\mathfrak{x}_r = \lambda\mathfrak{x}_r' + \mu\mathfrak{x}_r'' + \nu\mathfrak{x}_r'''$ ($r = 1, \ldots, 4$) einer Ebene Klarheit verschaffen. Die Matrix

$$\begin{Vmatrix} \mathfrak{x}_1' & \mathfrak{x}_2' & \mathfrak{x}_3' & \mathfrak{x}_3' \\ \mathfrak{x}_1'' & \mathfrak{x}_2'' & \mathfrak{x}_3'' & \mathfrak{x}_4'' \\ \mathfrak{x}_1''' & \mathfrak{x}_2''' & \mathfrak{x}_3''' & \mathfrak{x}_4''' \end{Vmatrix}$$

hat den Rang 3. Es gibt also wenigstens eine von Null verschiedene dreieckige Determinante darin, etwa

$$\begin{vmatrix} \mathfrak{x}_1' & \mathfrak{x}_2' & \mathfrak{x}_3' \\ \mathfrak{x}_1'' & \mathfrak{x}_2'' & \mathfrak{x}_3'' \\ \mathfrak{x}_1''' & \mathfrak{x}_2''' & \mathfrak{x}_3''' \end{vmatrix}.$$

Dann können wir die Gleichungen $\mathfrak{x}_r = \lambda \mathfrak{x}_r' + \mu \mathfrak{x}_r'' + \nu \mathfrak{x}_r''' (r = 1, 2, 3)$ nach λ, μ, ν auflösen und finden auf diese Weise

$$\lambda = \alpha_1 \mathfrak{x}_1 + \alpha_2 \mathfrak{x}_2 + \alpha_3 \mathfrak{x}_3,$$
$$\mu = \beta_1 \mathfrak{x}_1 + \beta_2 \mathfrak{x}_2 + \beta_3 \mathfrak{x}_3, \qquad (\alpha \beta \gamma) \neq 0$$
$$\nu = \gamma_1 \mathfrak{x}_1 + \gamma_2 \mathfrak{x}_2 + \gamma_3 \mathfrak{x}_3.$$

Setzen wir diese Werte in

$$\mathfrak{x}_4 = \lambda \mathfrak{x}_4' + \mu \mathfrak{x}_4'' + \nu \mathfrak{x}_4'''$$

ein, so ergibt sich

$$\mathfrak{x}_4 = \delta_1 \mathfrak{x}_1 + \delta_2 \mathfrak{x}_2 + \delta_3 \mathfrak{x}_3.$$

Benutzen wir die Koordinaten

$$\mathfrak{y}_1 = \mathfrak{x}_1, \quad \mathfrak{y}_2 = \mathfrak{x}_2, \quad \mathfrak{y}_3 = \mathfrak{x}_3, \quad \mathfrak{y}_4 = \mathfrak{x}_4 - \delta_1 \mathfrak{x}_1 - \delta_2 \mathfrak{x}_2 - \delta_3 \mathfrak{x}_3,$$

so sind $\mathfrak{y}_1, \mathfrak{y}_2, \mathfrak{y}_3$ projektive Koordinaten in der Ebene $\mathfrak{y}_4 = 0$, d. h. $\mathfrak{x}_1, \mathfrak{x}_2, \mathfrak{x}_3$ sind projektive Koordinaten in der Ebene der drei Punkte $(\mathfrak{x}')$, $(\mathfrak{x}'')$, $(\mathfrak{x}''')$. Da λ, μ, ν lineare Formen in $\mathfrak{x}_1, \mathfrak{x}_2, \mathfrak{x}_3$ sind, so sind sie ebenfalls projektive Koordinaten in der genannten Ebene.

§ 97. Ebenenkoordinaten.

Die Gleichung einer Ebene in projektiven Koordinaten lautet $\mathfrak{u}_1 \mathfrak{x}_1 + \mathfrak{u}_2 \mathfrak{x}_2 + \mathfrak{u}_3 \mathfrak{x}_3 + \mathfrak{u}_4 \mathfrak{x}_4 = 0$. Die Koeffizienten $\mathfrak{u}$ nennt man die Koordinaten der Ebene. Da es nur auf die Verhältnisse der $\mathfrak{u}$ ankommt, so sind es homogene Koordinaten. Die Fundamentalebenen, d. h. die Ebenen $\mathfrak{x}_r = 0 (r = 1, \ldots, 4)$ haben die Koordinaten

$$\begin{matrix} 1, & 0, & 0, & 0; \\ 0, & 1, & 0, & 0; \\ 0, & 0, & 1, & 0; \\ 0, & 0, & 0, & 1. \end{matrix}$$

Die Ebene mit den Koordinaten 1, 1, 1, 1, d. h. die Ebene $\mathfrak{x}_1 + \mathfrak{x}_2 + \mathfrak{x}_3 + \mathfrak{x}_4 = 0$ heißt die Einheitsebene. Jede Kante des Fundamentaltetraeders wird harmonisch geteilt durch die Einheitsebene und die Ebene, welche der Einheitspunkt mit der gegenüberliegenden Kante bestimmt.

Nehmen wir z. B. die Kante 12. Auf ihr sind $\mathfrak{x}_1, \mathfrak{x}_2$ projektive Koordinaten. Die Punkte 1 und 2 haben die Koordinaten 1, 0 und 0, 1. Die Einheitsebene $\sum \mathfrak{x}_r = 0$ schneidet 1 2 in dem Punkte 1,

-1. Die Ebene $\mathfrak{x}_1 - \mathfrak{x}_2 = 0$, die durch die Kante 3 4 und den Einheitspunkt hindurchgeht, schneidet 1 2 in dem Punkte 1, 1. Die Punkte mit den Koordinaten

$$1, 0; \quad 0, 1; \quad 1, -1; \quad 1, 1$$

bilden aber ein harmonisches Quadrupel.

Mit $\mathfrak{z}$ wollen wir andere projektive Punktkoordinaten als die $\mathfrak{x}$ bezeichnen, mit $\mathfrak{v}$ die zu den $\mathfrak{z}$ gehörigen Ebenenkoordinaten, so daß also die Ebene ($\mathfrak{v}$) die Gleichung $\sum \mathfrak{v}_r \mathfrak{z}_r = 0$ hat. Mit 0, 1, 2, 3, 4 bezeichnen wir den Einheitspunkt und die Fundamentalpunkte, dargestellt durch die Koordinaten $\mathfrak{z}$, mit 0′, 1′, 2′, 3′, 4′ die Einheitsgerade und die Fundamentaledenen, ausgedrückt durch die Koordinaten $\mathfrak{v}$. Dann ist, wie wir wissen,

$$(*) \qquad \begin{cases} \mathfrak{x}_1 = \dfrac{(\mathfrak{z}\;2\;3\;4)}{(0\;2\;3\;4)}, & \mathfrak{x}_2 = \dfrac{(\mathfrak{z}\;1\;3\;4)}{(0\;1\;3\;4)}, \\[2ex] \mathfrak{x}_3 = \dfrac{(\mathfrak{z}\;1\;2\;4)}{(0\;1\;2\;4)}, & \mathfrak{x}_4 = \dfrac{(\mathfrak{z}\;1\;2\;3)}{(0\;1\;2\;3)}. \end{cases}$$

Ebenso ist aber auch

$$(**) \qquad \begin{cases} \mathfrak{u}_1 = \dfrac{(\mathfrak{v}\;2'\;3'\;4')}{(0'\;2'\;3'\;4')}, & \mathfrak{u}_2 = \dfrac{(\mathfrak{v}\;1'\;3'\;4')}{(0'\;1'\;3'\;4')}, \\[2ex] \mathfrak{u}_3 = \dfrac{(\mathfrak{v}\;1'\;2'\;4')}{(0'\;1'\;2'\;4')}, & \mathfrak{u}_4 = \dfrac{(\mathfrak{v}\;1'\;2'\;3')}{(0'\;1'\;2'\;3')}. \end{cases}$$

Aus den Gleichungen (*) oder

$$(\dagger) \qquad \mathfrak{x}_r = \sum_s a_{rs} \mathfrak{z}_s \qquad (r = 1, \ldots, 4)$$

folgt nämlich

$$\sum_r \mathfrak{u}_r \mathfrak{x}_r = \sum_{rs} a_{rs} \mathfrak{u}_r \mathfrak{z}_s.$$

Setzt man

$$\sum_{r,s} a_{rs} \mathfrak{u}_r \mathfrak{z}_s = \sum_s \mathfrak{v}_s \mathfrak{z}_s,$$

so muß

$$(\dagger\dagger) \qquad \mathfrak{v}_s = \sum_r a_{rs} \mathfrak{u}_r. \qquad (s = 1, \ldots, 4)$$

In den Formeln (†) und (††) treten rechts dieselben Koeffizienten auf. Nur sind die Zeilen mit den Spalten vertauscht. Löst man die Gleichungen (††) nach den $\mathfrak{u}$ auf, so ergibt sich

$$(\dagger\dagger\dagger) \qquad \mathfrak{u}_r = \sum_s A_{rs} \mathfrak{v}_s. \qquad (r = 1, \ldots, 4)$$

A_{rs} ist das algebraische Komplement von a_{rs} in der Determinante A der a_{rs}. Den Faktor $1 : A$ haben wir fortgelassen. In (†) und (†††) stehen links die alten, rechts die neuen Koordinaten.

Aus den Formeln (†††) ergeben sich nun sofort die Formeln (**). Wendet man (†††) auf die Fundamentalebene an, so ergibt sich z. B.

$$0 = \sum A_{1s} 2_s', \qquad 0 = \sum A_{1s} 3_s', \qquad 0 = \sum A_{1s} 4_s'.$$

Daher ist

$$\mathfrak{u}_1 = \sigma_1 (\mathfrak{v}\, 2'\, 3'\, 4').$$

Ebenso hat man

$$\mathfrak{u}_2 = \sigma_2 (\mathfrak{v}\, 1'\, 3'\, 4'), \qquad \mathfrak{u}_3 = \sigma_3 (\mathfrak{v}\, 1'\, 2'\, 4'), \qquad \mathfrak{u}_4 = \sigma_4 (\mathfrak{v}\, 1'\, 2'\, 3').$$

Setzt man hier die Einheitsebene ein, so bestimmen sich die σ und man findet die Formeln (**).

Gleichung eines Punktes.

Wenn ($\mathfrak{u}$) eine Ebene und ($\mathfrak{x}$) ein Punkt ist, so drückt die Gleichung $\sum \mathfrak{u}_r \mathfrak{x}_r = 0$ aus, daß der Punkt auf der Ebene liegt. Da in der Gleichung die $\mathfrak{u}$ und die $\mathfrak{x}$ symmetrisch auftreten, so ist es besser zu sagen, daß durch sie die vereinigte Lage des Punktes und der Ebene ausgedrückt wird.

Hält man die $\mathfrak{u}$ fest und betrachtet die $\mathfrak{x}$ als variabel, so ist $\sum \mathfrak{u}_r \mathfrak{x}_r = 0$ die Gleichung einer Ebene in Punktkoordinaten. Hält man die $\mathfrak{x}$ fest und betrachtet die $\mathfrak{u}$ als variabel, so ist $\sum \mathfrak{u}_r \mathfrak{x}_r = 0$ die Gleichung eines Punktes in Ebenenkoordinaten.

Die Betrachtungen des § 92 übertragen sich auf die Ebenen. Man braucht nur $\mathfrak{x}$ durch $\mathfrak{u}$ zu ersetzen. Dieses Übertragungsprinzip heißt das Prinzip der Dualität (vgl. S. 109).

Wir stellen hier die entsprechenden Sätze nebeneinander:

Es lassen sich darstellen:

die Punkte eines Punktbüschels in der Form $\mathfrak{x}_r = \lambda \mathfrak{x}_r' + \mu \mathfrak{x}_r''$, $(r = 1, .., 4)$	die Ebenen eines Ebenenbüschels in der Form $\mathfrak{u}_r = \lambda \mathfrak{u}_r' + \mu \mathfrak{u}_r''$, $(r = 1, .., 4)$
die Punkte einer Ebene (eines Punktbündels) in der Form $\mathfrak{x}_r = \lambda \mathfrak{x}_r' + \mu \mathfrak{x}_r'' + \nu \mathfrak{x}_r'''$, $(r = 1, .., 4)$	die Ebenen eines Punktes (Ebenenbündels in der Form $\mathfrak{u}_r = \lambda \mathfrak{u}_r' + \mu \mathfrak{u}_r'' + \nu \mathfrak{u}_r'''$, $(r = 1, .., 4)$
die Punkte des Raumes in der Form $\mathfrak{x}_r = \lambda \mathfrak{x}_r' + \mu \mathfrak{x}_r'' + \nu \mathfrak{x}_r''' + \varrho \mathfrak{x}_r^{IV}$. $(r = 1, .., 4)$	die Ebenen des Raumes in der Form $\mathfrak{u}_r = \lambda \mathfrak{u}_r' + \mu \mathfrak{u}_r'' + \nu \mathfrak{u}_r''' + \varrho \mathfrak{u}_r^{IV}$. $(r = 1, .., 4)$

Es lautet die Gleichung eines Elements

in einem Punktbüschel	in einem Ebenenbüschel
$\lambda \mathfrak{P}' + \mu \mathfrak{P}'' = 0,$	$\lambda \mathfrak{E}' + \mu \mathfrak{E}'' = 0,$
in einem Punktbündel	in einem Ebenenbündel
$\lambda \mathfrak{P}' + \mu \mathfrak{P}'' + \nu \mathfrak{P}''' = 0,$	$\lambda \mathfrak{E}' + \mu \mathfrak{E}'' + \nu \mathfrak{E}''' = 0,$
im Punktraum	im Ebenenraum
$\lambda \mathfrak{P}' + \mu \mathfrak{P}'' + \nu \mathfrak{P}''' + \varrho \mathfrak{P}^{IV} = 0,$	$\lambda \mathfrak{E}' + \mu \mathfrak{E}'' + \nu \mathfrak{E}''' + \varrho \mathfrak{E}^{IV} = 0.$

$\mathfrak{P}', \mathfrak{P}'', \mathfrak{P}''', \mathfrak{P}^{IV}$ sind Abkürzungen für $\sum \mathfrak{x}_r' \mathfrak{u}_r$, $\sum \mathfrak{x}_r'' \mathfrak{u}_r$, $\sum \mathfrak{x}_r''' \mathfrak{u}_r$, $\sum \mathfrak{x}_r^{IV} \mathfrak{u}_r$ und $\mathfrak{E}', \mathfrak{E}'', \mathfrak{E}''', \mathfrak{E}^{IV}$ Abkürzungen für $\sum \mathfrak{u}_r' \mathfrak{x}_r$, $\sum \mathfrak{u}_r'' \mathfrak{x}_r$, $\sum \mathfrak{u}_r''' \mathfrak{x}_r$, $\sum \mathfrak{u}_r^{IV} \mathfrak{x}_r$.

Welche Bedeutung λ, μ, ν, ϱ auf der linken Seite des Striches haben, wissen wir. Eine ähnliche Bedeutung haben sie aber rechts. Schneidet man z. B. das Ebenenbüschel $\lambda \mathfrak{E}' + \mu \mathfrak{E}'' = 0$ mit einer Fundamentalebene, die nicht durch den Träger des Büschels hindurchgeht, so entsteht ein Geradenbüschel $\lambda \mathfrak{G}' + \mu \mathfrak{G}'' = 0$. Welche Bedeutung hier λ, μ haben, ist uns bekannt: μ/λ ist das Doppelverhältnis der vier Geraden

$$\lambda \mathfrak{G}' + \mu \mathfrak{G}'' = 0, \quad \mathfrak{G}' + \mathfrak{G}'' = 0, \quad \mathfrak{G}' = 0, \quad \mathfrak{G}'' = 0,$$

also auch das Doppelverhältnis der vier Ebenen

$$\lambda \mathfrak{E}' + \mu \mathfrak{E}'' = 0, \quad \mathfrak{E}' + \mathfrak{E}'' = 0, \quad \mathfrak{E}' = 0, \quad \mathfrak{E}'' = 0.$$

Schneidet man das Ebenenbündel

$$\lambda \mathfrak{E}' + \mu \mathfrak{E}'' + \nu \mathfrak{E}''' = 0$$

mit einer Fundamentalebene, die nicht durch den Träger des Bündels (d. h. den gemeinsamen Punkt aller seiner Ebenen) hindurchgeht, so entsteht ein Geradensystem

$$\lambda \mathfrak{G}' + \mu \mathfrak{G}'' + \nu \mathfrak{G}''' = 0$$

in dieser Ebene. $\mu : \lambda$ ist z. B. das Doppelverhältnis der Schnittpunkte von

$$\lambda \mathfrak{G}' + \mu \mathfrak{G}'' + \nu \mathfrak{G}''' = 0, \quad \mathfrak{G}' + \mathfrak{G}'' + \mathfrak{G}''' = 0, \quad \mathfrak{G}' = 0, \quad \mathfrak{G}'' = 0$$

mit $\mathfrak{G}''' = 0$ oder das Doppelverhältnis der vier Schnittgeraden von

$$\lambda \mathfrak{E}' + \mu \mathfrak{E}'' + \nu \mathfrak{E}''' = 0, \quad \mathfrak{E}' + \mathfrak{E}'' + \mathfrak{E}''' = 0, \quad \mathfrak{E}' = 0, \quad \mathfrak{E}'' = 0$$

mit $\mathfrak{E}''' = 0$.

Daß λ, μ, ν, ϱ projektive Koordinaten der Ebene $\lambda \mathfrak{E}' + \mu \mathfrak{E}'' + \nu \mathfrak{E}''' + \varrho \mathfrak{E}^{IV} = 0$ sind, wissen wir schon.

§ 98. Kollineationen und Korrelationen im Raume.

Eine Kollineation wird dargestellt durch ein Gleichungssystem von der Form

$$(1)\quad \begin{cases} y_1 = a_{11}x_1 + a_{12}x_2 + a_{13}x_3 + a_{14}x_4, \\ y_2 = a_{21}x_1 + a_{22}x_2 + a_{23}x_3 + a_{24}x_4, \\ y_3 = a_{31}x_1 + a_{32}x_2 + a_{33}x_3 + a_{34}x_4, \\ y_4 = a_{41}x_1 + a_{42}x_2 + a_{43}x_3 + a_{44}x_4, \end{cases}$$

wobei

$$A = \begin{vmatrix} a_{11} & a_{12} & a_{13} & a_{14} \\ a_{21} & a_{22} & a_{23} & a_{24} \\ a_{31} & a_{32} & a_{33} & a_{34} \\ a_{41} & a_{42} & a_{43} & a_{44} \end{vmatrix} \neq 0$$

ist.

Jedem Punkt (x) wird durch (1) ein Punkt (y) zugeordnet und zu jeden Punkt (y) gibt es einen Punkt (x), dem er vermöge (1) entspricht. Die Gleichungen (1) lassen sich nämlich nach den x auflösen.

Wenn den Punkten (x'), (x''), (x'''), (x^{IV}) die Punkte (y'), (y''), (y'''), (y^{IV}) entsprechen, so entspricht dem Punkt

$$(\lambda x' + \mu x'' + \nu x''' + \varrho x^{\mathrm{IV}})$$

der Punkt

$$(\lambda y' + \mu y'' + \nu y''' + \varrho y^{\mathrm{IV}}).$$

Wir nehmen an, daß die vier Punkte (x'), (x''), (x'''), (x^{IV}) nicht in einer Ebene liegen, daß also

$$(x' x'' x''' x^{\mathrm{IV}}) \neq 0$$

ist. Dann liegen auch (y'), (y''), (y'''), (y^{IV}) nicht in einer Ebene, und zwar hat man $(y' y'' y''' y^{\mathrm{IV}}) = A(x' x'' x''' x^{\mathrm{IV}})$.

Machen wir nun (x'), (x''), (x'''), (x^{IV}) zu Fundamentalpunkten und $(x' + x'' + x''' + x^{\mathrm{IV}})$ zum Einheitspunkt, so sind dadurch projektive Koordinaten festgelegt, die $\mathfrak{x}_1, \ldots, \mathfrak{x}_4$ heißen mögen. Benutzen wir (y'), (y''), (y'''), (y^{IV}) als Fundamentalpunkte und $(y' + y'' + y''' + y^{\mathrm{IV}})$ als Einheitspunkt, so entsprechen dem die projektiven Koordinaten $y_1, \ldots, y_4$. Der Punkt $(\lambda x' + \mu x'' + \nu x''' + \varrho x^{\mathrm{IV}})$ hat in dem ersten System die Koordinaten $\mathfrak{x}_1 = \lambda$, $\mathfrak{x}_2 = \mu$, $\mathfrak{x}_3 = \nu$, $\mathfrak{x}_4 = \varrho$, der entsprechende Punkt $(\lambda y' + \mu y'' + \nu y''' + \varrho y^{\mathrm{IV}})$ in dem zweiten System die Koordinaten $\mathfrak{y}_1 = \lambda$, $\mathfrak{y}_2 = \mu$, $\mathfrak{y}_3 = \nu$, $\mathfrak{y}_4 = \varrho$. Die Kollineation (1) wird also dargestellt durch

$$\mathfrak{y}_1 = \mathfrak{x}_1, \quad \mathfrak{y}_2 = \mathfrak{x}_2, \quad \mathfrak{y}_3 = \mathfrak{x}_3, \quad \mathfrak{y}_4 = \mathfrak{x}_4. \tag{2}$$

Sie besteht somit in folgendem: Man hat zwei Systeme $\mathfrak{S}_1$ und $\mathfrak{S}_2$ von projektiven Koordinaten. Zu jedem Wertsystem λ, μ, ν, ϱ ($\neq 0, 0, 0, 0$) sucht man den entsprechenden Punkt P_1 in $\mathfrak{S}_1$ und den entsprechenden Punkt P_2 in $\mathfrak{S}_2$ und ordnet dem Punkt P_1 den Punkt P_2 zu.

Aus (2) ersieht man, daß die Ebene $\mathfrak{x}_4 = 0$ und $\mathfrak{y}_4 = 0$ bei der Kollineation projektiv aufeinander bezogen sind, ebenso die Geraden $\mathfrak{x}_3 = \mathfrak{x}_4 = 0$ und $\mathfrak{y}_3 = \mathfrak{y}_4 = 0$. Da man jede Ebene zur Ebene $\mathfrak{x}_4 = 0$ und jede Gerade zur Geraden $\mathfrak{x}_3 = \mathfrak{x}_4 = 0$ machen kann, so gilt die obige Bemerkung für jede Ebene und ihre entsprechende sowie für jede Gerade und ihre entsprechende.

Man kann eine Kollineation auch in Ebenenkoordinaten schreiben. (1) lautet in Ebenenkoordinaten so:

$$\left\{\begin{aligned} u_1 &= a_{11} v_1 + a_{21} v_2 + a_{31} v_3 + a_{41} v_4, \\ u_2 &= a_{12} v_1 + a_{22} v_2 + a_{32} v_3 + a_{42} v_4, \\ u_3 &= a_{13} v_1 + a_{23} v_2 + a_{33} v_3 + a_{43} v_4, \\ u_4 &= a_{14} v_1 + a_{24} v_2 + a_{34} v_3 + a_{44} v_4. \end{aligned}\right. \tag{3}$$

Im Anschluß an (2) kann man sie so schreiben:

$$\mathfrak{v}_1 = \mathfrak{u}_1, \quad \mathfrak{v}_2 = \mathfrak{u}_2, \quad \mathfrak{v}_3 = \mathfrak{u}_3, \quad \mathfrak{v}_4 = \mathfrak{u}_4. \tag{4}$$

Fixpunkte und **Fixebenen** einer Kollineation sind Punkte bzw. Ebenen, die bei der Kollineation sich selbst zugeordnet werden (in sich übergehen, in Ruhe bleiben, invariant bleiben).

Bei einem Fixpunkt ist also $y_1 = \varrho x_1$, $y_2 = \varrho x_2$, $y_3 = \varrho x_3$, $y_4 = \varrho x_4$. Er genügt also den Gleichungen

$$\left\{\begin{aligned} (a_{11} - \varrho) x_1 + a_{12} x_2 + a_{13} x_3 + a_{14} x_4 &= 0, \\ a_{21} x_1 + (a_{22} - \varrho) x_2 + a_{23} x_3 + a_{24} x_4 &= 0, \\ a_{31} x_1 + a_{32} x_2 + (a_{33} - \varrho) x_3 + a_{34} x_4 &= 0, \\ a_{41} x_1 + a_{42} x_2 + a_{43} x_3 + (a_{44} - \varrho) x_4 &= 0. \end{aligned}\right. \tag{5}$$

Damit diese Gleichungen eine von 0, 0, 0, 0 verschiedene Lösung haben, muß

$$\begin{vmatrix} a_{11} - \varrho, & a_{12}, & a_{13}, & a_{14} \\ a_{21}, & a_{22} - \varrho, & a_{23}, & a_{24} \\ a_{31}, & a_{32}, & a_{33} - \varrho, & a_{34} \\ a_{41}, & a_{42}, & a_{43} & a_{44} - \varrho \end{vmatrix} = 0 \tag{6}$$

sein. Um die Fixpunkte zu finden, muß man für jede Wurzel ϱ der Gleichung (6) die Punkte bestimmen, die den Gleichungen (5) genügen. Hat die Determinante (6) den Rang 3, so gehört zu der Wurzel nur ein Fixpunkt. Hat sie den Rang 2, so hat man eine Gerade, deren sämtliche Punkte Fixpunkte sind. Ist der Rang gleich 1, so gibt es eine Ebene mit lauter Fixpunkten. Gleich Null ist der Rang nur, wenn (1) die Identität ist. Diesen Fall schließen wir aus.

Zu jeder Wurzel von (6) gehört also ein Fixpunkt oder eine Gerade oder eine Ebene mit lauter Fixpunkten. ϱ und ϱ' seien verschiedene Wurzeln von $\varrho\,(\varrho \neq \varrho')$. Den Inbegriff der zugehörigen Fixpunkte bezeichnen wir mit $\mathfrak{M}$ bzw. $\mathfrak{M}'$. Dann läßt sich leicht erkennen, daß $\mathfrak{M}$ und $\mathfrak{M}'$ keinen Punkt gemein haben. Hätten sie den Punkt (x) gemein, so müßte dieser sowohl die Gleichungen

$$\sum_r a_{rs} x_s = \varrho\, x_r \qquad (r = 1, \ldots, 4)$$

als auch die Gleichungen

$$\sum_r a_{rs} x_s = \varrho'\, x_r \qquad (r = 1, \ldots, 4)$$

erfüllen. Aus ihnen würde aber folgen

$$(\varrho - \varrho')\; x_r = 0 \qquad (r = 1, \ldots, 4)$$

und wegen $\varrho - \varrho' \neq 0$ hätte man also $x_r = 0$ $(r = 1, \ldots, 4)$, was unmöglich ist.

Wenn z. B. zu einer Wurzel eine Ebene von Fixpunkten gehört, so kann zu einer andern Wurzel der Gleichung (6) weder eine Ebene noch eine Gerade von Fixpunkten gehören, weil sonst gemeinsame Fixpunkte vorhanden wären.

Sind $\varrho, \varrho', \varrho''$ drei verschiedene Wurzeln von (6) und (x) ein Fixpunkt von ϱ, (x') einer von ϱ', (x'') einer von ϱ'', so gehören (x), (x'), (x'') nicht derselben Punktreihe an. Wäre nämlich

$$\lambda x_r + \mu x_r' + \nu x_r'' = 0, \qquad (\lambda, \mu, \nu \neq 0, 0, 0)$$
$$(r = 1, \ldots, 4)$$

so würde aus

$$\sum_s a_{rs} x_s = \varrho\, x_r, \qquad \sum_s a_{rs} x_s' = \varrho'\, x_r', \qquad \sum_s a_{rs} x_s'' = \varrho''\, x_r''$$
$$(r = 1, \ldots, 4)$$

folgen

$$\varrho\,\lambda\, x_r + \varrho'\,\mu\, x_r' + \varrho''\,\nu\, x_r'' = 0 \qquad (r = 1, \ldots, 4)$$

und hieraus in derselben Weise

$$\varrho^2 \lambda\, x_r + \varrho'^2 \mu\, x_r' + \varrho''^2 \nu\, x_r'' = 0. \qquad (r = 1, \ldots, 4)$$

Setzen wir $\lambda x_r = z_r$, $\mu x_r' = z_r'$, $\nu x_r'' = z_r''$, so erfüllen z_r, z_r', z_r'', die Gleichungen

$$z_r + z_r' + z_r'' = 0,$$
$$\varrho z_r + \varrho' z_r' + \varrho'' z_r'' = 0,$$
$$\varrho^2 z_r + \varrho'^2 z_r' + \varrho''^2 z_r'' = 0.$$

Da nun

$$\begin{vmatrix} 1 & 1 & 1 \\ \varrho & \varrho' & \varrho'' \\ \varrho^2 & \varrho'^2 & \varrho''^2 \end{vmatrix} = (\varrho - \varrho')(\varrho - \varrho'')(\varrho' - \varrho'') \neq 0$$

ist, so müssen z_r, z_r', z_r'' alle drei gleich Null sein, und zwar gilt dies für $r = 1, .., 4$. Da weder alle x, noch alle x', noch alle x'' verschwinden, so müßte $\lambda = \mu = \nu = 0$ sein, das ist aber nicht der Fall.

Wenn zu einer Wurzel ϱ der Gleichung (6) eine Ebene von Fixpunkten gehört, so kann es nur e i n e von ϱ verschiedene Wurzel geben. Gäbe es nämlich zwei solche, ϱ' und ϱ'', so würden zwei zu ϱ' und ϱ'' gehörige Fixpunkte (x'), (x'') mit einem zu ϱ gehörigen Fixpunkt (x) in gerader Linie liegen. Sobald (6) drei verschiedene Wurzeln hat, kann zu keiner von ihnen eine Ebene von Fixpunkten gehören. Ebenso überzeugt man sich, daß nur zu einer von diesen Wurzeln eine Gerade von Fixpunkten gehören kann.

Sind die Wurzeln ϱ, ϱ', ϱ'', ϱ''' von (6) alle verschieden und (x), (x'), (x''), (x''') Fixpunkte, die ihnen entsprechen, so liegen sie nicht in derselben Ebene. Wir wissen, daß je drei von diesen Punkten nicht derselben Punktreihe angehören. Läge nun (x) in der Ebene von (x'), (x''), (x'''), so gäbe es dort vier Fixpunkte, von denen keine drei in gerader Linie liegen. Dann wären alle Punkte der Ebene Fixpunkte. Eine projektive Abbildung einer Ebene auf sich selbst, bei der vier solche Punkte sich selbst entsprechen, ist nämlich die Identität. Daß nun hier eine Ebene von Fixpunkten nicht vorkommen kann, folgt daraus, daß mehr als zwei verschiedene Wurzeln da sind.

Man übersieht sofort, daß zu keiner der vier verschiedenen Wurzeln mehr als ein Fixpunkt gehören kann. Eine zu ϱ gehörige Gerade von Fixpunkten würde die Ebene (x'), (x''), (x''') in einem Punkte treffen, der auf keiner der Geraden (x''), (x'''); (x'''), (x'); (x'), (x'') liegt und doch ein Fixpunkt sein müßte.

Wenn alle Wurzeln von (6) verschieden sind, gibt es also im Ganzen vier (nicht in einer Ebene liegende) Fixpunkte.

Die Fixebenen der Kollineation (1) bestimmen sich aus den Gleichungen

$$(5')\quad \begin{cases} (a_{11}-\varrho)u_1 + a_{21}u_2 + a_{31}u_3 + a_{41}u_4 = 0, \\ a_{12}u_1 + (a_{22}-\varrho)u_2 + a_{32}u_3 + a_{42}u_4 = 0, \\ a_{13}u_1 + a_{23}u_2 + (a_{33}-\varrho)u_3 + a_{43}u_4 = 0, \\ a_{14}u_1 + a_{24}u_2 + a_{34}u_3 + (a_{44}-\varrho)u_4 = 0 \end{cases}$$

und ϱ ist dabei eine Wurzel der Gleichung

$$(6')\quad \begin{vmatrix} a_{11}-\varrho, & a_{21}, & a_{31}, & a_{41} \\ a_{12}, & a_{22}-\varrho, & a_{32}, & a_{42} \\ a_{13}, & a_{23}, & a_{33}-\varrho, & a_{43} \\ a_{14}, & a_{24}, & a_{34}, & a_{44}-\varrho \end{vmatrix} = 0.$$

Das ist dieselbe Gleichung wie (6). Es gelten hier ähnliche Sätze wie über die Fixpunkte.

Eine Korrelation im Raume wird dargestellt durch ein Gleichungssystem von der Form

$$(7)\quad \begin{cases} v_1 = c_{11}x_1 + c_{12}x_2 + c_{13}x_3 + c_{14}x_4, \\ v_2 = c_{21}x_1 + c_{22}x_2 + c_{23}x_3 + c_{24}x_4, \\ v_3 = c_{31}x_1 + c_{32}x_2 + c_{33}x_3 + c_{34}x_4, \\ v_4 = c_{41}x_1 + c_{42}x_2 + c_{43}x_3 + c_{44}x_4, \end{cases}$$

wobei

$$C = \begin{vmatrix} c_{11} & c_{12} & c_{13} & c_{14} \\ c_{21} & c_{22} & c_{23} & c_{23} \\ c_{31} & c_{32} & c_{33} & c_{34} \\ c_{41} & c_{42} & c_{43} & c_{44} \end{vmatrix} \neq 0$$

ist.

Die Korrelation ordnet jedem Punkt (x) eine Ebene (v) zu und zu jeder Ebene (v) gibt es einen Punkt (x), dem sie vermöge der Gleichungen (7) entspricht.

Sind (x'), (x''), (x'''), (x^{IV}) vier Punkte, die nicht in einer Ebene liegen, so entsprechen ihnen vier Ebenen, die nicht durch einen Punkt hindurchgehen. Es ist nämlich $(v'\,v''\,v'''\,v^{\mathrm{IV}}) = C(x'\,x''\,x'''\,x^{\mathrm{IV}})$. Dem Punkte $(\lambda x' + \mu x'' + \nu x''' + \varrho x^{\mathrm{IV}})$ entspricht die Ebene $(\lambda v' + \mu v'' + \nu v''' + \varrho v^{\mathrm{IV}})$. Machen wir (x'), (x''), (x'''), (x^{IV}) zu Fundamentalpunkten und $(x' + x'' + x''' + x^{\mathrm{IV}})$ zum Einheitspunkt, so sind dadurch Punktkoordinaten $\mathfrak{x}$ festgelegt. Machen wir (v'), (v''), (v'''), (v^{IV}) zu Fundamentalebenen und $(v' + v'' + v''' + v^{\mathrm{IV}})$ zur Einheitsebene, so sind dadurch Ebenenkoordinaten $\mathfrak{v}$ festgelegt. Die Korrelation wird jetzt dargestellt durch

(8) $$\mathfrak{v}_1 = \mathfrak{x}_1, \quad \mathfrak{v}_2 = \mathfrak{x}_2, \quad \mathfrak{v}_3 = \mathfrak{x}_3, \quad \mathfrak{v}_4 = \mathfrak{x}_4.$$

Die Korrelation (7) läßt sich auch so schreiben:

(7') $$\begin{cases} u_1 = c_{11} y_1 + c_{21} y_2 + c_{31} y_3 + c_{41} y_4, \\ u_2 = c_{12} y_1 + c_{22} y_2 + c_{32} y_3 + c_{42} y_4, \\ u_3 = c_{13} y_1 + c_{23} y_2 + c_{33} y_3 + c_{43} y_4, \\ u_4 = c_{14} y_1 + c_{24} y_2 + c_{34} y_3 + c_{44} y_4, \end{cases}$$

oder im Anschluß an (7'):

(8') $$\mathfrak{y}_1 = \mathfrak{u}_1, \quad \mathfrak{y}_2 = \mathfrak{u}_2, \quad \mathfrak{y}_3 = \mathfrak{u}_3, \quad \mathfrak{y}_4 = \mathfrak{u}_4.$$

Jetzt sagen uns die Formeln, welcher Punkt jeder Ebene zugeordnet wird.

Am bequemsten ist es eine Korrelation durch eine einzige bilineare Gleichung darzustellen. Die Gleichung der Ebene (v), die bei der Korrelation (7) dem Punkte (x) entspricht, lautet

(9) $$\sum_r v_r y_r = 0.$$

Setzt man hier für die v ihre Ausdrücke ein, so ergibt sich

(10) $$\sum_{r,s} c_{rs} y_r x_s = 0.$$

Setzt man in (9) für die y die aus (7') hervorgehenden Ausdrücke[1]

$$y_r = \sum_s C_{rs} u_s \qquad (r = 1, \ldots, 4)$$

ein, so erhält man

(11) $$\sum_{r,s} C_{rs} v_r u_s = 0$$

(10) gibt uns für jeden Punkt (x) die Gleichung der zugeordneten Ebene, (11) für jede Ebene (u) die Gleichung des zugeordneten Punktes.

Wann ist die Korrelation (7) involutorisch? Es soll aus

$$v_r = \sum_s c_{rs} x_s, \quad z_r = \sum_s C_{rs} v_s \qquad (r = 1, \ldots, 4)$$

immer folgen

$$z_r = \lambda x_r. \qquad (r = 1, \ldots, 4)$$

---

[1] C_{rs} ist das algebraische Komplement von c_{rs} in C. Wir lassen den Faktor $1 : C$ fort.

Nun ist aber

$$x_r = \sum_{s,\sigma} C_{r\sigma} c_{\sigma s} x_s .$$

Es muß also sein

$$\sum_\sigma C_{r\sigma} c_{\sigma s} = 0\,(r \gtrless s), \qquad \sum_\sigma C_{r\sigma} c_{\sigma r} = \lambda .$$

Da

$$\sum_\sigma C_{r\sigma} c_{s\sigma} = 0\,(r \gtrless s), \qquad \sum_\sigma C_{r\sigma} c_{r\sigma} = C,$$

so können wir wegen $C \neq 0$ schließen

$$c_{\sigma s} = \frac{\lambda c_{s\sigma}}{C} .$$

Da auch

$$c_{s\sigma} = \frac{\lambda}{C} c_{\sigma s}$$

ist, so folgt

$$c_{s\sigma} = \left(\frac{\lambda}{C}\right)^2 c_{s\sigma} .$$

Die $c_{s\sigma}$ sind aber nicht alle gleich Null. Also muß $\lambda = \pm C$ sein, d. h. $c_{s\sigma} = c_{\sigma s}$ oder $c_{s\sigma} = -c_{\sigma s}$. Im ersten Falle ist die Determinante C symmetrisch, im zweiten Falle schiefsymmetrisch.

Eine involutorische Korrelation mit symmetrischer Determinante nennt man ein Polarsystem, eine involutorische Korrelation mit schiefsymmetrischer Determinante ein Nullsystem.

Die Polarsysteme werden wir später bei den Flächen zweiter Ordnung behandeln. Hier wollen wir einiges über die Nullsysteme sagen.

Ein Nullsystem wird dargestellt durch eine bilineare Gleichung

$$\sum_{r,s} a_{rs} y_r x_s = 0$$

mit schiefsymmetrischer Determinante $(a_{rs} = -a_{sr})$. Zwei Punkte (x), (y), die die bilineare Gleichung einer Korrelation erfüllen, nennen wir konjugiert. Hier bei dem Nullsystem ist jeder Punkt zu sich selbst konjugiert, weil

$$\sum a_{rs} x_r x_s = \sum a_{sr} x_s x_r = -\sum a_{rs} x_r x_s$$

ist, also $\sum a_{rs} x_r x_s = 0$. Die Ebene, die dem Punkte (x) zugeordnet wird (der Ort der zu (x) konjugierten Punkte), geht hier also durch (x) hindurch.

Jedem Punkt entspricht bei einem Nullsystem eine durch ihn hindurchgehende Ebene und jeder Ebene ein in ihr liegender Punkt.

Auch der unendlich fernen Ebene wird ein Punkt zugeordnet. Wir wollen das rechtwinklige Achsensystem so drehen, daß die z-Achse durch ihn hindurchgeht. Nehmen wir den unendlich fernen Punkt der x-Achse und der y-Achse, so entsprechen ihnen zwei eigentliche Ebenen $\mathfrak{E}_1$, $\mathfrak{E}_2$; denn die unendlich ferne Ebene gehört zu dem unendlich fernen Punkt der z-Achse. Der unendlich ferne Punkt der z-Achse liegt, weil er zu allen unendlich fernen Punkten konjugiert ist, in $\mathfrak{E}_1$ und $\mathfrak{E}_2$. Daher ist $\mathfrak{E}_1$ eine eigentliche Ebene, die durch die unendlich fernen Punkte der Achsen Ox, Oz hindurchgeht, also eine Parallelebene zur x, z-Ebene. Ebenso ist $\mathfrak{E}_2$ eine Parallelebene zur y, z-Ebene. Wir können durch eine Parallelverschiebung die z-Achse in den Schnitt von $\mathfrak{E}_1$ und $\mathfrak{E}_2$ bringen.

Wie sieht jetzt die Gleichung des Nullsystems aus? Wenn man für (x) den Punkt 0, 0, 1, 0 einsetzt, so muß sich $\sum a_{rs} y_r x_s = 0$ auf $y_4 = 0$ reduzieren. Daraus ersehen wir, daß $a_{43} \neq 0$ und sonst $a_{r3} = 0$ ist. Setzt man für (x) den Punkt 1, 0, 0, 0 oder 0, 1, 0, 0 ein, so muß sich $\sum a_{rs} y_r x_s = 0$ auf $y_2 = 0$ bzw. $y_1 = 0$ reduzieren. Daraus folgt $a_{21} \neq 0$ und sonst $a_{r1} = 0$ bzw. $a_{12} \neq 0$ und sonst $a_{r2} = 0$. Demnach reduziert sich $\sum a_{rs} y_r x_s = 0$ auf

$$a(x_1 y_2 - x_2 y_1) + b(x_3 y_4 - x_4 y_3) = 0. \qquad (ab \neq 0)$$

Führt man eine Rotation um die z-Achse aus, so bleibt das Nullsystem ungeändert. Aus

$$x_1' = x_1 \cos\varphi - x_2 \sin\varphi, \quad x_2' = x_1 \sin\varphi + x_2 \cos\varphi, \quad x_3' = x_3, \quad x_4' = x_4,$$
$$y_1' = y_1 \cos\varphi - y_2 \sin\varphi, \quad y_2' = y_1 \sin\varphi + y_2 \cos\varphi, \quad y_3' = y_3, \quad y_4' = y_4$$

folgt nämlich

$$\begin{vmatrix} x_3' & x_4' \\ y_3' & y_4' \end{vmatrix} = \begin{vmatrix} x_3 & x_4 \\ y_3 & y_4 \end{vmatrix}, \quad \begin{vmatrix} x_1' & x_2' \\ y_1' & y_2' \end{vmatrix} = \begin{vmatrix} x_1 & x_2 \\ y_1 & y_2 \end{vmatrix} \begin{vmatrix} \cos\varphi, & -\sin\varphi \\ \sin\varphi, & \cos\varphi \end{vmatrix} = \begin{vmatrix} x_1 & x_2 \\ y_1 & y_2 \end{vmatrix}.$$

Auch eine Parallelverschiebung in der Richtung der z-Achse führt das Nullsystem in sich über. Aus

$$x_1' = x_1, \quad x_2' = x_2. \quad x_3' = x_3 + k x_4, \quad x_4' = x_4$$

und

$$y_1' = y_1, \quad y_2' = y_2, \quad y_3' = y_3 + k y_4, \quad y_4' = y_4$$

ergibt sich nämlich

$$\begin{vmatrix} x_1' & x_2' \\ y_1' & y_2' \end{vmatrix} = \begin{vmatrix} x_1 & x_2 \\ y_1 & y_2 \end{vmatrix}, \quad \begin{vmatrix} x_3' & x_4' \\ y_3' & y_4' \end{vmatrix} = \begin{vmatrix} x_3 + k x_4, & x_4 \\ y_3 + k y_4, & y_4 \end{vmatrix} = \begin{vmatrix} x_3 & x_4 \\ y_3 & y_4 \end{vmatrix}.$$

Es genügt daher für die Punkte der positiven x-Achse die zugeordneten Ebenen zu kennen. Durch eine passende Schraubung um die z-Achse (die Achse des Nullsystems) findet man dann die Ebene, die irgend einem gegebenen Punkte entspricht.

Wir wollen die Gleichung des Nullsystems inhomogen schreiben:

$$(*) \qquad x y' - y x' + c(z - z') = 0 .$$

Dem Punkte x', 0, 0 entspricht die Ebene

$$(**) \qquad y x' - c z = 0 .$$

Sie geht, wie man sieht, durch die x-Achse hindurch und entsteht aus der Ebene $z = 0$ durch eine gewisse Drehung φ um die x-Achse. Der positive Drehungssinn wird so festgesetzt, daß $(y z) \equiv \pi / 2$ ist (mod 2π). Ist y, z, 0 ein Punkt von (**) in der y, z-Ebene, so hat man $y = r \cos \varphi$, $z = r \sin \varphi$, also

$$x' \cos \varphi - c \sin \varphi = 0 , \quad \text{d. h.} \quad \operatorname{tg} \varphi = \frac{x'}{c} \cdot$$

Wenn x' von 0 bis ∞ zunimmt, dreht sich die zugeordnete Ebene, die zuerst mit $z = 0$ zusammenfällt, um die x-Achse, immer in demselben Sinne, und unterscheidet sich immer weniger von der Ebene $y = 0$. In welchem Sinne die Drehung stattfindet, hängt von dem Vorzeichen von c ab.

Wenn man ein Tetraeder 1, 2, 3, 4 nimmt, so entsprechen bei dem Nullsystem seinen Ecken die Ebenen I, II, III, IV eines zweiten Tetraeders. Die Ebenen dieses zweiten Tetraeders gehen durch die gleichnamigen Ecken des ersten hindurch. Aber auch die Ebenen des ersten Tetraeders gehen durch die gleichnamigen Ecken des zweiten hindurch. Bei dem Nullsystem gehört z. B. zu der Ecke II, III, IV die Ebene 2, 3, 4. Jedes Tetraeder ist dem andern ein- und umbeschrieben zugleich.

Wir wollen schließlich noch die Beziehung erörtern, die zwischen den Schraubenbewegungen und den Nullsystemen bestehen. Eine Schraubenbewegung um die z-Achse setzt sich zusammen aus einer Drehung um die z-Achse und einer Translation in der Richtung der z-Achse. Bei einer kontinuierlichen Schraubung vollzieht sich während der Zeit t eine Drehung αt und eine Parallelverschiebung β . Es gelten also Formeln von folgender Gestalt

$$\begin{aligned} x_1 &= x \cos \alpha t - y \sin \alpha t , \\ y_1 &= x \sin \alpha t + y \cos \alpha t , \\ z_1 &= z + \beta t . \end{aligned}$$

Wenn t variiert, beschreibt der Punkt P_1 oder x_1, y_1, z_1 eine sogenannte Schraubenlinie. x, y, z oder P ist die Anfangslage des Punktes P_1 (zur Zeit $t = 0$).

Wir legen durch P eine Ebene senkrecht zu der Geraden PP_1. Wenn x', y', z' oder P' ein Punkt dieser Ebene ist, so genügt er der Gleichung

$$(\dagger) \qquad (x' - x)(x_1 - x) + (y' - y)(y_1 - y) + (z' - z)(z_1 - z) = 0\,.$$

$x' - x$, $y' - y$, $z' - z$ sind nämlich die Koordinaten der Strecke PP' und $x_1 - x$, $y_1 - y$, $z_1 - z$ die Koordinaten der Strecke PP_1. Die obige Formel drückt aus, daß die beiden Strecken zueinander senkrecht sind. Nun ist

$$\begin{aligned} x_1 - x &= -\,x(1 - \cos\alpha t) - y \sin\alpha t \\ &= -\,2\sin\frac{\alpha t}{2}\left\{x \sin\frac{\alpha t}{2} + y\cos\frac{\alpha t}{2}\right\}, \\ y_1 - y &= 2\sin\frac{\alpha t}{2}\left\{x\cos\frac{\alpha t}{2} - y\sin\frac{\alpha t}{2}\right\}, \\ z_1 - z &= \beta t\,. \end{aligned}$$

($\dagger$) läßt sich also schreiben

$$-\frac{\sin\frac{\alpha t}{2}}{\frac{t}{2}}\left\{(x' - x)\left(x\sin\frac{\alpha t}{2} + y\cos\frac{\alpha t}{2}\right) - (y' - y)\left(x\cos\frac{\alpha t}{2} - y\sin\frac{\alpha t}{2}\right)\right\}$$
$$+\,\beta(z' - z) = 0\,.$$

Läßt man t nach Null konvergieren, so geht sie über in

$$\alpha(xy' - yx') + \beta(z' - z) = 0\,.$$

Wenn man also bei einer kontinuierlichen Schraubenbewegung in irgend einem Augenblicke jedem Punkte die zu seiner augenblicklichen Fortschreitungsrichtung senkrechte Ebene zuordnet, erhält man ein Nullsystem. Hat man umgekehrt ein Nullsystem, so gibt es eine kontinuierliche Schraubenbewegung, bei der jeder Punkt im ersten Augenblick senkrecht zu der ihm zugeordneten Ebene fortschreitet.

Wenn man durch den Punkt P in der ihm zugeordneten Ebene eine Gerade g zieht, so ist jedem Punkt Q von g eine Ebene zugeordnet, die durch g hindurchgeht. P und Q sind nämlich zu P konjugiert. Alle Punkte von g schreiten bei der erwähnten Schraubenbewegung im ersten Augenblicke senkrecht zu g fort.

§ 99. Linienkoordinaten.

Die Geraden des Raumes zeichnen sich vor den Punkten und den Ebenen dadurch aus, daß sie nicht bloß bei jeder Kollineation, sondern auch bei jeder Korrelation nur unter sich vertauscht werden. Dies kommt daher, daß wir eine Gerade nicht nur als die Verbindungslinie zweier Punkte, sondern auch als den Schnitt zweier Ebenen bestimmen können.

Die Gerade als Verbindungslinie zweier Punkte.

Plücker hat eine Geometrie des Raumes begründet, bei der die Gerade als Element zugrunde gelegt wird. Als Koordinaten der Geraden, die durch die beiden Punkte $(\mathfrak{x})$, $(\mathfrak{y})$ bestimmt ist, benutzt er die zweireihigen Determinanten der Matrix

$$\begin{Vmatrix} \mathfrak{x}_1 & \mathfrak{x}_2 & \mathfrak{x}_3 & \mathfrak{x}_4 \\ \mathfrak{y}_1 & \mathfrak{y}_2 & \mathfrak{y}_3 & \mathfrak{y}_4 \end{Vmatrix}.$$

Wir wollen

$$\begin{vmatrix} \mathfrak{x}_r & \mathfrak{x}_s \\ \mathfrak{y}_r & \mathfrak{y}_s \end{vmatrix} = \mathfrak{p}_{rs}$$

setzen. Dann sind die Plückerschen Linienkoordinaten die sechs Zahlen

$$(1) \qquad \left\{ \begin{array}{lll} \mathfrak{p}_{12}, & \mathfrak{p}_{13}, & \mathfrak{p}_{14}, \\ \mathfrak{p}_{34}, & \mathfrak{p}_{42}, & \mathfrak{p}_{23}. \end{array} \right.$$

Zunächst sind sie nur bis auf einen gemeinsamen Faktor bestimmt. Außerdem besteht aber zwischen ihnen noch eine Relation. Es ist nämlich

$$\begin{vmatrix} \mathfrak{x}_1 & \mathfrak{x}_2 & \mathfrak{x}_3 & \mathfrak{x}_4 \\ \mathfrak{y}_1 & \mathfrak{y}_2 & \mathfrak{y}_3 & \mathfrak{y}_4 \\ \mathfrak{x}_1 & \mathfrak{x}_2 & \mathfrak{x}_3 & \mathfrak{x}_4 \\ \mathfrak{y}_1 & \mathfrak{y}_2 & \mathfrak{y}_3 & \mathfrak{y}_4 \end{vmatrix} = 0,$$

weil diese Determinante übereinstimmende Zeilen hat. Entwickelt man nach den beiden ersten Zeilen, so ergibt sich

$$(2) \qquad 2(\mathfrak{p}_{12}\mathfrak{p}_{34} + \mathfrak{p}_{13}\mathfrak{p}_{42} + \mathfrak{p}_{14}\mathfrak{p}_{23}) = 0.$$

Wenn die sechs Zahlen (1) die Gleichung (2) erfüllen und nicht alle verschwinden, so sind sie Koordinaten einer Geraden. Das läßt sich auf folgende Weise zeigen.

Ein Punkt $(\mathfrak{z})$, der mit den Punkten $(\mathfrak{x})$, $(\mathfrak{y})$ in gerader Linie liegt, gibt der Matrix

$$\left\| \begin{matrix} \mathfrak{x}_1 & \mathfrak{x}_2 & \mathfrak{x}_3 & \mathfrak{x}_4 \\ \mathfrak{y}_1 & \mathfrak{y}_2 & \mathfrak{y}_3 & \mathfrak{y}_4 \\ \mathfrak{z}_1 & \mathfrak{z}_2 & \mathfrak{z}_3 & \mathfrak{z}_4 \end{matrix} \right\|$$

den Rang 2. Man hat also

$$\begin{vmatrix} \mathfrak{x}_2 & \mathfrak{x}_3 & \mathfrak{x}_4 \\ \mathfrak{y}_2 & \mathfrak{y}_3 & \mathfrak{y}_4 \\ \mathfrak{z}_2 & \mathfrak{z}_3 & \mathfrak{z}_4 \end{vmatrix} = 0, \quad \begin{vmatrix} \mathfrak{x}_1 & \mathfrak{x}_3 & \mathfrak{x}_4 \\ \mathfrak{y}_1 & \mathfrak{y}_3 & \mathfrak{y}_4 \\ \mathfrak{z}_1 & \mathfrak{z}_3 & \mathfrak{z}_4 \end{vmatrix} = 0,$$

$$\begin{vmatrix} \mathfrak{x}_1 & \mathfrak{x}_2 & \mathfrak{x}_4 \\ \mathfrak{y}_1 & \mathfrak{y}_2 & \mathfrak{y}_4 \\ \mathfrak{z}_1 & \mathfrak{z}_2 & \mathfrak{z}_4 \end{vmatrix} = 0, \quad \begin{vmatrix} \mathfrak{x}_1 & \mathfrak{x}_2 & \mathfrak{x}_3 \\ \mathfrak{y}_1 & \mathfrak{y}_2 & \mathfrak{y}_3 \\ \mathfrak{z}_1 & \mathfrak{z}_2 & \mathfrak{z}_3 \end{vmatrix} = 0,$$

d. h.

$$(3) \quad \left\{ \begin{array}{rrrrl} * & + \mathfrak{z}_2 \mathfrak{p}_{34} & + \mathfrak{z}_3 \mathfrak{p}_{42} & + \mathfrak{z}_4 \mathfrak{p}_{23} & = 0, \\ - \mathfrak{z}_1 \mathfrak{p}_{34} & + \quad * & + \mathfrak{z}_3 \mathfrak{p}_{14} & - \mathfrak{z}_4 \mathfrak{p}_{13} & = 0, \\ - \mathfrak{z}_1 \mathfrak{p}_{42} & - \mathfrak{z}_2 \mathfrak{p}_{14} & + \quad * & + \mathfrak{z}_4 \mathfrak{p}_{12} & = 0, \\ - \mathfrak{z}_1 \mathfrak{p}_{23} & + \mathfrak{z}_2 \mathfrak{p}_{13} & - \mathfrak{z}_3 \mathfrak{p}_{12} & + \quad * & = 0. \end{array} \right.$$

Mit diesen Gleichungen müssen wir operieren. Die $\mathfrak{p}$ sind sechs beliebige Zahlen, die nicht alle verschwinden und die Gleichung (2) erfüllen.

Die Determinante der Gleichung (3) ist[1]

$$\begin{vmatrix} 0, & \mathfrak{p}_{34}, & \mathfrak{p}_{42}, & \mathfrak{p}_{23} \\ -\mathfrak{p}_{34}, & 0, & \mathfrak{p}_{14}, & -\mathfrak{p}_{13} \\ -\mathfrak{p}_{42}, & -\mathfrak{p}_{14}, & 0, & \mathfrak{p}_{12} \\ -\mathfrak{p}_{23}, & \mathfrak{p}_{13}, & -\mathfrak{p}_{12}, & 0 \end{vmatrix} = (\mathfrak{p}_{12}\mathfrak{p}_{34} + \mathfrak{p}_{13}\mathfrak{p}_{42} + \mathfrak{p}_{14}\mathfrak{p}_{23})^2 = 0.$$

Als schiefsymmetrische Determinante kann sie daher nur den Rang 0 oder 2 haben. Weil die $\mathfrak{p}$ nicht alle gleich Null sind, ist der Rang 0 ausgeschlossen. Sie hat also den Rang 2. Daher gibt es bei (3) zwei unabhängige Lösungen. Wie man sieht, sind auch

$$(4) \quad \left\{ \begin{array}{llll} 0, & \mathfrak{p}_{12}, & \mathfrak{p}_{13}, & \mathfrak{p}_{14}; \\ -\mathfrak{p}_{12}, & 0, & \mathfrak{p}_{23}, & -\mathfrak{p}_{42}; \\ -\mathfrak{p}_{13}, & -\mathfrak{p}_{23}, & 0, & \mathfrak{p}_{34}; \\ -\mathfrak{p}_{14}, & \mathfrak{p}_{42}, & -\mathfrak{p}_{34}, & 0 \end{array} \right.$$

[1] Vgl. meine „Einführung in die Determinantentheorie“.

Lösungen. Die zweireihigen Determinanten in der Matrix von je zweien lauten

$$\mathfrak{p}_{rs}\mathfrak{p}_{12},\quad \mathfrak{p}_{rs}\mathfrak{p}_{13},\quad \mathfrak{p}_{rs}\mathfrak{p}_{14},\quad \mathfrak{p}_{rs}\mathfrak{p}_{23},\quad \mathfrak{p}_{rs}\mathfrak{p}_{42},\quad \mathfrak{p}_{rs}\mathfrak{p}_{34}.$$

Da nicht alle $\mathfrak{p}$ verschwinden, gibt es in (4) zwei Zeilen, für die $\mathfrak{p}_{rs} \neq 0$ ist. Diese sind die Koordinaten zweier Punkte, deren Verbindungslinie gerade die Koordinaten $\mathfrak{p}$ hat.

Die Gerade als Schnitt zweier Ebenen.

Als Koordinaten der Geraden $(\mathfrak{x})\,(\mathfrak{y})$, in der sich die beiden Ebenen $(\mathfrak{u})$, $(\mathfrak{v})$ schneiden, kann man die zweireihigen Determinanten der Matrix

$$\begin{Vmatrix} \mathfrak{u}_1 & \mathfrak{u}_2 & \mathfrak{u}_3 & \mathfrak{u}_4 \\ \mathfrak{v}_1 & \mathfrak{v}_2 & \mathfrak{v}_3 & \mathfrak{v}_4 \end{Vmatrix}$$

benutzen. Setzt man

$$\begin{vmatrix} \mathfrak{u}_r & \mathfrak{u}_s \\ \mathfrak{v}_r & \mathfrak{v}_s \end{vmatrix} = \mathfrak{q}_{rs},$$

so sind die sechs Zahlen

$$(1') \qquad \left\{ \begin{matrix} \mathfrak{q}_{34} & \mathfrak{q}_{42} & \mathfrak{q}_{23} \\ \mathfrak{q}_{12} & \mathfrak{q}_{13} & \mathfrak{q}_{14} \end{matrix} \right.$$

proportional zu den Zahlen (1). Wenn man die zwei Punkte $(\mathfrak{x}')$, $(\mathfrak{y}')$ so wählt, daß

$$(\mathfrak{x}\,\mathfrak{y}\,\mathfrak{x}'\,\mathfrak{y}') \neq 0$$

ist, so sind die algebraischen Komplemente $\mathfrak{X}'$ der $\mathfrak{x}'$ und die algebraischen Komplemente $\mathfrak{Y}'$ der $\mathfrak{y}'$ in der Determinante $(\mathfrak{x}\,\mathfrak{y}\,\mathfrak{x}'\,\mathfrak{y}')$ zwei unabhängige Lösungen der Gleichungen

$$\sum \mathfrak{x}_r\,\mathfrak{w}_r = 0, \qquad \sum \mathfrak{y}_r\,\mathfrak{w}_r = 0,$$

denen auch die $\mathfrak{u}$ und die $\mathfrak{v}$ genügen, weil die Ebenen $(\mathfrak{u})$ und $(\mathfrak{v})$ durch die Punkte $(\mathfrak{x})$, $(\mathfrak{y})$ hindurchgehen. Daher sind $(\mathfrak{u})$ und $(\mathfrak{v})$ in der Form

$$(\alpha\,\mathfrak{X}' + \beta\,\mathfrak{Y}'), \qquad (\gamma\,\mathfrak{X}' + \delta\,\mathfrak{Y}')$$

darstellbar. Die sechs Zahlen (1') unterscheiden sich daher von

$$(5) \qquad \left\{ \begin{matrix} (\mathfrak{X}_3'\,\mathfrak{Y}_4'), & (\mathfrak{X}_4'\,\mathfrak{Y}_2'), & (\mathfrak{X}_2'\,\mathfrak{Y}_3'), \\ (\mathfrak{X}_1'\,\mathfrak{Y}_2'), & (\mathfrak{X}_1'\,\mathfrak{Y}_3'), & (\mathfrak{X}_1'\,\mathfrak{Y}_4') \end{matrix} \right.$$

nur um den Faktor $\alpha\delta - \beta\gamma$. Die Zahlen (5) sind aber nach einem Determinantensatz[1] gleich $(\mathfrak{x}\,\mathfrak{y}\,\mathfrak{x}'\,\mathfrak{y}')$ mal den Zahlen

$$(\mathfrak{x}_1\,\mathfrak{y}_2),\quad (\mathfrak{x}_1\,\mathfrak{y}_3),\quad (\mathfrak{x}_1\,\mathfrak{y}_4),$$
$$(\mathfrak{x}_3\,\mathfrak{y}_4),\quad (\mathfrak{x}_4\,\mathfrak{y}_2),\quad (\mathfrak{x}_2\,\mathfrak{y}_3).$$

Das sind aber die Zahlen (1).

Man kommt hier also zu denselben Linienkoordinaten wie vorher.

Schnittbedingung.

Wann schneiden sich die beiden Geraden $(\mathfrak{p})$ und $(\mathfrak{p}')$? $(\mathfrak{x})$, $(\mathfrak{y})$ seien zwei Punkte auf der einen und $(\mathfrak{x}')$, $(\mathfrak{y}')$ zwei Punkte auf der andern Geraden. Die Geraden schneiden sich dann und nur dann, wenn diese vier Punkte in einer Ebene liegen, wenn also

$$\begin{vmatrix} \mathfrak{x}_1 & \mathfrak{x}_2 & \mathfrak{x}_3 & \mathfrak{x}_4 \\ \mathfrak{y}_1 & \mathfrak{y}_2 & \mathfrak{y}_3 & \mathfrak{y}_4 \\ \mathfrak{x}_1' & \mathfrak{x}_2' & \mathfrak{x}_3' & \mathfrak{x}_4' \\ \mathfrak{y}_1' & \mathfrak{y}_2' & \mathfrak{y}_3' & \mathfrak{y}_4' \end{vmatrix} = 0$$

ist. Entwickelt man nach den beiden ersten Zeilen, so ergibt sich

$$S(\mathfrak{p}, \mathfrak{p}') = \mathfrak{p}_{12}\mathfrak{p}_{34}' + \mathfrak{p}_{13}\mathfrak{p}_{42}' + \mathfrak{p}_{14}\mathfrak{p}_{23}' + \mathfrak{p}_{34}\mathfrak{p}_{12}' + \mathfrak{p}_{42}\mathfrak{p}_{13}' + \mathfrak{p}_{23}\mathfrak{p}_{14}' = 0.$$

Die Bedingung dafür, daß die sechs Zahlen $\mathfrak{p}_{12}$, $\mathfrak{p}_{13}$, $\mathfrak{p}_{14}$, $\mathfrak{p}_{34}$, $\mathfrak{p}_{42}$, $\mathfrak{p}_{23}$ Linienkoordinaten sind, lautet

$$S(\mathfrak{p}, \mathfrak{p}) = 0\,.$$

Etwas Ähnliches hatten wir bei den tetrazyklischen Koordinaten (vgl. S. 274).

Lineare Linienkomplexe.

Eine lineare Gleichung in Linienkoordinaten, d. h. eine Gleichung von der Form

$$S(\mathfrak{a}, \mathfrak{p}) = \mathfrak{a}_{34}\,\mathfrak{p}_{12} + \mathfrak{a}_{42}\,\mathfrak{p}_{13} + \mathfrak{a}_{23}\,\mathfrak{p}_{14} + \mathfrak{a}_{12}\,\mathfrak{p}_{34} + \mathfrak{a}_{13}\,\mathfrak{p}_{42} + \mathfrak{a}_{14}\,\mathfrak{p}_{23} = 0\,,$$

stellt eine Mannigfaltigkeit von ∞^3 Geraden dar, die man einen linearen Linienkomplex nennt.

---

[1] Vgl. meine „Einführung in die Determinantentheorie".

Es kann sein, daß

$$S(\mathfrak{a}, \mathfrak{a}) = 2(\mathfrak{a}_{12}\mathfrak{a}_{34} + \mathfrak{a}_{13}\mathfrak{a}_{42} + \mathfrak{a}_{14}\mathfrak{a}_{23}) = 0$$

ist, daß also die $\mathfrak{a}$ Linienkoordinaten sind. In diesem Falle besagt die Gleichung $S(\mathfrak{a}, \mathfrak{p}) = 0$, daß die Geraden $(\mathfrak{a})$ und $(\mathfrak{p})$ sich schneiden, daß also der Komplex aus allen Treffgeraden einer gegebenen besteht. Man nennt einen solchen linearen Linienkomplex ausgeartet.

Wenn $S(\mathfrak{a}, \mathfrak{a}) \neq 0$ ist, heißt der lineare Linienkomplex nichtausgeartet. Um für diesen Fall seine Bedeutung zu ermitteln, fragen wir nach den Geraden des Komplexes, die durch einen gegebenen Punkt $(\mathfrak{x})$ hindurchgehen. Wir fragen also, wann ein Punkt $(\mathfrak{y})$ mit dem gegebenen Punkt $(\mathfrak{x})$ eine Komplexgerade bestimmt. Setzen wir für $\mathfrak{p}_{rs}$ die Ausdrücke $\mathfrak{x}_r\mathfrak{y}_s - \mathfrak{x}_s\mathfrak{y}_r$ ein, so wird

$$S(\mathfrak{a}, \mathfrak{p}) = \sum \mathfrak{c}_{rs}\mathfrak{y}_r\mathfrak{x}_s$$

und die $\mathfrak{c}_{rs}$ haben folgende Werte:

$$\begin{matrix} 0\,, & -\mathfrak{a}_{34}, & -\mathfrak{a}_{42}, & -\mathfrak{a}_{23}, \\ \mathfrak{a}_{34}, & 0\,, & -\mathfrak{a}_{14}, & \mathfrak{a}_{13}, \\ \mathfrak{a}_{42}, & \mathfrak{a}_{14}, & 0\,, & -\mathfrak{a}_{12}, \\ \mathfrak{a}_{23}, & -\mathfrak{a}_{13}, & \mathfrak{a}_{12}, & 0\,. \end{matrix}$$

Die Determinante des $\mathfrak{c}_{rs}$ ist hiernach schiefsymmetrisch und gleich $\frac{1}{4} S^2(\mathfrak{a}, \mathfrak{a})$, also von Null verschieden. Daher stellt

$$\sum \mathfrak{c}_{rs}\mathfrak{y}_r\mathfrak{x}_s = 0$$

ein Nullsystem dar. Die Komplexgeraden durch $(\mathfrak{x})$ liegen in der Ebene, die dem Punkt $(\mathfrak{x})$ in dem Nullsystem zugeordnet wird. Durch jeden Punkt $(\mathfrak{x})$ geht ein Büschel von Komplexgeraden. Es gibt ∞^3 Punkte und durch jeden ∞^1 Komplexgeraden, aber im ganzen doch nur ∞^3 Komplexgeraden. Das hat seinen Grund in folgendem. Zieht man durch einen Punkt $(\mathfrak{x})$ in der ihm entsprechenden Ebene eine Gerade $(\mathfrak{x})(\mathfrak{y})$, so geht die dem Punkte $(\mathfrak{y})$ zugeordnete Ebene durch $(\mathfrak{x})$ und $(\mathfrak{y})$ hindurch. Also liegt die Gerade auch in der zu $(\mathfrak{y})$ gehörigen Ebene, und das gilt für jeden Punkt $(\mathfrak{y})$ auf der Geraden.

Als wir das Nullsystem in cartesischen Koordinaten schrieben, trat in der Gleichung eine von Null verschiedene Konstante auf.[1]

[1] Die Gleichung lautete: $x y' - y x' + c(z - z') = 0$.

Durch eine Streckung vom Anfangspunkt aus können wir ihr jeden Wert mit gleichem Zeichen verschaffen und durch eine Spiegelung an der x, y-Ebene können wir auch ihre Zeichen ändern. Zwei nichtausgeartete lineare Linienkomplexe sind also stets miteinander ähnlich.

Lineare Linienkongruenzen.

Den Schnitt von zwei linearen Linienkomplexen, d. h. den Inbegriff aller gemeinsamen Geraden von zwei solchen Komplexen nennt man eine lineare Linienkongruenz.

Die beiden Komplexe mögen folgende Gleichungen haben:

$$S(\mathfrak{a}, \mathfrak{p}) = 0, \quad S(\mathfrak{b}, \mathfrak{p}) = 0.$$

Jede Gerade $(\mathfrak{p})$, die diesen beiden Komplexen angehört, ist auch eine Gerade des Komplexes

$$\lambda S(\mathfrak{a}, \mathfrak{p}) + \mu S(\mathfrak{b}, \mathfrak{p}) = 0. \qquad (\lambda, \mu \neq 0)$$

Diese Komplexe bilden, wie man sagt, ein Büschel.

Es gibt in dem Büschel auch ausgeartete Komplexe. Der Komplex

$$\lambda S(\mathfrak{a}, \mathfrak{p}) + \mu S(\mathfrak{b}, \mathfrak{p}) = S(\lambda \mathfrak{a} + \mu \mathfrak{b}, \mathfrak{p}) = 0$$

ist ausgeartet, wenn

$$S(\lambda \mathfrak{a} + \mu \mathfrak{b}, \lambda \mathfrak{a} + \mu \mathfrak{b}) = 0$$

ist, d. h.

$$(*) \qquad \lambda^2 S(\mathfrak{a}, \mathfrak{a}) + 2 \lambda \mu S(\mathfrak{a}, \mathfrak{b}) + \mu^2 S(\mathfrak{b}, \mathfrak{b}) = 0.$$

Das ist eine quadratische Gleichung für $\lambda : \mu$. Hat sie zwei verschiedene Wurzeln, so gibt es in dem Büschel zwei ausgeartete Komplexe. Der eine besteht aus den Treffgeraden einer Geraden g, der andere aus den Treffgeraden einer Geraden h, die Linienkongruenz also aus den gemeinsamen Treffgeraden von g und h.

Die Geraden g und h können sich nicht schneiden. Sonst wäre, wenn wir $S(\mathfrak{a}, \mathfrak{p}) = 0$, $S(\mathfrak{b}, \mathfrak{p}) = 0$ die ausgearteten Komplexe des Büschels sein lassen,

$$S(\mathfrak{a}, \mathfrak{a}) = S(\mathfrak{a}, \mathfrak{b}) = S(\mathfrak{b}, \mathfrak{b}) = 0.$$

Das Büschel enthielte also nur ausgeartete Komplexe.

Wenn die Gleichung (*) eine Doppelwurzel hat, so gibt es in dem Büschel einen ausgearteten Komplex, sagen wir $S(\mathfrak{a}, \mathfrak{p}) = 0$.

Dann muß, damit (*) wirklich eine Doppelwurzel hat, außer $S(\mathfrak{a}, \mathfrak{a}) = 0$ auch nach $S(\mathfrak{a}, \mathfrak{b}) = 0$ sein, aber $S(\mathfrak{b}, \mathfrak{b}) \neq 0$. Daraus sehen wir, daß $(\mathfrak{a})$ eine Gerade des nichtausgearteten Komplexes $S(\mathfrak{b}, \mathfrak{p}) = 0$ ist und daß die Linienkongruenz aus allen Komplexgeraden besteht, die eine gegebene Komplexgerade treffen.

Sind alle Komplexe des Büschels ausgeartet, so besteht die Linienkongruenz aus den gemeinsamen Treffgeraden von zwei sich schneidenden Geraden g und h. Die beiden Geraden bestimmen eine Ebene E und einen Punkt P. Die Kongruenz besteht aus allen Geraden, die der Ebene E angehören, und aus allen Geraden, die durch den Punkt P hindurchgehen.

Konjugierte Komplexe.

Zu einem ausgearteten Komplex gehört ein ausgeartetes Nullsystem. Ist g die Achse des Komplexes, so besteht der Komplex aus allen Treffgeraden von g. Nehmen wir nun irgend einen Punkt P, der nicht auf g liegt, so liegen die Komplexgeraden durch P in der Ebene P, g. Jedem Punkt, der nicht auf g liegt, wird die durch ihn und durch g hindurchgehende Ebene zugeordnet. Darin besteht das ausgeartete Nullsystem.

Die Nullsysteme

$$\lambda \sum a_{rs} r_s y_r + \mu \sum a_{rs}' x_s y_r = 0$$

$$(a_{rs} = -a_{sr}, \ a_{rs}' = -a_{sr}')$$

ordnen dem Punkt (y) ein Ebenenbüschel zu.[1] Das Doppelverhältnis von vier solchen Ebenen ist

$$\frac{(\lambda_1 \mu_3)(\lambda_2 \mu_4)}{(\lambda_1 \mu_4)(\lambda_2 \mu_3)}.$$

Wir nennen es das Doppelverhältnis der vier Nullsysteme oder linearen Komplexe $\mathfrak{K}_1, \mathfrak{K}_2, \mathfrak{K}_3, \mathfrak{K}_4$, die den Parameterwerten λ_r, μ_r entsprechen $(r = 1, \ldots, 4)$, und bezeichnen es mit $(\mathfrak{K}_1 \mathfrak{K}_2 \mathfrak{K}_3 \mathfrak{K}_4)$.

In dem Büschel, das zwei lineare Komplexe $\mathfrak{K}$ und $\mathfrak{K}'$ bestimmen gibt es zwei[2] ausgeartete Komplexe $\mathfrak{K}''$, $\mathfrak{K}'''$. Wenn

$$(\mathfrak{K} \mathfrak{K}' \mathfrak{K}'' \mathfrak{K}''') = -1$$

ist, so heißen die Komplexe $\mathfrak{K}$ und $\mathfrak{K}'$ konjugiert.

---

[1] Ebenso ordnen sie jeder Ebene eine Punktreihe zu.

[2] Wir nehmen an, daß nicht alle Komplexe des Büschels ausgeartet sind.

Werden $\mathfrak{K}$ und $\mathfrak{K}'$ dargestellt durch

$$S(\mathfrak{a}, \mathfrak{p}) = 0, \quad S(\mathfrak{a}', \mathfrak{p}) = 0,$$

so sind die ausgearteten Komplexe $\mathfrak{K}''$, $\mathfrak{K}'''$ des Büschels

$$\lambda\, S(\mathfrak{a}, \mathfrak{p}) + \mu\, S(\mathfrak{a}', \mathfrak{p}) = 0$$

durch die Gleichung

$$S(\lambda\,\mathfrak{a} + \mu\,\mathfrak{a}', \lambda\,\mathfrak{a} + \mu\,\mathfrak{a}') = \lambda^2 S(\mathfrak{a}, \mathfrak{a}) + 2\,\lambda\,\mu\, S(\mathfrak{a}, \mathfrak{a}') + \mu^2 S(\mathfrak{a}', \mathfrak{a}') = 0$$

bestimmt. Es sei

$$S(\lambda\,\mathfrak{a} + \mu\,\mathfrak{a}', \lambda\,\mathfrak{a} + \mu\,\mathfrak{a}') = (\lambda\,\mu'')(\lambda\,\mu''').$$

Dann ist

$$(\mathfrak{K}\,\mathfrak{K}'\,\mathfrak{K}''\,\mathfrak{K}''') = \begin{vmatrix} 1 & 0 \\ \lambda'' & \mu'' \end{vmatrix} \begin{vmatrix} 0 & 1 \\ \lambda''' & \mu''' \end{vmatrix} : \begin{vmatrix} 1 & 0 \\ \lambda''' & \mu''' \end{vmatrix} \begin{vmatrix} 0 & 1 \\ \lambda'' & \mu'' \end{vmatrix}$$

$$= \mu''\,\lambda''' : \mu'''\,\lambda''.$$

Soll $(\mathfrak{K}\,\mathfrak{K}'\,\mathfrak{K}''\,\mathfrak{K}''') = -1$ sein, so muß man haben

$$\lambda''\,\mu''' + \lambda'''\,\mu'' = 0,$$

d. h.

$$S(\mathfrak{a}, \mathfrak{a}') = 0.$$

Sind alle Komplexe des durch $\mathfrak{K}$, $\mathfrak{K}'$ bestimmten Büschels ausgeartet, so hat man ebenfalls $S(\mathfrak{a}, \mathfrak{a}') = 0$.

Regelscharen.

Wir wollen jetzt noch die gemeinsamen Geraden von drei linearen Komplexen

$$S(\mathfrak{a}, \mathfrak{p}) = 0, \quad S(\mathfrak{b}, \mathfrak{p}) = 0, \quad S(\mathfrak{c}, \mathfrak{p}) = 0$$

betrachten. Sie sind auch in allen Komplexen

$$\lambda\, S(\mathfrak{a}, \mathfrak{p}) + \mu\, S(\mathfrak{b}, \mathfrak{p}) + \nu\, S(\mathfrak{c}, \mathfrak{p}) = 0$$

enthalten $(\lambda, \mu, \nu \neq 0, 0, 0)$. Man nennt den Inbegriff dieser Komplexe ein B ü n d e l.

Die ausgearteten Komplexe sind bestimmt durch die Gleichung

$$(*) \qquad S(\lambda\,\mathfrak{a} + \mu\,\mathfrak{b} + \nu\,\mathfrak{c}, \lambda\,\mathfrak{a} + \mu\,\mathfrak{b} + \nu\,\mathfrak{c})$$
$$= \lambda^2 S(\mathfrak{a}, \mathfrak{a}) + \mu^2 S(\mathfrak{b}, \mathfrak{b}) + \nu^2 S(\mathfrak{c}, \mathfrak{c})$$
$$+ 2\,\mu\,\nu\, S(\mathfrak{b}, \mathfrak{c}) + 2\,\nu\,\lambda\, S(\mathfrak{c}, \mathfrak{a}) + 2\,\lambda\,\mu\, S(\mathfrak{a}, \mathfrak{b}) = 0.$$

Wenn

$$(**)\qquad \begin{vmatrix} S(\mathfrak{a},\mathfrak{a}) & S(\mathfrak{a},\mathfrak{b}) & S(\mathfrak{a},\mathfrak{c}) \\ S(\mathfrak{b},\mathfrak{a}) & S(\mathfrak{b},\mathfrak{b}) & S(\mathfrak{b},\mathfrak{c}) \\ S(\mathfrak{c},\mathfrak{a}) & S(\mathfrak{c},\mathfrak{b}) & S(\mathfrak{c},\mathfrak{c}) \end{vmatrix} \neq 0$$

ist, so stellt (*) eine nichtausgeartete Kurve zweiter Ordnung dar. Wir betrachten λ, μ, ν als homogene Punktkoordinaten in einer Ebene. Drei verschiedenen Punkten dieser Kurve entsprechen drei ausgeartete Komplexe, die wir zu Grundkomplexen des Bündels machen können. Lassen wir $S(\mathfrak{a},\mathfrak{p}) = 0$, $S(\mathfrak{b},\mathfrak{p}) = 0$, $S(\mathfrak{c},\mathfrak{p}) = 0$ mit ihnen identisch sein, so reduziert sich (*) auf

$$(\dagger)\qquad 2\mu\nu S(\mathfrak{b},\mathfrak{c}) + 2\nu\lambda S(\mathfrak{c},\mathfrak{a}) + 2\lambda\mu S(\mathfrak{a},\mathfrak{b}) = 0.$$

Wenn man drei neue Grundkomplexe in dem Bündel wählt, wie wir es hier getan haben, so kommt das hinaus auf eine lineare Transformation in λ, μ, ν. Hierbei bleibt die Determinante der Kurve (*) von demselben Range. Es ist also in (†)

$$S(\mathfrak{b},\mathfrak{c})\, S(\mathfrak{c},\mathfrak{a})\, S(\mathfrak{a},\mathfrak{b}) \neq 0.$$

Die Achsen der drei ausgearteten Komplexe, die wir aus dem Bündel herausgegriffen haben, sind paarweise ohne gemeinsamen Punkt. Die gemeinsamen Geraden der Komplexe sind die Treffgeraden dieser drei Achsen (und der Achsen aller andern ausgearteten Komplexe des Bündels). Je zwei von diesen Geraden haben keinen Punkt gemein. Sonst bestimmten sie einen Punkt P (den Schnittpunkt) und eine Ebene E (ihre gemeinsame Ebene). Die Geraden ($\mathfrak{a}$), ($\mathfrak{b}$), ($\mathfrak{c}$) gingen durch P hindurch oder sie lägen in E. Zwei von ihnen müßten sich also schneiden. Das ist aber ausgeschlossen.

Zu einem Bündel von Komplexen gibt es immer ein **konjugiertes** Bündel. Es besteht aus den Komplexen, die zu allen Komplexen des ersten Bündels konjugiert sind. $S(\mathfrak{a}',\mathfrak{p}) = 0$ sei ein ausgearteter Komplex des zu $\lambda S(\mathfrak{a},\mathfrak{p}) + \mu S(\mathfrak{b},\mathfrak{p}) + \nu S(\mathfrak{c},\mathfrak{p}) = 0$ konjugierten Bündels. Dann ist

$$S(\mathfrak{a},\mathfrak{a}') = S(\mathfrak{b},\mathfrak{a}') = S(\mathfrak{c},\mathfrak{a}') = 0,$$

d. h. die Gerade ($\mathfrak{a}'$) trifft ($\mathfrak{a}$), ($\mathfrak{b}$), ($\mathfrak{c}$).

Die Achsen der ausgearteten Komplexe in den beiden konjugierten Büscheln $\mathfrak{B}_1$ und $\mathfrak{B}_2$ bilden zwei Geradenscharen $\mathfrak{S}_1$ und $\mathfrak{S}_2$ von folgender Beschaffenheit. Jede Gerade von $\mathfrak{S}_1$ trifft jede Gerade von $\mathfrak{S}_2$. Irgend zwei Geraden von $\mathfrak{S}_1$ treffen sich nicht, ebenso zwei Geraden von $\mathfrak{S}_2$. Die gemeinsamen Geraden der Komplexe von $\mathfrak{B}_1$ bilden die Schar $\mathfrak{S}_2$, die gemeinsamen Geraden der Komplexe von $\mathfrak{B}_2$ die Schar $\mathfrak{S}_1$.

Wir erwähnen noch folgende Eigenschaft. Je zwei Geraden der einen Schar werden durch die Geraden der andern Schar in projektiven Punktreihen geschnitten. Nehmen wir z. B. die Geraden $(\mathfrak{a})$ und $(\mathfrak{b})$. Um eine Gerade zu finden, die der andern Schar angehört, müssen wir durch einen Punkt A von $(\mathfrak{a})$ eine Ebene γ legen, die die Gerade $(\mathfrak{c})$ enthält. Diese Ebene schneidet die Gerade $(\mathfrak{b})$ in einem Punkte B und A, B ist eine Gerade der zweiten Schar. Nehmen wir nun vier Lagen von A, etwa A_1, A_2, A_3, A_4, so entsprechen ihnen vier Ebenen γ, die auf $(\mathfrak{b})$ die Punkte B_1, B_2, B_3, B_4 ausschneiden. Man sieht, daß die beiden Punktquadrupel durch vier Ebenen eines Ebenenbüschels auf zwei Geraden ausgeschnitten werden. Also ist

$$(A_1\, A_2\, A_3\, A_4) = (B_1\, B_2\, B_3\, B_4).$$

$(\mathfrak{c}')$ sei eine Gerade der Schar, zu der auch $(\mathfrak{a})$, $(\mathfrak{b})$, $(\mathfrak{c})$ gehören. Ersetzen wir in der obigen Betrachtung $(\mathfrak{c})$ durch $(\mathfrak{c}')$, so tritt an die Stelle von γ eine Ebene γ', die durch $(\mathfrak{c}')$ hindurchgeht und wie γ die Gerade A, B enthält. Das Doppelverhältnis von vier Ebenen γ ist gleich dem Doppelverhältnis der entsprechenden Ebenen γ'. Also entstehen die Geraden A, B dadurch, daß man in zwei projektiven Ebenenbüscheln mit den Trägern $(\mathfrak{c})$ und $(\mathfrak{c}')$ die entsprechenden Ebenen zum Schnitt bringt.

Wir wollen die beiden windschiefen (d. h. sich nicht schneidenden) Geraden $(\mathfrak{c})$, $(\mathfrak{c}')$ zu gegenüberliegenden Kanten des Fundamentaltetraeders machen und auf ihnen die Ecken 1, 2 bzw. 3, 4 so wählen, daß die Ebenen 1 2 4 und 3 4 2, ebenso 1 2 3 und 3 4 1 sich entsprechen. Ferner wählen wir den Einheitspunkt 0 in der Weise, daß 1 2 0 und 3 4 0 sich entsprechen. Dann haben wir folgende drei Paare entsprechender Ebenen:

$$\begin{aligned} {}_3x &= 0, \qquad & x_1 &= 0;\\ x_4 &= 0, & x_2 &= 0;\\ x_3 - x_4 &= 0, & x_1 - x_2 &= 0. \end{aligned}$$

Also entsprechen sich immer die beiden Ebenen

$$\lambda x_1 + \mu x_2 = 0, \qquad \lambda x_3 + \mu x_4 = 0.$$

Die Schnittpunkte der beiden Ebenen genügen der Gleichung

$$\begin{vmatrix} x_1 & x_2 \\ x_3 & x_4 \end{vmatrix} = x_1 x_4 - x_2 x_3 = 0$$

und wenn umgekehrt ein Punkt (x) dieser Gleichung genügt, so lassen sich λ, μ so wählen, daß er auf der Geraden $\lambda x_1 + \mu x_2 = 0$, $\lambda x_3 + \mu x_4 = 0$ liegt. Die Geraden der andern Schar werden hier dargestellt durch $\lambda' x_1 + \mu' x_3 = 0$, $\lambda' x_2 + \mu' x_4 = 0$. Denn zu dieser Schar gehören die Geraden 3 4 $(x_1 = 0,\ x_2 = 0)$, 1 2 $(x_3 = 0,\ x_4 = 0)$ sowie die Gerade $x_1 - x_3 = 0$, $x_2 - x_4 = 0$.

Hat die Determinante (**) den Rang 2, so stellt (*) ein Geradenpaar dar. λ, μ, ν sind wieder homogene Punktkoordinaten in einer Ebene. $S(\mathfrak{a}, \mathfrak{p}) = 0$ entspreche dem Schnittpunkt der beiden Geraden und $S(\mathfrak{b}, \mathfrak{p}) = 0$ einem Punkt der einen, $S(\mathfrak{c}, \mathfrak{p}) = 0$ einem Punkt der andern Geraden. Dann ist, da sich (*) auf $\mu\nu = 0$ reduziert,

$$S(\mathfrak{a}, \mathfrak{a}) = S(\mathfrak{b}, \mathfrak{b}) = S(\mathfrak{c}, \mathfrak{c}) = 0$$

und außerdem

$$S(\mathfrak{a}, \mathfrak{b}) = S(\mathfrak{a}, \mathfrak{c}) = 0,$$

dagegen

$$S(\mathfrak{b}, \mathfrak{c}) \neq 0.$$

Die Gerade $(\mathfrak{a})$ trifft die Geraden $(\mathfrak{b})$ und $(\mathfrak{c})$, die zueinander windschief sind. Durch $S(\mathfrak{a}, \mathfrak{p}) = S(\mathfrak{b}, \mathfrak{p}) = S(\mathfrak{c}, \mathfrak{p}) = 0$ sind die Geraden definiert, die $(\mathfrak{a})$, $(\mathfrak{b})$ und $(\mathfrak{c})$ treffen. Eine solche Gerade ist $(\mathfrak{a})$. Wenn eine von $(\mathfrak{a})$ verschiedene Gerade $(\mathfrak{a}')$, sowohl $(\mathfrak{a})$ als auch $(\mathfrak{b})$ und $(\mathfrak{c})$ treffen soll, so verbindet sie entweder den Schnittpunkt von $(\mathfrak{a})$ und $(\mathfrak{b})$ mit einem Punkte von $(\mathfrak{c})$ oder den Schnittpunkt von $(\mathfrak{a})$ und $(\mathfrak{c})$ mit einem Punkte von $(\mathfrak{b})$. Die gemeinsamen Geraden der Komplexe des Bündels sind hier zwei Geradenbüschel. Wie steht es mit dem konjugierten Bündel?

Hat die Determinante (**) den Rang 1, so stellt (*) in der Ebene der homogenen Koordinaten λ, μ, ν eine Doppelgerade dar. $S(\mathfrak{a}, \mathfrak{p}) = 0$. und $S(\mathfrak{b}, \mathfrak{p}) = 0$ mögen zwei Punkten der Doppelgeraden entsprechen. Dann ist, da (*) sich auf $\nu^2 = 0$ reduziert,

$$S(\mathfrak{a}, \mathfrak{a}) = S(\mathfrak{b}, \mathfrak{b}) = 0, \quad \text{aber} \quad S(\mathfrak{c}, \mathfrak{c}) \neq 0,$$

$$S(\mathfrak{b}, \mathfrak{c}) = S(\mathfrak{c}, \mathfrak{a}) = S(\mathfrak{a}, \mathfrak{b}) = 0.$$

$(\mathfrak{a})$ und $(\mathfrak{b})$ sind also zwei sich schneidende Geraden des nichtausgearteten Komplexes $S(\mathfrak{c}, \mathfrak{p}) = 0$. Die gemeinsamen Geraden der Komplexe des Bündels sind hier diejenigen Geraden des Komplexes $S(\mathfrak{c}, \mathfrak{p}) = 0$, die $(\mathfrak{a})$ und $(\mathfrak{b})$ treffen. Sie bilden ein Geradenbüschel. Wie steht es mit dem konjugierten Bündel?

Es kann auch sein, daß die Determinante (**) den Rang 0 hat. Dann sind $(\mathfrak{a})$, $(\mathfrak{b})$, $(\mathfrak{c})$ drei Geraden, die sich paarweise treffen. Also gehen sie durch einen Punkt oder liegen in einer Ebene. Die Geraden, die den Gleichungen genügen, sind entweder die Geraden durch einen Punkt oder die Geraden einer Ebene.

$$S(\mathfrak{a}, \mathfrak{p}) = S(\mathfrak{b}, \mathfrak{p}) = S(\mathfrak{c}, \mathfrak{p}) = 0.$$

Gemeinsames Lot und Moment zweier Geraden ausgedrückt in Linienkoordinaten.

Wir legen cartesische Linienkoordinaten zugrunde, d. h. wir benutzen cartesische Punktkoordinaten und charakterisieren die Verbindungslinie von (x) und (y) durch die zweireihigen Determinanten der Matrix

$$\left\| \begin{matrix} x_1 & x_2 & x_3 & x_4 \\ y_1 & y_2 & y_3 & y_4 \end{matrix} \right\|.$$

In § 95 charakterisierten wir eine Gerade durch ihren unendlich fernen Punkt $a, b, c, 0$ und durch einen ihrer eigentlichen Punkte x_0, y_0, z_0, und wir fanden, daß das gemeinsame Lot $\mathfrak{S}$ von zwei Geraden sich in der Form

$$\mathfrak{S} = \frac{\begin{vmatrix} a & b & c \\ a' & b' & c' \\ x_0' - x_0, & y_0' - y_0, & z_0' - z_0 \end{vmatrix} \begin{vmatrix} a & b & c \\ a' & b' & c' \\ \mathfrak{i} & \mathfrak{j} & \mathfrak{k} \end{vmatrix}}{\left\| \begin{matrix} a & b & c \\ a' & b' & c' \end{matrix} \right\|^2}$$

darstellen läßt. Offenbar haben die Koordinaten p der einen Geraden folgende Werte (bis auf einen gemeinsamen Faktor):

$$\begin{aligned} p_{12} &= a x_0 - b y_0, & p_{34} &= c, \\ p_{13} &= a z_0 - c x_0, & p_{42} &= -p_{24} = -b, \\ p_{23} &= b z_0 - c y_0, & p_{14} &= a. \end{aligned}$$

Ähnliche Gleichungen gelten für die Koordinaten p' der zweiten Geraden. Unter Benutzung dieser Koordinaten kann man schreiben:

$$\begin{vmatrix} a & b & c \\ a' & b' & c' \\ x_0' - x_0, & y_0' - y_0, & z_0' - z_0 \end{vmatrix} = \begin{vmatrix} a & b & c \\ a' & b' & c' \\ x_0' & y_0' & z_0' \end{vmatrix} + \begin{vmatrix} a' & b' & c' \\ a & b & c \\ x_0 & y_0 & z_0 \end{vmatrix}$$
$$= S(p, p'),$$

und

$$\mathfrak{S} = \frac{S(p,p')\begin{vmatrix} p_{14} & p_{24} & p_{34} \\ p'_{14} & p'_{24} & p'_{34} \\ \mathfrak{i} & \mathfrak{j} & \mathfrak{k} \end{vmatrix}}{\begin{Vmatrix} p_{14} & p_{24} & p_{34} \\ p'_{14} & p'_{24} & p'_{34} \end{Vmatrix}^2}.$$

Ferner ist die Länge des gemeinsamen Lotes

$$\sqrt{(\mathfrak{S}\mathfrak{S})} = \frac{S(p,p')}{\sqrt{\begin{Vmatrix} p_{14} & p_{24} & p_{34} \\ p'_{14} & p'_{24} & p'_{34} \end{Vmatrix}^2}}.$$

Das Moment zweier Geraden, auf denen die Punkte P, P' bzw. P'' P'' oder x, y, z; x', y', z' bzw. x'', y'', z''; x''', y''', z''' liegen, lautet (vgl. S. 314)

$$\frac{6\,P\,P'\,P''\,P'''}{l\,l'}$$

$$= \frac{\begin{vmatrix} x & x' & x'' & x''' \\ y & y' & y'' & y''' \\ z & z' & z'' & z''' \\ 1 & 1 & 1 & 1 \end{vmatrix}}{\sqrt{(x'-x)^2+(y'-y)^2+(z'-z)^2}\sqrt{(x'''-x'')^2+(y'''-y'')^2+(z'''-z'')^2}}.$$

Die Koordinaten p der einen Geraden sind die zweireihigen Determinanten der Matrix

$$\begin{Vmatrix} x & y & z & 1 \\ x' & y' & z' & 1 \end{Vmatrix},$$

die Koordinaten p' der andern Geraden die zweireihigen Determinanten der Matrix

$$\begin{Vmatrix} x'' & y'' & z'' & 1 \\ x''' & y''' & z''' & 1 \end{Vmatrix}.$$

Unter Benutzung dieser Koordinaten kann man schreiben

$$\begin{vmatrix} x & x' & x'' & x''' \\ y & y' & y'' & y''' \\ z & z' & z'' & z''' \\ 1 & 1 & 1 & 1 \end{vmatrix} = S(p,p')$$

und

$$\sqrt{(x'-x)^2+(y'-y)^2+(z'-z)^2}=\sqrt{p_{14}^2+p_{24}^2+p_{34}^2},$$
$$\sqrt{(x'''-x'')^2+(y'''-y'')^2+(z'''-z'')^2}=\sqrt{p_{14}'^2+p_{24}'^2+p_{34}'^2}.$$

Das Moment der beiden Geraden (p) und (p') wird also gleich

$$\frac{S(p,p')}{\sqrt{p_{14}^2+p_{24}^2+p_{34}^2}\sqrt{p_{14}'^2+p_{24}'^2+p_{34}'^2}}.$$

Der Sinus des Winkels, den die beiden Geraden bilden, ist gleich dem Moment, dividiert durch $\sqrt{(\mathfrak{S}\mathfrak{S})}$, d. h. gleich

$$\frac{\sqrt{\left\|\begin{matrix} p_{12} & p_{24} & p_{34} \\ p_{14}' & p_{24}' & p_{34}' \end{matrix}\right\|^2}}{\sqrt{p_{14}^2+p_{24}^2+p_{34}^2}\sqrt{p_{14}'^2+p_{24}'^2+p_{34}'^2}}.$$

Man kann dies auch daraus ersehen, daß der Kosinus des genannten Winkels gleich

$$\frac{p_{12}p_{14}'+p_{24}p_{24}'+p_{34}p_{34}'}{\sqrt{p_{14}^2+p_{24}^2+p_{34}^2}\sqrt{p_{14}'^2+p_{24}'^2+p_{34}'^2}}$$

ist.

Zehntes Kapitel.

Flächen zweiter Ordnung und Flächen zweiter Klasse.

§ 100. Flächen zweiter Ordnung.

Eine Fläche zweiter Ordnung ist der Inbegriff aller Punkte, die einer Gleichung zweiten Grades in homogenen cartesischen Koordinaten genügen, also einer Gleichung von der Form[1]

(†) $$\sum a_{rs}x_r x_s = 0. \qquad (r, s = 1, 2, 3, 4)$$

Die Koeffizienten a_{rs} setzen wir als reell voraus.

Eine uns schon bekannte Fläche zweiter Ordnung ist die Kugel. Eine Kugel vom Radius r, deren Mittelpunkt die inhomogenen Koordinaten a, b, c hat, wird durch die Gleichung

(*) $$(x_1-a x_4)^2+(x_2-b x_4)^2+(x_3-c x_4)^2=r^2 x_4{}^2$$

dargestellt. Diese Gleichung sagt nämlich aus, daß der Punkt x_1, x_2, x_3, x_4 von dem Punkte a, b, c, 1 die Entfernung r hat.

---

[1] $a_{rs} = a_{sr}$.

Wir wollen hier gleich die Bemerkung machen, daß alle Kugeln die unendlich ferne Ebene $x_4 = 0$ in derselben imaginären Kurve schneiden. Man nennt sie den **unendlich fernen imaginären Kugelkreis**. Setzt man in (*) $x_4 = 0$, so kommt heraus

$$x_1^2 + x_2^2 + x_3^2 = 0.$$

Es fallen also a, b, c ganz heraus.

Der unendlich ferne Kugelkreis spielt in der Raumgeometrie dieselbe Rolle wie die Kreispunkte in der Geometrie der Ebene.

Schneidet man eine reelle eigentliche Ebene mit dem Kugelkreis, so erhält man die unendlich fernen Kreispunkte dieser Ebene. Der Leser wird sich das leicht klar machen. Ebenso wird er sich mit Hilfe von § 38 leicht überzeugen, daß die Schenkel eines rechten Winkels die unendlich ferne Ebene in Punkten schneiden, die in bezug auf den Kugelkreis konjugiert sind.[1]

Wenn man in (†) von den cartesischen Koordinaten x zu beliebigen projektiven Koordinaten $\mathfrak{x}$ übergeht, so ergibt sich eine Gleichung von der Form

$$(\dagger\dagger) \qquad \sum \mathfrak{a}_{rs}\mathfrak{x}_r\mathfrak{x}_s = 0. \qquad (r, s = 1, 2, 3, 4)$$

Eine Fläche zweiter Ordnung wird also auch in beliebigen projektiven Koordinaten durch eine Gleichung zweiten Grades dargestellt.

Schneidet man (††) mit $\mathfrak{x}_1 = 0$, so ergibt sich

$$(\dagger\dagger\dagger) \qquad \sum \mathfrak{a}_{rs}\mathfrak{x}_r\mathfrak{x}_s = 0. \qquad (r, s = 2, 3, 4)$$

Da $\mathfrak{x}_2, \mathfrak{x}_3, \mathfrak{x}_4$ in der Ebene $\mathfrak{x}_1 = 0$ projektive Punktkoordinaten sind, so ist der Schnitt eine **Kurve zweiter Ordnung**. Das gilt für jede schneidende Ebene; denn wir können das Fundamentaltetraeder stets so wählen, daß sie eine Seitenebene ist. Es kann aber auch sein, daß in (†††) alle Koeffizienten gleich Null sind, daß also die Ebene ganz zu der Fläche gehört. In diesem Falle lautet die Gleichung (††)

$$\mathfrak{x}_1(\mathfrak{a}_{11}\mathfrak{x}_1 + 2\mathfrak{a}_{12}\mathfrak{x}_2 + 2\mathfrak{a}_{13}\mathfrak{x}_3 + 2_{14}\mathfrak{x}_4) = 0.$$

Sie besteht aus den beiden Ebenen

$$\mathfrak{x}_1 = 0 \quad \text{und} \quad \mathfrak{a}_{11}\mathfrak{x}_1 + \ldots = 0.$$

Schneidet man (††) mit der Geraden $\mathfrak{x}_1 = 0$, $\mathfrak{x}_2 = 0$, so ergibt sich

$$\sum \mathfrak{a}_{rs}\mathfrak{x}_r\mathfrak{x}_s = 0. \qquad (r, s = 3, 4)$$

---

[1] Der Leser versuche die Betrachtungen des 8. Kapitels auf den Raum zu übertragen.

Da $\mathfrak{x}_3$, $\mathfrak{x}_4$ auf der Geraden $\mathfrak{x}_1 = 0$, $\mathfrak{x}_2 = 0$ projektive Koordinaten sind, so ist der Schnitt ein Punktepaar. Es kann aber auch sein, daß $\mathfrak{a}_{33}$, $\mathfrak{a}_{34}$, $\mathfrak{a}_{44}$ alle verschwinden. In diesem Falle gehört die Gerade $\mathfrak{x}_1 = 0$, $\mathfrak{x}_2 = 0$ ganz zu der Fläche.

Es hat keine Schwierigkeit, die Polarentheorie der Flächen zweiter Ordnung zu entwickeln (vgl. § 56). Die Gerade

$$\mathfrak{x}_r = \lambda \mathfrak{y}_r + \mu \mathfrak{z}_r \qquad (r = 1, 2, 3, 4)$$

schneidet die Fläche (††) in einem Punktepaar, das durch die Gleichung

$$(^{**}) \qquad \lambda^2 \sum \mathfrak{a}_{rs} \mathfrak{y}_r \mathfrak{y}_s + 2\lambda\mu \sum \mathfrak{a}_{rs} \mathfrak{y}_r \mathfrak{z}_s + \mu^2 \sum \mathfrak{a}_{rs} \mathfrak{z}_r \mathfrak{z}_s = 0$$

definiert ist (vgl. Seite 177). Sind die Punkte ($\mathfrak{y}$) und ($\mathfrak{z}$) harmonisch zu diesem Punktepaar, besteht also die Gleichung

$$\sum \mathfrak{a}_{rs} \mathfrak{y}_r \mathfrak{z}_s = 0,$$

so heißen sie konjugiert in bezug auf die Fläche (††). Diese Benennung wird auch dann gebraucht, wenn die Gerade ($\mathfrak{y}$) ($\mathfrak{z}$) ganz der Fläche angehört.

Die zu einem gegebenen Punkte ($\mathfrak{z}$) konjugierten Punkte ($\mathfrak{x}$) bilden die Ebene $\sum \mathfrak{a}_{rs} \mathfrak{x}_r \mathfrak{z}_s = 0$, die Polarebene von ($\mathfrak{z}$). Es kann aber auch sein, daß die vier Koeffizienten

$$\sum_s \mathfrak{a}_{rs} \mathfrak{z}_s \qquad (r = 1, 2, 3, 4)$$

alle verschwinden. Dann nennt man ($\mathfrak{z}$) einen singulären Punkt der Fläche (††). Ein singulärer Punkt ist also zu allen Punkten des Raumes konjugiert.

Wie viele singuläre Punkte es gibt, hängt von dem Rang der Diskriminante der Fläche, d. h. der Determinante

$$\mathfrak{A} = \begin{vmatrix} \mathfrak{a}_{11} & \mathfrak{a}_{12} & \mathfrak{a}_{13} & \mathfrak{a}_{14} \\ \mathfrak{a}_{21} & \mathfrak{a}_{22} & \mathfrak{a}_{23} & \mathfrak{a}_{24} \\ \mathfrak{a}_{31} & \mathfrak{a}_{32} & \mathfrak{a}_{33} & \mathfrak{a}_{34} \\ \mathfrak{a}_{41} & \mathfrak{a}_{42} & \mathfrak{a}_{43} & \mathfrak{a}_{44} \end{vmatrix},$$

ab. Der Leser möge die folgenden Angaben bestätigen.

Rang 4: Kein singulärer Punkt,
„ 3: Ein „ „ ,
„ 2: Eine Gerade singulärer Punkte,
„ 1: Eine Ebene „ „ .

Im ersten Falle nennt man die Fläche nichtausgeartet Ordnet man jedem Punkt des Raumes seine Polarebene zu, so hat man ein Polarsystem im Sinne von S. 331. Ein Punkt liegt dann und nur dann mit seiner Polarebene vereinigt (ist dann und nur dann zu sich selbst konjugiert), wenn er der Fläche angehört. Die Polarebene heißt alsdann die Tangentialebene der Fläche in jenem Punkte. Die Benennung rechtfertigt sich dadurch, daß eine Gerade die Fläche nur dann in zwei zusammenfallenden Punkten schneidet, wenn sie in der Polarebene dieser Punkte liegt. (**) hat nämlich dann und nur dann die Doppelwurzel $\lambda = 0$, wenn

$$\sum \mathfrak{a}_{rs} \mathfrak{y}_r \mathfrak{z}_s = 0, \qquad \sum \mathfrak{a}_{rs} \mathfrak{z}_r \mathfrak{z}_s = 0$$

ist.

Wenn die Determinante $\mathfrak{A}$ den Rang 3 hat, heißt die Fläche (††) ein Kegel und der singuläre Punkt die Spitze des Kegels. Ist $(\mathfrak{z})$ die Spitze und $(\mathfrak{y})$ irgend ein anderer Punkt des Kegels, so gehört die ganze Gerade $(\mathfrak{y})(\mathfrak{z})$ dem Kegel an. Der Leser möge dies bestätigen. Man kann es so einrichten, daß $(\mathfrak{z})$ der Punkt 0, 0, 0, 1 ist. Dann lautet die Gleichung (††)

$$\sum \mathfrak{a}_{rs} \mathfrak{x}_r \mathfrak{x}_s = 0. \qquad (r, s = 1, 2, 3)$$

Sie läßt sich auch ansehen als die Gleichung der Schnittkurve des Kegels mit der Ebene $\mathfrak{x}_4 = 0$. Der Kegel entsteht, indem man alle Punkte dieser Schnittkurve, die eine nichtausgeartete Kurve zweiter Ordnung ist, mit dem Punkt 0, 0, 0, 1, also mit einem Punkte außerhalb ihrer Ebene, verbindet.

Hat $\mathfrak{A}$ den Rang 2, so können wir erreichen, daß die Punkte 0, 0, 1, 0 und 0, 0, 0, 1 singulär sind. (††) reduziert sich dann auf

$$\sum \mathfrak{a}_{rs} \mathfrak{x}_r \mathfrak{x}_s = 0. \qquad (r, s = 1, 2)$$

Die Fläche zerfällt in zwei Ebenen.

Hat $\mathfrak{A}$ den Rang 3, so können wir bewirken, daß die Punkte 0, 1, 0, 0; 0, 0, 1, 0; 0, 0, 0, 1 singulär sind. (††) reduziert sich dann auf

$$\mathfrak{a}_{11} \mathfrak{x}_1^2 = 0.$$

Die Fläche ist eine Doppelebene.

§ 101. Projektive Klassifikation der Flächen zweiter Ordnung.

Außer dem Rang (d. h. dem Rang ihrer Diskriminante) hat eine Fläche zweiter Ordnung gegenüber reellen projektiven Transformationen nur noch eine Invariante, die Signatur. Unter der Signatur der Fläche (††) in § 100 ist der absolute Betrag der Signatur der quadratischen Form $\sum \mathfrak{a}_{rs}\mathfrak{x}_r\mathfrak{x}_s$ zu verstehen (vgl. S. 161 und § 51). Rang und Signatur sind aber auch die einzigen projektiven Invarianten einer solchen Fläche.

Es ergibt sich also folgende Einteilung der Kurven zweiter Ordnung (vom projektiven Standpunkt):

1. Rang 4, Signatur 4,
   $\mathfrak{x}_1^2+\mathfrak{x}_2^2+\mathfrak{x}_3^2+\mathfrak{x}_4^2=0.$ (Imaginäre nichtausgeartete Fläche.)
2. Rang 4, Signatur 2,
   $\mathfrak{x}_1^2+\mathfrak{x}_2^2+\mathfrak{x}_3^2-\mathfrak{x}_4^2=0.$
3. Rang 4, Signatur 0,
   $\mathfrak{x}_1^2+\mathfrak{x}_2^2-\mathfrak{x}_3^2-\mathfrak{x}_4^2=0.$

   (2. und 3.: Reelle nichtausgeartete Fläche.)

---

4. Rang 3, Signatur 3,
   $\mathfrak{x}_1^2+\mathfrak{x}_2^2+\mathfrak{x}_3^2=0.$ (Imaginärer Kegel.)
5. Rang 3, Signatur 1,
   $\mathfrak{x}_1^2+\mathfrak{x}_2^2-\mathfrak{x}_3^2=0.$ (Reeller Kegel.)

---

6. Rang 2, Signatur 2,
   $\mathfrak{x}_1^2+\mathfrak{x}_2^2=0.$ (Imaginäres Ebenenpaar.)
7. Rang 2, Signatur 0,
   $\mathfrak{x}_1^2-\mathfrak{x}_2^2=0.$ (Reelles Ebenenpaar.)

---

8. Rang 1, Signatur 1,
   $\mathfrak{x}_1^2=0.$ (Doppelebene.)

Wir müssen noch ein Wort über die Typen 2 und 3 sagen. In beiden Fällen handelt es sich um eine reelle nichtausgeartete Fläche, d. h. es gibt auf der Fläche reelle Punkte, was bei 1 nicht stattfindet. Aber wie unterscheiden sich die Typen 2 und 3?

Ist $(\mathfrak{z})$ ein reeller Punkt der Fläche 2, so wird die Tangentialebene in diesem Punkte dargestellt durch

$$\mathfrak{z}_1\mathfrak{x}_1+\mathfrak{z}_2\mathfrak{x}_2+\mathfrak{z}_3\mathfrak{x}_3-\mathfrak{z}_4\mathfrak{x}_4=0.$$

Wir wollen sie mit der Fläche zum Schnitt bringen. Der Schnitt ist eine Kurve zweiter Ordnung mit dem singulären Punkte $(\mathfrak{z})$, also ein Geradenpaar, und zwar im vorliegenden Falle ein imaginäres Geradenpaar. Ist nämlich $(\mathfrak{x})$ ein Punkt des betrachteten Schnittes, so hat man

$$\left\|\begin{matrix}\mathfrak{x}_1 & \mathfrak{x}_2 & \mathfrak{x}_3\\ \mathfrak{z}_1 & \mathfrak{z}_2 & \mathfrak{z}_3\end{matrix}\right\|^2=\begin{vmatrix}\mathfrak{x}_4^2 & \mathfrak{x}_4\mathfrak{z}_4\\ \mathfrak{z}_4\mathfrak{x}_4 & \mathfrak{z}_4^2\end{vmatrix}=0.$$

Wenn also $(\mathfrak{x})$ reell sein soll, muß er mit $(\mathfrak{z})$ zusammenfallen.

Bei der Fläche 3 schneidet die Tangentialebene ein reelles Geradenpaar aus. Gehört $(\mathfrak{x})$ zugleich der Fläche 3 und ihrer Tangentialebene im Punkte $(\mathfrak{z})$ an, so hat man

$$\mathfrak{z}_1\mathfrak{x}_1 + \mathfrak{z}_2\mathfrak{x}_2 = \mathfrak{z}_3\mathfrak{x}_3 + \mathfrak{z}_4\mathfrak{x}_4,$$
$$\mathfrak{x}_1^2 + \mathfrak{x}_2^2 = \mathfrak{x}_3^2 + \mathfrak{x}_4^2,$$
$$\mathfrak{z}_1^2 + \mathfrak{z}_2^2 = \mathfrak{z}_3^2 + \mathfrak{z}_4^2,$$

also

$$\begin{vmatrix} \mathfrak{x}_1 & \mathfrak{x}_2 \\ \mathfrak{z}_1 & \mathfrak{z}_2 \end{vmatrix}^2 = \begin{vmatrix} \mathfrak{x}_3 & \mathfrak{x}_4 \\ \mathfrak{z}_3 & \mathfrak{z}_4 \end{vmatrix}^2,$$

d. h.

$$\begin{vmatrix} \mathfrak{x}_1 & \mathfrak{x}_2 \\ \mathfrak{z}_1 & \mathfrak{z}_2 \end{vmatrix} = \pm \begin{vmatrix} \mathfrak{x}_3 & \mathfrak{x}_4 \\ \mathfrak{z}_3 & \mathfrak{z}_4 \end{vmatrix}.$$

Die Geraden, in welchen sich Fläche und Tangentialebene schneiden, werden also dargestellt durch

$$\mathfrak{z}_1\mathfrak{x}_1 + \mathfrak{z}_2\mathfrak{x}_2 = \mathfrak{z}_3\mathfrak{x}_3 + \mathfrak{z}_4\mathfrak{x}_4,$$
$$\mathfrak{z}_2\mathfrak{x}_1 - \mathfrak{z}_1\mathfrak{x}_2 = \mathfrak{z}_4\mathfrak{x}_3 - \mathfrak{z}_3\mathfrak{x}_4$$

bzw.

$$\mathfrak{z}_1\mathfrak{x}_1 + \mathfrak{z}_2\mathfrak{x}_2 = \mathfrak{z}_3\mathfrak{x}_3 + \mathfrak{z}_4\mathfrak{x}_4,$$
$$\mathfrak{z}_2\mathfrak{x}_1 - \mathfrak{z}_1\mathfrak{x}_2 = -\mathfrak{z}_4\mathfrak{x}_3 + \mathfrak{z}_3\mathfrak{x}_4.$$

Die Flächen 2 und 3 unterscheiden sich also dadurch, daß es auf 2 keine reelle Gerade gibt, während auf 3 solche Geraden vorhanden sind. Durch jeden Punkt von 3 gehen zwei Geraden hindurch, die ganz zu 3 gehören. Man sagt, 3 sei **geradlinig** und 2 nicht.

Führt man die neuen Koordinaten

$$\mathfrak{y}_1 = \mathfrak{x}_1 + \mathfrak{x}_3,$$
$$\mathfrak{y}_2 = \mathfrak{x}_4 - \mathfrak{x}_2,$$
$$\mathfrak{y}_3 = \mathfrak{x}_4 + \mathfrak{x}_2,$$
$$\mathfrak{y}_4 = \mathfrak{x}_1 - \mathfrak{x}_3$$

ein, so nimmt die Gleichung von 3 die einfache Gestalt

$$\mathfrak{y}_1\mathfrak{y}_4 - \mathfrak{y}_2\mathfrak{y}_3 = 0$$

an. Jetzt sieht man, daß sowohl die Geraden

$$\text{(I)} \qquad \begin{cases} \lambda\mathfrak{y}_1 + \mu\mathfrak{y}_2 = 0, \\ \lambda\mathfrak{y}_3 + \mu\mathfrak{y}_4 = 0 \end{cases}$$

als auch die Geraden

$$\text{(II)} \qquad \begin{cases} \varrho\mathfrak{y}_1 + \sigma\mathfrak{y}_3 = 0, \\ \varrho\mathfrak{y}_2 + \sigma\mathfrak{y}_4 = 0 \end{cases}$$

der Fläche angehören. Die erste Geradenschar sowohl wie die zweite erhält man dadurch, daß man die entsprechenden Ebenen in zwei projektiven Ebenenbüscheln zum Schnitt bringt. Vgl. hierzu S. 344. Zwei Geraden schneiden sich, wenn sie nicht zu derselben Schar gehören, und schneiden sich nicht, wenn sie zu derselben Schar gehören. Man kann also die Fläche 3 durch Bewegung einer Geraden erzeugen, die gezwungen ist drei feste Geraden beständig zu schneiden. Diese festen Geraden sind paarweise zueinander windschief.

Aus dem Obigen ergibt sich eine einfache Parameterdarstellung der Fläche 3. Nach (I) ist

$$\mathfrak{y}_1 = \alpha\mu, \quad \mathfrak{y}_2 = -\alpha\lambda, \qquad \mathfrak{y}_3 = \beta\mu, \quad \mathfrak{y}_4 = -\beta\lambda. \qquad (\alpha, \beta \neq 0{,}0)$$

Setzt man diese Ausdrücke in (II) ein, so kommt

$$\varrho\alpha + \sigma\beta = 0.$$

Wir dürfen daher α durch σ und β durch $-\varrho$ ersetzen. Dann erhalten wir aber

$$\mathfrak{y}_1 = \mu\sigma, \quad \mathfrak{y}_2 = -\lambda\sigma, \quad \mathfrak{y}_3 = -\varrho\mu, \quad \mathfrak{y}_4 = \varrho\lambda.$$
$$(\lambda, \mu \neq 0, 0; \quad \varrho, \sigma \neq 0, 0)$$

§ 102. Klassifikation der Flächen zweiter Ordnung nach der Affinität.

Wir wollen jetzt die unendlich ferne Ebene auszeichnen und nur solche projektiven Transformationen zulassen, bei denen sie invariant bleibt. In homogenen cartesischen Koordinaten stellt sich eine solche Transformation so dar:

$$\begin{aligned} x'_1 &= c_{11}x_1 + c_{12}x_2 + c_{13}x_3 + c_{14}x_4,\\ x'_2 &= c_{21}x_1 + c_{22}x_2 + c_{23}x_3 + c_{24}x_4,\\ x'_3 &= c_{31}x_1 + c_{32}x_2 + c_{33}x_3 + c_{34}x_4,\\ x'_4 &= \quad * \quad + \quad * \quad + \quad * \quad + x_4. \end{aligned}$$

Wir bezeichnen sie als eine affine Transformation, und zwei Figuren sollen affin heißen, wenn sie durch eine solche Transformation ineinander übergehen.

Bei der Klassifikation der nichtausgearteten Flächen zweiter Ordnung nach der Affinität[1] muß man darauf achten, wie die Fläche sich zur unendlich fernen Ebene verhält.

[1] Wir überlassen die Klassifikation der ausgearteten Flächen dem Leser.

Der Pol der unendlich fernen Ebene in bezug auf die Fläche kann ein eigentlicher oder ein unendlich ferner Punkt sein.

Im ersten Falle sagt man, daß die Fläche einen (eigentlichen) Mittelpunkt hat. Man kann ihn zum Anfangspunkt der cartesischen Koordinaten machen. Dann hat die Gleichung der Fläche folgende Form

$$\sum a_{rs} x_r x_s + a_{44} x_4^2 = 0. \qquad (r, s = 1, 2, 3)$$

Weil es sich um eine nichtausgeartete Fläche handelt, ist

$$a_{44} \neq 0, \quad \begin{vmatrix} a_{11} & a_{12} & a_{13} \\ a_{21} & a_{22} & a_{23} \\ a_{31} & a_{32} & a_{33} \end{vmatrix} \neq 0.$$

Es ergeben sich hier also folgende Typen (vom Standpunkt der Affinität):

1. $x_1^2 + x_2^2 + x_3^2 + x_4^2 = 0$, (imaginäres Ellipsoid)
2. $-x_1^2 - x_2^2 - x_3^2 + x_4^2 = 0$, (reelles Ellipsoid)
3. $-x_1^2 - x_2^2 + x_3^2 + x_4^2 = 0$, (einschaliges Hyperboloid)
4. $x_1^2 + x_2^2 - x_3^2 + x_4^2 = 0$. (zweischaliges Hyperboloid)

Jetzt müssen wir noch den Fall betrachten, daß der Pol der unendlich fernen Ebene ein unendlich ferner Punkt ist. Man spricht in diesem Falle von Flächen ohne (eigentlichen) Mittelpunkt.

Der Pol der unendlich fernen Ebene sei der Punkt 1, 0, 0, 0. Dies läßt sich schon durch eine Drehung des Achsensystems erreichen. Die Gleichung der Fläche lautet jetzt

$$2a_{14} x_1 x_4 + \sum a_{rs} x_r x_s = 0 \qquad (r, s = 2, 3, 4)$$

und a_{14} ist von Null verschieden. Mittels der Transformation

$$\begin{aligned} x_1' &= x_1 + \frac{a_{24}}{a_{14}} x_2 + \frac{a_{34}}{a_{14}} x_3 + \frac{a_{44}}{2a_{14}} x_4, \\ x_2' &= x_2, \\ x_3' &= x_3, \\ x_4' &= x_4 \end{aligned}$$

kann man a_{24}, a_{34}, a_{44} zu Null machen, so daß die Gleichung der Fläche nunmehr so lautet

$$2a_{14} x_1 x_4 + \sum a_{rs} x_r x_s = 0. \qquad (r, s = 2, 3)$$

Da es sich um eine nicht ausgeartete Fläche handelt, ist

$$a_{14} \neq 0, \quad \begin{vmatrix} a_{22} & a_{23} \\ a_{32} & a_{33} \end{vmatrix} \neq 0.$$

Es ergeben sich hier also die beiden folgenden Typen:

5. $2x_1 x_4 + x_2^2 + x_3^2 = 0$, (elliptisches Paraboloid)
6. $2x_1 x_4 + x_2^2 - x_3^2 = 0$. (hyperbolisches Paraboloid)

§ 103. Klassifikation der nicht ausgearteten Flächen zweiter Ordnung nach der Kongruenz.

Bei dieser Klassifikation ergeben sich, wie der Leser bestätigen möge, folgende Typen[1]:

1. $\frac{x^2}{a^2} + \frac{y^2}{b^2} + \frac{z^2}{c^2} + 1 = 0,$ (imag. Ellipsoid)

2. $\frac{x^2}{a^2} + \frac{y^2}{b^2} + \frac{z^2}{c^2} - 1 = 0,$ (reelles Ellipsoid)

3. $\frac{x^2}{a^2} + \frac{y^2}{b^2} - \frac{z^2}{c^2} - 1 = 0,$ (einschaliges Hyperboloid)

4. $\frac{x^2}{a^2} - \frac{y^2}{b^2} - \frac{z^2}{c^2} - 1 = 0,$ (zweischaliges Hyperboloid)

5. $2x + \frac{y^2}{b^2} + \frac{z^2}{c^2} = 0,$ (elliptisches Paraboloid)

6. $2x + \frac{y^2}{b^2} - \frac{z^2}{c^2} = 0.$ (hyperbolisches Paraboloid)

Der Leser möge diese Gleichungen diskutieren und sich ein Bild von den Flächentypen verschaffen. Im Falle $a = b$ entsteht die Fläche 2 durch Rotation einer Ellipse um eine ihrer Achsen, ebenso 3 durch Rotation einer Hyperbel um diejenige Achse, die sie nicht in reellen Punkten schneidet. 4 entsteht im Falle $b = c$ durch Rotation einer Hyperbel um ihre transversale Achse, d. h. um die Achse, die sie in reellen Punkten schneidet; man sieht, daß die Fläche wirklich aus zwei Stücken (Schalen) besteht. 5 entsteht im Falle $b = c$ durch Rotation einer Parabel um ihre Achse.

Auf welchen unter den obigen sechs Flächen gibt es gerade Linien? Der Leser beantworte diese Frage mit Hilfe von § 99. Er versuche ferner die Kreisschnitte der Flächen zu finden, d. h. die Ebenen, die Kreise auf der Fläche ausschneiden. Dazu bediene er sich des in § 98 erwähnten Kugelkreises, auf dem die Kreispunkte aller reellen Ebenen liegen.

§ 104. Flächen zweiter Klasse.

Wendet man auf eine Fläche zweiter Ordnung eine Korrelation an, so entsteht eine Fläche zweiter Klasse. Es besteht hier also dieselbe Beziehung wie in der Ebene zwischen Kurven zweiter Ordnung und Kurven zweiter Klasse. Der Leser stelle die projektive Klassifikation der nichtausgearteten Flächen zweiter Klasse auf. Läßt man die oben erwähnte Korrelation mit dem zu der Fläche gehörigen Polarsystem zusammenfallen, so erhält man dieselbe Fläche, nur definiert durch ihre Tangentialebenen, statt durch ihre Punkte.

[1] Wir schreiben sie in inhomogenen cartesischen Koordinaten.

Sachregister.

(Die Zahlen beziehen sich auf die Seiten des Buches.)

Kolibri 360 GmbH
Ferdinand-Jühlke-Straße 7
99095 Erfurt, Deutschland
produktsicherheit@kolibri360.de